U0277152

科技部科技基础性工作专项(2013FY113000)系列成果

国家科学技术学术著作出版基金 NFAPST
国家科学技术学术著作出版基金资助出版

Conodont Biostratigraphy in China

中国牙形刺生物地层

王成源　王志浩　著

ZHEJIANG UNIVERSITY PRESS
浙江大学出版社

图书在版编目(CIP)数据

中国牙形刺生物地层 / 王成源，王志浩著. —杭州：浙江大学出版社，2016. 12(2018. 5 重印)

ISBN 978-7-308-16081-0

Ⅰ. ①中… Ⅱ. ①王…②王… Ⅲ. ①牙形刺—生物地层学—研究—中国 Ⅳ. ①Q959. 281

中国版本图书馆 CIP 数据核字（2016）第 173409 号

中国牙形刺生物地层

王成源　王志浩　著

策划编辑　徐有智　伍秀芳
责任编辑　许佳颖　陈慧慧
责任校对　潘晶晶
封面设计　俞亚彤
出版发行　浙江大学出版社
（杭州市天目山路 148 号　邮政编码 310007）
（网址：http：//www.zjupress.com）
排　　版　杭州林智广告有限公司
印　　刷　浙江海虹彩色印务有限公司
开　　本　787mm × 1092mm　1/16
印　　张　24.5
字　　数　600 千
版 印 次　2016 年 12 月第 1 版　2018 年 5 月第 2 次印刷
书　　号　ISBN 978-7-308-16081-0
定　　价　148.00 元

浙江大学出版社发行中心联系方式：(0571) 88925591；http：//zjdxcbs.tmall.com

前　言

世界上牙形刺的研究始于1856年，中国牙形刺的研究起步较晚，始于1960年，之后又间断了10多年。从20世纪60年代起，国际地层委员会开始寻求国际地层划分的共同语言，为各纪地层建立界线层型。国际上第一个全球界线层型剖面（GSSP，俗称“金钉子”）是于1975年在捷克Klonk剖面建立的志留系—泥盆系界线层型。1965年，时为层孔虫研究生的王成源开始探索新的研究方向，学习Lindström 1964年出版的*Conodonts*一书，并开始收集资料，编写中文的“牙形刺”，得到了导师杨敬之的支持。为适应中国石油地质发展的需要，北京大学开办了两期牙形刺训练班（第一期，1974；第二期，1975）。中国牙形刺研究的起步几乎与国际地层委员会初始建立界线层型的工作同时进行，下面是中国对各时代牙形刺研究的起步时间和作者（以正式论文发表时间为准）：

地质时代	起步年代	作者
三叠纪	1976年	王成源，王志浩
二叠纪	1960年	金玉玕
石炭纪	1974年	王成源
泥盆纪	1978年	王成源，王志浩
志留纪	1980年	王成源
奥陶纪	1980年	安泰庠，扬长生
寒武纪	1966年	Nogami

中国牙形刺的研究虽然起步较晚，但发展迅速。牙形刺作为古生代和三叠纪的主导化石门类，深受国内外地质工作者的重视。生物地层的划分精度，一向是以化石带为准的，以下的数据充分显示了中国牙形刺生物地层序列发展的历史（依据王成源或王成源、王志浩的5次统计）：

地质时代	中国牙形刺生物地层的化石带个数				
	1979年	1982年	1989年	1999年	2012年
三叠纪	7	19	19	28	30
二叠纪	1	12	19	19	38～51
石炭纪	1	19	31	31	41
泥盆纪	21	26	28	53	58
志留纪	0	3	13	15	17
奥陶纪	0	22	24	24	26
寒武纪	3	9	12	14	14
化石带总数	33	110	146	184	224～237

至2012年年底，中国牙形刺生物地层已确立了224～237个化石带，是显生宙化石带最多的门类。中国以牙形刺为第一主导化石门类或第二主导化石门类所取得的“金钉子”已有10个，是世界上获得“金钉子”最多的国家。

牙形刺研究使得国内有关地层的时代得到精确确定和可靠对比，在中国地质事业中发挥了极大的作用。全国各地地面、井下成千上万的地层问题，很多都是靠牙形刺解决的。以牙形刺为主导化石门类，解决了很多中国多年来没有解决的地层问题；校正了其他化石门类的时代；对之前学者所确定的、在国内应用了半个多世纪的泡沫内沟珊瑚带的时代、布哈丁贝的时代、茄罗威蜓带的时代、贵州龙的时代等结论，都做了重大修订，改变了相关地层的时代，进行了正确的国内外对比。牙形刺的研究导致了很多重大的地层发现。如黑龙江那丹哈达岭三叠纪牙形刺的发现，使黑龙江第一区域地质调查队获得了地质矿产部的重大发现奖；广西桂林泥盆纪牙形刺的研究，也帮助广西区域地质调查研究院在阳朔的区调获得了特优。目前在中国各省自治区和直辖市（港澳台地区除外）都有牙形刺发现。

中国牙形刺生物地层的研究仍存在很多有待改进的地方。

中国寒武纪牙形刺生物地层的研究，在国际上应是最为详细的。由于原牙形刺和副牙形刺相对较少、演化较慢和不易保存，所以当前的牙形刺分带仅能从武陵统王村阶开始识别，武陵统和芙蓉统下部分带不够精细，滇东统、黔东统和武陵统下部都没有建立牙形刺带，还需进一步研究，尽可能更精细地建立牙形刺带，以便更精细地划分和对比地层。

奥陶纪牙形刺分带与国际水平大致相当，大多数牙形刺带都可进行国际对比。由于中国国土辽阔，牙形刺生物地层分区明显，造成华南和华北两大区系牙形刺带的对比较为困难。除一些同名带外，目前两大区系牙形刺带的对比仅是初步的，今后还需进一步研究，发现更多的共同分子，或用其他方法更正确和更精细地对比两大区系的牙形刺带。另外，中国南方区上奥陶统中上部的牙形刺生物地层划分还不够精细，还需进一步工作和深入研究。

志留纪牙形刺序列不完善，至今仍没有在普里道利世发现可靠的带化石，温洛克世的牙形刺序列也不完整。

泥盆纪牙形刺序列也不够完善，特别是早泥盆世的洛赫考夫期和布拉格期的牙形刺序列不完善；中、晚泥盆世浅水相和深水相牙形刺序列的建立和对比，都有待深入研究。

石炭纪牙形刺序列已基本建立，中国对宾夕法尼亚亚系几个阶的全球界线层型的建立也在努力争取中。石炭纪牙形刺的研究要特别注意不同相区牙形刺的对比，使之有更广泛的使用价值。中国的阶名也不宜再坚持，最好与国际的阶名尽早接轨。

中国二叠纪牙形刺生物地层研究的最大问题还是对生物带概念的分歧。一些二叠纪牙形刺工作者采用他们称之为Sample Population Approach（样品居群方法）的方法确定种，仅用细齿或齿脊（denticulation）的特征确定种，强调每个样品中只有1～2个种，很少有第三个种。这实际上是地层种的概念，忽视了模式标本的作用，更没有考虑一个种首现（First Appearance Datum，FAD）时的居群特征。用样品居群方法所确定种的首现层位总是比用谱系带（Phylogenetic Zone）所确定的层位要高一个带。这就是在确定乐平统底界层位时两种不同观点的分歧的实质。不同相区牙形刺的对比，更有待深入。

三叠纪牙形刺生物地层应当在滇西努力寻找 *Pseudofurnishius murcianus* – *P. socioensis* 带和 *Budurovignathus diebeli* 带，更要注意晚三叠世牙形刺带的细分。

这里顺便谈一下 Conodonts 的中译名问题。

Conodonts 是由 Pander（1856）最早发现的一种微体化石，由于多数是单锥状的，又很像牙齿，故被 Pander 称为 Conodonts，而日本将其称为锥齿或锥齿类是符合原意的。Conodonts 的中译名至少有 10 种（牙形虫、牙形刺、牙形石、牙石、牙形石类、牙形类、锥齿、锥齿类、牙形骨、牙形），而最早的中译名是牙形虫（杨敬之，1957）。但在 1934 年发现牙形刺的自然集群之后，所有牙形刺工作者都认识到，以前依据单个分子所命名的都是形式属种，只是生物体的一部分，不是生物个体，更不是“虫”，不能再叫牙形虫；叫牙形石也不妥，古生物学中的菊石、竹节石、箭石等，以石字结尾的，都是代表一个生物种，并不是只代表生物体的一部分；叫牙形类也欠妥，因为与牙形刺相似的还有不少化石，如虫牙、鱼牙，以及一些分类地位未定的小壳化石。将 Conodonts 译成锥齿或锥齿类是比较符合原意的，但中国人已习惯用“牙形”二字。考虑到牙形刺工作者中有人早就认为，Conodonts 在形态大小、功能上与现代毛颚类的捕捉刺（grasping spine）相似，王成源将其与现代毛颚类相比，把 Conodonts 译为牙形刺，体现出它是生物体的一部分。这种译法，经过多年的实践，现已被中国古生物界普遍接受，全国科学技术名词审定委员会公布的《古生物学名词（第二卷）》（2009）正式将 Conodonts 译为牙形刺。在属种名之后，仅附一个刺字，既简便，又有专属性，不会与其他叫 XX 石门类的化石相混。现有的中文文献中，绝大多数都是将 Conodonts 译为牙形刺。

自 Pander（1856）发现牙形刺以来，对其分类就存在众多争论，有 18 种不同的分类假说。但自 1983 年人们发现带牙形刺的牙形动物的软体化石后，主流看法是，牙形刺属于最早的脊椎动物的进食器官，位于牙形动物的头部，有的具有捕食作用，主要部分是牙齿，而有的起过滤食物的作用。牙形刺形体微小，演化迅速，见于寒武纪至三叠纪的海相地层中，跨越 7 个地质时代，持续了 3 亿 4 千万年，是国际上公认的主导化石门类，也是洲际地层对比的最重要的化石门类之一。

中国牙形刺的研究正在蓬勃发展中，后继有人，相信未来会更美好，会居世界牙形刺研究的前列。

本书的编写，寒武纪、奥陶纪牙形刺由王志浩完成，志留纪至三叠纪牙形刺和牙形刺简介等其他部分由王成源完成。本书的出版得到国家基金委创新研究群体项目（41290260；41521061），科技部科技基础性工作专项（2013FY111000；2013FY113000）和教育部与国家外专局“111”项目（吉林大学，B06008）的资助，作者在此表示深切的谢意。

目　录

1 牙形刺简介

牙形刺是已经灭绝的牙形动物骨骼，存在于寒武纪到三叠纪的海相地层中。牙形刺形体很小，一般只有1 mm左右，最大也不过7 mm。其形态多变，颜色各异，在海相地层中广泛分布。在生产实践中，牙形刺具有重大的实用价值，在生物演化上也居极重要的位置。

1.1 生物地层的主帅

现代地层学包括生物地层学、岩石地层学、化学地层学、生态地层学、地震地层学、同位素地层学、地体地层学等，然而最重要的还是生物地层学。由于生物演化的不可逆性，生物地层是地质历史演化的最重要证据，是区域地质调查的核心内容，也是构造地质研究的基础。

自中华人民共和国成立的半个多世纪以来，中国的区域地质调查工作一直卓有成效地进行着，并取得了举世瞩目的成就。区域地质调查工作中的重要内容之一就是解决地层的时代，在这方面取得了很多突破性的进展。

从世界范围来看，近半个世纪以来，地层古生物工作已有很大的变化。从20世纪70年代起，在国际地层委员会的推动下，对显生宙的各纪都开始建立系、统、阶的全球界线层型，寻求地层对比的共同语言。界线层型的研究，推动了生物地层学等相关学科的发展。而为寻求全球对比的共同语言，必须选择演化快、分布广、特征明显的化石作为层型剖面界线点位的定义。这样对于显生宙的各地质时代就逐渐选定了主导化石门类（leading fossil groups），即每个地质时代生物地层挂帅的门类，也就是确定各阶的定义和界线层型的化石门类。每个地质时代的主导化石门类都是经过世界各国地层古生物学家反复研究比较，逐步得到共识的。20世纪70年代以前，有些地质年代的年代地层单位是依据大化石确定的，如泥盆纪、三叠纪的菊石，它们实际上也是当时的主导化石门类。70年代以后，地质时代的主导化石门类发生了变化，所有地质时代的主导化石门类都是以浮游生物、微体化石为准，而不再以底栖生物、大化石为准。同时，国际年代地层表也发生了重大变化。志留系由原来的三个统，改为现在的四个统；石炭系由三统改为二亚系；二叠系由二统改为三统。新的年代地层表的变化，对地质时代的确定也提出了新的要求，如不能再用“上志留统”，而必须确定是罗德洛统还是普里道利统；也不能用传统的“上二叠统”或“下二叠统”，而必须考虑是否有“中二叠统”（瓜德鲁普统）。

中国的区域地质工作者，也愈来愈重视主导化石门类。广西区域地质调查院多年来非常重视用泥盆纪主导化石门类牙形刺解决泥盆纪的地层时代划分和对比，取得了非常好的效果。西藏的区域地质调查工作近年来也重视主导化石门类的采集，取得了很好的效果。显生宙各时代的主导化石门类、重要化石门类以及主导化石门类的分带情况，可参见表 1-1。

从表 1-1 中可以看到，牙形刺已成为寒武纪、奥陶纪、志留纪、泥盆纪、石炭纪、二叠纪和三叠纪七个地质时代的主导化石门类。可以说整个古生代和三叠纪，牙形刺都是主导化石门类，特别是泥盆纪、石炭纪、二叠纪和三叠纪。奥陶纪和志留纪的第一主导化石门类是笔石，但笔石分布范围有限，在广泛分布的碳酸岩相区，实际起作用的还是牙形刺。生物地层划分的详细程度，经常是以生物带的多少来体现的。至今，中国的古生代和三叠纪的牙形刺带在“深水相区”已划分出 237 个带，如果加上在浅水相区的牙形刺化石带，牙形刺化石带已有 250 多个。除带化石外，还有很多标准化石，仅晚泥盆世就有 120 多个牙形刺种是标准化石，只要发现其中一个，地层时代就能得到精确确定。牙形刺实际上就是古生代和三叠纪生物地层的主帅。这是任何其他化石门类所不能比拟的。

表 1-1　显生宙各时代的主导化石门类和主要化石门类（据王成源，2000c 修改）

界	系	主导化石门类	重要化石门类	主导化石门类化石带
新生界	第四系	钙质超微化石，浮游有孔虫	哺乳动物，孢粉，介形类	浮游有孔虫 5 带 钙质超微 2 带
	新近系	浮游有孔虫，钙质超微化石	哺乳动物，孢粉，介形类，沟鞭藻	浮游有孔虫 21 带 钙质超微 18 带
	古近系	浮游有孔虫，钙质超微化石	哺乳动物，孢粉，介形类，轮藻，双壳类	浮游有孔虫 23 带 钙质超微 25 带
中生界	白垩系	菊石，浮游有孔虫，钙质超微化石，双壳类	孢粉，介形类，海百合，沟鞭藻，箭石，轮藻，鱼，鸟，爬行类	菊石 24 带 浮游有孔虫 29 带
	侏罗系	菊石	有孔虫，放射虫，腕足类，双壳类，孢粉，介形类等	菊石（24 带或组合）
	三叠系	牙形刺，菊石	浮游有孔虫，孢粉，叶肢介，双壳类，介形类	牙形刺 30 带 菊石 27 带
古生界	二叠系	牙形刺	菊石，蜓，非蜓有孔虫	牙形刺 38～51 带
	石炭系	牙形刺，有孔虫	菊石，蜓，非蜓有孔虫	牙形刺 41 带
	泥盆系	牙形刺	笔石，竹节石，三叶虫，腕足类	牙形刺 58 带
	志留系	笔石，牙形刺	几丁虫，疑源类，脊椎微体	笔石 29 带 牙形刺 17 带
	奥陶系	笔石，牙形刺	几丁虫，三叶虫，鹦鹉螺，腕足类	笔石 29 带 牙形刺 26 带
	寒武系	三叶虫，牙形刺	疑源类，小壳化石	三叶虫 41 带 牙形刺 14 带

1.2　生物演化的先锋

牙形刺是显生宙最早出现的生物门类之一。广义地说，牙形刺可分为三类：原牙形类出现于寒武系纽芬兰统，副牙形类始于寒武系第二统，而真牙形类始于芙蓉统。现代研究证明，真牙形类来源于副牙形类，而副牙形类可能（?）来源于原牙形类。如下所述，多数牙形刺专家都认为，牙形刺，特别是真牙形类是脊椎动物的祖先，出现于芙蓉世，在脊椎动物演化上处于领先地位。

各类生物在地质历史时期的演化速率是不同的，不仅在相对“稳定”的地质时期不同，在“多事之秋”的剧烈变化的地质时期更是如此。近年来，王成源（2004）对地质历史时期重大事件的研究充分证明了这一点。对古生代重大灭绝事件的研究表明，泥盆纪的F/F（弗拉阶/法门阶）事件，牙形刺的集群灭绝规律与底栖生物（特别是底栖珊瑚）完全不同。底栖造礁的珊瑚总是最早灭绝，灭绝期也最长；相反，牙形刺在大灭绝期间的集群灭绝总是最后发生，灭绝的时间间隔也最短。大灭绝之后，牙形刺最早进入复苏期，复苏期可能只有0.35 Ma，而底栖生物要比牙形刺滞后900万年才进入复苏期和辐射期。在生物的演化上，牙形刺是真正的演化先锋，因此被地层学家称为生物地层的计时器。

在二叠纪—三叠纪集群灭绝事件中，全球90%以上的海洋无脊椎动物和大约70%的陆生脊椎动物都告灭绝。多数门类很难追溯到连续的演化系列。牙形刺没有科级和属级的灭绝事件发生，就是种级的灭绝事件也不明显，只是牙形刺的丰度有极大的变化，但在世界范围内都可以追溯到牙形刺的连续的演化系列，这一特征使它在二叠纪—三叠纪界线地层研究中发挥了关键性的作用。

在集群灭绝事件中，牙形刺仍保持连续的演化系列，这在地质时期的各门类化石中是不多见的。牙形刺出现得早，不仅在平稳的地质时期演化得快，在重大地质转折时期，也存在连续的演化系列，与其他生物门类，特别是底栖生物门类相比，始终处于演化先锋的地位。

1.3　石油地质的尖兵

牙形刺不仅在生物地层中是主导化石，而且在石油地质研究中也是重要的尖兵。牙形刺的颜色是有机质变质的重要标志，可以用来判断石油的有机成熟度，圈定油气远景区。

牙形刺是由碳磷灰石、细晶磷灰石组成的，含有微量的有机质和氨基酸。Epstein *et al.*（1977）首先用实验证实了牙形刺的不同颜色与有机质变质程度有直接的关系，这种变化与温度、埋藏深度和时间有关。这种颜色的变化由浅到深，逐渐变化，不可逆，这种颜色变化指标称为CAI（Color Alteration Index），常用的可分为5级，CAI =1（琥珀色）~5（黑色）是牙形刺内固定碳增加的过程；CAI =5（黑色）~8（白色）是固定碳从牙形刺中失去的过程。通过阿论尼厄斯坐标可以换算CAI值与温度和埋藏深度的关系。根据有机质变质温度可以圈定出石油和天然气的未成熟区、成熟区和过成熟区，可以知道哪些地区可能有油气，哪些地区无油有气，哪些地区无油无气。这对石油地质勘探有非常重要的指导意义。

牙形刺是由磷灰石族矿物构成的，利用荧光反应可以帮助确定有机质在低温下的变质程度。

当岩石的变质温度较高，特别是大于300℃时，可以用测定牙形刺磷灰石结晶颗粒大小的方法，确定岩石的变质温度。在扫描电镜下，放大5000倍，拍成照片，就可以清楚看到牙形刺磷灰石晶粒，测定晶粒的大小。

牙形刺的颜色、结晶颗粒和荧光反应都可用以测定岩石的变质温度。牙形刺不仅是生物地层的计时器，也是岩石地层的地温温度计，更是石油地质的尖兵。

近年来，美国科学家正在研究牙形刺 CAI 值与卡琳型金矿的关系，可以肯定牙形刺在寻找碳酸岩地区卡琳型金矿方面，同样会起到重要作用。

牙形刺化石，虽然形态多变，颜色斑斓，但内部构造相对简单。它们没有高等脊椎动物牙齿所具有的神经和血管系统，完全由疏密相间的齿层构成。除寒武纪牙形刺外，牙形刺的鉴定，一般不需要研究内部构造，相对简单易行。但牙形刺的鉴定要求很高，国内已发生多起因鉴定错误而导致地层时代结论错误的先例。

由于牙形刺的生物地层研究精度高，在碳酸岩地层区的石油地质勘探中，特别是在确定碳酸岩地层的缺失、古隆起区井下碳酸岩地层和储油层的对比上，是绝对不可缺少的手段。这在新疆石油地质的研究中已得到充分的证明。

近年来的研究表明，由于牙形刺是由磷灰石族矿物组成，牙形刺同样是测定碳、氧同位素，确定古海水温度的最好化石，其测定结果远比用珊瑚、腕足类所测定的结果可靠得多。

牙形刺是万能温度计，其颜色能测定岩石有机变质温度（CAI），其结晶颗粒可测岩石的变质温度，其氧同位素可以测定古海洋海水的温度。

1.4 脊椎动物的祖先

自从潘德尔 1856 年在波罗的海地区发现牙形刺以来，有关牙形刺的生物属性的争论就从来没有停止过，这种奇怪的多刺的齿状化石曾被归入鱼类、环节动物、节肢动物、头足动物、袋虫类、腹毛类、毛颚类、动物类甚至植物等 18 种不同的生物门类。可以说，没有任何一种化石门类像牙形刺那样扑朔迷离，使人迷惑不解。自 1983 年在苏格兰的下石炭统发现牙形动物软体化石以后，牙形动物就被归属到最早期的脊椎动物。它与现代的七鳃鳗（八目鳗）很相似，两侧对称，肛门后置，有尾鳍、背鳍，并有鳍条，有两只大眼睛，有肌节（并发现纤维肌肉组织）和脊索。重要的是牙形刺中有与脊椎动物牙齿相似的齿质（牙本质）存在，并在牙形刺的口面，特别是在台型牙形刺的口面发现微磨损，证明牙形刺是牙齿，起粉碎、剪切食物的作用，是用于食大粒食物的；牙形刺是牙形动物的口咽器官，两侧咬合。因此，牙形刺专家都认为牙形动物有良好的视力，两侧对称，能像鳗类一样快速游泳，并且很可能是积极捕食的生物，能适应不同的环境。他们将牙形动物归入最早期的脊椎动物，可能来源于盲鳗类或七鳃鳗类，具有钙化的骨骼，属脊椎动物中最原始的颚口类（Gnathostomata）。狭义的牙形刺或牙形动物（真牙形类）起源于芙蓉世，处于脊椎动物演化的早期，是脊椎动物的祖先，而真牙形类的祖先很可能是来源于寒武纪第二世多细胞动物的大辐射。这已成为牙形刺专家的主流看法。但也有人认为牙形动物不属脊椎动物而属原索动物，或是脊椎动物的姊妹群，但仍属脊索动物。

2　牙形刺野外采样要求

海相沉积物中石灰岩、白云岩、页岩、砂岩、硅质岩、黏土岩都含有牙形刺，但丰度和分异度大不相同。目前采样仍以灰岩为主，如有特殊需要，亦可采取其他岩性的样品。

（1）灰岩样品：

海相灰岩是含牙形刺最丰富的岩类，古生代海相灰岩中平均千克灰岩产 4～8 个牙形刺，最多的例子是每千克产 3 万多个牙形刺，但也时常有无牙形刺的情况。各种灰岩含有牙形刺的数量差别很大，因此在野外一定要注意选择有利的灰岩样品，不能随便取样。

Ⅰ）有利于牙形刺的灰岩：

深水相细晶薄层灰岩，不含大的厚壳化石的灰岩，含有细海百合茎的生物碎屑灰岩，含有薄壳小腕足类的灰岩，䗴类少的灰岩，只产单体珊瑚的灰岩，远离礁体的灰岩，以及厚层灰岩的顶底，都是适合采样的石灰岩。地槽区，蛇绿岩、玄武岩、硅质岩中的灰岩夹层和陆相沉积中的海相灰岩夹层一定要取样。

Ⅱ）不利于牙形刺的灰岩：

浅水相生物礁灰岩，含厚壳大化石的灰岩，含粗大海百合茎的灰岩，块状珊瑚、层孔虫发育的灰岩，䗴类密集的灰岩，厚层灰岩的中部，鲕粒灰岩，陆源碎屑很多的灰岩，以及火山凝灰岩，都不利于牙形刺采样。

（2）白云岩和大理岩：要区别是原生白云岩还是次生白云岩。原生深水相（30～50 m 深）的白云岩比较好采样，含微细层理的大理岩也较好采样。粗晶雪白的大理岩不宜采样，变质温度超过 580～600℃的大理岩无牙形刺。

（3）砂岩：滞流沙、含有海绿石磷灰石的砂岩（钙质胶结物）较好采样。快速沉积的砂岩不好采样。

（4）黑色页岩：可在层面上用放大镜寻找牙形刺，特别是硅质页岩。

（5）硅质岩：深水相成层硅质岩较好采样，可用切片方法寻找，但太费工、成本高。

（6）黏土岩：可直接用水淘洗，但很费工。如工作需要，可采 10～20 kg 的大样。

所采的每个样品不得少于 2 kg，一般要求平均每样 4 kg。每个样品可在 1～2 m 范围内取混合样，不是采一大块。每个组需 5～20 个样，视组所跨的时限而定；每个一般要 40～50 个样。每个样品最好有 GPS 数据。

3 牙形刺的室内分析

牙形刺的室内分析，主要是对灰岩的处理。灰岩样品要粉碎到核桃大小，然后用稀释到10%左右浓度的工业冰醋酸浸泡。灰岩较纯时，反应很快；灰岩不纯时，如含泥灰岩、白云岩等，反应很慢。这时通常有人再加酸，试图加快反应速度，但这样做是错误的。必须用缓冲剂技术控制pH值，当pH值为3.6～4.5时，溶液浸泡的牙形刺才不至于溶解。如果pH值小于3.6，酸度过大，牙形刺会溶解；pH值大于4.5，偏碱性，牙形刺也会溶解。控制pH值的最好办法，是用精密试纸随时测定pH值。通常加酸后，pH值小于3.6，这时要加入用纯灰岩配制的含有醋酸钙的溶液，或将其他桶中处理过牙形刺的残液的上部轻轻倒入新的桶中，将pH值调整到3.6～4.5，在这种pH值之下，牙形刺在处理桶中一个月也不会溶解。越是岩性不好的样品，越要保持pH值的稳定，千万不要过量加酸。

如为取得其他钙质化石，工业冰醋酸的浓度要降低到5%～8%。如岩石有变质，比如大理岩，则要每天过筛一次或两次，使残渣及时脱离酸性溶液。岩石的变质温度超过580～600℃，牙形刺就不存在了。

牙形刺溶液过筛时，采用两个筛子，上部的为20目的套筛，下部的用100目或120目的套筛。对于寒武纪牙形刺，由于刺体较小，多为锥形，下部的套筛最好用150～200目的。两筛之间的残渣烘干后，可在显微镜下挑选。残渣过多，可用三溴甲烷或四溴乙烷重液分离，减少残渣，节省时间；但必须在通风橱内进行，因为三溴甲烷和四溴乙烷都是有毒的，可致癌。最好选用无毒的重液聚钨酸钠，但目前国内没有此种重液的生产厂家，而从国外购买又太贵。

4　牙形刺基本形态构造

牙形刺是很小的刺状微体化石，一般都小于 1 mm，最大可达 7 mm。其种类繁多，形态多变，总的可分为三种类型：单锥型、复合型和台型。总的演化趋势是由单锥型演化出复合型，由复合型演化出台型。

单锥型牙形刺（图 4-1）形如牛角或象牙，是简单的锥状刺体，可大致区分为主齿和基部两部分。主齿后弯，向顶端变尖；基部膨大，包围基腔。两侧对称或不对称；具有齿沟、齿线。典型分子为 *Drepanodus*，*Panderodus*。具有齿沟的 *Panderodus* 可能是最早的有毒动物。单锥型牙形刺只存在于寒武纪至泥盆纪，对寒武纪地层有重要的地层意义。

复合型牙形刺由单锥型牙形刺演化而来，可分为耙型（图 4-2）和片型（图 4-3）两大类。前者形如梳子或耙子，生有大小不同的细齿和主齿，可区分出前齿耙和后齿耙，典型分子为 *Hindeodella*；后者刺体片状，形如锯、犁、铲等，中间有主齿，有前齿片与后齿片的区分，*Ozarkodina*，*Spathognathodus*，*Dinodus* 是这类分子的三个典型代表。

台型牙形刺（图 4-4 和图 4-5）由复合型牙形刺分子演化而来，大部分有宽平的齿台和片状的前齿片。齿台上有齿脊、横脊、近脊沟、瘤齿、齿垣、吻脊等构造。台型牙形刺分子有重要的地层价值，*Gondolella*，*Palmatolepis*，*Siphonodella* 等是典型代表。早泥盆世晚期至三叠纪晚期，绝大部分牙形刺带化石都是以台型牙形刺分子确立的。

牙形刺形态术语，参见图 4-1 ~ 图 4-5。

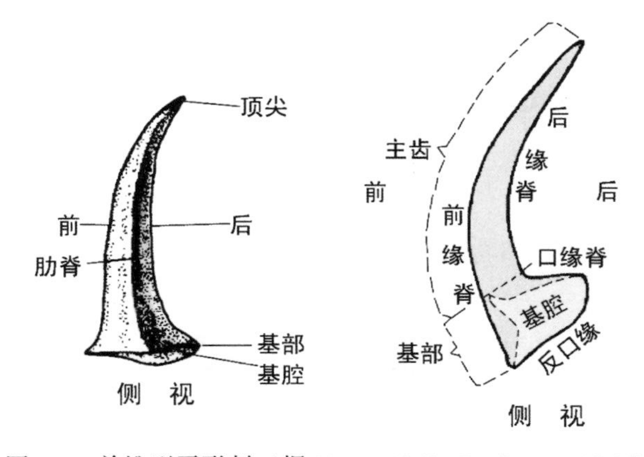

图 4-1　单锥型牙形刺（据 Hass，1962；Lindsröm，1964）

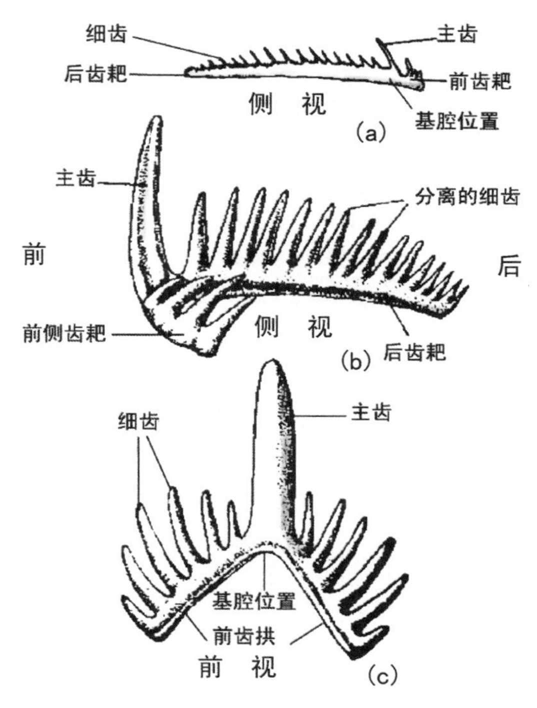

图 4-2 耙型牙形刺（据 Hass，1962）

（a）*Hindeodella subtilis*；（b）*Ligonodina pectinata*；（c）*Hibbardella angulata*

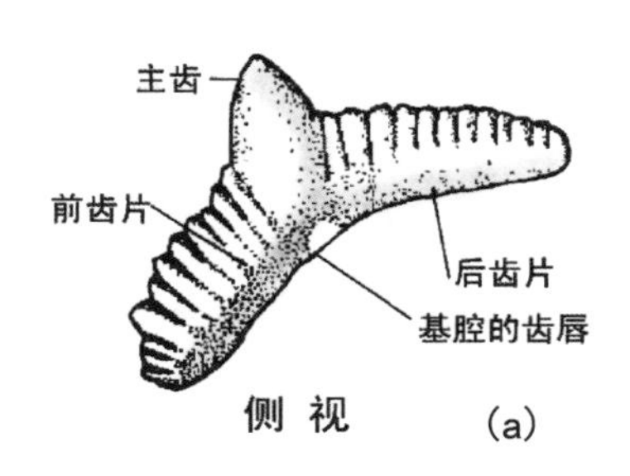

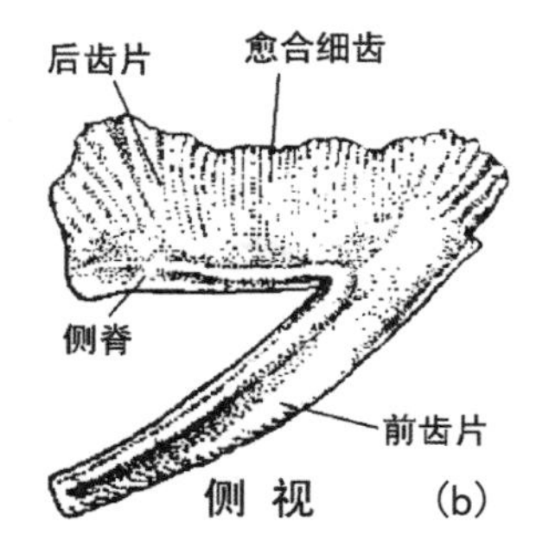

图4-3 片型牙形刺（据 Hass，1962）

（a）*Ozarkodina typical*；（b）*Dinodus fragosus*

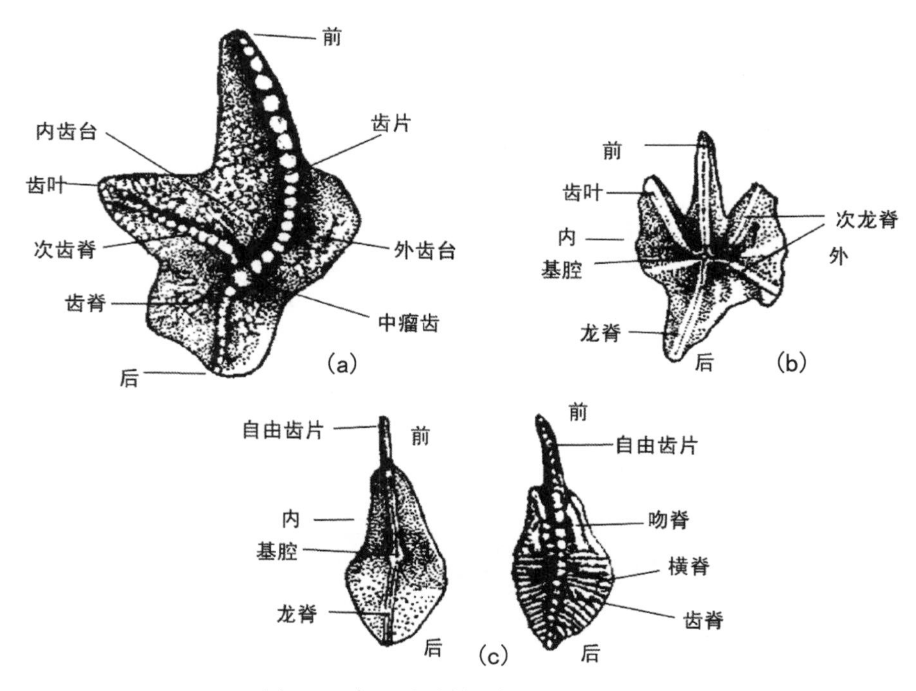

图 4-4 台型牙形刺（据 Hass，1962）

（a）*Palmatolepis perlobata*；（b）*Ancyrodella* sp.；（c）*Siphonodella duplicata*

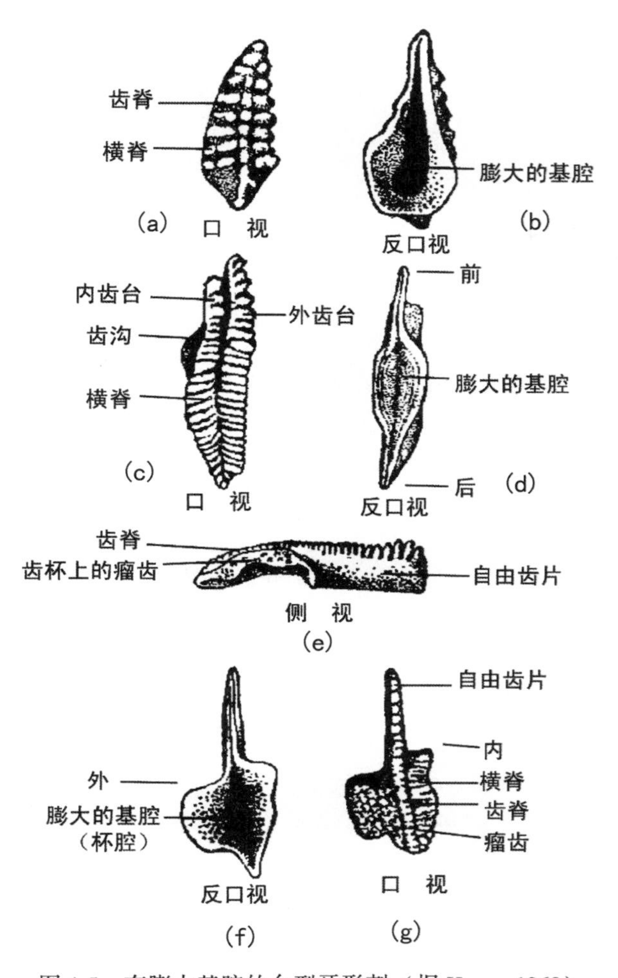

图 4-5　有膨大基腔的台型牙形刺（据 Hass，1962）

（a，b）*Icriodus expansus*；（c，d）*Cavusgnathus cristatus*；（e，f，g）*Gnathodus pustulosus*

早期的牙形刺研究认为每个牙形刺个体是独立的属种，建立了大量的形式属种。牙形刺自然集群的发现使牙形刺专家认识到每个形式属种只是牙形动物器官中的一个骨骼成分。现代牙形刺的分类是以器官分类为主的，每个牙形刺器官可能包括几个形式属和几十个形式种。但器官属种的确立，仍是以某形式种为主要特征的。如 *Palmatolepis* 和 *Polygnathus* 的各个种的主要特征，是以其台形分子（P 分子或 Pa 分子）的特征为准，台形分子只出现在某一种器官属种中，且演化速度快，而其他分子往往可见于多个器官属种中，且演化速度慢，形态保守。形态术语的使用也主要是形式属种的术语。Sweet（1981）创立的指掌状枝形分子、羽状枝形分子、星状台形分子、三角状刷形分子等复合术语，在器官属种的描述中是重要的，但中国牙形刺工作者使用得较少（可参阅王成源，1987b）。

5 中国牙形刺研究简史及生物带

5.1 中国寒武纪牙形刺研究简史与牙形刺生物带

20世纪60年代，日本学者Nogami（1966，1967）首先报道了中国山东和辽宁地区寒武系崮山组和凤山组的牙形刺化石，其主要属有*Furnishina*，*Hertzina*，*Muellerodus*，*Prosagittodontus*，*Prooneotodus*，*Westrergaadodina*等。中国的寒武纪牙形刺研究始于20世纪80年代初，安太庠和杨长生（1980）报道了华北地区的寒武纪和奥陶纪牙形刺，之后（An，1982）首次利用副牙形刺在中国北方的中、晚寒武世建立牙形刺带并划分和对比地层。他在中寒武统上部张夏阶至上寒武统的凤山组的地层中建立了*Laiwugnathus laiwuensis*，*Shadongodus priscus*，*Westergaadodina orygma*，*W. matsushitai*，*Muellerodus erectus*，*Westergaadodina* aff. *fossa* - *Prooneotodus rotundatus*，*Proconodontus*和*Cordylodus proavus*等8个牙形刺带，并一直沿用至今。几乎与此同时，王志浩（Wang，1983；1985a，b）对华北地区晚寒武世的原始真牙形类进行了更详细的分带，进而用以划分对比地层，并在上寒武统凤山组自下而上建立了8个牙形刺带，分别为：*Proconodontus tenuiserratus*，*P. posterocostatus*，*P. muelleri*，*Eoconodontus notchpeakensis*，*Cambrooistodus minutus*，*Cordylodus proavus*，*C. intermedius*和*C. lindstromi*等带。随后，Chen & Gong（1986）对吉林浑江大阳岔寒武系—奥陶系界线附近的牙形刺又进行了详细的描述。

20世纪90年代，董熙平（1990，1993，1997，1999）对中国华南地区的寒武系做了大量的研究工作，取得了重大成果，建立了中国南方地区寒武纪牙形刺序列并详细描述了南方寒武纪牙形刺动物群。嗣后，王志浩等（2011）对我国寒武纪牙形刺作了总结，编著了《中国寒武纪和奥陶纪牙形刺》。

中国华北（14带）和华南地区（12带）寒武纪牙形刺带的划分和对比如表5-1所示。

5.2 中国奥陶纪牙形刺研究简史与牙形刺生物带

20世纪80年代初，安太庠等（1983）发表了他们的重要专著《华北及邻区牙形石》，建立了中国华北、东北地区寒武纪及奥陶纪的牙形刺序列，并描述了其牙形刺动物群。与此同时，王志浩（Wang，1983，1985a，1985b）、裴放和蔡淑华（1987）等连续发表了有关中国华北和东北地区寒武纪及奥陶纪牙形刺的研究成果，发现并补充了新的牙形刺带。

王志浩和罗坤泉（1984）首次发表了中国西北地区即鄂尔多斯地台周缘的寒武纪与奥陶纪牙形刺，初步建立了西北地区奥陶纪的牙形刺序列。随后，Chen & Gong（1986）

表 5-1　中国寒武纪华南与华北牙形刺分带与对比

系	统	阶	华南	阶	华北	北美地区
			Dong *et al.*, 2004		An, 1982; Wang, 1985a, 1985b; Chen & Gong, 1986; 本文	Miller *et al.*, 2003; Cooper *et al.*, 2001
			牙形刺带		牙形刺带	
奥陶系	下统	特马豆克阶	*Cordylodus lindstromi* 上部（*Ia. fluctivagus*）	冶里阶	*Iapetognathus jilinensis*	*Iapetognathus fluctivagus*
寒武系	芙蓉统	第十阶	*Cordylodus lindstromi* 下部（= *C. lindstromi*）	凤山阶	*Cordylodus lindstromi*	*Cordylodus lindstromi*
			C. intermedius		*C. intermedius*	*C. intermedius*
			C. proavus		*C. proavus*	*C. proavus*
			Eoconodontus		*Cambrooistodus*	*Cambrooistodus*
					Eoconodontus	*Eoconodontus*
			Proconodontus		*P. muelleri*	*P. muelleri*
		江山阶			*P. posterocostatus*	*P. posterocostatus*
			P. tenuiserratus		*P. tenuiserratus*	*P. tenuiserratus*
			Westergaardodina cf. *calyx* – *Prooneotodus rotundatus*	长山阶	*West.* aff. *fossa* – *Proon. rotundatus*	
		排碧阶	*West. lui* – *W. ani*		*Muellerodus? erectus*	
	第三统	古丈阶	*West. matsushitai* – *W. grandidens*	崮山阶	*West. matsushitai*	
			West. quadrata		*West. orygma*	
			Shandongodus priscus – *Hunanognathus tricuspidatus*	张夏阶	*Shandongodus priscus*	
			Gapparodus bisulcatus – *West. brevidens*		*Laiwugnathus laiwuensis*	

注：*C.* = *Cordylodus*；*P.* = *Proconodontus*；*Proon.* = *Prooneotodus*；*West.* = *Westergaadodina*。

对吉林浑江大阳岔寒武系—奥陶系界线附近的牙形刺进行了详细的描述。安太庠和郑昭昌（1990）又对鄂尔多斯盆地周缘地区奥陶纪牙形刺进行了详细报道，补充和完善了中国西北地区奥陶纪牙形刺序列。

与此同时，安太庠等（1985a，1985b）、An（1981）、倪世钊（1981）、曾庆銮等（1983）、安太庠（1987）、陈敏娟和张建华（1984）、陈敏娟等（1986）、Dong（1985）、董熙平（1987）、倪世钊和李志宏（1987）等又陆续发表了有关华南地区寒武纪及奥陶纪牙形刺研究成果，特别是安太庠（1987）建立了中国南方地区奥陶纪牙形刺的序列并较详细地描述了其牙形刺动物群。

20 世纪 90 年代，王成源（1993）和 Zhang（1993，1997，1998a，1998b，1998c，1998d）等专注研究中国西北，特别是新疆地区塔里木盆地牙形刺。周志毅和陈丕基（1990）、新疆石油管理局南疆石油勘探公司 & 滇黔桂石油勘探局石油地质科学研究所

(钟端和郝永祥，1990)、新疆石油管理局南疆石油勘探公司 & 江汉石油管理局勘探开发研究院（张师本和高琴琴，1991）、赵治信和张桂芝（1991）、塔里木石油勘探开发指挥部 & 滇黔桂石油勘探局石油地质科学研究所（钟端和郝永祥，1994）、塔里木石油勘探开发指挥部等（1994）以及王志浩和周天荣（1998）等，较为详细地建立了中国新疆塔里木盆地区奥陶纪牙形刺序列，并描述了该区的牙形刺动物群。21 世纪初，王志浩和祁玉平（2001），Wang *et al.*（2007）和王志浩等（2013a）继续研究了这一地区的牙形刺动物群及其生物地层。

除与生产相结合的成果外，为与国际地层研究相接轨，学者们在研究地层界线层型上也做了大量的工作。Chen & Wang（1993）、陈旭等（1998）、Wang *et al.*（2005a，2005b）详细研究了如特马豆克阶与弗洛阶、弗洛阶与大坪阶、大坪阶与达瑞威尔阶、达瑞威尔阶与桑比阶等界线，并获得了达瑞威尔阶和大坪阶底界的两颗“金钉子”（即全球界线层型剖面及点位，GSSP）以及桑比阶底界的“银钉子”（即全球界线辅助层型剖面，AGSSP）。其中，Wang & Bergström（1995，1998，1999）、王志浩和 Bergström（1999）则补充和细分了华南地区一些奥陶系内这些阶间界线的牙形刺带。

由于奥陶纪牙形刺动物群的特征和分布受岩相和古地理的控制，中国奥陶纪牙形刺生物地层可明显地分为两大区域，即华北、东北的北方区和以华南扬子区为代表的南方区。这两大区域牙形刺生物地层的基本框架首先由安太庠等（1983）和安太庠（1987）建立，后经王志浩（Wang，1983，1985a，1985b）、陈敏娟等（1983）、陈均远等（Chen *et al.*，1985；Chen & Gong，1986）、陈敏娟和张建华（1984，1989）、Wang & Bergström（1995，1998，1999）、王志浩等（1996）、王志浩和 Bergström（1999）、王志浩和祁玉平（2001）、王志浩（2001）、丁连生等（见王成源，1993）、张建华（Zhang，1998d）和赵治信等（2000）的修正和补充，并在 2011 年，王志浩等总结了我国奥陶纪牙形刺，编著了《中国寒武纪和奥陶纪牙形刺》，达 112 万字和 184 个图版。嗣后，王志浩等又在最近几年，重新研究了我国北方地区奥陶纪牙形刺，建立了一个全新的牙形刺生物带序列，使其更正确、更可靠和更具可对比性（Wang *et al.*，2013；王志浩等，2013b，2013c，2014a，2014b，2016）。同时，王志浩等（2015a，2015b，2016）还对华南扬子区的奥陶系牙形刺进行了更深入的研究。中国北方地区奥陶系共分 23 个牙形刺带，南方则有 25 个带，如表 5-2 所示。

5.3 中国志留纪牙形刺研究简史与牙形刺生物带

中国志留纪牙形刺的研究只有 30 多年的历史。王成源（1980）首先报道了云南东部的牙形刺，包括罗德洛统的 *Ozarkodina crispa*，这个种后来又依据中国的材料划分为 4 个不同的形态型（Walliser & Wang，1989）。兰多维列统牙形刺最早是周希云等（1981）描述的，他们依据贵州雷家屯剖面所产化石提出兰多维列统牙形刺分带框架。现在周希云的 *Pterospathodus celloni* 带已全部被修订为 *P. eopennatus* 带。倪世钊（1983）研究了长江三峡地区兰多维列统的牙形刺。

林宝玉（1983）、林宝玉和邱洪荣（1983）报道在西藏喜马拉雅地区发现 *Pterospathodus celloni*，*P. amorphognathoides*，*Spathognathodus sagitta bohemica*，*Ancoradella ploeckensis*，*Polygnathoides siluricus* 和 *Ozarkodina remscheidensis eosteinhornensis* 生物带的牙

表 5-2　中国奥陶纪牙形刺生物带的划分与对比

系	阶	中国：华北地区（王志浩等, 2016）	中国：华南地区（安太庠, 1987; 王志浩等, 2011, 2016）	中国：新疆（王志浩和周天荣, 1998; 赵治信等, 2000; Zhen *et al.*, 2011）	欧洲波罗的地区（Bergström, 1971; Pyle & Barnes, 2003; Wang *et al.*, 2016）	北美地区（Sweet, 1984; Miller *et al.*, 2003; Pyle & Barnes, 2003）	
奥陶系	凯迪阶		*A. ordovicicus*	*Aph. pyramidalis*	*A. ordovicicus*	Cincinnatian	*Aph. shatzeli* *Aph. divergens* *Aph. grandis* *Ou. robustus*
		Y. yaoxianensis		*Y. yaoxianensis*			
		Y. neimengguensis	*Pr. insculptus*	*Y. neimengguensis*	*A. superbus*		
		Be. confluens	*Ha. brevirameus*	*Be. confluens*		Mowhawakian	*Ou. vericuspis* *Be. confluens*
	桑比阶	*Ph. undatus*	*Ba. alobatus*	*Ba. alobatus*	*Ba. alobatus*		*Ph. undatus*
		Be. compressa					*Be. compressa*
		Er. quadridactylus			*Ba. gerdae*		*Er. quadridactylus*
		Pl. aculeata	*Ba. variabilis*	*Ba. variabilis*	*Ba. variabilis*		*Pl. aculeata*
	达瑞威尔阶	*Py. anserinus*	*Py. anserinus*	*Py. anserinus*	*Py. anserinus*	Whiterockian	*Cah. sweeti*
		Py. serra	*Py. serra*	*Py. serra*	*Py. serra*		*Cah. frendsuillens*
		Py. anitae			*Py. anitae*		
		Eo. suecicus– *Hi. kristina*	*Eo. suecicus* *Eo. pseudoplanus*	*E. suecicus*	*Eo. suecicus*		*Ph. preflexuosus*
		Hi. holodentata– *Tan. tangshanensis*	*Yan. crassus* *Le. variabilis* *Le. antivariabilis*	*Hi. kristinae* *Le. variabilis*	*Yan.crassus* *Le. variabilis* *Le. antivariabilis*		*Hi. holodentata* *Hi. sinuosa* *Hi. altifrons*
	大坪阶		*M. parva* *Paro. originalis* *Ba. navis* *Ba. triangularis*	*Paro. originalis* *G. tarimensis*	*M. parva* *Paro. originalis* *Ba. navis* *Ba. triangularis*		*M. flabellun* *Trip. laevis*
	弗洛阶	*J. gananda*	*O. evae*		*O. evae*	Ibexian	*J. gananda*
		Par. obesus– *Par. paltodiformis*	*Prion. honghuayuanensis*		*Prion. elegans*		*O. communis*
		Ser. extensus	*Paro. proteus*		*Paro. proteus*		*Acod. deltatus*
		Ser. bilobatus	*Ser. diversus*	*Ser. diversus*	*Pal. deltifer*		*Mae. dianae*
		Scalp. tersus– *Tr.* aff. *bifidus*	*Tr. proteus*				
	特马豆克阶	*G. quadraplicatus*	*G. quadraplicatus*	*G. quadraplicatus*			*S. subrex*
		Ch. herfurthi– *R. manitouensis*	*Ch. herfurthi–* *R. manitouensis*	*Ch. herfurthi–* *R. manitouensis*			*R. manitouensis*
		C. angulatus	*C. angulatus*	*C. angulatus*	*C. angulatus*		*C. angulatus*
		I. jilinensis– *C. lindstromi*	*Ia. fluctivagus*	*V.* aff. *basseleri*			*Iapetognathus*
寒武系	第十阶	*C. intermedius*	*C. intermedius*	*C. intermedius*			*C. intermedius*

注：*A.* = *Amorphognathus*；*Acod.* = *Acodus*；*Aph.* = *Aphelognathus*；*Ba.* = *Baltoniodus*；*Be.* = *Belodina*；*C.* = *Codylodus*；*Cah.* = *Cahabagnathus*；*Ch.* = *Chosonodina*；*Eo.* = *Eoplacognathus*；*Er.* = *Erismodus*；*G.* = *Glyptoconus*；*Ha.* = *Hamarodus*；*Hi.* = *Histiodella*；*I.* = *Iapetognathus*；*J.* = *Jumudontus*；*Le.* = *Lenodus*；*M.* = *Microzarkodina*；*Mae.* = *Maoerodus*；*O.* = *Oepikodus*；*Ou.* = *Oulodus*；*Pal.* = *Paltodus*；*Par.* = *Paraserratognathus*；*Paro.* = *Paroistodus*；*Ph.* = *Phragmodus*；*Pl.* = *Plectodina*；*Pr.* = *Protopanderodus*；*Prion.* = *Prioniodus*；*Py.* = *Pygodus*；*R.* = *Rossodus*；*S.* = *Scolopodus*；*Scalp.* = *Scalpellodus*；*Ser.* = *Serratognathus*；*Tan.* = *Tangshanodus*；*Tr.* = *Triangulodus*；*Trip.* = *Tripodus*；*V.* = *Variabiloconus*；*Y.* = *Yaoxianognathus*；*Yan.* = *Yangtzeplacognathus*。

形刺，但并没有图示。最早报道 *P. amorphognathoides* 生物带在滇西和西藏存在的是王成源和王志浩（1981b）与 Wang & Ziegler（1983）。喻洪津（1985）描述并图示了藏北申扎地区的牙形刺。1985 年，邱洪荣描述并图示了 6 个牙形刺带：这些化石主要来自喜马拉雅地区，部分来自藏北冈底斯—念青唐古拉地区。1988 年，邱洪荣又对西藏志留纪牙形刺进行了总结，提出了相同的牙形刺生物地层序列。

丁梅华和李耀泉（1985）对陕西宁强地区兰多维列统的牙形刺进行了研究，他们鉴定出 30 形式属、70 形式种。对这些形式属种的分类，需要用多成分种的概念加以修正，绝大多数的名称是不能再保留的。丁梅华和李耀泉（1985）将 *Spathognathodus celloni* 组合带分为 2 个亚组合带，上为 *Aulacognathus bashanensis* 亚组合带，下为 *Ozarkodina adiutricis* 亚组合带，但他们的 *Aulacognathus bashanensis* 是 *Aulacognathus bullatus* 的同义名；*Ozarkodina adiutricis* 也不是一个独立的种，而是 *Pterospathodus celloni* 的 Pb 分子。他们这样的划分方案是不能采用的。左自壁（1987）列出了湘西北 Telychian 牙形刺的 30 形式属、100 形式种和亚种，但没有描述和图版，其中的 20 新种和新亚种以及 1 新属的名称，都是无效的。此化石名单表明，在湘西北大庸、桑植地区的吴家园组（Wujiayuan Formation）存在 *P. celloni* 生物带。王根贤等（1988）也报道了湘西北志留纪的牙形刺。

安太庠（1987）描述并图示了华南志留纪 12 形式属、21 形式种，识别出 4 个牙形刺带：*Pterospathodus celloni*，*P. amorphognathoides*，*Ozarkodina sagitta bohemica* 和 *Spathognathodus crispus*。安太庠和郑昭昌（1990）图示了宁夏同心县志留系照花井组的 12 牙形刺种，其中包括重要的 *Pterospathodus posterotenuis*（= *Pranognathus posterotenuis*）。照花井组的时代是有争议的，依据牙形刺，安太庠和郑昭昌（1990）认为照花井组的时代不会晚于 *Monograptus sedgwicki* 带，大致相当于中埃隆期。

喻洪津（金淳泰等，1989）建立了二郎山地区的志留纪牙形刺序列，包括 3 个组合带、3 个间隔带和 1 个时限带。

钱泳臻（金淳泰等，1992）在 *Spathognathodus celloni* 带鉴定出 20 形式属、30 形式种，在 *Pterospathodus amorphognathoides* 带下部鉴定出 22 形式属、50 形式种，并称他们在广元宁强地区发现了 *P. amorphognathoides* 带，同时列举了 17 牙形刺形式种作为 *P. amorphognathoides* 带存在的证据，但这 17 个形式种没有一个能证明 *P. amorphognathoides* 带的存在。

刘殿生等（1993）发表了四川龙门山兰多维列统的牙形刺，全部采用了周希云等（1981）、丁梅华和李耀泉（1985）的形式分类，并以雷家屯剖面为准，建立了龙门山地区的牙形刺序列。但有两点是值得注意的：①刘殿生等将 *Spathognathodus obesus* 带分为上下 2 个亚带，但没有给出任何定义，也没有指出任何特征种；②他们在 *Spathognathodus guizhouensis* – *S. parahassi* 组合带（周希云等，1981）和 *Ozarkodina adiutricis* – *Aulacognathus bashanensis* 组合带（丁梅华等，1985）之间，建立了 1 个未命名带，并将这一未命名带划分为下亚带 C 和上亚带 D。同样，他们并未指出这 2 个亚带有什么特征，仅提到在这大约 105 m 厚的未命名带中发现很多牙形刺。正如上面已指出的，*Ozarkodina adiutricis* – *Aulacognathus bashanensis* 组合带不能被采用。刘殿生等（1993）的最大缺点是没有给出划分亚带的生物地层特征或者标准化石。

安徽含山的兰多维列统的牙形刺是王成源（1993）描述的。

新疆依木干塔乌组曾被归为晚泥盆世（新疆区测队，1967）、中泥盆世（刘时藩，1993）或早泥盆世（周志毅和陈丕基，1990；夏树芳等，1991）。依据牙形刺的研究，依木干塔乌组应归入志留系兰多维列统（埃隆阶—特列奇阶）（张师本和王成源，1995）。

夏凤生（1993）在新疆北部发现了 *Pterospathodus amorphognathoides* 带下部的牙形刺动物群，他首次证实了此带在新疆的存在。他同样报道了早泥盆世 *delta* 带和 *pesavis* 带在南天山东部阿尔皮什麦布拉克组的存在（夏凤生，1997）。

从1987年开始，中国科学院与英国皇家学会开展了“特列奇阶跨半球对比”项目，中国特列奇阶的牙形刺得到了深入研究。作为此项目的一部分成果，王成源和Aldridge（1998）发表了《中国志留纪牙形刺属的修订》，将中国文献中命名的16个志留纪牙形刺新属，用器官属的概念修订后仅保留一属，另一属存疑，其他14属全部被废弃，这标志着中国志留纪牙形刺的研究，已经由形式属种走向器官分类。

王成源等（2009，2010）分别研究了四川盐边稗子田剖面和湖北秭归杨林剖面的志留纪地层，应用了Männik（1998，2007）的研究成果，在中国首先确认了*P. eopennatus*带的存在，修正了以前确认的*P. celloni*带的地层，提出了新的对比方案，使中国华南志留纪地层的划分和对比发生重大改变。

Wang & Aldridge（2010）完全采用器官分类，建立了2新科、1新属和10新种。

志留纪牙形刺带最早是Walliser（1964）依据奥地利Cellon剖面建立的。Walliser（1964）确立的最底部的带Bereich 1，在时代上属前特列奇期（Pre-Telychian）。Bereich 1之上有明显的硬底构造，代表一个相当长时期的沉积间断（Schönlaub，1971）。在这个间断之上，由*celloni*生物带到*eosteinhorensis*生物带共有10个牙形刺生物带。很有可能*celloni*生物带的最下部在Cellon剖面是不存在的。虽然将Cellon剖面*Pterospathodus celloni*（Walliser）带的底与其他地方本带的底部进行对比（Männik & Aldridge，1989）。

Walliser（1964）建立的由*celloni*生物带到*eosteinhornensis*生物带的牙形刺序列，世界各地几乎都是一样的。但*celloni*生物带之前（Pre-*celloni* Biozone），世界各地的牙形刺序列不同，具有明显的地方动物群的特征。

中国兰多维列世的海相沉积，大多数分布在上扬子区和下扬子区，而温洛克世到普里道利世的海相沉积主要分布在川西、滇西、西藏、内蒙古和新疆。中国志留纪牙形刺生物地层序列已有几次总结（Wang & Wang，1981，1983；Lin，1986；Wang，1990）。近乎完整的牙形刺序列在中国已经建立，但仍然存在很多问题，特别是温洛克世和普里道利世的牙形刺分带仍需进一步研究。尤以普里道利世的牙形刺在中国所知甚少，研究程度极低。

在中国与英国的“特列奇阶跨半球对比”项目合作（1987—1990年）结束之后，王成源和Aldridge（1996）曾重点对中国兰多维列世统的牙形刺进行了总结，也包括四川二郎山罗德洛世的牙形刺。加之最近对*Pterospathodus celloni*生物带的修订和对*eopennatus*带的确认，以前周希云等所确立的*celloni*带几乎全部归属到*eopennatus*带（王成源等，2009，2010），这是中国志留纪生物地层研究的重大改变。王成源（2013）将中国志留纪牙形刺划分为17个生物带，如表5-3所示。中国志留纪温洛克世和罗德洛世的牙形刺生物地层仍有待进一步深入研究。

5.4 中国泥盆纪牙形刺研究简史与牙形刺生物带

中国第一篇泥盆纪牙形刺论文是由王成源等在1974年华南泥盆纪会议上提交的（王成源和王志浩，1978），目前中国泥盆纪牙形刺的研究已取得了丰硕的成果（白顺良等，1982；王成源，1989a；Ji & Ziegler，1993）。

中国早泥盆世牙形刺的研究始于1975年（王成源和王志浩），如今中国泥盆纪牙

表 5-3 中国志留纪牙形刺生物带（据 Wang & Aldridge, 2010）

统	阶	欧洲北美牙形带（综合）Corradini *et al*., 1999; Männik, 2007; Zhang *et al*., 2002		中国牙形刺带	
普里道利统		*Oulodus. el. detortus*		*Delotaxis* sp.?	
		Ozarkodina remscheidensis 间隔带		*eosteinhornensis* ?	
				Ozar. remscheidensis ?	
罗德洛统	卢德福特阶	*Ozar. crispa*		*Ozar. crispa*	
		Ozar. snaidri 间隔带		*Ozar. snajdri*	
		Pe. latialata			
		Pol. siluricus	*K. v. variabilis* 动物群	*Pol. siluricus*	*K. v. variabilis* 动物群
		A. ploeckensis		*A. ploeckensis*	
		Ozar. exz. hamata			
	高斯特阶	*K. v. variabilis* 间隔带		*K. v. variabilis* 间隔带	
		K. crassa		*K. crassa* ?	
温洛克统	侯墨阶	*Ozar. bohemica*		*Ozar. bohemica*	*K. stauros* / ?
	申伍德阶	*Ozar. s. sagitta*		*Ozar. s. sagitta* ?	
		Ozar. s. rhenana		*Ozar. s. rhenana*	*K. patula* ?
		K. ranuliformis	*Ps. bicornis* 带上部	*K. ranuliformis*	
兰多维列统	特列奇阶		*Ps. bicornis* 带下部	?	
		P. a. amorphognathoides		*P. a. amorphognathoides*	
		P. celloni	*P. a. lithuanicus*	*P. celloni*	?
			P. a. lennarti		*P. a.* cf. *lennarti*
			P. a. angulatus		*P. a. angulatus*
		P. eopennatus		*P. eopennatus*	
	埃隆阶	*D. staurognathoides*		*D. cathyaensis*	*Ozar. guizhouensis*
		I. discreta – *I. deflecta*		*Ozar. parahassi*	
				Ozar. pirata	
		?			
	鲁丹阶	*Oulodus panuarensis*		*Ozar. obesa*	
		Ozar. hassi		*Ozar.* aff. *hassi*	

注：*A.* =*Ancoradella*；*D.* =*Distomodus*；*I.* =*Icriodus*；*K.* =*Kockelella*；*Oz.* =*Ozarkodina*；*P.* =*Pterospathodus*；*Pe.* =*Pedavis*；*Pol.* =*Polygnathoides*。

形刺带可与国外牙形刺带逐一对比，研究程度已很高。早泥盆世洛赫考夫期的牙形刺是王成源等（1978）首先在四川若尔盖下普通沟组发现的，确立了泥盆系最底部第一个牙形刺化石 *Caudicriodus woschmidti* 带，*eurekaensis* 带可能存在于滇西（白顺良等，1982），而 *delta* 带的化石存在于西藏（Wang & Ziegler，1982）和新疆库车河地区（王成源和张守安，1988；王成源，2001）及乌恰地区（王成源，2000a）。Lochkovian 阶最上部的 *pesavis* 带，存在于新疆塔里木盆地东部（夏凤生，1996）。泥盆纪牙形刺化石在分类上分歧相对较小，而世界对比性很强，应特别注重带化石的发现。内蒙古早泥盆世牙形刺最早发现于 1985 年（王成源，1985），并依据牙形刺首先在巴特敖包地区确立了早泥盆世地层的存在，建立了阿鲁共组（李文国等，1985）。

从早泥盆世埃姆斯期早期开始，中国泥盆纪牙形刺的分布是非常广泛的。特别是在华南、华中和西南地区，很多牙形刺化石带都可以在连续的剖面上发现。其中广西德保都安四红山一个剖面就发现了 29 个牙形刺化石带（Ziegler & Wang，1985）。重要的是都安剖面是中国目前所知的唯一的一条有完整艾菲尔期牙形刺序列的剖面。在华南有很多完整的吉维特期和晚泥盆世牙形刺序列的剖面，如广西宜山剖面、拉力剖面，贵州尧化剖面、独山剖面，四川龙门山剖面等。这些剖面上的牙形刺化石带，都可以与国际上的牙形刺化石带进行精确的对比。

泥盆纪牙形刺化石带，特别是中、晚泥盆世牙形刺化石带，每个带又常常分为早晚或早中晚等不同的“亚带”，但是几乎所有这些“亚带”在国际上都作为带，每个带都以某个牙形刺种或亚种的首次出现为其底界。据此计算，目前泥盆纪牙形刺已划分出 58 个化石带，这是显生宙任何地质时代或任何其他化石门类所不及的。

1979 年，中国泥盆纪牙形刺可识别出 21 带（王成源和王志浩，1981b）；1982 年，中国泥盆纪牙形刺化石带可区分出 26 带（王志浩和王成源，1983）；1989 年，中国泥盆纪牙形刺化石带达 28 带（王成源，1989a）；2001 年，中国泥盆纪牙形刺化石带达 53 带（王成源，2001）。目前，依据笔者的统计，中国泥盆纪牙形刺化石带可达 58 带。

泥盆纪牙形刺已成为泥盆纪生物地层的主导化石门类，它解决了许多底栖生物多年来所解决不了的地层问题，如郁江组、四排组、黑台组、二道沟组、阿鲁共组的时代，以及不同相区的对比。

广西、湖南、广东中泥盆世牙形刺的研究，修正了中国学者长期以来有关“吉维特阶”的概念，将被中国学者长期以来归入吉维特阶的 *Bornhardtina* 的层位划归艾菲尔阶，识别出中国艾菲尔阶的存在，对中国中泥盆统的对比起到了重要的作用（王成源和殷保安，1985）。

湖南晚泥盆世牙形刺的研究修正了传统的锡矿山阶的概念，马牯脑灰岩只达法门阶中部（王成源，1979），邵东段只相当于下 *Bispathodus costatus* 带（Wang & Ziegler，1983），而产有珊瑚 *Cystophrentis* 带的孟公坳组和革老河组也归泥盆系法门阶（王成源，1985，1987；季强，1987）。这是中国浅水相区泥盆系—石炭系界线研究的最重大突破，是一项突出的生物地层学研究成果，打破了半个多世纪的传统观念。

中国泥盆纪牙形刺序列主要建立在深水浮游相区，而浅水相区的牙形刺序列还有待深入研究，目前仅建立了法门期的几个牙形刺组合，组合带的划分也很粗略。

国际泥盆纪牙形刺的研究仍在发展中，Bardashev *et al*.（2002）对早泥盆世布拉格期和埃姆斯期的台型牙形刺提出了新的分类系统，建立了2新科、7新属和49新种；早泥盆世的牙形刺化石带也大量增加，仅埃姆斯阶就划分出7化石带。对于Bardashev *et al*.（2002）的分类，有不同的意见（Mawson，2003），笔者并没有采用，但他们的分类仍有很多值得重视和研究的地方，不能全盘否定。这同时意味着，泥盆纪牙形刺分带仍有可能再继续增加。如果采用Bardashev *et al*.（2002）的分类原则，中、晚泥盆世的台型牙形刺也要增加大量的属种。

早泥盆世牙形刺以*Caudicriodus*，*Eognathodus*，*Polygnathus*为主；中泥盆世牙形刺以*Polygnathus*，*Bipenadus*为主；而晚泥盆世牙形刺以*Mesotaxis*，*Klapperina*，*Palmatolepis*，*Siphonodella*为主。

中国泥盆纪牙形刺的系统描述急需总结和深入，这里仅仅是介绍泥盆纪牙形刺的生物地层化石带的情况及有关带化石，供野外地质工作者参考。

由于篇幅所限，泥盆纪浅水相牙形刺带化石没能全部描述，也未在图版中出现。

为减少篇幅，泥盆纪的牙形刺生物带仅以表5-4示之。此表是泥盆纪生物地层的纲领。每个牙形刺带的底界都是以相关种的首现为准，仅上*rhomboidea*带和中*praesulcata*带例外。相关带化石的描述，可以很容易地在化石描述章节中找到，而图影囊括在D—1至D—8的图版中。

广西是中国泥盆纪地层最为发育的省份，也是中国泥盆纪牙形刺研究最早、成果最多的省份，泥盆纪生物地层格架已较完整地建立。对广西泥盆纪地层和牙形刺的研究有以下几点需要特别注意：

1）广西早泥盆世早期的洛赫考夫期、布拉格期和埃姆斯期早期的牙形刺带至今并没有发现与研究。广西的大多数地区是从埃姆斯期中晚期才开始有大面积的海相沉积的，但在钦州—防城地区，有以页岩、泥岩为主的深水相沉积，还有笔石和放射虫化石。早泥盆世早期的牙形刺很可能会在这一地区发现，对该地区做些牙形刺的分析可能会有新的突破。钦州小董石梯水库的泥岩、泥页岩中已发现大量的晚泥盆世的牙形刺。泥盆纪牙形刺的研究，不仅要注意灰岩，更要注意其他岩石地层，这对解决不同相区的对比是至关重要的。

2）早泥盆世埃姆斯期的牙形刺分类，Bardashev *et al*.（2002）提出了新的分类系统，建立了很多新属，本文并未采用，但Bardashev *et al*. 对种的划分，多数是可以接受的。

3）广西艾菲尔期的地层值得注意。德国学者提出的艾菲尔期的“大间断”，在中国普遍存在。广西德保四红山剖面是中国目前所知的唯一的有艾菲尔期连续的5个牙形刺带的剖面，大多地区的艾菲尔期沉积都不完整。但艾菲尔期的沉积还是普遍存在的。

4）中国晚泥盆世法门期地层研究的重大成就之一，就是把传统的下石炭统底部的*Cystophrentis*带划归到法门阶，颠覆了在中国存在半个多世纪的传统概念，对认识珊瑚的演化也至关重要。

5）法门期的牙形刺分类，Dzik（2006）提出了全新的方案，建立了9个新属、39个新种，全部为器官分类，这是特别值得重视的。笔者认为他的分类还难以应用，故暂未采用。

表 5-4　泥盆系的统与阶的标准序列及其与牙形刺、笔石、菊石和竹节石带的关系（据王成源，1994，地层学杂志，18（1）：75，表 2，略加修改）

统	阶	标准牙形刺带		定义、种的首次出现	菊石、笔石带		竹节石带	重要演化事件
密西西比亚系		sulcata		Siphonodella sulcata				
上泥盆统	法门阶	praesulcata	上	Protognathodus kockeli	Wocklum	Ac. carinatum		
			中	Pa. g. gonio. 绝灭		C. curyomphala		
			下	Si. praesulcata		W. sphaeroides		
		expansa	上	Bispathodus ultimus		K. subarmata		
			中	Bispathodus aculeatus	Clymenia	Pi. piriformi		
			下	Pa. gracilis expansa		Or. ornata		
		postera	上	Pa. gracilis manca		Pg. acuticosteta		
			下	Pa. perlobata postera		P. serpentina		
		trachytera	上	Polyno. granulosus	Platyclyme	Pl. annulata		
			下	Pa. rugosa trachytera		Pro. delphinus		
		marginifera	上	S. velifer velifer		Ps. sandbergeri		
			中	Pa. marginifera utahensis				
			下	Pa. m. marginifera	Cheiloceras			←clymenids 首现
		rhomboidea	上	Pa. poolei 绝灭		Sp. pompeckji		
			下	Pa. rhomboidea				
		crepida	顶	Pa. glabra pectinata				
			上	Pa. glabra prima				
			中	Palmatolepis termini				
			下	Palmatolepis crepida		Ch. curvispina		
		triangularis	上	Pa. minuta minuta				←dacryoconarids 末现
			中	Pa. delicatula platys	Manticoceras	Cr. holzapfeli	H. ultimus	
			下	Pa. triangularis				
	弗拉阶	linguiformis	gigas 顶部	Pa. linguiformis				←绝灭事件
		rhenana 上部	gigas 中部	Pa. rhenana rhenana				
		rhenana 下部	gigas 下部	Pa. rhenana nasuta		Manticoceras cordatum	H. tenuicinctus	
		jamieae	Ancyrognathus triangularis	Palmatolepis jamieae				
		hassi 上部		An. triangularis				
		hassi 下部	未分带 asymmetricus 上部	Palmatolepis hassi				
		punctata	asymmetricus 中部	Palmatolepis punctata				
		transitans	asymmetricus 下部	Palmatolepis transitans				
		falsiovalis 上		Mesotaxis asymmetrica		Ko. lamellosus		
		falsiovalis 中	asymmetricus 底部	Mesotaxis costatiformis		Pet. feisti		
		falsiovalis 下		Mesotaxis falsiovalis	Pharciceras	Pon. pernai		
中泥盆统	吉维特阶	disparilis		Klapperina disparilis		Ph. arenicum	?	
		hermanni–cristatus	上	Po. cristatus		Ph. lunulicosta		
			下	Sch. hermanni				
		varcus	上	Po. latifosatus		Ph. amplexum		
			中	Po. ansatus	Maen. tereratum		N. bianulifera	
			下	Po. timorensis	Maen. molarium			
		hemiansatus		Po. ensensis	Cabr. crispiforme		N. otomari	←Stringocephalus 首现
	艾菲尔阶	ensensis						
		kockelianus		T. k. kockelianus	Pinacites jugleri		N. chlupaciana	
		k. australis		T. k. australis			N. pumilio	
		costatus		Po. c. costatus			Su. sulcata sulcata	
		partitus		Po. partitus			N. holynensis	
下泥盆统	埃姆斯阶	patulus		Po. patulus	Anarcestes		N. richteri	
		serotinus	上					
			下	Po. serotinus				
		inversus		Po. inversus	Teich. discordans		N. cancellata	
		nothoperbonus					N. elegans	
		excavatus		Po. excavatus	Anetoceras		N. barrandei N. praecursor	
		kitabicus		Po. kitabicus			N. zlichovensis	←goniatites 首现 ←graptolites 末现
	布拉格阶	pireneae		Po. pireneae	M. yukonensis		N. acuaria: Guar. strangulata	
		s. kindlei		Eog. s. kindlei	M. thomasi			
		sulcatus	上/下	Eog. sulcatus	M. fanicus		N. sororcula	
	洛赫考夫阶	pesavis		Ped. pesavis	M. kayseri		Par. intermedia	
		delta		O. delta	M. hercynicus		Hom. bohemica	
		eurekaensis		O. eurekaensis	M. praehercynicus		Hom. senex	dacryoconarids 开始全球分布
		woschmidti		C. w. woschmidti	M. uniformis		dacryoconarids unknown	

5.5 中国石炭纪牙形刺研究简史与牙形刺生物带

中国最早报道的石炭纪牙形刺发现于广西南丹罗富同车江组（王成源，1974）。之后，王成源和王志浩（1978a），王成源（1979），赵志信（1989），王志浩、李润兰（1984）等对中国南方和北方石炭纪牙形刺都有研究。对广西石炭纪牙形刺，王成源等（1984，1987，1989），徐珊红等（1987），苏一保、季强等（1988），都做了大量工作。尤其是苏一保在1989年采集了广西35条剖面的439个样，并总结出了广西石炭系13个牙形刺带或组合带。这些带近年来又有些修正。王志浩（1991，1996a，1996b），王志浩等（1983，1987，1990，1991，2002a，2002b，2003，2004a，2004b，2004c，2006，2008），祁玉平等（2004，2012），Wang（1990），Wang & Higgins（1989），Wang *et al.*（1987a，1987b），Wang & Qi（2003a，2003b）对贵州上石炭统的牙形刺序列做了大量工作，已建立了25个牙形刺带。中国石炭纪和广西石炭纪牙形刺带如表5-5所示。

对中国石炭纪牙形刺序列有如下几点说明：

1）中国宾夕法尼亚亚系牙形刺生物地层的研究，进展非常快。1989年，仅有10带（Wang & Higgins，1989）；2004年，就增加了一倍多，达23带（Wang & Qi，2003a，2003b）；2008年，达到25个带。中国是国际上宾夕法尼亚亚系划分牙形刺带最多的国家。

2）国际地层委员会石炭纪分会对石炭系界线层型的研究比泥盆纪分会落后得多，至今阶的界线层型仍未完全确定。谢尔普霍夫阶，莫斯科阶，卡西莫夫阶底界的界线层型仍未最终确定。谢尔普霍夫阶的底界定义种有可能是 *Lochieria ziegleri*，卡西莫夫阶的底界定义种有可能是 *I. sagittalis*，但莫斯科阶的底界定义争论较大，中国学者提出的 *D. ellesmerensis* 作为定义种被接受的可能性不大，可能会有新的选择。

3）中国宾夕法尼亚亚系牙形刺序列主要建立在贵州纳水（纳庆）剖面，属深水相区，可作为标准，但分布区域有限。中国绝大多数地区宾夕法尼亚亚系属浅水相区，牙形刺序列并没有很好地建立，深水相区和浅水相区的对比更远未解决，是今后研究的重要任务。

4）中国目前所建立的宾夕法尼亚亚系牙形刺序列，还没有很好地与䗴、有孔虫、珊瑚、腕足类等化石序列进行对比，这同样是要解决的重要问题。这涉及不同相区的对比。

5）目前石炭系牙形刺生物地理分区的研究还是很薄弱的，中国所建立的牙形刺序列中少数种具有较强的地方性，世界对比意义可能有限。

6）中国密西西比亚系深水相牙形刺序列与浅水相牙形刺序列的对比研究相对较好，但宾夕法尼亚亚系浅水相牙形刺序列还远未建立。深水相与浅水相的对比十分困难。

5.6 中国二叠纪牙形刺研究简史与牙形刺生物带

中国二叠纪牙形刺的研究始于1960年，金玉玕报道了江苏中二叠统孤峰组的牙形刺。嗣后，王成源（1974），王志浩（1978），王成源和王志浩（1981a）等对早二叠世和晚二叠世的牙形刺也进行了研究，并在1982年首次总结出中国二叠纪12个牙形刺

表 5-5　中国石炭纪深水相与浅水相牙形刺带（据王成源，2013）

亚系	阶	深水相牙形刺带		浅水相牙形刺带		中国阶名
宾夕法尼亚亚系	格舍尔阶	St. wabaunsensis		? St. elongatus		逍遥阶
		St. tenuialveus				
		St. firmus				
		I. nashuiensis		St. wabaunsensis		
		I. simulator				
	卡西莫夫阶	St. guizhouensis		St. elegantulus		
		St. gracilis				
		St. cancellosus				
		I. sagittalis		?		
	莫斯科阶	Sw. makhline–Sw. nodocarinata				达拉阶
		Sw. subexcelsa				
		I. podolskensis		I. podolskensis		
		Go. donbassica–Go. clarki				
		Di. ellesmerensis				
	?	Di. coloradoensis		?		滑石板阶
		Id. ouachitensis				
	?	St. expansus				
	巴什基尔阶	Id. sulcatus parva				
		I. primulus–Ne. bassleri				
		I. primulus–Ne. symmetricus	*	Ne. bassleri	*	
		Ne. symmetricus	*			
		Id. corrugatus–Id. pacificus	*	Id. corrugatus–Id. sinuatus	*	
		Id. sinuatus	*			
		Id. sulcatus sulcatus	*			
		De. noduliferus	*	De. noduliferus	*	罗苏阶
密西西比亚系	谢尔普霍夫阶	G. bilineatus bollandensis	*	A. unicornis–G. bilineatus ?	*	德坞阶
		Lochriea cruciformis	*			
		L. ziegleri				
	维宪阶	L. nodosa				大塘阶
		G. bilineatus bilineatus	*	G. bilineatus–M. beekmanni	*	
		L. comutata				
		G. homopunctatus	*			
	杜内阶	Sc. anchoralis–D. latus		Sc. anchoralis		岩关阶
		G. typicus上部–Dollymae bouchaerti		S. eurylobata	*	
		G. typicus 下部	*			
		S. isosticha–S. crenulata 上部	*			
		S. crenulata 下部	*	?		
		S. sandbergi	*	S. sinensis		
		S. duplicata 上部	*			
		S. duplicata 下部	*	S. levis		
		S. sulcata	*			

＊表示广西存在的牙形刺化石带

注：A. = Adetognathus；De. = Declinognathodus；Di. = Diplognathodus；G. = Gnathodus；Go. = Gondolella；I. = Idiognathodus；Id. = Idiognathoides；L. = Lochriea；M. = Mestognathus；Ne. = Neognathodus；S. = Siphonodella；St. = Streptognathodus；Sw. = Sweetognathusz；Sc. = Scaliognathus。

带。近年来中国二叠纪牙形刺文献剧增，特别是中晚二叠世牙形刺的研究日臻完善，整个二叠系已建立了38个带或51个带（*Permophiles* 55，2014），成为世界对比的标准。

中国二叠纪牙形刺带如表5-6所示。表中凡是在广西存在的化石带均标※号表示；▲表示在广西尚未找到的化石带，但在贵州等其他地方存在。有些早二叠世的牙形刺带化石在中国还没有找到。

对中国二叠纪牙形刺研究有如下几点说明：

1）牙形刺是二叠纪生物地层的第一主导化石门类。二叠系三统九阶的底界定义都是用牙形刺确定的。依据笔者的整理，目前二叠纪牙形刺带至少已达38个。乌拉尔统的牙形刺带还不够健全，在中国也没有得到全面的确认。二叠纪牙形刺的分布有暖水区和凉水区的区别，目前列出的化石带是暖水区的，凉水区的化石带没有计入；在广西地区，还没有发现凉水区的牙形刺分子。

2）本文采用的二叠纪年代表（Permian Time Scale）引用自 *Permophiles*，有绝对地质年代，并将牙形刺和䗴、菊石的化石带进行对比，有重要的实用性。

3）本文二叠纪牙形刺生物带是依据近年来在 *Permorphiles* 上多次发表的 Permian Time Scale 加以修正而成。具体的修正如下：

① 阿瑟尔阶，依据 Chernykh（2005）的成果，补充了 *Streptognathodus cristellaris* 带和 *S. sigmoidalis* 带。

② 在萨克马尔阶上部，依据 Chernykh（2005）的成果，补充了 *Sweetognathus anceps* 带。

③ 瓜德鲁普统中的属名 *Jinogondolella*，全部改为 *Mesogondolella*，保持以前的用法，包括 *Jinogondolella* 的命名者，以前将相关种归入 *Mesogondolella* 的。

④ 吴家坪阶中的 *Clarkina asymmetricus* 带，肯定应当改为 *C. niuzhuangensis* 带。坚持使用 *C. asymmetricus* 带名是很不恰当的。

⑤ 长兴阶中的 *Clarkina yini* 带应当取消，它本是 *C. changxingensis* 的亚种，不宜提升为种，也不宜作为带化石。

⑥ 吴家坪阶的底界定义，现在是 *Clarkina postbitteri postbitteri*，但金钉子的点位是依据王成源的研究确定在6k（蓬莱滩剖面）的位置，王成源认为在6k的位置已出现了 *C. dukuoensis*，而 *C. postbitteri postbitteri* 和 *C. p. hongshuiensis* 两个亚种是地层亚种，无法区分，定义可疑。亚种名后加问号表示。

⑦ 最近，*Permophiles* 55（2011）发表了新的 Permian Time Scale，增加了牙形刺带化石，达51个带，仅阿瑟尔阶就有9个化石带，这是完全引自 Chernikh（2005，2006）的资料。这些带化石是否能确立、是否适用于乌拉尔以外的地区，仍是需要验证的。

⑧ 二叠纪牙形刺研究中最大的分歧是牙形刺种的概念的分歧。泥盆纪等各纪牙形刺工作者，多数是采用 Ziegler & Sandberg（1988）提出的谱系带（Phylogenetic Zone）的概念，但二叠纪牙形刺工作者 Sweet（1973），Wardlaw & Collinson（1979），Mei *et al*.（2004），Shen & Mei（2010）采用他们称之为 Sample Population Approach（样品居群方法）确定种，仅用齿脊或齿式（denticulation）的特征确定种，强调每个样品中只有1~2个种，很少有第3个种。这实际上是在20世纪60年代就已批判的地层种的概念，它忽视了模式标本的作用，更没有考虑一个种首现（FAD）时的居群特征。用样品居群方法所确定种的首现层位总是比用 Phylogenetic Zone 所确定的层位要高一个带。这就是在确定乐平统底界层位时两种不同观点的分歧的实质。

表 5-6　国际二叠纪地质年表（牙形刺、蜓与菊石化石序列）（据 Permophiles 55，2015 修正）

统	阶	地磁	牙形刺		蜓类	菊石
三叠系	印度阶		*Hindeodus parvus*			*Otoceras*
	252.2±0.06 Ma					
乐平统	长兴阶		*C. meishanensis*	※	*Palaeofusulina* spp.	*Pseudotirolites* spp.
			C. changxingensis	※	*Colaniclla* spp.	*Paratirolites* spp.
			C. subcarinata	※		*Sinoceilites* spp.
	254.1±0.07 Ma		*C. wangi*	※		
	吴家坪阶		*C. longicuspidata*	▲		
			C. orientalis	▲		*Araxoceras* spp.
						Anderssonoceras spp.
			C. transcaucasica	※		
			C. guangyuanensis	※		
			C. leveni			
			C. niuzhuangensis	※		
			Clarkina dukouensis	※	*Codonofusiella* spp.	*Roadoceras* spp.
	259.8±0.4 Ma		*C. postbitteri postbitteri* ?	※	*Lepidolina* spp.	*Doulingoceras* spp.
瓜德鲁普统	卡匹敦阶		*C. p. hongshuiensis* ?	※		
			M. granti	※		
			M. xuanhanensis	※		
			M. prexuanhanensis	※		
			M. altudaensis	※		
			M. shannoni	※		
				※	*Metadoliolina* spp.	*Timorites* spp.
	265.1±0.4 Ma		*M. postserrata*			
	沃德阶				*Yabeina* spp.	
					Neoschwag. margaritae	
	268.8±0.5 Ma		*M. aserrata*	※		
	罗德阶					*Waagenoceras* spp.
					Neoschwagerina spp.	
	272.3±0.5 Ma		*Mesogondolella nankingensis*	※	*Cancellina* spp.	*Demarezites* spp.
乌拉尔统	空谷阶		*M. lamberti*		*Misellina* spp.	
			N. sulooplicatus			*Pseudovidrioceras* spp.
			M. idahoensis	▲		
			Sw. guizhouensis			
			N. prayi			
					Brevaxina spp.	*Propinacoceras* spp.
	283.5±0.6 Ma		*Neostreptognathodus pnevi*			
	亚丁斯克阶				*Pamirina* spp.	
			N. exsculptus	※	*Parafusulina* spp.	
			N. pequopensis			*Uraloceras* spp.
						Medlicottia spp.
			Sw. clarki			
						Aktubinskia spp.
						Artinskia spp.
						Neopronorites spp.
	290.1±0.26 Ma		*Sw. whitei*	※	*Pseudofusulina prima*	
	萨克马尔阶		*Mesogondolella bisselli*	※		
			Sw. anceps			
			Sw. binodosus			*Sakmarites* spp.
					Pseudofusulina spp.	
					Schwagerina spp.	
					Schwagerina moelleri	
			Sweetognathus merrilli			
	295.5±0.18 Ma		*S. barskovi* ▲ *Sw. expansus*			*Svetlanoceras* spp.
	阿瑟尔阶		*S. postfusus*	▲	*Pseudoschwagerina* spp.	
			S. fusus			
			S. constrictus	▲		
			S. sigmoidalis		*Sphaeroschwagerina* spp.	
			S. cristellaris	▲		
			Streptognathodus isolatus	▲	*Sphaeroschwag. vulgaris*	
	298.9±0.15 Ma					

注：*C.* ＝ *Clarkina*；*M.* ＝ *Mesogondolella*；*N.* ＝ *Neostreptognathodus*；*S.* ＝ *Streptognathodus*；*Sw.* ＝ *Sweetognathus*。

5.7 中国三叠纪牙形刺研究简史与牙形刺生物带

中国三叠纪牙形刺的研究始于1976年（王成源和王志浩，1976）。在早期的研究中，王志浩（1978，1982），王志浩和曹延岳（1981，1993），王志浩和戴进业（1981），王志浩和董致中（1985），王志浩和钟端（1991，1994），王志浩和王义刚（1995），Wang（1979），做了较多三叠纪牙形刺生物地层的工作。Wang *et al*.（1982）总结了中国三叠纪牙形刺的生物地层，确立了19个牙形刺化石带。

对于广西、贵州三叠纪牙形刺生物地层的研究，特别是不同相区的对比，王志浩和杨守仁等（1999）做出了重要贡献。杨守仁等在华南盆地相区确立了29个带，在台地相区确认了18个带，而在台地边缘相区确立了10个带。

随着二叠系—三叠系界线的研究逐渐深入，三叠系底部的牙形刺化石带的划分也逐渐精细。如今中国三叠纪盆地相区牙形刺带已多达30个。

但是在广西，至今中三叠世拉丁期和晚三叠世还没有发现可靠的牙形刺记录，已发现的三叠纪牙形刺主要是早三叠世的和部分中三叠世安尼期的。广西北部三叠纪地层少，南部层位相对较多。

中国三叠纪不同相区牙形刺带的划分和对比如表5-7所示。此化石表引自杨守仁等（1999）的"中国三叠纪不同相区牙形石序列"，仅略加修改，增加了 *Isarcicella lobata* 带，修改了原文中的个别错误。原文中的 *Pseudofurnishius murcianus* – *P. socioensis* 带和 *Budurovignathus diebeli* 带是杨守仁等依据与董致中的个人通信确立的，董致中的发现没有图片、没有发表，但他确认发现了这2个带，标本却找不到，目前没有中国的标本可供图示。广西拉丁期晚期和整个晚三叠世缺少海相沉积，但在中国滇西和黑龙江那丹哈达岭等其他地区发育海相晚三叠世地层。晚三叠世的牙形刺带还有待完善。Orchard（1991，fig. 3）将 *polygnathiformis* 带之上的晚三叠世地层划分出12个带，有的带还进一步区分出上下两个亚带或上中下三个亚带。而中国在这个层段上仅区分出8个带。中国晚三叠世牙形刺带进一步划分的可能性是很大的，特别是在黑龙江、云南、西藏和青海等地。

早三叠世牙形刺以 *Hindeodus*，*Isarcicella*，*Neospathodus* 为主，中三叠世以 *Neogondolella*，*Paragondolella* 为主，而晚三叠世则以 *Epigondolella*，*Misikella* 为特征。各带化石的特征见第6章化石描述部分。

表 5-7　中国三叠纪牙形刺序列（据杨守仁等，1999 修正）

统	阶	盆相地区	台地边缘相区	台地相区
201.3 Ma 上三叠统	瑞替阶	*M. posthernsteini*		
		M. hernsteini		
	诺利阶	*P. andrusovi*		
		E. bidentata	*E. bidentata*	
		E. postera	*E. spatulata*	
		E. multidentata		
		E. abneptis		
	卡尼阶	*E. nodosa*		
		P. polygnathiformis		*P. polygnathiformis*
				P. polygnathiformis–*P. tadpole*
		B. diebeli–*P.* sp. A. A.		*P. polygnathiformis*–*P. maantangensis*
237 Ma 中三叠统	拉丁阶	*P. murcianus*–*P. sasioensis* 动物群		*P. foliata inclinata*
		N. mombergensis		
		N. constricta–*P. excelsa* ※	*P.* cf. *excelsa*	
			N. constricta	
	安尼阶	*N. bifurcata*		*N. kockeli* ※
				N. germanicus
		N. regale		*N. constricta*–*N. navicula*
247.2 Ma 下三叠统	奥伦尼克阶	*C. timorensis* ※	*C.* cf. *timorensis*	*C. timorensis*
		N. jubata	*Ns. homeri*–*Ns. triangularis*	*N. jubata*
		Ic. collinsoni ※		*Ic. collinsoni*
		Ns. homeri–*Ns. triangularis* ※		*Ns. homeri*–*N. triangularis* ※
		S. milleri	*Ns. waageni*	*Pa. delicatulus*–*Pa. ethingtoni*–*Pc. obliqua*–*Pc. bidentata*
		Ns. waageni ※		
	印度阶	*Ns. pakistanensis*	*Ns.* cf. *pakistanensis*	*Platy. costatus*–*Ns. cristagalli*–*Ns. pakistanensis* ※
		Ns. cristagalli ※	*Ns. cristagalli*	
		Ns. dieneri–*N. kummeli* ※	*Ns. dieneri*	*Pa. erromera*–*Ns. dieneri* ※
		H. postparvus ※		*C. carinata* ※
		C. carinata ※		
		I. isarcica ※		*I. isarcica* ※
		I. staeschei ※		*I. staeschei* ※
		I. lobata		*I. lobata*
252.2 Ma		*H. parvus* ※		*H. parvus* ※

※广西存在的化石带。

注：*C.* = *Clarkina*；*B.* = *Budurovgnathus*；*E.* = *Epigondolella*；*H.* = *Hindeodus*；*I.* = *Isarcicella*；*Ic.* = *Icriospathodus*；*M.* = *Misikella*；*N.* = *Neogondolella*；*Ns.* = *Neospathodus*；*P.* = *Paragondolella*；*Pa.* = *Pachycladina*；*Platy.* = *Platyvilosus*；*S.* = *Schthogondolella*。

6 牙形刺属种描述

牙形刺化石种类繁多，本书重点介绍寒武纪至三叠纪牙形刺带化石和一些重要的标准化石。牙形刺的分类主要按 Sweet（1988）的方案，对带化石和重要属种进行描述。各时代牙形刺生物地层表中的化石带，可以很容易地在分类描述中找到相关种。图版的排列是按不同时代分开来的，这样使用起来更加方便。

牙形刺描述

脊索动物门　CHORDATA Bateson，1886

脊椎动物亚门　VERTEBRATEA Cuvier，1812

牙形动物纲　CONODONTA Pander，1856

副牙形刺目　PARACONODONTIDA Müller，1962

小弗尼什刺科　FURNISHINIDAE Müller et Nogami，1971

阿尔伯刺属　*Albiconus* Miller，1980

模式种　*Albiconus postcostatus* Miller，1980

特征　器官种可能由单一分子组成，刺体两侧对称，单锥型，前倾至直立。基部窄，向顶部慢慢变尖，尖顶后弯。前面平圆或钝圆，后缘脊发育，横切面为圆三角形。基腔深达尖顶。

分布地区及时代　北美洲、亚洲；寒武纪芙蓉世，早奥陶世？

后肋脊阿尔伯刺　*Albiconus postcostatus* Miller，1980

（图版∈—1，图1—3）

1980 *Albiconus postcostatus* Miller，pp. 8—9，fig. 2.

1985b *Albiconus postcostatus* Miller. – Wang，p. 84，pl. 21，figs. 1—3.

1986 *Albiconus postcostatus* Miller. – Chen and Gong，pp. 118—119，pl. 24，figs. 2，4—8，10，13—15，17，19.

1987 *Albiconus postcostatus* Miller，安太庠，104 页，图版 1，图 12。

特征　器官种可能由单一分子组成，刺体两侧对称，单锥型，前倾至直立。基部窄，向顶部慢慢变尖，尖顶后弯。前面平圆或钝圆，后缘脊发育，横切面为圆三角形。基腔深达尖顶。

产地及层位　华北、东北，寒武系芙蓉统凤山组；湖南，寒武系芙蓉统篰塘组和南津关组。

莱芜颚刺属　*Laiwugnathus* An，1982

模式种　*Laiwugnathus laiwuensis* An，1982

特征　单锥型刺体两侧对称，直立或稍后弯，两侧具锐利的肋脊，前面平坦或稍外凸，后方微凹，并具一强壮的后隆脊，且在末端开口，并都呈圆形。

分布地区及时代 湖南，寒武纪第三世；华北，寒武纪第三世和芙蓉世。

莱芜莱芜颚刺莱芜亚种 *Laiwugnathus laiwuensis laiwuensis* An，1982

（图版∈—1，图4）

1982 *Laiwugnathus laiwuensis* An，pp. 136—137，pl. 1，figs. 7—9；pl. 2，fig. 2.

特征 主齿较纤细，稍后弯，断面椭圆形。基部稍膨大，但与主齿分界不明显。两侧缘呈狭长的、锐利的脊状，并呈翼状向基部延伸。刺体前面平或稍外凸，后面沿中线发育一较宽隆脊。

比较 此种与 *Laiwugnathus kouzhenensis* 区别在于后者刺体后缘的隆脊狭窄而两侧缘很宽。此种与 *L. doidyxus* 的不同在于后者基部及后缘的隆脊膨大十分明显。

产地及层位 山东莱芜，寒武系第三统汶水组。

莱芜莱芜颚刺膨大亚种 *Laiwugnathus laiwuensis expansus* An，1982

（图版∈—1，图5，6）

1982 *Laiwugnathus laiwuensis expansus* An，p. 137，pl. 1，figs. 12，13，16.

特征 基部膨大明显的 *Laiwugnathus laiwuensis*。

比较 此亚种与 *Laiwugnathus laiwuensis laiwuensis* 十分相似，为同种，其区别在于前者具一明显膨大的基部，且后隆脊在基部也明显膨大。

产地及层位 辽宁，寒武系古丈阶崮山组。

米勒齿刺属 *Muellerodus* Miller，1980

模式种 *Distacodus? cambricus* Müller，1959

特征 为对称至不对称的单锥型刺体，前倾至反倾。主齿可侧弯，但常反曲。具侧脊，前、后面浑圆、光滑，无锐利的前、后缘脊。基部基腔开口大，深，常达齿顶。

分布地区及时代 欧洲、亚洲和北美洲，寒武纪第三世和芙蓉世。

直立米勒齿刺 *Muellerodus erectus* Xiang，1982

（图版∈—1，图9，10）

1982 *Muellerodus? erectus* Xiang（in An，1982），pp. 137—138，pl. 5，figs. 5，9，11—13；pl. 8，fig. 1.

1983 *Muellerodus erectus* Xiang. –安太庠等，109 页，图版4，图3—6。

特征 器官种由两侧对称型和不对称型两类单锥型分子组成。对称型分子两侧各具一侧脊，不对称型分子则仅一侧具侧脊。刺体直立，前面浑圆，后缘狭窄。基腔深，伸达主齿顶端。

比较 此种与 *Muellerodus oelandicus* 和 *M. pomeranensis* 的不同在于后面两个种的主齿强烈向后弯曲，此种则直立或稍前倾至稍后弯。

产地及层位 华北、东北，寒武系芙蓉统凤山组。

厄兰米勒齿刺 *Muellerodus oelandicus*（Müler，1959）

（图版∈—1，图7，8）

1959 *Scandodus oelandicus* Müller，p. 463，pl. 12，figs. 14，15.

1983 *Muellerodus oelandicus* Müller. –安太庠等，109 页，图版3，图9.

1986 *Proscandodus oelandicus* Müller, Chen et Gong, p. 171, pl. 34, figs. 13, 14.

2001 *Muellerodus oelandicus* Müller, Dong et Bergström, p. 968, pl. 5, fig. 12; pl. 6, fig. 9.

特征　刺体基部十分膨大，主齿强烈向后弯曲，顶尖稍向上翘。

比较　此种与 *Muellerodus pomeranensis* 十分相似，但后者的刺体大而宽，主齿更细长，侧棱脊发育更明显，以及反口缘侧向宽度大于前后宽度。

产地层位　山东、辽宁地区，上寒武统崮山组。

波美拉米勒齿刺　*Muellerodus pomeranensis* (Szaniawski, 1971)

（图版∈—5，图 16，22）

1971 *Muellerina pomeranensis* Szaniawski, pp. 408—409, pl. 1, fig. 2; pl. 2, fig. 3; pl. 4, figs. 1—4.

1983 *Muellerodus pomeranensis* (Szaniawski). －安太庠等，110 页，图版 3，图 10。

1987 *Muellerodus pomeranensis* (Szaniawski). －安太庠，108 页，图版 3，图 4，17。

2001 *Muellerodus pomeranensis* (Szaniawski). －Dong & Bergström, p. 968, pl. 3, fig. 12.

特征　不对称的刺体具强烈后弯并有侧弯的主齿，主齿断面圆。基部特别大，前面外凸，宽圆，后内侧面内凹，后中部宽圆。两侧具窄圆的棱脊，并由主齿基部开始伸至基部底缘。

比较　此种与同属其他种的区别在于其强烈后弯并有侧弯的主齿、反口缘侧向宽度大于前后宽度基部及波状弯曲的反口面。

产地及层位　湖南，寒武系第三统花桥组、寒武系芙蓉统比条组；山东，寒武系第三统崮山组。

美丽米勒齿刺　*Muellerodus pulcherus* An, 1982

（图版∈—5，图 15，17）

1982 *Muellerodus pulcherus* An, p. 139, pl. 9, figs. 13, 15; pl. 10, figs. 12, 14.

特征　刺体不对称，主齿纤细，稍后弯，断面圆。基部向两侧明显膨大，棱脊仅一侧明显。

比较　此种与 *Muellerodus pomeranensis* 较相似，两者的明显区别是后者主齿强烈向后弯曲。

产地及层位　辽宁，寒武系芙蓉统长山组。

稀有米勒齿刺　*Muellerodus rarus* (Müller, 1959)

（图版∈—5，图 20，21）

1959 *Scandodus rarus* Müller, pp. 463—464, pl. 12, fig. 12.

1982 *Muellerodus rarus* (Müller). －An, pp. 139—140, pl. 9, fig. 12; pl. 10, fig. 11.

特征　稍不对称的刺体前面宽、平，稍凸；其两侧具肋脊，有一侧外突更明显。后面窄圆，两侧内凹。基部膨大，向后拉长明显。

比较　中国的标本与 Müller（1959）的模式标本稍微不同之处是前者后边较窄，基部向后延长稍不明显。

产地及层位　山东、辽宁，寒武系第三统崮山组。

原奥尼昂塔刺属　*Prooneotodus* Müller et Nogami, 1971

模式种　*Oneotodus gallatini* Müller, 1959

特征 为原始的真牙形刺，器官种由两侧对称至不对称的分子组成。这类分子都为单锥型刺体，大而简单，直立，可前倾至后弯，有些可内弯，侧扁。常具前缘脊，后缘浑圆或脊状，可发育细齿，两侧为圆弧形外凸。基腔深，伸达主齿顶。

分布地区及时代 北美洲、澳大利亚和亚洲，寒武纪芙蓉世至早奥陶世。

加勒廷原奥尼昂塔刺 *Prooneotodus gallatini* (Müller, 1959)

(图版∈—1，图11，12)

1959 *Oneotodus gallatini* Müller, p. 457, pl. 13, figs. 5—10, 18.

1982 *Prooneotodus gallatini* (Müller). – An, p. 144, pl. 11, figs. 5, 6, 9—14; pl. 16, fig. 13.

1985a *Prooneotodus gallatini* (Müller). – Wang, pp. 235—236, pl. 3, figs. 23—25; pl. 5, figs. 4, 5; pl. 8, figs. 11, 21; pl. 12, figs. 22, 26; pl. 13, fig. 10; pl. 14, fig. 5.

1985b *Prooneotodus gallatini* (Müller). – Wang, p. 96, pl. 21, figs. 7—10.

1986 *Prooneotodus gallatini* (Müller). – Chen & Gong, p. 166 (part), pl. 22, figs. 13, 15, 17 (?); pl. 23, figs. 2, 3, 7, 10, 16—19; pl. 24, fig. 12.

特征 单锥型刺体基部侧扁，断面为拉长的椭圆形。

产地及层位 华南、华北和东北等广大地区，寒武系芙蓉统。

圆原奥尼昂塔刺 *Prooneotodus rotundatus* (Druce et Jones, 1971)

(图版∈—1，图15，16)

1971 *Coelocelodontus rotundatus* Druce et Jones, pp. 62—63, pl. 9, figs. 10—13; text-figs. 22c, 22d.

1982 *Prooneotodus rotundatus* (Druce et Jones). – An, pp. 144—145, pl. 4, fig. 12; pl. 11, figs. 1—4, 7, 8.

1985a *Prooneotodus rotundatus* (Druce et Jones). – Wang, p. 236, pl. 3, figs. 5—7; pl. 6, fig. 13; pl. 7, figs. 7, 8; pl. 8, fig. 6; pl. 9, fig. 2; pl. 10, fig. 9; pl. 12, fig. 6; pl. 13, figs. 8, 32.

1985b *Prooneotodus rotundatus* (Druce et Jones). – Wang, pp. 96—97, pl. 26, figs. 1—3.

1986 "*Prooneotodus*" *rotundatus* (Druce et Jones). – Chen & Gong, p. 167, pl. 22, figs. 1—6, 9—11, 18, 20; pl. 23, figs. 1, 9, 12, 14, 20; pl. 26, fig. 9.

特征 单锥型刺体齿壁薄，中空，无肋脊，断面圆或近圆形。

比较 此种与 *Prooneotodus gallatini* 十分相似，两者区别在于前者刺体断面为圆形，而后者则为拉长的椭圆形。

产地及层位 华南、华北和东北广大地区，寒武系芙蓉统至下奥陶统底部。

山东齿刺属 *Shandongodus* An, 1982

模式种 *Shandongodus priscus* An, 1982

特征 单锥型刺体对称和不对称，具长的主齿和短的基部。一前棱脊和两后侧肋脊从主齿顶端延伸至基部底缘，两后侧肋脊之间内凹。基部短，向后膨大，后部反口缘内凹成分叉形。主齿断面为三角形，反口面为箭形或不规则，基腔浅。

分布地区及时代 中国，寒武纪第三世至芙蓉世。

古山东齿刺 *Shandongodus priscus* An, 1982

(图版∈—1，图14)

1982 *Shandongodus priscus* An, p. 149, pl. 4, figs. 5—8; pl. 5, fig. 10.

特征 基部小的 *Shandongodus*。

描述 两侧对称和不对称的单锥型牙形刺，由主齿和基部组成。主齿长，前倾至直立，具锐利的前缘脊和两后侧肋脊，两后侧肋脊被浅的后齿沟分开，断面为亚三角形。基部小，向后膨大。两后侧肋脊向下向后延伸至反口缘并形成翼状。反口面呈箭形或不规则状。基腔浅，仅伸达主齿基部。

比较 此种以主齿的三角形断面和特殊的基部外形与其他属种相区别。

产地及层位 华北，寒武系第三统的汶水组和张夏组。

韦斯特刺科 WESTERGAARDODINIDAE Müller，1959

朝鲜刺属 *Chosonodina* Müller，1964

模式种 *Chosonodina herfurthi* Müller，1964

特征 对称和近于对称的 S 分子刺体齿片形，半圆形，中间具一中齿，其两侧有侧齿。基腔分布在刺体两侧，称侧腔。

分布地区及时代 亚洲、北美洲和澳大利亚，早奥陶世。

赫氏朝鲜刺 *Chosonodina herfurthi* Müller，1964

（图版 O—1，图 1，2）

1964 *Chosonodina herfurthi* Müller，p. 99，pl. 13，fig. 3.

1984 *Chosonodina herfurthi* Müller. –王志浩和罗坤泉，255 页，图版 7，图 9，10。

1986 *Chosonodina herfurthi* Müller. –Chen & Gong，pl. 46，figs. 1—10.

1998 *Chosonodina herfurthi* Müller. –王志浩和周天荣，图版 2，图 12。

特征 S 分子刺体掌状，两侧近对称，一般具 5 个近等长的中齿、2 个较短的侧齿和 2 个侧腔。

描述 S 分子刺体掌状，两侧近对称，前凸后凹。口缘中间部分有 5 个中齿，中齿近等长，前、后侧扁，侧缘脊锐利，下部愈合而顶端分离。侧齿位于刺体两侧，比中齿稍短，其外侧具侧腔，并向顶部延伸，两侧腔可在基部相连。

比较 此种与 *Chosonodina fisheri* 的区别在于后者仅具 3 个中齿。

产地及层位 华南、华北和西北，下奥陶统。

湖南颚刺属 *Hunanognathus* Dong，1993

模式种 *Hunanognathus tricuspidatus* Dong，1993

特征 对称和近对称的复合型牙形刺，主齿大，位于刺体中央，基部膨大，并在两侧各发育 1 个短的小细齿。主齿前面平或稍凸，发育两前侧肋脊和一后棱脊，断面近三角形。基腔深达齿顶。

分布地区及时代 湖南，寒武纪第三世。

三尖湖南颚刺 *Hunanognathus tricuspidatus* Dong，1993

（图版 ∈—1，图 19）

1993 *Hunanognathus tricuspidatus* Dong. –董熙平，352 页，图版 3，图 1—3。

特征 对称和近对称的复合型牙形刺，主齿大，位于刺体中央，基部膨大，并在两侧各发育 1 个短的小细齿。主齿前面平或稍凸，发育两前侧肋脊和一后棱脊，断面近三角形。基腔深达齿顶。

比较 从形态看，此属种与 *Parawestogaardodina obsolata* 最为相似，其不同处在于前者细齿向后侧方延伸及基腔，可伸至主齿与细齿齿顶，而后者则限于主齿内。

产地及层位 湖南，寒武系第三统花桥组。

韦斯特刺属 *Westergaardodina* Müller，1959

模式种 *Westergaardodina icuspidate* Müller，1959

特征 “V”形、“U”形或“W”形刺体，常由2个较大的侧齿和1较小的中齿构成，中齿也可缺失；基腔大，常在侧齿上方，称侧腔。

分布地区及时代 欧洲、北美洲、澳大利亚和亚洲，寒武纪第三世至早奥陶世。

双刺韦斯特加特刺 *Westergaardodina bicuspidata* Müller，1959

（图版∈—1，图13，18）

1959 *Westergaardodina bicuspidata* Müller，p. 468，pl. 15，figs. 1，4，7，9，10，14.

1982 *Westergaardodina bicuspidata* Müller. – An，p. 151，pl. 7，figs. 6—8.

1985a *Westergaardodina bicuspidata* Müller. – Wang，pp. 243—244，pl. 12，figs. 24，25（only）.

1985b *Westergaardodina bicuspidata* Müller. – Wang，p. 101，pl. 22，fig. 1.

1987 *Westergaardodina bicuspidata* Müller. – 安太庠，115页，图版3，图13，18。

特征 刺体“U”字形，两侧近对称，中齿小或缺失，两侧齿近等长。前面平而后面凸，具外侧腔，并长达侧齿的1/2以上，但基部不开口。

比较 此种具两侧齿，基部底缘不开口，与 *Westergaardodina matsushitai* 很相似，其区别在于后者两侧齿为一长一短，而前者则近于等长。

产地及层位 扬子、江南、东北和华北地区，寒武系第三统上部至下奥陶统底部。

伸展韦斯特加特刺 *Westergaardodina extensa* An，1982

（图版∈—2，图1）

1982 *Westergaardodina extensa* An，p. 152，pl. 6，fig. 9.

特征 刺体近两侧对称，两侧齿近水平并稍向下伸展，中齿较小。

比较 此种与 *Westergaardodina horizontalis* 的不同在于前者侧齿是水平稍向下方延伸，中齿小而后棱脊相对较宽。

产地及层位 山东，寒武系第三统汶水组。

带沟韦斯特加特刺亲近种 *Westergaardodina* aff. *fossa* Müller，1973

（图版∈—2，图6）

1973 aff. *Westergaardodina fossa* Müller，p. 47，pl. 2，figs. 2，4，5；text-fig. 11.

1982 *Westergaardodina* aff. *fossa* Müller. – An，pp. 152—153，pl. 7，figs. 1，3.

1987 *Westergaardodina* aff. *fossa* Müller. – 安太庠，115页，图版3，图15，20。

特征 “U”字形刺体在两侧齿连接处发育一纵向槽沟。

比较 国内的标本外形与 *Westergaardodina fossa* 的模式标本很相似，其不同处在于前者之中齿和冠脊不如模式标本明显，且出现时代也更早，故安太庠（1982，1987）把此类标本归入后者的亲近种。

产地及层位 湖南，寒武系芙蓉统比条组；辽宁，寒武系芙蓉统长山组。

大齿韦斯特加特刺　*Westergaardodina grandidens* Dong，1993

（图版∈—2，图5，7）

1993 *Westergaardodina grandidens* Dong. –董熙平，354 页，图版 3，图5，8，9。

2001 *Westergaardodina grandidens* Dong. – Dong & Bergström，pp. 74，973，pl. 4，figs. 1，5，7.

特征　左侧齿基部外侧有缺刻凹口和基部边缘。

比较　此种以左侧齿基部外侧具明显缺刻凹口和基部边缘的特征，易于与同属种的其他种相区别。

产地及层位　湖南，寒武系车夫组。

水平韦斯特加特刺　*Westergaardodina horizontalis* Dong，1993

（图版∈—2，图2）

1993 *Westergaardodina horizontalis* Dong. –董熙平，354 页，图版 1，图13，14。

2001 *Westergaardodina horizontalis* Dong. – Dong & Bergström，p. 974，pl. 6，figs. 13，14.

特征　两侧齿几乎沿水平向两侧并稍稍向上延伸；中齿较大，向上延伸，并具后棱脊和膨大的基部开口。

比较　此种外形与 *Westergaardodina extensa* 十分相似，其区别在于前者中齿大，具窄长中空的棱脊及喇叭状的基部开口。另外，前者两侧齿向两侧伸展时是稍向上的，后者则是稍向下延伸。

产地及层位　湖南，寒武系花桥组。

松下韦斯特加特刺　*Westergaardodina matsushitai* Nogami，1966

（图版∈—1，图17；图版∈—2，图3，4）

1966 *Westergaardodina matsushitai* Nogami，p. 360，pl. 10，figs. 6—8.

1983 *Westergaardodina matsushitai* Nogami. –安太庠等，163，164 页，图版1，图3，4，8。

2004 *Westergaardodina matsushitai* Nogami. – Dong *et al.*，pl. 3，fig. 28.

特征　刺体两侧不对称，无中齿，由两长短不同、内侧缘“V”字形相交的两侧齿组成。两侧腔开阔，但底缘平直不开口。

比较　此种以两侧齿长短不一及底缘平直不开口易于与其他种相区别。

产地及层位　湖南、山东、河北等地区，寒武系第三统。

小中齿韦斯特别加特刺　*Westergaardodina microdentata* Zhang，1983

（图版∈—2，图8）

1983 *Westergaardodina microdentata* Zhang. –安太庠等，164 页，图版1，图15，17。

2004 *Westergaardodina microdentata* Zhang. – Dong，Repetski & Bergström，pl. 1，figs. 26，27，29.

特征　刺体具1个较小的中齿和2个较大的侧齿，同时发育侧腔和基腔。

比较　此种与 *Westergaardodina tricuspidata* 较相似，其区别在于后者中齿大于侧齿，且基部不开口。另外，此种原作者把刺体基部不开口的类型（安太庠等，1983，图版1，图16）也归入此种，似乎不妥，应为 *W. microdentata* 和 *W. tricuspidata* 之间的过渡型。

产地及层位　山东，寒武系芙蓉统长山组。

穆斯贝格韦斯特加特刺　*Westergaardodina moessebergensis* Müller，1959

（图版∈—2，图10，11）

1959 *Westergaardodina moessebergnsis* Müller，p. 470，pl. 14，figs. 11，15.

1983 *Westergaardodina moessebergensis* Müller. －安太庠等，164 页，图版 1，图 5，6。

2001 *Westergaardodina moessebergensis* Müller. －Dong & Bergström，p. 978，pl. 2，fig. 9.

特征 宽“U”字形刺体两侧近对称，无中齿，两侧齿宽大，顶部收缩。两侧齿间距在下端很窄，向上逐渐变宽，侧腔和基腔发育。

比较 此种与 *Westergardodina bicuspidata* 比较相似，其区别在于后者基部不开口。

产地及层位 湖南，寒武系车夫组；山东，寒武系第三统张夏组至崮山组。

米勒韦斯特加特刺 *Westergaardodina muelleri* Nogami，1966

（图版∈—2，图 9）

1966 *Westergaardodina muelleri* Nogami，p. 361，pl. 10，fig. 3.

1983 *Westergaardodina muelleri* Nogami. －安太庠等，165 页，图版 1，图 13。

特征 刺体两侧对称，具 1 个大的中齿和 2 个较中齿小的侧齿。中齿后面具一中空隆脊，侧腔和基腔发育并相连。

比较 此种具 3 个齿且中齿大，与 *Westergaardodina tricuspidata* 较相似，两者区别在于后者中齿后方纵向隆脊低，实心而下端不开口。

产地及层位 山东、河北等地区，寒武系第三统崮山组。

凹坑韦斯特加特刺 *Westergaardodina orygma* An，1982

（图版∈—2，图 12，13）

1982 *Westergaardodina orygma* An，p. 154，pl. 7，fig. 2；pl. 8，figs. 11，13；pl. 16，fig. 8.

特征 宽“U”字形刺体两侧齿宽而短，呈宽“V”字形分开，并在连接处后方明显缩短。无中齿，侧齿腔和基腔发育。

比较 此种与同属其他种的区别在于此种两侧齿连接部分的后面明显缩短形成两外侧之缺刻。

产地及层位 山东、辽宁等地区，寒武系第三统崮山组。

洁净韦斯特加特刺 *Westergaardodina parthena* An，1982

（图版∈—2，图 14）

1982 *Westergaardodina parthena* An，pp. 154—155，pl. 7，figs. 4，5.

特征 “V”字形刺体两侧齿连接部分之反口缘明显收缩变窄并呈圆弧状。

比较 此种具明显收缩变窄的底缘，与同属其他种明显不同。

产地及层位 辽宁，寒武系第三统崮山组。

花瓣韦斯特加特刺 *Westergaardodina petalinusa* Zhang，1983

（图版∈—2，图 15）

1983 *Westergaardodina petalinusa* Zhang. －安太庠等，165，166 页，图版 1，图 1，2；图版 33，图 2；插图 9：5。

特征 “U”字形刺体两侧齿宽厚，中部凸起，前面由外向里稍倾并变薄。侧腔发育，宽而深。

比较 此种与 *Westergaardodina moessebergensis* 较为相似，其不同在于前者侧腔宽，基部不开口，底缘上方有一横向浅槽。

产地及层位 山东莱芜，寒武系第三统张夏组。

方形韦斯特加特刺　*Westergaardodina quadrata* An, 1982

（图版∈—3，图1）

1982 *Westergaardodina moessebergensis quadrata* An, p. 153, pl. 6, figs. 5—8, 10.

2001 *Westergaardodina quadrata* An. – Dong & Bergström, p. 978, pl. 1, fig. 14; pl. 3, fig. 15; pl. 6, figs. 4, 8.

特征　近两侧对称的"U"字形刺体基部钝圆至平直，无基腔。

比较　此种与 *Westergaardodina moessebergensis* 最相似，原作者把此种作为后者的亚种，后来 Müller & Hinz（1991），Dong & Bergström（2001）把它提升为单独的种，两者区别在于前者底缘宽、钝圆至平直，无基腔。

产地及层位　湖南，寒武系第三统车夫组；山东和辽宁，寒武系第三统崮山组。

半三刺韦斯特加特刺　*Westergaardodina semitricuspidata* An, 1982

（图版∈—3，图2）

1982 *Westergaardodina semitricuspidata* An, p. 155, pl. 7, figs. 11, 12.

特征　"U"字形刺体不对称，底缘圆弧状，具大小不同的2个侧齿。一侧齿宽而较短，具侧腔。另一侧齿窄，较长，后面具棱脊。

比较　此种与 *Westergaardodina tricuspidata* 的一半形体十分相似，故命名为半三刺韦斯特加特刺。在刺体不对称和两侧齿长短不一的形态上，此种与 *W. matsushitai* 较相似，但前者之短侧齿较长且侧齿要宽得多，后者则两侧齿宽度相当。

产地及层位　辽宁，寒武系芙蓉统长山组。

三角韦斯特加特刺　*Westergaardodina tetragonia* Dong, 1993

（图版∈—3，图3）

1993 *Westergaardodina tetragonia* Dong. – 董熙平，355页，图版1，图1—3，9。

2001 *Westergaardodina tetragonia* Dong. – Dong & Bergström, p. 979, pl. 6, figs. 1, 3.

特征　"U"字形刺体两侧近对称，外形近似长方形，底缘直。

比较　此种与 *Westergaardodina mossebergensis* 较相似，其区别在于前者前边之底缘直，右侧齿稍长于左侧齿，转弯点低；后者则底缘宽圆，右侧齿短于左侧齿，转弯点高。此种与 *W. quadrata* 的区别在于前者具近长方形的外形和前边之底缘直。

产地及层位　湖南，寒武系花桥组至车夫组。

三尖韦斯特加特刺　*Westergaardodina tricuspidata* Müller, 1959

（图版∈—3，图4）

1959 *Westergaardodina tricuspidata* Müller, p. 470, pl. 15, figs. 3, 5, 6.

1982 *Westergaardodina tricuspidata* Müller. – An, pp. 155—156, pl. 7, fig. 10; pl. 8, fig. 6 (not fig. 9).

1983 *Westergaardodina tricuspidata* Müller. – 安太庠等，166页，图版1，图14。

2004 *Westergaardodina tricuspidata* Müller. – Dong *et al.*, pl. 1, fig. 21.

特征　两侧对称，具中齿和两侧齿，且中齿大于侧齿。中齿后面具窄而高的中央隆脊，侧齿具侧腔，较小，基部不开口。

比较　此种具"W"字形和3个齿，与 *Westergaardodina microdentata* 较相似，其区别在于前者中齿大和基部不开口。

产地及层位　山东、河北等地区，寒武系芙蓉统长山组和第三统崮山组。

牙形刺目 CONODONTPHORIDA Eichenberg，1930
原牙形刺科 PROCONODONTIDAE Lindström，1970
原牙形刺属 *Proconodontus* Miller，1969

模式种 *Proconodontus muelleri* Miller，1969

特征 为原始的真牙形刺，器官种由两侧对称至不对称的分子组成。这类分子都为单锥型刺体，大而简单，直立，可前倾至后弯，有些可内弯，侧扁。常具前缘脊，后缘浑圆或脊状，可发育细齿，两侧为圆弧形外凸。基腔深，伸达主齿顶。

分布地区及时代 北美洲、澳大利亚和亚洲，晚寒武世至早奥陶世。

米勒原牙形刺 *Proconodontus muelleri* Miller，1969

（图版∈—3，图5）

1969 *Proconodontus muelleri muelleri* Miller，p. 437，pl. 66，figs. 30—40.

1982 *Proconodontus muelleri* Miller. – An，pp. 141—142，pl. 2，figs. 8，9，11—13；pl. 16，figs. 10，12.

1985a *Proconodontus muelleri* Miller. – Wang (part)，pp. 231—232，pl. 2，figs. 16—21；pl. 6，figs. 17—19；pl. 7，figs. 10，27；not pl. 8，figs. 17，18（= *P. posterocostatus*）；pl. 9，figs. 16—18；pl. 12，fig. 7；pl. 13，figs. 1，6，25.

1985b *Proconodontus muelleri* Miller. – Wang，in Chen *et al.*，p. 95，pl. 26，figs. 10—13.

1986 *Proconodontus muelleri* Miller. – Chen & Gong，pp. 159—161，pl. 19，fig. 6；pl. 32，figs. 1，3，10，12—14，17；pl. 33，figs. 3—5，11.

1987 *Proconodontus muelleri* Miller. – 安太庠，109，110页，图版2，图4，17。

特征 单锥型刺体中等大至大，两侧扁，外凸、光滑无饰，具锐利的前、后缘脊，但无细齿分化，横切面为透镜形。基腔深，伸达主齿顶端。

比较 此种与 *Proconodontus tricarinatus* 的区别在于前者两侧面无棱脊；与 *P. posterocostatus* 的区别在于后者后缘脊仅发育于刺体上部或顶部；与 *P. tenuiserratus* 的区别在于后者之后缘脊分化为细齿；与 *Eoconodontus notchpeakensis* 区别在于前者基腔深，可达主齿顶端。

产地及层位 江南、扬子地层区和华北、东北地区，寒武系芙蓉统凤山组或三游洞群。

后肋脊原牙形刺 *Proconodontus posterocostatus* Miller，1980

（图版∈—3，图6，7）

1980 *Proconodontus posterocostatus* Miller，pp. 30—31，pl. 1，figs. 4—6.

1982 *Proconodontus posterocostatus* Miller. – An，pp. 142—143，pl. 12，figs. 3，4，6，7，10.

1983 *Proconodontus posterocostatus* Miller. – Wang，pl. 4，figs. 19，23.

1986 *Proconodontus posterocostatus* Miller. – Chen & Gong，pp. 161—162，pl. 19，fig. 16；pl. 25，figs. 1，6，14；pl. 30，figs. 1，3，4，8—13；pl. 32，fig. 8；pl. 33，figs. 7，9.

特征 单锥型刺体后缘脊十分明显，但仅发育于刺体上部后缘，无前缘脊。

比较 此种与 *Proconodontus tenuiserratus* 最为相似，但后者后缘脊已分化为细齿。此种与 *P. muelleri* 的区别在于前者后缘脊仅发育于后缘上部和无前缘脊，后者则发育前、后缘脊并由基部反口缘延伸至主齿顶端。典型的 *Proconodontus posterocostatus* 刺体前缘窄圆，无缘脊，但笔者同意一些学者之观点，如 An（1982，图版12，图4，6，7，10），那些具前缘脊的分子也应归入此种。

产地及层位 东北、华北，寒武系芙蓉统凤山组。

细齿原牙形刺 *Proconodontus serratus* Miller, 1969

（图版∈—3，图17，18）

1969 *Proconodontus muelleri serratus* Miller, p. 438, pl. 66, figs. 41—44.

1982 *Proconodontus tenuiserratus* Miller. – An, p. 143, pl. 12, fig. 5.

1985a *Proconodontus serratus* Miller. – Wang, p. 233, pl. 6, fig. 26.

1986 *Proconodontus serratus* Miller. – Chen & Gong, pp. 162—163, pl. 33, figs. 1, 6, 10.

特征 单锥型刺体具前、后缘脊，后缘脊细齿化。

比较 此种与 *Proconodontus tenuiserratus* 很相似，但前者两侧侧扁并具前、后缘脊，后者刺体圆而无前、后缘脊。此种与 *P. muelleri* 的区别在于前者后缘脊细齿化。

产地及层位 辽宁，寒武系芙蓉统凤山组。

细细齿原牙形刺 *Proconodontus tenuiserratus* Miller, 1980

（图版∈—3，图8，12）

1980 *Proconodontus tenuiserratus* Miller, pp. 31—32, pl. 1, figs. 1—3.

1982 *Proconodontus tenuiserratus* Miller. – An, p. 143, pl. 12, figs. 1, 2.

1985a *Proconodontus tenuiserratus* Miller. – Wang, pp. 233—234, pl. 8, fig. 7; pl. 12, fig. 8.

1986 *Proconodontus tenuiserratus* Miller. – Chen & Gong, p. 164, pl. 29, figs. 1—16; pl. 30, figs. 2, 5—7.

特征 单锥型刺体断面圆，较少为椭圆形，后缘上部具细齿化缘脊，细齿一般十分微小。

比较 此种与 *Proconodontus posterocostatus* 及 *P. muelleri* 的区别在于此种后缘脊细齿化。

产地及层位 辽宁，寒武系芙蓉统凤山组。

三脊原牙形刺 *Proconodontus tricarinatus* (Nogami, 1967)

（图版∈—3，图9，10）

1967 *Hertzina? tricarinatus* Nogami, p. 214, pl. 1, figs. 5—8.

1983 *Rotundoconus tricarinatus* (Nogami). – 安太庠等，136，137 页，图版3，图 11—13。

1985a *Proconodontus tricarinatus* (Nogami). – Wang, p. 234, pl. 3, figs. 21, 23; pl. 6, fig. 4; pl. 8, figs. 15, 16, 20; pl. 13, figs. 2, 3.

1985b *Proconodontus tricarinatus* (Nogami). – Wang, pp. 95—96, pl. 22, figs. 3, 4.

1986 "*Rotundoconus*" *tricarinatus* (Nogami). – Chen & Gong, pp. 174—175, pl. 25, fig. 17; pl. 41, fig. 4.

特征 单锥型刺体一侧发育1～2条较宽圆的侧脊。

比较 此种与 *Proconodontus muelleri* 的区别在于前者在一侧面发育1～2条侧棱脊。陈均远、宫维莉（Chen & Gong，1986）把此种列入"*Rotundoconus*"，这不符合他们修改后的属征，即"*Rotundoconus*"属刺体表面发育小瘤齿。此种在外形上与 *Rotundoconus jingxiensis* 和 *Rotundatus cambricus* 十分相似，但 *Proconodontus tricarinatus* 刺体表面光滑无饰，后者则发育小的瘤齿。

产地及层位 华北、东北，寒武系芙蓉统凤山组。

奥尼昂塔刺科 ONEOTODONTIDAE Miller, 1981

单肋脊刺属 *Monocostodus* Miller, 1980

模式种 *Monocostodus sevierensis* (Miller, 1969)

特征 此器官属由 Miller（1980）建立，为由纤细、直立或反曲的单锥型刺体组成的对称过渡系列。不对称的分子有左型和右型，即单一肋脊可分布于刺体之左侧或右侧。少数为两侧对称的分子，即其单肋脊位于后缘。刺体主齿下方和基部切面呈圆形或椭圆形，主齿由白色物质组成。

分布地区及时代 北美洲、欧洲、澳大利亚和亚洲，寒武纪芙蓉世至早奥陶世早期。

塞维尔单肋脊刺 *Monocostodus sevierensis*（Miller，1969）

（图版∈—3，图13）

1969 *Acodus sevierensis* Miller，p. 418，pl. 63，figs. 25—31.

1971 *Drepanodus simplex* Branson et Mehl. －Druce & Jones，p. 24，pl. 13，figs. 1—4.

1980 *Monocostodus sevierensis*（Miller）. －Miller，p. 27，pl. 2，figs. 8，9.

1986 *Monocostodus sevierensis*（Miller）. －Chen & Gong，pp. 152—153，pl. 43，figs. 19—22.

2000 *Monocostodus sevierensis*（Miller）. －赵治信等，206页，图版8，图1—7。

特征 此器官种由 Miller（1980）建立，为由纤细、直立或反曲的单锥型刺体组成的对称过渡系列。不对称的分子有左型和右型，即单一肋脊可分布于刺体之左侧或右侧。少数为两侧对称的分子，即其单肋脊位于后缘。刺体主齿下方和基部切面圆或椭圆形，主齿由白色物质组成。

比较 国内报道的此种标本，基本上都是两侧对称至近对称分子，单肋脊位于后缘。此种与 *Drepanodus simplex* 最为相似，两者区别在于前者下部切面圆、主齿充填白色物质。

产地及层位 华北、东北，寒武系芙蓉统凤山组顶部至下奥陶统冶里组底部；华南地区，寒武系芙蓉统三游洞组顶部和仑山组；新疆塔里木地区，寒武系芙蓉统至下奥陶统上丘里塔格群。

半矢齿刺属 *Semiacontiodus* Miller，1969

模式种 *Acontiodus nogamii*（*Semiacontiodus*）Miller，1969

特征 器官种由对称、不对称的直立至后倾的两种单锥型分子组成。对称型分子前、后方略扁，具两侧肋脊或后侧肋脊，也可有后棱脊。不对称型分子基部圆或椭圆，仅一侧有肋脊，可分左型和右型。基腔中等深，主齿由白色物质组成。

分布地区及时代 北美洲、澳大利亚和亚洲。寒武纪芙蓉世至早奥陶世。

拉瓦达姆半矢齿刺 *Semiacontiodus lavadamensis*（Miller，1969）

（图版∈—3，图15）

1969 *Acontiodus*（*Acontiodus*）*lavadamensis* Miller，pp. 1280—1281，pl. 64，figs. 55—61.

1986 *Semiacontiodus lavadamensis*（Miller）. －Chen & Gong，pp. 183—184，pl. 42，figs. 1—3，7，8，12—15；pl. 43，figs. 7，15—17；pl. 48，fig. 15.

1993 *Semiacontiodus baianensis* Ding. －丁连生等，见王成源（主编），206页，图版7，图7，8。

特征 刺体发育后隆脊。

比较 此种与 *Semiacontiodus nogamii* 的区别在于后者刺体后面无隆脊。丁连生等（见王成源，1993）建立的新种 *Semiacontiodus baianensis*，从其外形看具后缘脊，应归属此种。由于其器官组成不明，暂把其当作一形态种。

产地及层位 安徽地区，下奥陶统仑山组；吉林浑江大阳岔地区，寒武系—奥陶系界线地层。

野上半矢齿刺 *Semiacontiodus nogamii* Miller，1969

（图版∈—3，图16）

1969 *Acontiodus* （*Semiacontiodus*） *nogamii* Miller，p. 421，pl. 63，figs. 41—50；text-fig. 3G.

1980 *Semiacontiodus nogamii* Miller. – Miller，pp. 32—33，pl. 2，figs. 10—12；figs. 4V，W.

1985 *Semiacontiodus nogamii* Miller. – Wang in Chen *et al.*，pp. 97—98，pl. 23，figs. 12—16.

1986 *Semiacontiodus nogamii* Miller. – Chen & Gong，pp. 184—185，pl. 42，figs. 4—6，9—11；pl. 47，figs. 1，3.

2000 *Semiacontiodus nogamii* Miller. – 赵治信等，224 页，图版 8，图 11—22。

特征 前缘宽圆，两侧偏后处为钝圆的肋脊状，无后棱脊。基部短，横切面较圆。

比较 此种与 *Semiacontiodus lavadamensis* 的区别在于前者无后棱脊，与 *Teridontus nakamurai* 的区别在于前者发育侧棱脊。作为一个器官种，安太庠（1987）认为此器官种是对称和不对称分子组成的过渡系列，而赵治信等（2000）则采用 Ji 和 Barnes 的方案，即此种由 a 分子、c 分子和 e 分子等 3 类组成。但目前大多采用 Pa 分子、Pb 分子、M 分子、Sa 分子、Sb 分子、Sc 分子和 Sd 分子组成法。根据国内外已发表的资料尚难确定其器官的确切组成，只能分辨出对称和不对称的 S 分子。

产地及层位 华北、东北、贵州和新疆塔里木地区，寒武系芙蓉统至下奥陶统。

瘤球刺科 CLAVOHAMULIDAE Lindström，1970

瘤球刺属 *Clavohamulus* Furnish，1938

模式种 *Clavohamulus densus* Furnish，1938

特征 单锥型牙形刺形体很小，主齿小或不发育，基部两侧对称，球状至椭圆形，表面具细的瘤齿。基腔不发育，很浅，可见同心生长纹。

分布地区及时代 北美洲和亚洲，寒武纪芙蓉世至早奥陶世。

长球状瘤球刺 *Clavohamulus elongatus* Miller，1969

（图版∈—3，图19）

1969 *Clavohamulus elongatus* Miller，p. 422，pl. 64，figs. 13—18.

1991 *Clavohamulus elongatus* Miller. – 高琴琴，129 页，图版 11，图 3，4。

特征 基部滴珠形，前、后较拉长，口面具很小的瘤齿。主齿很小或不发育，基腔开阔，后部深。

比较 此种与 *Clavohamulus densus* 十分相似，但后者发育明显的主齿。

产地及层位 新疆巴楚地区，寒武系芙蓉统丘里塔格群。

粗糙刺属 *Dasytodus* Chen et Gong，1986

模式种 *Proconodontus transmunatus* Xu et Xiang，1983

特征 单锥型刺体，主齿表面光滑无饰，基部长，发育较稀疏的钉状瘤齿，切面圆或近圆形，基腔较深。

分布地区及时代 中国，寒武纪芙蓉世。

瘤齿粗糙刺 *Dasytodus nodus* (Zhang et Xiang, 1983)

(图版∈—4，图2)

1983 *Teridontus nakamurai nodus* Zhang et Xiang. –安太庠等，157，158页，图版6，图7，8；插图14—19。

1986 *Dasytodus nodus* (Zhang et Xiang). –Chen & Gong, p. 135, pl. 28, fig. 10; pl. 31, fig. 9.

特征 基部一侧或两侧发育较大的齿瘤。

比较 此种创建时，由张慧娟、向维达（见安太庠等，1983）归入 *Teridontus*，并作为 *Teridontus nakamurai* 的一个新亚种。从外表特征看，此类标本刺体表面具有瘤齿和较深的基腔，其特征更符合 *Dasytodus* 而明显不同于 *Teridontus*，后者刺体表面无装饰，且基腔也较浅。此种与 *Dasytodus transmutatus* 的区别在于此种瘤齿较大、数量少，不呈刺状，且常分布在基部一侧。

产地及层位 辽宁、河北和山东等地区，寒武系芙蓉统凤山组。

后瘤齿粗糙刺 *Dasytodus posteronodus* Wu, Yao et Ji, 2004

(图版∈—4，图1)

2004 *Dasytodus posteronodus* Wu, Yao et Ji. –武桂春等，293页，图版1，图14。

2005 *Dasytodus posteronodus* Wu, Yao et Ji. –武桂春等，图版1，图8。

特征 基部后面具瘤齿。

注 此种仅在刺体后面具瘤齿，并可与同属其他种相区别。作者在建立此种时未指定正模标本，而此种仅有一个标本，所以本书指定其为正模。

产地及层位 山东莱芜，寒武系芙蓉统炒米店组。

变异粗糙刺 *Dasytodus transmutatus* (Xu et Xiang, 1983)

(图版∈—4，图3)

1983 *Proconodontus transmutatus* Xu et Xiang. –安太庠等，128页，图版3，图14—16；插图9—22。

1986 *Dasytodus transmutatus* (Xu et Xiang). –Chen & Gong, pp. 135—136, pl. 28, figs. 1, 3—8, 11.

特征 单锥型刺体侧扁，主齿和基部分化明显，基部表面有中等数量但较为稀疏、分散的小刺。

比较 此种外形与 *Granatodontus ani* 较相似，但前者主齿较细长，更弯曲，较光滑，一般无细齿，基部表面瘤齿稀疏而较大，为钉状；后者瘤齿细而密，为粒状，且延至主齿顶端。

产地及层位 山东、辽宁等地区，寒武系芙蓉统凤山组。

多粒刺属 *Granatodontus* Chen et Gong, 1986

模式种 *Hirsutodontus ani* Wang, 1985b

特征 单锥型刺体表面发育粒状、点状的小瘤齿，切面圆或椭圆形。基部长，基腔较深。

分布地区及时代 北美洲和亚洲，寒武纪芙蓉世。

安氏多粒刺 *Granatodontus primitivus* (An *et al.*, 1985)

(图版∈—4，图4)

1985 *Hirsutodontus primitivus*. –安太庠等，47，48页，图版1，图1，2。

1986 *Granatodontus ani* (Wang). – Chen & Gong, p. 149, pl. 26, fig. 8; pl. 27, figs. 1—5, 8—10, 13; pl. 28, figs. 13, 14; pl. 31, fig. 10.

1987 *Hirsutodontus primitivus* An *et al*. – 安太庠，107 页，图版 2，图 16，24；图版 15，图 6。

2002 *Granatodontus* cf. *ani* (Wang). – Pyle & Barnes, p. 60, pl. 7, fig. 12.

特征　单锥型刺体，基部较长，表面分布许多点状或粒状小瘤齿。基腔深，断面圆。

比较　此种原由安太庠等（1981，1985）归入 *Hirsutodontus*。安太庠等（1981）在命名 *Hirsutodontus primitivus* 时，仅在文中提到了新种名，但既无图版也无文字描述。嗣后，Wang（1985b）对同类标本创建了 *Hirsutodontus*? *ani*，以此纪念安太庠教授，并有疑问地将其归入 *Hirsutodontus*。Chen & Gong（1986）在查阅安太庠等（1981，1985）的文章后，发现其第一篇文章，在既无文字描述又无图版情况下，引用了 *Hirsutodontus primitivus* 这一新种名。此类曾被归入 *Hirsutodontus* 的标本，虽然两者在外形上（如刺体表面发育小瘤齿和切面圆等）十分相符，但前者基腔深达主齿顶部而后者基腔很浅，两者明显不同，因此 Chen & Gong（1986）将其归入他们建立的新属 *Granatodontus* 内。

产地及层位　华南、华北及西北，寒武系芙蓉统至下奥陶统。

球状多粒刺　*Granatodontus bulbousus* (Miller, 1969)

（图版∈—4，图 6）

1969 *Oneotodus bulbousus* Miller, p. 435, pl. 64, figs. 1—5.

1983 *Hirsutodontus bulbousus* (Miller). – 安太庠等，103，104 页，图版 4，图 24，25。

特征　单锥型牙形刺近圆柱形，顶部钝圆呈球状，刺体表面有较稀疏的小瘤齿。基腔大，较深，反口面为椭圆形。

比较　此种与 *Granatodontus ani* 较为相似，其区别在于后者刺体较细长，顶端尖，细瘤齿较多较发育。此种与 *Hirsutodontus rarus* 的区别在于后者刺体短小，瘤齿多而密。Miller（1969）在创建此种时将其归入 *Oneotodus*，其特征是主齿顶钝圆呈球状，且基腔深。后来 Miller（1980）又把它归入 *Clavohamulus*。但 Lindström（1973）和安太庠等（1983）把它归入 *Hirsutodontus*。根据这类标本的外形特征，笔者认为，将其归入 *Granatodontus* 最为合理，因为这类标本具有深达主齿顶端的基腔而不宜归入浅基腔的 *Hirsutodontus* 和 *Clavohamulus*。

产地及层位　辽宁，寒武系芙蓉统凤山组。

多瘤刺属　*Hirsutodontus* Miller, 1969

模式种　*Hirsutodontus hirsutus* Miller, 1969

特征　刺体表面，特别是前面和侧面长有小瘤齿的单锥型牙形刺，断面圆，基腔浅，有白色物质。

分布地区及时代　北美洲、欧洲、澳大利亚和亚洲，寒武纪芙蓉世至早奥陶世。

稀少多瘤刺　*Hirsutodontus rarus* Miller, 1969

（图版∈—3，图 11，14，21）

1969 *Hirsutodontus rarus* Miller, p. 431, pl. 64, figs. 36—42.

1983 *Hirsutodontus rarus* Miller. – 安太庠等，104 页，图版 4，图 20，21。

1985a *Clavohamulus bulbousus* (Miller). – Wang, p. 214, pl. 1, figs. 7—9.

特征 单锥型牙形刺两侧对称，短而小，卵圆形至圆柱形，断面圆，主齿顶端钝圆并向后弯，表面饰小瘤齿，基腔较浅。

比较 此种与 *Granatodontus ani* 的区别在于前者主齿顶端钝圆似球状，基腔浅；后者则主齿顶端尖，基腔深达齿顶。此种表面发育小瘤齿，主齿顶端钝圆似球状，这与 *Granatodontus bulbousus* 的外形也十分相似，但前者基腔浅，后者的基腔则深达主齿顶端。

产地及层位 苏北、山东等地区，寒武系芙蓉统凤山组。

简单多瘤刺 *Hirsutodontus simplex*（Druce et Jones，1971）

（图版∈—4，图7，8）

1971 *Strigaconus simplex* Druce et Jones，p. 98，pl. 6，figs. 1—5；text-fig. 31.

1983 *Hirsutodontus simplex*（Druce et Jones）. –安太庠等，105页，图版4，图19。

1985 *Hirsutodontus simplex*（Druce et Jones）. –Dong，pp. 399—400，pl. 2，figs. 12—14.

1986 *Hirsutodontus simplex*（Druce et Jones）. –Chen & Gong，pp. 151—152，pl. 45，figs. 1—20；pl. 47，figs. 2，4；pl. 48，fig. 4.

特征 较小的单锥型刺体，其前面和两侧面有较长、较粗的细齿，断面圆。

比较 此种与 *Hirsutodontus rarus* 和 *Granatodontus ani* 较为相似，但此种发育的瘤齿为较长较粗的细齿，且仅分布在刺体基部之前面和侧面；而后两个种则分布在整个刺体表面，且都为小瘤齿状。

产地及层位 湖北和苏北地区，寒武系芙蓉统至下奥陶统。

肿刺科 CORDYLODONTIDAE Lindström，1970

寒武箭刺属 *Cambrooistodus* Miller，1980

模式种 *Oistodus cambricus* Miller，1969

特征 器官属由膝曲形和无膝曲形两种分子组成。两种分子都为单锥体，后倾至直立。膝曲形分子因主齿侧弯而不对称，由主齿和基部组成。主齿短至长，侧扁，具前、后缘脊，具白色物质。基部较宽，侧扁，向前、后延伸形成前缘脊和口缘脊。基腔占整个基部，或更深至主齿。对称的无膝曲分子特征不明显。

分布地区及时代 北美洲和亚洲，寒武纪芙蓉世。

寒武寒武箭刺 *Cambrooistodus cambricus*（Miller，1969）

（图版∈—4，图9）

1969 *Oistodus cambricus* Miller，pp. 431—433，pl. 66，figs. 8—12.

1980 *Cambrooistodus cambricus*（Miller）. –Miller，pp. 9—11，pl. 1，fig. 9.

1982 *Cambrooistodus cambricus*（Miller）. –An，pp. 128—129，pl. 15，figs. 1—9，12，13；pl. 16，fig. 9.

1985b *Cambrooistodus cambricus*（Miller）. –Wang，p. 84，pl. 26，figs. 15—18.

1986 *Cambrooistodus cambricus*（Miller）. –Chen & Gong，pp. 120—122，pl. 31，figs. 1，3—5，7，11—14；pl. 32，fig. 5.

特征 器官的膝曲形分子主齿后缘与基部口缘为直角或锐角相交，基腔较深，可达主齿中至上部。

讨论 此种由膝曲形分子和无曲膝形分子组成，其中膝曲形分子较具特征，这是与其他种相区分的特征分子。此种与 *Cambrooistodus minutus* 的区别在于后者的基腔浅，仅限于基部，前者的基腔则深达主齿的中部或更高。无膝曲形分子特征不明显，此类分子无法进行种乃至属的区别。当前的标本都为膝曲形分子。

产地及层位 华北和东北地区，寒武系芙蓉统凤山组。

微小寒武箭刺 *Cambrooistoduds minutus* (Miller, 1969)

(图版∈—3，图20)

1969 *Oistodus minutus* Miller, pp. 433—435, pl. 66, figs. 1—4.

1980 *Cambrooistodus minutus* (Miller). –Miller, pp. 9—11, pl. 1, fig. 8.

1982 *Cambrooistodus minutus* (Miller). –An, pp. 128—129, pl. 15, figs. 1—9, 12, 13; pl. 16, fig. 9.

1985b *Cambrooistodus minutus* (Miller). –Wang, pp. 84—85, pl. 26, figs. 8, 9.

1986 *Cambrooistodus minutus* (Miller). –Chen & Gong, p. 122, pl. 32, fig. 16.

特征 膝曲形分子的基腔浅。

比较 此种与 *Cambrooistodus cambricus* 十分相似，但其膝曲形分子的基腔很浅，基本不达主齿；而后者的基腔很深，常达主齿中部至上部。当前的标本都为膝曲形分子。

产地及层位 华北和东北地区，寒武系芙蓉统凤山组。

肿刺属 *Cordylodus* Pander, 1856

模式种 *Cordylodus angulatus* Pander, 1856

特征 Miller (1980) 和 Clark *et al.* (1981) 首先提出，此器官属有两种类型的齿形分子，分别称为圆形和扁形分子。Bagnoli *et al.* (1987) 又称之为 *p* 分子和 *q* 分子。它们由主齿和后齿突组成，后齿突发育1个或几个细齿。主齿下的基腔大，可深或浅，并向后延伸至后齿突，有时可伸达细齿。基腔顶尖可平行于主齿或向前反曲。圆形分子通常两侧对称，主齿和细齿的断面圆或椭圆形。扁形分子常因主齿侧弯或发育侧脊而不对称，主齿和细齿侧扁，具明显的前、后缘脊。后来，Nicoll (1990, 1991) 提出了这一器官种应由7种枝形分子组成，它们分别是M分子、Sa分子、Sb分子、Sc分子、Sd分子、Pa分子和Pb分子。它们的主齿上部具白色物质，S分子和P分子发育具细齿的后齿突，M分子发育一具细齿或无细齿的侧齿突。由于种的不同，基腔深浅不一，并可有1~2个或更多个尖顶。

在国内，虽然有些种，如 *Cordylodus proavus*，*C. intermedius* 和 *C. prion* 的资料较多，已有较多标本和图影供参考，但它们当时都是作为形态种来描述的，或虽然以器官种描述，但通常沿用 Miller (1980) 的定义，即用圆形和扁形分子来描述此属。所以大多仅为某1~2种形态分子，无法像 Nicoll (1990) 那样把此属分为七类不同的形态分子。

分布地区及时代 欧洲、亚洲、北美洲和澳大利亚，寒武纪芙蓉世至早奥陶世。

角肿刺 *Cordylodus angulatus* Pander, 1856

(图版O—1，图3，4)

1856 *Cordylodus angulatus* Pander, p. 32, pl. 3, fig. 10.

1986 *Cordylodus angulatus* Pander. –Chen & Gong, pl. 34, figs. 2—4.

1987 *Cordylodus angulatus* Pander. –安太庠，135，136页，图版17，图26—29。

2000 *Cordylodus rotundatus* Pander. –赵治信等，195页，图版37，图7—12。

特征 Pa分子基腔浅，前坡向后强烈凹入，后坡上拱，反口缘前基角角状。Pb分子的刺体基腔浅，顶尖位于主齿的中轴线处，前坡强烈向后弯，后坡上凸。基部反口缘呈S形弯曲，基部前缘呈弧形。

附注 *Cordylodus angulatus* 与 *Cordylodus rotundatus* 原为两个独立的种，但它们的形态和组成最为接近，且出现的层位也几乎一致，国外一些学者把后者列为前者的同义名，如Nicoll（1990）把后者作为前者之Pb分子，而原归入前者的P分子则为Pa分子。由于前者P分子的前基角角状，而后者则为明显的圆弧状，因此笔者同意Nicoll（1990）的意见，把原归入 *Cordylodus angulatus* 与 *Cordylodus rotundatus* 的不同形态分子分别归入前者的Pa分子和Pb分子。

产地及层位 华南、华北及西北广大地区，下奥陶统特马豆克阶下部。

卡伯特肿刺 *Cordylodus caboti* Bagnoli，Barnes et Stevens，1987

（图版∈—4，图10）

1987 *Cordylodus caboti* Bagnoli，Barnes et Stevens，p. 152，pl. 1，figs. 10—14.

1996 *Cordylodus caboti* Bagnoli *et al.* －王志浩和方一亭，图版1，图1，12；插图1—2。

特征 S分子和P分子主齿直立至后倾，基腔顶尖位于主齿及基腔的中央，基腔前缘直或由顶至下缘显示稍凸至稍凹。

比较 此种与 *Cordylodus intermedius* 较相似，在此种建立前，人们常把它列入后者。两者的区别在于后者S分子的基腔前缘中部明显内凹，基腔顶尖常偏向前方。

产地及层位 河北卢龙武山，寒武系芙蓉统凤山组至下奥陶统冶里组。

侧弯肿刺 *Cordylodus deflexus* Bagnoli，Barnes et Stevens，1987

（图版∈—4，图13，21）

1987 *Cordylodus deflexus* Bagnoli，Barnes et Stevens，p. 153，pl. 2，figs. 1—4.

1987 *Cordylodus fengzhuensis* An. －安太庠，137页，图版17，图16。

1996 *Cordylodus deflexus* Bagnoli *et al.* －王志浩和方一亭，图版1，图3，8，11，14。

特征 器官种由S分子和P分子，或称 *p* 和 *q* 分子组成。P分子基腔顶尖位于近中央，且恰好在后齿突之上，基腔前缘直，并在近顶处稍凸，后齿突细齿侧弯。S分子具明显的反主齿。

比较 当前的标本与Bagnoli *et al.*（1987）描述的 *Cordylodus deflexus* 的 *q* 分子十分接近，应为同种。此种与 *C. caboti* 的扁形分子较为接近，但后者的基腔较深，前缘中部稍凹，且后齿突细齿不侧弯。

安太庠（1987）的形态种 *Cordylodus fengzhuensis* 具明显向下延伸的反主齿，反主齿长、大，光滑，无细齿。后齿突向后延伸，具4个强壮、明显分离、断面圆和后倾的细齿。基腔位于主齿和后齿突交接处，侧视为三角形，向后弯，并向反主齿和后齿突延伸。其特征符合Bagnoli *et al.*（1987）描述的 *Cordylodus deflexus* 的P分子（圆形分子），即Bagnoli等称之的 *p* 分子。

产地及层位 河北，寒武系芙蓉统凤山组至下奥陶统冶里组；浙江江山，寒武系芙蓉统至下奥陶统印诸埠组。

德鲁塞肿刺 *Cordylodus drucei* Miller，1980

（图版∈—4，图11，12）

1980 *Cordylodus drucei* Miller，p. 16，pl. 1，figs. 17（?）20—21，25.

1985b *Cordylodus drucei* Miller. －Wang，p. 86，pl. 24，figs. 7—12.

1986 *Cordylodus drucei* Miller. －Chen & Gong，pp. 126—127，pl. 38，figs. 5，10.

1987 *Cordylodus drucei* Miller. －安太庠，137 页，图版 17，图 7。

1993 *Cordylodus drucei* Miller. －丁连生等，见王成源（主编），168 页，图版 3，图 16。

特征 S 分子（圆形分子）后齿突前侧方具一宽而低的向下延伸的隆脊，基腔浅，前缘内凹。

比较 由于此种与 *Cordylodus intermedius* 都具前缘内凹的基腔而比较相似，但前者后齿突前侧方具一明显的隆脊。此种与 *Cordylodus proavus* 的区别在于后者 S 分子的基腔前缘不内凹，齿突前侧无隆脊。

产地及层位 华南、华北及东北，寒武系芙蓉统至下奥陶统下部。

中间肿刺 *Cordylodus intermedius* Furnish，1938

（图版∈—4，图 14，15，24）

1938 *Cordylodus intermedius* Furnish，p. 338，pl. 42，fig. 31.

1985a *Cordylodus intermedius* Furnish. －Wang，p. 215—216，pl. 1，figs. 12—15；pl. 7，figs. 22—24；pl. 9，figs. 5—7；pl. 11，figs. 5—7；pl. 13，figs. 22，23；pl. 14，fig. 4.

1985b *Cordylodus intermedius* Furnish. －Wang，in Chen *et al.*，p. 86，pl. 24，figs. 12—15.

1986 *Cordylodus intermedius* Furnish. －Chen & Gong，pp. 127—129，pl. 35，figs. 2，3，6，9；pl. 36，fig. 7；pl. 37，figs. 1，2，4—7，10，11，13，15—17；pl. 38，figs. 2，3，7，8，13，15.

1993 *Cordylodus intermedius* Furnish. －丁连生等，见王成源（主编），168，169 页，图版 3，图 1—4，6—15。

2000 *Cordylodus intermedius* Furnish. －赵治信等，195 页，图版 37，图 15，21。

特征 S 分子（圆形分子）的基腔大，较深，前缘明显内凹，顶尖指向前边。

比较 此种与 *Cordylodus proavus* 较为相似，两者的区别在于后者 S 分子（圆形分子）的基腔前缘稍凸而不是明显内凹。

产地及层位 华南、华北，寒武系芙蓉统至下奥陶统下部。

伦兹肿刺 *Cordylodus lenzi* Müller，1973

（图版∈—4，图 20，23）

1973 *Cordylodus lenzi* Müller，p. 31，pl. 10，figs. 5—9.

1982 *Cordylodus lenzi* Müller. －An，p. 129，pl. 17，figs. 7，8.

1983 *Cordylodus lenzi* Müller. －安太庠等，83，84 页，图版 8，图 8，9。

特征 S 分子刺体由大的主齿和短的后齿突组成。主齿具一外侧肋脊，后齿突发育一外侧突。

讨论 此种在国内仅有 An（1982）、安太庠等（1983）做过报道，材料很少，因此此种器官的其他组成分子不清楚。此种以主齿大、主齿和基部外侧具明显肋脊及基腔大为特征。此种以基腔尖顶指向前方区别于 *Cordylodus proavus*，以长锥形的基腔区别于 *C. angulatus*，并以刺体一侧具外侧肋脊而区别于 *C. caseyi*。

产地及层位 河北唐山和辽宁本溪，寒武系芙蓉统凤山组至下奥陶统冶里组。

林斯特龙肿刺 *Cordylodus lindstromi* Druce et Jones，1971

（图版∈—4，图 5，19，25，26）

1971 *Cordylodus lindstromi* Druce et Jones，pp. 68—69，pl. 1，figs. 7—9；pl. 2，fig. 8.

1985b *Cordylodus lindstromi* Druce et Jones. －Wang，p. 87，pl. 24，figs. 1，5，6.

1986 *Cordylodus lindstromi* Druce et Jones. –Chen & Gong, pp. 129—130, pl. 34, figs. 1, 5—8.
1993 *Cordylodus lindstromi* Druce et Jones. –丁连生等，见王成源（主编），169 页，图版 3，图 17—20。
2004 *Cordylodus lindstromi* Druce et Jones. –Dong *et al.*, pl. 2, fig. 22; pl. 4, figs. 7, 15.

特征 S 分子和一些 P 分子具两个基腔顶尖，且位于第一个细齿之下的第二个基腔顶尖是尖的，但不伸至细齿。

比较 中国已报道的 *Cordylodus lindstromi* 都为 S 分子，此种与 *C. prolindstromi* 十分相似，两者都具有第二个基腔顶尖，其区别在于后者之第二个基腔顶尖平坦或浑圆。此种与发育第二个基腔顶尖的 *C. prion* 也十分相似，但后者的第二个基腔发育在后齿突的第一个细齿内。此种与 *C. caboti* 的区别在于后者无第二个基腔顶尖。

产地及层位 华南、华北和东北，寒武系芙蓉统凤山组至下奥陶统冶里组及其相当层位。

锯齿肿齿 *Cordylodus prion* Lindström, 1955

（图版∈—4，图 22）

1955 *Cordylodus prion* Lindström, pp. 552—553, pl. 5, figs. 14—16.
1983 *Cordylodus* aff. *prion* Lindström. –安太庠等，86，87 页，图版 7，图 12—15。
1985a *Cordylodus prion* Lindström. –Wang, p. 217, pl. 1, fig. 11; pl. 7, fig. 28; pl. 9, fig. 8; pl. 10, fig. 23; pl. 12, fig. 21; pl. 13, figs. 29, 30.
1985b *Cordylodus prion* Lindström. –Wang, pp. 87—88, pl. 24, figs. 2—4.
1993 *Cordylodus* aff. *prion*, Lindström. –丁连生等，见王成源（主编），169，170 页，图版 3，图 21；图版 4，图 18。

特征 此种原定义是由后倾主齿和向后伸长的齿耙状后齿突组成的复合型牙形刺。主齿两侧平，内弯，直立至后倾，具锐利的前、后缘脊。基腔为尖利的圆锥形，深达主齿基部，向后齿突延伸变浅为齿槽。Nicoll（1991）认为此器官种由 M 分子、S 分子和 P 分子等 7 种分子组成，所有分子都具 2 个基腔顶尖，并在主齿与后齿突接触处有明显凹口。

讨论 中国几乎所有学者在描述此种时都未划分 M 分子、S 分子和 P 分子，仅按林氏（Lindström, 1955）首次建种时的形态特征来描述。当时林氏在描述此种时，他所仅列的 3 个图影分别代表了后来的 M 分子、S 分子和 P 分子（Nicoll, 1991）。但从中国学者已发表的有关此种的材料来看，很难正确区分 M 分子、S 分子和 P 分子，且林氏及中国学者所列的图影都未见明显的两个基腔顶尖。但从外形看，中国学者发表的图影基本上都属于 P 分子和 M 分子。

产地及层位 浙江，寒武系芙蓉统至下奥陶统印渚埠组；华北、东北地区，寒武系芙蓉统凤山组至下奥陶统冶里组。

先祖肿刺 *Cordylodus proavus* Müller, 1959

（图版∈—4，图 16—18）

1959 *Cordylodus proavus* Müller, p. 448, pl. 15, figs. 11, 12, 18.
1982 *Cordylodus proavus* Müller. –An, pp. 129—130, pl. 16, figs. 1—4, 6; pl. 17, figs. 10—13.
1985a *Cordylodus proavus* Müller. –Wang, pp. 217—219, pl. 1, figs. 18—23; pl. 7, figs. 15—20; pl. 9, figs. 9—12; pl. 11, figs. 2—4, 19—21; pl. 13, figs. 26, 31; pl. 14, figs. 11—16.
1986 *Cordylodus proavus* Müller. –Chen & Gong, pp. 130—133, pl. 35, figs. 1, 4, 5, 7, 8, 10—14; pl. 36, figs. 1—6, 8—24; pl. 37, figs. 9, 12, 14; pl. 38, figs. 1, 4, 6, 9, 11, 12, 14, 16—18.
2000 *Cordylodus proavus* Müller. –赵治信等，195 页，图版 37，图 18—20。

特征 器官种的S分子（圆形分子或称*q*分子）具一大而深的圆锥形基腔，基腔前缘微凸，主齿中部至顶部都具白色物质。

比较 此种与*Cordylodus drucei*最为相似，两者的区别在于前者的S分子基腔大而深，后者的S分子的主齿无白色物质。此种与*C. intermedius*也比较相似，但后者的S分子的基腔前缘向内凹。另外，这里要指出的是，本书的S分子即原来的形态种*Cordylodus proavus*，而P分子则是原来的形态种*C. oklahomensis*。

产地及层位 中国广大地区，寒武系芙蓉统至下奥陶统下部。

始牙形刺属 *Eoconodontus* Miller，1980

模式种 *Proconodontus notchpeakensis* Miller，1969

特征 器官种由对称至不对称的S分子（圆形分子）和P分子（扁形分子）等组成。这些分子为单锥型刺体，无后齿突和细齿，直立至后倾。基腔大，中等深或较深，常伸达主齿弯曲处。P分子两侧扁，具前、后缘脊，两侧平凸。S分子特征稍不明显，常两侧对称，无棱脊，断面常为椭圆形。

分布地区及时代 北美洲、澳大利亚和亚洲，寒武纪芙蓉世至早奥陶世。

诺峰始牙形刺 *Eoconodontus notchpeakensis*（Miller，1969）

（图版∈—5，图1，2）

1969 *Proconodontus notchpeakensis* Miller，p. 438，pl. 1，figs. 10，11.

1982 *Proconodontus notchpeakensis* Miller. – An，p. 142，pl. 8，fig. 2；pl. 13，figs. 1—11.

1985a *Eoconodontus notchpeakensis*（Miller）. – Wang，pp. 223—224，pl. 3，figs. 8—10；pl. 4，figs. 10，11；pl. 7，figs. 1—3；pl. 13，figs. 4，13，14；pl. 14，fig. 18.

1985b *Eoconodontus notchpeakensis*（Miller）. – Wang，in Chen *et al.*，p. 89，pl. 25，figs. 12—14.

1986 *Eoconodontus notchpeakensis*（Miller）. – Chen & Gong，pp. 140—141，pl. 19，fig. 13；pl. 31，figs. 2，6，8；pl. 32，figs. 2，4，6，7，9，11；pl. 33，figs. 2，8.

1987 *Proconodontus notchpeakensis* Miller. – 安太庠，110，111页，图版1，图21，22，25。

特征 器官种的P分子（扁形分子）为两侧压扁的单锥形分子，具前、后缘脊，两侧面平凸，基部下端前、后膨大。S分子（圆形分子）两侧压扁不明显，无棱脊，断面椭圆形。基腔中等深，常达主齿弯曲处。

比较 Miller（1969）原把此种与*Proconodontus muelleri*和*Cambrooistodus cambricus*都归入*Proconodontus*，后又以此种为模式种，建立了*Eoconodontus*属。到目前为止，归入此属的种仅有2种。它与*Proconodontus muelleri*的区别在于后者的基腔很深，可伸达齿顶。此种与*Cambrooistodus cambricus*的区别在于后者后齿突与主齿后缘以锐角相交。中国以前在下奥陶统发现的*Eoconodontus notchpeakensis*可能都为*Cordylodus proavus*主齿的断片。

产地及层位 湖南、浙江和安徽等地区，寒武系芙蓉统上部；华北、东北地区，寒武系芙蓉统凤山组。

尖齿刺科 TERIDONTIDAE Miller，1981

尖齿刺属 *Teridontus* Miller，1980

模式种 *Oneotodus nakamurai* Nogami，1967

特征 器官种仅由一列单锥型分子组成。根据 Nicoll（1994），此器官属由 Sa 分子、Sb 分子、Sc 分子、Sd 分子、Pa 分子和 Pb 分子组成，无 M 分子。单锥型分子对称至不对称，前倾至直立，表面光滑无饰或有细纹，断面圆或椭圆。基部短或稍长，比主齿稍膨大或膨大。基腔中等深或浅，主齿可由白色物质组成。

分布地区及时代 北美洲、欧洲、澳大利亚和亚洲，寒武纪芙蓉世和早奥陶世。

直尖齿刺 *Teridontus erectus*（Druce et Jones, 1971）

（图版∈—5，图 12）

1971 *Oneotodus erectus* Druce et Jones, p. 80, pl. 15, figs. 2—9; text-fig. 2d.

1983 *Teridontus erectus*（Druce et Jones）. –安太庠等，155 页，图版 6，图 9。

特征 刺体主齿与基部相连处直或微弯。

比较 此种与 *Teridontus nakamurai* 十分相似，两者的不同在于前者主齿与基部连接处直或微弯，而后者则强烈后弯。

产地及层位 山东、河北等地区，寒武系芙蓉统凤山组至下奥陶统冶里组。

纤细尖齿刺 *Teridontus gracilis*（Furnish, 1938）

（图版∈—5，图 14）

1938 *Distacodus? gracilis* Furnish, p. 327, pl. 42, fig. 23.

1983 *Teridontus gracilis*（Furnish）. –安太庠等，p. 156, pl. 6, fig. 15。

1983 *Teridontus gracilis*（Furnish）. –Wang, pl. 4, fig. 12.

1985b *Teridontus gracilis*（Furnish）. –Wang, pp. 98—99.

2000 *Teridontus gracilis*（Furnish）. –赵治信等，22 页，图版 9，图 17，18。

特征 白色物质仅沿生长轴分布。

比较 此种与 *Teridontus nakamurai* 十分相似，不同之处在于前者白色物质仅沿生长轴分布而后者则占据了主齿之全部。根据白色物质在刺体内的分布规律，倪世钊（见曾庆銮等，1983）建立的新种 *Teridontus yichangensis* 应是此种的同义名。

产地及层位 华南、华北及西北等地区，寒武系芙蓉统至下奥陶统。

黄花场尖齿刺 *Teridontus huanghuachangensis*（Ni, 1981）

（图版∈—5，图 9，10，11）

1981 *Oneotodus huanghuachangensis* Ni. –倪世钊，131 页，图版 1，图 5；插图 1。

1985a *Teridontus huanghuachangensis*（Ni）. –Wang, pp. 240—241, pl. 2, fig. 10; pl. 6, fig. 15; pl. 11, figs. 11, 16; pl. 13, fig. 21.

1985 *Teridontus huanghuachangensis*（Ni）. –Dong, p. 405, pl. 1, figs. 7, 14.

1985b *Teridontus huanghuachangensis*（Ni）. –Wang, p. 98, pl. 21, figs. 12, 13; text-fig. 14: 10.

2000 *Teridontus huanghuachangensis*（Ni）. –赵治信等，227 页，图版 9，图 10—12，16。

特征 主齿的白色物质在主齿下部末端以一斜切面与基部相交。

比较 此种与 *Teridontus gracilis* 很相似，不同之处在于后者白色物质仅限于沿生长轴心分布。此种与 *T. nakamurai* 更为相似，其区别在于前者白色物质在下部末端结束处与生长轴成斜切面相交。*T. reclinatus* Jiang et Xiang 的特征完全与此种相符，应为此种的同义名。

产地及层位 华南、华北及西北等地区，寒武系芙蓉统至下奥陶统。

中村尖齿刺 *Teridontus nakamurai* (Nogami, 1967)

(图版∈—5, 图7, 8)

1967 *Oneotodus nakamurai* Nogami, p. 216, pl. 1, figs. 9, 12, 13 (?), text-figs. 3A, B (?) C.

1982 *Teridontus nakamurai* (Nogami). – An, p. 150, pl. 14, figs. 1—11; pl. 15, fig. 11.

1985a *Teridontus nakamurai* (Nogami). – Wang, p. 241, pl. 3, figs. 1, 2, 4; pl. 6, figs. 9—12; pl. 8, figs. 1—3; pl. 10, figs. 1—3; pl. 13, figs. 5, 11, 12.

1986 *Teridontus expansus* Chen & Gong, p. 189, pl. 40, fig. 11; text-fig. 78.

2000 *Teridontus nakamurai* (Nogami). –赵治信等, 227页, 图版9, 图19—26。

特征 白色物质在下部末端结束处与生长轴垂直。

比较 此种与 *Teridontus gracilis* 的区别在于后者主齿的白色物质仅沿生长轴分布而前者则分布于整个主齿。此种与 *Teridontus huanghuachangensis* 的区别在于前者白色物质在末端结束处形成一垂直于生长轴的切面而后者则成一斜切面。Chen & Gong (1986) 根据基部膨大这一特点建立了他们的新种 *Teridontus expansus*, 但后来发现, 它们与 *Teridontus nakamurai* 共生, 这类标本基部大小是可变的, 可由中等膨大到很大, 为一变化系列, 其基部大小不同属于种内变化。根据 Nicoll (1994), 此器官种由 Sa 分子、Sb 分子、Sc 分子、Sd 分子、Pa 分子和 Pb 分子等6种分子组成, 无 M 分子。基部短的刺体为 P 分子, 而 S 分子基部较长, 利用刺体横切面的形态和对称性再区分出 Sa 分子、Sb 分子、Sc 分子和 Sd 分子。从当前国内已发表的资料看, 因无法观察其切面形态, 只能辨认出是 P 分子还是 S 分子。

产地及层位 华南、华北及西北, 寒武系芙蓉统至下奥陶统。

弗里克塞尔刺科 FRYXELLODONTIDAE Miller, 1981

弗里克塞尔刺属 *Fryxellodontus* Miller, 1969

模式种 *Fryxellodontus inornatus* Miller, 1969

特征 Miller (1969) 建立此属时认为, 这是由扁平分子 (planus elements)、锯齿分子 (serratus elements)、对称分子 (symmetricus elements) 和中间分子 (interemedius elements) 组成的器官种, 即由3种或4种锥形分子形成对称系列组成的器官种。在本书中, 扁平分子称 P 分子, 锯齿分子称 M 分子, 对称分子和中间分子称 S 分子。每一分子前倾至直立, 或稍后弯。刺体侧扁, 侧视常呈拇指形或半圆形, 后缘一般为脊状, 并由主齿尖顶延伸到底部边缘, 有些能分化出细齿。基腔大而深, 常侧扁, 断面不规则, 可深达主齿尖顶。

分布地区及时代 北美洲、澳大利亚和亚洲, 寒武纪芙蓉世。

无饰费里克塞刺 *Fryxellodontus inornatus* Miller, 1969

(图版∈—5, 图3—6)

1969 *Fryxellodontus inornatus* Miller, pp. 426—429, pl. 65, figs. 1—10, 12—16, 23—25.

1983 *Fryxellodontus inornatus* Miller. –安太庠等, 98页, 图版3, 图19, 20。

1983 *Fryxellodontus inornatus* Miller. – Wang, pl. 1, figs. 16—22.

1985b *Fryxellodontus inornatus* Miller. – Wang, pp. 89—90, pl. 25, figs. 15, 16.

1986 *Fryxellodontus inornatus* Miller. – Chen & Gong, pp. 142—144, pl. 34, figs. 10, 11, 16; pl. 41, figs 1—3, 5—16.

特征 同属的特征, 器官种由 P 分子 (扁平分子)、M 分子 (锯齿分子) 和 S 分子 (对称分子和中间分子) 组成, 即由3种或4种锥形分子形成对称系列组成的器官种。刺体一般侧扁，前倾至后弯，前边半圆形，后缘薄，脊状，可发育细齿。基腔宽大而较深，可达主齿尖顶。

比较 从中国报道的材料看，它们和 Miller（1969）描述的几种分子的特征完全符合，应属同种。

产地及层位 东北、华北，寒武系芙蓉统凤山组。

端刺超科 DISTACODONTACEA Bassler，1925

棘刺科 ACANTHODONTIDAE Lindström，1970

棘刺属 *Acanthodus* Furnish，1938

模式种 *Acanthodus uncinatus* Furnish，1938

特征 此器官属的特征是由单一非膝曲状单锥型刺体组成，其后缘脊上方具一列钩状、锯齿状细齿，可分为对称型和不对称型分子。

分布地区及时代 北美洲、欧洲和亚洲，早奥陶世。

线脊荆棘刺 *Acanthodus lineatus*（Furnish，1938）

（图版 O—1，图 7，8）

1938 *Drepanodus lineatus* Furnish，p. 328，pl. 41，figs. 33，34.

1971 *Acanthodus costatus* Druce et Jones，p. 42，pl. 1，figs. 1—5.

1987 *Acanthodus lineatus*（Furnish）. –安太庠，116，117 页，图版 6，图 21，22，24—30。

1993 *Acanthodus lineatus*（Furnish）. –丁连生等，见王成源（主编），155 页，图版 6，图 16，17。

特征 S 分子为非膝曲单锥型刺体，侧方具肋脊，后缘上部具锯齿。

比较 倪世钊（曾庆銮等，1983；倪世钊和李志宏，1987）根据肋脊数和基部长短建立了 *Acanthodus multicostatus* 和 *A. rarus*，前者具 3 条肋脊，后者则为 1 条，但基部较短。根据安太庠（1987）对中国这类标本的研究，侧脊的数量和基部长度的不同仅是种内的差异，在同一种内，肋脊可有 1 至多条，基部也可长短不一，但它们的地层分布及时限基本一致。因此，倪世钊（曾庆銮等，1983；倪世钊和李志宏，1987）根据肋脊有 3 条和基部较短而建立的新种应是 *Acanthodus lineatus* 的同义名。*Acanthodus costatus* Druce et Jones 的原定义为刺体侧方具 2 条以上的肋脊，因此无疑也是 *Acanthodus lineatus* 的同义名。此种与 *Acanthodus uncinatus* 的不同在于后者无肋脊。

产地及层位 华南、扬子地层区，下奥陶统两河口阶底部。

钩荆棘刺 *Acanthodus uncinatus* Furnish，1938

（图版 O—1，图 9）

1938 *Acanthodus uncinatus* Furnish，p. 337，pl. 42，fig. 3.

1987 *Acanthodus uncinatus* Furnish. –安太庠，117 页，图版 6，图 19，20。

1999 *Acanthodus uncinatus* Furnish. –Parsons & Clark，fig. 5：12—16.

特征 非膝曲单锥型刺体，两侧平凸，光滑无饰，后缘上方具锯齿。

讨论 此种与 *Acanthodus lineatus* 十分相似，其区别在于后者侧面发育肋脊。安太庠（1987）发现 *Acanthodus lineatus* 和 *Acanthodus uncinatus* 几乎是同时出现的，因此笔者注意到，从它们的外形和产出层位看，*Acanthodus lineatus* 和 *Acanthodus uncinatus* 很可能是同一器官种，后者则为前者的同义名。若这个假设成立的话，笔者认为后者可作

为器官种 *Acanthodus lineatus* 的 P 分子，前者则为 S 分子。根据外形，S 分子又可区分为两侧对称，两侧各具一肋脊的 Sa 分子；两侧不对称，侧扁，仅一侧有肋脊的 Sc 分子；具多条肋脊，两侧对称或不对称的 Sd 分子和 Sb 分子。但在未得到证实之前，本书仍把它们看作独立的种。

产地及层位 华南、扬子地层区，下奥陶统下部。

箭刺科 OISTODONTIDAE Lindström，1970

拟箭刺属 *Paroistodus* Lindström，1971

模式种 *Oistodus parallelus* Pander，1856

特征 Lindström（1971）在建立此器官属时，认为此属包括了 drepanodiform 型（即 P 分子和 S 分子）和 oistodiform 型（即 M 分子）两类分子，其基腔常向前翻转。drepanodiform 型分子两侧可有低或尖利的肋脊，基腔前部翻转；oistodiform 型分子基部侧视呈方形，向前延伸并不长。基腔浅，前部为反基腔，侧视呈方形。根据目前对器官种的认识，此器官种应包含 Pa 分子、Pb 分子、M 分子、Sa 分子、Sb 分子、Sc 分子和 Sd 分子等 7 种分子。

分布地区及时代 欧洲、美洲、亚洲和澳大利亚，早、中奥陶世。

原始拟箭刺 *Paroistodus originalis*（Sergeeva，1963）

（图版 O—2，图 24—27）

1963 *Oistodus originalis* Sergeeva，p. 98，pl. 7，figs. 8，9.

1971 *Paroistodus originalis*（Sergeeva）. – Lindström，p. 48，figs. 8，12.

1987 *Paroistodus originalis*（Sergeeva）. – 安太庠，165，166 页，图版 13，图 9—12，15，16。

1995 *Paroistodus originalis*（Sergeeva）. – Wang & Bergström，pl. 7，figs. 8，9，12，14，15.

1999 *Paroistodus originalis*（Sergeeva）. – 王志浩和 Bergström，339 页，图版 2，图 6，11，12。

特征 drepanodiform 型（P 分子）两侧缓凸，基部明显向后拉长，口缘较直，脊状，前缘基部外凸呈角状、薄板状。

比较 此器官种应由 Pa 分子、Pb 分子、M 分子、Sa 分子、Sb 分子、Sc 分子和 Sd 分子组成，但由于材料不够，仅能大致识别 P 分子、S 分子和 M 分子，尚未在已发表的一些资料中细分出和找到所有组成分子。此种与 *Paroistodus parallelus* 最为接近，其区别在于后者的 S 分子的主齿侧面发育棱脊，而前者则无此构造。

产地及层位 江南和扬子地层区，下、中奥陶统大湾组。

变形拟箭刺 *Paroistodus proteus*（Lindström，1955）

（图版 O—7，图 9，10）

1955 *Drepanodus proteus* Lindström，p. 566，pl. 3，figs. 18—24；text-figs. 2a-f，j.

1971 *Paroistodus proteus*（Lindstörm）. – Lindström，pp. 46—47，text-figs. 8—10.

1987 *Paroistodus proteus*（Lindström）. – 安太庠，166，167 页，图版 13，图 23—26，31。

1995 *Paroistodus proteus*（Lindström）. – Wang & Bergström，pl. 7，figs. 4，5.

2000 *Paroistodus proteus*（Lindström）. – 赵治信等，211 页，图版 18，图 1—3，10，11。

特征 P 分子和 S 分子都为 drepanodiform 型，主齿两侧缓凸，无棱脊，基部向后延伸短或稍长，口缘直。基腔最深处位于靠后部，前缘显著内凹，前部非常浅或翻转。M

分子前缘直截状，前基角约90°。

比较 此种与 *Paroistodus originalis* 最为相似，但前者的P分子和S分子的基部向后延伸，短而直。此种与 *P. parallelus* 的区别在于后者的S分子的主齿侧方具侧脊。

产地及层位 华南及新疆等地，下奥陶统。

原潘德尔刺科 PROTOPANDERODONTIDAE Bergström, 1981

原潘德尔刺属 *Protopanderodus* Lindström, 1971

模式种 *Acontiodus rectus* Lindström, 1955

特征 器官种由对称和不对称的 acontiodiform 型和 scandodiform 型的S分子组成，基部较长，发育潘德尔沟。其中一类具强烈对称或不对称的侧脊，另一类明显或稍扭曲，主齿发育脊和沟。基腔中等大，较深，仅限于基部。

分布地区及时代 欧洲、北美洲、南美、亚洲和澳大利亚，奥陶纪。

雕纹原潘德尔刺 *Protopanderodus insculptus* (Branson et Mehl, 1933)

(图版0—4，图14，15)

1933 *Phragmodus insculptus* Branson et Mehl, p. 124, pl. 10, figs. 32—34.

1966 *Scolopodus insculptus* (Branson et Mehl). –Bergström & Sweet, pp. 398—400, pl. 34, figs. 26, 27.

1984 *Protopanderodus insculptus* (Branson et Mehl). –王志浩和罗坤泉，277，278页，图版8，图4，5。

1987 *Protopanderodus insculptus* (Branson et Mehl). –安太庠，172页，图版11，图16，23；图版15，图21。

特征 由对称、不对称的 acontiodiform 型S分子以及不对称的 scandodiform 型P分子组成，S分子基部向后拉长，口缘脊状并发育一个细齿，在基部反口缘靠前方有一较明显的凹缺。

比较 此种在国内仅见Sa分子、Sb分子和Sc分子，尚无P分子的发现。它与 *Protopanderodus liripipus* 最为接近，其区别在于前者基部口缘具一细齿，后者则为一锐利的脊，但由于细齿常被折断而不易区别。

产地及层位 湖北、贵州等地区，上奥陶统宝塔组；陕西，上奥陶统龙门洞组。

掌颚刺超科 CHIROGNATHACEA Branson et Mehl, 1944

多箭刺科 MULTIOISTODONTIDAE Bergström, 1981

支架刺属 *Erismodus* Branson et Mehl, 1933

模式种 *Erismodus typus* Branson et Mehl, 1933

特征 器官组成尚不清楚，可能由7种分子组成，即Pa分子、Pb分子、Sa分子、Sb分子、Sc分子、Sd分子和M分子，但所有分子均为纤维状结构，大多齿耙强壮，具分离的钉状细齿、浅的基腔和明显的主齿。Pa分子角状，侧弯，较长的前、后齿耙之间形成一宽的角度。

分布地区及时代 北美洲、欧洲和亚洲，中、晚奥陶世。

四刺支架刺 *Erismodus quadridactylus* (Stauffer, 1935)

(图版0—8，图16)

1935 *Chirognathus quadridactylus* Stauffer, p. 138, pl. 9, fig. 35.

1982 *Erismodus quadridactylus* (Stauffer). – Sweet, pp. 1040—1042, pl. 1, figs. 25—30.

1994 *Erismodus quadridactylus* (Stauffer). – Bauer, fig. 4: 17, 22—24, 29.

2013 *Erismodus quadridactylus* (Stauffer). – 王志浩等，图版 1，图 1，2。

特征　器官种组成分子的刺体发育细长和具棱脊的细齿，并在齿突同一平面内侧扁。

描述　器官种由 Sa 分子、Sb 分子、M 分子和 P 分子等组成，所有分子基部膨大上凹，口面细长，具侧棱脊。Pb 分子上拱，基部膨大，为一浅而宽大的凹腔，由主齿和前、后齿突组成。主齿较细长，侧扁，稍内弯，位于刺体近中央。前、后齿突近等长，发育 2～3 个分离、直立的小细齿。Sc 分子为双羽形，由主齿、后齿突和前齿突组成。主齿细长，前倾，侧扁，具侧肋脊，位于刺体之前端。前齿突短，为主齿稍向下延伸而成，末端尖。后齿突细长，发育 2～3 个细长、侧扁和明显分离的小细齿。

比较　此种仅见 Pb 分子和 Sc 分子，它以刺体发育细长和具棱脊的细齿与同属的其他种相区别。当前标本与 Sweet（1982）所描述的标本十分相似，应为同种。

产地及层位　仅见于甘肃平凉，上奥陶统平凉组。

典型支架刺　*Erismodus typus* Branson et Mehl，1933

（图版 O—6，图 7）

1933 *Erismodus typus* Branson et Mehl, pp. 25, 104, pl. 1, figs. 9, 10, 12.

1983 *Erismodus typus* Branson et Mehl. – 安太庠等，95 页，图版 32，图 18，19。

特征　Pa 分子齿耙型刺体主齿下方向下延伸成一舌状突起。

比较　国内仅见 Pa 分子的报道，且与 *Microcoelodus symmetricus* 很相似，但因其主齿向下发育一厚实的舌状突起而归入 *Erismodus typus*。

产地及层位　河北及山东等地，上奥陶统峰峰组。

三角刺属　*Triangulodus* van Wamel，1974

模式种　*Scandodus brevibasis*（Sergeeva，1963）emend. Lindström（1971）

特征　van Wamel（1974）在建立此器官种时，包括了 scandodiform，oistdiform，drepanodiform，acodiform，trichonodelliform 型分子等。Zhen *et al.*（2003，2006）认为此器官属由 7 种分子组成，包括 scandodiform 型的 P 分子、M 分子和具棱脊的 S 分子。所有分子均为磁白色，较大。

分布地区及时代　欧洲、北美洲、亚洲和澳大利亚，早奥陶世。

原始三角刺　*Triangulodus proteus* An，Du，Gao et Lee，1981

（图版 O—2，图 4—6）

1981 *Triangulodus proteus*. – 安太庠等，216 页，图版 2，图 19，20。

1985 *Triangulodus proteus* An *et al*. – 安太庠等，图版 3，图 1，6—13。

1987 *Tripodus proteus*（An *et al*.）. – 安太庠，194 页，图版 14，图 19，23，25—32。

特征　基部长，基腔中等深，Sb 分子（acodiform 型）有时在内侧基部前棱脊分叉，M 分子的口缘角小。

描述　器官种由 P 分子、M 分子、Sa 分子、Sb 分子、Sc 分子和 Sd 分子组成。P 分子为常见的 drepanodiform 型分子，刺体侧扁，具锐利的前、后缘脊，两侧面外凸，切面为透镜形。基部长，稍侧扁，与主齿分界不明显。前基缘向前下方延伸，角状。

基腔中等深，侧视为长的三角状。

M 分子刺体侧扁，前、后缘脊锐利，两侧外凸呈弧形；基部明显膨大，前、后方较宽，口缘与主齿后缘常成锐角相交；基腔膨大，锥形。Sa 分子多为两侧对称的 trichonodelliform 型分子，前缘宽，稍向前呈弧状外凸，发育两前侧缘脊和一后缘脊。Sb 分子和 Sc 分子为两侧不对称的 acodiform 型和 distacodiform 型分子，其两侧或一侧具一肋脊，基部长，常与主齿近等长，切面为三角形或四边形。Sd 分子似 Sb 分子，但两侧之肋脊呈对称排列，切面为五边形。

比较 此种与 *Triangulodus brevibasis* 较为相似，但前者之 P 分子与 S 分子的基部较长。

产地及层位 华南，下奥陶统分乡组和红花园组；新疆塔里木，下奥陶统丘里塔格上亚群。

潘德尔刺超科 PANDERODONTACEA Lindström，1970

尖刺科 SCOLOPODONTIDAE Bergström，1981

雕锥刺属 *Glyptoconus* Kennedy，1980

模式种 *Scolopodus quadraplicatus* Branson et Mehl，1933

特征 Kennedy（1980）在建立此器官种时定义其为由两侧对称至不对称的透明的单锥型分子组成。基部小至中等大，主齿长，稍向后弯，切面亚圆形或前、后方中等侧扁，两侧和后面具纵沟。Ji & Barnes（1994）把这类组成分子又称为 a 分子、b 分子、c 分子、e 分子，它们常为透明的琥珀色，其侧面和后面有纵沟、纵纹和棱脊。其中 a 分子切面较圆，具多条棱脊和纵沟，本书把它归入 Sb 分子；b 分子为过渡型三棱分子，本书称之为 Sb 分子；c 分子近直立，对称，基部膨大，本书称之为 Sa 分子；e 分子基部扁，向后弯伸，本书称之为 Sc 分子。

分布地区及时代 北美洲和亚洲，早奥陶世。

四褶雕锥刺 *Glyptoconus quadraplicatus*（Branson et Mehl，1933）

（图版 O—1，图 13，18）

1933 *Scolopodus quadraplicatus* Branson et Mehl，p. 63，pl. 4，figs. 14，15.

1985a *Scolopodus quadraplicatus* Branson et Mehl. –Wang，pp. 239—240，pl. 4，fig. 2；pl. 5，figs. 9，11，12.

1993 *Glyptoconus quadraplicatus*（Branson et Mehl）. –丁连生等，见王成源（主编），179 页，图版 6，图 20，21，23。

2000 *Scolopodus quadraplicatus* Branson et Mehl. –赵治信等，223 页，图版 5，图 9—23；图版 7，图 17—20。

特征 器官种由对称至不对称的 S 分子组成。玻璃质的单锥型刺体基部小，后面和两侧面各具一明显的纵沟。

比较 Kennedy（1980）在创建 *Glyptoconus* 时，把此种作为这一属的模式种，其特征是玻璃质、近直立、两侧对称的单锥型刺体，具有小的基部，两侧和后面具明显的纵沟。但国内发现的标本中，既有两侧对称的类型，又有两侧稍不对称或不对称的类型，有基部较小的类型，又有基部较大的类型，它们组成一对称系列而成为一器官种。此种以刺体两侧和后缘具明显的纵沟和 3～4 条纵脊为特征而与同属其他种相区别。

产地及层位 辽宁和河北，下奥陶统冶里组；新疆塔里木地区，下奥陶统丘里塔格群；江苏、安徽等地区，下奥陶统仑山组；湖北宜昌黄花场和长阳花桥，下奥陶统南津关组。

塔里木雕锥刺 *Glyptoconus tarimensis*（Gao，1991）

（图版 O—1，图 14，15）

1991 *Scolopodus? tarimensis* Gao. –高琴琴，141 页，图版 5，图 10，11，15—17。

1991 *Scolopodus bicostatus* Gao. –高琴琴，138 页，图版 5，图 2，3，6，13。

1998 *Scolopodus? tarimensis* Gao. –王志浩和周天荣，图版 2，图 9，15，16。

2000 *Glyptoconus tarimensis*（Gao）. –赵治信等，205 页，图版 13，图 1—16。

特征 器官种由 Sa 分子、Sb 分子和 Sc 分子组成。单锥型分子两侧对称至不对称，前缘圆，后缘稍凸或平，具 1～2 条棱脊，基部较膨大，切面近圆形。

比较 此种与 *Glyptoconus hemispaericus* 最为相似，其主要区别在于后者之 Sa 分子和其他分子部分标本的后缘为棱脊状，前者则为圆弧状。

被赵治信等（2000）归入 *Glyptoconus sunanensis* 的多数标本外形与 *G. tarimensis* 十分相似，本书有疑问地把它们归入后者。安太庠和丁连生（1982）建立的 *Scolopodus sunanensis*（与赵冶信等的 *Glyptoconus sunanensis* 相同），应为一形态种。赵治信等（2000）扩大了此形态种的定义，把那些具侧肋脊和细线纹的标本也归入此种，并组成器官种。其实，被赵治信等（2000）归入此种的标本与安太庠和丁连生（1982）的典型标本在形态上是有明显区别，前者刺体较细长，其基部长，常与主齿等长，甚至比主齿还长；后者则刺体粗壮，基部也短。虽然在同一个器官种中不同分子的形态可以不同，但被赵治信等（2000）归入 *Glyptoconus sunanensis* 的标本中，并没有真正类似于安太庠和丁连生（1982）所定名的典型标本。嗣后，Zhen *et al.*（2009）已把安太庠和丁连生（1982）所建的 *Scolopodus sunanensis* 列入了 *Cornuodus longibasis* 的同义名，*Scolopodus sunanensis* 一名已无效。

产地及层位 新疆塔里木，下奥陶统丘里塔格群。

拟针刺属 *Belodina* Ethington，1959

模式种 *Belodus compressus* Branson et Mehl，1933

特征 器官种由 S 分子和 M 分子组成，M 分子为 eobelodiform 型，而 S 分子又可分 S1 分子（compressiform 型）、S2 分子（grandiniform 型）和 S3（dispansiform 型）分子。

分布地区及时代 欧洲、北美洲、澳大利亚和亚洲，中至晚奥陶世。

扁平拟针刺 *Belodina compressa*（Branson et Mehl，1933）

（图版 O—7，图 7，8）

1933 *Belodus compressus* Branson et Mehl，p. 114，pl. 9，figs. 15，16.

1984 *Belodina compressa*（Branson et Mehl）. –王志浩和罗坤泉，253 页，图版 7，图 15；图版 12，图 9，10。

1987 *Belodina compressa*（Branson et Mehl）. –安太庠，130 页，图版 24，图 24；图版 29，图 4；图版 30，图 9，22，23。

1996 *Belodina compressa*（Branson et Mehl）. –王志浩等，图版 4，图 12，13。

特征 S1 分子刺体基部高，两侧扁平，前缘近基部、直。

产地及层位 华南、西南、西北和新疆等地区，上奥陶统宝塔组、桃曲坡组、背锅山组、良里塔格组和桑塔木组。

汇合拟针刺 *Belodina confluens* Sweet，1979

（图版 O—4，图 25）

1979 *Belodina confluens* Sweet，pp. 59—60，fig. 5：10，17；fig. 6：9.

1996 *Belodina confluens* Sweet. －王志浩等，图版 4，图 14—16。

1998 *Belodina confluens* Sweet. －王志浩和周天荣，图版 3，图 9。

2000 *Belodina confluens* Sweet. －赵治信等，191 页，图版 49，图 4—13。

2001 *Belodina confluens* Sweet. －王志浩和祁玉平，图版 1，图 15，26。

特征 S1 分子基部前缘处呈弧形弯曲。

比较 此种与 *Belodina compressa* 最为相似，其主要区别在于前者 S1 分子刺体近基部的前缘呈弧状弯曲，后者则扁平而直。被安太庠等（1983）和赵治信等（2000）列入 *Belodina compressa* 的部分标本，因其基部前缘呈弧状弯曲，本书把它们列入 *B. confluens*。

产地及层位 华北、陕西、甘肃、内蒙古和新疆等地区，上奥陶统峰峰组、桃曲坡组、背锅山组和良里塔格组。

多板颚刺科 POLYPLACOGNATHIDAE Bergström，1981

始板颚刺属 *Eoplacognathus* Hamar，1966

模式种 *Ambalodus lindstromi* Hamar，1966

特征 器官种由三齿突台形 Pb 分子（pastiniplanate，或称 ambalodiform 型分子）和星状台形 Pa 分子（stelliplanate，或称 amorphognathiform 型分子）组成。前者为 Y 形，前齿突较长，有左旋型和右旋型之分。后者除前、后齿突外还有至少 2 个侧齿突，其中一个较长，也有左旋型和右旋型之分。

分布地区及时代 欧洲、北美洲和亚洲，中至晚奥陶世。

展长始板颚刺 *Eoplacognathus elongatus*（Bergström，1962）

（图版 O—7，图 13—15）

1962 *Amorphognathus elongatus* Bergström，p. 31，pl. 5，figs. 1—3.

1984 *Eoplacognathus elongatus*（Bergström）. －王志浩和罗坤泉，260 页，图版 12，图 1—4。

1996 *Eoplacognathus elongatus*（Bergström）. －王志浩等，图版 1，图 7—11。

2000 *Eoplacognathus elongatus*（Bergström）. －赵治信等，201 页，图版 31，图 10—13；图版 33，图 1—4，8。

特征 Pa 分子（stelliplanate）为五角星形，外侧齿突长，可为前齿突长度的近两倍。始端有前齿突，无后外侧齿突，前、后齿突齿轴弯曲。Pb 分子（pastiniplanate）Y 形，后齿突长于侧齿突，但仅有前齿突长度之 1/2。左旋型分子在前、后齿突转折处近直角。

比较 此器官种的两种分子在国内都有报道，其主要特征与 Bergström（1962）的典型标本相一致。此种在国内多见于中国西北地区，如甘肃和新疆塔里木盆地等地区。它与 *Eoplacognathus lindstromi* 非常相似，其区别在于前者的 Pa 分子前、后齿突的齿轴弯曲，Pb 分子的前齿突直而后齿突较发育。

产地及层位 甘肃、新疆塔里木盆地柯坪地区和井下，上奥陶统平凉组、坎岭组。

假平始板颚刺 *Eoplacognathus pseudoplanus* (Viira, 1974)

(图版 O—3, 图 21, 22)

1974 *Ambalodus pseudoplanus* Viira, p. 54, pl. 6, figs. 25, 29, 31; text-figs. 43—46.

1987 *Eoplacognathus pseudoplanus* (Viira). –安太庠, 150, 151 页, 图版 27, 图 31, 33。

1996 *Eoplacognathus pseudoplanus* (Viira). –王志浩等, 图版 4, 图 6。

1998d *Eoplacognathus pseudoplanus* (Viira). –Zhang, p. 70, pl. 9, figs. 1—5.

2000 *Eoplacognathus pseudoplanus* (Viira). –赵治信等, 202 页, 图版 31, 图 7—9。

特征 器官种由 Pa 和 Pb 两种分子组成，两者又有左旋型和右旋型之分。左旋型 Pb 分子的三齿突近等大，其宽度略等，仅前齿突较短而宽；右旋型分子后齿突与侧齿突成较大交角，约 90°或更大。

讨论 Viira (1974) 建立此种时，此种是作为 *Ambalodus* 属的形态种。Dzik (1976) 把此形态种作为器官种 *Eoplacognathus pseudoplanus* 的 ambalodiform 型分子（即本书的 Pb 分子），但此器官种还应有另一种分子即 amorphognathiform 型分子（即本书所称的 Pa 分子）。中国学者如安太庠 (1987) 和丁连生等（见王成源，1993）都仅报道了 ambalodiform 型分子，未见 amorphognathiform 型分子。嗣后，Zhang (1998b, 1998c) 发现 Pa 分子和 Pb 分子，并进行了较详细的描述。同样，赵治信等 (2000) 也发现了 Pa 分子，他们在图版中列出了此器官种 amorphognathiform 型分子的一个图影。

产地及层位 扬子地层区和新疆塔里木地区，中奥陶统。

瑞典始板颚刺 *Eoplacognathus suecicus* Bergström, 1971

(图版 O—3, 图 23—25)

1971 *Eoplacognathus suecicus* Bergström, p. 141, pl. 1, figs. 5—7.

1987 *Eoplacognathus suecicus* Bergström. –安太庠, 152 页, pl. 27, figs. 25, 27—29。

1996 *Eoplacognathus suecicus* Bergström. –王志浩等, 图版 3, 图 15—17。

2000 *Eoplacognathus suecicus* Bergström. –赵治信等, 202 页, 图版 31, 图 1—6。

特征 左旋型 Pb 分子具较直而稍长的前齿突，以及短而与前齿突近垂直的后齿突和侧齿突。所有齿突较细，但近等宽，中齿列短。右旋型 Pb 分子前、后和侧齿突近等长，前齿突稍窄，侧齿突与后齿突约成 90°角。Pa 分子具 4 个齿突，后齿突中等长，稍弯曲；后侧齿突相当短，较宽；前侧齿突可分叉；前齿突与后齿突近等长，但齿片状。

比较 国内学者大多仅报道了 Pb 分子，如安太庠 (1987) 和王志浩等 (1998)，不论是左旋型还是右旋型，大多符合 Bergström (1971) 建立此种时所述特征，应为同种。丁连生等（见王成源，1993）归入 *Eoplacognathus suecicus*（图版 32，图 8—14）的应为 *Yangtzeplacognathus crassus*。嗣后，Zhang (1998b, d) 同时发现了 Pa 和 Pb 分子。典型 *Eoplacognathus suecicus* 与典型 *Eoplacognathus pseudoplanus* 的区别在于前者 Pa 分子具有后侧齿列，但两者之间存在较多的过渡型分子。赵治信等 (2000) 在其图版中列出了 1 个 Pa 分子（图版 31，图 4），可是并未描述和说明。从图影看，其外形与 Bergström (1971) 所述特征较为相似，但其前齿突比典型的标本要宽而短。另外，从他们所列的 6 个图影看（图版 31，图 1—6），仅图 4 为 Pa 分子，且其产地和层位与其余 5 个 Pb 分子都不同。

产地及层位 江南、扬子地层区，河北、辽宁和新疆塔里木地区，中奥陶统。

扬子板颚刺属 *Yangtzeplacognathus* Zhang，1998

模式种 *Polyplacognathus jianyeensis* An et Ding，1982

特征 由明显不同的左旋型、右旋型 Pa 分子（stelliplanate）和 Pb 分子（pastiniplanate）组成。左旋型 Pb 分子后齿突与侧齿突之夹角为160°～180°。左旋型 Pa 分子后齿突窄而长，右旋型 Pa 分子具宽的齿台凸棱。

分布地区及时代 欧洲和亚洲，中、晚奥陶世。

厚扬子板颚刺 *Yangtzeplacognathus crassus*（Chen et Zhang，1993）

（图版 O—3，图 10—12）

1993 *Eoplacognathus crassus* Chen et Zhang. －丁连生等，见王成源（主编），174 页，图版 37，图 12—17。

1996 *Amorphognathus variabilis*（Sergeeva）. －王志浩等，图版 4，图 17。

1998d *Yangtzeplacognathus crassus*（Chen et Zhang）. －Zhang，pp. 96—97，pl. 20，figs. 5—8.

1999 *Eoplacognathus crassus* Chen et Zhang. －王志浩和 Bergström，335 页，图版 3，图 16。

特征 Pb 分子侧齿突最长而前、后齿突等长；Pa 分子后齿突膨大，左旋型后齿突呈耳状，齿脊弯曲，后侧齿突短小。基腔大而深，占据了整个反口面。

比较 此种原归入 *Eoplacognathus*，后被 Zhang（1998d）归入新属 *Yangtzeplacognathus*。此种在外形上与 *Lenodus variabilis* 十分相似，其区别在于 Pa 分子的形态不同。前者前、后齿突之齿脊向内弧形弯曲呈弓形，后齿突与侧齿突之齿脊不以直线相连；后者后齿突之齿脊则不向内弯曲，而与侧齿突之齿脊呈直线相连。

产地及层位 华南和新疆塔里木地区，中奥陶统牯牛潭组和大湾沟组。

叶状扬子板颚刺 *Yangtzeplacognathus foliaceus*（Fåhraeus，1966）

（图版 O—3，图 13—15）

1966 *Ambalodus foliaceus* Fåhraeus，p. 18，pl. 4，fig. 2.

1971 *Eoplacognathus foliaceus*（Fåhraeus）. －Bergström，p. 138，pl. 1，figs. 8—10.

1987 *Eoplacognathus foliaceus*（Fåhraeus）. －安太庠，148，149 页，图版 27，图 20—24；图版 30，图 5。

1993 *Eoplacognathus foliaceus*（Fåhraeus）. －丁连生等，见王成源（主编），175 页，图版 33，图 1—14。

2001 *Eoplacognathus foliaceus*（Fåhraeus）. －王志浩，352 页，图版 1，图 9。

特征 左旋型 Pb 分子后齿突很短，前齿突长并在其前 1/3 处稍弯曲。右旋型 Pb 分子后齿突长度与前齿突大致相当，侧齿突与其前、后齿突形成的拱形呈约 90°角分出。Pa 分子后内侧齿突短而齿脊弱，前、后齿突齿轴侧弯和向外凸，前外侧齿突具一与后齿突近等长的后齿叶。

产地及层位 扬子地层区和新疆塔里木地区，中、上奥陶统牯牛潭组、大湾沟组和吐木休克组等。

建业扬子板颚刺 *Yangtzeplacognathus jianyeensis*（An et Ding，1982）

（图版 O—3，图 18—20）

1982 *Polyplacognathus jianyeensis*. －安太庠和丁连生，9 页，图版 3，图 1—7。

1987 *Eoplacognathus jianyeensis*（An et Ding）. －安太庠，149 页，图版 27，图 1—7，9—10。

1987 *Eoplacognathus protoramosus* Chen *et al*. －安太庠，图版 27，图 12，13。

1993 *Eoplacognathus jianeyeensis*（An et Ding）. －丁连生等，见王成源（主编），175 页，图版 31，图 1—9。

1998 *Eoplacognathus jianyeensis*（An et Ding）. －王志浩和周天荣，图版 1，图 3，5，7，8，10。

特征 Pb 分子具有 4 个齿突，其前齿突很短、窄而下弯。

比较 此种与 *Yangtzeplacognathus protoramosus* 最为相似，后者常被不同学者归入前者（见同义名表），其区别在于后者 Pb 分子前齿突齿脊在近主齿处强烈弯曲。

产地及层位 扬子地层区和新疆塔里木地区，上奥陶统庙坡组和吐木休克组。

原始扬子板颚刺 *Yangtzeplacognathus protoramosus*（Chen，Chen et Zhang，1983）

（图版 O—3，图 16，17）

1983 *Eoplacognathus protoramosus* Chen *et al.* –陈敏娟等，135 页，图版 1，图 7—10。

1984 *Eoplacognathus protoramosus* Chen *et al.* –陈敏娟和张建华，图版 1，图 2—4，9—11，16；图版 2，图 2。

1993 *Eoplacognathus protoramosus* Chen *et al.* –丁连生等，见王成源（主编），图版 33，图 1，6—8，11，12。

1998 *Yangtzeplacognathus protoramosus*（Chen *et al.*）. –Zhang，p. 25，figs. 5E—L，6B，12.

2000 *Eoplacognathus protoramosus* Chen *et al.* –赵治信等，202 页，图版 32，图 1，2，6—8，10；图版 33，图 5，9—11，15；图版 34，图 14。

特征 Pb 分子前齿突齿脊在近主齿处强烈弯曲或分化为两个细齿列。

比较 此种与 *Yangtzeplacognathus jianyeensis* 较为相似，其区别在于后者的 Pb 分子具有 4 个齿突，前齿突短而窄且下弯。

产地及层位 扬子地层区和新疆塔里木地区，中奥陶统上部至上奥陶统下部。

锯齿刺科 PRIONIODONTIDAE Bassler，1925

锯齿刺属 *Prioniodus* Pander，1856

模式种 *Prioniodus elegans* Pander，1856

特征 器官属由 P 分子、S 分子和 M 分子组成。P 分子分为 Pa 分子和 Pb 分子，由大的主齿和具细齿的前、后齿突和侧齿突组成，基腔不深，齿壁厚。S 分子即枝形分子（ramiform 型），由 1～4 个具细齿的齿突组成，这些齿突较细长，并可形成对称系列。M 分子即 oistodiform 型，可具长的反主齿，反主齿具细齿或无细齿。

分布地区及时代 欧洲、北美洲、澳大利亚和亚洲，早奥陶世。

华美锯齿刺 *Prioniodus elegans* Pander，1856

（图版 O—2，图 1—3）

1856 *Prioniodus elegans* Pander，p. 29，pl. 2，figs. 22，23.

1971 *Prioniodus elegans* Pander. –Lindström，p. 51.

1987 *Prioniodus elegans* Pander. –安太庠，170 页，图版 25，图 18—20，23；图版 30，图 13，14，16，17，21。

2000 *Prioniodus elegans* Pander. –赵治信等，216 页，图版 38，图 1—16。

特征 P 分子主齿强壮，齿突窄而高，后齿突最长，前齿突向内侧方扭曲，并与后齿突大致成 90°角，侧齿突向前扭曲后又向前伸展。

比较 此种与 *Prioniodus honghuayuanensis* 较为相似，且层位也较接近，其区别在于后者之 P 分子发育更强的主齿以及稍不发育和较小的前齿突和后齿突，P 分子和 S 分子的前齿突和侧齿突之细齿发育较差，M 分子内侧齿突无细齿。另外，前者 P 分子的前齿突明显向内侧弯，而后者则向外侧弯。

产地及层位 浙江荆山岭和新疆塔里木盆地库南井下，下奥陶统荆山岭组、巷古勒塔格组。

红花园锯齿刺 *Prioniodus honghuayuanensis* Zhen，Liu et Percival，2005

（图版O—8，图4—10）

1981 *Baltoniodus communis*（Ethington et Clark）. －An，pl. 4，figs. 20—23，25，27—29，? 24.

1987 *Baltoniodus communis*（Ethington et Clark）. －安太庠，125页，图版19，图1—11。

1993 *Baltoniodus communis*（Ethington et Clark）. －丁连生等，见王成源（主编），161页，图版23，图1—12。

2005 *Prioniodus honghuayuanensis* Zhen，Liu et Percival，pp. 312—319，figs. 6—8.

特征 器官种由Pa分子、Pb分子、Sa分子、Sb分子、Sc分子、Sd分子和M分子组成。Pa分子和Pb分子后齿突、外侧齿突有细齿，前齿突无细齿或带有原始细齿并在末端向外侧弯。M分子具低而长的内侧齿突和外侧齿突。Sa分子为对称的三齿枝型，Sb分子为不对称的三齿枝型，Sc分子为双齿枝型，Sd分子为四齿枝型，但所有S分子具前倾的主齿、长而带细齿的后齿突和无细齿或细齿不发育的侧齿突及前齿突。

讨论 此种曾被国内许多学者如安太庠（1981，1987），丁连生等（王成源，1993）归入*Baltoniodus communis*，但Zhen *et al.*（2005）基本上把这类标本都归入了他们的新种*Prioniodus honghuayuanensis*。根据Zhen *et al.*（2005），此种与*Oepikodus*（＝原*Baltoniodus*）*communis*的区别在于：（1）前者P分子侧齿突发育细齿，前齿突为反主齿型，强烈下伸和向外侧弯，仅发育一些原始的细齿；（2）前者Sa分子为三齿枝型，前面宽，基腔为等边三角形；（3）前者Sb分子为不对称的三齿枝型，外侧具明显的棱脊并向下延伸成短而显著的无细齿的外侧齿突；（4）前者Sd分子为不对称的四齿枝型，发育较强的棱脊和显著的侧齿突，其前齿突和侧齿突在远端发育一些原始细齿。

产地及层位 贵州、湖北和安徽等地区，下奥陶统红花园组。

波罗的刺属 *Baltoniodus* Lindström，1971

模式种 *Prioniodus navis* Lindström，1955

特征 器官属由Pa分子、Pb分子、Sa分子、Sb分子、Sc分子、Sd分子和M分子等组成。Pa分子为amorphognathiform型，Pb分子为ambalodiform型，合称prioniodiform型；Sa分子、Sb分子、Sc分子等为ramiform型，其中包括paracordylodiform型、gothodiform型和trichonodelliform型等；M分子为oistodiform型，Sd分子则为tetraprioniodiform型。Pa分子和Pb分子有细齿，前者后齿突内侧可扩张；M分子前方有细齿。

分布地区及时代 欧洲、亚洲、美洲和澳大利亚，早奥陶世晚期至晚奥陶世早期。

无叶波罗的刺 *Baltoniodus alobatus*（Bergström，1971）

（图版O—4，图6—9）

1971 *Prioniodus alobatus* Bergström，p. 145，pl. 2，figs. 4，5.

1987 *Prioniodus alobatus* Bergström. －安太庠，169，170页，图版25，图7—9。

1987 *Prioniodus lingulatus* An. －安太庠，170，171页，图版25，图10—17。

1998 *Prioniodus alobatus* Bergström. －王志浩和周天荣，图版1，图11—13。

2000 *Baltoniodus alobatus*（Bergström）. －赵治信等，189页，图版34，图11—13；图版39，图16—20，23。

特征 Pa分子后齿突向两侧膨胀成叶形齿棚或齿台，齿台近中部最宽，并向前、后方变窄，边缘呈波状。

讨论 安太庠（1987）建立的新种*Prioniodus lingulatus*的几乎所有分子都与*Baltoniodus alobatus*相似，其Pa分子其实是后者齿台状后齿突的断片，故列为后者的同义名。此种与 *B. variabilis* 最为相近，其区别在于后者的 Pa 分子后齿突之一侧向外膨大为一钝三角形的齿台。

产地及层位　新疆和扬子地层区，上奥陶统坎岭组、吐木休克组、大田坝组和庙坡组。

船形波罗的刺　*Baltoniodus navis* (Lindström，1955)

（图版 O—2，图 14—18）

1955 *Prioniodus navis* Lindström，p. 590，pl. 5，fig. 33.

1987 *Baltoniodus navis*（Lindström）．–安太庠，126 页，图版 20，图 1—16。

1999 *Baltoniodus navis*（Lindström）．–王志浩和 Bergström，332 页，图版 1，图 14，15。

2010 *Baltoniodus navis*（Lindström）．–李志宏等，图版 1，图 1—3。

特征　Pa 分子齿突具细齿，基鞘宽，基腔向齿突末端延伸，侧齿突和后齿突成 90°~100°相交。Sa 分子、Sb 分子、Sc 分子和 Sd 分子的形态分别为 trichonodelliform 型、gothodiform 型或 oepikodiform 型、cordylodiform 型或 paracordylodiform 型、tetraprioniodiform 型等形态；M 分子则为 oistodiform 型。M 分子前齿突长，可有细齿发育。

比较　此种与 *Baltoniodus triangularis* 的区别在于前者 P 分子之后齿突长，是主齿长度的 2~2.5 倍，且细齿明显比后者发育。

产地及层位　江南、扬子地层区，下、中奥陶统大湾组。

诺兰德波罗的刺　*Baltoniodus norrlandicus* (Löfgren，1978)

（图版 O—2，图 19—23）

1978 *Prioniodus*（*Baltoniodus*）*prevariabilis norrlandicus* Löfgren，pp. 84—85，pl. 10，figs. 3A—E；pl. 12，figs. 17—26；pl. 14，figs. 2A，B.

1998d *Baltoniodus norrlandicus*（Löfgren）．–Zhang，pp. 52—53，pl. 2，figs. 1—8.

1999 *Baltoniodus norrlandicus*（Löfgren）．–王志浩和 Bergström，333 页，图版 1，图 5—10。

特征　S 分子（tetraprioniodiform 型）的 4 个齿突排列不对称，即界于 2 前—2 后和 1 前—2 侧—1 后之间，且 2 个侧齿突上细齿很少。

比较　此种与 *Baltoniodus prevariabilis* 十分相似，但前者 Sd 分子的 4 个齿突排列强烈不对称，且侧齿突上细齿稀少。

产地及层位　湖北，下、中奥陶统大湾组和牯牛潭组。

三角波罗的刺　*Baltoniodus triangularis* (Lindström，1955)

（图版 O—2，图 10—13）

1955 *Prioniodus triangularis* Lindström，p. 591，pl. 5，figs. 45，46.

1971 *Baltoniodus triangularis*（Lindström）．–Lindström，p. 55，pl. 1，fig. 15.

2010 *Baltoniodus triangularis*（Lindström）．–李志宏等，117，118 页，图版 2，图 1—15。

特征　器官种的组成分子齿突具细齿，基腔深，发育大的基鞘。Pa 分子内侧齿突发育较差；S 分子之 2~4 个细齿缘脊常被基鞘联合；M 分子前缘有不规则细齿；Pb 分子刺体粗壮，基鞘宽大，与其齿鞘的宽度相比则较短，后齿突发育一基鞘隆起，细齿不规则或很少。

比较　此处要说明的是，在本书中此种的 Pa 分子是指 amorphognathiform 型，Pb 分子是指 ambalodiform 型，这可能与李志宏等（2010）的用法不尽相同。此种与 *Baltoniodus navis* 较相似，两者的区别在于后者的 Pb 分子有较发育的细齿，Pa 分子有较发育的内侧齿突。

产地及层位 扬子地层区，下、中奥陶统大湾组。

可变波罗的刺 *Baltoniodus variabilis* (Bergström, 1962)

(图版 0—4，图 18，20)

1962 *Prioniodus variabilis* Bergström, p. 51, pl. 2, figs. 1—7.

1987 *Prioniodus variabilis* Bergström. –安太庠，171 页，图版 25，图 1—6。

1996 *Prioniodus variabilis* Bergström. –王志浩等，图版 4，图 7。

1998 *Prioniodus variabilis* Bergström. –王志浩和周天荣，图版 1，图 4，6，9。

1998 *Baltoniodus variabilis* (Bergström). –Zhang, pp. 54—55, pl. 3, figs. 9—14.

特征 Pa 分子后齿突内侧膨大为三角形。

比较 此种与 *Baltoniodus alobatus* 十分相似，其区别在于前者 Pa 分子后齿突内侧扩张成三角形。

产地及层位 扬子地层区和新疆等地区，上奥陶统庙坡组、大田坝组和坎岭组。

波罗的板颚刺属 *Baltoplacognathus* Zhang, 1998

模式种 *Ambalodus reclinatus* Fåhraeus, 1966

特征 器官属由 Pa 分子（stelliplanate）和 Pb 分子（pastiniplanate）组成，后者又有左旋型和右旋型分子。左旋型 Pb 分子侧齿突短，仅为前齿突长度之 1/4，并与后齿突近等长，侧齿突齿脊轴线平缓弯曲。

分布地区及时代 欧洲、北美洲和亚洲，中至晚奥陶世。

反倾波罗的板颚刺 *Baltoplacognathus reclinatus* (Fåhraeus, 1966)

(图版 0—7，图 5，6)

1966 *Ambalodus reclinatus* Fåhraeus, p. 19, pl. 4, figs. 3a, 3b.

1971 *Eoplacognathus reclinatus* (Fåhraeus). –Bergström, p. 139, pl. 1, figs. 11—13.

1984 *Eoplacognathus reclinatus* (Fåhraeus). –王志浩和罗坤泉，260，261 页，图版 12，图 7，8。

1987 *Eoplacognathus reclinatus* (Fåhraeus). –安太庠，151 页，图版 27，图 15，16，非 19。

特征 Pa 分子具近直的前、后齿轴，细齿列较高，后内侧齿叶（齿突）短，前侧齿突具一很长的后分叉。左旋型 Pb 分子前齿突很长，其外侧缘较直。后齿突较宽，其大小与侧齿突相当。

比较 当前的左旋型 Pb 分子与 Fahraeus（1966）和 Bergström（1971）的同型标本基本相同，其区别在于前者前齿突稍有弯曲。Pa 分子则与 Bergström（1971）的同型标本十分相似。安太庠（1987）所列的左旋型 Pb 分子（见其图版 27，图 19）的前、后齿突之齿脊以明显的角状相交，而与以圆弧状相交的典型标本不同，似乎它不符合此种的特征。

产地及层位 安徽和内蒙古等地区，中奥陶统牯牛潭组和克里摩里组。

粗壮波罗的板颚刺 *Baltoplacognathus robustus* (Bergström, 1971)

(图版 0—7，图 11，12)

1971 *Eoplacognathus robustus* Bergström, p. 140, pl. 1, figs. 14—16.

1987 *Eoplacognathus* cf. *robustus* Bergström. –安太庠，151 页，图版 30，图 1。

1993 *Eoplacognathus robustus* Bergström. –丁连生等，见王成源（主编），176 页，图版 38，图 19。

1998c *Baltoplacognathus robustus* Bergström. –Zhang，p. 55，pl. 8，figs. 7—10.

特征 Pb 分子前齿突直而长，强壮；后齿突和后侧齿突很短，大小近相似，并与前齿突呈 T 形，但前、后齿突之齿脊呈弧形弯曲。Pa 分子的前、后齿突之齿脊稍弯曲。

比较 当前标本与 Bergström（1971）的 *Eoplacognathus robustus* 之模式型标本十分相似，应为同种。此种与 *Baltoplacognathus reclinatus* 的区别在于后者 Pb 分子前齿突直，Pa 分子的后侧齿突较大。此种与 *Eoplacognathus lindstromi* 的区别在于后者左旋型 Pb 分子为 Y 形，Pa 分子的后侧齿突更长。

产地及层位 湖北宜昌和江苏南京，中奥陶统牯牛潭组。

奥皮克刺科 OEPIKODONTIDAE Bergström，1981

奥皮克刺属 *Oepikodus* Lindström，1955

模式种 *Oepikodus smithensis* Lindström，1955

特征 器官属由 2 种 P 分子、M 分子和 4 种 S 分子组成。P 分子为 prioniodiform 型，由 3 个具细齿的齿突即两前侧齿突和一后齿突组成，主齿明显，基腔壁厚而浅，后齿突膨胀。S 分子为 oepikodiform 型，主齿直立，反主齿发育，主齿前方和两侧具明显的棱脊。M 分子为 oistodiform 型，主齿基部向前、后明显延伸成反主齿和细长而无细齿的后齿突。

分布地区及时代 欧洲、北美洲、澳大利亚和亚洲，早、中奥陶世。

伊娃奥皮克刺 *Oepikodus evae*（Lindström，1955）

（图版 O—2，图 7—9）

1955 *Prioniodus evae* Lindström，p. 589，pl. 6，figs. 4—10.

1971 *Prioniodus evae* Lindström. –Lindström，p. 52，figs. 13，14.

1987 *Oepikodus evae*（Lindström）. –安太庠，159，160 页，图版 21，图 8—16。

1995 *Oepikodus evae*（Lindström）. –Wang & Bergström，pl. 6，figs. 1—5.

1999 *Oepikodus evae*（Lindström）. –王志浩和 Bergström，337，338 页，图版 4，图 15，18—21。

特征 P 分子主齿直立至后倾，后齿突稍扭转、高，细齿发育，高而密，但分离，并由前向后变低；两前侧齿突较长，发育分离的细齿。S 分子反主齿长，无细齿，两侧齿突发育弱。M 分子反主齿和后齿突细长，无细齿。

比较 国内发现的这类标本十分丰富，其外形和组成与 Lindström（1971）组建的 *Prioniodus evae* 应为同种。此种与 *Oepikodus communis* 的不同在于后者的 P 分子两前侧齿突短，无细齿；另外前者的 S 分子反主齿和后齿突细而长。

产地及层位 扬子和江南地层区，下、中奥陶统大湾组和宁国组。

弓刺科 CYRTONIODONTIDAE Hass，1959

微奥泽克刺属 *Microzarkodina* Lindström，1971

模式种 *Prioniodina flabellum* Lindström，1955

特征 器官种由 P 分子、M 分子和 S 分子组成。P 分子相对短而高，主齿明显，细齿少，特别是在主齿前方的前齿突很短，大多仅有 1 个细齿。M 分子缺乏前方突伸，向后延伸明显。S 分子具长而细的主齿、相对分离的细齿和浅的基腔。Sa 分子无后齿突，

Sb 分子指掌状，Sc 分子无前齿突。Sd 分子为四齿突分子，具发育弱的侧齿突和前齿突。

分布地区及时代 欧洲、北美洲、亚洲和澳大利亚，早、中奥陶世。

微小微奥泽克刺 *Microzarkodina parva* Lindström，1971

（图版 O—3，图 1—3）

1971 *Microzarkodina parva* Lindström，p. 59，pl. 1，fig. 14.

1990 *Microzarkodina parva* Lindström. －Stouge & Bagnoli，pp. 20—21，pl. 6，figs. 8—16.

1998d *Microzarkodina parva* Lindström. －Zhang，pp. 75—76，pl. 12，figs. 1—6.

1999 *Microzarkodina parva* Lindström. －王志浩和 Bergström，337 页，图版 4，图 11—14。

特征 P 分子主齿前发育一个向侧方偏的细齿。后齿突之细齿短而分离，其长度短于主齿之 1/2。

比较 此种与 *Microzarkodina flabellum* 最为相似，仅以 P 分子后齿突之细齿大小区分，细齿短而分离的为前者，且前者基腔较深。由于很难区分，一些学者如 Löfgren（1978）和安太庠（1987）认为它们是同种。但 Zhang（1998d）和 Löfgren & Tolmacheva（2008）认为它们还是各自独立的有效种。

产地及层位 湖北，下、中奥陶统大湾组和牯牛潭组。

光颚刺属 *Aphelognathus* Branson，Mehl et Branson，1951

模式种 *Aphelognathus grandis* Branson，Mehl et Branson，1951

特征 器官属由 Pa 分子、Pb 分子、M 分子、Sa 分子（trichonodelliform 型）、Sb 分子和 Sc 分子（cordylodiform 型）组成。Pa 分子为 prioniodiform 型，向上拱，由主齿和前、后齿突组成。Pb 分子为 apherognathiform 型，发育齿耙状或齿片状齿突，且为基鞘状。刺体直或侧方弯曲并有些拱曲，口方有分离的细齿，其中最大的为刺体的最高点，常靠近刺体之中后部。反口缘向两侧张开，并有深的凹槽，近中部最宽最深，并向两端变浅变窄。

分布地区及时代 北美洲和亚洲，中、晚奥陶世。

平滑光颚刺 *Aphelognathus politus*（Hinde，1879）

（图版 O—7，图 22—24）

1879 *Prioniodus*? *politus* Hinde，p. 358，pl. 15，fig. 11.

1987 *Aphelognathus politus*（Hinde）. －安太庠，124，125 页，图版 28，图 8—10。

1993 *Aphelognathus politus*（Hinde）. －丁连生等，见王成源（主编），161 页，图版 38，图 1—4。

2000 *Aphelognathus politus*（Hinde）. －赵治信等，188 页，图版 48，图 18—25。

特征 Pb 分子是 apherognathiform 型，由前、后齿片和主齿组成，较厚，具较明显的侧隆脊，后齿片较短，发育直立、顶端分离而基部愈合的细齿。Pa 分子为 prioniodiform 型。M 分子是 prioniodiform 或 falodiform 型，前齿突短，向下伸，通常带 1～2个细齿，拱起的后齿突则具较多的小细齿。Sa 分子是 trichonodelliform 型，后齿突短，通常带有 1 或 2 个细齿。Sb 分子 是 zygognathiform 型，Sc 分子则是 cordylodiform 型。

比较 国内已有 Pa 分子、Pb 分子和 S 分子的报道，尚未发现 M 分子，但这些分子的标本与 Sweet（in Ziegler，1981）和 Nowlan *et al.*（1988）的图影相一致，应为同种。

产地及层位 新疆、江西和苏北等地区，上奥陶统良里塔格组、桑塔木组、三巨山组和洪泽组。

犁形光颚刺 *Aphelognathus pyramidalis* (Branson, Mehl et Branson, 1951)

(图版 O—5，图 1，2)

1951 *Zygognathus pyramidalis* Branson, Mehl et Branson, p. 12, pl. 3, figs. 10—16, 21.

2000 *Aphelognathus pyramidalis* (Branson, Mehl et Branson). -赵治信等，188 页，图版 34，图 16—18；图版 48，图 9—15（非 16，17）。

2001 *Aphelognathus pyramidalis* (Branson, Mehl et Branson). -王志浩和祁玉平，图版 2，图 5。

特征 Pa 分子强烈上拱、基鞘深，近犁形，其主齿长，向侧后弯。前、后齿耙状齿突发育分离的细齿，细齿向内指，在主齿下形成 45°角，并几乎和基鞘侧向相连。

比较 此种与 *Aphelognathus grandis* 很相似，其区别在于前者 Pa 分子强烈拱曲，Pb 分子基鞘明显膨大中空。此种与 *A. politus* 的区别在于前者 Sa 分子具较长的后齿突。

产地及层位 新疆，上奥陶统良里塔格组和桑塔木组。

织刺属 *Plectodina* Stauffer, 1935

模式种 *Prioniodus aculeatus* Stauffer, 1930

特征 器官属由 Pa 分子、Pb 分子、M 分子、Sa 分子、Sb 分子和 Sc 分子组成。P 分子为梳状、三角状或三齿突状，Pa 分子具短的侧齿突或肋脊，M 分子为锄状或指掌状，S 分子形成对称过渡系列，主齿细长，细齿较短、分离，大小较均匀。

分布地区及时代 欧洲、北美洲、亚洲和澳大利亚，中、晚奥陶世。

刺状织刺 *Plectodina aculeata* (Stauffer, 1930)

(图版 O—8，图 19)

1930 *Prioniodus aculeata* Stauffer, p. 126, pl. 10, fig. 12.

1982 *Plectodina aculeata* (Stauffer). -Sweet, pl. 2, figs. 27, 28, 30—35.

2000 *Plectodina aculeata* (Stauffer). -Leslie, p. 1137, fig. 4: 34—39.

2013 *Plectodina aculeata* (Stauffer). -王志浩等，图版 1，图 7—9。

特征 器官种的 M 分子是双羽形的，P 分子发育具明显细齿的后齿突和侧齿突，主齿前倾。

比较 当前标本仅见此器官种的 Pb 和 Sb 分子，此种与 *Plectodina dacota* 最为相似，且两者可在同一层位中共生，其区别在于前者 Pb 分子具发育细齿的后齿突、侧齿突，且主齿前倾。当前的标本，其刺体强大粗壮，与 Sweet（1981，1982）所描述的标本很类似，可为同种。

产地及层位 仅见于甘肃平凉，上奥陶统平凉组。

柔弱织刺 *Plectodina fragilis* Pei, 1987

(图版 O—5，图 22，23)

1987 *Plectodina fragilis* Pei. -裴放和蔡淑华，86，87 页，图版 5，图版 14—19；插图 2：1—4。

特征 刺体细弱，各分子细齿细而薄。Pa 分子后齿突细齿短而少，前齿突细齿高而密。Pb 分子前缘脊下部向侧方扭，形成齿突，具 1~2 个细齿。Sa 分子两侧齿突夹角约 60°。

比较 裴放（裴放和蔡淑华，1987）建立此种时，所列图版之图影不是很清晰，描述也较简要。因此要对此器官种进行恢复和详细描述，尚需进一步取样，收集更多的标本进行分析对比。此种与 *Plectodina onychodonta* 的区别在于前者刺体柔弱易脆，各分子细齿较细薄，其 Pb 分子侧齿突和后齿突细齿多而密。

产地及层位 河南巩县和博爱县，中奥陶统马家沟组。

爪齿织刺 *Plectodina onychodonta* An et Xu，1983

（图版 O—6，图 1—6）

1983 *Plectodina onychodonta* An et Xu. －安太庠等，121 页，图版 23，图 1—16；图版 24，图 1—15；图版 25，图版 4，7；插图 13：19—24。

2006 *Plectodina onychodonta* An et Xu. －Agematsu *et al.*，fig. 7：13.

特征 器官种由 Pa 分子、Pb 分子、Sa 分子、Sb 分子、Sc 分子、Sd 分子和 M 分子组成。Pa 分子为 prioniodiform 型，前齿片高，细齿下部愈合而上部分离，并由前向后依次变高至主齿为最高；后齿突低，细齿少而稀。Sc 分子为 cyrtoniodiform 型，主齿长大，后倾，反主齿角状，无细齿；后齿突长，发育一列后倾细齿。Sa 分子为 trichonodelliform 型，两侧齿突远端细齿较高。Sd 分子为 dichognathiform 型，前缘脊末端常发育细齿。Sb 分子为 zygognathiform 型，其一侧齿突仅发育 1 个大细齿。M 分子为 subcordylodiform 型，反主齿小，指向后下方，后齿突长，发育一列排列紧密的细齿。

比较 此种与 *Phragmodus polonicus* 较相似，特别是它们的 Sa 和 M 分子很接近，但前者的 Sa 分子齿突末端高而细齿大。

产地及层位 河北、山东和辽宁等地区，中奥陶统马家沟组。

围刺科 PERIODONTIDAE Lindström，1970

围刺属 *Periodon* Hadding，1913

模式种 *Periodon aculeatus* Hadding，1913

特征 器官种由 Pa 分子、Pb 分子、M 分子、Sa 分子、Sb 分子和 Sc 分子等 6 种分子组成。一类 P 分子为三角形或双羽形，另一类则为掌形，但都由显著的主齿和带细齿的前、后齿突组成，其基腔沿齿突反口方延伸。M 分子为 oistodiform 型，主齿前基缘具数量不等的细齿，后齿突向后延伸无细齿。所有 S 分子的后齿突发育细齿、较长而侧扁。

分布地区及时代 欧洲、美洲、澳大利亚和亚洲，奥陶纪。

刺状围刺 *Periodon aculeatus* Hadding，1913

（图版 O—8，图 11—15）

1913 *Periodon aculeatus* Hadding，p. 33，pl. 1，fig. 14.

1984 *Periodon aculeatus* Hadding. －王志浩和罗坤泉，271，272 页，图版 6，图 10—16。

1987 *Periodon aculeatus* Hadding. －安太庠，167 页，图版 24，图 7—17。

1998 *Periodon aculeatus* Hadding. －王志浩和周天荣，图版 4，图 2—4。

特征 M 分子前基缘具 2～3 个细齿，S 分子后齿突常具 1 个由大细齿组成的高峰，细齿由小到大排列。

比较 此种与 *Periodon flabellum* 十分相似，其区别在于前者 M 分子前基缘具较多的细齿（3～5 个），P 分子和 S 分子的前、后齿突同样具较多的细齿。此种与 *Periodon* grandis 也十分相似，其区别在于后者之 M 分子主齿前缘，P 分子和 S 分子之前、后齿突具更多的细齿；另外，后者之后齿突的细齿常具 2 个或更多的高峰。

产地及层位　扬子、江南地层区，西北甘肃、陕西、新疆广大地区，中、上奥陶统牯牛潭组、庙坡组、大田坝组、平凉组、大湾沟组、萨尔干组和坎岭组等。

扇状围刺　*Periodon flabellum*（Lindström，1955）

（图版 0—7，图 16—18）

1978 *Periodon flabellum*（Lindström）．– Löfgren，pp. 72—74，pl. 11，figs. 1—11.

1984 *Periodon flabellum*（Lindström）．– 王志浩和罗坤泉，272 页，图版 9，图 1—8，21，23。

1987 *Periodon flabellum*（Lindström）．– 安太庠等，167，168 页，图版 24，图 1—5。

1993 *Periodon flabellum*（Lindström）．– 丁连生等，见王成源（主编），190 页，图版 27，图 1—13。

1999 *Periodon flabellum*（Lindström）．– 王志浩和 Bergström，341 页，图版 3，图 12—15；图版 4，图 6，17。

特征　M 分子主齿前缘细齿少，仅有 1 ~ 2 个，其他分子的主齿大，主齿与后端大细齿之间的小细齿数量少。

比较　此种与 *Periodon aculeatus* 最为接近，其区别在于前者 M 分子前基缘无细齿或具 1 ~ 2 个细齿；另外，前者其他分子的前、后齿突之细齿数量也比后者要少。

产地及层位　湖北、安徽、江苏、浙江和新疆等地区，下、中奥陶统大湾组及其相当的地层。

哈玛拉刺属　*Hamarodus* Viira，1974

模式种　*Distomodus europaeus* Serpagli，1967 = *Hamarodus brevirameus*（Walliser，1964）

特征　器官种由 P 分子、M 分子、Sa 分子、Sb 分子和 Sc 分子等组成。P 分子锥状刺体由主齿和基部组成，基部膨大，其前、后缘脊的下部或基底部分有小的细齿发育，基腔大而深。

分布地区及时代　欧洲和亚洲，晚奥陶世。

欧洲哈玛拉刺　*Hamarodus brevirameus*（Walliser，1964）

（图版 0—4，图 10—13）

1964 *Neoprioniodus brevirameus* Walliser，p. 42，pl. 4，fig. 5；pl. 29，figs. 5—10.

1967 *Distomodus europaeus* Serpagli，p. 36，pl. 14，figs. 1—6.

1974 *Hamarodus europaeus*（Serpagli）．– Viira，p. 88，pl. 13，figs. 22—25.

1987 *Hamarodus europaeus*（Serpagli）．– 安太庠，153—154 页，图版 16，图 8—10，15，21—24，26。

1993 *Hamarodus europaeus*（Serpagli）．– 丁连生等，见王成源（主编），180 页，图版 13，图 14，15。

1994 *Hamarodus brevirameus*（Walliser）．– Dzik，p. 111，pl. 24，figs. 14—19，text-fig. 31a（cum syn.）.

2007 *Hamarodus europaeus*（Serpagli）．– Agematsu *et al.*，p. 27，fig. 12.

2015b *Hamarodus brevirameus*（Walliser）．– 王志浩等，153—154 页。

特征　器官种由 P 分子、M 分子、Sa 分子、Sb 分子和 Sc 分子等组成。P 分子锥状刺体由主齿和基部组成，基部膨大，其前、后缘脊的下部或基底部分有小的细齿发育，基腔大而深。

比较　此种 P 分子具明显膨大、中空的基部，并在其前后缘中下部发育小细齿，此特征可与其他属种相区别。

产地及层位　扬子、江南地层区，上奥陶统宝塔组。

射颚刺科 **BALOGNATHIDAE Hass，1959**

变形颚刺属 *Amorphognathus* **Branson et Mehl，1933**

模式种 *Amorphognathus ordovicicus* Branson et Mehl，1933

特征 器官种由 Pa 分子、Pb 分子、Sa 分子、Sb 分子、Sc 分子、Sd 分子和 M 分子等，或另称由 amorphognathiform 型、ambalodiform 型、ramiform 型和 holodontiform 型等分子组成。Pa 分子齿台不规则，在拱曲或平的同一基底平面内，齿台向不同方向延伸出齿突，且其大小也可不同。口面通常发育凸起的边缘和纵向中脊，中脊呈锯齿状、瘤齿状或愈合的细齿状。

分布地区及时代 北美洲、欧洲和亚洲，中奥陶世至早志留世。

奥陶变形颚刺？ *Amorphognathus ordovicicus* **Branson et Mehl，1933？**

（图版 O—4，图 21）

1933 *Amorphognathus ordovicicus* Branson et Mehl，p. 127，pl. 10，fig. 38.

1983 *Amorphognathus* cf. *ordovicicus* Branson et Mehl. －倪世钊，见曾庆銮等，图版 8，图 10a，b。

特征 Pa 分子之内侧齿突明显分叉，其前齿叶长，与前齿突近等长。外侧齿突较小，可分叉，其后齿叶最大。齿台细齿发育，在齿台中央连成齿脊。S 分子（holodontiform 型）顶部具一个大的主齿。

比较 这是保存在页岩表面的印模标本，其外形与 *Amorphognathus ordovicicus* 的正模标本（Branson & Mehl，1933，图版 10，图 38）十分相似，应为同种。此种的 Pa 分子与 *Amorphognathus superbus* 的相同分子较为相似，两者很难区分，其区别之处在于 M 分子（holodontiform 型）的外形，后者具有 3 个以上的顶齿，而前者只有 1 个。由于国内见于五峰组页岩表面的 *Amorphognathus ordovicicus* 仅见 Pa 分子，尚未发现 M 分子，因此本书将其有疑问地放入此种。

产地及层位 湖北，上奥陶统五峰组。

超变形颚刺 *Amorphognathus superbus* **(Rhodes，1953)**

（图版 O—4，图 16，17，19）

1953 *Holodontus superbus* Rhodes，p. 304，pl. 21，figs. 125—127.

1983 *Amorphognathus superbus*（Rhodes）. －陈敏娟等，123 页，图版 1，图 1—7。

1987 *Amorphognathus superbus*（Rhodes）. －安太庠，123 页，图版 26，图 24；图版 30，图 6—8，11，12，18。

特征 Pa 分子具前、后、后内侧和前外侧齿突等 4 个齿突，前齿突窄而高，大致与后齿突成一直线；后内侧齿突分叉，其前齿叶长；前外侧齿突小，分叉，基部小。Pb 分子前齿突长，和后齿突约以 90°角相交，向内膨大，有细齿；侧齿突小，主齿粗，直立；基腔张开，向各齿突延伸。S 分子主齿近直立，基腔缝隙状，后齿突的细齿为 *Hindeodella* 型。

比较 此种与同时代出现的 *Amorphognathus complicatus* 最为接近，但后者的 Pa 分子的后侧齿突不分叉。此种与 *A. tvaerensis* 的主要区别是后者的 Pa 分子后齿突侧方具小齿叶。此种与 *Amorphognathus ordovicicus* 也很相近，特别是 Pa 分子，其区别在于 M 分子（holodontiform 型），前者的 holodontiform 型 M 分子具有 3 个以上的顶齿，并具有 1 个短而无细齿的侧齿突。

产地及层位　扬子地层区，上奥陶统宝塔组和汤山组。

特瓦尔变形颚刺？　*Amorphognathus tvaerensis* Bergström，1962？

（图版 O—7，图 19—21）

1962 *Amorphognathus tvaerensis* Bergström，p. 36，pl. 4，figs. 7—10.

1989 *Amorphognathus tvaerensis* Bergström. –陈敏娟和张建华，218 页，图版 1，图 1—7。

1993 *Amorphognathus tvaerensis* Bergström. –丁连生等，见王成源（主编），159，160 页，图版 22，图 18—20；图版 36，图 22—28。

特征　Pa 分子发育一小而两分叉的前外侧齿突、分叉的后内侧齿突和单叶的、向后斜伸的后外侧齿突。

比较　此种与 *Amorphognathus superbus* 较相似，两者的区别在于前者 Pa 分子发育一后侧齿突，即后齿突侧方具有一小齿叶（或称齿突）。但国内仅见陈敏娟和张建华（1989）以及丁连生等（见王成源，1993）的报道，在大多各不相同的标本中，仅见 1 个破碎的 Pa 分子标本，且被描述为具一宽大的前齿突和一短小的前外侧齿突，两者夹角约 80°。其实此种的前齿突应是一较细长的齿片，并不是宽大的齿台。从这一碎片外形看，它更像是一侧齿突的碎片。因此，单根据这一 Pa 分子碎片，是很难区分 *Amorphognathus tvaerensis* 和 *A. superbus* 的。要区分它们并正确鉴定 *Amorphognathus tvaerensis*，尚需更完整的 Pa 分子标本。本书则有疑问地将其列入此种。

产地及层位　安徽石台地区，上奥陶统大田坝组和宝塔组。

列刺属　*Lenodus* Sergeeva，1963

模式种　*Lenodus clarus* Sergeeva，1963

特征　器官属由 Pa 分子、Pb 分子、M 分子和 S 分子组成。Pa 分子主齿低而平，基部短，外侧靠后方强烈凸起，近底缘有不大的齿突；刺体前方形成冠状脊，在口方和后方基部的脊光滑或呈微弱的锯齿状。S 分子具一短而圆的主齿。

分布地区及时代　欧洲、亚洲和美洲，中奥陶世。

古变列刺　*Lenodus antivariabilis*（An，1981）

（图版 O—3，图 4—6）

1981 *Amorphognathus antivariabilis* An，p. 215，pl. 4，figs. 10，11.

1987 *Amorphognathus antivariabilis* An. –安太庠，122 页，图版 26，图 19；图版 28，图 21，22；图版 29，图 23，24。

1997 *Lenodus antivariabilis*（An）. –Bagnoli & Stouge，pp. 142—144，pl. 4，figs. 1—13.

1999 *Lenodus antivariabilis*（An）. –王志浩和 Bergström，336 页，图版 1，图 16，17。

特征　Pa 分子的 4 个齿突互相融连多，Pa 分子和 Pb 分子的主齿大，基腔深。

比较　此种与 *Lenodus variabilis* 十分相似，但前者更显原始特性，如 Pa 分子具更融连的齿突、大的主齿和深而宽的基腔。

产地及层位　湖北、新疆等地区，中奥陶统达瑞威尔阶。

变列刺　*Lenodus variabilis*（Sergeeva，1963）

（图版 O—3，图 7—9）

1963 *Amorphognathus variabilis* Sergeeva，p. 106，pl. 8，figs. 15—17；text-fig. 11.

1987 *Amorphognathus variabilis* Sergeeva. －安太庠，123，124页，图版18，图17，18；图版26，图25；图版29，图25。
1993 *Amorphognathus variabilis* Sergeeva. －丁连生等，见王成源（主编），160页，图版34，图8—12，14，17。
1999 *Lenodus variabilis*（Sergeeva）. －王志浩和Bergström，336页，图版1，图11。

特征 Pa分子刺体稍拱，主齿稍大，4个齿突较融连，大体等长向外伸展。Pb分子稍高，主齿和后齿突大，基腔大而深。

讨论 此种与*Lenodus antivariabilis*的区别在于后者的Pa分子的齿突更融连，主齿大，基腔更深而宽。

产地及层位 湖北、江苏和新疆等地区，中奥陶统达瑞威尔阶。

扇颚刺科 RHIPIDOGNATHIDAE Lindström，1970

小帆刺属 *Histiodella* Harris，1962

模式种 *Histiodella altifrons* Harris，1962

特征 器官种由Pa分子、Pb分子、Sa分子、Sb分子、Sc分子和M分子等组成。齿片状的Pa分子为最常见的分子，侧视呈三角状至梯形，顶部锯齿状或近平，表面光或具细纹，基部低而长，与齿片连接处呈脊状。其他分子较少，M分子少或缺失。

分布地区及时代 欧洲、北美洲、亚洲和澳大利亚等地区，早、中奥陶世。

全齿小帆刺 *Histiodella holodentata* Ethington et Clark，1981

（图版O—6，图22）

1981 *Histiodella holodentata* Ethington et Clark，p. 47—48，pl. 4，figs. 1，3，4，16.
1996 *Histiodella holodentata* Ethington et Clark. －王志浩等，图版1，图12，13。
2000 *Histiodella holodentata* Ethington et Clark. －赵治信等，205页，图版27，图版12—14。
2005 *Histiodella holodentata* Ethington et Clark. －杜品德等，365页，图版1，图22—26。

特征 Pa分子近梯形，中后部处主齿最高，由主齿向前齿片逐渐变低，而向后快速变低。细齿细而密，主齿宽大，反口缘较平直。

比较 国内仅有Pa分子的报道，其特征和外形与Ethington & Clark（1981）描述的*Histodella holodentata*的模式标本完全一致，应为同种。它与*H. kristinae*的区别在于后者前部的细齿高于主齿。丁连生等（见王成源，1993）的*Histiodella sinuosa*与Ethington & Clark（1981）的同类标本形态明显不一样，它的外形更像*H. holodentata*，从其所列的两个标本图影看，一个可能是幼年期标本，另一个刺体因其后部上方细齿都已折断而只能有疑问地归入此种。

产地及层位 新疆、内蒙古等地区，中奥陶统大湾沟组和克里摩里组。

柯氏小帆刺 *Histiodella kristinae* Stouge，1984

（图版O—6，图19，20）

1984 *Histiodella kristinae* Stouge，p. 87，pl. 18，figs. 1—7，9—11；text-fig. 17.
1998 *Histiodella kristinae* Stouge. －王志浩和周天荣，图版3，图5。
1998d *Histiodella kristinae* Stouge. －Zhang，p. 72，pl. 9，figs. 16，17.
2000 *Histiodella kristinae* Stouge. －赵治信等，206页，图版27，图11。
2005 *Histiodella kristinae* Stouge. －杜品德等，365页，图版1，图6—21。

特征 Pa 分子的前端细齿高于近后端的主齿。

比较 国内仅有 Pa 分子的报道，其特征和外形与 Stouge（1984）描述的 *Histiodella kristinae* 标本十分相似，应为同种。此种与 *H. bellburnensis* 的区别在于后者无主齿。

产地及层位 新疆塔里木地区，下、中奥陶统大湾沟组；湖南，中奥陶统牯牛潭组。

臀板刺科 PYGODONTIDAE Bergström，1981

臀极刺属 *Pygodus* Lamont et Lindström，1957

模式种 *Pygodus anserinus* Lamont et Lindström，1957

特征 P 分子 pygodiform 型，为三角状齿台状；主齿小，并在基部以相当大的角度分出 1 列至数列细齿，在细齿列间形成薄的齿鞘，呈齿台状；齿台上分布有与齿台后缘大致平行的细齿列。

分布地区及时代 欧洲、北美洲、澳大利亚和亚洲，中、晚奥陶世。

鹅臀板刺 *Pygodus anserinus* Lamont et Lindström，1957

（图版 O—4，图 1—3）

1957 *Pygodus anserinus* Lamont et Lindström，p. 68，pl. 5，figs. 12，13.

1984 *Pygodus anserinus* Lamont et Lindström. －王志浩和罗坤泉，297 页，图版 11，图 10，19；图版 12，图 14。

1987 *Pygodus anserinus* Lamont et Lindström. －安太庠，176—177 页，图 26，9—12，14。

2000 *Pygodus anserinus* Lamont et Lindström. －赵治信等，220 页，图版 30，图 1—4，19—21。

2001 *Pygodus anserinus* Lamont et Lindström. －王志浩，357 页，图版 2，图 5，6，10，13—15，17，18，20—26。

特征 pygodiform 型 Pa 分子齿台具 4 条细齿列。

比较 此器官种与 *Pygodus serra* 十分相似，特别是 haddigodiform 和 ramiform 分子，其区别在于后者的 Pa 分子齿台口面仅发育 3 条细齿列。

产地及层位 华南、西北陕甘宁和新疆等地区，上奥陶统。

锯齿臀板刺 *Pygodus serra*（Hadding，1913）

（图版 O—4，图 4，5）

1913 *Arabellites serra* Hadding，p. 13，pl. 1，figs. 12—13.

1984 *Pygodus serrus*（Hadding）. －王志浩和罗坤泉，279 页，图版 11，图 18。

1987 *Pygodus serrus*（Hadding）. －安太庠，177 页，图版 24，图 25；图版 29，图 2，3。

2000 *Pygodus serrus*（Hadding）. －赵治信等，220—221 页，图版 29，图 14，15，18；图版 30，图 7—10，18。

2001 *Pygodus serra*（Hadding）. －王志浩，357—358 页，图版 2，图 4，11，16，19。

特征 pygodiform 型 Pa 分子齿台口面发育 3 条细齿列。

比较 此种与 *Pygodus anserinus* 十分相似，其区别在于后者 Pa 分子齿台口面发育 4 条细齿列。Zhang（1998a，1998c）所建的 *Pygodus protoanserinus* 的依据是其中间一条细齿列偏向外侧，并认为 *P. anserinus* 是由 *P. protoanserinus* 演化而来，而不是从 *P. serra* 演化而来。Bergström（2007）对瑞典典型地区的标准分子和其他的 *P. serra* 进行研究后认为，*P. serra* 的 Pa 分子实际上和 Zhang（1998a，b）的 *P. protoanserinus* 相符，后者应是前者的同义名，笔者认同 Bergström（2007）的结论。

产地及层位 华南和西北地区，中奥陶统达瑞威尔阶至上奥陶统。

科分类未定（按属种名第一个字母排列）

矢齿刺属 *Acontiodus* Pander, 1856

模式种 *Acontiodus latus* Pander, 1856

特征 形态属为两侧对称的单锥型刺体，前、后方向侧扁，两侧缘脊锐利；前面外凸、钝圆，后面凹，中央具中脊。

林西矢齿刺 *Acontiodus? linxiensis* An et Cui, 1983

（图版 O—5，图 21）

1983 *Acontiodus? linxiensis* An et Cui. –安太庠等，68，69 页，图版 30，图 4—10；插图 14：3—5。

特征 形态种为薄片状单锥型刺体，主齿具高的后中脊，并向基部变弱；上部切面为 T 字形，下部为“山”字形；刺体中下部一侧向后扭，并在前侧发育一齿沟。

比较 此种特征明显，易与其他种相区别。这是一个形态种，它也可能是某一器官种的一个组成分子。

产地层位 河北唐山地区，中奥陶统马家沟组。

沟齿刺属 *Aloxoconus* Smith, 1991

模式种 *Acontiodus staufferi* Furnish, 1938

特征 Smith（1991）将此种定义为两侧对称的单锥型刺体，主齿后有 3 条被纵沟相隔形成的肋脊，基腔为两侧宽的卵圆形。

分布地区及时代 欧洲、北美洲、亚洲和澳大利亚，早奥陶世。

衣阿华沟齿刺 *Aloxoconus iowensis* (Furnish, 1938)

（图版 O—1，图 10，11）

1938 *Acontiodus iowensis* Furnish, p. 325, pl. 42, figs. 16, 17.

1985a *Acontiodus iowensis* Furnish. –Wang, pp. 210—211, pl. 4, fig. 9; not pl. 6, fig. 16.

1987 *Acontiodus iowensis* Furnish. –安太庠，120，121 页，图版 5，图 10。

1999 *Aloxoconus iowensis* (Furnish). –Parsons & Clark, fig. 5: 8, 9.

特征 Sa 分子为两侧对称的单锥型刺体，主齿前、后侧扁，前面宽而浑圆，后面具中隆脊，并由侧沟与侧缘脊分开；基部短而宽，断面椭圆形，基腔浅。

比较 国内报道的 *Aloxoconus iowensis* 都是以形态种 *Acontiodus iowensis* 描述的，因此其形态大致相似，仅为一种分子，从其外形看应为两侧对称的 Sa 分子，但其他分子在国内尚无报道。此种与 *Aloxoconus staufferi* 较相似，但后者刺体后方之隆脊具中槽。

产地及层位 辽宁、河北和扬子地层区，下奥陶统冶里组和两河口组。

斯氏沟齿刺 *Aloxoconus staufferi* (Furnish, 1938)

（图版 O—1，图 12）

1938 *Acontiodus staufferi* Furnish, p. 326, pl. 42, fig. 11.

1985a *Acontiodus staufferi* Furnish. –Wang, p. 211, pl. 4, fig. 4; pl. 5, figs. 10, 13—17; pl. 10, fig. 14.

1987 *Acontiodus* aff. *staufferi* Furnish. –安太庠，121 页，图版 6，图 31。

1999 *Aloxoconus staufferi* (Furnish). –Parsons & Clark, fig. 5: 6, 7.

特征 Sa 分子两侧对称，单锥型刺体发育两侧缘脊和一带齿沟的后隆脊，基部短，基腔浅。

比较 国内报道的*Aloxoconus staufferi*都是以形态种*Acontiodus staufferi*描述的，因此其形态大致相似，仅为一种分子，从其外形看应为两侧对称的Sa分子，而此器官种的其他组成分子在国内尚无报道。此种与*Acontiodus gracilis*较相似，其区别在于后者刺体后面仅为一条沟而无隆脊。此种与*Aloxoconus iowensis*的区别在于后者刺体后面之隆脊无中齿沟。

产地及层位 江苏南京，下奥陶统仑山组；辽宁、河北地区，下奥陶统冶里组。

耳叶刺属 *Aurilobodus* Xiang et Zhang，1983

模式种 *Tricladicodus*? *aurilobus* Lee，1976

特征 双分子器官属，为对称至不对称高三角形齿片状分子，两侧缘脊薄而锐利，并可具耳叶状齿突或细齿，后面中央具一锐利或宽圆的隆脊。

分布地区及时代 中国和朝鲜，早、中奥陶世。

耳叶耳叶刺 *Aurilobodus aurilobus*（Lee，1975）

（图版O—8，图17，18）

1975 *Tricladiodus*? *aurilobus* Lee，pp. 181—182，pl. 2，figs. 14—16.

1983 *Aurilobodus aurilobus* Lee. –安太庠等，72页，图版22，图2—5。

特征 薄片状的对称分子（Sa分子）和不对称分子（Sc分子）分别在基部侧方发育2个或1个明显的耳叶。

比较 此种与*Aurilobodus leptosomatus*较为相似，但前者具明显的耳叶状齿突，后者仅具形成耳叶状齿突的趋势。此种与*A. serratus*的区别在于后者基部两侧发育细齿。

产地及层位 山东、河北等地区，中奥陶统马家沟组。

薄体耳叶刺 *Aurilobodus leptosomatus* An，1983

（图版O—5，图19）

1983 *Aurilobodus leptosomatus* An. –安太庠等，72，73页，图版21，图14—17；图版22，图1；插图12：8—10。

2006 *Aurilobodus leptosomatus* An. –Agematsu *et al.*，fig. 7：12，16.

特征 刺体薄而宽，主齿收缩率大，基部宽，两侧有形成耳状齿突的趋势，反口缘平或上凹，并在中后方膨胀形成一圆形突起。

比较 此种与*Aurilobodus aurilobus*不同，前者耳状齿突不明显。

产地及层位 河北和山东，下、中奥陶统北庵庄组和马家沟组。

锯齿耳叶刺 *Aurilobodus serratus* Xiang et Zhang，1983

（图版O—6，图8）

1983 *Aurilobodus serratus* Xiang et Zhang. –安太庠等，73，74页，图版22，图6—8；插图12：21。

特征 刺体基部前、后缘发育锯齿状细齿。

比较 此种与同属的其他种的区别在于其一侧或两侧缘下部发育多个锯齿状细齿。

产地及层位 山东、河北地区，中奥陶统马家沟组。

杰克刺属 *Dzikodus* Zhang，1998

模式种 *Polonodus tablepointensis* Stouge，1984

特征 器官种由Pa分子、Pb分子、M分子和S分子组成。Pa分子和Pb分子发育前齿突、前侧齿突、后齿突和后侧齿突4个主齿突。

分布地区及时代 欧洲、北美洲和亚洲，中、晚奥陶世。

桌顶杰克刺 *Dzikodus tablepointensis* (Stouge, 1984)

（图版O—7，图1—4）

1984 *Polonodus tablepointensis* Stouge, pp. 72—73, pl. 12, fig. 13; pl. 13, figs. 1—5.

1993 *Polonodus tablepointensis* Stouge. －丁连生等，见王成源（主编），191，192页，图版34，图1—7。

1998d *Dzikodus tablepointensis* (Stouge). －Zhang, pp. 65—67, pl. 7, figs. 1—12; pl. 8, figs. 1—6.

2000 *Polonodus tablepointensis* Stouge. －赵治信等，215页，图版30，图11，13—15。

特征 器官种由Pa分子（polyplacognathiform型）和Pb分子（ambalodiform型）组成。Pa分子之前齿突的两齿脊被宽的齿台所分开，Pb分子前齿突具中齿脊和一小的外缺刻。所有齿突末端变宽。

比较 此种与*Polonodus clivosus*的区别是，前者Pb分子后齿突与后侧齿突的夹角大，内侧齿突短而宽，前齿突和前侧齿突近等长，其夹角小；后者则前齿突和前侧齿突之夹角大，后端之后侧齿突窄而高。此种的Pa分子齿突较细长，次级齿突较多，瘤齿和齿脊较细而密；后者齿突较粗壮，细齿和细脊较粗而稀。丁连生等（见王成源，1993）的*Polonodus oblongus*应为此种的同义名，其实，他们所列的图影仅为Stouge（1984）Pb分子（ambalodiform型）的碎片（Stouge，1984，图版13，图1A）。

产地及层位 扬子地层区和新疆塔里木地区，中奥陶统牯牛潭组和上丘里塔格群。

雅佩特颚刺属 *Iapetognathus* Landing, 1982

模式种 *Pravognathus aengensis* Lindström, 1955

特征 七分子器官属，由Sc分子、Sb分子、Sd分子、Pa分子、Pb分子、Xa分子和Xb分子组成，缺失M分子和对称的Sa分子。所有组成分子为枝形，具一后弯或后倾的主齿及1或2个有细齿的齿突。主要齿突是侧向延伸，为向后伸的外侧齿突或向内伸的前内侧齿突。X分子的主齿向后弯过后伸的齿突。主齿可以向前、后侧扁或两侧侧扁；大多数标本的主齿前面或侧面发育隆脊或棱脊，并在基缘上方突然消失。多数种刺体表面光滑，但也可发育棱脊或细纹。

分布地区及时代 北美洲、欧洲和亚洲，早奥陶世。

波动雅佩特颚刺 *Iapetognathus fluctivagus* Nicoll, Miller, Nowlan, Repetski et Ethington, 1999

（图版O—5，图3，4）

1999 *Iapetognathus fluctivagus* Nicoll, Miller, Nowlan, Repetski et Ethington, pp. 46—48, pl. 6, figs. 1a—5d; pl. 7, figs. 1a—4g; pl. 8, figs. 1a—2g; pl. 9, figs. 1a—7f; pl. 10, figs. 1a—6g; pl. 11, figs. 1a—6h.

2004 *Iapetognathus fluctivagus* Nicoll, Miller, Nowlan, Repetski et Ethington. －Dong *et al.*, pl. 3, figs. 1—3.

特征 器官种由Sb分子、Sc分子、Sd分子、Pa分子、Pb分子、Xa分子和Xb分子等七种分子组成。刺体表面光滑，无细纹。所有分子主齿侧扁和向后弯。向内或向后伸的齿突可有细齿。齿突和主齿相连。S分子外侧齿突通常发育2个细齿。主齿基部和齿突下方深凹，呈齿槽状，基腔顶尖可伸至主齿底部。

比较 笔者完全认同董熙平等（Dong *et al.*，2004）的鉴定。从标本图影看，它们基本上与 Nicoll *et al.*（1999）的 *Iapetognathus fluctivagus* 之 Pa 分子相一致，应为同种。因没有实地观察标本，所以无法更详细地进行描述。此种十分重要，这是奥陶系之底的标志化石，目前，在国内仅见于湖南瓦尔岗潘家咀组。

产地及层位 湖南瓦尔岗，下奥陶统潘家咀组。

吉林雅佩特颚刺 *Iapetognathus jilinensis* Nicoll，Miller，Nowlan，Repetski et Ethington，1999

（图版 O—5，图 5—8）

1999 *Iapetognathus jilinensis* Nicoll，Miller，Nowlan，Repetski et Ethington，pp. 48—49，pl. 12，figs. 1a—4f；pl. 13，figs. 1a—3f；pl. 14，figs. 1a—4b.

特征 此器官种可能仅由 Sb 分子、Sc 分子、Sd 分子、Pa 分子、Pb 分子和 Xa 分子等组成。所有分子具有一带细齿的外侧齿突，Xa 分子有一后齿突。外侧齿突有 2～4 个细齿，主齿和细齿前、后方向压扁。

比较 此种以其前、后方向压扁的主齿可与同属其他种相区别，其主要齿突位于外侧方并带有较多细齿，通常有 3～4 个。

产地及层位 吉林浑江大阳岔，下奥陶统冶里组。

斜刺属 *Loxodus* Furnish，1938

模式种 *Loxodus bransoni* Furnish，1938

特征 器官组成不明，可能为单分子属。刺体齿片状，侧视为三角状，前端最高，细齿紧密，大部分愈合。

分布地区及时代 北美洲和亚洲，早奥陶世。

分离斜刺 *Loxodus dissectus* An，1983

（图版 O—5，图 11，12）

1983 *Loxodus dissectus* An. －安太庠等，106，107 页，图版 21，图 12，13；插图 14—13。

1996 “*Loxodus*” *dissectus* An. －王志浩等，图版 2，图 20，21。

2000 *Loxodus dissectus* An. －赵治信等，206 页，图版 28，图 20，21。

特征 齿片状刺体薄而长，最高处位于靠前部，细齿大部分愈合，其愈合线常延伸至近反口缘，基部低。

比较 此种与 *Loxodus bransoni* 较为相似，其区别在于前者之齿片薄、长而低，最高处位于近前部，细齿愈合线延伸至近反口缘处等。

产地及层位 华北、东北和新疆等地区，下奥陶统北庵庄组、丘里塔格群和额兰塔格群。

短矛副锯颚刺 *Paraserratognathus paltodiformis* An，1983

（图版 O—5，图 13）

1983*Paraserratognathus paltodiformis* An. －安太庠等，117，118 页，图版 16，图 13—15；插图 11：6。

特征 S 分子刺体为短矛形，主齿略长，基部适度膨大，肋脊在基部向各自一侧呈迭瓦状排列。

比较 虽然安太庠在建立此种时共有 45 个标本，但其形态相似，基本上为同一形态分子，因此并未组建器官属种。此种与 *Paraserratognathus obesus* 最为相似，但后者主齿细小，基部高而膨大，后隆脊具次一级的细棱脊。

产地层位 华北、东北地区，下奥陶统亮甲山组。

罗斯刺属 *Rossodus* Repetski et Ethington, 1983

模式种 *Rossodus* Repetski et Ethington, 1983

特征 器官种由P分子、S分子和M分子组成。S分子为单锥型，具肋脊，齿锥状至齿片状，形成由对称至不对称的过渡系列。M分子齿锥后缘与基部口缘夹角小，前基角突出。

分布地区及时代 北美洲、亚洲和澳大利亚，早奥陶世。

马尼托罗斯刺 *Rossodus manitouensis* Repetski et Ethington, 1983

（图版O—1，图5，6）

1964 *Acodus oneotensis* Furnish. －Müller, pp. 95—96, pl. 13, figs. 1a, b, 8.

1983 "*Acodus*" *oneotensis* Furnish. －安太庠等，67，68页，图版10，图1—8；图版33，图5。

1993 *Rossodus manitouensis* Repetski et Ethington. －丁连生等，见王成源（主编），199页，图版7，图15—17，25。

2001 *Rossodus manitouensis* Repetski et Ethington. －Pyle & Barnes, p. 1398, pl. 1, figs. 1, 2.

特征 S分子宽而侧扁，形成由对称至不对称的过渡系列，其一侧具宽的肋脊，基部宽，两侧缘或前、后缘常向下延伸呈角状，侧方肋脊也常向下延伸呈齿突状。

讨论 原先不少学者把此器官种的S分子归入了形态种 *Acodus oneotensis* 或 "*Acodus*" *oneotensiss*（见同义名表），但它们与真正的 *Acodus oneotensis* 不同，因此 Repetski & Ethington（1983）把它归入他们所建的新属种 *Rossodus manitouensis* 中，即此器官种的coniform分子（本书中的S分子）。这类分子与 *Juanognathus* 的类似分子十分相似，但前者器官属中有M分子而后者则缺失。倪世钊（倪世钊和李志宏，1987）所建立的新属新种 *Sanxiagnathus sanxiaensis* 与 Repetski & Ethington（1983）所描述的 *Rossodus manitouensis* 形态完全相似，应为同种，因此前者应为后者的同义名。

产地及层位 华北、东北地区，下奥陶统冶里组；华南地区，下奥陶统仑山组、留下组和南津关组；新疆塔里木地区，下奥陶统丘里塔格群。

小刀刺属 *Scalpellodus* Dzik, 1976

模式种 *Protopanderodus latus* van Wamel, 1974

特征 器官种由drepanodiform分子、scandodiform分子和acontiodiform分子等组成，即由前倾至直立的窄分子、scandodiform分子和反曲的宽分子组成。刺体侧方扁，后缘尖，有发育细齿的趋向。

分布地区及时代 北美洲、欧洲和亚洲，奥陶纪。

整洁小刀刺 *Scalpellodus tersus* Zhang, 1983

（图版O—8，图1—3）

1983 *Scalpellodus tersus* Zhang. －安太庠等，137，138页，图版11，图7—20；插图10：14—19。

特征 表面多具不明显的细纹，drepanodiform分子两侧对称，具锐利的前、后缘脊。scandodiform分子两侧不对称，可具锐利的前缘脊，或锐利的前、后缘脊，或锐利的前、后缘脊和内侧缘脊。acontiodiform分子主齿具锐利的前、后缘脊和较钝的两侧缘脊，基部具锐利的两侧缘脊和后缘脊，前缘则钝圆。

描述　drepanodiform 分子两侧对称，侧扁，具锐利的前、后缘脊，切面为透镜形。基部为中等大小，约为刺体之长的 1/4 至 1/3，前、后缘脊锐利或浑圆，两侧稍膨大，反口缘圆或椭圆形。

scandodiform 分子两侧不对称，主齿与基部分化不明显，具锐利的前、后缘脊和浑圆的外侧缘脊，切面为 scandodus 型。基部较高，为刺体长之 1/3，后缘稍膨胀，反口缘圆形或椭圆形。以后缘脊和内侧缘脊的不同，可分为 a 型、b 型、c 型。a 型后缘圆，内侧靠近前缘为圆滑的浅槽，靠近后缘为浑圆的隆脊，并与后缘脊圆滑过渡。基部高，基腔深，反口面较长，呈椭圆形或泪滴状。b 型分子后缘脊锐利，内侧近中部具一浑圆的隆脊，基部高，反口面椭圆或近圆形。c 分子具锐利的后缘脊和较锐利的侧棱脊。

acontiodiform 分子两侧对称，侧扁，具锐利的前、后缘脊或前缘脊较钝圆，两侧钝圆，切面多菱形或透镜形。主齿下部和基部逐渐变为侧向宽，前缘脊逐渐变为浑圆，后缘脊仍锐利，其两侧具沟。两侧缘脊较钝或锐利，并靠近后缘，切面为 acontiodus 型。主齿与基部无明显区分，基部反口缘圆或亚圆形。刺体表面具微细纵向纹饰构造。

比较　此种与 *Scalpellodus gracilis* 有一定的相似之处，其区别在于刺体的横切面形态不同，且后者不具 acontiodiform 分子，微细构造更明显。

产地及层位　河北唐山和平泉等地区，下奥陶统亮甲山组。

拟锯颚刺属　*Serratognathoides* An，1987

模式种　*Serratognathoides chuxianensis* An，1987

特征　S 分子半月或半环形，刺体前方稍凸，后方稍凹，外缘圆，内侧下方为“V”字形缺刻，外缘具有微弱的脊，脊轴由刺体中心向外辐射。

分布地区及时代　中国，早奥陶世。

滁县拟锯颚刺　*Serratognathoides chuxianensis* An，1987

（图版 O—7，图 25，26）

1987 *Serratognathoides chuxianensis* An. －安太庠，189 页，图版 18，图 12—14。

1991 *Serratognathoides chuxianensis* An. －高琴琴，142 页，图版 6，图 19。

2000 *Serratognathoides chuxianensis* An. －赵治信等，224 页，图版 28，图 12，13，15。

特征　S 分子刺体半月形或半环形，后面下方具倒“V”字形缺刻。

比较　此种与 *Serratognathodus bilobatus* 在形态上比较相似，其区别在于前者的细齿列比较微弱。此种大多为两侧对称的 Sa 分子，也有一些为两侧近对称或不对称分子。倪世钊（倪世钊和李志宏，1987）将这类标本归入其建立的新种，即 *Clavohamulus pustulosus*。但此类标本的外形特征明显不同于 *Clavohamulus*，且 *Clavohamulus* 是寒武纪的重要属种，而这类标本则常见于下、中奥陶统的界线地层。笔者认同安太庠（1987）的意见，应建立新属。由于安太庠发表新属新种要比倪世钊稍早几个月，因此倪世钊建立的 *Clavohamulus pustulosus* 应为 *Serratognathoides chuxianensis* 的同义名。

产地及层位　安徽滁县和新疆塔里木地区，下、中奥陶统大湾组和丘里塔格群上亚群。

锯颚刺属　*Serratognathus* Lee，1970

模式种　*Serratognathus bilobatus* Lee，1970

特征 两侧对称至不对称的S分子刺体前视呈半圆形或三角形，前方凸，中、下部具一宽的齿槽，齿槽两侧发育横向排列、相互平行的细齿列。内侧具纵向或放射状排列的脊。

分布地区及时代 澳大利亚与亚洲，早奥陶世。

双叶锯颚刺 *Serratognathus bilobatus* Lee，1970

（图版O—1，图16，17）

1970 *Serratognathus bilobatus* Lee，p. 336，pl. 1，figs. 6，7.

1983 *Serratognathus bilobatus* Lee. －安太庠等，149页，图版16，图20—22；图版17，图1，2。

1996 *Serratognathus bilobatus* Lee. －王志浩等，图版2，图1—7，9。

特征 S分子刺体前方前视呈半圆形，中部为纵槽，两侧齿叶叶面发育由小细齿组成的横脊，后方则发育放射状排列的纵脊。刺体顶端较钝圆。

比较 此种与 *Serratognathus diversus* 比较相似，其区别在于后者刺体顶端尖利，前视呈三角形，两侧齿叶向外伸展呈八字形。到目前为止，此器官主要由Sa分子和Sb分子组成。

产地及层位 华北和东北，下奥陶统亮甲山组；湖北、贵州、四川、江苏、安徽等地区，下奥陶统红花园组。

叉开锯颚刺 *Serratognathus diversus* An，1981

（图版O—1，图19，20）

1981 *Serratognathus diversus* An. －An *et al.*，p. 216，pl. 2，figs. 23，27，30.

1987 *Serratognathus diversus* An. －安太庠，190页，图版18，图1—10。

2001 *Serratognathus diversus* An. －王志浩和祁玉平，图版2，图12，13。

特征 S分子刺体前视呈三角形，顶端尖利，两侧齿叶下方延伸成八字形。

比较 此种与 *Serratognathus bilobatus* 的区别主要在于前者前视呈三角形，具尖顶和八字形的两侧齿叶。陈敏娟等（1983）建立的 *Serratognathus tangshanensis*，其形态特征与 *S. diversus* 完全相同，前者应是后者的同义名。

产地及层位 华南、扬子地层区，下奥陶统红花园组；新疆塔里木地区，下奥陶统鹰山组。

伸长锯颚刺 *Serratognathus extensus* Yang C. S.，1983

（图版O—5，图9，10）

1983 *Serratognathus extensus* Yang C. S. －安太庠等，150页，图版17，图6—8；图版33，图6。

特征 S分子至少有两侧对称的Sa分子和不对称的Sb分子，其两侧齿叶横向伸展为翼状，前面发育多而彼此分离的小圆柱状细齿，后面平凹。刺体前面中央发育1个较为粗大、直立的主齿。

比较 此种以其向两侧伸长的齿叶、发育的主齿及圆柱状的细齿可与同属其他种相区别。

产地及层位 华北、东北，下奥陶统亮甲山组。

唐山刺属 *Tangshanodus* An，1983

模式种 *Tangshanodus tangshanensis* An，1983

特征 器官种由cordylodiform型、gothodiform型、oepikodiform型、trichonodelliform型、prioniodontiform型、prioniodiform型、oistodiform型等7种分子组成，或可用Pa分

子、Pb 分子、Sa 分子、Sb 分子、Sc 分子、Sd 分子和 M 分子等代号来表示。主齿细而长，分别具有 2～4 条尖锐的肋脊，其中 1～3 条肋脊上可有细齿。齿片一般薄而低，细齿一般分离或下部愈合。基腔浅。

分布地区及时代 亚洲，早、中奥陶世。

唐山唐山刺 *Tangshanodus tangshanensis* An，1983

（图版 O—5，图 14—18，20）

1983 *Tangshanodus tangshanensis* An. －安太庠等，151，152 页，图版 19，图 1—22；图版 20，图 1，2；插图 13：6—12。

1987 *Tangshanodus tangshanensis* An. －裴放和蔡淑华，99 页，图版 5，图 1—13。

特征 M 分子（oistodiform 型）主齿强烈后倾，具锐利的前、后缘脊，前基部向前伸出呈反主齿状，并可发育小细齿。Sb 分子（gothodiform 型）不对称，具前、后缘脊和一侧肋脊，基部向后延伸成后齿突并发育细齿。Sc 分子（cordylodiform 型）主齿具前、后缘脊，基部仅发育后齿突并具细齿。Pa 分子（prioniodiform 型）主齿直立或后倾，具锐利的前、后缘脊和一侧肋脊，并分别向基部延伸成齿突，其中后齿突长，发育细齿；前齿突短，无细齿；侧齿突短而小，无细齿。Pb 分子（oprionidiform 型）具锐利的前、后缘脊，并向基部前、后各延伸出具细齿的前、后齿片。Sa 分子（trichonodelliform 型）两侧对称，主齿具一后缘脊和两侧肋脊，并分别向基部延伸出两侧齿突和一后齿突，齿突具细齿。Sd 分子（oepikodiform 型）两侧对称，主齿发育前、后缘脊和两侧肋脊，并向基部延伸成齿突和发育细齿。

比较 除本种外，*Tangshanodus* 属尚未发现其他有效种，但它与 *Baltoniodus approximatus* 较为接近，其区别在于前者具有 prioniodiform 型分子，且所有分子的细齿均较后者相应分子的细齿分离和发育。本书采用现在器官种中通用的描述方法，即用 P 分子、M 分子和 S 分子等来描述。

产地及层位 华北、东北，下、中奥陶统北庵庄组。

塔斯玛尼亚刺属 *Tasmanognathus* Burrett，1979

模式种 *Tasmanognathus careyi* Burrett，1979

特征 由 Pa 分子、Pb 分子、Sb 分子、Sc 分子和两种 Sa 分子组成的器官种。Sa1 为 hibbardelliform 型，后齿突直，发育短而分离的钉状细齿；Sa2 分子为 trichonodelliform 型，无后齿突，主齿断面近方形。所有分子有前齿突，Pa 分子和 Pb 分子有侧齿突。

分布地区及时代 北美洲、亚洲和澳大利亚，中、晚奥陶世。

细线塔斯玛尼亚刺 *Tasmanognathus gracilis* An，1985

（图版 O—6，图 16—18）

1985 *Tasmanognathus gracilis* An. －安太庠等，105 页，图版 1，图 7—12。

特征 S 分子齿突厚而长，齿耙状，细齿稀少而分离。

比较 此种与 *Tasmanognathus shichuanheensis* 较为接近，其区别在于前者刺体较粗，S 分子的齿突为齿耙型，主齿较纤细。本书把安太庠等（1985）的 cordylodiform 分子归入 Sb 分子。

产地及层位 陕西，中、上奥陶统耀县组。

石川河塔斯玛尼亚刺 *Tasmanognathus shichuanheensis* An，1985

（图版 O—6，图 9—11）

1985 *Tasmanognathus shichuanheensis* An. –安太庠等，105，106 页，图版 1，图 1—6。

特征 Pa 分子齿突发育，反口缘较直，几乎平伸。Pb 分子后齿片较低，反口缘底缘稍向下拱。S 分子细齿少而稀。

比较 此种与 *Tasmanognathus careyi* 较相似，其区别在于前者各组成分子的齿突短、细齿少。此种与 *T. sishuiensis* 更为相似，其区别在于前者 Pa 分子齿突发育，Pb 分子反口缘向下稍拱曲。其实，从目前的资料看，仅有安太庠等（1985）的 6 个标本之图影，此器官种的真正组成及其有效性尚待今后进一步研究来验证。

产地及层位 陕西，上奥陶统耀县组；山东蒙阴，上奥陶统峰峰组。

泗水塔斯玛尼亚刺 *Tasmanognathus sishuiensis* Zhang，1983

（图版 O—6，图 12—14）

1983 *Tasmanognathus sishuiensis* Zhang. –安太庠等，154，155 页，图版 29，图 1—15；插图 13：1—5。

特征 由 5 个复合型分子组成，刺体扁，主齿前、后缘脊或侧肋脊锐利。位于主齿内下侧方的舌状突起弱小。Sb 分子前突起弱小，Pa 分子和 Pb 分子后突起弱小。

比较 此种与 *Tasmanognathus careyi* 比较相似，其区别在于前者的 Pa 分子前齿突不够强大且无侧方细脊；Pb 分子后齿突更短、更低；Sa 分子后齿突不发育；Sb 分子基腔不如后者那么大；Sc 分子前齿突不发育，拱曲程度也较小。另外前者各分子的刺体皆呈压扁状态，主齿下方舌状突起皆发育微弱。

产地及层位 华北，上奥陶统峰峰组。

耀县刺属 *Yaoxianognathus* An，1985

模式种 *Yaoxianognathus yaoxianensis* An，1985

特征 器官属由 Pa 分子、Pb 分子、Sa 分子、Sb 分子、Sc 分子组成。Pa 分子主齿明显，前齿片高而短，向下伸，后齿片长，细齿大小相间。Pb 分子为齿片型，由前、后齿片组成，前齿片长于后齿片，发育排列紧密的细齿并由前向后依次倾斜。主齿较明显，位于中部靠后处。基腔向两侧稍张开。S 分子为一些形态不同的齿耙型分子，一般都具大小相间的细齿。

分布地区及时代 亚洲和澳大利亚，晚奥陶世。

内蒙古耀县刺 *Yaoxianognathus neimengguensis*（Qiu，1984）

（图版 O—6，图 15，21）

1984 *Ripidognathus neimengguensis* Qiu. –林宝玉等，102 页，图版 2，图 1—5。

1990 *Yaoxianognathus neimengguensis*（Qiu）. –安太庠和郑昭昌，96 页，图版 11，图 5；插图 10：3。

2000 *Yaoxianognathus neimengguensis*（Qiu）. –赵治信等，231 页，图版 47，图 8—14，17，18。

特征 Pb 分子为 ozarkodiform 型，刺体较短而稍高，主齿位于中偏后处，前齿片细齿基本直立，主齿和后齿片细齿稍稍后倾。Pa 分子后齿片大细齿之间常为 2 个小细齿。

比较 此种与 *Yaoxianognathus yaoxianensis* 最为接近，特别是 Pb 分子，但前者的 Pa 分子与后者的相同分子比较，前者刺体显得高而短，且后齿片细齿后倾也不明显。

另外前者的 Pa 分子后齿片大细齿之间仅有 2 个小细齿，后者则具 3 个小细齿。

产地及层位 内蒙古，上奥陶统乌兰胡洞组。

耀县耀县刺 *Yaoxianognathus yaoxianensis* An，1985

（图版 O—4，图 22—24）

1984 *Spathognathodus dolboricus* Moskalenko. －王志浩和罗坤泉，284，285 页，图版 10，图 4，5，8，20。

1985 *Yaoxianognathus yaoxianensis* An. －安太庠和徐宝政，106 页，图版 2，图 1—7。

2000 *Yaoxianognathus yaoxianensis* An. －赵治信等，231 页，图版 47，图 3—7。

2001 *Yaoxianognathus yaoxianensis* An. －王志浩和祁玉平，图版 2，图 2—4。

特征 Pa 分子后齿突两大细齿之间有 3 个或 3 个以上的细齿。Pb 分子前齿片较长，前端较浑圆，后齿片短，反口缘后端向上斜伸。

比较 此种与 *Yaoxianognathus neimengguensis* 十分相似，但前者的 Pb 分子与后者的同类分子相比较，显得低和长一些，常为 spathognathiform 型，后齿片细齿向后倾也较明显；另外前者 Pa 分子后齿片大细齿之间的小细齿较多，常为 3 个，后者则常为 2 个。此种与 *Yaoxianognathus lijiapoensis* 也很相似，但后者 Pa 分子后齿突两大细齿之间仅有 1 个小细齿。

产地及层位 甘肃、陕西、内蒙古和新疆塔里木盆地，上奥陶统背锅山组、桃曲坡组、龙门洞组、乌兰胡洞组和良里塔格组。

原潘德尔刺目 PROTOPANDERODONTIDA，Sweet，1988

假奥尼昂塔刺科 PSEUDOONEOTODIDAE Wang et Aldridge，2010

2010 Pseudooneotodidae Wang et Aldridge，p. 28.

附注 *Pseudooneotodus* 被 Sweet（1988）归入 Protopanderodontidae 科，但有疑问。Protopanderodontidae 科是一个大的科群，可能包括几个演化系列。*Pseudooneotodus* 的器官不清，但是它不可能放到这个科内。被 Sweet 包括在 Protopanderodontidae 科内的一些类别已被归到另外的科，即 Oneotodontidae Miller（Robison，1981）。Oneotodontidae 科，正如原来建立时的定义那样，包括多分子器官，器官内一个分子缺少肋脊，其他分子具有多条侧向的或后方的肋脊，*Pseudooneotodus* 不适合这样的定义，Miller（Robison，1981）也未将其包括在这个科内。Dzik（1991）有疑问地将这个属归入 Fryxellodontidae Miller（Robison，1981），但是 *Fryxellodontus* 被解释为包含有锯齿分子的多分子器官，没有证据能证明这两个属之间的相似性不是表面性的。Sansom（1996）同样注意到 *Pseudooneotodus* 早期的种和 *Polonodus* Dzik 的分子之间大的形态的相似性。Aldridge & Smith（1993）将 *Pseudooneotodus* 放入未命名的科（fam. nov. 5），此科同样可能包括 *Fungulodus* Gagiev，1979（= *Mitrellotaxis* Chauff et Price，1980）。Wang & Aldridge（2010）遵循这样的划分并提出新的科名，即包括 *Pseudooneotodus* 属的 Pseudooneotodidae 科。

Dzik 将 *Pseudooneotodus* 包括在 Fryxellodontidae 科内，所以 *Pseudooneotodus* 就归入 Panderodontida 目，他认为不同于此目的器官缺少对称的居中分子。一些 *Pseudooneotodus* 的单尖的、矮壮的锥形分子的标本是两侧对称的，可能占据中间的位置。总之，Wang & Aldridge（2010）遵循 Sweet（1988）的 Panderodontida 目的概念，将此目的分子限定在有 panderodontid 式齿沟的类型。*Pseudooneotodus* 的分子无齿沟，所以，笔者倾向于将 Pseudooneotodidae 科包括在 Protopanderodontida 目内。Dzik（2006）命名了新的 Jablonnodontidae 科，归入 Prioniodontida 目，包括法门期的锥形分子的属 *Mitrellotaxis* 和 *Jablonnodus*。这些晚泥盆世的锥形分子可能是贝刺类（icriodontid）的谱系，具有萎缩的 P 分子，或者是奥陶纪的原牙形类的幸存者，只是被复活间断所分离。另一种可能性是 Jablonnodontidae 科和 Pseudooneotodidae 科之间有关系，但现在还没有直接的证据支持这样的联系。

假奥尼昂达刺属 *Pseudooneotodus* Drygant，1974

模式种 *Oneotodus? beckmanni* Bischoff et Sannemann，1958

特征 刺体锥状，基部宽阔，基腔宽深，顶部有 1 个或多个顶尖。

附注 此属的器官组成不明，多数人将其作为单成分种，有人认为是双成分种。Barrick（1977）在重建 *Pseudooneotodus bicornis* Drygant，1974 和 *Pseudooneotodus tricornis* Drygant，1974 的器官时，认为每个种都是由 3 个不同的分子组成：各有 1 个双尖的或三尖的分子，加上 1 个单尖的矮壮的分子和 1 个单尖的细锥状的分子。他同样断定此属的模式种 *P. beckmanni*，可能由单尖的矮壮分子和单尖的纤细分子组成。Bischoff（1986）不接受这样的重建，因为未在他的新南威尔士的采集物中发现单尖的矮壮分子和单尖的纤细分子与双尖的或三尖的分子同时产出，他认为 *Pseudooneotodus* 的器官是单成分的。Armstrong（1990）依据他在北格陵兰的采集认为这两个种，*P. bicornis* 和 *P. tricornis* 的器官是由三分子组成。Corradini（2001，2008）依据对撒丁岛和卡尼克阿尔匹斯的大量标本的研究，发现 *P. bicornis* 的双尖的标本并不经常与单尖的分子同时产出，纤细的锥状分子从不与矮壮的分子在一起，所以他认为 *P. beckmanni* 和 *P. bicornis* 的器官都是由单个形态分子组成的。如果考虑到很多样品中只有单尖的矮壮的分子，这种解释也有些勉强。通常都是将单尖分子归入 *P. beckmanni*。

Cooper（1977，p. 1069）将其描述的所有中奥陶世到早泥盆世的这样的分子都归入 *Pseudooneotodus beckmanni*。Bischoff（1986）重新研究了模式标本产地的材料，并且报道模式种的底缘轮廓总是亚三角形的，所以他提出，具有其他基部形态轮廓的标本应当归入其他种。他同样注意到一系列具有亚三角形基部轮廓的标本包含左右侧不对称型和两侧对称型，认为这是器官内部的变异。Barrick（1977）曾推断 *P. beckmanni* 的器官由单尖的矮壮分子和纤细的锥状分子组成，但 Bischoff（1986）认为没有这样的证据。Armstrong（1990）考虑到已发表的材料和他本人采自格陵兰的材料，认为可以支持 *P. beckmanni* 的器官是单成分的观点。张舜新和 Barnes（2002）依据他们的魁北克 Anticosti 岛的材料进一步支持这一观点。Corradini（2008）同样认为此种是单成分结构，但在他的一个种的概念中，他所包括的标本的底缘轮廓有很大的变化，从亚圆形到椭圆形，甚至近矩形。有趣的是，Purnell（2006）在志留纪 Eramosa 化石库的页岩层面上发现一对 *Pseudooneotodus* 的标本，可以认为 *Pseudooneotodus* 是两侧对称的。无论如何，*Pseudooneotodus* 器官分子的类型和数量都是不明的。这需要在页岩层面上发现自然集群，才有可能解决本属的组成成分和建筑格架问题。

本属的地层时代意义值得重视，特别是在确定兰多维列统和温洛克统的分界上，上下 *Pseudooneotodus bicornis* 带正是跨在兰多维列统和温洛克统的分界上，而 *P. linguicornis* 和 *P. linguiplatos* 只见于温洛克统。详细研究此属内的种间演化关系，对地层时代的确定会有重要意义。

分布地区及时代　澳大利亚、欧洲、北美洲、亚洲均有分布，在中国可见于吉林、云南、内蒙古、西藏、四川、新疆、宁夏等地，早志留世至早泥盆世。

舌台假奥尼克刺　*Pseudooneotodus linguiplatos* Wang，2013

（图版 S—6，图 1a—b）

2009 *Pseudooneotodus* sp. nov. A. －王成源等，图版 1，图 7，8。

2013 *Pseudooneotodus linguiplatos* Wang. －王成源，62 页，图版 62，图 16—18。

特征　锥体横断面有些椭圆形，锥体后面较平，顶尖明显变平，向后突伸。

附注　该种与 *Pseudooneotodus linguicornis* 的最大区别是该种锥体顶尖变平，顶面后缘明显向后突伸。锥体前缘面比后缘面陡，并具有纵向的齿肋。

产地及层位　四川盐边县稗子田剖面，温洛克统上稗子田组 *Ozarkodina sagitta rhenana* 带。

横尖假奥尼克刺　*Pseudooneotodus transbicornis* Wang，2013

（图版 S—6，图 2a—c）

2004 *Pseudooneotodus* sp. nov. －王成源等，图版 1，图 1—3。

2009 *Pseudooneotodus* sp. B. －王成源等，图版 I，图 9。

2013 *Pseudooneotodus transbicornis* Wang. －王成源，62 页，图版 62，图 12—14。

特征　锥体矮锥状，底缘轮廓近三角形，锥体顶端为一发育的横脊，横脊近于等高，无顶尖。

附注　该种无顶尖而有几乎等高、等厚的横脊。*Pseudooneotodus beckmanni* 锥体上发育有 1 个顶尖，*P. bicornis* 发育有 2 个分离的顶尖。

产地及层位　西藏申扎县雄梅乡果格龙，德悟卡下组，可能为特列有阶上部到温洛克统下部。

锯片齿刺目　PRIONIODONTIDA Dzik，1976

异刺科　DISTOMODONTIDAE Klapper，1981

异颚刺属　*Distomodus* Branson et Branson，1947

模式种　*Distomodus kentuckyensis* Branson et Mehl，1949

特征　据 Bischoff（1986，p. 95）的修正定义：Pa 分子为舟状分子，有 4～6 个齿突在中心区相连，口面有细齿、瘤齿和（或）不规则的齿脊。Pb 分子为三脚状（tertiopedate）分子，有大的主齿和大的基腔；具细齿的齿突可能发育有齿台凸棱（platform ledges），凸棱上面可能是光滑的，或有瘤齿、不规则的齿脊后齿突，可能分为两个齿突。Pc 分子为三突状分子或双羽状分子，具短的或完全萎缩的齿突；主齿大，直立，基腔张开宽。M 分子为锄形分子，有反主齿；反主齿可能有细齿；主齿很大。Sc 分子为双羽状分子到变形的三脚状分子，具有带细齿的内前-侧齿突和后齿突以及短的齿唇状到长的马刺状的、指向下方的、无细齿的外凸伸（outer projection）。Sb 分子为双羽状分子到变形的锄状分子，有短的发育，有很少细齿的后齿突和一个强烈萎缩的、一般有细齿的前侧齿突，以及一个强烈萎缩的、无细齿的、指向下方的与 Sc 分子相似的凸伸。在一些种中，鉴定出 Sd 分子，有很发育的一个后齿突和两个侧齿突，以及一个短的前齿唇。Sa 分子为三脚状分子，齿突有细齿，后齿突可能发育有齿台凸棱。Pa 分子口面缺少细装饰（microornament），所有其他分子的主齿和细齿都具有纤细的、纵向的、近于平行的齿线。

附注 *Disciconus* Yu，1989 的模式种是 *D. erlangshanensis* Yu，1989（喻洪津等，1989，101 页，图版 4，图 2a，2b，9），它可能是 *Distomodus* 器官中的一个种的 Pc 分子。同样的标本被 Bischoff（1986，pl. 7，figs. 3，7，10—12）归属到他的新种 *Distomodus tridens* 的 M 位置，但是很可能这样的分子在 *Distomodus* 的器官中是占据 Pc 位置的（Wang & Aldridge，1998）。Pa 分子的形态特征是确定 *Distomodus* 种的关键特征。不知道与 *D. erlangshanensis* 正模标本在一起的 Pa 标本的特征，也就不能确定这个标本属于 *Distomodus* 的哪个种。

此属的分子目前在中国的发现并不多，但在澳大利亚，Bischoff（1986）建立了 *Distomodus* 4 个新种，这 4 个新种的层位都相当低，主要限于 *Cystograptus vesiculosus* 笔石带的顶部到 *Coronograptus cyphus* 笔石带，在这个层位上中国还没有发现此属的分子。

即使在澳大利亚，此属的演化记录也是不连续的，在笔石带 *Demirastrites magnus* 带到 *Monograptus sedgwickii* 带下部的时间间断内，仍无 *Distomodus* 属的记录，甚至没有这个时间间断的沉积物（Bischoff，1986，text-fig. 10）。

分布地区及时代 澳大利亚、北美洲、欧洲、亚洲（中国，朝鲜，西伯利亚），兰多维列世至温洛克世。

华夏异颚刺 *Distomodus cathayensis* Wang et Aldridge，2010

（图版 S—5，图 12）

1983 *Hadrognathus staurognathoides* Walliser. －周希云和翟志强，277 页，图版 66，图 4。

2002 *Distomodus* sp. nov. －Aldridge & Wang，p. 88，fig. 64D.

2010 *Distomodus cathayensis* sp. nov. －Wang & Aldridge，p. 46—48，pl. 10，figs. 1—17.

特征 以 Pa 分子有 5 个齿突为特征，每个齿突都具有中脊，这些中脊并不交会在 1 个点，而是交会在相距很宽的 3 个点。其他分子缺少发育的齿台凸棱。

附注 此种的标本在以前的有关华南的牙形刺著作中（Zhou *et al.*，1981；Zhou & Zhai，1983；Liu *et al.*，1993）曾被归入 *Distomodus staurognathoides*，但其 Pa 分子的齿突的放射形态是很容易区分的。在 *D. staurognathoides* 中，所有 Pa 分子的齿突都是从一个单一中心点放射出来，而且口面的装饰总是很不规则的。Armstrong（1990，p. 73—76）描述和图示的 *Distomodus staurognathoides* 的格陵兰标本包括 1 个 Pa 分子，其齿突分离的方式与中国的标本相同，格陵兰有与本种相同 Pa 分子的标本，应当考虑放到 *D. cathayensis*。

周希云等（1981，131 页，图版 1，图 11，12）图示的 *Erismodus shiqianensis* sp. nov. 的标本，以及周希云和翟志强（1983，图版 66，图 17a，b）重复图示的标本，可能是 *D. cathayensis* 的 Sa 分子。如果真是这样，种名 *shiqianensis* 应具有优先权。但与其在一起的未见 Pa 分子，而不知 Pa 分子的特征，种的归属就无法确定。

产地及层位 贵州石阡雷家屯剖面，兰多维列统埃隆阶秀山组下段；同样见于贵州北部的正安县张家湾，兰多维列统埃隆阶韩家店组。

射颚刺科　BALOGNATHIDAE Hass，1959

穹隆颚刺属　*Apsidognathus* Walliser，1964

模式种　*Apsidognathus tuberculatus* Walliser，1964.

特征　*Apsidognathus* 的器官包括一个有宽的三突形舟状（pastiniscaphate）的齿台分子，齿台装饰变化较大；一个透镜状分子（lenticular element），具有向内侧方延伸的齿台而外齿台缩小或缺失；一个三角舟状（anguliscaphate）的 ambalodontan 分子；一个十字形的 astrognathodontan 分子，有窄的、侧向局限的基腔；一个强烈拱曲的 lyriform 分子；一侧方扁的分子和一锥状分子，锥状分子发育出短的、原始的侧齿突和后缘脊上的肋脊。器官中同样还可能包括有锥状分子（coniform element）（Armstrong，1990，p. 41，原文翻译）。

附注　此属的各分子都各具特征，种的特征主要是依据台形分子的齿台装饰和 lyriform 分子的形状和装饰。

Apsidognathus 的器官仍然是个谜。Walliser（1972，p. 76）部分再造的器官，包含形式种 *Pygodus lyra* Walliser，1964，还有 *A. tuberculatus*。Aldridge（1974）认为形式种 *Ambalodus galerus* Walliser，1964 可能也包括在内，像 Klapper（Robison，1981，p. 136）假定的那样，*Astrognathus tetractis* Walliser，1964 同样也归到这个器官。Mabillard & Aldridge（1983）将片状的、透镜状的和锥状的分子包括在 *Apsidognathus ruginosus* Mabillard et Aldridge 的器官中，而 Armstrong（1990，p. 41）认为，*Apsidognathus* 的器官由 7 种分子类型组成：台形的、透镜形的、ambalodontan、astrognathodontan、lyriform、扁的分子和锥形分子。他假定 astrognathodontan（stelliscaphate）分子在器官中占据 Sa 或者 Sd 位置；如果前者是正确的，lyriform 可能是 Sb 分子，而扁的分子可能是 Sc 分子。如果 astrognathodontan 分子占据 Sd 位置，那就可能是 lyriform 占据 Sa 和 Sb 两个位置。从 lyriform 分子所观察到的由对称标本到不对称标本的变化加大了这种可能性。然而，lyriform 分子同样可能替代 M 位置，而笔者认为 *Apsidognathus* 的器官可能同样存在 Pc 或 Pc + Pd 位置。可能带装饰的分子充填到 5 个 P 和 M 位置，而 S 分子萎缩成锥状分子的形态或缺失。Over & Chatterton（1987）假定归到 Pa1 位置、Pa2 位置、Pb1 位置和 Pb2 位置的分子与台形的、扁的、astrognathodontan 和 ambalodontan 分子分别有些相似，而 lyriform 等同于 S 分子。在 P 分子中，可能台形分子是 Pa 分子，ambalodontan 分子是 Pb 分子，但是与 *Promissum* 的器官相比（Aldridge *et al.*，1995）可假定有另一种可能性，即 Pa 和 Pb 位置都被三突形舟状分子（pastiniscaphate elements）占据，而 ambalodontan 分子占据 Pc 位置。要了解这个属的器官，还要等待在地层中发现此属的自然集群。

Kailidontus 属的模式种是 *K. typicus* Zhou *et al.*，1981，与 *Astrognathus* Walliser，1964 非常相似。正如 Fordham（1991，p. 58）指出的，归到 *Kailidontus* 的标本几乎可以肯定地归到同样的器官，这个属应当被认为是 *Apsidognathus* 属的主观次同义名。同样，周希云和翟志强（1983）建立的 *Neopygodus* 属包括了原来被归到 *Pygodus lyra* Walliser，1964 的标本，后来又认为其不同于奥陶纪的 *Pygodus* Lamont et Lindström 而建新属。周希云和翟志强（1983）归入 *Neopygodus* 的 2 个种：*N. lyra* 和 *Neopygodus* 模式种 *N. kailiensis*，是很相似的，可能是同种。*Pygodus lyra* 长期以来都被认为是 *Apsidognathus*

器官的构成分子（Walliser，1964，1972），所以，*Neopygodus* 肯定是 *Apsidognathus* 的主观次同义名。还有，周希云和翟志强建立的 *Parapygodus* 属包括的原来归入 *Pygodus? lenticularis* Walliser，1964 的透镜状标本，也都被普遍认为是 *Apsidognathus* 的组成分子（Uyeno & Barnes，1981；Aldridge，1985；Armstrong，1986）。Bischoff（1986）将类似的标本归入他的 *Parapygodus* 和 *Pseudopygodus* 属中。Forham（1991，p. 33）提出，*Parapygodus* 为双分子器官，将 *Pseudopygodus* 作为主观次同义名。虽然笔者认为将它作为 *Apsidognathus* 的次同义名的证据是比较多的，并且在本书的 *Apsidognathus* 的器官再造中包括了这种类型的分子，*Parapygodus* 的地位仍待定。

扁的 pygodiform 分子同样可能是 *Tuberocostadontus* 器官的构成分子，这些特殊的标本归属到 *Apsidognathus* 还是归属到 *Tuberocostadontus*，目前是有争议的。这里，笔者将有相对直的口缘的分子归到 *Apsidognathus*，也暂时包括有三角形轮廓的和有较高的内侧面的分子。另一些有三角形轮廓的扁的标本与归入 *Tuberocostadontus* 的标本有较密切的关系。

Apsidognathus 器官的所有分子显示出非常可塑的形态，并在大的采集物中，标本的装饰有相当大的变化。种间的变异使得种的划分相当困难。最大的形态悬殊表现在台形分子和 lyriform 分子，在华南的材料中这些变异表明至少存在 4 个种，虽然笔者试图将小的采集物中的一些分子和含有多于一个种的采集物中的种加以区分，但是目前还不可能在种一级的水平上无争议地做到。

分布地区及时代 早志留世特列奇期早期（*Pterospthodus eopennatus* 带）至特列奇期最晚期（*Pseudooneotodus bicornis* 带的下部），此属是特列奇期和温洛克世地层分界的最好标志。凡是存在 *Apsidognathus* 的地层，都是属于特列奇期的（Männik，2007）。此属分布于世界各大洲。在华南各省普遍存在。

犁沟穹隆颚刺 *Apsidognathus aulacis* Zhou，Zhai et Xian，1981

（图版 S—6，图 13—16）

1981 *Apsidognathus aulacis* Zhou，Zhai et Xian. －周希云等，130 页，图版 1，图 1—2（platform element）。

1996 *Apsidognathus aulacis* Zhou，Zhai et Xian. －王成源和 Aldridge，图版 4，图 9—10（platform element）。

2002 *Apsidognathus aulacis* Zhou *et al.* －Aldridge & Wang，figs. 65I—J（platform element）.

2010 *Apsidognathus aulacis* Zhou *et al.* － 王成源等，图版 2，图 9—12。

2010 *Apsidognathus aulacis* Zhou *et al.* －Wang & Aldridge，pp. 51—52，54，pl. 11，figs. 1—24.

特征 台形分子很具特征，近四边形到台形，瘤齿装饰变化较大，瘤齿集中在齿台边缘；ambalodontan 分子有宽的张开的基腔；lyriform 分子有微弱的轴脊；星舟形的 astrognathodontan 分子有 4 个齿突，并不全部等长。

附注 这个种是周希云等（1981）依据一个保存非常好的台形分子命名的。他们认为此种不同于 *Apsidognathus tuberculatus* 的相应分子，近齿脊有一齿沟，并且缺少同心状瘤齿线纹。然而，Walliser（1964，pl. 12，fig. 16；p. 13，fig. 2）图示的一些 *A. tuberculatus* 标本有相似的齿沟，也并不是全部具有同心状瘤齿列。笔者的大量采集物揭示，*A. aulacis* 有些标本缺少齿沟，齿台的近方形的轮廓和齿台边缘瘤齿的同心状分布是比较稳定的特征。lyriform 分子在形态上很接近 Walliser 图示的 *Pygodus lyra* 的分子，虽然他图示的标本都缺少中脊。

Wang & Aldridge（2010）首次在 *Apsidognathus* 的器官中区别出两个扁的分子。可能反映的是两个分子的位置或一个位置中的分子形态有相当大的变异。由于在

Apsidognathus ruginosus scutatus 器官中也识别出两个特征明显的扁的分子，具有两个分离位置的可能性就更增强了。然而，第二种扁的分子也可能属于 *Tuberocostadontus* 的器官。

被周希云等（1981）归到 *Kalidontus typicus* 和 *Nericodina cricostata* 的分子可能是 *Apsidognathus* 的分子，但是缺少自然组合分子的证据，还不能正确地确认这些分子种的归宿。*Tuberocostadontus shiqianensis* 的分子可能是 *Apsidognathus* 的"锥状"分子，或者可能代表一个分离的器官。

产地及层位　贵州石阡县雷家屯剖面，秀山组上段；四川广元宣河剖面，神宣驿段；陕西宁强县玉石滩剖面，宁强组杨坡湾段和神宣驿段；湖北秭归杨林，纱帽组顶部杨林段（王成源等，2010）。此种在华南广泛分布，生物地层上属 *eopennatus* 和 *celloni* 生物带，兰多维列统特列奇阶下部。

皱纹穹隆颚刺盾形亚种　*Apsidognathus ruginosus scutatus* Wang et Aldridge，2010

（图版 S—6，图 17—21）

1992 *Parapygodus triangularis* Ding et Li. – 钱泳臻，见金淳泰等，图版 2，图 10（compressed element 1）。

2010 *Apsidognathus* cf. *ruginosus* Mabillard et Aldridge. – 王成源等，图版 2，图 17—18。

2010 *Apsidognathus ruginosus scutatus* Wang et Aldridge，p. 54，56，58，pl. 12，figs. 1—18.

特征　*A. ruginosus* 的一个亚种，有两个特别扁的分子，一个矮壮的具明显主齿的分子，和另一些长的遁形的、有明显同心状的壮脊（rugae）的分子。lyriform 分子有明显的横脊，横脊可能被中槽分开或穿过分子的轴部。

描述　台形分子宽，舟状，形态多变，但齿台上有稳定的同心状的壮脊。短的自由齿片连续穿过齿台成为齿脊，齿脊在齿台顶尖处明显向内弯或折曲。自由齿片和齿脊有愈合的细齿；在自由齿片和齿脊前部的细齿窄而尖，在齿脊后部的细齿特别宽，在成熟的标本上变为一列横脊（王成源，2013，图版 18，图 1）。外齿台比内齿台张开宽，有两个微弱的齿叶，与由齿脊上分离点放射出的瘤齿列相对应。内齿台轮廓近方形，有很发育的瘤齿状的前—侧脊（与齿脊成30°角）和不太发育的后—侧瘤齿列；瘤齿列在齿脊的中心区域聚敛，但短的垂直的脊可能将其与齿脊分开（王成源，2013，图版 18，图 7）。齿台表面装饰有与齿台边缘平行的同心状的低脊，齿脊和内前侧脊之间的齿槽可能是光滑的。白色物质充填于齿片上的瘤齿、齿脊和内前—侧脊。

ambalodontan 分子为三角舟状的、拱曲的、金字塔状的刺体，有明显的主齿和宽阔张开的基腔。后齿突总是比前齿突短得多。在小的标本上，基腔齿唇的表面是光滑的；在大的标本上，可能有瘤齿列与边缘平行。基腔深深凹入。白色物质充填于主齿和所有的细齿内。

lyriform 分子是拱曲的，两侧对称或近于对称。前方自由齿片短，在大的标本中，自由齿片宽，有瘤齿或横向的壮脊。齿台一般有中槽，两边装饰有与轴向垂直的脊，这些脊可穿过齿槽而相连，同样可产生齿台的锯齿状的边缘，口面清楚可见。所有标本的齿台的后端都已断掉，所以后端的形状不明。锯齿边缘下方的侧墙光滑，有点指向反口面的内侧并包围深的基腔。

astrognathodontan 分子是星舟形分子（stelliscaphate）。前后齿突形成强烈拱曲的脊，此脊口视是直的。前齿突的远端可能缓缓弯曲。齿拱有愈合的细齿无明显的主齿。侧齿突在齿拱两侧相互垂直，一个齿突是另外一个齿突长的两倍；两个齿突有直的、水平的反口缘，有低的愈合的细齿列，细齿列的细齿向远端增高；在一些标本上，较长的齿突有低的、不规则的瘤齿装饰而无中齿列。白色物质充填在齿脊（ridge）和齿突的细齿，并连成一片。基腔深，延伸为宽的齿沟直到所有齿突的远端。

扁分子 1　很扁，外侧面垂直向下延伸，是内侧面长的几倍。细齿愈合为直的或不折曲的锯齿状脊，主齿不明显。内齿突光滑，有一凸出的底缘。外齿突齿台状，向远端变窄使刺体成盾状，有浑圆的远端终点；在细齿列中点的下方，装饰由短的垂直的脊构成，细齿列被同心状的、发育很好的脊围绕，近端马蹄形，远端变成横向的。外齿突的下方可见清楚的生长层的缘边。白色物质沿细齿脊形成连续的薄片。

扁分子 2　很扁，内侧面不如外侧面发育。细齿列拱曲，有明显的主齿，缓缓地指向后方，有时也指向内侧。前齿突陡立，无细齿；后齿突有愈合的低的细齿，形成锯齿状的脊。主齿内侧面有中脊，外侧面有 1～3 个垂直的脊。内侧齿突近于垂直，短，光滑，有直的或缓慢波曲的底部边缘。外侧齿突近于直立，有发育程度不同的齿唇向下延伸并朝向后端；装饰有同心状的瘤齿或低的同心状的脊。白色物质充填在主齿深部并延伸到后齿突的细齿。

锥状分子　锥状分子与 *Apsidognathus* 的分子同时出现，可能是同一器官的部分。这些分子的标本高、纤细、直立，主齿有明显直立的线纹，白色物质深，短的齿突或有或无愈合的细齿。Mabillard & Aldridge（1983，pl. 1，figs. 12，13）图示的可能是 *A. ruginosus* 分子的标本，未显示出瘤状的装饰，但是总体形状是相似的。

附注　这些分子显示出强烈的壮脊装饰，在这方面与威尔士命名的亚种很相似（Mabillard & Aldridge，1983）。然而，当 lyriform 分子的一些标本与 Mabillard & Aldridge（1983，pl. 1，fig. 9）图示的一些标本很相似时，其他分子缺少中齿槽而脊是连续地横过刺体（王成源，2013，图版 18，图 3，4）。加之，虽然英国的材料中存在两个特征的透镜状形态分子（Mabillard & Aldridge，1983，pl. 1，figs. 3—6），在中国的材料中矮壮的分子是有明显主齿的（王成源，2013，图版 18，图 10，11），皱纹状分子是相当长的（王成源，2013，图版 18，图 12—14），可能前者的分子不属于 *Apsidognathus* 的器官，而是属于 *Tuberocostadontus* 的器官。Mabillard & Aldridge（1983，pl. 1，figs. 12，13）图示的纤细的锥状分子同样与笔者归到 *Tuberocostadontus* 器官的分子相似，然而，另外一些 *Tuberocostadontus* 的特征分子并未见于英国的样品中（Mabillard & Aldridge，1983）。

台形分子在几个方面也不同：中国标本上的齿脊弯曲不强烈，内前瘤齿脊一般发育较好；外齿台上的齿叶一般发育不好（Mabillard & Aldridge，1983，pl. 1，figs. 1—2）。

丁梅华和李耀泉（1985）所图示的一些扁的标本与这里归入 *A. ruginosus scutatus* 的标本相似，但是他们没有图示与这些标本在一起的台形分子，所以不可能确定它们属于同一个亚种。如果在丁梅华和李耀泉的标本所在层发现 *ruginosus* 类型的台形分子，他们的命名将有优先权，而不再用 *scutatus*。甚至被周希云和翟志强（1983）归到他们的新种 *Parapygodus hemiorbicularis* 的扁的分子的更早命名也可能是有效的，但是这些标本破碎，完整的形态不明，台形分子的特征同样不明。可能锥形分子与周希云等（1981，图版 1，图 3—9）图示的作为 *Costadontus serratus* 和 *Costadontus sagittodontoides* 的分子相似，它们可能属于 *Apsidognathus* 或完全不同的器官。

两个透镜状形态型的明显区别，可能显示透镜状分子在 *Apsidognathus* 器官中占据两个位置，就像在 *A. aulacis* 中的那样。

产地及层位 贵州石阡县雷家屯剖面，秀山组上段；云南大关黄葛溪剖面，大陆寨组；陕西宁强县玉石滩剖面，宁强组杨坡湾段和神宣驿段；四川广元县宣河剖面，宁强组神宣驿段；湖北秭归杨林，纱帽组顶部杨林段。*Pterospathodus eopennatus* 带至 *P. amorphognathoides angulatus* 带。

波拉尼刺属 *Pranognathus* Männik et Aldridge，1989

模式种 *Amorphognathus tenuis* Aldridge，1972

特征 八分子器官，由 Pa 分子、Pb 分子、Pc 分子、M 分子、Sa 分子、Sb 分子、Sc1 分子、Sc2 分子组成。Pa 分子、Pb 分子、Pc 分子有宽而深的基腔和低的主齿，其中 Pa 有侧齿叶，侧齿叶可能发育出带细齿的齿突；Pb 为三突状分子；Pc 为金字塔状分子，具有三角形的基部。M 分子有突出的主齿和长的、具细齿的后齿突；S 分子有短的齿突。

附注 这里归入本属的、最早描述的分子是 Pollock *et al.*（1970）描述的 *Aphelognathus siluricus* 和 *Ambalodus anapetus*。Cooper（1977）对本属做了部分的器官再造，他识别出 Pa 分子、Pb 分子、“M”（=Pc）分子、“S”（=Sa）分子，并将其归入 *Llandoverygnathus siluricus*（Pollock *et al.*，1973）。Uyeno & Barnes（1983）识别出真正的 M 分子。但这个属的器官目前并不完全清楚，特别是 Sa—Sc 的对称系列。除模式种 *Pranognathus tenuis* 外，此属还包括 *Pranognathus siluricus* 和 *Pranognathus posteritenuis*（Uyeno，1983）。

分布地区及时代 北美洲、欧洲、亚洲，晚奥陶世至志留纪兰多维列世。

瘦波拉尼刺 *Pranognathus tenuis*（Aldridge，1972）

（图版 S—6，图 12a—b）

1972 *Amorphognathus tenuis* Aldridge，p. 104，pl. 2，figs. 3，4.

1989 *Pranognathus tenuis*（Aldridge）. –Männik & Aldridge，p. 903，text-figs. 5A—T（multielment）.

2010 *Pranognathus tenuis*（Aldridge）. –王成源等，18 页，图 3a—b。

特征 （Pa 分子）台状分子，有前齿突、后齿突、外侧齿突和分叉的内侧齿突，整个刺体近五角星状。前齿突直，由 6 个基部愈合、顶尖稍分开的细齿组成，细齿集中于前齿突的中部和远端，高度向远端稍降低；前齿突近端为窄的、锐利的齿脊，缺少细齿。后齿突比前齿突稍短，由 4 个愈合的细齿组成，但近端比前齿突的近端要宽些。前、后齿突及 2 个侧齿突在齿台中部相连。外侧齿突长度较内侧齿突长，但不分叉，宽度向远端减小，其上至少有 3 个分离的、侧方扁的、稍向后方倾斜的细齿。内侧齿突有一很短的、窄的脊与齿台中部相连，但很快分叉出 2 个小的次级齿突，其前齿突较其后齿突长，指向内前方，而短的后齿突指向内后方。

齿台的反口面全部凹入，每个齿突的反口面都有长而宽的齿槽，齿槽向远端逐渐变窄。前齿突的反口缘两侧几乎是平行的；后齿突和外齿突的反口缘近端宽，远端窄。口视，前齿突和后齿突在前后方的一直线上；但反口视，前齿突和后齿突的齿槽并不在前后方的直线上。

附注 当前仅发现此种的 Pa 分子，但保存非常完好，特征也非常典型。此种的完整器官见 Männik & Aldridge（1989，p. 903，text-figs. 5A—T）。Jong Primo 幕的定义种

是 *Pranognathus tenuis*，而 *Ozarkodina pirata* 是 Jong Primo 幕的特有的种（Aldridge *et al.*，1993）。

小河坝组的时代应为埃隆期的早—中期。而不是特列奇期早期的地层（陈旭和戎嘉余，1996，16 页）。小河坝组可能时代较长，但至少产有 *Pranognathus tenuis* 的层位可与雷家屯组对比。

产地及层位 贵州沿河思渠镇大毛垭剖面，小河坝组（样品 AXU－617/154026，采自腕足类 *Pentamerus* 层的下部）。央下埃隆阶，与在英国南 Shropshire 产 *Pentamerus* 层的此种层位一致。

翼片刺属 *Pterospathodus* Walliser，1964

模式种 *Pterospathodus amorphognathoides* Walliser，1964。

特征 器官构成并不清楚，但至少包括 3 种 P 分子，加上 M 分子、Sa 分子、Sb 分子、Sc 分子。Pa 分子为三突状，有时为梳状舟形分子，或星状舟形分子，有局限的基腔。Pb 分子为三角状，基腔两侧的齿叶偏置，或为三角舟形分子，有窄的齿台凸棱和在主齿之下向下伸的齿唇。Pc 分子为三突状分子。M 分子为锄状分子，有短的、无细齿的前齿突和内侧齿突。Sa 为翼状分子，所有齿突都短且有细齿。Sb 分子为三脚状分子，轻微不对称到强烈不对称，一个侧齿突可能无细齿。Sc 分子为锄状分子，有前齿突，指向下方并向后弯形成无细齿的反主齿。可能还有些 P 分子和一些有明显主齿和短的齿突的分子，短的齿突上常常有密集的细齿。

附注 对于这个属的器官再造的历史，Männik（1998）已做了总结。争论的焦点是 Walliser（1964）归入 *Carniodus* 属的种是否能包括此属的器官。Männik（1998，2007）最近指出，*Pterospathodus* 和 *Carniodus* 这两个系列应属于同一器官。在 *Pterospathodus* 中可识别出 14 个分子的主要类型：Pa 分子、Pb1 分子、Pb2 分子、Pc 分子、M1 分子、Sc1 分子、Sc2 分子、Sc3 分子、Sb1 分子、Sb2 分子、Sa 分子、carnulus 分子（carnulus-form，有 5 个形态型）、carnicus 分子（carnicus-form）和弯曲的分子（有 3 个形态型）。Männik（1998，2007）认识到，这样的器官比任何已知的自然集群的分子都多，而 *Carniodus* 的分子可能占据在后方齿突与 S 分子连续的位置。*Pterospathodus*器官中的 S 位置可能多于 9 个。但是，要真正恢复 *Pterospathodus* 的器官，可能还要等待在地层层面上发现它的自然集群。将 *Carniodus* 包括在 *Pterospathodus* 的器官中仍有争议。但是，笔者同意将 Walliser（1964，p. 51，fig. 7；p. 28，figs. 12，18）原来归入 *Neoprioniodus subcarnus* 的分子放到 *Pterospathodus* 器官中的 Sc 位置（Männik & Aldridge，1989，p. 895）。

Xainzadontus 的模式标本的正模 *X. dewukaxiaensis* Yu，1985，是与 ?*Carniodus carinthiacus*（Walliser，1964，pl. 27，figs. 20，23）无法区别的，它肯定是 *Pterospathodus* 器官的一分子。所以 *Xainzadontus* 完全可能是 *Pterospathodus* 的次同义名。

Pterospathodus 的不同种的 Pa 分子在形态上曾被描述为梳状分子或三突状分子，但仍有不确定性，特别是这些分子的齿突和其他早期的锯片刺类的齿突之间的对应性（homology）。主要的射颚刺类（Balognathids），如 *Baltoniodus*，有三突状的 Pa 分子，具有 3 个主要的齿突，一般定位前齿突、后齿突和侧齿突（Sweet，1981，fig. 10. 1a—b）。

薄片的研究显示，这些标本开始发育为梳状的幼年期，有后方和“侧方”齿突，形成基本的轴部；而“前齿突”在个体发育中出现得较晚（Viira *et al.*，2006，p. 226，fig. 5）。Stephanie Curtis（2000，PhD 论文，里斯特大学）的尚未发表的个体发育研究（用透射光和薄片；Wang & Aldridge，2010，text-fig. 13）表明，在 *Pterospathodus* 中，通常的侧齿突是发育不全的，只在其分子的一侧形成很小的膨胀的齿叶。这样，*Pterospathodus* 的 Pa 分子的长轴实际是由三突分子的前齿突和后齿突形成的。一些种的梳状分子的出现实际是演化来的特征。有些类别的羽状的和分叉的齿突，实际是由 Pa 分子内侧发育出的次要的后-侧齿突，而不是 *Baltoniodus* 的侧齿突的对应物。Curtis 同样认为，*Pterospathodus* 的 Pb 分子是三突状分子，有第三个主要的齿突，即主齿之下的外侧齿叶。

1998 年，Männik 又修正了 9 年前他与 Aldridge 的观点，将 *Pterospathodus angulatus* 和 *P. pennatus* 仍作为独立的分类单元，并置于不同的谱系。*P. pennatus* 包括 2 亚种：*P. p. pennatus* 和 *P. p. procerus*；而 *P. angulatus* 作为亚种 *P. a. angulatus* 是 *P. amorphognathoides* 谱系（lineage）最老的代表。这样，在 *celloni* 带内不但存在 *amorphognathoides* 的分子，而且还依据它的亚种划分出不同的亚带或带。*amorphognathoides* 带或超带的定义是 *P. amorphognathoides amorphognathoides* 亚种的首次出现，而不是 *P. amorphognathoides* 种的首次出现。

分布地区及时代 欧洲、北美洲、澳大利亚、亚洲，中国云南、四川、陕西、贵州、西藏、新疆等地，志留纪兰多维列世特列奇晚期至温洛克世申伍德早期（*eopennatus* 和 *amorphognathoides* 生物带）。

似变颚翼片刺 *Pterospathodus amorphognathoides* Walliser，1964

1964 *Pterospathodus amorphognathoides* Walliser，p. 67，pl. 6，fig. 7；pl. 15，figs. 9—15；text-fig. 1f（Pa element）.

1987 *Pterospathodus amorphognathoides* Walliser. –安太庠，201，202 页，图版 33，图 1—3。

2004 *Pterospathodus amorphognathoides* Walliser. –金淳泰等，图版 1，图 5。

特征 （Pa 分子）刺体似台型牙形刺，主齿肢（主齿突）旁可见相对长的羽状内侧齿突或分叉内侧齿突，主齿突与侧齿突两侧均有发育的凸棱（基部齿台）或无凸棱。内侧齿突三角状或长方形；外侧齿突短，无细齿。

附注 *amorphognathoides* 生物带的底界定义为有齿台凸棱的 Pa 分子的首次出现（Männik & Aldridge，1989，p. 902）。本种有发育的齿台凸棱而不同于其他种。Männik（1998）将有齿台凸棱的和无齿台凸棱的分子都归在此种之内，并将此种划分出 3 个演化谱系：*Pterospathodus eopennatus*，*P. pennatus*，*P. amorphognathoides*。*P. amorphognathoides* 带或超带的定义是 *P. amorphognathoides amorphognathoides* 亚种的首次出现。

似变颚翼片刺似变颚亚种 *Pterospathodus amorphognathoides amorphognathoides* Walliser，1964

（图版 S—3，图 19）

1964 *Pterospathodus amorphognathoides* Walliser，p. 67，pl. 15，figs. 11—15.

1985 *Pterospathodus amorphognathoides* Walliser. –喻洪津，24 页，图版 2，图 9。

1987 *Pterospathodus amorphognathoides* Walliser. –安太庠，201 页，图版 33，图 1—3。

1996 *Pterospathodus amorphognathoides* Walliser. – 王成源和 Aldridge，图版5，图9。
2004 *Pterospathodus amorphognathoides* Walliser. – 金淳泰等，图版1，图5。

特征 所有分子都具有基部齿台或齿台凸棱，所有分子的轮廓和大小变化较大。

附注 Pa 分子基部齿台的形状和大小变化较大，齿台凸棱发育；通常具有三角形的内侧齿叶或分叉的内侧齿突，齿突上具有细齿，而外侧较直、无齿突。Pa 分子具分叉的侧齿突，很容易与 *P. p. procerus* 区分。Männik（1998）进一步将此亚种划分出5个不同的居群。*Pterospathodus a. amorphognathoides* 带跨在兰多维列统和温洛克统的界线上。居群1的Pa分子很难与 *P. a. lithuanicus* 区分，后者可能由居群1演化而来。居群1的Pa分子还可进一步区分出3个不同的形态型（Männik，1998，p. 1033）。居群2的Pa分子齿台形态变化较大，最宽处在齿台外侧近端并向远端逐渐变窄。居群3的Pa分子最大，齿台边缘特别是后齿突的齿台边缘，波状起伏，部分上翻；很多标本具有三角形的或近矩形的外侧齿突，齿突上有细齿或无细齿。居群3中的其他分子也都具有齿台凸棱。居群3与 *P. rhodesi* 相似，区别仅在于齿台不及后者发育。居群4的Pa分子后齿突齿台宽，在前齿突外侧、在分叉的内齿突与主齿片连接处之前齿台迅速变窄，形成膨凸。居群5的Pa分子的齿台在外侧近端最宽，向前后均匀变窄。*P. a. amorphognathoides* 多见于陆棚相，向盆地方向变少而被 *P. pennatus procerus* 取代。Männik（1998）认为对这5个居群的深入研究，可将 *P. a. amorphognathoides* 带进一步划分。

产地及层位 *Pterospathodus a. amorphognathoides* 是世界性分布的，仅少数地区没有发现此亚种。在中国见于云南、四川、西藏、内蒙古等地区。此亚种最早见于下 *Pseudooneotodus bicornis* 带和上 *Ps. bicornis* 带。

似变颚翼片刺角亚种 *Pterospathodus amorphognathoides angulatus*（Walliser，1964）

（图版 S—3，图7—9）

1964 *Spathognathodus pennatus angulatus* Walliser，p. 79，pl. 14，figs. 19—22.
?1988 *Pterospathodus pennatus procerus*（Walliser）. – 邱洪荣，图版1，图5—7（同邱洪荣，1985，图版1，图5，8，9）。
1996 *Pterospathodus amorphognathoides angulatus*（Walliser，1964）. – Männik，1998，pp. 1015—1019，pl. 2，figs. 1—22，24—31；text-figs. 7—8.
1992 *Spathognathodus pennatus angulatus* Walliser. – 钱泳臻，见金淳泰等，62页，图版3，图5。

特征 无齿台的 *Pterospathodus amorphognathoides* 的亚种，Pa 分子长，具有羽状的内侧齿突，齿片的中部细齿较低。

附注 *Pterospathodus amorphognathoides angulatus* 的 Pa 分子与 *P. eopennatus* 的 Pa 分子相似，区别在于前者有很长的齿片，在成熟个体上至少有20个细齿，甚至更多。*P. a. angulatus* 的 Pa 分子有两种形态类型：一种形态类型有高的细齿；另一种形态类型的细齿较短。*P. a. angulatus* 是 *P. amorphognathoides* 谱系中最老的代表，由此演化出 *P. amorphognathoides lennarti* Männik，1998。*Pterospathodus amorphognathoides angulatus*（Walliser，1964）以前都是归入 *Pterospathodus pennatus angulatus*。Männik（1998）将其归入 *Pterospathodus amorphognathoides*。

Männik（2007）的 *Pterospathodus celloni* 超带最下部的一个带，相当于 Männik（1998）的 *Apsidognathus tuberculatus* subsp. nov. 3 和 *Pterospathodus amorphognathoides* angulatus 亚带。此带遍及世界各大洲。

产地及层位 在中国目前仅见于纱帽组顶部的灰岩层杨林段 *Pterospathodus amorphognathoides angulatus* 带（王成源等，2009）。

似变颚翼片刺角亚种（比较亚种） *Pterospathodus amorphognathoides* cf. *angulatus*（Walliser，1964）

（图版 S—3，图 10—11）

2010 *Pterospathodus amorphognathoides* cf. *angulatus*（Walliser）. -王成源等，图版 1，图 9—12，15—18。

附注 典型的 *Pterospathodus amorphognathoides angulatus* 齿片长，细齿多，至少 20 个，齿片中部较低。当前标本的细齿有的勉强达到 20 个，有的还不到 20 个，在这方面有些像 *P. eopennatus*。*P. a. angulatus* 是由 *P. eopennatus* subsp. nov. 2 演化而来的（Männik，1998，p. 1016），当前标本可能为过渡分子，但更接近 *P. a. angulatus*。

产地及层位 湖北秭归杨林，纱帽组杨林段。

似变颚翼片刺勒纳特亚种 *Pterospathodus amorphognathoides lennarti* Männik，1998

（图版 S—3，图 15—16）

1972 *Pterospathodus amorphognathoides* Walliser. - Aldridge，p. 208，pl. 3，fig. 18（not figs. 17，19 = *P. a. amorphognathoides*）.

1985 *Pterospathodus pennatus* Aldridge，p. 81，pl. 3，1，fig. 28.

1992 *Spathognathodus pennatus procerus* Walliser. -钱泳臻，见金淳泰等，1992，62 页，图版 3，图 6（? 图 12a—b = *Pterospathodus pennatus procerus*）。

1998 *Pterospathodus amorphognathoides lennarti* Männik，p. 1019，pl. 3，figs. 21—46；text-fig. 9.

特征 无齿台的 *Pterospathodus amorphognathoides* 的分子。分叉的内侧齿突的第一个细齿位于离开主齿列的位置，并与主齿列之间以窄而高的齿脊相连。

附注 *Pterospathodus amorphognathoides lennarti* 的 Pa 分子与 *Pterospathodus amorphognathoides lithuanicus* 的 Pa 分子的区别在于分叉的内侧齿突与主齿列之间的齿沟，前者内侧齿突的第一个细齿与主齿列之间以窄而高的齿脊相连，后者内侧齿突的第一个细齿与主齿列之间为一深沟。*Pterospathodus amorphognathoides lennarti* 的 Pa 分子可区分出两种形态类型：形态类型 1 有高的细齿和相对矮的基部；形态类型 2 有短的细齿和高的基部。*Pterospathodus a. lennarti* 直接由 *Pterospathodus a. angulatus* 演化而来。两者的区别在于后者 Pa 分子无分叉的内侧齿突，而前者 Pa 分子发育有外侧齿叶。

产地及层位 此亚种见于格陵兰、英国、奥地利、挪威等地；此带的分子存在于陕西宁强县的宁强组（钱泳臻，1992）；属 *Pterospathodus celloni* 超带中部的 *Pterospathodus amorphognathoides lennarti* 带（Männik，2007）。

似变颚翼片刺勒纳特亚种（亲近亚种） *Pterospathodus amorphognathoides* aff. *lennarti* Männik，1998

（图版 S—3，图 17—18）

1992 *Spathognathodus pennatus procerus* Walliser. -钱泳臻，见金淳泰等，62 页，图版 3，图 6［非图 12a—b（? = *Pterospathodus pennatus procerus*）］（Pa 分子）。

aff. 1998 *Pterospathodus amorphognathoides lennarti* Männik，p. 1019，pl. 3，figs. 21—46；text-fig. 9（multielement）.

2009 *Pterospathodus amorphognathoides* aff. *lennarti* Männik. －王成源等，图版2，图28。

2010 *Pterospathodus amorphognathoides* aff. *lennarti* Männik. －Wang & Aldridge，pp. 60—61，pl. 14，figs. 1—2.

描述 Pa分子为三突状舟形分子。相当大，齿片直或微弯，在保存较好的标本上可见窄的凸棱。外侧齿突短，叶片状，有低的轴脊，终止于远端，形成一个小的瘤齿。内侧齿突分叉，轴部向后偏置，形成外侧齿突，与齿脊间有一个低的、拱曲的、无装饰的小区；前分支相当长，有5个轴向瘤齿，其大小向远端减小；后分支短，有1个相当明显的瘤齿。2个分支都有窄的凸棱。

附注 这些分子具备Männik（1998）归属到*amorphognathoides*的种系的分子特征，但还不能直接放入他所确认的任何一个种。当前标本与Männik（1998，pl. 3，fig. 21）图示的*Pterospathodus amorphognathoides lennarti*的正模非常相似，但正模标本有反曲的齿片，内侧齿突上缺少凸棱，并有一个很低的脊连接内侧齿突与齿片。Männik（1998，p. 1019）认为齿片和内侧齿突之间缺少齿台和齿脊是*P. a. lennarti*的关键特征。在*P. a. lithuanicus* Brazauskas，1983和*P. a. amorphognathoides* Walliser，1964中，分叉内齿突的近端的细齿位于靠近主齿片的地方；*P. a. amorphognathoides*的Pa分子在所有齿突上都发育有齿台凸棱。

产地及层位 四川广元宣河剖面，宁强组神宣驿段（样品Xuanhe 6，TT 498）；四川盐边县稗子田剖面，下稗子田组下部（王成源等，2009，Bs10—2/149149）。

似变颚翼片刺立陶宛亚种 *Pterospathodus amorphognathoides lithuanicus* Brazauskas，1983 sensu

（图版S—3，图12—14）

1983 *Pterospathodus amorphognathoides lithuanicus* Brazauskas. p. 60，figs. 1—7.

1986 *Pterospathodus amorphognathoides* Walliser. －Nakrem，figs. 6b—d，f—g，i.

1986 *Pterospathodus pennatus pennatus*（Walliser，1964）. －Nakrem，fig. 6h.

1998 *Pterospathodus amorphognathoides lithuanicus* Brazauskas. －Männik，p. 1021，pl. 3，figs. 1—20；pl. 4，figs. 21，28—35；text-fig. 10.

特征 无基部齿台的*Pterospathodus amorphognathoides*分子，分叉的内侧齿突的第一个细齿位于靠近主齿列的地方。

附注 Pa分子是*Pterospathodus amorphognathoides lithuanicus*的器官亚种中最为重要的，分叉的侧齿突的第一个细齿与主齿列之间无高的脊相连，而常常为深沟或仅有低矮的脊与主齿列相连。Pb分子有微弱的侧方基部加厚，而相应的*P. a. lennarti*的Pb分子无侧方基部加厚。Pa的左侧分子在外侧常常具有明显的圆形至三角形的侧齿叶，但Pa的右分子就无这种构造。*Pterospathodus amorphognathoides lithuanicus*是*celloni*带（超带）中最高的一个亚带（带）。

产地及层位 此亚种目前所知仅分布于立陶宛、挪威，但可能分布更广（Männik，1998）；此亚带的分子在中国尚无报道。志留系兰多维列统特列奇阶。

切隆翼片刺 *Pterospathodus celloni*（Walliser，1964）

（图6.1）

1964 *Spathognathodus celloni* Walliser，p. 73，pl. 14，figs. 3—16（Pa element）.

non 1981 *Spathognathodus celloni* Walliser. －周希云等，图版2，图12—13（＝*eopennatus*，Pa element）。

non 1983 *Pterospathodus celloni*（Walliser）. －周希云和翟志强，图版68，图3—4（＝*eopennatus*，Pa element）。

1989 *Pterospathodus celloni* (Walliser, 1964). - Männik & Aldridge, text-fig. 14—F.

1998 *Pterospathodus celloni* (Walliser, 1964). - Männik, pp. 1040—1041, pl. 6, figs. 26, 36—54; text-fig. 17 (multielement).

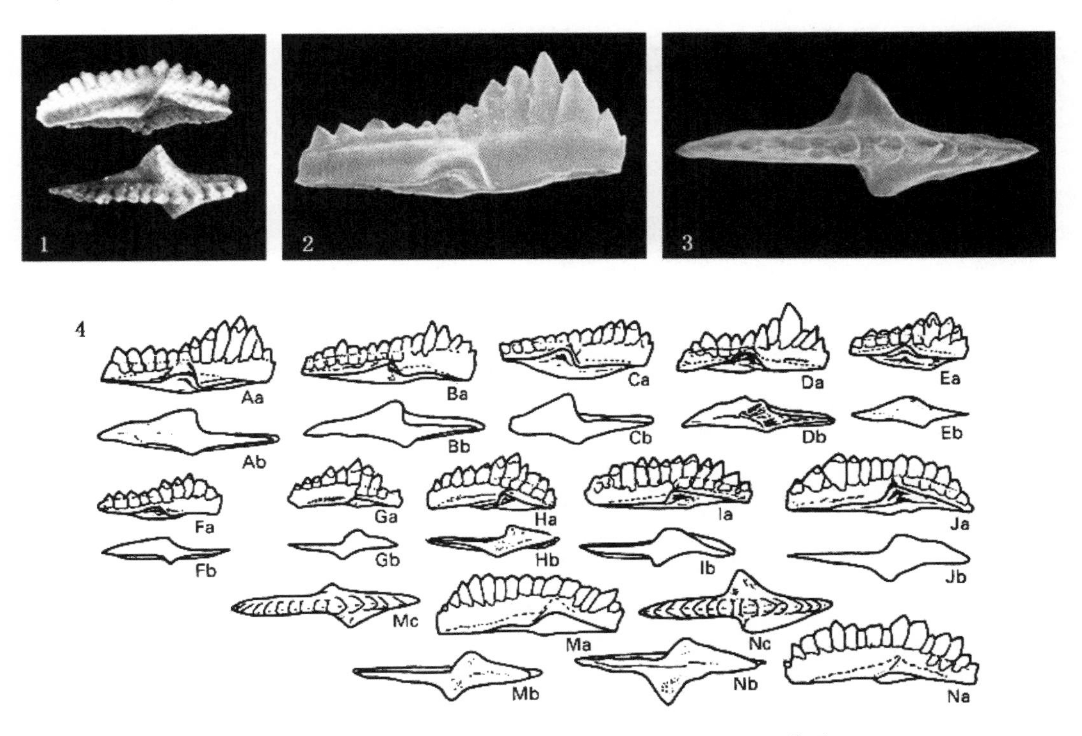

图 6.1　*Pterospathodus celloni* (Walliser, 1964), Pa 分子

1. 正模 (Walliser, 1964, pl. 14, fig. 5); 2. 右侧 Pa 分子内侧视 (Männik, 2007, pl. 6, fig. 41); 3. 左侧 Pa 分子, 口视 (Männik, 2007, pl. 6, fig. 36); 4. Pa 分子 (Männik, 2007, text-figs. 17A—J, M, N)。

特征　Pa 分子后齿突上的细齿比前齿突上的细齿短，缺少侧齿突，在后齿突上发育有窄的但是明显与底缘平行的棱脊 (ledge)。

附注　五分子器官 (quinquemembrate apparatus)：Pa 分子、Pb 分子、Pc 分子、M 分子、S 分子。Pa 分子缺少齿台凸棱。Pb 分子缺少齿台凸棱 (ledge)，有 2 个短的偏离基腔的齿叶，低于齿片的下边缘，齿叶不突出。Pc 分子有很少的无细齿的侧肋脊，有短的后齿突，后齿突上有 3～6 个细齿，Barrick & Klapper (1976) 称其为 "S" 分子。M 分子有很短的、无细齿的反主齿，有 1 个或 2 个细齿的短的后齿突。S 分子曾在形式种中描述为 *Roundya brevialata* Walliser，占据一 Sa/Sb 位置。它有 2 个短的、不对称的、有 1 个或 2 个细齿的侧齿突，它的后齿突是有细齿的。这里强调的是 Pa 分子的特征。作为器官种它同样包括 Pb 分子、Sa 分子、Sb 分子、Sc 分子，可能还包括 carnuliform 分子 (Männik, 1998, p. 1046)。过去在华南被广泛鉴定为 *Pterospathodus celloni* 的标本，现在几乎全部归入 *Pterospathodus eopennatus*，相关的地层也归入 *Pterospathodus eopennatus* 带。而 *P. eopennatus* 带是与笔石 *Sp. turriculatus* 带上部到 *M. griestoniensis* 带对比的。华南原来归入 *P. celloni* 带的地层，多数实际上要比 *P. celloni* 带低。目前在华南，还没有找到真正的 *P. celloni* 分子，但 *P. celloni* 带的地层在华南是存在的。

产地及层位 此种的层位是从 *Pterospathodus amorphognathoides angulatus* 亚带的最上部到 *P. a. lithuanicus* 亚带，见于开阔陆棚较深水相区。*P. celloni* 带的底界始于 *P. a. angulatus* 的首现，而不是 *P. celloni* 的首现。这个带的地层在四川广元的宁强组神宣驿段的中上部是肯定存在的，因为已发现了 *P. a. angulatus* 和 *P. a.* cf. *lennarti*（Wang & Aldridge，2010）。

始羽翼片刺 *Pterospathodus eopennatus* Männik，1998

（图版 S—3，图 4—6）

1981 *Spathognathodus celloni* Walliser. －周希云等，图版 2，图 12—13（Pa element）。

1983 *Spathognathodus celloni* Walliser. －周希云和翟志强，295 页，图版 68，图 3—4（Pa element）。

2002 *Pterospathodus celloni*（Walliser）. －Aldridge & Wang，figs. 66B—C.（copy of Wang & Aldridge，1996，pl. 5，figs. 2—3）（Pa，Pb elements）.

2009 *Pterospathodus eopennatus* Männik. －王成源等，图版 2，图 1，2（Pa element，morph 5），3—5（Pa element，Morphotype 1a），6—7（Pa element，Morphotype 3），8—10（Pa element，Morphotype 2a），11—13（Pa element，Morphotype 2a），14（Pa element，Morphotype 3），21（Pb element）。

2010 *Pterospathodus eopennatus* Männik. －王成源等，图版 1，图 7（Pa element，Morphotype 2b），8（Pa element，Morphotype 5），19—21（Pa element，Morphotype 4）；图版 2，图 8（Pb element）。

2010 *Pterospathodus eopennatus* Männik. －Wang & Aldridge，pp. 61—62，pl. 14，figs. 3—22.

特征 Pa 分子在形态上变化很大，具有羽状的内侧齿突。Pb2 分子无前齿突；S 分子的后齿突有均一的细齿。carniciform 分子的齿突无细齿。

附注 正像 Männik（1998）所注意到的那样，Pa 分子变化很大，细齿相对高并普遍发育有羽状的侧齿突。这与 *Pterospathodus celloni* 相反，在 *P. celloni* 中，后齿突上的细齿比前齿突上的细齿短，缺少侧齿突，后齿突上通常发育有窄的但是明显的凸棱（Männik，2007）。这里归到 *P. eopennatus* 的标本，微微拱曲，有 10～18 个（多数为 10～15个）细齿，最高的齿片在中部；主齿有时明显，羽状的内侧齿突通常发育在左侧分子，很少发育在右侧分子（注意 Männik & Aldridge（1989）将侧齿突定位为外侧而不是内侧，Männik（1998）在种的定义中正确地将侧齿突定位为内侧，但在描述中变为左侧和右侧）。*P. eopennatus* 可区分出 8 个主要的形态型（Männik，1998）。在 Männik（1998）图示的标本中，当前标本很接近于他归到的形态型 1a（Morphotype 1a），特别是他的图 5R—S 和 6B—C，但是它们并不等同，当前标本有较低的前方细齿和比较明显的拱曲。Männik（1999，p. 1009）声称，这一形态型的分子是相对长的，有多达16～18个细齿，但是他图示的标本都没有这样多的细齿。Männik（1998）将本种划分出 2 个亚种群：*Pterospathodus eopennatus* ssp. nov. 1 和 *Pterospathodus eopennatus* subsp. nov. 2，部分是依据存在的 Pa 的形态型。Morphotype 1a 见于这两个亚种，Morphotype 1b 也见于这两个亚种，但 Morphotype 1b 很少见。Pb（"Pb1"）分子也不同，对亚种 1 的定义是刺体相对较长，较拱曲（Männik 1998，p. 1013），然而，Männik（1998，pl. 1，fig. 15）图示的作为亚种 2 的 Pb1 的、长的、拱曲的标本与笔者研究的标本（王成源，2013，图版 20，图 7）非常相似。目前，将中国的材料区分出不同的亚种还是很困难的。Morphotype 1 的垂直分布占据 Männik（1998，图 3）的整个的 *P. eopennatus* 生物带。

产地及层位 贵州石阡县雷家屯剖面，秀山组上段；陕西宁强县玉石滩剖面，宁强组杨坡湾段和神宣驿段；四川广元宣河剖面，神宣驿段下部；四川盐边县稗子田剖面，下稗子田组下部（王成源等，2009）；湖北秭归杨林纱帽组顶部灰岩段（王成源等，2010）。此种在 *Pterospathodus eopennatus* 带（或超带）的下部出现，中部少，上部很常见（Männik，1998）。

中华翼片刺 *Pterospathodus sinensis* Wang et Aldridge，2010

（图版 S—3，图 1—3）

2010 *Pterospathodus sinensis* Wang et Aldridge，pp. 64，66，pl. 15，figs. 18—31.

2010 *Pterospathodus sinensis* Wang et Aldridge. －王成源等，图版 1，图 13，14。

特征 Pa 分子短，拱曲，有明显的主齿；前齿突细齿比后齿突细齿高；基腔齿叶口视浑圆，两侧无明显偏置；无侧齿突。Pb 分子拱曲，前齿突大大高于后齿突，2 个齿突上细齿的大小逐渐向远端减小。Pc 分子有外侧脊，外侧脊向基部外侧变得明显并在基腔上方形成口视为三角形的轮廓。

附注 Pa 分子不同于 *Pterospathodus* 的其他种，缺少基腔的侧齿叶错开的特征。但是，现有已识别出来的分子与此属其他种相对应的分子非常相似，整个器官应属于同属。中国的标本，既不包含被 Männik（1998）归到 Pb2 位置的分子，也不包含 carniodiform 分子的标本，所以它们在 *P. sinensis* 器官中的存在还是不确定的。

产地及层位 贵州石阡县雷家屯剖面，秀山组上段；四川广元宣河剖面，宁强组神宣驿段；湖北秭归杨林纱帽组顶部灰岩段（王成源等，2010）。

贝刺科 ICRIODONTIDAE Müller et Müller，1957

尾贝刺属 *Caudicriodus* Bultynck，1976

模式种 *Icriodus woschmidti* Ziegler，1960

特征 主齿台与 *Icriodus* 的主齿台一样，主齿台后方有向内弯的主齿突，主齿台表面有一齿脊或一列细齿。主齿台上横脊发育。

附注 *Caudicriodus* 的主齿突没有很好地分化，由主齿台中部连续地向后延伸，有时主齿突远端的细齿比主齿台上的更发育。主齿突与主齿台之间的夹角为 90°～150°。

Klapper & Philip（1971）认为 *Icriodus* 的器官由 I 分子和 S2 分子组成，I 为贝刺形分子，S2 为小针锐刺形分子。但 Bultynck（1972）认为 *Icriodus* 不包括小针锐刺形分子。

Caudicriodus Bultynck 与 *Latericriodus* Müller 的区别是主齿突在主齿台向后方的延续，*Latericriodus* 的主齿突与主齿台的后端的前侧方相接，主齿突上有一个或多个脊，高度分化。

Bultynck（1976）将原来早泥盆世的 *Icriodus* 分出两个属：*Caudicriodus* 和 *Praelateriodus*，并重新确认 *Latericriodus* 的成立。Klapper & Philip（1971）以 *Icriodus pesavis* 为模式种建立新属 *Pedavis*，这样原来归入早泥盆世的 *Icriodus* 已分出 4 个属：*Caudicriodus*，*Praelateriodus*，*Latericriodus*，*Pedavis*。*Icriodus* 多见于中、晚泥盆世。*Caudicriodus* 是早泥盆世和中泥盆世早期特有的属。

分布地区及时代 *Caudicriodus* 在中国发现于四川若尔盖普通沟组、滇西挂榜山和内蒙古达茂旗巴特敖包地区。早泥盆世最早期。

沃施密特尾贝刺 *Caudicriodus woschmidti*（Ziegler，1960）

1959 *Icriodus woschmidti* Ziegler，p. 185，pl. 15，figs. 16—18，20—22.

1962 *Icriodus woschmidti* Ziegler. －Walliser，p. 284，figs. 1，2.

1964 *Icriodus woschmidti* Ziegler. －Walliser，p. 38，pl. 9，fig. 22；pl. 11，figs. 14—22.

特征 齿台中前部为发育的横脊而不是3个纵向的齿列。基腔上方的主齿发育，刺体后部侧齿突也发育，向侧方弯曲。

比较 此种的中齿脊薄，有时连接于两个横脊之间。主齿很发育或中等发育。有横脊是重要特征。*Icriodus* 的基腔较膨大，也有横脊，但横脊倾向于分化出3个纵向齿列。

产地及层位 世界性分布；本种是志留系、泥盆系界线的重要标志化石。长期以来作为泥盆纪开始的标志。它是早泥盆世最早期（洛赫考夫期）的第一个带化石，但其最早出现的层位比笔石 *Monograptus uniformis* 稍低些，即在志留纪普里道利世的最晚期就已出现。

沃施密特尾贝刺西方亚种 *Caudicriodus woschmidti hesperius* Klapper et Murphy，1975

（图版 D—1，图 4a—b）

1975 *Icriodus woschmidti hesperius* Klapper et Murphy，p. 48，pl. 11，figs. 1—19.

1982 *Icriodus woschmidti hersperius* Klapper et Murphy. －Murphy & Matti，p. 61.

1991 *Icriodus woschmidti hersperius* Klapper et Murphy. －Klapper，in Catalogue of Conodonts，vol. Ⅴ，pp. 71—72，*Icriodus*-plate 9，figs. 7，8.

特征 主齿突（主齿台）窄而长，其上有4～7个发育的横脊，纵向齿列不明显，仅中齿列表现为横脊之间很薄的连接脊，外侧齿突长，有很窄的脊并有几个小的瘤齿，基腔相对膨大，有内侧与外侧齿叶，其上无脊或瘤齿。

附注 *Caudicriodus woschmidti woschmidti* 与 *C. w. hesperius* 的区别在于前者齿台相对宽而短，后者齿台相对长而窄；前者外侧齿突短，基腔不甚膨大；后者外侧齿突长，基腔相对膨大。

当前标本齿台窄而长，横脊发育，与 *Caudicriodus woschmidti hesperius* 正模相比，仅外齿叶不发育，外侧齿突不及正模标本的长，但 *C. w. hesperius* 的副模标本也有外侧齿突不很长的。

此种 Klapper & Murphy（1979）认为仅见于 *woschmidti hesperius* 带，但 Murphy & Matti（1982，p. 61）认为此种同样可上延至 *eurekaensis* 带的下部。

产地及层位 此亚种的时限，Klapper（1991）给出的是普里道利世最晚期 *hesperius* 带下部到早泥盆世 *eurekaensis* 带。见于内蒙古达茂旗巴特敖包地区包尔汉图剖面，早泥盆世洛赫考夫期早期 *woschmidti* 带（*hesperius* 带）。

沃施密特尾贝刺沃施密特亚种 *Caudicriodus woschmidti woschmidti*（Ziegler，1960）

（图版 D—1，图 1—3）

1960 *Icriodus woschmidti* Ziegler，p. 185，pl. 15，figs. 16—18，20—22.

1982 *Caudicriodus woschmidti*（Ziegler）. －王成源，439 页，图版Ⅱ，图 4—8（?）。

1987 *Icriodus woschmidti woschimidti* Ziegler. －李晋僧，362 页，图版 163，图 1—6。

特征 主齿台上有非常发育的横脊而无纵向脊或无明显纵向脊，主齿较大，有一明显的向侧弯的后齿突。

附注 主齿台有明显的横脊，不见纵向瘤齿列。完整标本很少，仅幼年期标本较完整，幼年期标本齿台上横脊也很发育，后齿突较直，不向侧弯。不完整的成年期个体，主齿台横脊极明显。后齿突弯曲并有很窄的脊。

Caudicriodus woschmidti 为下泥盆统最底部的带化石，但在奥地利 cellon 剖面比笔石 *Monograptus uniformis* 的层位低 2.20 m（Jeppsson，1988）。*C. woschmidti* 可以作为洛赫考夫期最早期的标准分子，但它也与 *C. postwoschmidti* 同在一层。

产地及层位 内蒙古达茂旗巴特敖包地区阿鲁共剖面阿鲁共组，巴特敖包剖面第 5a 层；云南剑川挂榜山；四川若尔盖下普通沟组。

贝刺属 *Icriodus* Branson et Mehl，1938

模式种 *Icriodus expansus* Branson et Mehl，1938

特征 （I 分子）台型牙形刺；口视齿台轮廓纺锤状或滴珠状，口面由 3 个低而尖的瘤齿列构成，前方无自由齿片。齿台侧边高，下缘直或外张。反口面基腔沿整个长度深深凹入。

多成分 *Icriodus*：I 分子、M2 分子；I 骨骼成分是贝刺形分子（icriodontan），M2 骨骼成分是针锐刺形分子（acodinan）。

讨论 *Icriodus* 的重要特征主要有两点：一是有明显的 3 个纵向齿脊（或称齿列），一般来说，中齿脊比侧齿脊延伸要长；二是基腔深，沿整个反口面的长度和宽度扩展。有发育的后侧齿突或侧齿突的类型，已归入 *Caudicriodus* 和 *Latericriodus*。

Icriodus 有 3 个纵向齿脊（齿列），因而不同于只有 1 列齿脊的 *Pelekysgnathus* 和有 2 列齿脊的 *Eotaphrus* Collison et Norby，也不同于口面瘤齿不规则的 *Icriodina*。中奥陶世的 *Scyphiodus* Stauffer，1935，虽然口面也有 3 个齿列，但它的基腔窄，缝状，易于与 *Icriodus* 区别。早泥盆世有 3 个齿突的爪形分子（如 *Icriodus pesavis*）已归入 *Pedavis* Klapper et Philip，1971。

分布地区及时代 泥盆纪，世界性分布。在中国广西、云南、湖南、贵州、黑龙江、新疆、西藏、内蒙古等地均有广泛分布。

贝克曼贝刺 *Icriodus beckmanni* Ziegler，1956

（图版 D—8，图 10）

1956 *Icriodus latericrescens beckmanni* Ziegler，p. 102，pl. 6，figs. 3—5（not figs. 1，2 = *Pedavis* cf. *pesavis*）.

1975 *Icriodus beckmanni* Ziegler. – Catalogue of Conodonts，vol. Ⅱ，pp. 81—83，*Icriodus*-plate 4，figs. 5—7.

1978 *Icriodus latericrescens beckmanni* Ziegler. –王成源和王志浩，337—338 页，图版 41，图 18—20，30。

1989 *Icriodus beckmanni* Ziegler. –王成源，48，49 页，图版 9，图 11。

特征 齿台后方膨大，有两个发育的侧齿突。外侧齿突由齿台方向分出，常与齿台中轴成 90°角，其上齿脊发育。内侧齿突位置较外侧齿突向前些。有时在内侧齿突前方发育一个不明显的第三个齿突。齿台上瘤齿排列成横脊。

比较 当前标本没有第三齿突；内齿突不发育，外齿突明显。本种见于下泥盆统埃姆斯阶。

产地及层位 云南广南达莲塘组，广西德保四红山达莲塘组，广西天等下泥盆统三叉河组，*Polygnathus kitabicus* 带。

短贝刺 *Icriodus brevis* Stauffer，1940

（图版 D—8，图 2—3）

1940 *Icriodus brevis* Stauffer，p. 424，pl. 60，figs. 36，43，44，52.

1986 *Icriodus brevis* Stauffer. －季强，31 页，图版 18，图 15，20；图版 19，图 11，14。

1989 *Icriodus brevis* Stauffer. －王成源，49 页，图版 9，图 9。

特征 刺体直，齿台细长，基腔深，中齿列后方超出侧齿列有 3～5 个细齿，但这几个细齿不比其他细齿高。最后一个细齿可能较大，齿台两侧各有 2～4 个分离的小细齿。

比较 *Icriodus brevis* 的后方细齿不高，易于与 *I. obliquimarginatus* 和 *I. subterminus* 区别。

产地及层位 广西横县六景融县组 *Palmatolepis triangularis* 带，邕宁长塘那叫组 *P. c. patulus* 带（？）；四川龙门山观雾山组。此种一般见于中泥盆世晚期 *P. varcus* 带，可延伸到晚泥盆世法门期最底部。桂林沙河唐家湾组底部 *hemiansatus* 带顶部（沈建伟，1995）。

Narkiewicz & Bultynck（2010，text-fig. 10）确认此种是吉维特期早期的带化石。仅比 *Icriodus obliguimarginatus* 带高。

角贝刺 *Icriodus corniger* Wittekindt，1966

1966 *Icriodus corniger* Wittekindt，pl. 1，figs. 9—12.

特征 基腔后侧方有一个尖的膨伸（爪突，spur）。

比较 此种的重要特征是反口面基腔后内缘斜而直，基腔后外缘半圆形，基腔后方浑圆。

角贝刺角亚种 *Icriodus corniger corniger* Wittekindt，1966

（图版 D—8，图 20）

1977 *Icriodus corniger corniger* Wittekindt. －Widdige，pl. 1，figs. 16—20.

1981 *Icriodus corniger corniger* Wittekindt. －Wang & Ziegler，pl. 1，figs. 11a—c.

1994 *Icriodus corniger corniger* Wittekindt. －Bai *et al.*，p. 163，pl. 4，fig. 1.

特征 齿台较长，有 3 列瘤齿列。齿台每侧有 7～8 个圆的瘤齿，瘤齿纵向排列紧密，并有微弱的横脊与中齿列瘤齿相连。中瘤齿列后方有 3 个瘤齿超出侧瘤齿列，向后倾。基腔前缘较直，与齿轴垂直；基腔后方内侧缘略呈弧形，爪突不明显；外侧缘略呈方形。本亚种与 *Icriodus corniger pernodosus* Wang et Ziegler，1981 的区别见后者的附注。

产地及层位 广西大乐剖面，艾菲尔阶；内蒙古喜桂图旗，中泥盆统霍博山组。埃姆斯阶最上部到艾菲尔阶。

角贝刺全瘤齿亚种 *Icriodus corniger pernodosus* Wang et Ziegler，1981

（图版 D—8，图 19）

1981 *Icriodus corniger pernodosus* Wang et Ziegler，pp. 132—133，pl. 1，figs. 8—10；pl. 2，fig. 26.

特征 在刺体基腔后侧内缘有一明显的指向侧方的爪突；齿台长而窄，比其他相关种要纤细。齿台每侧有9~12个圆的瘤齿，瘤齿纵向排列紧密，并有微弱的横脊与中齿列瘤齿相连。有2~3个中齿列的瘤齿超出侧齿列末端，最后端的为主齿，最大。基腔后方外缘特别圆，无反爪突（antispur）。

附注 本亚种基腔后方内缘由主齿到爪突为一特殊的直的斜线，接近基腔后方的边缘不是圆的。这与 *Icriodus corniger corniger* 不同。此外，本亚种齿台细长，也不同于 *Icriodus corniger corniger*。中齿脊直或微微弯曲。与 *Icriodus corniger leptus* Weddige，1977相比，本亚种基腔后方外缘较圆，齿台较高，瘤齿也较多。与 *Icriodus difficilis* Ziegler，Klapper et Johnson，1976 相比，本亚种的爪突未明显地指向前方，其前缘也缺少缺刻。齿台窄，似纺锤状；齿台后端也比 *Icriodus difficilis* 窄，后者齿台后端与齿台中部等宽，不呈纺锤状。本亚种在基腔后端缺少反爪突，而反爪突是 *Icriodus corniger corniger* 和 *I. corniger* 其他亚种的特征。

产地及层位 内蒙古喜桂图旗，中泥盆统霍博山组。

角突贝刺 *Icriodus cornutus* Sannemann，1955

（图版 D—8，图 13a—c）

1955 *Icriodus cornutus* Sannemann，p. 130，pl. 4，figs. 19—21.

1971 *Icriodus cornutus* Sannemann. –Szulczewski，pp. 21—22，pl. 7，fig. 3.

1989 *Icriodus cornutus* Sannemann. –王成源，49 页，图版 9，图 1—3，8；图版 10，图 7。

特征 主齿强大，强烈向后倾斜。中齿脊后方与主齿愈合成脊状。主齿台上，侧齿列细齿与中齿列细齿交替出现。后方底缘微向下弯。

比较 *Icriodus cornutus* 中齿列后方齿脊愈合，具有突出的后倾的主齿，这是本种的主要特征。侧齿列细齿与中齿列细齿交替出现，不同于 *I. costatus* 和 *I. iowaensis*。

本种的时限为上泥盆统上 *Palmatolepis triangularis* 带到上 *P. marginifera* 带（Ziegler，1962，p. 52）。

产地及层位 广西德保都安四红山三里组 *Palmatolepis crepida* 带，武宣三里可火村三里组 *P. rhomboidea* 带。

变形贝刺不对称亚种 *Icriodus deformatus asymmetricus* Ji，1989

（图版 D—8，图 18）

1987 *Icriodus deformatus* Han，figs. 11—12（only；not figs. 13—15 = *Icriodus deformatus deformatus* Han，1987）.

1989 *Icriodus deformatus asymmetricus* Ji，pp. 290—291，pl. 4，figs. 23—24.

1994 *Icriodus deformatus* Han，Morphotype 1（= *Icriodus deformatus asymmetricus* Ji，1989）. –Wang，pl. 8，fig. 14.

2002 *Icriodus deformatus asymmetricus* Ji. –Wang & Ziegler，pl. 8，figs. 11—15，18.

特征 齿台上中齿列和侧齿列的瘤齿发育非常不规则。一般来说，中齿列的瘤齿发育微弱，侧齿列的瘤齿很发育，不规则，有时与中齿列的小瘤齿相连形成短的斜的脊。后方主齿与侧齿列排在一条线上。

比较 此亚种与 *Icriodus alternatus helmsi* 的区别主要是侧齿列瘤齿与中齿列瘤齿不规则相连，形成短的斜的脊。

产地及层位 广西桂林谷闭组，宜山五指山组，下 *triangularis* 带到上 *triangularis* 带。

变形贝刺变形亚种 *Icriodus deformatus deformatus* Han，1987

（图版 D—8，图 17）

1987 *Icriodus deformatus* Han，p. 183，pl. 3，figs. 13—15（not figs. 11—12 = *Icriodus deformatus asymmetricus* Ji）.

1989 *Icriodus deformatus deformatus* Han. – Ji，p. 290，pl. 4，fig. 25.

1993 *Icriodus deformatus deformatus* Han. – Ji and Ziegler，pp. 55—56，pl. 4，figs. 11—14；text-fig. 6，fig. 3.

特征 口面 3 排瘤齿极不规则，或缺瘤少齿，或融合成不整齐的短的横脊，后端分离的瘤齿逐渐变为愈合的齿脊，基腔后部强烈膨大（韩迎建，1987）。

附注 此亚种的重要特征是齿台上缺少 3 个纵向齿列而横脊发育，横脊规则或不规则，横脊中部连接或不连接。此种曾被韩迎建（1987），Ji & Ziegler（1993）划分出不同的形态型。但形态型的实用意义不大。此亚种与 *Icriodus deformatus asymmetricus* 的区别主要在于它的后方主齿与中齿列在一条线上，而不是与侧齿列相连。

产地及层位 本种多见于法门阶的最下部，但也可见于 *linguiformis* 带的最晚期，向上可延伸到 *expansa* 带（韩迎建，1987；Wang & Ziegler，2002）。Ji & Ziegler（1993）给出的时限是下 *triangularis* 带到 *crepida* 带。在广西永福，见于下 *triangularis* 带（Ji *et al.*，1992）。

疑难贝刺 *Icriodus difficilis* Ziegler，Klapper et Johnson，1976

（图版 D—8，图 4a—b）

1976 *Icriodus dificilis* Ziegler，Klapper et Johnson，pp. 117—118，pl. 1，figs. 1—7，17.

1986 *Icriodus dificilis* Ziegler，Klapper et Johnson. – 季强，31 页，图版 19，图 6—9。

1989 *Icriodus dificilis* Ziegler，Klapper et Johnson. – 王成源，59 页，图板 9，图 12。

1994 *Icriodus difficilis* Ziegler，Klapper et Johnson. – Wang，pl. 8，fig. 7.

特征 刺体在基腔后方内缘，有一明显的指向前方的爪突和相应的凹缘（sinus）。在侧齿列之后的中齿列，有 2～3 个细齿，最后的一个最大。侧齿列细齿纵向上较密，断面圆形，与中齿列细齿以微弱的细齿相连。

附注 主齿直立或后倾，中齿列直或微反曲。爪突和凹缘明显，侧齿列细齿与中齿列细齿有横脊相连。*Icriodus brevis* 后端中齿列较长，侧方细齿较少并与中齿列细齿交替出现，与 *I. difficilis* 不同。*Icriodus expansus* 在基腔后方内缘缺少爪突和凹缘，*Icriodus arkonensis* 齿台后方横向膨大，均不同于 *I. difficilis*。此种见于中泥盆世晚期。

产地及层位 广西德保四红山三里组 *Polygnathus xylus ensensis* 带；广西象州马鞍山鸡德组至巴漆组，下 *varcus* 带至上 *wittekindti* 带（季强，1986）；桂林灵川县岩山圩乌龟山付合组 *disparilis* 带（？）。Narkiewicz & Bultynck（2010，text-fig. 10）确认此种是吉维特期中期的带化石，仅比 *I. brevis* 带高。

膨胀贝刺 *Icriodus expansus* Branson et Mehl，1938

（图版 D—8，图 14a—b）

1975 *Icriodus expansus* Branson et Mehl. – Klapper，in Ziegler（ed.），Catalogue of Conodonts，vol. Ⅱ，pl. *Icriodus* – pl. 1，figs. 1，2.

1981 *Icriodus expansus* Branson et Mehl. – Wang & Ziegler，pl. 2，figs. 18，19.

1986 *Icriodus expansus* Branson et Mehl. – 季强，31，32 页，图版 19，图 5，10。

1994 *Icriodus expansus* Branson et Mehl. – Bai *et al.*，p. 164，pl. 5，fig. 10.

特征 刺体中等大小，齿台双凸，近中部最宽；两端微弯，中部直或微向内弯。3 个齿列布满齿台，但向前方收敛，使之最前端的三排横脊分别为1个、2个和3个瘤齿。中齿列由分离的瘤齿组成，瘤齿为圆形，大小相近，但后方的1个或2个瘤齿较大，有时侧方扁。中齿列比侧齿列微高。两个侧齿列由分离的瘤齿组成，瘤齿横向为椭圆形或长圆形。侧瘤齿列不达齿台最后端。中瘤齿列向后延伸，有几个瘤齿超出侧瘤齿列。侧瘤齿列之瘤齿与中瘤齿列之瘤齿不连接成横脊，也不互相交替。基腔全部凹入。前端两侧向后张开，形成深的沟；后半部突然张开，特别是在内侧，形成近圆形的轮廓。

比较　*Icriodus expansus* 不同于 *I. nodosus* 和 *I. arkonensis*，后两者在基腔后内方有明显的指向前方的爪突和缺刻。

产地及层位　此种的时限是中泥盆世晚期到晚泥盆世早期。白顺良等（1994）报道的标本产于广西上林，由 *linguiformis* 带到 *crepida* 带，时限可疑。季强（1986）报道此种见于象州马鞍山鸡德组至巴漆组，时限为吉维特期到弗拉斯期。桂林沙河唐家湾组底部，*hemiansatus* 带顶部（沈建伟，1995）。内蒙古喜桂图旗中泥盆统下大民山组。Narkiewicz & Bultynck（2010，p. 614，text-fig. 10）确认此种的时限是从 *hermanni* 带到 *falsiovalis* 带，常见于浅水相区 *subterminus* 带，是吉维特期晚期的带化石。

多脊贝刺　*Icriodus multicostatus* Ji et Ziegler，1993

特征　本种的特征是齿台上主齿低，横脊发育，将三个齿列的细齿横向上连接在一起。侧视齿台底缘直或微微拱曲。

附注　本种来源于 *Icriodus deformatus*，三个齿列的细齿进一步连接而形成明显的横脊。它与 *Icriodus iowaensis* 的区别主要是缺少中齿列。

产地及层位　见亚种。

多脊贝刺侧亚种　*Icriodus multicostatus lateralis* Ji et Ziegler，1993

（图版D—8，图16）

1993 *Icriodus multicostatus lateralis* Ji et Ziegler，p. 57，pl. 4，figs. 6—7；text-fig. 6，fig. 9.

特征　*Icriodus multicostatus* 的一个亚种，齿台上后方主齿低，偏向侧方并与横脊相连。

附注　本亚种来源于 *Icriodus deformatus asymmetricus*，出现于中 *triangularis* 带，三个纵齿列的细齿进一步横向连接形成很多明显的横脊。

产地及层位　广西宜山五指山组，中 *triangularis* 带到上 *crepida* 带。

多脊贝刺多脊亚种　*Icriodus multicostatus multicostatus* Ji et Ziegler，1993

（图版D—8，图15）

1993 *Icriodus multicostatus multicostatus* Ji et Ziegler，p. 57，pl. 4，figs. 1—5；text-fig. 6，fig. 4.

特征　*Icriodus multicostatus* 的命名亚种，齿台上后方主齿低，居中，并与横脊相连。

附注　本亚种来源于 *Icriodus deformatus deformatus*，最早出现于中 *triangularis* 带。三个纵齿列进一步连接形成明显的横脊。它不同于 *Icriodus multicostatus lateralis*，后方主齿居中，在齿台中轴的位置与横脊相连。

产地及层位　广西宜山拉力剖面五指山组下部，中 *triangularis* 带到上 *crepida* 带。

斜缘贝刺 *Icriodus obliquimarginatus* Bischoff et Ziegler, 1975

（图版 D—8，图 7—9）

1975 *Icriodus obliquimarginatus* Bischoof et Ziegler. – Ziegler (ed.), Catalogue of Conodonts, vol. Ⅱ, pp. 135—137, *Icriodus*-plate 3, figs. 9, 10.

1976 *Icriodus obliquimarginatus* Bischoof et Ziegler. – Ziegler *et al.*, p. 118, figs. 8, 9.

1977 *Icriodus obliquimarginatus* Bischoof et Ziegler. – Wedding, pp. 294—295, pl. 2, figs. 32—35; text-fig. 3, figs. 13, 14.

1989 *Icriodus obliquimarginatus* Bischoof et Ziegler. – 王成源，51 页，图版 9，图 4，5。

特征 齿台很窄，中齿列向后延伸超越侧齿列的部分较长，这一长的后端上有 3 个以上较高的细齿，后方缘脊倾斜。齿台上侧齿列细齿与中齿列细齿交替并通常连接在一起。齿台很窄。基腔窄而深，两侧几乎对称。

附注 中齿列后方伸长超越侧齿列、齿台后缘侧视倾斜是本种的重要特征。广西标本仅两个幼年期标本。齿台窄，中齿列细齿与侧齿列细齿分化不明显。长的后端部分断掉。本种见于中泥盆统 *Polygnathus xylus ensensis* 带至 *P. varcus* 带，是 *semiansatus* 带的重要分子。

产地及层位 广西德保四红山分水岭组 *Polygnathus xylus ensensis* 带，横县六景 *semiansatus* 带，象州马鞍山鸡德组顶部至巴漆组下部。Narkiewicz *et al.*（2010，text-fig. 10）将此种作为吉维特期早期的带化石。

规则脊贝刺 *Icriodus regularicrescens* Bultynck, 1970

（图版 D—8，图 11—12）

1970 *Icriodus regularicrescens* Bultynck, pl. 7, figs. 1—7; pl. 8, figs. 2, 4, 7, 8.

1975 *Icriodus regularicrescens* Bultynck. – Ziegler (ed.), Catalogue of Conodonts, vol. Ⅱ, *Icriodus*-plate 8, figs. 1—3.

特征 齿台口面窄，规则，两侧近于平行，两端尖。基腔外缘强烈而规则地膨大，内缘有不明显的爪突。

比较 此种基腔轮廓特征不同于本属其他种。中齿列细齿与侧齿列细齿等高，不同于 *Icriodus obliquimarginatus*，后者中齿列后方细齿高于侧齿列细齿。

产地及层位 此种的时限为中泥盆世艾菲尔期晚期至吉维特期早期。Narkiewicz *et al.*（2010，text-fig. 10）将此种作为艾菲尔期晚期的带化石。在广西多见于榴江组 *ensensis* 带（Bai *et al.*, 1994, p. 165）。

高端贝刺 *Icriodus subterminus* Youngquist, 1947

（图版 D—8，图 1a—b）

1981 *Icriodus subterminus* Youngquist. – Wang & Ziegler, pl. 2, figs. 21a—c, 22a, b.

1993 *Icriodus subterminus* Youngquist. – Ji & Ziegler, p. 57, text-fig. 6, fig, 10.

1995 *Icriodus subterminus* Youngquist. – 沈建伟，259 页，图版 1，图 1；图版 3，图 11，13。

2010 *Icriodus subterminus* Youngquist. – Narkiewicz & Bultynck, figs. 7. 1—13; 11. 1—4; 11. 7—10; 11. 13—16; 11. 21, 11. 22; 12. 1—12; 12. 14, 12. 15, 12. 17, 12. 18; 13. 1—8; 14. 24; 15. 19—22; 16. 4—7; 17. 20, 17. 21; 18. 1, 18. 2, 18. 5, 18. 6.

特征 刺体短而壮，基腔外缘外张。两个侧瘤齿列各有 3～4 个瘤齿，相当分离；侧视齿台前端有高的明显的细齿，其前缘几乎垂直。中瘤齿列有 5～8 个瘤齿，除两端的瘤齿外，中瘤齿列较低矮，两端的瘤齿大。前方瘤齿间距较宽，侧瘤齿列瘤齿间距较一致，中瘤齿列瘤齿间距不规则。反口面基腔全部凹入，前方窄，后方宽。

附注　本种以齿台相对短、宽为特征，反口缘明显外张；中齿列瘤齿圆而低；侧齿列瘤齿大，横向拉长，有一个或两个特别高的后方主齿或瘤齿。它不同于 *Icriodus brevis* 的主要特征是有一个或两个特别高的后方主齿或瘤齿。*Icriodus expansus* 有相对短而宽的齿台。中瘤齿列向后延伸的第一个细齿突然升高，并与最后的一个细齿几乎等大。

Narkiewicz & Bultynck（2010，p. 617）依据标本的侧视图将此种区分出 α 型和 β 型。

产地及层位　本种时限为下 *falsiovalis* 带到上 *rhenana* 带。Narkiewicz & Bultynck（2010，p. 617，text-fig. 10）确认此种的时代是 *hermanni* 带上部到 *binodosa-pristina* 带之下。广西宜山拉力剖面，老爷坟组；内蒙古喜桂图旗，中泥盆统下大民山组；广西桂林，唐家湾组底部，*hemiansatus* 带顶部（沈建伟，1995）。

对称贝刺　*Icriodus symmetricus* Branson et Mehl，1934

（图版 D—8，图 5—6）

1989 *Icriodus symmetricus* Branson et Mehl. －王成源，51 页，图版 10，图 9—12。

特征　齿台长，两侧近平行。侧齿列细齿分离，断面圆形；中齿列细齿侧方扁，有时前后方相连，形成锋利的瘤齿脊。中齿列比侧齿列高，向后延伸，有两个以上的细齿超出侧齿列。侧齿列细齿与中齿列细齿趋向连成横脊，其位置不是交替的。齿台侧边平行。反口缘窄，两侧平行，仅后方膨大，多数一侧比另一侧膨大些。

比较　*Icriodus symmetricus* 的齿台长，中齿列后方细齿愈合成比侧齿列高的齿脊。*Icriodus expansus* 中齿列细齿与侧齿列细齿等高。*Icriodus alternatus* 的中齿列细齿与侧齿列细齿交替出现，横向上不相连。

产地及层位　此种的时限为上泥盆统下部下 *Mesotaxis asymmetricus* 带至上 *Palmatolepis gigas* 带。Narkiewicz & Bultynck（2010，text-fig. 10）确认此种是弗拉期早期的带化石。广西德保都安四红山，榴江组 *Ancyrognathus triangularis* 带。

鸟足刺属　*Pedavis* Klapper et Philip，1971

模式种　*Icriodus pesavis* Bischoff et Sannemann，1958

特征　*Pedavis* 的器官由 3 种分子组成：I 分子，S 分子，M 分子。I 为贝刺形分子，S 为镰刺形分子，M 为线纹锥体。*Pedavis* 与 *Icriodella* 的区别仅在于 *Pedavis* 的 I 分子的侧齿突有细齿，而 *Icriodella* 的 I 分子的侧齿突无细齿。

Pedavis 的 I 分子有 4 个齿突，形如鸟足。S 分子为金字塔状（pyramidal element），M 分子为锥状分子。Murphy & Matti（1982）又将 M 分子分为 4 种不同类型（M2a，M2b，M2c，M2d）。

附注　*Pedavis* 在世界各地地层中均不丰富，产出的标本较少，不利于各种器官的恢复。目前仅知有如下几个器官种：*Pedavis latialatus*，*P. pesavis*，*P. bieroramus*，*P. mariannae*，*P. brevicauda*，*P. breviramus*。这些种的时限及地层分布见 Murphy & Matti（1982，p. 48，text-fig. 9）。

分布地区及时代　欧洲、北美洲、亚洲，在中国见于内蒙古、新疆等地，志留纪晚期至早泥盆世。

鸟足鸟足刺 *Pedavis pesavis* (Bischoff et Sannemann, 1958)

（图版 D—1，图 7—8）

1958 *Icriodus pesavis* Bischoff et Sannemann, pp. 96—97, pl. 12, figs. 1, 4 (only).

1983 *Icriodus pesavis* Bischoff et Sannemann. – Murphy and Matti, p. 49, pl. 7, figs. 3. 13, 20（M2 分子）.

特征 刺体中后部分出两个长的、有横脊的侧齿突，指向前方，并彼此呈直角状；后齿突较小，向后侧方弯。前齿突横脊发育，似 *Icriodus* 的齿台。整个刺体呈鸡足状。

比较 此种与 *P. breviramus* 和 *P. latialatus* 相似，但后两个种的内侧齿突大而宽，外侧齿突小而窄，而本种的内外齿突近于等长、等大。

产地及层位 早泥盆世早期 *pesavis* 带至 *sulcatus* 带。在中国尚未发现此带化石，但已发现此属的其他种。

锯片刺目 PRIONIODINIDA Sweet, 1988

棒颚刺科 BACTROGNATHIDAE Lindström, 1970

假颚刺属 *Doliognathus* Branson et Mehl, 1941

模式种 *Doliognathus lata* Branson et Mehl, 1941

特征 长的三角形的台形牙形刺，两侧不对称。主齿（脊）轴直，近后端向内弯，在弯曲处外侧产生次级齿脊和三角形的外齿叶。口方表面光滑，有横脊或边缘瘤齿。反口面中部龙脊状，基腔明显，三角形。

比较 *Doliognathus* 无或仅有一点点自由齿片，齿台不对称，不同于 *Ancyrognathus*。

分布地区及时代 北美洲、欧洲、亚洲和 非洲，早石炭世杜内阶上部。

宽假颚刺 形态型 3 *Doliognathus latus* Branson et Mehl, 1941, Morphotype 3

（图版 C—5，图 9a—b）

1980 *Doliognathus latus* Branson et Mehl, Morphotype 3. – Lane *et al.*, p. 127, pl. 2, figs. 3, 6—9; pl. 6, figs. 5—6.

2005 *Doliognathus latus* Branson et Mehl, Morphotype 3. – 王平和王成源，363 页，图版 2，图 7，8。

特征 外后侧齿叶长，主齿台边缘和外侧齿叶边缘均有横脊发育。

比较 Lane *et al.*（1980）将此种区分出 3 个形态型。形态型 3 与泥盆纪弗拉期的 *Ancyrognathus* 是异物同形。

产地及层位 世界性分布，在中国见于陕西、云南等地区，杜内期晚期 *anchoralis-latus* 带的带化石。

多利梅刺属 *Dollymae* Hass, 1959

模式种 *Dollymae saggittula* Hass, 1959

特征 刺体箭头形，由自由齿片、端生的主齿和内外两个次级齿脊组成。侧齿脊与主齿和自由齿片的侧边相连。基腔大。

分布地区及时代 欧洲、北美洲，在中国见于云南、广西、陕西等地区，早石炭世杜内期晚期。

鲍恰特多利梅刺　*Dollymae bouckaerti* Groesens, 1971

（图版 C—5，图 12—13）

2005 *Dollymae bouckaerti* Groesens. －王平和王成源，364 页，图版 2，图 9—11。

特征　基腔大，占据刺体整个后半部，强烈不对称；齿台上有不规则分布的瘤齿；自由齿片直，其反口方有窄的齿沟，与大的基腔相连。

产地及层位　欧洲、亚洲，在中国见于陕西等地区，早石炭世杜内期晚期，上 *typicus* 带至 *anchoralis-latus* 带。

锄颚刺属　*Scaliognathus* Branson et Mehl, 1941

模式种　*Scaliognathus anchoralis* Branson et Mehl, 1941

特征　矛状台形分子，主齿脊直或微弯，主齿台有瘤齿或横脊，无自由齿片；两个侧齿肢（limb）指向前方，同样具有齿脊和瘤齿。齿沟发育，基腔较大。

比较　本属无自由齿片，不同于 *Ancyrodella*。

分布地区及时代　北美洲、欧洲、澳大利亚和非洲，在中国仅见于湖南、陕西、云南等地区，早石炭世杜内期晚期。

锚锄颚刺　*Scaliognathus anchoralis* Branson et Mehl, 1941

1980 *Scaliognathus anchoralis* Branson et Mehl. － Lane *et al.*, pp. 137—138, pl. 1, figs. 5—7（Morphotype 1）; pl. 1, figs. 3—4; pl. 2, figs. 10—14; pl. 10, fig. 1（Morphotype 2）; pl. 3, figs. 1—2.

特征　具有两个近等长的侧齿肢的 *Scaliognathus* 的一个种。

附注　此种可以区分出 3 个形态型（Lane *et al.*, 1980）。形态型 1 具有分离的细齿，侧齿肢没有侧向膨胀成齿台状；形态型 2 刺体呈矛状，主齿突出，指向后方，基腔发育；形态型 3 刺体矛状，主齿很小或无主齿。形态型 3 具备 *Scaliognathus anchoralis* 模式种的特征，也是 *Scaliognathus anchoralis anchoralis* 的标准分子。Lane & Ziegler 1983）建立了 *Scaliognathus anchoralis* 的不同亚种，其中 *S. anchoralis anchoralis*, *S. a. europensis*, *S. a. fairchildi* 等亚种在中国已有发现。

产地及层位　欧洲、北美洲和 亚洲，在中国见于湖南、陕西等地区（王平和王成源，2005），早石炭世杜内期晚期 *Scaliognathus anchoralis* – *Doliognathus latus* 带的带化石。

锚锄颚刺锚亚种　*Scaliognathus anchoralis anchoralis* Branson et Mehl, 1941

（图版 C—5，图 8a—b，11）

1991 *Scaliognathus anchoralis anchoralis* Branson et Mehl. －Ziegler, *Scaliognathus*-plate 1, fig. 3; pl. 2, figs. 6—8.

特征　*Scaliognathus anchoralis* 的一个亚种，具有锚形齿台轮廓，后方主齿缩小至缺失，小的基底凹窝三角形至圆形，其边缘高起，位于两个侧齿肢和前齿肢的连接处。锐利的龙脊由基窝延伸到齿肢的端点。

比较　*Scaliognathus anchoralis anchoralis* 的齿肢比 *Scaliognathus anchoralis europensis* 的齿肢宽，低的齿脊位于侧齿肢的中部，而 *S. a. europensis* 的齿脊位于两个侧齿肢的后边缘。

产地及层位　北美洲、欧洲和亚洲；在中国见于陕西、湖南等区，*anchoralis-latus* 带，可上延到 *Gnathodus texanus* 带。

锚锄颚刺欧洲亚种 *Scaliognathus anchoralis europensis* Lane et Ziegler, 1983

（图版 C—2，图 17a—b；图版 C—5，图 10）

1990 *Scaliognathus anchoralis europensis* Lane et Ziegler. －Ziegler，*Scaliognathus*-plate 2，figs. 1—5；pl. 3，figs. 3，4.

特征 *Scaliognathus anchoralis* 的一个亚种，具有锚形齿台轮廓，后方主齿明显突出，在三个齿肢连接处有大的基腔，并在前齿肢和两侧齿肢之下延伸出窄的齿沟，几乎达到齿肢的端点。在多数情况下，齿沟是反转的，限于齿肢的连接处。

比较 此亚种主齿发育、指向后方，齿沟发育，基腔反转，不同于 *Scaliognathus a. anchoralis*。

产地及层位 此亚种主要分布于欧洲、北美洲东部、亚洲和澳大利亚，在中国见于陕西、湖南等地区，*anchoralis-latus* 带。

埃利森刺科 ELLISONIIDAE Clark, 1972

厚耙刺属 *Pachycladina* Staesche, 1964

模式种 *Pachycladina obligua* Staesche，1964

特征 耙形牙形刺。齿耙强烈加厚，宽而高，有几个大的细齿和小的胚齿。细齿少，粗壮，散离。反基腔发育。

比较 本属齿耙加厚，基底附着面凸出，反基腔发育，不同于 *Magnilaterella*。

分布地区及时代 欧洲、北美洲和亚洲，在中国见于广西、贵州、湖北、云南、江苏、西藏等地区，早三叠世。

双齿厚耙刺 *Pachycladina bidentata* Wang et Cao, 1981

（图版 T—2，图 20）

1981 *Pachycladina bidentata* Wang et Cao. －王志浩和曹延岳，368 页，图版Ⅲ，图 3—5。

特征 刺体耙状，特别加厚，其口缘两侧形成明显的侧角，由此向下明显变薄，使反口缘呈脊状，有同心生长纹。主齿矮而宽、侧方扁、顶端尖，前后缘锐利。前齿耙仅有一个大小与主齿相似的细齿。后齿耙有几个小的细齿。

比较 本种的主齿矮而宽，前齿耙有一个与主齿大小相近的细齿，后齿耙仅有几个小的细齿。不同于本属的其他种。

产地及层位 湖北利川，下三叠统嘉陵江组。此种同样见于广西、贵州、江苏、重庆，早三叠世奥伦尼克期早期。杨守仁等（1999）将此种作为华南台地相区第 7 个组合带中的一个种。

强壮厚耙刺 *Pachycladina erromera* Zhang, 1990

（图版 T—2，图 19）

1990 *Pachycladina erromera* Zhang. －张舜新，图版Ⅱ，图 3（正模）。

1999 *Platyvillosus erromera* Zhang. －杨守仁等，106 页。

特征 刺体短而宽，略呈耙状。主齿居中，高大，前后齿耙很短，各有一个粗大的细齿，前齿耙的细齿略大些。后齿耙主齿之后有个很小的细齿。

附注 张舜新（1990）建立此种时没有给出文字定义和描述，仅有图片并指定了正模。杨守仁等（1999）将此种作为广西台地相区的第 5 个组合带的分子，但错误地将

此种归到 *Platyvillosus*，并称“*Platyvillosus erromera* Zhang 系张舜新（1990）建立的新种”。事实上，张舜新（1990）建立的新种是 *Pachycladina erromera* Zhang。

产地及层位　广西平果太平，下三叠统马脚岭组下部。*Pachycladina erromera* 常常在台地相区与 *Neospathodus dieneri* 同时产出。*Pachycladina erromera* - *Neospathodus dieneri* 组合带，广泛地见于广西、江西、江苏、安徽、湖北、四川等地区，时代为早三叠世印度期晚期。

舟刺科　GONDOLELLIDAE Lindström，1970

布杜洛夫刺属　*Budurovignathus* Kozur，1988

模式种　*Polygnathus mungoensis* Diebel，1956

特征　本属器官组成同舟刺科的分子，六分子器官。台形分子（P 分子）的齿台后方多数是尖的，常常侧弯不对称，仅较进化的类型齿台后方边缘是浑圆的、直的或“V”字形的。齿台前方萎缩，齿片有些长。较原始的类型，齿台上方无瘤齿、细齿或横脊，齿台表面为蜂巢状构造；较进化的类型，齿台边缘有瘤齿、细齿或横脊。基腔有两个凹窝，凹窝间有短的齿沟相连。基腔在原始类型中较小，随着进化，基腔逐渐向前移到刺体的中部。基腔前方有明显的齿沟，基腔后方齿沟不明显。

分布地区及时代　世界性分布，在中国见于贵州、云南、西藏等地区，中三叠世拉丁期法萨尼亚期至晚三叠世卡尼期早期孔德沃里亚期（Cordevolian）。

迪贝尔布杜洛夫刺　*Budurovignathus diebeli*（Kozur et Mostler，1971）

（图版 T—6，图 4，5）

1971 *Tardogondolella diebeli* Kozur et Mostler，p. 13，pl. 2，figs. 1—3.

1983 *Epigondolella diebeli*（Kozur et Mostler）. －田传荣等，353 页，图版 100，图 4，5.

特征　齿台楔形，长，前方窄，中后部有些宽。齿台长为刺体长的一半以上。齿台后端宽钝。层位低的齿台后端呈倒“V”字形凹入，层位高的标本齿台后端几乎是直的。齿台边缘有瘤齿，中部瘤齿最高；齿台前部边缘呈棱状。固定齿脊瘤状，向后变低，末端为稍大一点的主齿。方口面龙脊宽，后端分叉。基坑位于后端 1/3 处。

附注　此种为上三叠统卡尼阶孔德沃里亚阶（Cordevolian）的带化石，可能由 *B. mungoensis* 演化而来。

产地及层位　西藏聂拉木土隆，上三叠统扎木热组。

匈牙利布杜洛夫刺　*Budurovignathus hungaricus*（Kozur et Vegh，1972）

（图版 T—6，图 7，8）

2005 *Budurovignathus hungaricus*（Kozur et Vegh）. －王红梅，图版Ⅱ，图 4，6.

特征　齿台长，后端尖，微向内弯；齿台中部最宽，向前后逐渐变窄；缺少自由齿片，齿台两侧翘起，近脊沟宽深。齿脊由高的瘤齿组成；最前端 4～5 个瘤齿高，依次向前端变低；中部瘤齿较小，后端的 2～3 个瘤齿较大，但最后端的瘤齿变小。

附注　此种为中三叠统拉丁阶龙宫巴德亚阶（Longobardian）下部的带化石（Gullo & Kozur，1991）.

产地及层位　贵州关刀剖面，边阳组关刀岩楔（王红梅等，2005）。

蒙哥布杜洛夫刺 *Budurovignathus mungoensis* (Diebel, 1956)

(图版 T—6, 图 1—3)

1991 *Budurovignathus mungoensis* (Diebel). – Gullo & Kozur, pl. 2, figs. 6, 7.

2005 *Budurovignathus mungoensis* (Diebel). – 王红梅等, 图版 I, 图 2—4。

特征 齿台不对称，后 1/3 明显向内弯，齿台两侧有明显的、分离的、侧视三角状的细齿，细齿向后端变小。固定齿脊延伸到齿台末端，齿脊细齿与齿台边缘细齿近于等大，并向后变小。自由齿片长为齿台长的一半，其细齿与邻近的固定齿脊的细齿大小相近。反口面基腔位于齿台中部，基腔前方齿沟明显。

产地及层位 贵州罗甸关刀剖面边阳组拉丁阶上部，可进一步划分出 3 个亚带：下、中亚带以 *B. hungaricus* 的末现为准，中、上亚带以 *Paragondolella* cf. *polygnathiformis* 的始现为准（王红梅等，2005，622 页）。

成源刺属 *Chengyuannia* Kozur, 1994

1984 *Pseudogondolella* Yang. (hybodont fish teeth)

1988 *Pseudogongdolella* Kozur. (Conodonta)

模式种 *Gondolella nepalensis* Kozur et Mostler, 1976

特征 器官结构同 *Gondolella*。台形分子有很窄的齿台，在刺体前半部或前 1/3 缺少齿台，总是比龙脊膨大的后端要窄或同样宽。前齿片游离。齿台表面光滑。反口面有“V”字形下凹、深的龙脊和漏斗状的、端生的基腔。有些标本围绕基腔的龙脊边缘是上翻的（反基腔）。围绕基腔有次级抬升。基腔中有两个基窝。齿脊前方很高，向后逐渐变低。所有细齿相互分离较宽。主齿端生、不明显或明显。细齿侧方扁。

附注 *Chengyuannia* Kozur 与 *Chiosella* 有些相似，但并没有直接的演化关系，虽然在特征上本属是介于 *Neospathodus* 和 *Paragongdolella* 之间。

分布地区及时代 欧洲、亚洲，早三叠世印度期最晚期至奥伦尼克期最早期。

尼泊尔成源刺 *Chengyuannia nepalensis* (Kozur et Mostler, 1976)

(图版 T—1, 图 4a—b)

1989 *Pseudogongdolella nepalensis* (Kozur et Mostler). – Kozur, pl. 15, figs. 4—5.

特征 同属的特征。

附注 本属是单种属。

产地及层位 本种最早发现于尼泥尔，很可能在西藏找到此种。1998 年，Kozur *et al*.（1998, p. 4, fig. 1）将此种作为早奥伦尼克（Smithian）期最早的带化石，介于 *Neospathodus dieneri* 带和 *Neospathodus waageni* 带之间。

奇奥斯刺属 *Chiosella* Kozur, 1989

模式种 *Gondolella timorensis* Nogami, 1968

特征 具有 *Neospathodus* 的反口面特征和 *Neogongdolella* 的口面特征的属，是这两个属之间的过渡类型。

分布地区及时代 欧洲、亚洲，早三叠世奥伦尼克期晚期至中三叠世安尼期早期。

帝汶奇奥斯刺 *Chiosella timorensis*（Nogami，1968）

（图版 T—1，图 6a—b）

1983 *Neospathodus timorensis*（Nogami）. –田传荣等，380 页，图版 97，图 7。

1989 *Chiosella timorensis*（Nogami）. –Kozur，p. 429，pl. 15，figs. 1—3.

2006 *Chiosella timorensis*（Nogami）. –董致中和王伟，204 页，图版 38，图 1。

特征 齿片长，具有 11 ~ 17 个细齿，细齿大小相近，大部分愈合，顶尖分离。底缘直，但基腔后端向下弯。主齿略大，后倾，后齿突短。齿片侧视，中肋脊发育，与底缘近平行。

比较 齿片长，细齿近等大，有侧肋脊或不发育的齿台，并具有 *Neospathodus* 的反口面。

产地及层位 亚洲、欧洲，在中国见于云南、西藏、广西、贵州、四川等地区，奥伦尼克阶和安尼阶之间的带化石。

克拉科刺属 *Clarkina* Kozur，1989

模式种 *Gondolella leveni* Kozur，Mostler et Pjatakova，1976

特征 基腔位于齿台近后端的位置。围绕基腔的次级台升高，龙脊表面平。反口面基腔区分不出两个基窝。自由齿片明显。

比较 本属存在自由齿片，不同于 *Mesogondolella* 和 *Neogondolella*。

附注 此属已被广泛接受。但 Orchard & Rieber（1999）认为自由齿片的有无不是区分 *Neogondolella* 和 *Clarkina* 的标志。两者的不同主要是地层层位的不同。*Clarkina* 在三叠纪早期消失，而 *Neogondolella* 一般认为由 *Neospathodus* 演化而来，出现在中三叠世。但这中间环节有几个形式属（*Scythogongdolella*，*Kozurella* Budorpv et Sudar，*Chiosella* Kozur）并没有研究清楚，他们认为 *Clarkina* 是 *Neogondolella* 的同义名。Kozur（2004）依据伊朗的材料命名了本属几个重要的种：*Clarkina abadehensis*，*C. backmanni*，*C. hauschkei*，*C. iranica*，*C. jolfensis*，*C. kazi*，*C. nodosa*，*C. praetaylorae*，以及几个新亚种。这些种和亚种还有待在中国得到确认，以便使中国和伊朗的晚二叠世的地层能得到精确的对比。目前虽有人提出对比，但很不可靠。

分布地区及时代 世界性分布，瓜德鲁普世最晚期至早三叠世早期。

脊克拉科刺 *Clarkina carinata*（Clark，1959）

（图版 P—1，图 1a—b）

1959 *Gondolella carinata* Clark，pl. 44，figs. 11—19.

1967 *Neogondolella carinata*（Clark）. –王成源和王志浩，409 页，图版 V，图 6—9；插图 19。

特征 齿台窄，不对称，齿台向前变尖，有 2 ~ 3 个细齿形成自由齿片。齿台中部最宽；齿台后部收缩，最后的细齿被包围；齿台光滑，微向内弯，近脊沟浅。齿脊低，前方齿脊高，后方微向后倾。反口面龙脊窄，有中齿沟。基窝之后及两侧有环台面，环台面向前与龙脊相连。

比较 齿台后方有收缩，反口面有环台面，是此种的重要特征。作为带化石（杨守仁等，1999，101 页），此带底界定义不是 *C. carinata* 的首现，而是 *Isarcicella isarcica* 的消失。

产地及层位　亚洲、北美洲，二叠系长兴阶顶部至三叠系底部（Wang，1999）。

长兴克拉科刺　*Clarkina changxingensis*（Wang et Wang，1981）

（图版 P—1，图 2a—b）

1981 *Neogondolella subcarinata changxingensis* Wang et Wang，p. 52，pl. Ⅴ，figs. 7，10，11；pl. Ⅶ，figs. 7，8.

2004 *Clarkina changxingensis*（Wang et Wang）. – Kozur，pl. 3，figs. 6，8.

特征　齿台窄长，近于对称，直，上拱并内弯。齿台近中部或中后部最宽，向前均匀变窄。齿脊由瘤齿组成，除前端稍高外，一般较低，有些愈合成低矮的脊，近后端的齿脊逐渐变小、变低；最后的主齿稍大些，无大的、指向后方的主齿。齿台后端浑圆。近脊沟窄，光滑。

比较　*Clarkina meishanensis* Zhang *et al*. 有发育的主齿和较高的齿脊，不同于本种。*C. yini* 齿台后端有小的、后倾的主齿，后齿台齿脊瘤齿较清晰，像最初命名那样，作为本种的亚种（*Clarkina changxingensis yini* Mei，1998）更适合。

附注　Wardlaw *et al*.（2003）依据齿脊的特征将长兴阶下部分为 3 个牙形刺带：*C. wangi*，*C. subcarinata*，*C. changxingensis*，每个种都包含有不同的齿台形状的分子。他们的“Sample Population Approach”概念，完全忽略了模式种，与谱系（phylogenetic zone）带的概念不同。本书不采用他们的这 3 个种的概念。保持原有定义。

产地及层位　晚二叠世长兴期中期的带化石。在伊朗高于 *Paratirolites* 灰岩层，低于界线黏土层，*C. hauschkei* 带。

成源克拉科刺　*Clarkina chengyuanensis* Kozur，2005

（图版 P—1，图 8，9）

1981 *Neogondolella carinata*（Clark）. – Wang & Wang，pl. 6，figs. 10，11.

2005 *Clarkina chengyuanensis* Kozur，p. 78，pl. 1，figs. 8—9.

特征　齿台大，亚三角形轮廓，最宽处在齿台后 1/3 处。后端不对称，常常一侧宽圆，而另一侧斜，窄圆或窄斜。齿台连续向前端变窄。齿台后 1/3 侧缘常常一侧是对称地浑圆，而另一侧缺少浑圆或微呈波状。近脊沟浅而平。齿台边缘窄的部分升高，后 1/3 未升高。齿脊的 18 ~ 23 个细齿在前部相当高，高度愈合成齿片；在后方，细齿变小。细齿密集，但并不愈合成脊。最后的 3 ~ 4 个细齿有些高，高度愈合。齿脊的最后部分向侧方弯。主齿不明显，与其前方齿脊的 2 ~ 3 个细齿没有区别。反口面宽平，仅边缘微微升起。

比较　此类标本，Wang & Wang（1981）认为不同于 *C. changxingensis* 和 *C. deflecta*，而将其归入 *Neogondolella carinata*，但 *N. carinata* 齿脊瘤齿少，齿台后方收缩。Mei *et al*.（1998）将 Wang *et al*.（1981）图示的标本归入 *N. carinata* – *C. postwang*（Tian），但正如 Kozur（2004）指出的，Mei *et al*.（1998）的修订是无效的，违反了国际动物命名法规。

产地及层位　中国、伊朗，长兴阶最顶部 *C. zhangi* 带。

偏斜克拉科刺　*Clarkina deflecta*（Wang et Wang，1981）

（图版 P—1，图 10a—b）

1981 *Neogondolella deflecta* Wang et Wang. – 王成源和王志浩，51 页，图版 VI，图 6—9。

特征　刺体直，稍内弯，上拱。齿台中等宽，向前均匀变尖，向后变窄不明显，后缘近方形。齿脊由许多细齿组成，除前端为较高的齿片外，大多为低矮的脊，近末端齿脊明显向内侧偏斜，并达内侧角。齿脊两侧近脊沟较明显。反口面有宽的附着痕，后端近方形，中央为细的齿槽，齿槽后端有小的基窝。

附注 此种的主要特征是齿脊后端向一侧偏斜，齿台后端近方形。

产地及层位 中国、伊朗，二叠系乐平统长兴阶中上部。

缩角克拉科刺 *Clarkina demicornis* Mei et Wardlaw，1994

（图版 P—2，图 1）

1994a *Clarkina demicornis* Mei et Wardlaw，p. 133，pl. Ⅱ，figs. 4—6.

特征 Pa 分子：齿台后端钝圆，最宽处近齿台后端。主齿和齿脊最后端的细齿分开不明显，齿脊细齿大小明显向后端减小，齿台后方近脊沟不明显，只在齿台前方变窄处近脊沟明显。齿台侧边缘平至微微上翘。

比较 此种的主齿和齿脊最后的细齿变小，代表 *Clarkina daxianensis* → *C. liangshanensis*→*C. demicornis* 演化系列的最后阶段。

产地及层位 中国南方；二叠系乐平统吴家坪阿中部。

渡口克拉科刺 *Clarkina dukouensis* Mei et Wardlaw，1994

（图版 P—1，图 6—7）

1994a *Clarkina dukouensis* Mei et Wardlaw，p. 134，pl. 1，figs. 18，19.

特征 “以 Pa 分子为特征的 *Clarkina* 的一个种，Pa 分子具有钝圆而不是浑圆的齿台后端；齿台宽度逐渐增大直到中部；主齿位于终端，直立，比齿台后半部的细齿大；最后的一个细齿一般较小；细齿一般向前方增大（除远端两个较小的细齿外）并向后方分离；齿沟中等发育，光滑；齿台边缘在最宽处微微上翻；齿台在前半部突然变窄并延续接近齿台前端”（Mei & Wardlaw，1994）。

附注 Mei & Wardlaw（1994）命名 *Clarkina postbitteri* 时，他们明确地说，*C. postbitteri* “这个种不同于 *C. dukouensis*，后者由前者演化而来，具有浑圆而不是钝圆的齿台后端，并有明显的后方边缘”。这两个种的齿脊特征并没有作为区分它们的标准。齿台后端的形态和后边缘的有无才是区分这两个种的实用标准。这两个种在鉴定上的分歧，应当保持原有的定义（王成源等，1997）。

产地及层位 广西等地区；二叠系乐平统吴家坪阶下部带化石。

广元克拉科刺 *Clarkina guangyuanensis*（Dai et Zhang，1989）

（图版 P—3，图 6）

1989 *Neogondolella guangyuanensis* Dai et Zhang. －戴进业和张景华，228 页，图版 42，图 8—10。

1994 *Clarkina guangyuanensis*（Dai et Zhang）. －Mei *et al.*，p. 134，pl. 1，figs. 1，10.

2000 *Clarkina guangyuanensis*（Dai et Zhang）. －Wang，pl. Ⅲ，figs. 13—15.

特征 此种的最大特征是主齿与齿脊最后的一个瘤齿或最后第二个瘤齿之间有一个明显的间隔。齿脊的最后一个瘤齿有时与主齿愈合形成短的后方齿脊，而与齿脊后方第二个瘤齿之间有明显的间隔。

比较 此种齿台轮廓与 *C. transcaucasica* 相似，但本种后方齿脊有间隔。

产地及层位 广西、四川等地区，吴家坪组中上部 *C. guangyuanensis* 带。

莱文克拉科刺 *Clarkina leveni* (Kozur, Pjatakova et Mostler, 1975)

(图版 P—3，图 5)

1994 *Clarkina leveni* (Kozur, Pjatakova et Mostler). – Mei *et al.*, p. 135, pl. 1, fig. 13, 17.

2007 *Clarkina leveni* (Kozur, Pjatakova et Mostler). – 王成源等，324 页，图 3a—b。

特征 此种的特征是在齿台的中前部突然变窄，齿台侧边缘高高翻卷，齿台宽，近脊沟深而光滑。主齿中等发育，端生，齿脊瘤齿向前方增高，最前端的瘤齿变小。

比较 此种在鉴定上的分歧，请参阅王成源等（2007，323—324 页）。

产地及层位 广西、四川等地区；吴家坪组中部 *C. leveni* 带。

梁山克拉科刺 *Clarkina liangshanensis* (Wang, 1978)

(图版 P—2，图 3a—b)

1978 *Neogondolella liangshanensis* Wang. – 王志浩，221 页，图版 2，图 1—5，12—13，16—19，27—33（图 9—11，不是本种）。

1994 *Clarkina liangshanensis* (Wang). – Mei *et al.*, p. 135, pl. Ⅱ, figs. 10—12.

特征 齿台后方尖圆，最大宽度近齿台后端，齿台向前逐渐收缩。主齿不明显，齿脊之瘤齿向后逐渐变小并更加愈合。齿台边缘翘起，特别是变窄的齿台前边缘。

比较 主齿与后方齿脊的特征似 *Clarkina demicornis*，但本种齿台翘起，近脊沟深，而 *Clarkina demicornis* 齿台后方较平，近脊沟极浅。

产地及层位 华南各省，二叠系乐平统吴家坪阶中部的标准分子。

长大克拉科刺 *Clarkina longicuspidata* Mei et Wardlaw, 1994

(图版 P—3，图 1a—b)

1994 *Clarkina longicuspidata* Mei et Wardlaw, p. 136, pl. Ⅱ, figs. 7—8.

2000 *Clarkina longicuspidata* Mei Wardlaw. – Wang, pl. Ⅵ, figs. 1—4.

特征 Pa 分子齿台后端方至钝圆，中部齿台最宽。主齿长、大、后倾，位于齿台后端。主齿与齿脊最后的一个细齿之间有明显的间隔。除最远端的几个细齿外，细齿高度向前方增大。最宽的一个细齿接近齿台前方变窄处。近脊沟发育，光滑；齿台侧边缘上翘，并在前方突然变窄。

比较 此种主齿长而大，后倾，主齿与齿脊最后一个细齿之间有明显的间隔，不同于 *Clarkina* 的其他种。

产地及层位 华南各省，二叠系乐平统吴家坪阶最上部的带化石。

煤山克拉科刺 *Clarkina meishanensis* Zhang, Lai, Ding et Liu, 1995

(图版 P—2，图 5)

1995 *Clarkina meishanensis* Zhang, Lai, Ding et Liu, p. 674, pl. 2, figs. 4—6.

2004 *Clarkina meishanensis* Zhang, Lai, Ding et Liu. – Kozur, p. 46, pl. 2, figs. 13, 15, 23—25.

特征 齿台后端主齿粗壮，直立或微微后倾；齿脊较高，向后变低，齿脊细齿分离不愈合。齿台后端浑圆，稍不对称，齿台前端逐渐收缩。近脊沟较深。

比较 本种主齿粗壮，齿台后缘浑圆，而 *C. zhangi* 主齿不太大，后倾，齿台后缘较尖。

产地及层位 中国、伊朗，二叠系乐平统长兴阶最顶部。存在于界线黏土层及其下的地层，组成 *C. meishanensis – C. praeparvus* 带。

牛庄克拉科刺 *Clarkina niuzhuangensis* (Li, 1991)

（图版 P—3，图 3—4）

1991 *Neogondolella niuzhuangensis* Li. –李志宏，图版 1，图 8a—9b（图 9a—b = holotype）。

1994 *Clarkina asymmetrica* Mei et Wardlaw, p. 132, pl. 1, figs. 12, 15, 16.

2000 *Clarkina niuzhuangensis* (Li). – Wang, pl. Ⅵ, figs. 13—18.

特征 前齿片高而短，齿脊由愈合的瘤齿组成。主齿呈瘤齿状，位于齿台后边缘，与齿脊最后一个细齿之间有一个间隔，齿脊最后的 3 个细齿愈合较差，中部细齿愈合。齿台两侧缘近于平行、翘起、较高；内齿台微凸，外齿台较凸；齿台向前方不对称地收缩。近脊沟较深、较宽。

比较 此种来源于 *Clarkina postbitteri* Mei et Wardlaw, 1994, Morphotype 3（王成源等，2007，324 页），后者具有不对称的齿台后端和较宽的齿台。Mei & Wardlaw (1994) 在建立 *Clarkina asymmetrica* 时没有参阅李志宏（1991）的文献。王成源（1995）早已指出 *Clarkina asymmetrica* 是 *Clarkina niuzhuangensis* 的同义名。

产地及层位 华南，二叠系乐平统吴家坪阶下部的带化石，高于 *C. dukouensis* 带，低于 *C. leveni* 带。

东方克拉科刺 *Clarkina orientalis* (Barskov et Koroleva, 1970)

（图版 P—1，图 11a—b）

1970 *Gondolella orietalis* Barskov et Koroleva, p. 933, fig. 1, 1a—c.

1981 *Neogondolella orientalis* (Barskov et Koroleva). –王成源和王志浩（见赵金科等，图版Ⅴ，图 12—14，17—18）。

1994 *Clarkina orientalis* (Barskov et Koroleva). – Mei *et al.*, p. 136, pl. 1, figs. 2, 4, 8 (?); pl. Ⅱ, figs. 15, 17, 22.

特征 此种的最大特征是齿台后端浑圆，有较宽的后方齿台边缘，齿台逐渐向前收缩，轮廓泪珠状；齿脊愈合，不到齿台后端，前方齿脊较高；近脊沟宽而浅；齿台光滑无饰。

产地及层位 广西、四川、江苏等地区，二叠系乐平统吴家坪阶中、上部 *C. orientalis* 带，吴家坪阶的标准化石之一。

蓬莱滩克拉科刺 *Clarkina penglaitanensis* Wang, 2000

（图版 P—3，图 13a—b）

2000 *Clarkina penglaitanensis* Wang, p. 12, pl. Ⅳ, figs. 11—15.

特征 *Clarkina* 的一个种，具有近三角形的齿台轮廓和向下弯的、截切状的齿台后缘。

比较 本种齿脊特征似 *C. guangyuanensis*，但齿台轮廓不同，后者齿台前方突然变窄，而本种齿台逐渐向前变窄，口视呈三角形。

产地及层位 广西蓬莱滩，二叠系乐平统吴家坪阶 *C. leveni* 带至 *C. transcaucasica* 带。

后彼德克拉科刺 *Clarkina postbitteri* Mei et Wardlaw, 1994

（图版 P—1，图 3—5）

1994 *Clarkina postbitteri* Mei et Wardlaw, p. 229, pl. 1, figs. 3—6; pl. 2, figs. 7—11.

2007 *Clarkina postbitteri* Mei et Wardlaw. –王成源和 Kozur，320—329 页，图 1，e—h。

特征 以P分子为特征的 *Clarkina* 的一个种，P分子具有浑圆的后端，小的后边缘；齿台相对长而窄，最宽处在前半部，即齿台向前变窄并有些上翻的位置；齿台后端两侧大致平行，后端内侧有时有微弱的凹陷；主齿中等发育，断面圆或长圆形。主齿与齿脊后一个细齿之间的间距比齿脊其他细齿间的间距大；齿脊的第3~4个细齿间距较宽，很少愈合；齿沟窄，很发育；齿台边缘微微上翻，齿台前方变窄，为齿台长的1/3或1/4。

附注 此种的名称不当。原作者想表明此种与 *Clarkina bitteri* 的演化关系，将其命名为 *postbitteri*（后彼德），但明明是 *Clarkina bitteri* 的层位高，出现得晚，而本种层位低，出现早，因而此命名不合适，但只能沿用，并不表明先后。

此种与 *Clarkina dukouensis* 的区别，见 *C. dukouensis* 的附注。

有关乐平统的底界的定义和点位曾有过激烈的争论，最终确定了一个折中方案，即采用王成源首先提出的6k的点位，而金玉玕等修订他们原来的定义。金玉玕等（2001）将 *Clarkina postbitteri* 分为两个亚种：*Clarkina postbitteri postbitteri* 和 *Clarkina postbitteri hongshuiheensis*，这两个亚种是无法区分的，是典型的地层亚种。蓬莱滩剖面6k的位置是 *Clarkina dukouensis* 首现的层位，见王成源等（2007）。

产地及层位 华南，中上二叠系。

亚脊克拉科刺 *Clarkina subcarinata* (Sweet, 1973)

（图版P—2，图8a—b）

1973 *Neogondolella crinata subcarinata* Sweet. –Teichert *et al.*, p. 436, text-figs. 16E—H; pl. 13, figs. 12—17.

1981 *Neogondolella subcarinata subcarinata* Sweet. –王成源和王志浩，图版Ⅴ，图1—5，8—9。

2004 *Clarkina subcarinata* (Sweet). –Kozur, p. 47, pl. 6, figs. 9, 10.

特征 齿台近于对称，微向内弯，齿台后端浑圆或尖圆，主齿较发育，微越齿台后缘，向后倾斜。齿脊由分离的、侧方稍扁的瘤齿组成。齿台最宽处近齿台后1/3处，向前逐渐收缩。齿台光滑，微微翘起。

附注 此种最初（Sweet，1973）没有指定正模，只有共模（syntypes）。正模是后来指定的，是指齿台较纤细的类型，而齿台宽短的类型是本种的高级分子（Kozur，2004，pp. 47—48）。Wardlaw *et al.*（2003）将很多不同的分子以其“居群”的概念，囊括在此种内。

比较 此种的典型分子是齿台狭长的而不是短而宽的分子。具有短而宽的齿台的分子有可能是本种的高级分子或是由 *C. wangi* 演化而来的地方性分子。

产地及层位 中国、伊朗等地区，二叠系乐平统长兴阶中部的带化石。

高加索克拉科刺 *Clarkina transcaucasica* Gullo et Kozur, 1992

（图版P—3，图7）

1978 *Gondolella orientalis* Barskov et Koroleva. –Kozur, pl. 8, figs. 5—8; not figs. 9—11, 13.

1992 *Clarkina orientalis trascaucasica* Gullo et Kozur, pp. 217—218.

1994 *Clarkina transcaucasica* Gullo et Kozur. –Mei *et al.*, p. 137, pl. 1, figs. 5, 14.

2000 *Clarkina transcaucasica* Gullo et Kozur. –Wang, pl. Ⅲ, figs. 9—12.

特征 齿台轮廓与 *C. guangyuanensis* 相似，但齿脊较愈合，主齿与齿脊最后一个瘤齿之间没有间隔，齿台上齿脊向前增高，前方齿片上方细齿较分离。齿脊一直达到齿台后端，主齿不明显；齿脊常常向内侧弯曲。近脊沟宽而浅。

比较 齿台前方 1/3 或 1/4 处收缩明显，不同于 *Clarkina orientalis*，后者齿台是逐渐向前收缩的。

产地及层位 广西、四川等地。二叠系乐平统吴家坪阶中部 *transcaucasica* 带的带化石。

王氏克拉科刺 *Clarkina wangi* (Dai et Zhang，1989)

（图版 P—1，图 12a—b）

1981 *Neogondolella subcarinata elongata* Wang et Wang，p. 80，pl. Ⅵ，figs. 1—5.

2005 *Clarkina wangi* (Dai et Zhang，1989). - Kozur，pl. 1，figs. 5，6.

特征 齿台宽，齿台最宽处在齿台中后部，由此向前齿台逐渐收缩，向后迅速收缩。齿台后端明显变尖并向后延伸，有明显的后倾的主齿。前齿片较高，向后变低，由细齿愈合而成。反口面有很宽的龙脊，其后端有小的凹窝。

附注 此种已被接受为长兴阶底界的定义种。但在此种的鉴定上存在很大分歧。种名是赠荣于王成源的，但有两个 *wangi*。一个是张克信（1987）提名的“*Gondolella wangi*”，没有描述，没有定义，也没有说明是要取代 *Neogondolella subcarinata elongata* Wang et Wang，1981，按国际动物命名法规此种的命名无效。金玉玕等（Jin *et al.*，2003）将此种表示为 *Clarkina wangi* (Zhang，1987)，并作为长兴阶底界的定义种，显然是错误的。另一个 *wangi* 是戴进业和张景华（1989）命名的 *Neogondolella wangi* Dai et Zhang，1989，指定了正模，有正式描述，这个种的命名是有效的。真正的 *wangi* 应表示为 *Clarkina wangi* (Dai et Zhang，1989)。金玉玕等（Jin *et al.*，2003）所鉴定的、作为长兴阶底界定义的 *wangi*，不是真正的 *wangi*。Wardlaw *et al.*（2003，fig. 1）将齿台轮廓完全不同的分子全归入一个种，不可能被接受（Kozur，2004）。中国的 *Clarkina wangi* (Dai et Zhang，1989) 是一个地方性较强的种，在伊朗不存在。沈树忠等(2009) 认为在伊朗存在 *wangi*，是由于对本种的鉴定概念不同而得出的结论。

产地及层位 浙江、江苏、广西、四川等地区，二叠系乐平统长兴阶底界的定义种，长兴阶最底部的带化石。

张氏克拉科刺 *Clarkina zhangi* Mei，1998

（图版 P—2，图 2a—b）

1998 *Clarkina meishanensis zhangi* Mei. - Mei *et al.*，p. 218，pl. 1，fig. A；pl. 4，fig. K.

2004 *Clarkina zhangi* Mei. - Kozur，p. 49，pl. 5，figs. 1，2，4，8.

特征 齿台拱曲，不对称，向内弯。主齿端生，后倾。齿脊中前部瘤齿愈合，向后逐渐分离，瘤齿变低，最后一个瘤齿与主齿之间有小的间隔。齿台向前方逐渐收缩，向后收缩较快，齿台后缘尖。

比较 本种最接近 *C. meishanensis*，但本种主齿不太大，向后倾，齿台后端尖。

产地及层位 中国、伊朗等地区，二叠系乐平统长兴阶最顶部 *C. meishanensis* - *C. zhangi* 带。

高舟刺属 *Epigondolella* Mosher，1968

1970 *Tardogondolella* Bender，p. 530.

1972 *Ancyrogondolella* Budurov, pp. 855—857.

1990 *Mockina* Kozur, p. 423.

模式种 *Polygnathus abneptis* Huckriede, 1958

特征 P1 分子为单片台形（segminiplanate）分子，齿台近长方形，齿台前方边缘有瘤齿或细齿。自由齿片发育、较高，向后延伸到齿台上变为低矮的齿脊，齿脊止于齿台末端的前方。反口面龙脊发育，有端生的凹窝，位于齿台末端的前方。

附注 *Epigondolella* 的时限只限于诺利期。过去归入卡尼期的“*Epigondolella*” *primitia*，现在归入 *Metapolygnathus*。Krystan（1980，p. 76）认为，*Metapolygnathus* 齿台前方无细齿或只有不发育的细齿，而 *Epigondolella* 齿台前方有发育的钉状的细齿，但他仍将 *primitia* 归入 *Epigondolella*。而 Orchard（1991，p. 306）将此种归入 *Metapolygnathus*。同时 Orchard（1991）将 *E. abneptis* 的定义只限于正模标本的特征，原来的此种的亚种全部提升为独立的种，又建立了几个新种，所有此属的种都只限于诺利期。Kozur（1989）建立的 *Mockina* 被 Orchard（1991）列入 *Epigondolella* 同义名。本文支持这种观点。

分布地区及时代 澳大利亚、北美洲和亚洲，在中国见于西藏、四川、青海、云南和黑龙江，晚三叠世诺利期。

子孙高舟刺 *Epigondolella abneptis* (Huckriede, 1958)

（图版 T—4，图 15—16）

1958 *Polygnathus abneptis* Huckriede (part), pp. 156—157, pl. 12, figs. 33—36,? 30—32; pl. 14, figs. 1—2, 12—13; 16—18 (only).

1976 *Epigondolella abneptis* (Huckriede). –王成源和王志浩，403—404 页，图版 4，图 17—19。

1985 *Epigondolella abneptis abneptis* (Huckriede). –王志浩和董致中，126 页，图版 1，图 14，15，22。

1987 *Epigondolella abneptis abneptis* (Hayashi). –毛力和田传荣，图版 2，图 4（图 6 = *E. spatulata*，图 5 = *E. quadrata* Orchard）。

1995 *Epigondolella abneptis* (Huckriede). –王成源（见邵济安等，1995），106 页，图版 1，图 1—4，7，9；图版 3，图 13—14。

特征 齿台钝三角形或近矩形，后方膨大。齿台两侧有瘤齿或细齿，但齿台后缘一般无瘤齿。齿脊直，不达齿台后缘，由瘤齿组成。齿台前方边缘没有高的细齿，但边缘可能呈锯齿状。自由齿片直，由侧方扁的细齿组成。反口面基穴在齿台中部。龙脊宽平，后方分叉。

附注 Huckriede（1958）指定的正模恰是齿台后方断了的标本，引起对此种特征确认的分歧。Orchard（1991）将此种限于正模标本，但正模已破，特征不明。从 Huckriede 图示的标本，可以确认，此种齿台后边缘呈方形，有几个瘤齿，但无细齿。

产地及层位 黑龙江省饶河县胜利农场迟岗山采石场、大佳河采石场，上三叠统诺利阶胜利组；西藏聂拉木县，上三叠统诺利阶。

双齿高舟刺 *Epigondolella bidentata* Mosher, 1968

（图版 T—4，图 3a—b）

1968 *Epigongdolella bidentata* Mosher, p. 936, pl. 118, figs. 31—35 (only).

1985 *Epigongdolella bidentata* Mosher. –王志浩和董致中，127—127 页，图版 1，图 1—3，26。

1987 *Epigongdolella bidentata* Mosher. –毛力和田传荣，164 页，图版 1，图 1，3 (only)。

1991 *Epigongdolella bidentata* Mosher. –Orchard, p. 307, pl. 4, fig. 12.

1995 *Epigongdolella bidentata* Mosher. －王成源（见邵洛安等，1995），107 页，4，图 2—3；图 7（?）。

特征　刺体小，纤细，对称或不对称。齿台前方狭小，后方尖，齿台前方有一对大而高的细齿。齿脊发育，直达齿台后缘。在前方两侧一对细齿之后的齿脊，由 3～4 个，偶尔由 5 个细齿组成。前方自由齿片高，由愈合的侧方扁的细齿组成。

比较　此种与 *Epigondolella mosheri* 相似，但 *E. mosheri* 的齿台相对长而窄，前方一对大的细齿之后至少有 5 个瘤齿，有时多达 10 个瘤齿。*Parvigondolella andrusovi* 完全缺少侧方细齿，也不同于 *Epigondolella bidentata*。本种与 *E. postera* 也易于区别，*E. postera* 至少在齿台一侧有两个或多于两个的细齿，而 *E. bidentata* 在齿台两侧仅各有一个细齿。

产地及层位　黑龙江省饶河县胜利农场迟岗山采石场、大佳河公社东家石灰窑，上三叠统诺利阶胜利组；西藏聂拉木县，上三叠统诺利阶；西藏拉萨地区达孜县，麦龙岗组；云南保山，南梳坝组（诺利阶上部）。

多齿高舟刺　*Epigondolella multidentata* Mosher，1970

（图版 T—5，图 14，15—17?）

1970 *Epigondolella multidenttata* Mosher，p. 739，pl. 110，figs. 19（?），22—24，26.

1973 *Epigondolella multidenttata* Mosher. －Mosher，p. 160，pl. 18，figs. 15，18—22，25? —27.

1983 *Epigondolella multidenttata* Mosher. －Orchard，pp. 183—185，figs. 15J，K，L.

1991 *Epigondolella multidenttata* Mosher. －Orchard，p. 310，pl. 4，figs. 1—3，7.

特征　齿台长，有时有些扭转，前端最宽，向后变窄，后端尖或窄的截切状。齿台前方两侧一般各有 3～5 个高的、尖的细齿，而后方齿台窄，多数没有装饰。自由齿片是刺体长的 1/3，由多达 8 个细齿组成，其上缘凸脊状，向后延伸到齿台，形成明显的愈合的齿脊，其后端最高。反口面基穴位于齿台前部下方，而龙脊向后收缩变尖，接近后端。微细构造不发育。

附注　田传荣（1982）确认此种存在于西藏聂拉木县土隆剖面的中诺利阶，但他的标本齿台宽阔，齿台后部光滑，不宜归入此种。毛力等（1987）在西藏麦龙岗上诺利阶鉴定的此种，在齿脊和齿台两侧的细齿的特征上，都不同于典型的本种的特征。王志浩等（1985）在滇西保山确认的此种，齿台中后部的侧边有细齿，也不同于本种。Orchard（1991，1994）建立的 *E. multidentata* 带和 *E. elongata* 带可能只适用于欧美地区，在西藏等地是否适用，还有待证实。

比较　Mosher（1970）强调此种齿台后方光滑而前方有瘤齿。他没有注意到此种的后方齿脊很高并且愈合，这是识别此种的重要特征。*Epigondolella elongata* 有相似的齿台形状，但齿台前方瘤齿很少。Orchard（1991）认为此种可能由 *E. triangularis* 演化而来。此种在中诺利阶底部突然出现，是中诺利阶的标准化石。

产地及层位　此种目前在中国还没有可靠的记录。已有的报道，鉴定可疑；但在那丹哈达岭、四川、青海等地区，有可能发现此种。

后高舟刺　*Epigondolella postera*（Kozur et Mostler，1971）

（图版 T—4，图 7—9）

1971 *Tardogondolella abneptis postera* Kozur et Mostler，pp. 14—15，pl. 2，figs. 4—6.

1982 *Epigondolella postera*（Kozur et Mostler）. －Isozaki & Matsudam，pp. 115—188，figs. 15P—R.

1985 *Epigondolella postera*（Kozur et Mostler）. －王志浩和董致中，128 页，图版 1，图 1—8，10（非图 20，21）。

1991 *Epigondolella postera*（Kozur et Mostler）. －Orchard，pp. 310—311，pl. 4，figs. 16—19.

1995 *Epigondolella postera*（Kozur et Mostler）. －王成源（见邵济安，唐克东，1995），107—108 页，图版 2，图 9；图版 3，图 10，11；图版 4，图 4—6；图版 9，图 6，7。

特征 刺体小。齿台前方一侧有一个明显的细齿，而另一侧有两个明显的细齿，有时有 3 个明显的细齿。齿脊延伸到齿台后端，齿台后端尖或不对称，有一后凸的边缘。自由齿片短而高，向齿台后端迅速降低。基穴在齿台中前方；龙脊不分叉。

比较 反口面龙脊不分叉是本种的重要特征之一，但还不足以建立新属 *Mockina* Kozur，1989。*E. elongata* Orchard，1991 同样在齿台一侧有一个细齿，另一侧有两个细齿，但 *E. postera* 的齿台较宽、较短，后端明显不对称，并有齿叶状的后方齿台。而 *E. carinata* Orchard，1991 后方齿台有瘤齿装饰，不同于 *E. postera*.

产地及层位 黑龙江省饶河县胜利农场迟岗山采石场，上三叠统诺利阶胜利组；西藏聂拉木县，上三叠统诺利阶。

方高舟刺 *Epigondolella quadrata* Orchard，1991

（图版 T—4，图 4—6）

1983 *Epigondolella* subsp. A. －Orchard，pp. 179—181，figs. 15D—F.

1991 *Epigondolella quadrata* Orchard，p. 311，pl. 2，figs. 1—3，7—9，10（?），12（?）.

1995 *Epigondolella quadrata* Orchard. －王成源，图版 3，图 8（?），9—12，15；图版 4，图 1；图版 9，图 10。

特征 齿台较平，无装饰，齿台后方呈长方形，并常在后侧形成一尖角。齿台上齿脊由 3～5 个瘤齿组成。瘤齿分离，仅最后一个较大。齿台前方侧缘有几个较高的、分离的细齿。反口面基穴居中，龙脊后方常分叉。

比较 此种齿台后方呈方形，前方齿台边缘细齿较高，通常为齿台后的两倍，因此不同于 *M. primitius*。但 Kozur（1990）认为此种为 *M. primitius* 的同义名，这是不可取的。

产地及层位 黑龙江省饶河县胜利农场迟岗山采石场，上三叠统诺利阶胜利组。

铲状高舟刺 *Epigondolella spatulata*（Hayashi，1968）

（图版 T—4，图 10—12）

1968 *Gladigondolella abneptis spatulata* Hayashi，p. 69，pl. 2，figs. 5a—c.

1985 *Epigondolella abneptis spatulata*（Hyashi）. －王志浩和董致中，127 页，图版 1，图 11—13，19，25。

1987 *Epigondolella abneptis spatulata*（Hyashi）. －毛力和田传荣，图版 2，图 1—3。

1991 *Epigondolella spatulata*（Hyashi）. －Orchard，p. 312，pl. 2，figs. 4—6，11.

特征 齿台后方明显膨大，呈铲状。后方边缘较直或微凸或中部微凹。齿台约为刺体长的 2/3 或 3/4。齿台后方表面，除齿脊和瘤齿外，光滑无饰。齿台前方两侧各有一明显的、较大的细齿或横向拉长的细齿。一对瘤齿（细齿）之后，齿台突然向后膨大。齿台边缘偶有不发育的瘤齿。自由齿片短而高，在齿台前边缘一对细齿处，迅速变低，通常最后一个细齿较大，孤立，位于齿台中后部。齿脊不达齿台后缘，而有较宽的后边缘。反口面基穴位于齿台中部，龙脊宽，后方边缘较直，整个龙脊外缘呈三角形。

比较 *E. spatulata* 的龙脊与 *E. abneptis* 的龙脊相似，但 *E. spatulata* 后方具有膨大的铲状的齿台，齿台前边缘有一对大的细齿，而齿台两侧边缘无明显瘤齿，不同于 *E. abneptis*。很多文献中，没有给出 *E. abneptis* 和 *E. spatulata* 的明确的定义。

产地及层位 黑龙江省饶河县胜利农场迟岗山采石场上三叠统诺利阶下中部、胜利组。

铲状高舟刺（比较种） *Epigondolella* cf. *spatulata*（Hayashi，1968）

（图版 T—5，图 12—13）

1981 *Epigondolella* sp. A. －Koike，pl. 2，fig. 38（only）.

1995 *Epigondolella* cf. *spatulata*（Hayashi，1968）. －王成源，109 页，图版 1，图 5，8；图版 2，图 14，15。

比较 基本特征与 *E. spatulata* 相似，但齿台后方铲状膨大不明显，齿台前方缺少一对明显的细齿，但有不发育的低矮的瘤齿。齿脊直后方没有孤立的瘤齿或分叉的次级齿脊。

产地及层位 黑龙江省饶河县胜利农场迟岗山采石场，上三叠统诺利阶胜利组。

尖高舟刺 *Epigondolella spiculata* Orchard，1991

（图版 T—4，图 13—14）

1983 *Epigondolella* sp. nov. C. －Orchard，p. 185，figs. 15M—O.

1991 *Epigondolella* sp. nov. C. －Orchard，pl. 4，figs. 18—20.

1991 *Epigondolella spiculata* Orchard，p. 312，pl. 3，figs. 10，14，15.

1995 *Epigondolella spiculata* Orchard. －王成源，109 页，图版 4，图 9；图版 9，图 8。

特征 齿台不对称，近矩形轮廓。典型分子的外侧后缘较凸。侧视底缘平直或微凸。自由齿片高，由扁的细齿组成，近前端最高，在与齿台相接处突然变低。齿台前方边缘细齿高，至少大于齿台厚的两倍。齿台侧边缘有小的瘤齿。齿脊由小的瘤齿组成，最后方的细齿较大。

比较 Orchard（1983）认为此种的居群变化较大，典型分子的齿台边缘尖刺状，但亦有不明显者。

产地及层位 黑龙江省饶河县胜利农场迟岗山采石场，上三叠统诺利阶下中部、胜利组。

剑舟刺属 *Gladigondolella* Müller，1962

模式种 *Polygnathus tethydis* Huckriede，1958

特征 似 *Polygnathus* 的台型牙形刺，但基腔小，不是端生，而是距后端一定距离，即齿台中后部的位置。口面齿脊发育，反口面龙脊沿整个齿台延伸。可能是单一成分器官。

分布地区及时代 北美洲、欧洲和亚洲，早三叠世晚期至晚三叠世早期。

特替斯剑舟刺 *Gladigondolella tethydis*（Huckriede，1958）

（图版 T—1，图 5a—b）

1958 *Polygnathus tethydis* Huckriede，pp. 157—158，pl. 11，figs. 39—40；pl. 12，figs. 1，38；pl. 13，figs. 2—5.

1983 *Gladigondolella tethydis*（Huckriede）. －田传荣等，355 页，图版 98，图 9—10。

特征 齿台不对称，齿台后部 1/3 处向内弯。基腔和主齿就在齿台内弯处。齿脊之瘤齿分离，大小间距略有不同。齿台表面疹粒状。反口面基腔中等程度膨大，齿槽明显。齿台后端无龙脊。

比较 *Gladigondolella tethydis* 的齿台长、厚，瘤齿分离，基腔位于齿台后半部；而

下三叠统的 *Gladigondolella formosa* Tian，1983，齿台两侧圆，两端尖，齿脊扁，瘤齿愈合，基腔位于齿台中部。

产地及层位 中国西藏、云南、贵州，中三叠统。

舟刺属 *Gondolella* Stauffer et Plummer，1932

模式种 *Gondolella elegantula* Stauffer et Plummer，1932

特征 刺体舟状。自由齿片短。齿台发育，光滑或有横脊，齿脊延伸到齿台末端；主齿发育，后部端生。近脊沟浅或深。反口面龙脊发育，基腔居后，有发育的环台面。

附注 Kozur（1979）认为 *Gondolella* 与 *Neogondolella* 没有实质性区别。但许多学者仍将石炭纪的分子称为 *Gondolella*。

分布地区及时代 世界性分布，在中国见于华南、华北，宾夕法尼亚亚纪。

克拉科舟刺 *Gondolella clarki* Koike，1967

（图版 C—3，图 30—32）

1967 *Gondolella clarki* Koike，p. 301，pl. 2，figs. 1—6.

1985 *Neogondolella clarki*（Koike）. – Savage & Berkeley，p. 1459，pl. 6. 1—6. 12.

2002 *Mesogondolella clarki*（Koike）. – 王志浩等，图版 1，图 27，28。

2003 *Mesogondolella clarki*（Koike）. – Wang & Qi，pl. 3，figs. 24—26.

特征 齿台窄叶状，自由齿片极短或无。齿脊发育，由 6 ~ 11 个分离的椭圆形的细齿（或瘤齿）组成，最前方的 2 ~ 3 个细齿最高，细齿高度向后逐渐减小。齿台光滑无饰，近脊沟很浅。主齿端生，直立或向后倾。齿台后端尖。反口面龙脊发育，龙脊有中沟，与基腔相连，环台面发育，基腔小，微微外张。

比较 此种的归属不稳定。王志浩等（2003，2004）将其归入 *Mesogondolella*，但 2008 年又将此种归入 *Gondolella*。

产地及层位 贵州，石炭系莫斯科阶。

顿巴斯舟刺 *Gondolella donbassica* Kossenko，1978

（图版 C—3，图 33）

2004 *Gondolella donbassica* Kossenko. – 王志浩等，图版Ⅱ，图 25。

特征 缺少自由齿片，齿片—齿脊一直延伸到齿台后端，齿脊由愈合的瘤齿组成；无明显主齿。齿台光滑无饰，近齿沟浅。

比较 本种与二叠纪的 *Clarkina* 分子间可能存在异物同形现象。

产地及层位 欧洲、亚洲，在中国见于贵州等地区，莫斯科阶中下部 *Gondolella donbassica* – *G. clarki* 带的带化石。

贝铲齿刺属 *Icriospathodus* Krahl，Kauffmann，*et al.*，1983

模式种 *Neospathodus collinsoni* Solien，1979

特征 主齿台似 *Icriodus*，横脊发育，主齿台后 1/3 向两侧明显不对称膨胀，形成次级侧齿突，亦可有瘤齿或短的横脊。无后齿突。反口面后部基腔膨大，向前方收缩。

附注 此属仅一个种，由 *Neospathodus robustus* Koike 演化而来。

分布地区及时代 欧洲、亚洲，早三叠世。

科林森贝铲齿刺　*Icriospathodus collinsoni* (Solien, 1979)

（图版 T—1，图 7）

1981 *Neospathodus ? collinsoni* Solien. －Koike，pl. 1，figs. 42—44.

1995 *Icriospathodus collinsoni* Solien. －Orchard，figs. 2. 22—2. 24.

特征　同属征。

产地及层位　欧洲、亚洲，在中国主要见于江苏、安徽、青海等地区，下三叠统奥伦尼克阶司帕斯亚阶中部的带化石；上青龙组、扁担山组等，在台地相区和盆地相区均有发现。

中舟刺属　*Mesogondolella* Kozur，1988

1994 *Jinogondolella* Mei et Wardlaw.

模式种　*Gondolella bisseli* Clark et Behnken，1971

附注　*Mesogondolella* 的 Pa 分子的齿台逐渐向前收缩，多数无自由齿片，仅在较高的地层层位中，有的分子有很短的自由齿片。齿台表面光滑或有微弱的横脊或锯齿。近脊沟浅，光滑或不太光滑。齿台两侧表面为微网状微细构造。反口面龙脊浅，横断面为 V 字形。基腔长，近端生，有两个分离的基窝，被一齿沟连接。齿脊一般较低，特别是齿脊后端，前齿片相对较高。

Mesogondolella 属的 Pa 分子中，包括齿台前缘有锯齿和无锯齿的分子。Mei & Wardlaw（1994）将 *Mesogondolella* 有锯齿的类型单独命名为新属 *Jinogondolella*。但齿台前缘锯齿的有无不能作为属级的特征。Clark & Behnken（1979）甚至认为锯齿的有无不能作为种的区分标志。*Mesogondolella aserrata* 和 *M. postserrata* 两个种中都包含有锯齿和无锯齿的类型，只是两个种中有锯齿和无锯齿的类型比例不同而已。Mei & Wardlaw（1999）曾断言，在乐平统底界，*Clarkina* 取代了 *Jinogondolella*，事实上，在长兴阶同样存在带锯齿的类型（祁玉平，1997）。如按 Mei & Wardlaw（1994）建立 *Jinogondolella* 的原则，三叠系的 *Paragondolella*，*Metapolygnathus*，*Budoruvignathus* 和 *Neogondolella* 等属内的有锯齿和无齿锯的类型都将分裂成不同属，因此，王成源等（2004，2006）不采用 *Jinogondolella*。王成源（1998）已指出，Mei & Wardlaw（1996）建立的新属 *Pseudoclarkina* 同样是不成立的，它也是 *Mesogondolella* 的同义名。

王成源（2000）曾命名吉林范家屯组的本属的 4 个新种 *Mesogondolella changchunensis*，*M. jilinensis*，*M. multiserrata*，和 *M. pseudoaltudaensi*，以及 *M.* sp. A，*M.* sp. B.，*M.* sp. C，属于北温带的动物群，海水可能偏凉。因在广西的二叠纪没见到凉水型牙形刺分子，本书不予介绍。

分布地区及时代　世界性分布，早、中二叠世，主要见于中二叠世。

阿尔图达中舟刺　*Mesogondolella altudaensis* (Kozur，1992)

（图版 P—3，图 12a—b）

1994 *Mesogondolella altudaensis* (Kozur). －梅仕龙等，10—11 页，图版Ⅱ，图 1—5。

1998 *Mesogondolella altudaensis* (Kozur). －王成源等，图版Ⅰ，图 15。

2000 *Mesogondolella altudaensis* (Kozur). －王成源，图版Ⅳ，图 1，2—10。

特征 齿台中等宽度，两侧呈宽弧形，前部内侧微凹，后部内侧略收缩。齿台最大宽度位于齿台后部1/3处或略靠前，自此向后慢慢地收缩，后端钝圆，晚期标本后端变得窄圆；向前均匀、快速地收缩。齿台轻微至中等程度地向上翻卷，近脊沟中等程度深至浅。早期标本的齿台侧部较晚期标本翻卷强烈，近脊沟更深。齿台前端具微弱的锯齿或光滑无饰。齿脊内侧常向内侧弯曲，由12～17个瘤齿组成；瘤齿在齿台中、后部大部分愈合，近等高，在齿台前端略变高，并变得分离。齿台前端无自由齿片。主齿位于后端，其后具窄的齿台后缘。早期标本的主齿较大、明显，晚期标本的主齿则较小而不明显。龙脊宽，占反口面的1/2。齿槽缝状，其后端为*Mesogondolella*型基腔（梅仕龙等，1994）。

附注 当前标本与*Clarkina changxingensis*相似，是异质同形现象，Kozur（1992）推测当前种直接演化为*C. changxingensis*是不对的。

产地及层位 四川宣汉“孤峰组”顶部；广西蓬莱滩、凤山剖面，茅口组上部，*M. altudaensis*带。

无锯齿中舟刺 *Mesogondolella aserrata*（Clark et Behnken，1979）

（图版P—2，图7a—b；图版P—4，图3a—b）

2000 *Mesogondolella aserrata*（Clark et Behnken），new combination. －Wardlaw，pl. 3—3，figs. 1—16；pl. 3—5，figs. 1—7；pl. 3—10，figs. 11—17.

2004 *Mesogondolella aserrata*（Clark et Behnken）. －Wang *et al.*，pp. 477—478，figs. 3（6—22）.

2006 *Mesogondolella aserrata*（Clark et Behnken）. －王成源等，199页，图版Ⅱ，图1—3，7—24；图版Ⅲ，图7—9。

特征 *M. aserrata*居群中以无锯齿的台型分子为主，常常85%的分子为无锯齿的分子，齿台中部向前逐渐变窄，包括对称分子和不对称分子，两者的比例为1∶4。成年期个体齿脊较愈合，但多数台型分子的齿脊是由分离的瘤齿构成。比较典型的不对称的齿台后端强烈不对称，有左侧分子和右侧分子之分。

比较 此种来源于*M. nanjingensis*。与*M. nanjingensis*和*M. postserrat*相比，*M. aserrata*的多数标本不拱曲，齿台边缘也不向上翻卷。

产地及层位 北美洲、亚洲等地区，在中国见于内蒙古哲斯敖包剖面哲斯组上段，华南茅口组中下部；中二叠统沃德阶。

比斯尔中舟刺 *Mesogondolella bisselli*（Clark et Behnken，1975）

（图版P—2，图10—11）

1975 *Mesogondolella bisselli*（Clark et Behnken）. －Behnken，p. 306，pl. 1，figs. 27，31.

2006 *Mesogondolella bisselli*（Clark et Behnken）. －Chernykn，pl. ⅩⅢ，figs. 4，8.

特征 齿台对称，窄叶状。齿台最宽处近齿台后端，向前均匀地、逐渐地变窄，直到齿台前端。齿台后端浑圆至半圆，有较窄的齿台后边缘。主齿稍大，圆形，低矮。齿脊直，由圆形的、分离的瘤齿组成，向前瘤齿增高，瘤齿间距增大。齿台较平，近脊沟极浅，齿台边缘不上翘。

比较 本种齿台拱曲，齿台窄，极缓慢均匀地向前变窄。

产地及层位 北美洲、欧洲、亚洲，在中国见于华南各省，乌拉尔统萨克马尔阶上部。

格兰特中舟刺 *Mesogondolella granti* Mei et Wardlaw，1994

（图版 P—3，图 8—9）

1994 *Mesogondolella granti* Mei et Wardlaw，p. 229，pl. 1，figs. 8—12.

1998 *Mesogondolella granti* Mei et Wardlaw. －王成源等，图版Ⅱ，图 10—13，17—20。

2000 *Mesogondolella granti* Mei et Wardlaw. －Wang，pl. Ⅴ，figs. 1—7，12.

特征 以 P 分子为特征的 *Mesogondolella* 的一个种，P 分子有钝圆的后端，纤细的齿台。齿台后部两侧几乎平行，向前方逐渐变窄。主齿端生，高而大，齿脊中部几乎全部愈合。愈合的齿脊几乎是平的，侧视可见其前端和后端向下拱曲。齿台前缘两侧有锯齿。

比较 此种不同于它的先驱种 *M. xuanhanensis*，齿台后端钝圆，齿脊中部高度愈合、较平，齿台中后部两侧几乎平行。此种可能是 *Mesogondolella* 最晚期的一个种。Mei & Wardlaw（1994）建立此种时，包括了齿脊完全愈合（pl. 1，figs. 8，9，正模）和齿脊没有愈合（pl. 1，figs. 10，11）的两种类型，后者可能出现得早。此种与 *M. altudaensis* 一起可以作为茅口组最顶部的标志化石（王成源等，1998）。

产地及层位 广西蓬莱滩剖面，茅口组最顶部 *M. granti* 带。

爱德华中舟刺 *Mesogondolella idahoensis*（Youngquist，Hawley et Miller，1951）

（图版 P—4，图 8）

1966 *Gondolella idahoensis* Youngquist，Hawley et Miller. －Clark & Mosher，p. 388，pl. 47，figs. 9—12.

1975 *Neogondolella idahoensis*（Youngquist，Hawley et Miller）. －Behnken，p. 306，pl. 1，figs. 28—30.

1978 *Neogondolella idahoensis*（Youngquist，Hawley et Miller）. －Wang，pp. 220—221，pl. 2，figs. 23—26.

特征 *Mesogondolella* 的一个种，齿台中等宽，由齿台前 2/3 处向前逐渐变窄，齿台后边缘钝，呈方形。后端主齿直立。细齿向前端增大，最前的 1～2 个细齿变小。近脊沟发育。反口面龙脊窄，有“V”字形的基部齿沟。齿台表面光滑，具有网状微细构造。

比较 齿台后端钝，后缘近方形，主齿直立；反口面龙脊窄，有“V”字形基部齿沟，这是本种的重要特征。

产地及层位 北美洲、欧洲、亚洲，乌拉尔统空谷阶上部的带化石。

来宾中舟刺 *Mesogondolella laibinensis* Wang，2000

（图版 P—3，图 2a—b）

2000 *Mesogondolella laibinensis* Wang，p. 10，pl. Ⅵ，figs. 5—12.

特征 Pa 分子近于对称，齿台狭长，齿台中部近于平行，向前齿台逐渐地均匀变窄，向后收缩较快。齿台后缘近半圆形，有很窄的齿台边缘。主齿小至中等大小，主齿之前的 4～5 个细齿分离或愈合，齿脊中部细齿完全愈合，形成低矮而光滑的中、后部齿脊。固定齿脊向前方细齿增大，最前方的 1～2 个细齿较小。齿台向前逐渐变窄，延伸到固定齿片的前端。齿台上表面微网状。近脊沟宽而浅，齿台边缘微微上翘。齿台前边缘无锯齿。

比较 本种齿台前缘无锯齿，与 *M. altudaensis* 相似，但本种齿脊的中部和后部完全愈合成光滑的齿脊，齿台相对窄而长。*M. altudaensis* 的齿台相对宽，最宽处在齿台后 1/3 处。本种同样与 *M. granti* 相似，但后者齿台前边缘有锯齿，主齿明显直立。

产地及层位 广西来宾茅口组最上部，层位同 *M. altudaensis*。

满都拉中舟刺 *Mesogondolella mandulaensis* Wang, 2006

（图版 P—4，图 2a—c）

2004 *Mesogondolella mandulaensis* Wang. – Wang *et al.*, p. 478, fig. 4 (13—22).

2006 *Mesogondolella mandulaensis* Wang. – 王成源等，199 页，图版 I，图 22—24；图版 II，图 4—6；图版 III，图 12—21。

特征 P 分子以齿台拱曲、不对称、无锯齿、齿脊细齿低矮分离、主齿小为特征。

比较 此种与 *Mesogondolella phosphoriensis* 相似，可能由其演化而来，但后者齿台由中部逐渐向前收缩，齿台后边缘钝圆，近脊沟也较窄。此种同样与 *Mesogondolella changchunensis* 相似，两者齿台拱曲，无锯齿，主齿小，齿脊细齿矮、分离。本种齿台宽，中部近平行；而 *M. changchunensis* 齿台由后部逐渐向前收缩，齿台两侧中部不平行。

产地及层位 内蒙古满都拉哲斯敖包剖面，哲斯组上段下部。

南京中舟刺 *Mesogondolella nanjingensis* (Jin, 1960)

（图版 P—2，图 6a—c）

1962 *Gondolella serrata* Clark et Ethington, pp. 108—109, pl. 1, figs. 10—11, 15, 19; pl. 2, figs. 1, 5, 8—9, 11—14.

1973 *Neogondolella serrata* (Clark et Ethington). – Ziegler, p. 151, pl. 1, fig. 1.

1995 *Mesogondolella nanjingensis* (Jin). – 王成源，图版 1，图 4a—d。

特征 齿台较宽，后端宽圆，两侧微凸，齿台前缘有发育的瘤齿，近脊沟浅而宽。齿脊低，由愈合的瘤齿组成，直到齿台后端。反口面基窝抬升，有环台面，龙脊宽，均匀向前变窄。

附注 Wang & Wang (1981, p. 228) 指出，*Gondolella serrata* 是 *Gondolella nanjingensis* 的同义名，但后者的模式标本遗失。1995 年王成源在南京龙潭孤峰组选择了新的模式种（Topotype）作为 *Mesogondolella nanjingensis* 的新模式标本（Neotype）。此种是沃德阶底界的定义种。

产地及层位 北美洲、亚洲等地区，瓜德鲁普统沃德阶的带化石。

新伸长中舟刺 *Mesogondolella neoprolongata* Wang, 2004

（图版 P—4，图 1a—c）

2004 *Mesogondolells neoprolongata* Wang. – Wang *et al.*, p. 478, fig. 4 (1—12).

2006 *Mesogondolells neoprolongata* Wang. – 王成源等，199 页，图版 I，图 1—21。

特征 此种 Pa 分子的特征是：前齿片细齿高、齿脊细齿分离，主齿大、端生、后倾、超越齿台后端，齿台相对较宽，中部齿台边缘近平行。

比较 与 *Mesogondolella prolongata* (Wardlaw et Collinson, 1979) 较接近，但本种齿台相对较宽，齿脊细齿稀少，可能由 *Mesogondolella prolongata* 演化而来，出现在沃德阶上部。*Mesogondolella prolongata* 出现在沃德阶底部。

产地及层位 内蒙古哲斯敖包剖面，哲斯组上段下部。

后锯齿中舟刺 *Mesogondolella postserrata* (Behnken, 1975)

（图版 P—4，图 9—10）

1975 *Neogondolella serrata postserrata* Behnken, pp. 307—308, pl. 2, figs. 31, 32, 35.

1979 *Neogondolella postserrata* Behnken. – Clark & Behnken, p. 272, pl. 1, figs. 13—17, 21.

特征　此种是依据个体发育和齿台形态确定的。齿台对称或不对称，滴珠状至楔状，后端圆或方，齿脊由7～18个低而圆的或侧方微微扁的细齿组成。齿脊向前逐渐增高，侧方变扁。齿台前边缘有锯齿。反口面光滑，有龙脊、齿沟和环台面。

比较　本种与 *Mesogondolella nanjingensis* 相似，但本种齿台个体大，楔状，齿台后端扭转，有后边缘，前齿台内缘向内弯；反口面龙脊低而宽，基部齿沟很细。而 *Mesogondolella nanjingensis* 齿台较小，齿台向前均匀变窄，齿台前方锯齿相对少；反口面有窄而高的龙脊，有"V"字形的基部齿沟。

附注　此种的个体发育可分为3个阶段。①幼年期：齿台对称，拱曲，窄；齿台不包围后方齿脊，齿沟窄。②中年期：微微不对称，缓慢拱曲，齿台最宽处在齿台后1/3处；齿脊向前增高，齿台包围齿脊后端和主齿，形成后边缘；齿台前边缘有锯齿，限于齿台前1/2。反口面龙脊宽，楔状基部齿沟，最宽处在后部环台面处。③成年期：个体大，齿台宽，楔状，拱曲对称。齿脊细齿圆而尖，向前增高。主齿之后可能形成分叉的次级龙脊，使整个龙脊呈"Y"字形。

Wardlaw（2000）将 *Mesogondolella babcocki*，*M. denticulate*，*M. rosenkrantki* 全列为本种的同义名，扩大了本种的概念。Clark & Behnken（1979）强调，本种的Pa分子器官中齿台对称分子与不对称分子的比例与 *M. aserrata* 相同，均为1∶4。50%以上的分子齿台前边缘是有锯齿的。*M. postserrata* 的齿台后边缘近于平行，齿台后内侧边缘微微褶曲，近脊沟光滑，不同于本属其他种。*M. postserrata* 在很多方面与 *M. nanjingensis* 相似，区别在于它具有较窄的齿台，浑圆的齿台后缘，存在齿台后边缘，齿台前1/3有锯齿。

产地及层位　此种为瓜德鲁普统卡匹敦阶底部的带化石。

前宣汉中舟刺　*Mesogondolella prexuanhanensis* Mei et Wardlaw，1994

（图版P—2，图4a—b）

1994 *Mesogondolella prexuanhanensis* Mei et Wardlaw. －梅仕龙等，13—14页，图版Ⅱ，图6（?），8，10—14，16；图版Ⅲ，图1。

1994b *Mesogondolella prexuanhanensis* Mei et Wardlaw. －Mei *et al.*，p. 226，pl. 1，fig. 17.

特征　齿台狭长，中等程度拱曲，前部常明显向反口方弯曲。最大宽度位于齿台后部约1/3处略靠前，自此向后收缩变窄，向前较均匀地收缩变窄。齿台后端窄圆，后部内侧通常较外侧收缩明显，致使外侧凸圆，内侧略凹。齿台侧部窄，其宽度通常与齿脊宽度近等。齿台侧部向上中等程度翻卷，与齿脊间形成中等程度深的近脊沟。齿台前部约1/3具锯齿装饰。齿脊具14～17个瘤齿，在齿台中后部，瘤齿下部愈合，上部分离，瘤齿向前略变高，在前部变得更加分离。龙脊占反口面1/3多，扶壁较明显，缺刻通常不明显。齿槽缝状，*Mesogondolella* 型基腔（梅仕龙等，1994）。

比较　本种与 *M. postserrata* 的区别是：本种主齿端生，高而大，并与齿脊明显分离；齿台更狭长，向后收缩更明显，后端突出；齿台两侧弧形，外侧后缘与侧缘圆滑过渡，后端窄圆。本种与 *M. altudaensis* 的区别是：后者齿台较宽阔，后端钝圆，内侧后收缩不明显；主齿较小，其后方齿台后缘较发育，瘤齿较愈合。此种可能由 *M. altudaensis* 演化而来。

产地及层位　广西、四川等地区，茅口组上部 *M. prexuanhanensis* 带。

香浓中舟刺 *Mesogondolella shannoni* Wardlaw, 1994

（图版 P—3，图 10—11）

1994 *Mesogondolella shannoni* Wardlaw, pl. 4, figs. 26—27, 29—30; pl. 6, figs. 9—15; pl. 7, figs. 12—25.

1994 *Mesogondolella shannoni* Wardlaw. –Mei *et al.*, pp. 228—229, pl. 1, fig. 21.

1998 *Mesogondolella shannoni* Wardlaw. –王成源等，图版Ⅰ，图 9—12，14。

特征 以 P 分子为特征的 *Mesogondolella* 的一个种，P 分子齿台宽，微微拱曲、侧弯，最宽处在齿台后 1/3 处，由此向前逐渐变窄或在齿台前 1/4 处“夹扁”。齿台后端宽圆，有发育的边缘。齿台前方 1/4 处，齿台边缘有几个或多个锯齿。主齿高，锥状，有时与齿脊的最后一个瘤齿愈合形成大的伸长的“主齿”。齿脊的瘤齿由齿台中部向前逐步减小，然后又增大，到最前端又减小；齿台后方瘤齿有大小交替。近脊沟窄而深。反口面基穴后方有环台面。

比较 在演化上，此种介于 *M. postserrata* 和 *M. altudaensis* 之间。

产地及层位 广西、四川等地区，茅口组上部，高于 *M. postserrata* 带而低于 *M. altudaensis* 带。

亚克拉科中舟刺 *Mesogondolella subclarki* Wang et Qi, 2003

（图版 C—3，图 28—29）

2003a *Mesogondolella subclarki* Wang et Qi, p. 392, pl. 3, figs. 22, 23.

特征 齿台宽、光滑，有浑圆的后缘，并在主齿与齿台后缘之间有宽的后边缘。齿脊低，在齿台前方齿脊略高；齿台中、后部齿脊由低的、分离的瘤齿组成。

比较 此种与 *M. clarki* 相似，但在齿台后方，有宽阔的齿台后边缘，易于与 *M. clarki* 区别。

产地及层位 贵州，莫斯科阶中下部，*Mesogondolella clarki* – *Idiognathodus robustus* 带和 *Idiognathodus podolskensis* 带。

宣汉中舟刺 *Mesogondolella xuanhanensis* Mei et Wardlaw, 1994

（图版 P—2，图 9a—b）

1994 *Mesogondolella xuanhanensis* Mei et Wardlaw，14 页，图版Ⅱ，图 2—10，14。

1994 *Mesogondolella xuanhanensis* Mei et Wardlaw. –Mei *et al.*, p. 226, pl. 1, figs. 13, 18—21; pl. 2, figs. 17—23.

特征 齿台中等程度拱曲，最大宽度位于齿台后部约 1/3 处。自此向后齿台收缩变窄，并向内侧微微弯曲，齿台后端窄圆。齿台后部外侧凸圆，内侧通常收缩成一弧形至近直线形凹缺，凹缺与之前的内侧缘间的过渡通常不圆滑。齿台中、前部呈楔形，内侧前部常略凹。齿台侧部表面平坦，微向齿脊倾斜，在前部约 1/4 处具微弱的锯齿。近脊沟位于齿台平面与齿脊相交处，通常很浅或无。齿脊中前部较直，后部略向内侧弯曲。齿脊由约 20 个瘤齿组成，中、后部的瘤齿大部分愈合，中部的瘤齿常常愈合成一条脊，晚期标本大部分瘤齿愈合成平滑锋利的纵脊。主齿明显位于齿台后端，并与齿脊分开。主齿有时与前一个瘤齿融合。反口面微凹，扶壁明显，缺刻不明显至明显。龙脊占反口面 1/3 多。齿槽缝状，其后端为 *Mesogondolella* 型基腔（梅仕龙等，1994）。

比较 此种齿台轮廓与 *M. aserrata*（Clark et Behnken，1979）较相似，但后者齿台较宽，常呈泪滴状，后端宽圆，收缩不强烈；主齿之后具窄的齿台后缘；齿台前部通常较弯曲；近脊沟较明显；瘤齿融合程度高，反口面扶壁不明显。*Mesogondolella xuanhanensis* 与 *M. prexuanhanensis* 的区别是：后者齿台侧部向上翻，表面凸，两侧呈宽弧状；近脊沟明显，较深；齿脊上瘤齿更分离，不融合成平滑的齿脊；齿台前部锯齿更发育；后部缺刻不发育，主齿更大。*M. xuanhanensis* 由 *M. prexuanhanensis* 演化而来，表现为齿台宽展变平，近脊沟变浅至消失，瘤齿更加融合，主齿变小，锯齿弱化。

产地及层位 广西、四川等地区，茅口组上部，*M. xuanhanensis* 带。

米塞克刺属 *Misikella* Kozur et Mock，1974

模式种 *Misikella longidentata* Kozur et Mock，1974

特征 刺体小、短，基部强烈外张。前齿突有4~6个细齿。主齿端生，粗大或不明显。主齿后方偶有一小的细齿。向外膨大的基腔几乎占据整个反口面，并明显地向后拓宽。基腔深，多数为锥状。

分布地区及时代 欧洲，亚洲，在中国见于黑龙江那丹哈达岭，晚三叠世诺利期到瑞替期。

赫施泰因米塞克刺 *Misikella hernsteini*（Mostler，1967）

（图版T—5，图6—7；图版T—6，图12）

1995 *Misikella hernsteini*（Mostler，1967）. －王成源（见邵济安等，1995），图版9，图2。

特征 刺体小，短而高。前齿突有3个近于等大的细齿，主齿不明显；基腔深深凹入。

比较 缺少发育的主齿，不同于 *M. posthernsteini*。

产地及层位 欧洲、亚洲，在中国见于黑龙江那丹哈达岭，云南保山上三叠统南梳坝组。

后赫施泰因米塞克刺 *Misikella posthernsteini* Kozur et Mock，1974

（图版T—5，图4—5；图版T—6，图11）

1974 *Misikella posthernsteini* Kozur et Mock，p. 247，figs. 1—4.

1991 *Misikella posthernsteini* Kozur et Mock. －Orchard，p. 320，pl. 5，fig. 21.

1995 *Misikella* sp. －王成源（见邵济安等，1995），图版9，图1。

特征 刺体小，短而高。主齿位于后端，粗大，前齿突仅有两个较大的细齿。基腔膨大，深深凹入。

附注 此种是晚三叠世最高层位的带化石。Fahraeus & Ryley（1989）已为 *Misikella* 属和它的模式种 *M. longidentata* 建立了器官属种，并将其归入多成分属 *Axiothea*。这里图示的仍是形式属种。

产地及层位 欧洲、北美洲加拿大，在中国见于黑龙江那丹哈达岭，云南兰坪—思茅地层小区上三叠统。

新舟刺属 *Neogondolella* Bender et Stoppel，1965

模式种 *Gondolella mombergensis* Tatge，1965

附注 此属与其他相关属的关系争议是很大的。以前二叠纪、三叠纪的舟刺形分子都归入 *Neogondolella*。但 Kozur（1989）建立 *Clarkina* 之后，*Neogondolella* 就只限于三叠纪。现在 Orchard（2005，p. 85；Orchard & Rieber，1999）仍认为这两个属没有区别，二叠纪的舟刺形分子仍称 *Neogondolella*。这里仍将两属区分，仅三叠纪的舟刺形分

子称 *Neogondolella*。

分布地区及时代 欧洲、亚洲、北美洲和澳大利亚，在中国见于西藏、贵州、广西、四川、黑龙江等地区，三叠纪。

两分新舟刺 *Neogondolella bifurcata* (Burov et Stepanov, 1972)

（图版 T—3，图 2—3）

1972*Paragongdolella bifurcata* sp. n. p. 843, pl. 1, figs. 1—23; pl. 2, figs. 1—9; text-fig. 8.

1975*Neogondolella bifurcata* (Budurov et Stepanov, 1972). – Catalogue of Conodonts II, p. 219.

特征 齿台短，粗壮；齿台三角形，后端截切状；龙脊明显。齿片高，有些拱曲呈弓状。齿脊的最后一个细齿（主齿）是大的，并与齿台表面垂直。齿台后端的反口面宽，呈三角状。基腔小，下凹，位于后边缘。

产地层位 欧洲的匈牙利等国。中三叠统最底部，*Neogondolella bifurcata* 带的带化石。

收缩新舟刺 *Neogondolella constricta* (Mosher et Clark, 1965)

（图版 T—3，图 5a—c）

1970 *Neogondolella constricta* (Mosher et Clark). – Sweet *et al.*, p. 455, pl. 1, figs. 4, 5.

1976 *Neogondolella constricta* (Mosher et Clark). – 王成源和王志浩，407 页，图版Ⅳ，图 8—13，插图 18。

特征 个体小，齿台纤细，有些不对称，相当拱曲。最宽处在齿台中部，齿台向前逐渐收缩，向后突然收缩使齿台后端齿脊孤立，后方细齿两侧微微膨胀，但没有包围最后方细齿的后端。齿脊由 9～13 个侧方扁的、愈合的细齿组成。齿脊中部较低，两端稍高，最后的细齿较大、分离、后倾。齿台两侧微微上翘，近脊沟浅。反口面龙脊窄而高。龙脊中部有窄的齿槽。

比较 刺体小、齿台后方收缩、反口面龙脊高是本种的主要特征。齿台后方收缩，似 *Clarkina carinata*，但本种齿台窄，龙脊高，仍易于区别。

产地及层位 欧洲、北美洲和亚洲，在中国见于西藏、贵州、四川、云南、广西等地区，中三叠统安尼阶上部至拉丁阿下部，*Neogondolella constricta* – *Neogongdolella excelsa* 带中的带化石。常见于盆地相区。

伸长新舟刺 *Neogondolella elongatus* Sweet, 1970

（图版 T—3，图 4a—c）

1983 *Neogondolella elongatus* Sweet. – 田传荣等，369 页，图版 94，图 1a—c。

特征 齿台发育，近于对称，齿台外边缘近于卵圆形；齿台边缘上翘。齿台向前方收缩。自由齿片较短。齿脊较高，由近三角形的细齿组成。后齿突明显，主齿发育，指向后方，使整个刺体伸长。

比较 此种有后齿突，主齿发育、后倾，使刺体伸长，不同于本属其他种。

产地及层位 西藏聂拉木土隆，下三叠统康沙热组上部。

高新舟刺 *Neogondolella excelsa* Mosher, 1968

（图版 T—3，图 6a—c）

1983 *Neogondolella excelsa* Mosher. – 田传荣等，369 页，图版 98，图 4a—c。

特征 齿脊前方高，均匀向后变低呈瘤齿状。齿台最宽处接近齿台后端，并包围齿脊；齿台均匀向前收缩，止于前缘之后，仅有 1～2 个细齿成为自由齿片。龙脊窄，止于外张的环台面。龙脊上无齿线。

比较 此种前齿脊高，不同于 *Neogondolella navicula*。

产地及层位 欧洲、亚洲、北美洲，在中国见于西藏、广西、贵州、云南、四川等地区，中三叠统安尼阶上部至拉丁阶下部，*Neogondolella constricta* – *Paragondolella excelsa* 带中的带化石。常见于盆地相区。

鬃脊新舟刺 *Neogondolella jubata* Sweet，1970

（图版 T—3，图 1a—b）

1970 *Neogondolella jubata* Sweet，pp. 243—244，pl. 2，figs. 1—3，9—14，16.

1983 *Neogondolella jubata* Sweet. –田传荣等，369—370 页，图版 94，图 3a—c。

特征 刺体对称或不对称，高、宽、长之比为 1∶1.5∶5。具有高的、均一的冠状齿脊。齿脊由愈合的细齿组成。齿台对称，两侧上翘。近脊沟深。齿台前缘逐渐收缩、变窄，无明显的膝曲点。反口面有龙脊和齿槽。

产地及层位 亚洲、北美洲，在中国见于四川、西藏、贵州，下三叠统奥伦尼克阶上部，*Neogondolella jubata* 带的带化石。常见于盆地相。

蒙贝尔新舟刺 *Neogondolella mombergensis*（Tatge，1956）

（图版 T—3，图 7a—c）

1956 *Gondolella mombergensis* Tatge，p. 132，pl. 6，figs. 1，2.

1983 *Neogondolella mombergensis*（Tatge）. –田传荣等，368 页，图版 98，图 7。

1989 *Neogondolella mombergensis*（Tatge）. –Kozur，pl. 8，figs. 1，2；pl. 9，fig. 1.

特征 刺体较大，向上拱曲。齿台发育，后方浑圆，向前逐渐变尖，延伸到最前端，无自由齿片。齿脊不高，中部低，前后方稍高。齿脊之细齿愈合或分离，最前方的 3 个细齿较高。主齿居齿台后端，向后伸。齿台中部，近脊沟浅，向前变深。龙脊发育，宽而平，有窄的中沟，包围基窝。基窝高起，有两个很小的基窝，由深而窄的齿沟相连。

附注 反口面基窝的构造是此种的重要特征之一，以前曾被忽略。

产地及层位 欧洲、亚洲，在中国见于贵州、云南、西藏、黑龙江，中三叠统拉丁阶上部，*N. mombergensis* 带的带化石。常见化石有 *N. constricta*，*N. navicula* 等。

冠脊新舟刺 *Neogondolella regale* Mosher，1970

（图版 T—3，图 8a—c）

1970 *Neogondolella regale* Mosher，pp. 741—742，pl. 110，figs. 1，2，4，5.

1976 *Neogondolella regale* Mosher. –王成源和王志浩，407 页，图版Ⅳ，图 5—7，14；插图 17。

特征 齿台延伸于整个刺体全长，有明显的齿脊，齿脊由紧密排列的、愈合的、近于等大的细齿组成。齿台对称，边缘上卷，近脊沟较深。

比较 本种齿脊高，细齿愈合，齿台边缘上卷，不同于 *N. mombergensis*（Tatge，1956）。

产地及层位 北美洲、亚洲，在中国见于西藏、贵州等地区，中三叠统安尼阶下部，*Neogondolella regale* 带的带化石。常见于盆地相区。

新铲齿刺属 *Neospathodus* Mosher，1968

模式种 *Spathognathodus critagalli* Huckriede，1958

特征 齿片型牙形刺，具有发育的较长的前齿突和较短的后齿突，侧向上有或无侧齿肋。基腔居后，其侧面和后面有环状脊（环台面），齿槽深，或外张，有时有反基腔。

分布地区及时代 亚洲、欧洲、北美洲等，在中国见于西藏、广西、贵州、云南、青海等地区，早三叠世至中三叠世。

鸡冠新铲齿刺 *Neospathodus cristagalli*（Huckriede，1958）

（图版 T—2，图 14）

1958 *Spathognathodus cristagalli* Huckriede，pp. 161—162，pl. 10，figs. 14—15.

1970 *Neospathodus cristagalli*（Huckriede）. －Sweet，p. 9，pl. 1，figs. 18，21.

特征 齿片侧视鸡冠状，口缘拱起，细齿分离，中部细齿最长。基腔略膨大，居后端，部分翻转。前齿突底缘直，最前端细齿最短。后齿突底缘上拱。侧视，齿片中齿肋明显。

比较 此种建立时曾包括 *Neospathodus dieneri* 的分子，但两者宽、高、长的比例不同。

产地及层位 亚洲、北美洲，在中国见于西藏、广西、贵州等地区，下三叠统印度阶顶部，*Neospathodus cristagalli* 带的带化石。

迪内尔新铲齿刺 *Neospathodus dieneri* Sweet，1970

（图版 T—2，图 16a—b）

1958 *Spathognathodus cristagalli* Huckriede，pp. 161—162，pl. 10，figs. 10—13，18.

1970 *Neospathodus dieneri* Sweet，pp. 249—251，pl. 1，figs. 1，4.

特征 齿片型牙形刺，具有 4～13 个细齿。在整个生长过程中，刺体的宽、高、长之比为 1∶2∶2. 3。最高细齿位于后端或稍前。刺体底缘直，后部 1/3 至 1/2 处上翘。反口面后宽前窄，齿槽明显，基腔居后端。

比较 本种以较窄的外形轮廓和后部膨胀部分较长而区别于 *Neospathodus divergens*。本种与 *Neospathodus cristagalli* 相比是后者宽、高、长之比为 1∶3∶4。

产地及层位 亚洲、北美洲，在中国见于西藏、四川、贵州、广西、云南等地区，下三叠统印度阶顶部，*Neospathodus dieneri*－*N. kummeli* 带的带化石。

高新铲齿刺 *Neospathodus excelsus* Wang et Wang，1976

（图版 T—2，图 10—11）

1976 *Neospathodus excelsus* Wang et Wang，412 页，图版Ⅲ，图 14—16。

1983 *Neospathodus excelsus* Wang et Wang. －田传荣等，377 页，图版 97，图 6。

特征 刺体高，直或微微向侧方弯，近矩形，底缘直或微微向上拱曲。刺体宽、高、长之比约为 1∶3∶6。具有 5～7 个细齿，细齿大部愈合，顶尖分离，散射状。主齿粗大，后端生，后倾。内侧肋脊明显。基腔位于主齿之下，占底缘长度的一半。基腔不太大。

比较 齿片短、高，主齿粗大，后端生，齿片细齿近散射，这是本种的重要特征。

产地及层位 西藏，下三叠统康沙热组上段。

霍默新铲齿刺 *Neospathodus homeri*（Bender，1968）

（图版 T—1，图 8a—c，9a—b）

1968 *Spathognathodus hommeri* Bender，p. 528，pl. 5，figs. 16，18.

1970 *Neospathodus homeri*（Bender）. －Sweet，p. 245，pl. 1，figs. 2—3，9—10.

特征 刺体后 1/3 有明显的椭圆形基腔。刺体宽、高、长之比为 1∶2∶3。具有侧肋脊。成年个体有 9～11 个细齿，细齿微后倾，侧方愈合，顶尖分离。后齿突短，仅有

1～2个细齿；主齿发育，位于后端。前齿突底缘直，后部微下弯。反口面齿槽窄、浅，向后变宽，后部1/3处显著向侧方扩张，内侧基部膨大，呈椭圆形。

比较 *Neospathodus triangularis* 的基腔呈心形，不同于本种。本种与 *N. cristagalli* 的区别是缺少矮的后方细齿和有较大、较长的基腔。

产地及层位 亚洲、北美洲等，在中国见于西藏、广西、贵州，下三叠统奥伦尼克阶中部，*Neospathodus homeri*－*N. triangularis* 带的带化石。

库梅尔新铲齿刺 *Neospathodus kummeli* Sweet，1970

（图版T—2，图21a—b）

1970 *Neospathodus kummeli* Sweet，pp. 251—253，pl. 2，figs. 17—21.

1983 *Neospathodus kummeli* Sweet. －田传荣等，378页，图版80，图1，4。

特征 齿片型梳状刺体，长是高的两倍。具有5～16个近等大的细齿；底缘直或向下凸，有明显的中肋脊，肋脊在个体发育的中晚期发育成齿台状。后齿突短。

比较 本种的主要特征是细齿近等大，后齿突短，底缘下凸。

产地及层位 亚洲，在中国见于西藏、广西、贵州，下三叠统印度阶上部，*N. dieneri*－*N. kummeli* 带的带化石。此带常有 *Clarkina carinata* 产出。

巴基斯坦新铲齿刺 *Neospathodus pakistanensis* Sweet，1970

（图版T—2，图12—13）

1981 *Neospathodus pakistanensis* Sweet. －王志浩和曹延岳，367页，图版2，图27。

2006 *Neospathodus pakistanensis* Sweet. －董致中和王伟，213页，图版37，图4，5。

特征 片状刺体，宽、高、长之比为1∶2∶3。齿片上缘拱曲，侧视底缘前部很直，后部明显下弯。前齿片有7～10个细齿，短的后齿片有1～2个细齿。细齿前部微后倾，向后倾角增大。细齿下部愈合，上部分离。侧面具有不明显的中肋脊。反口面前2/3为齿槽，后1/3为膨胀的基腔。

比较 本种反口缘后端下弯，而 *Neospathodus cristagalli* 的反口缘后端上翘。两者宽、高、长的比例也不一样。

产地及层位 中国贵州、西藏、云南等地区，下三叠统印度阶最上部至奥伦尼克阶最下部，*N. pakistanensis* 带的带化石。

三角新铲齿刺 *Neospathodus triangularis*（Bender，1968）

（图版T—1，图1a—b）

1968 *Spathognathodus triangularis* Bender，p. 530，pl. 5，figs. 22，23.

1970 *Neospathodus triangularis*（Bender）. －Sweet，p. 253，pl. 1，figs. 7，8.

特征 齿片短而高，基腔三角形轮廓。

比较 此种与 *N. homeri* 的区别是基腔较宽，齿片较短。

产地及层位 亚洲、北美洲，在中国见于西藏、四川、广西等地区，下三叠统奥伦尼克阶中部，*N. homeri*－*N. triangularis* 带的带化石。*Clarkina carinata* 常见于此带。

瓦格新铲齿刺 *Neospathodus waageni* Sweet，1970

（图版T—2，图15a—b）

1970 *Neospathodus waageni* Sweet，pp. 260—261，pl. 1，figs. 11，12.

1983 *Neospathodus waageni* Sweet. －田传荣等，381页，图版94，图10。

特征 刺体片状，侧方扁，高、长之比近于1∶1，宽、高之比在较小个体中为1∶2，在较大个体中为1∶3。齿片具有7～12个近于等宽的细齿；细齿分离部分占其长度的1/2或1/3，最长的细齿位于刺体中部偏后；齿片上缘连线拱曲；前缘和后缘较直。齿片内侧平，外侧凸。中下部有较明显的肋脊。反口面齿槽前方窄而深，向后变宽、变浅，齿槽后半部膨大成基腔，明显外张。反口缘直，但后半部底缘明显上翘。

比较 此种不同于 *N. cristagalli*，其后方膨大的基腔明显向上翘，侧视刺体近方形。

产地及层位 亚洲、北美洲，在中国见于西藏、四川、广西等地区，下三叠统奥伦尼克阶下部，*N. waageni* 带的带化石。此带常见分子有 *N. dieneri*，*N. discretus* 和 *N. pakistanensis*。

尼科拉刺属 *Nicoraella* Kozur，1980

模式种 *Ozarkodina kockeli* Tatge，1956

附注 在中三叠世早期，*Neospathodus* 的基腔开始向前移，形成本属。基腔位于齿片中部偏后的位置，同时主齿也不是端生，而是靠近后端。有很短的后齿突。

分布地区及时代 亚洲、欧洲，在中国见于广西、贵州、云南、四川等地区，中三叠统安尼阶。

德国尼科拉刺 *Nicoraella germanicus*（Kozur，1972）

（图版 T—1，图 2a—c）

1983 *Neospathodus germanicus* Kozur. －田传荣等，377页，图版98，图1。

特征 齿片短，高而直，有6～10个扁平的、侧边愈合的细齿，顶尖分离。前齿片细齿由前向后逐渐增大；后齿片短而低，仅有1～2个细齿。主齿不明显。反口面基腔窄而长，位于齿片中后部，向前延伸为齿槽。

比较 *Nicoraella kockeli* 有短而粗壮的主齿，不同于本种。

产地及层位 欧洲、亚洲，在中国见于四川、广西、云南等地区，中三叠统安尼阶中部，*Nicoraella germanicus* 带的带化石。多见于台地相区。

克科尔尼科拉刺 *Nicoraella kockeli*（Tatge，1956）

（图版 T—2，图 9）

1956 *Ozarkodina kockeli* Tatge，pp. 137—138，pl. 5，figs. 13，14.

1983 *Neospathodus kockeli*（Tatge）. －田传荣等，378页，图版98，图2。

特征 齿片短而高，细齿短、宽而平，大部分愈合。前端细齿近直立，逐渐向后微斜。主齿宽大，位于后部，主齿之后有1～2个小的细齿，直立或后倾。反口面基腔狭长，最宽处位于刺体中部或中偏后的位置。

比较 *Nicoraella kockeli* 有短而粗壮的主齿，易于与 *Nicoraella germanicus* 区别。

产地及层位 欧洲、亚洲，在中国见于四川、广西、云南等地区，中三叠统安尼阶中上部，*Nicoraella kockeli* 带的带化石。常见于台地相区。

拟舟刺属 *Paragondolella* Mosher，1968

模式种 *Paragondolella excelsa* Mosher，1968

特征 P1分子，齿台长，舟形，齿台后方浑圆，向前方变尖。自由齿片无或短。反口面龙脊发育，有环台面。早期发育阶段无齿台，高的冠状齿片存在于全部生长阶段。

比较 Mosher（1968）指出，*Paragondolella* 和 *Neogondolella* 的成熟个体是相似的，但前者在个体发育的早期是没有齿台的，而后者是有齿台的。由于两者是以个体发育的早期阶段划分的，两者很难区分。有人认为前者是后者的同义名。

分布地区及时代 澳大利亚、北美洲、亚洲，在中国见于西藏、青海、云南、贵州等地区，中、晚三叠世。

斜脊拟舟刺 *Paragondolella inclinata*（Kovacs，1983）

（图版 T—6，图 9—10）

1995 *Paragondolella foliata inclinata* Kovacs，1983. －Yang，p. 133，pl. 1，figs. 21—23，26.

2002 *Neogondolella foliata inclinata*（Kovacs，1983）. －陈立德和王成源，图版Ⅲ，图3。

2005 *Neogondolella inclinata*（transitional from *polygnathiformis*）Budurov. －王红梅，图版Ⅱ，图1，8，13，19，21，23，25。

特征 固定齿脊逐渐向后变低。齿脊细齿逐渐变小；主齿不明显、齿台扁平，近脊沟很浅，有明显的后边缘。

比较 此种以齿脊向后变低，齿台扁平，近脊沟浅，有较宽的后边缘为特征。

产地及层位 贵州罗甸关刀剖面，边阳组拉丁阶上部；贵州关岭，拉丁阶上部至卡尼阶下部，竹竿坡组和瓦窑组。

马鞍塘拟舟刺 *Paragondolella maantangensis*（Dai et Tian，1983）

（图版 T—5，图 1—3）

1983 *Neogondolella maantangensis* Dai et Tian. －田传荣等，p. 370，pl. 99，figs. 11，12.

1995 *Paragondolella maantangensis*（Dai et Tian）. －Yang，p. 133，pl. 1，figs. 1—5.

1998 *Paragondolella maantangensis*（Dai et Tian）. －王成源等，图版1，图1a—b，7a—c。

特征 齿台楔形，近后端最宽，逐渐向前收缩。齿台后端一侧外凸不对称。齿台厚，表面光滑。齿脊低，在齿台中后部最低，并在齿台后部分叉，不对称地向两侧延伸。自由齿片高。反口面龙脊由前向后加宽，末端分叉；龙脊两侧较平，有明显的齿沟。

比较 本种前方自由齿片高，龙脊末端分叉，不同于 *Neogondolella diserocarinata* Wang et Wang，1981。*P. bifurcate*（Budurov et Stefanov，1972）的齿脊最后一个瘤齿较大，超出齿台后边缘，也不同于本种。

产地及层位 四川、贵州等地区，上三叠统马鞍塘组、竹竿坡组，卡尼阶下部。

瘤齿拟舟刺 *Paragondolella nodosus*（Hayashi，1968）

（图版 T—5，图 8—9）

1968 *Gladigondolella abneptis nodosa* Hayashi，p. 69，pl. 2，figs. 91—c.

1979 *Gondolella carpathica* Mock，pp. 172—173，pl. 1，figs. 1—5.

1982 *Epigondolella nodosa*（Hayashi）. －Isozaki & Matsuda，p. 109，pl. 1，figs. 1，2.

1991 *Metapolygnathus nodosus*（Hayashi）. －Orchard，p. 176，pl. 2.

1995 *Metapolygnathus nodosus*（Hayashi）. －王成源（见邵济安等，1995，110页），图版5，图2；图版6，图1。

特征 齿台形态和装饰变化较大。齿台边缘，特别是齿台前边缘，有低矮的瘤齿，瘤齿状边缘多限于齿台前1/3或1/2处。瘤齿较弱。齿台后方在幼年期个体中有收缩，成年期个体多为长方形。齿脊从不达齿台后端，有较宽的后边缘。近脊沟浅，呈长“U”字形包围齿脊。龙脊宽，基穴近后方，有明显的环台面。两个基穴之间有明显的沟相通。

比较 *P. nodosus* 与 *P. primitius* 最为相近，但后者齿台前方边缘有高的细齿。Krystyn（1980），Orchard（1989）都认为 *P. carpathica* Mock 是此种的同义名。按 Kozur（1989）的定义，特别是按反口面龙脊和基穴的特征，此种应归入 *Paragondolella*；Orchard（1991）仍将其归入 *Metapolygnathus*。此种的时限为卡尼阶上部到诺利阶下部。Orchard（1991，p. 177）将 *nodosus* 带又划分出上、中、下三个组合带。

产地及层位 黑龙江、贵州、四川等地区，上三叠统卡尼阶上部。

多颚刺形拟舟刺 *Paragondolella polygnathiformis*（Budurov et Stefanov，1965）

（图版 T—6，图 13—15）

1968 *Paragongdolella polygnathiformis*（Budurov et Stefanov）. －Mosher，p. 939，pl. 118，fig. 14.

1995 *Metapolygnathus polygnathiformis*. －王成源，图版 8，图 11。

1998 *Neogondolella polygnathiformis*. －王成源，图版 1，图 6a—c。

特征 成年期个体齿台宽、短，后端截切状或宽圆。齿台边缘明显加厚并向上翘，齿台两侧几近平行，最宽处位于齿台中后部，向前变窄。齿台前方突然降低，前槽缘发育。齿脊后端，尤其是主齿附近，明显变低、变平。齿脊高，瘤齿愈合，不达齿台后边缘。反口面环台面发育。

附注 此种幼年期至成年期变化较大，个体发育参见陈立德和王成源（2002，352 页）。此种是上三叠统卡尼阶开始的标志。

产地及层位 四川、贵州、西藏等地区，上三叠统卡尼阶下部和中部。

塔德波尔拟舟刺 *Paragondolella tadpole*（Hayashi，1968）

（图版 T—5，图 10—11）

1968 *Gondolella tadpole*（Hayashi，1968），p. 71，pl. 1，figs. 6a—c.

1995 *Paragondolella tadpole*（Hayashi，1968）. －Yong，p. 134，pl. 1，figs. 13，14，16，17.

1995 *Metapolygnathus tadpole*（Hayashi，1968）. －王成源（见邵济安等，1995，113 页），图版 6，图 7，8。

特征 齿台小于刺体长的一半，最大宽度在齿台中前部。齿台后方宽圆，两侧向上翘起，无装饰，形成宽的齿台边缘。自由齿片长而直，由末端分离的、尖的细齿组成，由前向后逐渐变低。固定齿脊由低矮的瘤齿组成，最后一个瘤齿较大，并与齿脊呈分离状态。齿脊从不达齿台后边缘。

比较 此种齿台短，后缘方圆，齿脊最后的一个瘤齿较大，不同于 *P. foliates*（Budurov，1975）。

产地及层位 贵州、四川，上三叠统卡尼阶下部；黑龙江饶河县，上三叠统诺利阶（?）。

微舟刺属 *Parvigondolella* Kozur et Mock，1972

模式种 *Parvigondolella andrusovi* Kozur et Mock，1972

特征 个体很小，无齿台或齿台很不发育。基腔仅刺体中部偏后。齿脊高，细齿分离。基穴窄缝状，反口面凹入浅。

比较 反口面凹入浅，不同于 *Misikella*，后者反口面深深凹入，膨大。

分布地区及时代 世界性分布，在中国见于黑龙江，诺利期晚期至瑞替期最晚期。

安德鲁索夫微舟刺 *Parvigondolella andrusovi* Kozur et Mock，1972

（图版 T—4，图 1—2）

1972 *Parvigondolella andrusovi* Kozur et Mock，pp. 4—5，pl. 1，figs. 11—12.

1982 *Parvigondolella andrusovi* Kozur et Mock. – Isozaki & Matsuda，pl. 4，figs. 6，7.

1983 *Parvigondolella andrusovi* Kozur et Mock. – Isozaki & Matsuda，pp. 69—71，pl. 4，figs. 1—7.

1995 *Parvigondolella andrusovi* Kozur et Mock. – 王成源（见邵济安等，1995），115 页，图版 8，图 1—9。

特征 似 *Epigondolella* 的牙形刺，但齿台极不发育，齿台上无瘤齿或细齿。极不发育的齿台仅限于刺体后 1/3 或 1/2。齿脊很高，最高细齿在中前部，后方的两个细齿急剧减小。

比较 与正模标本相比，黑龙江的标本齿脊较高，也有可能为一新种。

产地及层位 此种仅见于上诺利阶到瑞替阶。黑龙江省饶河县胜利农场迟岗山采石场上三叠统诺利阶胜利组。

粒板刺属 *Platyvillosus* Clark，Sincavage et Stone，1964

模式种 *Platyvillosus asperatus* Clark，Sincavage et Stone，1964

特征 齿台厚，圆形或椭圆形。口面具有瘤齿，横脊或光滑无饰。有前齿突，但缺少前齿片。反口面凹入，中部有小的基穴，由基穴到前端有窄的齿沟。皱边宽。

分布地区及时代 欧洲、亚洲，早三叠世。

横脊粒板刺 *Platyvillosus costatus*（Staesche，1964）

（图版 T—2，图 17—18）

1964 *Eurygnathodus costatus* Staesche，pp. 270—271，pl. 28，figs. 1—6；pl. 32，figs. 3—4；text-figs. 36—39.

1982 *Platyvillosus costatus* Staesche. – Koike，pl. Ⅴ，figs. 1—9.

1983 *Platyvillosus costatus*（Staesche，1964）. – 田传荣，391 页，图版 81，图 2。

特征 齿台轮廓圆或椭圆，有明显的前齿突，其上有几个小的瘤齿。齿台最大宽度在中部。齿台上有发育的横脊。反口面中央基穴小。由基穴到前齿突前端有一窄的齿沟。反口面有生长纹，具皱边。

比较 此种口面有规则的、粗壮的横脊，不同于 *Platyvillosus asperatus*，后者口面具不规则的瘤齿而无横脊。

产地及层位 四川、贵州、湖北、江苏、云南等地区，下三叠统印度阶狄纳尔亚阶上部至奥伦尼克阶史密斯亚阶下部的带化石。常见于台地相区。

假弗尼什刺属 *Pseudofurnishius* van Den Boogaard，1966

特征 刺体不对称。齿片长，齿片的一侧或两侧有齿台。齿片的细齿侧方扁，大部分愈合，主齿不明显。齿台上细齿圆、短。反口面反基腔明显。左侧、右侧标本镜像对称。

附注 据 Gullo & Kozur (1991) 的修正，此属同样包括没有细齿齿台的分子或没有齿台的分子。基腔位于齿台中部，杏仁状，有两个凹窝，是该属的重要特征。层位较低的种，两侧有齿台，向上逐渐演化，外齿台萎缩直到消失，内齿台发育出细齿。此属在拉丁期晚期至卡尼期早期，可分为3个带：*P. socioensis* 带，*P. huddlei* 带，*P. murcianus* 带。

分布地区及时代 此属是晚拉丁期至早卡尼期特有的化石。分布于西特提斯（Tethys）的南部，见于陆表海、盆地浮游相区和高盐、缺氧相区，有广泛的适应性。在中国可能存在于西藏和云南西部，但未发现直接的化石记录。

穆尔西假弗尼什刺 *Pseudofurnishius murcianus* van Den Boogaard, 1966

（图版 T—6，图 6）

1991 *Pseudofurnishius murcianus* van Den Boogaard. – Gullo & Kozur, p. 75, text-fig. 3e; pl. 5, figs. 3—5.

特征 齿片长，微微内弯，由侧方扁的3～10个细齿组成。内齿台居齿台的后半部，齿台上和齿台边缘发育有细齿，没有外齿台。

附注 *Pseudofurnishius murcianus* 带介于拉丁期和卡尼期之间，此带的下亚带与 *Budurovignathus mungoensis* 带的上亚带一致（Catalano *et al.*, 1990），是拉丁阶最高层位的带化石。

杨守仁（Yang, 1995）曾将此种归为 *Pseudofurnishius murcianus – Pseudofurnishius socioensis* 动物群的分子，依据的是董致中的个人通信，未见化石图影；杨守仁等（2001）在讨论三叠纪牙形古地理时，几次提到此属在滇西和西藏的存在。但笔者在现有的文献中，没有查询到此属在中国存在的图影；曾询问董致中，他肯定此属在滇西的存在，但没有照片，也没有发表。

产地及层位 西特提斯（西班牙、突尼斯、土耳其、以色列、约旦、马来西亚等地），在中国滇西和西藏可能存在。

索西奥假弗尼什刺 *Pseudofurnishius socioensis* Gullo et Kozur, 1989

（图版 T—6，图 16，17）

1991 *Pseudofurnishius socioensis* Gullo et Kozur. – Gullo & Kozur, p. 76, pl. 3, figs. 5, 6, 8; pl. 4, figs. 1—7.

特征 齿片直或微微侧弯。齿台窄，相当光滑。齿片外侧，齿台长，仅在最后端缺失齿台。齿片内侧齿台明显比外侧齿台短，仅在齿片前部或最前部存在。反口面基腔有两个凹窝，由短的齿沟连接。

附注 此种的时限极短。仅限于 *Budurovignathus hungaricus* 带的最上部至 *B. mungoensis* 带的最下部（Gullo & Kozur, 1991, text-fig. 4）。此种可能是 *Budurovignathus* 向 *Pseudofurnishius* 演化的 *Pseudofurnishius* 最早期的分子。

产地及层位 西特提斯（西班牙、突尼斯、土耳其、以色列、约旦、马来西亚等地），在中国滇西和西藏可能存在。

斯西佐舟刺属 *Scythogondolella* Kozur, 1989

模式种 *Gondolella milleri* Müller, 1956

特征 齿台相当宽，有的存在自由齿片，有的齿台连续达到齿片前端。齿台表面发育不规则的横脊或边缘细齿。齿脊由分离的、高的瘤齿或细齿组成，一直延伸至齿台后端。龙脊平，较低。基腔近于齿台和龙脊的后端。

分布地区及时代 欧洲、亚洲。此属的时限很短，仅限于早三叠世奥伦尼克期早期的上半部。

米勒斯西佐舟刺 *Scythogondolella milleri* (Müller, 1956)

（图版 T—1，图 3）

1982 *Neogondolella milleri* (Müller). -田传荣，图版 1，图 12。

1989 *Scythogondolella milleri* (Müller). -Kozur, pp. 414, 429, pl. 7, fig. 2.

特征 齿台两侧边缘有直立的、分离的细齿，它们组成的齿脊延伸到齿台后端；近脊沟深，齿台前端边缘瘤齿列有向自由齿片收敛的趋势。

产地及层位 欧洲、亚洲，中国见于西藏，下三叠统下奥伦尼克阶的上部，*S. milleri* 带的带化石。

奥泽克刺目 OZARKODINIDA Dzik, 1976

窄颚齿刺科 SPATHOGNATHODONTIDAE Hass, 1959

似锚刺属 *Ancyrodelloides* Bischoff et Sannemann, 1958

1982 *Ancryodelloides* Bischoff et Sannemann. -Murphy & Matti, pp. 13—26.

模式种 *Ancyrodelloides trigonica* Bischoff et Sannemann, 1958

特征 刺体由带细齿的自由齿片和两个前侧齿叶和一个后齿台组成。除固定齿脊和齿叶上的齿脊外，齿台是光滑的。反口面有很小的基腔。

附注 按 Bischoff & Sannemann (1958, p. 91) 的观点，此属的特征在于其 P 分子的齿叶的数目和形态。齿台除齿脊外，光滑，基部齿沟窄。实际此属除 *A. omus* 外，齿台上是有瘤齿或脊状构造的。此属至少包括 12 个种。

Ancyrodelloides 由 “*Ozarkodina*” *remscheidensis* 演化而来，最早出现在 *delta* 带底部，除 *A. transitans* 可见于 *pesavis* 带早期，全部种都只限于 *delta* 带 (Murphy & Matti, 1982, text-fig. 3, 4)。Mawson *et al*. (2003) 认为 *Lanea* 可以包括在 *Ancyrodelloides* 属内，并起源于 *Ozarkodina r. eosteinhornensis*，而 *Ozarkodina r. prosoplatys* 正是两者之间的过渡分子。

分布地区及时代 欧洲、北美洲、亚洲，在中国见于云南、内蒙古、新疆，早泥盆世。

三角似锚刺 *Ancyrodelloide delta* (Klapper et Murphy, 1980)

（图版 D—1，图 5—6）

1991 *Ancyrodelloide delta* (Klapper et Murphy). - Klapper, in Ziegler (ed.), Catalogue of Conodonts, vol. V, *Ancyrodelloide*-plate 2, figs. 2, 4.

特征 齿台不对称，齿台—齿叶在中部呈明显的三角形，齿叶中部有凹陷，向后齿台收缩变窄成三角形。齿台—齿叶边缘加厚。基腔在齿叶的下方。

附注 此种为洛赫考夫阶的带化石，在中国尚未找到。但此带的地层是存在的。王成源和张守安 (1988) 在南天山发现此带其他的牙形刺分子：*Ancyrodelloide transitans*, *A. triginocus*, *Amydrotaxis johnsoni* 和 *Ozarkodina stygia*，充分证明此带地层在中国的存在。

产地及层位 新疆南天山哈尔克山南坡存在此带的地层。

双铲齿刺属 *Bispathodus* Müller，1962

1934 *Spathodus* Branson，p. 305.

1969 *Spathognathodus* Rhodes，Austin et Druce.

1962 *Bispathodus* Müller，p. 114.

模式种 *Spathodus spinulicostatus* Branson，1934

特征 可能是一具有P分子的多成分属，P分子齿片的右侧分化出一个或多个明显分离的附生细齿或几乎是不分离的附属细齿。侧方细齿明显分离，它们可能是圆的钉状的瘤齿；横向生长的脊状瘤齿；靠脊或尖锐横脊与主齿片连接的瘤齿。基腔侧方膨大超出齿片的垂直侧面。基腔在齿片中点下方接近中部，或者由中部扩展到后端。在齿片后部左侧可能存在细齿，但它不是在右侧细齿旁孤立的存在，也不超越基腔的前方。

讨论 依据基腔的形状和大小以及附生细齿的位置和发育程度，Ziegler *et al.*（1974）简要地将此属分为两个分支：*bispathodus* 分支的种，基腔相当大，延伸到或接近于齿片后端；*aculeatus* 分支的种，基腔相当小，没有延伸到齿片后端。在附生细齿的位置上，这两个分支都表现出有些平行发展。

Bispathodus 经由 *B. stabilis*，Morphotype 2 产生 *Protognathodus*，后者有两半不对称的膨大的基腔，这种基腔逐渐过渡到不对称的齿杯，这是 *Protognathodus* Ziegler 属的特征。

由 *Bispathodus* 的几个种产生了几个相关属：*Pseudopolygnathus*，*Clydagnathus* 等。

分布地区及时代 澳大利亚、北美洲、欧洲，在中国见于贵州、广西、云南、湖南等地区，晚泥盆世晚期到石炭纪杜内期。

棘刺双铲齿刺棘刺亚种 *Bispathodus aculeatus aculeatus*（Branson et Mehl，1934）

（图版 D—7，图 8）

1934 *Spathodus aculeatus* Branson et Mehl. －p. 186，pl. 17，figs. 11，14.

1974 *Bispathodus aculeatus aculeatus*（Branson et Mehl）. －Ziegler，Sandberg & Austin，p. 101，pl. 1，fig. 5；pl. 2，figs. 1—8.

1988 *Bispathodus aculeatus aculeatus*（Branson et Mehl）. －Wang & Yin，p. 115，pl. 24，figs. 4，8，9.

1988 *Bispathodus aculeatus aculeatus*（Branson et Mehl）. －Ji *et al.*，p. 80，pl. 24，figs. 6a—7b.

特征 *Bispathodus aculeatus* 的一个亚种，其齿片前部细齿高度一致，或中部、中前部细齿最高。在基腔上方齿片中部右侧存在一个或几个附生细齿。

附注 较进化的类型，在基腔上方齿片左侧可能存在一个瘤齿、细齿或瘤齿脊。这种类型可能是向 *Pseudopolygnathus* 过渡的类型。

产地及层位 世界性分布，在中国见于广西桂林南边村组、广西靖西三联上泥盆统上部、贵州长顺睦化组等。本亚种的时限由晚泥盆世晚期 *praesulcata* 带到密西西比亚纪 *crenulata* 带。

最后双铲刺 *Bispathodus ultimus*（Bischoff，1957）

（图版 D—7，图 13）

1957 *Spathognathodus ultimus* Bischoff，pp. 57—58，pl. 4，figs. 24—26.

1962 *Spathognathodus costatus ultimus* Bischoff. －Ziegler，p. 109，pl. 14，figs. 19—20.

1974 *Bispathodus ultimus*（Bischoff，1957）. －Ziegler *et al.*，p. 104，pl. 2，fig. 12.

特征　齿台平，微微不对称，具有典型的 *bispathodus* 基腔，基腔延伸到后端，其右侧有褶皱。右侧齿列有横脊与主齿片相连。右侧齿列始于主齿片前端之后并延伸到主齿片后端。主齿片左侧发育有一列脊状瘤齿或短的横脊，始于基腔前缘并达到基腔后端。侧视，左侧的瘤齿或横脊比主齿片愈合的瘤齿列低。

比较　此种与 *B. ziegleri* 相似，但后者基腔小，左侧瘤齿列短，止于基腔后缘。此种由 *B. costatus*，Morphotype 1 演化而来。此种是上 *expansa* 带的带化石。

产地及层位　欧洲、北美洲晚泥盆世中、上 *costatus* 带，相当于上 *expansa* 带至 *praesulcata* 带，是上 *expansa* 带的带化石。中国尚未发现此种。

始颚齿刺属　*Eognathodus* Philip，1965

模式种　*Eognathodus sulcatus* Philip，1965

特征　台型牙形刺，基腔位于后方，膨大、外张、较浅。前齿片高，有细齿并与基腔上方齿脊相连。齿脊之上无中齿槽或仅有平的中齿槽（Murphy，2005，修正）。

讨论　很长时间以来，*Spathognathodus bipennatus* Bischoff et Ziegler，1957 被归入 *Eognathodus*（Klapper in Perry *et al.*，1974），因此，*Eognathodus* 属的时代为早泥盆世至中泥盆世。而实际上真正的 *Eognathodus* 只限于早泥盆世。Mawson（1993）建立了新属 *Bipennatus*，将中泥盆世有双齿列的分子归入 *Bipennatus*，并认为它来源于 *Spathognathodus palethorpei* Telford，1975，先前曾归入 *Pandorinellina*（Weddige，1997；Klapper & Ziegler，1979；Mawson *et al.*，1985；Mawson，1987）。*Eognathodus* 也有双齿列细齿，但它来源于 *Ozarkodina pandora* Murphy *et al.*。修订后的 *Eognathodus* 只限于早泥盆世布拉格期，特别是在 *E. sulcatus* 和 *E. kindlei* 两个带化石内。但这两个种，现在被归到 *Pseudogondwania* Bardashev，Weddige et Ziegler，2002。

分布地区及时代　北美洲、欧洲、亚洲、澳大利亚，早泥盆世。

槽始颚齿刺　*Eognathodus sulcatus* Philip，1965

附注　此种的特征是齿台上有两列瘤齿和一个中齿槽，依据基腔的形态和位置可分为不同的亚种。

槽始颚齿刺朱莉娅亚种　*Eognathodus sulcatus juliae* Lane et Ormiston，1979

（图版 D—2，图 1—2）

1979 *Eognathodus sulcatus juliae* Lane et Ormiston，pp. 52—53，pl. 13，figs. 14，22，23；pl. 4，figs. 6—9.

1982 *Eognathodus sulcatus juliae* Lane et Ormiston. －白顺良等，44 页，图版 6，图 12。

1983 *Eognathodus sulcatus*（Philip，1965）. －Wang & Ziegler，pl. 1，figs. 14a，b.

1994 *Eognathodus sulcatus juliae* Lane et Ormiston. －Bai *et al.*，p. 163，pl. 3，fig. 16.

特征　*Eognathodus sulcatus* 的一个亚种，基腔大，延伸到齿台后端，但基腔仅限于整个齿台后部 1/2，不膨大到刺体的后端。

附注　*Eognathodus sulcatus juliae* 以基腔只限于刺体后部的 1/2、不达刺体后端为特征；*Eognathodus sulcatus sulcatus* 的基腔卵圆形到心形，膨大到齿台的后端；*Eognathodus sulcatus kindlei* 的基腔仅限于齿台中部，向外膨胀，后端不膨大。*Eognathodus sulcatus* *juliae* 处在这三个亚种的连续演化体（evolutionary continuum）的中间。*E. sulcatus sulcatus* →*E. sulcatus juliae*→ *E. sulcatus kindlei* 构成了一个连续的演化体。此亚种被 Murphy（2005, p. 200）归属到 *Pseudogondwania*，并认为这两个种可能同属 *Pseudogondwania kindlei* 种内变异，不是两个独立的种，是一个种。

产地及层位 广西横县六景下泥盆统那高岭组，云南下泥盆统。

槽始颚齿刺金德勒亚种 *Eognathodus sulcatus kindlei* Lane et Ormiston, 1979

（图版 D—1，图 10—11）

1969 *Spathognathodus sulcatus* (Philip). – Klapper, pp. 22—23, pl. 2, figs. 36, 37, 42—47; pl. 3, figs. 16—21 (only).

1977 *Eognathodus sulcatus* Philip. – Savage, p. 282, pl. 1, figs. 5—8 (only).

1977 *Eognathodus sulcatus* Philip. – Klapper, in Ziegler, pp. 121—123, *Eognathodus*-plate 1, fig. 2 (only).

1979 *Eognathodus sulcatus kindlei* Lane et Ormiston, pp. 53—54, pl. 4, figs. 1—5, 12, 13.

特征 *Eognathodus sulcatus* 的一个亚种，膨大的基腔只限于齿台后半部的前半部。

附注 Klapper（1969, pp. 22—23）曾识别出 *Eognathodus sulcatus* 的早晚两个形态型，后来 Klapper（1977, pp. 41, 52）又将晚形态型作为 *Eognathodus sulcatus* subsp. nov.，将早形态型限定为命名亚种。本亚种与 *Eognathodus sulcatus sulcatus* 和 *E. s. juliae* 的关系，见 *E. s. juliae* 的附注。

Murphy（2005, p. 200）已将此亚种归入 *Pseudogondwania*，并区分出 4 个形态型。

产地及层位 下泥盆统布拉格阶顶部带化石。真正的此亚种在中国尚无报道。

槽始颚齿刺槽亚种 *Eognathodus sulcatus sulcatus* Philip, 1965

（图版 D—1，图 9a—b）

1965 *Eognathodus sulcatus* Philip, p. 100, pl. 10, figs. 17, 18, 20, 21, 24, 25; text-fig. 1.

1977 *Eognathodus sulcatus* Philip. – Klapper, in Ziegler, Catalogue of Conodonts, vol. Ⅲ, p. 119, *Eognathodus*-plate 1, fig. 1 (only).

特征 齿台较宽，外齿台中部向外凸，内齿台中部向内凹，内外齿台边缘均有由横向较宽的瘤齿组成的瘤齿列，两瘤齿列中间的齿槽有散乱的小瘤齿。基腔位于齿台后端，膨大到齿台后缘。前齿片前端较高，由 4~5 个细齿组成。自由齿片与齿台左侧相连。

比较 *Eognathodus sulcatus sulcatus* 的齿台中部有散乱的瘤齿，膨大的基腔扩张到齿台后端，不同于 *E. s. juliae* 和 *E. s. kindlei*。

产地及层位 下泥盆统布拉格阶下部的带化石，但比布拉格阶底界高。Murphy（2005, p. 183）建议布拉格阶底界以 *Eognathodus irregularis* 的首现为准。中国尚未发现此亚种。

奥泽克刺属 *Ozarkodina* Branson et Mehl, 1933

1933 *Ozarkodina* Branson et Mehl, p. 51.

1933 *Plectospathodus* Branson et Mehl, p. 47.

1933 *Spathodus* Branson et Mehl, p. 46.

1941 *Spathognathodus* Branson et Mehl, p. 98.

1969 *Hindeodus* Jeppsson, p. 13.

1970 *Ozarkodina* Lindström, p. 430.

1983 *Paraspathognathodus* Zhou *et al.*, p. 292.

模式种 *Ozarkodina typica* Branson et Mehl，1933

特征 （O1 分子）刺体片状，齿片直或拱曲，齿片中部具有一较大主齿，前后齿片上细齿向远端变小，细齿侧方扁、愈合或分离、缘脊锐利，主齿下方有基腔。

多成分 *Ozarkodina*，包括 P 分子、O1 分子、N 分子、A1 分子、A2 分子、A3 分子，其中 P 分子是窄颚齿刺形分子，O1 分子是奥泽克刺形分子，N 是新锯片刺形分子或同锯片刺形分子，A1 是织窄片刺形分子，A2 是指掌状分子，A3 是三分刺形分子。

Sweet（1988）将 Spathognathodontidae 科的多分子统一用 P 分子、M 分子、Sa 分子、Sb 分子、Sc 分子代表，P 分子位置可分为 Pa 分子和 Pb 分子。

附注 Klapper（1977，p. 111）讨论了 *Ozarkodina* → *Eognathodus* → *Polygnathus* 的演化关系，三属均由六分子器官构成，区别仅在于 P 分子。*Ozarkodina* 的齿脊是单列的，*Eognathodus* 的齿脊由纵向上双列或三列瘤齿组成，而 *Polygnathus* 具有发育的齿台。Murphy（2005）引用了 Eognathodontidae 科、*Gondwania* 属、*Pseudogondwania* 属，对 *Eognathodus* 属有严格的限定，还建立了 *Masaraella* 新属，后者为洛赫考夫阶上部的代表分子。

Ozarkodina 属过去所包括的内容较广，由于 *Cristeriognathus* Walliser，*Amydrotaxis* Klapper et Murphy，*Ancyrodelloides* Bischoff et Sannemann，*Flajsella* Valenzuela - Rios et Murphy 和 *Lanea* Murphy et Valenzuela - Rios 几个属的建立，*Ozarkodina* 的定义已受到很大的限定，所包括的内容已不像以前那样广泛了。Murphy *et al.*（2004）建立了新属 *Wurmiella* 和 *Zieglerodina*，前者包括 *Ozarkodina polinclinatus*，*Ozarkodina excavata*，*Ozarkodina wurmi*，后者包括 *Ozarkodina remscheidensis*。本书暂不采用 *Zieglerodina* 属。金善燏（2005）可能没有注意到 *Pandorinellina* 和 *Ozarkodina* 的区别，而将 *Pandorinellina* 的分子归入 *Ozarkodina*。

分布地区及时代 世界性分布，中奥陶世至三叠纪。

波希米亚奥泽克刺 *Ozarkodina bohemica*（Walliser，1964）

（图版 S—4，图 8）

1964 *Spathognathodus sagitta bohemica* Walliser，pl. 7，fig. 4；pl. 18，figs. 23，24（Pa element）.

1964 *Ozarkodina edithae* Walliser，pl. 26，figs. 15，16（P2 element，only）.

1977 *Ozarkodina bohemica*（Walliser，1964）. – Klapper，in Ziegler（ed.），Catalogue of Conodonts，vol. Ⅲ，p. 261，*Ozarkodina*-plate 4，fig. 1.

1985 *Spathognathodus sagitta bohemica* Walliser. – 邱洪荣，图版 2，图 1—4。

1988 *Spathognathodus sagitta bohemica* Walliser. – 邱洪荣，图版 1，图 15—17。

特征 基腔位于齿片的后方，其底边缘几乎是圆的，基腔上方的细齿愈合。

附注 *Ozarkodina bohemica* 是由 *Ozarkodina sagitta bohemica* 亚种提升为种的。它与 *Ozarkodina sagitta* 的最大区别在于基腔的轮廓几乎是圆的，基腔上方的细齿愈合并可能较低。Walliser（1964）原来命名的 *Ozarkodina sagitta* 的 3 个亚种，现在仅保留 2 个亚种：*Ozarkodina sagitta sagitta* 和 *Ozarkodina sagitta rhenana*。金淳泰等（2005，图版 1，图 13，14）图示的标本，基腔不够大，侧齿片后部可能保存不全，归入此种可疑。

产地及层位 此种在中国最早发现于西藏定日县帕卓区志留系温洛克统可德组上

部（邱洪荣，1985，1988）；四川盐边稗子田剖面，温洛克统下稗子田组上部。此种的时限是温洛克世晚期至罗德洛世早期。

布劳恩伦德奥泽克刺 *Ozarkodina broenlundi* Aldridge，1979

（图版 S—5，图 5）

1979 *Ozarkodina broenlundi* Aldridge，p. 16，pl. 1，figs. 18—25（multielement）.

1990 *Ozarkodina broenlundi* Aldridge. – Armstrong，p. 88，pl. 12，figs. 4—12（multielement）.

1996 *Ozarkodina broenlundi* Aldridge. – Wang & Aldridge，pl. 3，fig. 8（P1 element）.

2002 *Ozarkodina broenlundi* Aldridge. – Aldridge & Wang，fig. 64H（copy of Wang & Aldridge，1996，pl. 3，fig. 8）（P1 element）.

2010 *Ozarkodina broenlundi* Aldridge. – 王成源等，图版 1，图 5。

2010 *Ozarkodina broenlundi* Aldridge. – Wang & Aldridge，pp. 86—88，pl. 22，fig. 1.

特征 所有分子均有浅的局限的基腔。P1 分子为梳状分子，有一突出的主齿，主齿前有一大细齿；齿片前端的细齿高。P2 分子有密集排列的细齿和波状的反口缘（Aldridge，1979，p. 16）。

附注 *Ozarkodina broenlundi* 仅在少数的样品中发现，而且经常与 *Ozarkodina* 的其他种在一起，所以仅有 P1 分子能得到可靠的鉴定。它与 *O. waugoolaensis* 的 P1 分子有相似性，后者在主齿前也有一个突出的细齿，但在齿片前端缺少高细齿的齿冠。

在格陵兰岛北部，*Ozarkodina broenlundi* 与 *Ozarkodina guizhouensis* 同时产出，而 *O. broenlundi*最早出现的层位仅比 *Pterospathodus* 最早出现的分子低些，但可以延伸到 *P. celloni* 带。

产地及层位 贵州石阡县雷家屯剖面，秀山组下段；陕西宁强县玉石滩剖面，王家湾组；湖北秭归杨林，纱帽组最顶部的灰岩层（秭归段）。此种的时限较长，由 *Ozarkodina guizhouensis* 带经 *Pterospathodus eopennatus* 带到 *P. celloni* 带，常见于前两个带。

皱奥泽克刺 *Ozarkodina crispa*（Walliser，1964）

（图版 S—4，图 17—18；图 6.2）

1964 *Spathognathodus crispus* Walliser，pp. 74—75，pl. 9，fig. 3；pl. 21，figs. 7—13（P1 element）.

1980 *Spathognathodus crispus*（Walliser）. – 王成源，374 页，图版 1，图 1—3，14—16，19—21，24—25；插图 4（P1 element）。

1989 *Ozarkodina crispa*（Walliser）. – Walliser & Wang，pp. 114—115，tex-fig. 1；pl. 1，figs. 1—4（beta Morphotype）；5—8（gamma Morphotype）；9—13（delta Morphotype）；14—16（Morphotype indet）（P1 element）.

2001 *Ozarkodina crispa*（Walliser），Morphotype beta Walliser et Wang，1989. – 王成源，图版 1，图 1—5（P1 分子）。

2010 *Ozarkodina crispa*（Walliser）. – Wang & Aldridge，p. 88，pl. 22，figs. 6—19（multielement）.

特征 *Ozarkodina crispa* 的 P1 分子具有不对称的、宽阔膨大的基腔。齿片口缘在整个齿片都是直的或其前端高些，有或无中齿槽，齿片终止于基腔的后缘或后缘的前方（Walliser & Wang，1989，p. 114，扩展了原来 Walliser（1964，p. 75）的定义）。

附注 这是罗德洛统最上部全球广泛分布的标准化石种。P1 分子齿片后缘侧视特别直立，缓凹或向后倾。依据华南的材料，Walliser & Wang（1989）将 *Ozarkodina crispa* 的 P1 分子区分出不同形态型：α 形态型在齿片的口缘无任何沟槽；β 形态型口缘有连续的中齿槽；γ 形态型的齿片厚，有连续的、宽的中齿槽且在基腔的正上方有加宽的刻槽；δ 形态型在齿片的后方中齿槽不连续，有一个收缩，使中齿槽中断并产生很短、很窄的脊。P2 分子和枝形分子与 P1 分子经常同时出现，这些分子应属于同一器官。P2 分子长，有几乎是直的或凹的反口缘，细齿纤细、密集，向后倾斜。枝形分子有沿齿突的反基腔的条带并具有高的、间距宽的细齿，细齿间偶尔插有小的细齿，有些细齿大小交替。四川广元所谓的 *Spathognathodus crispus*（钱泳臻，见金淳泰等，1992，61—62 页，图版 3，图 13，17）应归入 *Ozarkodina snajdri*（Walliser，1964）。层位比 *O. crispa* 带的层位低。

产地及层位　此种在华南广泛分布。云南曲靖志留系罗德洛统至普里道利统关底组、妙高组和玉龙寺组；四川二郎山地区洒水岩组和麻柳桥组的下部。此种同样发现在甘肃、西藏。

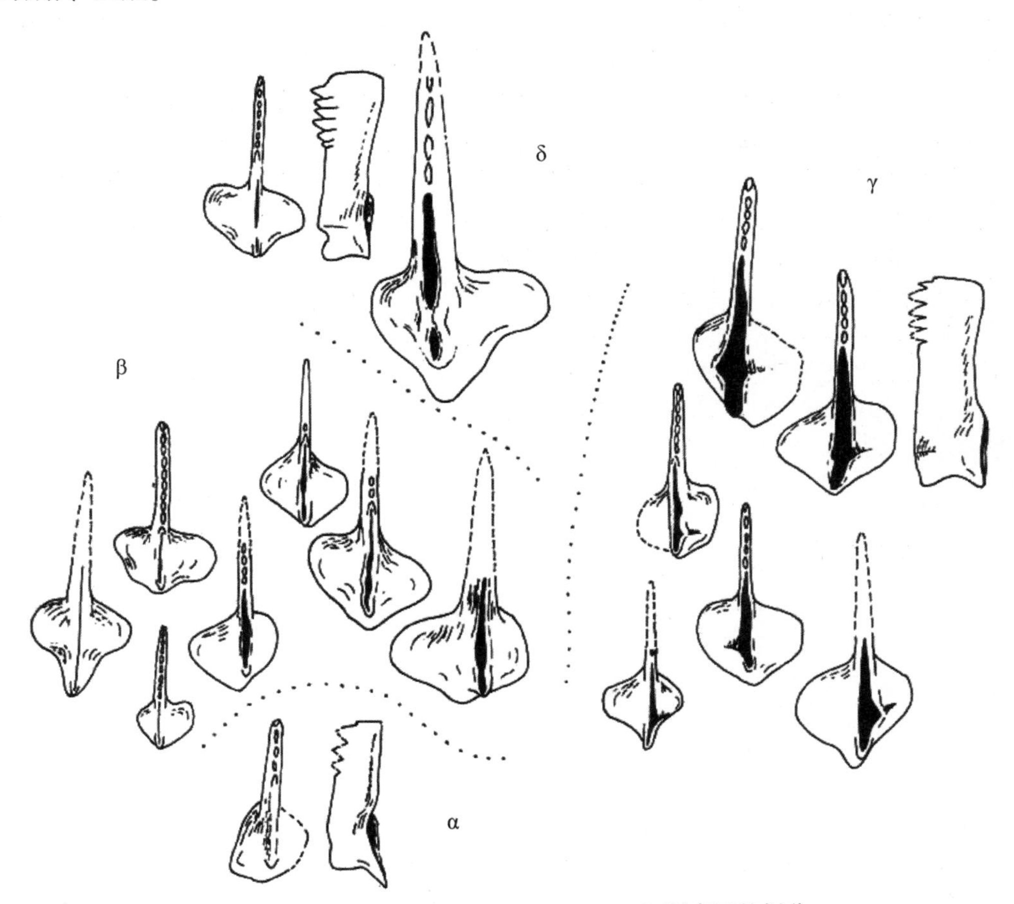

图 6.2　*Ozarkodina crispa*（Walliser，1964）形态型的划分

（据 Walliser & Wang，1989，p. 115，text-fig. 1）

原始施泰因豪"奥泽克刺"　　"*Ozarkodina*" *eosteinhornensis*（Walliser，1964）

（图版 S—4，图 9—11）

1964 *Spathognathodus steinhornensis eosteinhornensis* Walliser, p. 85, pl. 20, figs. 19—21 (upper specimen = holotype), 22 (only); nont 21 (lower specimen).

non 1988 *Ozarkodina remscheidensis eosteinhornensis* (Walliser). –邱洪荣，图版 3，图 7—18。

1989 *Ozarkodina steinhornensis eosteinhornensis* (Walliser). –Jeppsson, p. 28, pl. 2, figs. 1—4 (Pa element); pl. 3, fig. 10 (Pb element).

2004 New genus W *eosteinhornensis* (Walliser). – Murphy *et al.*, p. 16, pl. 2, figs. 45—47; pl. 3, figs. 33—35 (Pa elements).

non 2005 *Ozarkodina remscheidensis eosteinhornensis* (Walliser). – 金淳泰等，图版 II，图 18。

特征 Pa 分子具有大的基部台形齿叶（基腔），位于 Pa 分子的后半部；后齿沟楔形，后端开口，一般在 1～2 个台形齿叶（platform lobes）上装饰有一个齿脊或细齿；在主齿区域细齿常常愈合并变钝（Murphy *et al.*, 2004）。

附注 Murphy *et al.*（2004）以 *Spathognathodus eosteinhornensis* Walliser 为模式种建立了新属 *W*，并认为他们命名的另一个新属 *Zieglerodina* 和新属 *W* 都起源于罗德洛世。新属 *W* 与早泥盆世的 *Criteriognathus* 的区别在于 Pa 分子的基部台形齿叶（basal platform lobes）的形态和 Sa 分子缺少后齿突；与 *Ozarkodina* Branson et Mehl, 1933 的区别在于基部台形齿叶位置偏后，一般比较大，白色物质分布较浅；与 *Wurmiella* 的区别是在 Sb 和 Sc 分子中，细齿大小交替，Pa 分子台形齿叶较大，近方形，位置比较偏后方，*Wurmiella* 的 Pb 分子有较高的主齿；与 *Zieglerodina* 的区别是有大的、近方形的、偏后的、有装饰的基部台形齿叶以及过渡系列分子在细齿基部有棱凸，但无波状起伏的后齿突。这些区别，笔者认为还不足以作为属级的差别，暂时仍将 *eosteinhornensis* 保留在 *Ozarkodina* 属内，但今后也可能成为独立的属。

特别值得指出的是，中国的不少文献中都有 *eosteinhornensis* 存在的记录，但都不是真正的 *eosteinhornensis*，因为台形齿叶上都缺少齿脊或细齿。Walliser（1964）在建立 *Spathognathodus steinhornensis eosteinhornensis* 时，包括了齿叶上有细齿和无细齿的不同类型，经 Jeppsson（1989, p. 28）修订，*eosteinhornensis* 只限于齿叶上有细齿或脊的类型，齿叶上光滑的类型多数属于 *remscheidensis* 或其他种的 Pa 分子。而 Murphy *et al.*（2004, p. 12）又以 *Spathgognathodus remscheidensis* Ziegler, 1960 为模式种建立了新属 *Zieglerodina*。

Murphy *et al.*（2004）认为 *eosteinhornensis* 可分出 3 个形态型。Walliser（1964）认为 *eosteinhornensis* 的时限是整个普里道利世；Jeppsson（1988, p. 24）则认为 *eosteinhornensis* 的时限只限于普里道利世的早期；Murphy *et al.*（2004, p. 17）认为此种的时限由普里道利世一直延伸到洛赫考夫期的早期。

eosteinhornensis 常常被作为 *steinhornensis* 的亚种，但 *steinhornensis* 齿片上的细齿几乎无大小的分化，细齿密集，上方口缘直，是早泥盆世的种，现在已被归属到 *Pandorinellina* 属内（Klapper, 1973）。

邱洪荣（1988，图版 3，图 7—18）图示的标本并不具备 *eosteinhornensis* 的特征，但包含有 *remscheidensis* 的标本（图版 3，图 10，12，16，17），其中图 15 肯定是早泥盆世的 *Lenea*。邱洪荣的标本包括 3 个采集号，有的是志留纪的，有的是泥盆纪的。图版说明中，并未说明采集号与图版号的关系。

产地及层位 虽有几篇文章报道在云南和西藏发现 *eosteinhornensis*，但那些标本的齿叶上都没有细齿或齿脊。严格地讲，至今在中国还没有发现此种。在西藏和云南等地很有希望发现真正的 *eosteinhornensis*。

优瑞卡奥泽克刺 *Ozarkodina eurekaensis* Klapper et Murphy, 1975

（图版 D—1，图 12—13）

1975 *Ozarkodina eurekaensis* Klapper et Murphy, pp. 33—34, pl. 5, figs. 1—17 (multielement).

特征　（P分子）齿片—齿脊相对较高，由密集的细齿组成。前齿片较高，中部齿片上缘较平，后齿片向后倾斜变低。中部的1/3齿片的细齿全部愈合，形成几乎水平的口缘。基腔膨大，卵圆形，比刺体后半部还大些。

比较　本种齿片中部口缘水平，前齿片高，不同于 *Ozarkodina sagitta rhenana*（Walliser，1964）。

附注　此种曾作为早泥盆世早期第二个带化石，但后来发现它的时限与 *Caudicriodus woschmidti hesperius* 的时限有些重叠（Murphy & Matti，1983，p.7）。此种仅发现于北美洲。

产地及层位　北美洲早泥盆世牙形刺第二个带化石，在中国尚未发现。

贵州奥泽克刺　*Ozarkodina guizhouensis*（Zhou，Zhai et Xian，1981）

（图版S—1，图6—9）

1981 *Spathognathodus guizhouensis* Zhou，Zhai et Xian. –周希云等，137页，图版2，图3—4（P1 element）。

1983 *Spathognathodus guizhouensis*. –周希云等，296页，图版68，图5a—b（P1 element）。

1996 *Ozarkodina guizhouensis*（Zhou *et al.*）. –Wang & Aldridge，pl. 3，fig. 1（P1 element）.

2002 *Ozarkodina guizhouensis*（Zhou *et al.*）. –Aldridge & Wang，fig. 64A（copy of Wang & Aldridge，1996，pl. 3，fig. 1）（P1 element）.

2010 *Ozarkodina guizhouensis* Zhou，Zhai et Xian. –Wang & Aldridge，pp. 88—90，pl. 23，figs. 1—14.

特征　所有分子都是强壮的，有很浅的基腔和窄缝状的齿槽，基腔在齿突下方部分翻转。P1分子通常拱曲，细齿几乎愈合到尖部。后齿突比前齿突短得多。P2分子、M分子和S分子有很突出的主齿；S1—2分子和S3—4分子扭曲；So分子有短的具细齿的后齿突。

附注　*Spathognathodus luosuichongensis* Zhou et Zhai（1983，图版68，图7）具有与 *O. guizhouensis* 的P1分子相似的、拱曲的、均一的齿式和翻转的基腔，但是比较小；它可能代表同一种的幼年期标本。周希云等（1981，138页，图版2，图10—11）的 *S. robustissimus* Zhou *et al*. 可能是同种。与倪士钊（1987，424页，图版62，图4）所图示的 *Ozarkodina ziguiensis* Ni 的标本也很相似，但相较于典型的 *O. guizhouensis* 的标本，它的反口缘不太拱曲，细齿较少。周希云等（1981，图版2，图26—27）、周希云和翟志强（1983，图版67，图11）图示的 *Ozarkodina duyunensis* Zhou *et al*. 的标本是强壮的、有明显反转的基底边缘，似乎是 *O. guizhouensis* 的P2分子的标本。

Spathognathodus luomianensis Zhou *et al*.（1981，137页，图版2，图16—17）是一个强壮的P1分子，与 *O. guizhouensis* 的P1分子相似，但是是直的，沿反口缘大部分有退缩的基腔，似乎代表不同的种。*Spathognathodus jigulingensis* Zhou et Zhai（1983，296页，图版68，图10，a—b）也同样是直的，有长的退缩的基底边缘，可能是 *S. luomianensis* 的同义名。

产地及层位　贵州，秀山组的下部（周希云等，1981，1985）；陕西宁强，王家湾组（丁梅华和李耀泉，1985）；四川上寺，磨刀垭组（刘殿生等，1993）、韩家店组（周希云和余开富，1984）；四川二郎山南部泸定县兴隆乡，兴隆组；二郎山东部天全县两路乡龙胆溪，长岩子组。

哈斯奥泽克刺（亲近种）*Ozarkodina* aff. *hassi*（Pollock *et al.*，1970）

（图版 S—1，图 1—5）

aff. 1970 *Spathognathodus hassi* Pollock *et al.*，p. 760，pl. 111，figs. 8—12（P1 element）.

aff. 1990 *Ozarkodina hassi*（Pollock，Rexroad et Nicoll）. －Armstrong，pp. 92—94，pl. 13，figs. 10—12，14—16 [not fig. 13]（multielement）.

aff. 2002 *Ozarkodina hassi*（Pollock，Rexroad et Nicoll）. －Zhang & Barnes，p. 28，figs. 13. 31—13. 37（multielement）.

2010 *Ozarkodina* aff. *hassi*（Pollock *et al.*）. －Wang & Aldridge，pp. 90—91，pl. 23，figs. 15—27.

描述 Po 分子为梳状分子。齿片直或微微弯曲。前齿突比后齿突长，有 4～7 个细齿，细齿在成年期标本上是愈合的，在幼年期标本上是分离的。主齿突出，向后倾斜。后齿突短，有 2～4 个部分愈合的细齿。所有细齿的侧方都是扁的。基腔小而浅，在主齿之下有锐利的顶尖。

附注 贵州的材料与早先归属到 *O. hassi* 的标本有几点不同。与正模标本相比，P1 分子和关联标本的细齿数量较少，不太密集（Pollock *et al.*，1970，pl. 111，figs. 8—12）。与被 Pollock *et al.*（1970，pl. 113，figs. 1—4）归属到 *O. edithae* 的标本相比，P2 分子同样细齿较少，细齿不太密集，前齿突上细齿的顶尖未形成一直线。贵州的标本比较接近 Armstrong（1990，pl. 13，figs. 10—12）图示的格陵兰的标本。由于与模式标本有区别，这里未将其归入 *O. hassi*，但可以相信它们是同种的，目前还没有足够的材料将它们定义为一个独立的种。

产地及层位 贵州省石阡县雷家屯剖面，观音桥层。

肥胖奥泽克刺 *Ozarkodina obesa*（Zhou，Zhai et Xian，1981）

（图版 S—1，图 10—13）

1981 *Spathognathodus guiyangensis* Zhou，Zhai et Xian. －周希云等，137 页，图版 2，图 5—6（P1 element）。

1981 *Spathognathodus obesus* Zhou，Zhai et Xian. －周希云等，137 页，图版 2，图 18—19（P1 element）。

1983 *Paraspathognathodus obesus*（Zhou，Zhai et Xian）. －周希云和翟志强，293 页，图版 68，图 13a—b（P1 element）。

1987 *Paraspathognathodus guiyangensis*（Zhou，Zhai et Xian）. －安泰庠，201 页，图版 32，图 9—10（P1 element）。

2010 *Ozarkodina obesa*（Zhou，Zhai et Xian）. －Wang & Aldridge，pp. 92—93，pl. 24，figs. 1—6.

特征 P1 分子在齿片最前端有一明显的很大的细齿，主齿和其他细齿近于等大，前方细齿和邻近的细齿之间无间隔（gap），细齿列与反口缘近于平行，高度向后端有些减小，主齿不明显。在接近后方处有 1～3 个相当大的细齿。所有分子都有小的、浅的基腔。基腔长而浅，窄缝状，向前端张开较宽。

附注 1981 年，周希云等命名了一个新的形式属：*Paraspathognathodus*，包括两个形式种 *P. obesus* 和 *P. guiyangensis*。周希云等（1983）以 *Spathognathodus obesus* 作为这个新属的模式种。这两个形式种之间的基本区别是 *P. obesus* 比较强壮，有较少的细齿和不太伸长的基腔，这些差别相对较小，并显现出过渡性，可能只与标本的大小有关，所以，Wang & Aldridge（2010）认为这两个种是同义名。建议保留种名“*obesa*”，因为它曾是 *Paraspathognathodus* 属的模式种的种名。但是现在此种应当归入 *Ozarkodina* 属，如果将来谱系分析表明这个种属于一个特殊的分支，*Paraspathognathodus* 就将是这个分支中有效的属名。

此种与 *O. wangzhunia* 的 P1 分子相似，后者同样有突出的前方细齿，虽然不太宽，较直立，但是在细齿列的拱曲的上缘和前方细齿与其临近细齿之间的分离的特征上，两者显然是不同的。*O. obesa* 的幼年期标本可能比较接近 *O. wangzhunia*，特别是在细齿列上缘的拱曲方面，与 Männik（1983，fig. 5R）图示的 *Ozarkodina* aff. *broenlundi* 的 Pa 分子的标本显然也有关系，后者有与 *O. obesa* 的 P1 分子非常相似的齿式。然而它的前方细齿强烈向后倾斜，并在细齿列下方有强壮的侧凸棱，所以目前未将其包括在 *O. obesa* 的同义名中。Männik（2002）将他的标本鉴定为 *O. guiyangensis*。

产地及层位 贵州石阡县雷家屯剖面，香树园组和雷家屯组，乌当上高寨田群（周希云等，1981，1983）和遵义韩家店组（安泰庠，1987）；云南东北部大关县黄葛溪剖面，黄葛溪组。

拟哈斯奥泽克刺 *Ozarkodina parahassi*（Zhou，Zhai et Xian，1981）

（图版 S—1，图 14—23）

1981 *Spathognathodus parahassi* Zhou，Zhai et Xian. –周希云等，138 页，图版 2，图 1—2（P1 element）。

1983 *Ozarkodina wudangensis*（Zhou，Zhai et Xian）. –周希云和翟志强，289 页，图版 67，图 14a—b（P1 element）。

1983 *Spathognathodus parahassi* Zhou，Zhai et Xian. –周希云和翟志强，298 页，图版 68，图 9a—b（P1 element）。

2010 *Ozarkodina parahassi*（Zhou，Zhai et Xian）. –王成源等，图版 1，图 4，6。

2010 *Ozarkodina parahassi*（Zhou，Zhai et Xian）. –Wang & Aldridge，pp. 93—94，pl. 24，figs. 9—25.

特征 P1 和 P2 分子前齿突和后齿突都有明显的主齿和相对少的细齿。在 P1 分子前端的细齿比主齿附近的细齿大而高，但未形成明显的齿冠。主齿之下的基腔外张，有矛状的齿唇。

附注 P1 分子的前齿突和后齿突的相对长度是变化的，这表明可能包括被周希云等（1981）归属到 *Spathognathodus parahassi* 和 *S. wudangensis* 类型的标本。周希云等（1983，图版 2，图 14—15）图示的 *O. wudangensis* 的正模的细齿是不清楚的，但基腔的形状与当前的标本很相似，后方细齿的定向是相对直立的。

P1 分子与 *O. hassi* 的 P1 分子很相似（Pollock *et al.*，1970，pl. 111，figs. 8—12），有明显的主齿和矛形的基腔，不同之处在于前齿突有很少的细齿；与 *O. parainclinata* 同样很相似，两者可能是同义名，但是依据 *O. parainclinata* 有低的前方细齿和比较延伸的、不太向侧方膨大的齿唇是可以区别的；与 *O. pirata* 也有些相似，两者可能在同一样品中遇到，但是，*O. pirata* 的 P1 分子的主齿不够明显，细齿的高度向前后方的远端减小。

产地及层位 贵州石阡雷家屯剖面，雷家屯组；云南大关县黄葛溪剖面，黄葛溪组；贵州乌当剖面上高寨田群（周希云等，1981）；四川二郎山南部兴隆乡罗圈湾，志留系兰多维列统马场坡组歪嘴岩段（喻洪津，1989）。此种在华南见于 *Ozrkodina guizhouensis* 生物带上部和 *eopennatus* 生物带。

拟倾斜奥泽克刺（比较种）

Ozarkodina cf. *parainclinata*（Zhou，Zhai et Xian，1981）

（图版 S—2，图 8—9）

cf. 1981 *Spathognathodus parainclinatus* Zhou，Zhai et Xian. –周希云等，138 页，图版 2，图 8—9（P1 element）。

? 1987 *Spathognathodus* cf. *parahassi* Zhou，Zhai et Xian. –安泰庠，203 页，图版 32，图 20（P1 element）。

2010 *Ozarkodina* cf. *parainclinata*（Zhou，Zhai et Xian）. –Wang & Aldridge，pp. 94，96，pl. 25，figs. 1—12.

附注 一般本种大的标本都是与 *O. pirata* 的标本在一起，并有一些相同的特征，特别是在 P1 分子总的形态上相似。然而，这些标本似乎代表一个独特的器官。其 P1 分子是长的，有直的反口缘，沿反口缘的后半部有反基腔的窄带。其特征总的来说与周希云等（1981，138 页）描述的“*Spathognathodus*”*parainclinata* 一致，前端钝而圆，后端尖，主齿凸出，但并不强壮，也不大，位于距后端齿片长的 1/3 处；前齿片高，后齿片低。稍有不同的是有些标本细齿的数量较多并有反基腔。周希云等（1981，pl. 2，figs. 8—9）的图示未清楚地显示出基腔的构造，不能确认与本种间存在不同。目前只是简单地将 Wang & Aldridge（2010）的标本与 *parainclinata* 的正模对比。这些标本与 *O. guizhouensis* 也有很多相似性，基本的区别是后者的 P1 分子有凹入的底缘。这里归入 *O.* cf. *parainclinata* 的标本也可能代表 *O. guizhouensis* 的早期类型。

其他分子是完全不同于 *O. pirata* 的器官中相对应的分子的，所有分子都显示沿反口缘有反基腔的区域。P2 分子较长，较强烈地拱曲，并有较多的细齿。典型的 P2 分子在前齿突有 5~6 个细齿，在后齿突有 4~5 个细齿。M 分子在主齿下有锐角状的反口缘，主齿高并有些扭转。S 分子的细齿比较强壮，有些分离。

被喻洪津（金淳泰等，1989，图版 7，图 14a，b）归入 *Ozarkodina yanheensis* Zhou et Zhai，1983 的两个标本与 *O.* cf. *parainclinata* 很相似。安太庠（1987，图版 32，图 20）图示的 *S.* cf. *parahassi* 的标本是破损的，未显示出 *O. parahassi* 的 P1 分子明显的主齿，细齿的情况与 *O.* cf. *parainclinata* 相似，但是基腔显现是相当外张的。

产地及层位 贵州省石阡县雷家屯剖面，雷家屯组（样品，Shiqian 8，9）。

拟薄片状奥泽克刺 *Ozarkodina paraplanussima* (Ding et Li，1985)

（图版 S—2，图 10—11）

1985 *Spathognathodus paraplanussimus* Ding and Li. －丁梅华和李耀泉，17 页，图版 1，图 30（P1 element）。

1996 *Ozarkodina planussima*（Zhou *et al.*）. －Wang & Aldridge，pl. 4，fig. 8（P1 element）.

2002 *Ozarkodina planussima*（Zhou *et al.*）. －Aldridge & Wang，fig. 65H（copy of Wang & Aldridge，1996，pl. 4，fig. 8）（P1 element）.

2010 *Ozarkodina paraplanussima*（Ding et Li）. －王成源等，图版 1，图 3。

2010 *Ozarkodina paraplanussima*（Ding et Li）. －Wang & Aldridge，pp. 96，98，pl. 25，figs. 13—27.

特征 P1 分子特别薄，侧方表面平，反口缘直到微微凸起，侧方表面下部有一凹槽与反口缘平行，基腔位于中部，微微扩张，口缘有 10~15 个细齿，具有明显的齿线（据丁梅华和李耀泉，1985，17 页修订）。

附注 本种 P1 分子与 *Ozarkodina planussima*（*Spathognathodus planussimus* Zhou *et al.*，1981，p. 138，pl. 2，fig. 7）的 P1 分子很相似，但是后者有 18~20 个细齿，此处标本典型地仅具有 10~13 个细齿。原来描述的 *Spathognathodus paraplanussimus* 模式种和一个完整的标本有 15 个细齿，不同于丁梅华和李耀泉（1985，18 页）依据细齿数目和缺少反口缘线所描述的 *S. planussimus*。周希云等（1981）所提供的图片中细齿并不清楚，所以这两个种可能是同义名。然而，Wang & Aldridge（2010）所研究的标本与 *O. paraplanussima* 的描述非常一致，所以 Wang & Aldridge（2010）将其归入这个种。与 P1 分子在一起的枝形分子数量很少，在不同的样品中形态也不同，所以这个器官的组成仍然不清。特别是与 So 分子组合在一起的标本，包括有或无后齿突的标本，可能不同于 *O. paraplanussima* 的器官。器官组合中的 M 分子在不同的样品中有不同的细齿，可能只是显示种间变异或者是归属错误的结果。

产地及层位 贵州省石阡县雷家屯剖面，秀山组上段；陕西省宁强县玉石滩剖面，宁强组神宣驿段；四川省广元宣河剖面，神宣驿段下部；贵州凯里，洛棉组（周希云等，1981）；湖北秭归杨林，纱帽组顶部灰岩层（王成源等，2009）。*Pterospathodus eopennatus* 带。

水盗奥泽克刺 *Ozarkodina pirata* Uyeno et Barnes，1983

（图版 S—2，图 1—4）

1970 *Ozarkodina* sp. nov. B. –Pollock *et al.*, p. 757, pl. 113, figs. 9—11 (P1 element).

1983 *Ozarkodina pirata* Uyeno et Barnes, p. 21, pl. 1, figs. 16—17, 21—25; pl. 2, figs. 12—13, 19—24, 26—28 (not fig. 25) (multielement).

1990 *Ozarkodina pirata* Uyeno et Barnes. –Armstrong, p. 94, pl. 13, figs. 20—23; pl. 14, figs. 1—5, 7—8 (not fig. 6) (multielement).

2002 *Ozarkodina pirata* Uyeno et Barnes. –Zhang & Barnes, p. 29, figs. 12. 1—12. 17 (multielement).

2010 *Ozarkodina pirata* Uyeno et Barnes. –Wang & Aldridge, pp. 98, 100, pl. 26, figs. 1—12.

特征 Pa 分子有直的下边缘轮廓，有小的收缩的基腔，7~10个不等大的细齿，细齿形成凸起的上边缘。Pb 分子大体上与 Pa 分子相似，但它的下边缘微微至中等程度拱曲。所有分子都相对小（Uyeno & Barnes，1983，p. 21）。

附注 这个种原来所囊括的形态定义比 Armstrong（1990，p. 94）修订的定义好，虽然后者正确地注意到 P1 分子的基腔是窄的、齿槽状的。中国的 P1 分子非常像加拿大魁北克 Anticosti 岛的典型标本（Uyeno & Barnes，1983，pl. 1，fig. 24；pl. 2，figs. 12—13），但 P2 分子有较明显的主齿。其他分子非常接近模式标本产地的分子，除此之外，So 分子两个侧齿突间的齿拱是比较尖的，就像 S1、S2 分子的齿拱那样；So 分子的细齿同样是比较紧密的。

O. pirata 的 M 分子和 *Pseudolonchodina fluegeli* 的 M 分子是不能有效地区分开来的，在 Wang & Aldridge（2010）器官种各分子的统计表中，一些标本的鉴定可能是有误的。

Zhang & Barnes（2002）包括了一些被 Pollock *et al.*（1970，pl. 113，figs. 5—8，15—20，22—24；pl. 114，figs. 13—14）列为 *O. pirata* 的同义名的标本。Wang & Aldridge（2010）对包括在内的多数分子持保留态度，特别是 P1 分子，如 *Ozarkodina* sp. nov. A（Pollock *et al.*，1970，pl. 113，figs. 5—8）。这些分子与典型的 *O. pirata* 相比，有比较宽的张开的基腔，反口缘脊更像三角形。Zhang & Barnes（2002，p. 30）注意到，他们的标本显示出不同的个体发育阶段，包括典型的 *O. pirata* 和 *O.* sp. nov. A 的形态分子，但是他们仅是说明，并未出示任何可以与后者对比的标本。事实上，被 Pollock *et al.*（1970）归到 *Ozarkodina* sp. nov. B 的标本更像 *O. pirata* 的 P1 分子。他们图示的其他一些标本可能也属于 *O.* sp. nov. A，这个问题的解决需要重新审查 Pollock 等采集的标本。

产地及层位 贵州石阡县雷家屯剖面，雷家屯组。

累姆塞德“奥泽克刺” “*Ozarkodina*” *remscheidensis*（Ziegler，1960）

（图版 S—4，图 12—15）

1960 *Spathognathodus remscheidensis* Ziegler，p. 194，pl. 13，figs. 1，2，4，5，7.

1985 *Ozarkodina remscheidensis remscheidensis*（Ziegler）. –邱洪荣，图版 1，图 20。

1985 *Ozarkodina remscheidensis remscheidensis*（Ziegler）. –王成源，155 页，图版 2，图 22，26。

2004 *Zieglerodina remscheidensis*（Ziegler）. – Murphy *et al.*，figs. 3. 4—3. 8，3. 11，3. 20—3. 25，（?）3. 14—3. 16，3. 19（multielement）.

2005 *Ozarkodina remscheidensis remscheidensis*（Ziegler）. –金淳泰等，图版 Ⅱ，图 9，10，12—15。

特征 Pa 分子齿片口视直或微弯，齿片细齿分化，高度不等。前齿片最前端无或有不多于 3 个小至中等大小的细齿，前齿片的前方有 1 个大的、高而宽的细齿，4～7 个不等大的、较小的细齿，基腔上主齿高而宽。后齿片有 6～7 个细齿，大小不同，下缘直，拱曲或“S”形。基部台形齿叶占据齿片长的 1/4，始于长度中点稍前的地方，无装饰。成熟个体的基部台形齿叶宽，心形，齿沟迅速向后方变尖，基部齿沟侧边平行。齿片长为高的 5～6 倍。Pa 分子基部台形齿叶简单地拱曲，缺少台阶和装饰，对称或几乎是对称的。

附注 Murphy *et al.*（2004）正式命名新属 *Zieglerodina*，其模式种为 *Spathognathodus remscheidensis* Ziegler（Ziegler，1960，p. 194，pl. 13，figs. 4a，b）。Murphy *et al.*（2004）认为 *Zieglerodina* 不同于 *Criteriognathus* Walliser 之处在于 Pa 分子基部台形齿叶的位置和形状，过渡分子的齿片是波状起伏的。Sa 分子缺少后齿突。与 *Ozarkodina* 的不同在于 Pa 分子的基部台形齿叶一般较大，位置中部偏后，形状近圆形，过渡系列分子的细齿大小交替，波状起伏，所有分子的白色物质分布不深。这些差别，除 Sa 分子缺少后齿突外，都可认为是种间的差别，这里暂时仍将 *Zieglerodina* 归入“*Ozarkodina*”，但今后可能作为独立的属。

Ozarkodina remscheidensis 在鉴定上是非常混乱的。本书所确认的 *O. remscheidensis* 在前齿片和基腔上方齿脊均有大的细齿，有时细齿还很大。基腔近心形，对称或几乎对称。

Jeppsson（1989）所鉴定的 *Ozarkodina remscheidensis* 基腔上方缺少大的细齿，前齿片很高，侧视时，齿片上缘由前向后逐渐变低（Jeppsson，1989，pl. 2，figs. 6—11）。本书中 *Ozarkodina remscheidensis* 与 Jeppsson（1989）的标本有些相同。

Jeppsson（1989）对 *Ozarkodina steinhornensis eosteinhornensis* 的限定是可取的。典型的 *Ozarkodina s. eosteinhornensis* 的齿叶上均有一瘤齿，这是 *Ozarkodina remscheidensis* 所不具备的。

齿台—齿叶上有台阶的类型，应归入 *Lanea*。

Ozarkodina remscheidensis 多见于下泥盆统，但它最早出现在普里道利统下部，可以作为普里道利世开始的标志，因此它是非常重要的化石。

邱洪荣（1988，图版 3，图 7—18）图示的 *eosteinhornensis* 的标本包含有 *remscheidensis* 的标本（图版 3，图 10，12，15，16，17），其中图 15，肯定是早泥盆世的 *Lanea*。邱洪荣的标本包括 3 个采集号，有的是志留纪的，有的是泥盆纪的。图版说明中并没有说明采集号与图版号的关系。

附注 此种内曾包括 *Ozarkodina remscheidensis remscheidensis* 和 *O. remscheidensis eosteinhornensis* 两个亚种。按 Jeppsson（1980）的修订，*O. r. eosteinhornensis* 只限于齿

叶有细齿的类型。凡齿台—齿叶上有台阶的类型都归入 *Lanea* Murphy et Valenzuela-Riòs，1999。Murphy *et al*.（2004）已分别以这两个亚种为模式种提升为两个不同的属：*Zieglerodina* 和 New genus *W*.，这里仍将其保留在"*Ozarkodina*"属内，作为独立的种，今后也可能被承认为独立的属。

产地及层位 内蒙古达茂旗巴特敖包地区阿鲁共剖面，阿鲁共组 *woschmidti* 带上部；四川盐边稗子田剖面，罗德洛统沟口组上部；西藏定日县帕卓区，志留系与泥盆系过渡层帕卓组（邱洪荣，1985）。

箭头奥泽克刺 *Ozarkodina sagitta*（Walliser，1964）

1964 *Spathognathodus sagitta* Walliser，pl. 18，figs. 7—12（P elment）.

1964 *Spathognathodus edithae* Walliser，pl. 26，figs. 12，14，17，18（O1 element）.

1964 *Neoprioniodus bicurvatoides* Walliser，pl. 29，figs. 36，37（N element）.

1977 *Ozarkodina sagitta*（Walliser）. – Klapper，in Ziegler（ed.），Catalogue of Conodonts，vol. Ⅲ，pp. 279—280.

特征 P 分子的齿片特征最为明显，齿片前方细齿相对窄，齿片后方的细齿较宽，并延续到齿片的后端。基腔箭头状，比齿片后半部稍长些。O1 分子有扁的齿片，其前方细齿的顶尖形成对角线状的直线一直到主齿。N 分子和欣德刺形（hindeodellan）对称过渡系列分子均有等大的、薄的、排列紧密的细齿，仅细齿顶尖分离。基腔小，一般限于主齿下方。

附注 *Ozarkodina sagitta sagitta* 和 *O. sagitta rhenana* 的出现是有时间顺序的，并不是地理隔离的亚种。这两个亚种联系紧密，并可能出现中间类型。而 *Ozarkodina bohemica* 有几乎是圆形的基腔，基腔之上偏前方的细齿变小并愈合。

产地及层位 欧洲、北美洲、亚洲，温洛克统。

箭头奥泽克刺箭头亚种 *Ozarkodina sagitta sagitta*（Walliser，1964）

（图版 S—4，图 1—3）

1964 *Ozarkodina sagitta sagitta* Walliser，pl. 7，fig. 3；pl. 18，figs. 7—11（P element）.

1964 *Ozarkodina edithae* Walliser，pl. 26，figs. 12，14，17，18（only）（O1 element）.

1964 *Neoprioniodus bucurvatus* Walliser，pl. 29，fig. 37（only）（N element）.

1977 *Ozarkodina sagitta sagitta*（Walliser）. – Klapper，in Ziegler（ed.），Catalogue of Conodonts vol. Ⅲ，p. 281，*Ozarkodina*-plate 4，figs. 2，3，5—9，12（multielement）.

non 2006 *Ozarkodina sagitta sagitta*（Walliser）. – 董致中和王伟，图版 11，图 4（= *Polygnathoides siluricus*）。

特征 P 分子一般有 15 ~ 22 个细齿，基腔口视为箭头形轮廓（Walliser，1964）。

附注 *Ozarkodina sagitta sagitta* 和 *Ozarkodina sagitta rhenana* 的 P 分子是非常相似的，区别仅在于细齿的特征。后者的细齿较宽，数量较少，排列不太紧密；而前者细齿相对较窄，数量较多，排列紧密。这两个亚种的其他分子也非常相似，不易区别。董致中和王伟（2006）出示的图片是典型的 *Polygnathoides siluricus* 的标本，标明的产地和层位可疑，因为在云南大关黄葛溪的大路寨组是不可能出现 *Polygnathoides siluricus* 的，这是温洛克世的带化石，而黄葛溪组是特列奇期的地层。

产地及层位 此亚种在欧洲广泛分布，见于温洛克统的上部。在西藏、四川、云南等地很可能发现此亚种。

箭头奥泽克刺莱因亚种 *Ozarkodina sagitta rhenana* (Walliser, 1964)

(图版 S—4, 图 4—7; 图版 S—5, 图 3)

1964 *Spathognathodus sagitta rhenana* Walliser, pl. 7, fig. 3; pl. 18, figs. 12—22 (P element).

1964 *Ozarkodina edithae* Walliser, pl. 26, fig. 17 (only) (O1 element).

1964 *Neoprioniodus bicurvatus* Walliser, pl. 29, fig. 36 (only) (N element).

1975 *Ozarkodina sagitta sagitta* (Walliser). –Aldridge, pl. 2, fig. 20 (P element); 21 (O1 element).

2005 *Ozarkodina sagitta rhenana* (Walliser). –金淳泰等, 图版 1, 图 6, 7。

特征 P 分子一般有 9～16 个细齿, 基腔口视为箭头形轮廓 (Walliser, 1964)。

附注 两个亚种的区别见 *Ozarkodina sagitta sagitta* 亚种的附注。此亚种见于温洛克统, 在捷克 Barrandian 地区, 可达到 *M. flexilis* 笔石带; 在北美洲见于 *Kockelella amsdeni* 带的下部。

产地及层位 欧洲、北美洲和亚洲, 在中国见于四川稗子田剖面, 温洛克统上稗子田组。

斯纳德尔奥泽克刺 *Ozarkodina snajdri* (Walliser, 1964)

(图版 S—4, 图 19a—c; 图 6.3, 图 1a—c, 2a—b)

1964 *Spathognathodus snajdri* Walliser, p. 84, pl. 9, fig. 2; pl. 21. figs. 14—15; pl. 22, figs. 1—4.

1992 *Spathognathodus crispus* Walliser, 1964. –钱泳臻, 见金淳泰等, 1992, 61—62 页, 图版 3, 图 13, 17 [= *O. snajdri* (Walliser)]。

2010 *Ozarkodina snajdri* (Walliser). –唐鹏等, 图 4-1a—c, β 型; 图 2a, b, α 型。

特征 *Spathognathodus* 的一个种, 具有浅的、特别膨大的基腔, 齿片在基腔之后不远处终止 (Walliser, 1964, p. 84)。

附注 关于 *Ozarkodina crispa* 和 *Ozarkodina snajdri* 的区别, 原作者强调的是基腔的形状和齿片终止的位置。*Ozarkodina crispa* 的基腔强烈不对称, 齿片终止于基腔的后边缘或在基腔的后边缘之前, 而 *Ozarkodina snajdri* 基腔的内外齿叶近于对称或大小不同, 但并非强烈不对称, 重要的是齿片向后延伸, 超越基腔的后边缘而形成很短的后齿片。钱泳臻鉴定的 *Spathognathodus crispus* (见 金淳泰等, 1992, 61—62 页, 图版 3, 图 13, 17) 无疑应归入 *Ozarkodina snajdri* (Walliser, 1964)。

Ozarkodina crispa 的 P1 分子有一不对称的、膨大很宽的基腔。齿片的口边缘整个是直的或者在它的前端较高, 有或无中齿槽 (沟), 中齿槽在基腔的后边缘或接近基腔的后边缘终止。Walliser & Wang (1989) 扩展了原来 Walliser (1964, p. 75) 的定义, 并依据中齿槽的有无和特征将 *Ozarkodina crispa* 区分出不同的形态型。*Ozarkodina snajdri* 区别于 *Ozarkodina crispa* 的最主要的特征是前者有超越基腔的后齿片 (或后齿突), 后者无后齿片。*Ozarkodina snajdri* 的模式种基腔之上齿脊锐利, 无中齿槽; 但四川的标本具有中齿槽。这可能是钱泳臻将其鉴定为 *Spathognathodus crispus* 的主要依据。但依据 Walliser & Wang (1989) 的研究, 中齿槽的有无只是区别不同形态型的标准, 他们在 *Ozarkodina crispa* 中区分出的 β 形态型与四川广元的标本都具有相似的中齿槽, 但四川的标本具有后齿片, 而 *Ozarkodina crispa* β 形态型无后齿片。笔者认为, *Ozarkodina snajdri* 可以区分出两个形态型: 此种的模式标本为 α 形态型, 无中齿槽; 四川广元的标本为 β 形态型, 具有中齿槽。车家坝组和中间梁组的时代显然比金淳泰等 (1992) 所确认的 *crispus* (*crispa*) 带层位更低, 时代要早。

产地及层位 四川省广元羊模新田梁, 车家坝组; 四川省广元车家坝干沟, 中间梁组。罗德洛统卢德福特阶的上部, 但不是最上部, 比 *Ozarkodina crispa* 带低。

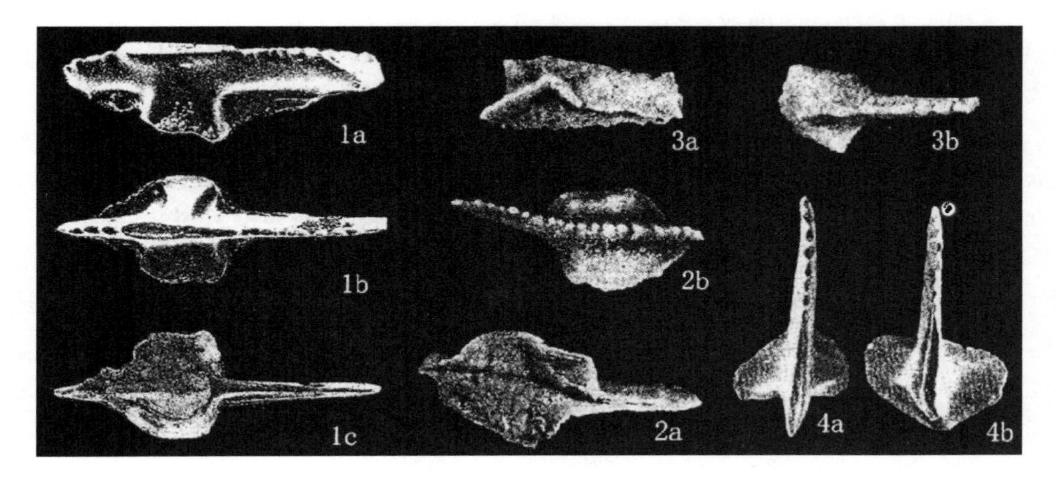

图 6.3 四川广元车家坝组 *Ozarkodina snajdri* 和 *Ozarkodina crispa* 正模标本之比较

1a—c. *Ozarkodina snajdri*，同一标本的口方侧视、口视与反口视，×54，β 形态型；
2a，b. *Ozarkodina snajdri*，正模标本的反口视与口视，×40；α 形态型；
3a，b. *Ozarkodina crispa*，正模标本的侧视与口视，×40；α 形态型；
4a，b. *Ozarkodina crispa*，两个不同标本的口视。4a，×80；4b，×40，β 形态型（据 Walliser & Wang，1989，pl. 1，figs. 1—2）。

非皱奥泽克刺 *Ozarkodina uncrispa* Wang，2004

（图版 S—4，图 16a—b）

1995 *Pelekysgnathus index* Klapper et Murphy. – Barca *et al.*，pl. 4，figs. 4，5.

1998 *Pelekysgnathus index* Klapper et Murphy. – Serpagli *et al.*，pl. 1. 2，2，figs. 4，5.

2004 *Ozarkodina uncrispa* Wang. –王平，327 页，图版 I，图 3—12。

特征 膨大而不对称的基腔位于刺体的后端，齿片薄，直而高，上缘锋利，由侧方扁的大部分愈合的细齿组成，有时前端的细齿较高，而后端的细齿粗短。

附注 此种曾被 Barca *et al.*（1995）和 Serpagli *et al.*（1998）鉴定为 *Pelekysgnathus index*。他们的标本发现于意大利撒丁岛，产于 *Ozarkodina crispa* 带的下部，是 *Pelekysgnathus index* 在欧洲的首次发现，比标准的 *Pelekysgnathus index* 出现得早。但这类标本与 *Pelekysgnathus index* 有很大区别。*Pelekysgnathus index* 的基腔长超过刺体长的 2/3，而新种的基腔长小于刺体长的 1/2，有时仅为刺体长的 1/3。*Peleskysgnathus index* 后方有高大的主齿，主齿上方后缘有时超过基腔的后缘，*Pelekysgnathus index* 的齿片上缘锋利，很薄。

此种与 *Ozarkodina crispa* 很相似，均具有不对称的基腔，但 *O. crispa* 齿片厚，齿片上缘经常有齿槽，基腔上方的齿片光滑无齿，与 *O. uncrispa* 不同。在内蒙古地区，至今未发现在华南常见的 *O. crispa*。

此种与 *Ozarkodina snajdri* 也较相似，但后者齿片低矮，齿片后方超越基腔后缘而形成很短的后齿片。

此种与 *Kockelella ranuliformis* 最为相似，但 *K. ranuliformis* 的基腔较对称，成年个体基腔长可达刺体长的一半，齿片后缘有时有小的细齿。*O. uncrispa* 齿片薄而高，也不同于 *K. ranuliformis*。

此种见于包尔汉图剖面、西别河剖面和巴特敖包剖面，在内蒙古地区分布较广。由于它在意大利撒丁岛见于 *O. crispa* 带的下部，因此，在内蒙古地区可以将 *O. uncrispa* 作为与 *O. crispa* 带对比的化石。

在内蒙古未发现 *O. crispa*，而出现的是 *O. uncrispa*，同时在华南也从未见到 *O. uncrispa*，这可能是牙形刺生物地理区系的不同。

产地及层位 内蒙古达茂旗包尔汉图剖面第六层至第十层，巴特敖包剖面第二层，西别河剖面第五层。由于在内蒙古未发现 *Polygnathoides siluricus* 和 *Pedavis latialatus*，而是发现了 *Ancoradella ploeckensis*，对此种的全部时限还不能确定，仅根据意大利的资料，可与 *O. crispa* 带对比。

王竹奥泽克刺 *Ozarkodina wangzhunia* Wang et Aldridge，2010

（图版 S—2，图 5—7）

2010 *Ozarkodina wangzhunia* Wang et Aldridge，pp. 100—101，pl. 26，figs. 14—23.

特征 P1 分子在齿片的前端有明显的直立的细齿，被宽的“V”字形的间隔与其他细齿分开。细齿的顶尖形成一拱曲的上缘，细齿的高度迅速地向后变低；基腔矛状，近前端张开最宽。M 分子有很发育的反主齿；So 分子翼状，有短的无细齿的后齿突。

附注 本种 P1 分子与 *O. obesa* 的 P1 分子相似，但区别在于后者细齿列的拱曲的上缘不太明显，有直立的主齿和张开的矛状基腔，位置较朝前。与 Männik（1982，fig. 5R）图影的 *Ozarkodina* aff. *broenlundi* 的 Pa 分子的标本也有相似性，但后者有一个后倾的前方细齿与它邻近的细齿愈合，在细齿列下方出现强壮的、与反口边缘平行的侧凸棱。

产地及层位 贵州省石阡县雷家屯剖面，雷家屯组上部。

沃古拉奥泽克刺 *Ozarkodina waugoolaensis* Bischoff，1986

（图版 S—2，图 12—13）

1986 *Ozarkodina waugoolaensis* Bischoff，p. 145，pl. 23，figs. 22—24，26（?），27（?），28—45；pl. 24，figs. 1—4，5（?），6—10（multielement）.

1989 *Ozarkodina wudangensis*（Zhou，Zhai et Xian）. –喻洪津，见金淳泰等，图版 4，图 4，12，13a—b，17；图版 5，图 9（P1 element）。

2002 *Ozarkodina waugoolaensis* Bischoff. –Männik，p. 89，figs. 9D—M，10A—N，11R—S，V（multielement）.

2010 *Ozarkodina waugoolaensis* Bischoff. –Wang & Aldridge，pp. 101—102，pl. 27，figs. 1—12.

特征 Pa（=P1）分子梳状，有发育很好的主齿和次主齿，不同程度地后倾，在它们之间的上部形成“V”字形的间隔，下缘很缓慢地反曲或凹曲，基腔矛状（Bischoff，1986，p. 145）。

描述 P1 分子为梳状分子。齿片直而长，有直的或近于直的反口缘。主齿宽而低，向后倾，位于齿片后端的 1/3 处。前齿片比后齿片高，有 5～8 个宽的、直立的细齿；主齿前方与主齿邻近的细齿与主齿大小相近，与主齿间有“V”字形的空间分开。后齿片有多达 6 个细齿，向后倾，一般不像前齿片细齿那样突出，但在小的标本上，细齿还是相对较大的。基腔浅，有矛状齿唇，在邻近主齿的大细齿之下最宽，并在主齿之下延伸。主齿和所有细齿都有微弱的齿线，有时顶尖的齿线被磨损掉。

附注 Bischoff（1986，p. 145，pl. 23，fig. 22）指定的 *O. waugoolaensis* 的正模是 Pb 分子，不是他所说的 Pa 分子。这可能是图版编码的错误，应当将图版 23 的图 23 标成 P1（Pa）分子，并将其作为正模。P1 分子比 *O. parahassi* 的 P1 分子长，后者缺少邻近主齿前方的大细齿。*O. broenlundi* 的 P1 分子也很像 *O. waugoolaensis* 的 P1 分子，两者很可能紧密相关；*O. broenlundi* 的标本的不同处在于基腔较窄缝状和有高的前方细齿，虽然 *O. waugoolaensis* 的一些标本近前端处也存在单个的较大的细齿。

产地及层位 贵州石阡县雷家屯剖面，秀山组上段；陕西省宁强县玉石滩剖面，宁强组杨坡湾段；四川广元宣河剖面，宁强组神宣驿段。

似多颚刺属 *Polygnathoides* Branson et Mehl，1933

模式种 *Polygnathoides siluricus* Branson et Mehl，1933

特征 齿台厚，口视近菱形。前方无自由齿片。齿台中间有一中齿列（齿脊），中齿列近中部有一主齿。中齿列的两侧形成较明显的齿台。一侧齿台较宽，特别在主齿基部外侧明显加宽，齿台向外加宽。另一侧也形成齿台，但大多数齿台较窄。主齿下方反口面为不大的基腔，多数呈菱形。龙脊由基腔向前后延伸到前后端。在基腔两侧，有垂直于龙脊方向的“褶脊”。

附注 本属的已知种只有 2 个，层位只限于上 *crassa* 带到 *siluricus* 带。本属可能来源于 *Ozarkodina* 类型的分子。

分布地区及时代 北美洲、澳大利亚、欧洲、亚洲，在中国见于西藏、四川等地区，早、中罗德洛世。

志留似多颚刺 *Polygnathoides siluricus* Branson et Mehl，1933

（图版 S—5，图 11）

1933 *Polygnathoides siluricus* Branson et Mehl，S. 50，tf. 3，figs. 39—42.

1988 *Polygnathoides siluricus* Branson et Mehl. –邱洪荣，图版 1，图 12，13；图版 2，图 15。

2005 *Polygnathoides siluricus* Branson et Mehl. –金淳泰等，图版 2，图 3—5。

2006 *Ozarkodina sagitta sagitta*（Walliser）. –董致中和王伟，图版 11，图 4。

2009 *Polygnathoides siluricus* Branson et Mehl. –王成源等，图版 1，图 5。

特征 齿台发育，近菱形，无自由齿片。齿脊发育，由前端一直延伸到齿台的后端，由较密集但分离的细齿组成，细齿横断面圆或侧方扁。主齿两侧的齿台有小的齿褶。近脊沟发育，齿台表面不平，成年个体齿台边缘有小的横脊。基腔菱形或半圆形张开，向前后方延伸出直的龙脊或齿沟。

比较 本种幼年期标本在主齿两侧已有小的齿台，不同于 *Polygnathoides emarginatus*，后者通常只在一侧有小的齿台。反口面基腔向前后延伸出直的齿沟，齿台在主齿两侧有齿褶，也不同于 *Polygnathoides emarginatus*。董致中和王伟（2006）对此种的鉴定有误，产地可疑（见 *Ozarkodina sagitta sagitta* 的附注）。

产地及层位 本种是 *siluricus* 带的带化石，只产于 *siluricus* 带。四川盐边稗子田剖面，“永兴阶” *siluricus* 带（金淳泰等，2005）；西藏聂拉木县亚里南，志留系罗德洛统卢德福特阶中部科亚组（邱洪荣，1988）。

舟颚刺属 *Scaphignathus* Helms, 1959

模式种 *Scaphignathus velifera* Ziegler, 1960

特征 明显不对称的台型牙形刺，前齿片高，与齿台的一侧相连。齿台上的齿脊延续到齿台后端，齿台两侧有短的横脊。基腔中等大小。

比较 *Scaphignathus* 齿台上有延续到后端的齿脊而不同于 *Cavusgnathus* 和 *Taphrognathus*，后两者齿台上无齿脊而有发育的齿沟。*Mestognathus* 基腔窄小；*Cavusgnathus* 基腔宽，外张。

附注 *Scaphignathus* 一名是 Helms（1959，p. 655）经 Ziegler 同意，从 Ziegler 的手稿中首次引用发表的，因此有人将此属的作者表示为“Ziegler in Helms”。Ziegler 的手稿在 1960 年以先印本（preprint）散发，直到 1962 年才正式发表。Helms 在发表此属时，引用作者为 Ziegler，但没有引用 Ziegler 对此属的定义，因此不符合《国际动物命名法规》第 50 条的规定，此属不能表示为 *Scaphignathus* Helms，1959。Keen（1963）建议表示为“*Scaphignathus* Helms，1959，ex Ziegler MS”，Ziegler & Sandberg（1984）仍将此属表示为 *Scaphignathus* Helms，1959。原来归属到 *Scaphignathus* 的一些分子，如 *Scaphignathus subserratus*，现已划归到 *Alternognathus* Ziegler et Sandberg，1984，并划分出 *Alternaganthus regularis* Ziegler et Sandberg，1984 和 *A. beulensi* Ziegler et Sanberg，1984 两个种。

分布地区及时代 北美洲、欧洲、澳大利亚、亚洲，在中国见于广西、湖南、贵州等地区，晚泥盆世至早石炭世。

小帆舟颚刺小帆亚种 *Scaphignathus velifer velifer* Helms, 1959, ex Ziegler MS

（图版 D—7，图 15—16）

1962 *Scaphignathus velifer* Ziegler. – Ziegler, pl. 11, figs. 19—24.

1971 *Scaphignathus velifer* Helms. – Beinert *et al.*, p. 83, pl. 2, figs. 1—6, 8, 9, 11.

1976 *Scaphignathus velifer* Helms. – Fantinet *et al.*, pl. 2, figs. 1—8.

? 1994 *Scaphignathus velifer* Helms. – Bai *et al.*, p. 184, pl. 29, fig. 3.

特征 *Scaphignathus velifer* 有高的自由齿片与齿台的右侧相接，自由齿片的后方细齿最高。齿脊发育于齿台中部之后或中部之后的左侧。齿台前 1/3 处的齿脊被横脊或短的中齿沟代替。横脊在齿台后部同样可见，此时齿脊仅微弱可见。

附注 此亚种的分子多数齿片居右侧，但有些标本齿片居中。在一些标本中，齿脊不正常地向前延伸，在达到高的齿片之前在短的凹槽内消失。有些标本齿台几乎是平的，有窄的、微弱的横脊完全穿过齿台。这样的标本可能由 *Scaphignathus velifer leptus* 而来的过渡类型，具有较宽的齿台。*Scaphignathus ziegleri* Druce，1970 是一个独立的种，不应归入 *Scaphignathus velifer*（Beinert *et al.*，1971）。

产地及层位 此亚种在中国尚未发现标准分子，Bai *et al.*（1994）鉴定的此种可疑。此种在德国和澳大利亚（Glenister & Klapper，1966）见于 *S. velifer* 带。

扭齿刺属 *Tortodus* Weddige, 1977

模式种 *Tortodus kockelianus*（Bischoff et Ziegler，1957）

特征 刺体后端向内扭转。具有一个突出的齿列（齿脊），后方细齿向外倾斜。齿列下方两侧有侧突起，侧突起可能发育成强烈的隆起并形成齿台。在侧突起或隆起与反口缘之间，在侧面常常可见一个小的沟槽。反口面有一基腔，基腔向两侧展开。

附注　从形态上看，此属并非来源于 *Polygnathus*。*Polygnathus* 的齿台口面凹，其边缘具有规则的齿台装饰。相反，*Tortodus* 的齿台一般都是光的，仅在 *T. variabilis* 齿台两侧的侧凸缘上有不规则的装饰。*Tortodus* 的基腔也不同于大部分 *Polygnathus* 的类型，但在演化初期可能与 *Polygnathus* 有关。这两个属可能有一个共同的祖先，即窄颚刺形分子，如"*Spathognathodus*" *excavatus posthamatus* Walliser，1964。*Tortodus* 张开的基腔有点像上泥盆统的 *Pseudopolygnathus*，正如 Bischoff 和 Ziegler 在讨论模式种 *T. kockelianus* 时所注意到的那样。然而，*Pseudopolygnathus* 的基腔通常较大，侧面陡，口面常常具有规则的装饰。上泥盆统的"*Spathognathodus*" *sannemanni treptus* Ziegler，1958 可能与 *Tortodus* 有亲缘关系。此属在莱因相区不多，但在海西相区很常见。侧方凸缘的发育程度和刺体后端弯曲程度是划分种的重要标准。

Aboussalam（2003）在其著作中依据西欧和北非摩洛哥的化石，建立了本属的如下新种：*Tortodus beckeri*，*T. bultyncki*，*T. schultzei*，*T. trispinatus*，*T. variabilis* ssp.，*T. weddigei*，并重新描述了 *Tortodus caelatus*（Bryant，1921），*T.* cf. *caelatus*，*T. variabilis sardinia*（Mawson & Talent，1989），*T. variabilis variabilis*（Bischoff & Ziegler，1957），*T.* aff. *weddigei*。这是有关本属的最重要的著作之一，是鉴定本属的化石必须参考的著作。

分布地区及时代　亚洲、欧洲、澳大利亚、北美洲和非洲，中泥盆世艾菲尔晚期至吉维特期。

科克尔扭齿刺澳大利亚亚种　*Tortodus kockelianus australis*（Jackson，1970）

（图版 D—3，图 11）

1970 *Polygnathus kockelianus australis* Jackson. – Pedder *et al.*，pp. 251—252，pl. 15，figs. 22，25（fig. 22 = Holotype）.
1977 *Tortodus kockelianus australis*（Jackson）. – Weddige，p. 328，pl. 3，figs. 53—54.
1985 *Tortodus kockelianus australis*（Jackson）. – Ziegler & Wang，pl. 1，fig. 22.
1989 *Tortodus kockelianus australis*（Jackson）. – 王成源，132 页，图版 42，图 13，14，17。

特征　刺体长，齿列两侧有中等程度的隆起，但未形成齿台。齿列所有细齿较高，一直到后端。后端齿列在基腔后方明显内弯，有的可能与前方齿列成 90°角。基腔位于刺体中后部，中等大小，外张。

比较　*T. k. australis* 没有齿台，高的细齿延伸到齿列后端，易于与 *T. k. kockelianus* 区别。*T. obliquus* 的细齿宽、数目较少，侧隆脊不发育，不同于 *T. k. australis*。

产地及层位　广西德保都安四红山，分水岭组 *T. k. australis* 带至 *T. k. kockelianus* 带。

科克尔扭齿刺科克尔亚种
Tortodus kockelianus kockelianus（Bischoff et Ziegler，1957）

（图版 D—3，图 12—13）

1957 *Polygnathus kockeliana* Bischoff et Ziegler，p. 91，pl. 2，figs. 1—10（fig. 1 = Holotype）.
1973 *Polygnathus kockelianus* Bischoff et Ziegler. – Klapper，in Catalogue of Conodonts，vol. Ⅰ，pp. 371—372，*Polygnathus*-plate 2，figs. 9—10（= Bischoff & Ziegler，1957，pl. 2，figs. 1，4）.
1985 *Tortodus kokelianus kockelianus*（Bischoff et Ziegler）. – Ziegler & Wang，pl. 1，figs. 20—21.
1989 *Tortodus kokelianus kockelianus*（Bischoff et Ziegler）. – 王成源，132 页，图版 42，图 10—12。

特征　后方齿脊两侧的隆凸膨大，形成窄而尖的齿台。齿台平或两侧向上斜伸，使齿台在横切面上呈“V”字形。齿台从前端沿两侧呈弧形向后方变宽，然后又逐渐变窄，直到后端变尖。齿台后方向内弯并扭转，使中齿列上方向外倾斜。齿台上方细齿分离，呈明显的尖锥状。齿台前方侧缘凸起很不明显，上方细齿变扁并高于后方的圆锥形细齿。反口面基腔外张，不对称，其外侧比内侧大。存在左型和右型标本。

比较 *T. k. kockelianus* 有光滑的向上斜伸的齿台，易于识别。*T. variabilis* 有宽的侧隆起，但齿台横断面不呈“V”字形，齿台表面不光滑。*T. k. kockelianus* 来源于 *T. k. australis*，是 *T. k. kockelianus* 带的带化石。

产地及层位 广西邕宁那叫组、德保都安四红山，分水岭组 *T. k. kockelianus* 带。

乌尔姆刺属 *Wurmiella* Murphy，Valenzuela-Riòs et Carls，2004

模式种 *Ozarkodina excavata tuma* Murphy et Matti，1983，pl. 1，figs. 3—9（= *Ozarkodina tuma*，see Murphy *et al*. 2004，p. 8—9）.

特征 六分子器官。此属的分子以齿突简单为特征，齿突上相邻的细齿大小无太大的变化。P1 分子有相当小的、窄的、无装饰的基部齿叶。P2 分子有主齿，比其他细齿大；其基部齿叶不对称，内侧齿叶升高（据 Murphy *et al*.，2004，p. 8 修正）。

附注 Murphy *et al*.（2004）建立了 *Wurmiella* 属，包括曾广泛地归入 *Ozarkodina excavata*（Branson & Mehl，1933）及相关类别的器官分子，如 *Wurmiella wurmi*（Bischoff & Sannemann，1958），*W. tuma*（Murphy & Matti，1983），*W.*“*excavata*”（Branson & Mehl，1933），*W. inclinata*?（Rhodes，1953），*W. inflata*（Walliser，1964），*W. polinclinata*（Nicoll & Rexroad，1969），*W. eosilurica*（Bischoff，1986），*W. australensis*（Bischoff，1986）。初步的分支分析（cladistic analysis）（Donoghue *et al*.，2008）支持将 *excavata* 由 *Ozarkodina* 分离出来，本书也采用这个方案。他们将 *excavata* 归属到 *Wurmiella* 的其他类别，如 *O. hassi* 并未出现谱系组合的特征（Donoghue *et al*.，2008），仍保留以前在 *Ozarkodina* 的归属。

分布地区及时代 欧洲、北美洲、亚洲，在中国见于云南、四川、西藏、贵州，宁夏，鄂尔多斯等地区，志留纪兰多维列世到早泥盆世布拉格期。

大齿乌尔姆刺 *Wurmiella amplidentata* Wang et Aldridge，2010

（图版 S—2，图 16—17）

? 1983 *Neoprioniodus multiformis* Walliser. －周希云和翟志强，283 页，图版 66，fig. 23（M element）。

1990 *Ozarkodina* sp. nov. －安太庠和郑昭昌，图板XVI，图 1—4。

? 2001 *Ozarkodina adiutricis* Walliser. －李忠雄和钱泳臻，96 页，图版 1，图 1（P1 element）；图版 1，图 3（P2 element）。

2010 *Wurmiella amplidentata* Wang et Aldridge，p. 104，pl. 28，figs. 1—8。

特征 所有分子都是粗壮的。P1 分子缓缓拱曲，有很少的、粗壮的、宽的细齿。M 分子有大的主齿并有很发育的具细齿的反主齿。

附注 此种的分子在总的形态上与 *Wurmiella excavata*（Branson & Mehl，1933）的相关分子非常接近，虽然所有分子都较粗壮，有大的分离的细齿，细齿还常常是钉状的。P1 分子以它少量的大细齿为特征，P2 分子的齿突比典型的 *W. excavata* 的标本短得多。

此种与 *Ozarkodina protoexcavata* Cooper，1975 同样相似，后者同样可能归入

Wurmiella。*W. amplidentata* 的 S 分子有更加分离的、明显钉状的细齿。So 分子缺少基腔的后部延伸，P2 分子有较短的齿突。Cooper（1975，pl. 3，fig. 1）图示的 P1 分子是断的，但同样显示出有比较愈合的细齿。

值得注意的是此种也产于宁夏同心，志留系兰多维列统的照花井组，照花井组同时还产有 *Pranognathus posteritenuis*（Uyeno，1983），这对照花井组的时代确定应当是重要的。

产地及层位 云南省大关县黄葛溪剖面，大路寨组最顶部（样品 TT1165）；宁夏同心志留系兰多维列统照花井组。

短乌尔姆刺 *Wurmiella curta* Wang et Aldridge，2010

（图版 S—2，图 14—15）

2010 *Wurmiella curta* Wang et Aldridge，pp. 104—105，pl. 28，figs. 9—16.

特征 P1 分子直，有一明显的主齿和一短的后齿突，主齿下的基腔微微外张。后齿突上近端的 1 个细齿与主齿大小相近。

描述 P1 分子。所有标本都较小。梳状，底缘直或由基部开口前后端微微向上形成一个角度。主齿明显，向后倾。后齿突小于前齿突长的一半。前齿突有多达 8 个小的、直立的、大小变化的、密集的细齿，齿突的高度向前有些降低。后齿突有 4 个向后倾斜的细齿，向后迅速减小。主齿附近的细齿常常与主齿大小相近。基腔只是中部窄窄地张开，仅侧视可见。主齿和所有细齿都由白色物质组成。白色物质深深地延伸到齿片内，呈片状，白色物质的下线是与基部底缘近于平行的。

附注 已知 *Wurmiella* 的种的 P1 分子都未见短的后齿突。在这方面，此种像 *Yaoxianognathus*，特别是模式种 *Y. yaoxianensis* An，1985 的 P1 分子（安太庠等，1985，图版 2，图 6）。这可能有利于验证这两个属的紧密关系。*Wurmiella curta* 不同于 *Yaoxianognathus* 的种在于所有的分子大小相近的主齿和细齿以及 P2 分子所特有的张开的基腔。

产地及层位 四川广元宣河剖面，神宣驿段（样品 Xuanhe 4）。

倾斜乌尔姆刺 *Wurmiella inclinata*（Rhodes，1953）

附注 有 4 个亚种归入 *Ozarkodina inclinata*：*O. inclinata hamatus*，*O. inclinata inflata*，*O. inclinata posthamata*，*O. inclinata inclinata*。前 3 个亚种时限很短，特征明显，只限于 *Ancoradella ploeckensis* 带，唯有 *O. inclinata inclinata* 时限较长，从志留系温洛克统 *patula* 带到下泥盆统埃姆斯阶。巴特敖包地区仅发现有 *O. inclinata inclinata* 亚种。Murphy *et al.*（2004）有疑问地将此种归入 *Wurmiella*，这里也暂时保留在 *Wurmiella* 属内。

倾斜乌尔姆刺倾斜亚种 *Wurmiella inclinata inclinata*（Rhodes，1953）

（图版 S—6，图 3—4）

1953 *Prioniodella inclinata* Rhodes，p. 324，pl. 23，figs，233—235.

1962 *Spathognathodus inclinatus*（Rhodes）. – Walliser，p. 283，fig. 1，No. 30.

1964 *Spathognathodus inclinatus inclinatus*（Rhodes）. – Walliser，pp. 76—77，pl. 8，fig. 6；pl. 19，figs. 6—21.

2004 *Ozarkodina inclinata inclinata*（Rhodes，1953）. – 王成源等，243 页，图版 1，图 11，12；图版 2，图 10。

特征 刺体口视直或微弯，前后齿片高度相差不大，前齿片无明显大的细齿，与基腔上方细齿几乎等大，后齿片前方有时有几个略大的向后倾的细齿，后齿片远端细齿变小。

反口缘直或微拱，基部略膨大，向后方伸长，不呈心形。基腔前后方拉长，是本亚种的重要特征。

附注 *Ozarkodina inclinata posthamata* 的后齿片强烈弯曲，*Ozarkodina inclinata inflata* 的基腔强烈膨大，均不同于本亚种。Walliser（1964）认为 *Ozarkodina wurmi* 是 *Ozarkodina inclinatus inclinatus* 的同义名，但 *O. wurmi* 基腔膨大，呈心形，不呈前后方向拉长的窄的基腔，这是两者的重要区别。*O. wurmi* 已被 Murphy *et al.*（2004）归入 *Wurmiella* 属内。

此种见于志留系温洛克统 *sagitta* 带至下泥盆统。Walliser（1964）的 3 个亚种，即 *Spathognathodus inclinatus hamatus*（Walliser），*S. inclinatus inflatus* 和 *S. inclinatus posthamatus* 均见于 *ploeckensis* 带，时限很短。现在，这 3 个亚种都归入 *Wurmiella*，但 *W. inclinata inclinata* 的时限较长，可上延到早泥盆世。此亚种在中国发现于下泥盆统。

产地及层位 内蒙古达茂旗巴特敖包地区阿鲁共剖面，阿鲁共组（AL 1—2）；西藏申扎县 5118 高地东南坡，扎弄俄玛组。

倾斜乌尔姆刺后钩亚种 *Wurmiella inclinata posthamata*（Walliser，1964）

（图版 S—5，图 10）

1964 *Spathognathodus inclinatus posthamatus* Walliser，pl. 7，fig. 12；pl. 19，figs. 1—5（P element）.

1973 *Ozarkodina excavata posthamata*（Walliser，1964）. –Klapper，in Ziegler（ed.）. Catalogue of Conodonts，vol. Ⅰ，p. 233，*Ozarkodina*-plate 1，fig. 8.

2005 *Ozarkodina inclinata posthamata*（Walliser）. –金淳泰等，图版 2，图 22。

特征 *Wurmiella inclinatus* 的亚种，在低的齿片的两侧有窄的齿台，无侧齿突（Walliser，1964，P 分子）。后齿突后半部分强烈地向侧方弯。

附注 与 *Ozarkodina inclinata inclinata* 相比，*O. inclinata posthamata* 的后齿片的后半部强烈向侧方折曲。此亚种被 Klapper（1973）归入 *Ozarkodina excavata posthamata*，而 *Ozarkodina excavata* 被 Murphy *et al.*（2004）归入 *Wurmiella* 属内。

产地及层位 此亚种见于欧洲和亚洲（中国）罗德洛统牙形刺 *ploeckensis* 带。四川稗子田剖面，志留系罗德洛统沟口组中部。

普斯库乌尔姆刺 *Wurmiella puskuensis*（Männik，1994）

（图版 S—2，图 18—19）

1970 *Ozarkodina* sp. nov. B. –Pollock *et al.*，p. 757，pl. 113，figs. 9—11（P1 element）.

1994 *Ozarkodina excavata puskuensis* Männik，p. 187，pl. 1，figs. 1—10；pl. 2，figs. 1—13（multielement）.

2009 *Wurmiella puskuensis*（Männik）. –王成源等，图版 3，图 17。

2010 *Wurmiella puskuensis*（Männik）. –Wang & Aldriege，pp. 105—106，pl. 28，figs. 17—28.

特征 P1 分子为拱曲的齿片，有大小均一的三角形细齿，主齿仅比邻近的细齿大一点，主齿下的基腔很窄地外张。所有分子较大的标本一般都有高的、密集的细齿（据 Männik，1994，p. 187 修订）.

描述 P1 分子三角形，细齿的基部连接成的线比齿片底缘更拱曲。齿片高，细齿的自由顶尖短。主齿不突出，可能不比邻近的细齿大；在两个齿突上，细齿稳定地向远端减小。齿片侧面光滑，未发育出侧向加厚。在小的标本上基腔微微张开，但是在较大的标本上基腔很少外张并变得更窄。白色物质充填到游离细齿的顶尖。

附注 此种分子在总的形态上与 *Wurmiella excavata*（Branson & Mehl，1933）的相应分子相似，但本种以 P1 分子具有高度拱曲的齿片和短的、近于同样大小的细齿为特征。P2 分子的齿突比 *W. excavata* 的典型标本要短得多，而且枝形分子同样有较短的齿突。

正是 P1 分子具有本种的特殊特征，所以定义才被修订。正如 Männik（1994）所注意到的那样，幼年期的标本细齿间距要比较大的分子细齿间距宽得多。中国的标本与典型的标本有些不同，P1 分子的基腔较局限、较窄。

Männik（1994）将 Pollock *et al.*（1970，p. 757，figs. 5—8）归入 *Ozarkodina* sp. nov. A 的标本，列入此种的同义名表。然而，这些标本一般是较直的，具有比 *W. puskuensis* 的典型的 P1 分子更明显的主齿。

产地及层位 贵州石阡县雷家屯剖面，秀山组下段；陕西宁强县玉石滩剖面，宁强组杨坡湾段和神宣驿段。

克科尔刺科 KOCKELELLIDAE Klapper，1981

小锚刺属 *Ancoradella* Walliser，1964

模式种 *Ancoradella ploeckensis* Walliser，1964

特征 台形牙形刺，固定齿片较短，由固定齿片向后延伸出主齿脊。主齿脊两侧各有 1~2 个次齿脊（次齿突）。外侧经常有两个齿脊，内侧经常有一个细齿，整个刺体略呈中文的倒“水”字形，两个前侧齿突发育，反口面与主齿脊、次齿脊相对应地有突出的龙脊。基腔小。

附注 此属实际仅一个种，即 *A. plocekensis*。*A. ploeckensis* 带至 *siluricus* 带下部，由 *Kockelella* 演化而来。世界性分布。

分布地区及时代 欧洲、北美洲、澳大利亚，中国西藏、内蒙古等地。志留纪，*ploeckensis* 带至 *siluricus* 带下部。

普勒肯山口小锚刺 *Ancoradella ploeckensis* Walliser，1964

（图版 S—5，图 8）

1964 *Ancoradella ploeckensis* Walliser，pp. 28—29，pl. 16，figs. 16—21.

1985 *Ancoradella ploeckensis* Walliser. –邱洪荣，27 页，图版 1，图 6—7，11。

2005 *Ancoradella ploeckensis* Walliser. –金淳泰等，图版 1，图 9，10。

2005 *Ancoradella ploeckensis* Walliser. –王平，图版 1，图 12—14。

2009 *Ancoradella ploeckensis* Walliser. –王成源等，图版 1，图 12。

特征 见属征。

描述 保存完美的成年期个体标本。刺体大致呈中文倒“水”字形。主齿脊较直，居中，前后方向延伸，仅在后方微向内弯；齿脊高而薄，由几乎愈合的细齿构成。两个前侧齿突在主齿脊两侧向前方呈 45°伸出，前侧齿突上均有次齿脊，次齿脊同样高而薄，由愈合的细齿构成，与主齿脊不相连，分界较明显。内后侧齿突不发育，内次齿脊下方两侧均有较窄的齿台；外后侧齿突相对发育，但也只见由两个细齿构成的次齿脊。

反口面与两前侧齿突、两后侧齿突及主齿脊相对应地均有龙脊发育，基腔宽度约为刺体宽度的40%。

附注 Simpson *et al*.（1995）对 *Ancoradella ploeckensis* 基腔（基穴）宽度与刺体宽度的比例进行了测量。基穴的宽度不仅随个体发育而变化，一般幼年期较大而成年期较小，也随产出层位的高低而不同。以成年个体而论，基穴宽度占刺体宽度20%左右的，层位最低，可能已属 *Polygnathoides siluricus* 带的下部。

当前的标本，基穴宽度占刺体宽度的40%左右，有可能属 *A. ploeckensis* 带的上部。

本种为单属种，地理分布广，时限短，是罗德洛统的标准化石；*ploeckensis* 带代表高斯特阶和卢德福特阶之间的地层，演化关系并不十分清楚。Serpagli *et al.*（1999）认为它由 *Kockelella patula* 演化而来，但中间环节仍不清楚。

此种广泛见于澳大利亚新南威尔士（Link & Druce，1972；Simpson & Talent，1995），美国内华达（Klapper & Murphy，1975），加拿大（Uyeno，1977，1980，1990；McCracken，1991；Lenz & McCracken，1989），欧洲波希米亚（Kriz *et al*.，1986），哥得兰岛（Fahraeus，1969；Jeppsson *et al*.，1994），意大利撒丁岛（Corradini *et al*.，1999）。在中国此种最早发现于西藏聂拉木县罗德洛统科亚组（邱洪荣，1985）。

产地及层位 内蒙古达茂旗巴特敖包剖面（产于断层附近，与 *Wurmiella inclinata* 共存），*Ancoradella ploeckensis* 带（王平，2005）；四川盐边稗子田剖面，罗德洛统“箐河阶”沟口组上部（金淳泰等，2005）；西藏聂拉木县亚里，“上志留统”科亚组（邱洪荣，1988）。

犁沟颚刺属 *Aulacognathus* Mostler，1967

模式种 *Aulacognathus kuehni* Mostler，1967

特征 以多变的星舟形分子（stelliscaphate，Pa）为特征的六分子器官，星舟形分子的内齿突和外齿突有不规则的瘤齿或齿脊。齿脊的前方是游离的，齿脊的后方向内弯，偶尔加厚。三角舟形分子（anguliscaphate，Pb）偶尔在主齿下方发育出短的内—侧齿突。三脚状分子（tertiopedate，M）有收缩的后齿突；翼状分子（M）为不对称的修变的翼状分子（Sb）和双羽状分子（Sc），有小的卵圆形的基腔，但只限于主齿下方（Armstrong，1990，p. 62）。

附注 Klapper & Murphy（1975，p. 25）依据 *Aulacognathus* 和 *Neospathognathodus* 这两个属模式种的Pa分子相似，将其列为同义名。正如Aldridge（1979，p. 10）所注意到的，*A. kuehni*，*A. bullatus* 和 *A. latus* 中的Pb分子几乎是一样的，对同义名是一种支持。Bischoff（1986）认为 *Aulacognathus* 的器官由二分子构成，他依据齿台上表面的装饰和前侧齿突及后齿突的位置，划分出 *Aulacognathus* 的5个新种。齿台上的装饰变化很大，要有足够的标本才能区分出种间的变异范围。Bischoff（1986）划分出的5个新种目前在中国尚未发现。

本属存在于 pre-*eopennatus* 带的地层并一直延续到特列奇阶的最顶部（Männik，2007，pp. 306—307，text-figs. 1—2），可看作特列奇阶的标准化石。

分布地区及时代 欧洲、澳大利亚、北美洲、亚洲，在中国见于湖南、陕西、云南、贵州等地区，兰多维列世特列奇期。

膨胀犁沟颚刺 *Aulacognathus bullatus*（Nicoll et Rexroad，1969）

（图版 S—6，图 10—11）

1972 *Neospathognathodus bullatus*. －Aldridge，p. 126，pl. 3，fig. 15（Pa element）.

1983 *Aulacognathus bullatus*（Nicoll et Rexroad）. －周希云和翟志强，269 页，图版 65，图 8（P1 分子）。

1989 *Aulacognathus bullatus*. －喻洪津，见金淳泰等，图版 3，图 1，3；图版 5，图 2，5（Pa element）。

2010 *Aulacognathus bullatus*（Nicoll et Rexroad）. －Wang & Aldridge，pp. 110，112，pl. 27，figs. 13—16.

特征　“六分子器官；特征的星舟形分子（stelliscaphate，Pa）发育有限的齿台和长的齿脊，齿脊在齿台的前方和后方是游离的。内齿台和外齿台指向前方，侧齿突宽，并装饰有不规则愈合的瘤齿或低的弯曲的脊”（Armstrong，1990，p. 64）。

附注　六分子器官。Pa 分子颇具特征，星舟状。在贵州北部镇安的一个样品中，有 5 个这个种的 Pa 分子的不完整标本。这 5 个不完整的标本不同于 Nicoll & Rexroad（1969）图示的标本主要是具有深的近脊沟，将侧齿突与主齿脊分开，并有较长的后齿突。有些文献中图示的标本也有类似的特征（如 Over & Chatterton，1987，pl. 3，fig. 1；Armstrong，1990，pl. 6，fig. 1），这些特征只可能看作种内变异。Pa 分子是变化很大的，由长的齿脊和宽的指向前方的内外齿突构成，齿脊在齿台前后端是游离的。齿脊由愈合的瘤状细齿构成，并在齿台后边缘突然向内弯。两个侧齿突的形状和装饰同样是变化的。侧齿突弯向前，膨大到齿台，深的近脊沟将高起的不规则的脊与齿脊分开。整个反口面浅浅地凹入。

贵州正安县詹家湾的牙形刺样品是采自 0.3～0.4m 厚的灰岩层。这个灰岩层不整合在韩家店群之上，并被九架炉组（石炭系）不整合地覆盖。除了这个种之外，同样存在 *Distomodus* sp.，*Pterospathodus eopennatus*（Pa），*Panderodus unicostatus* 和 *P. greenlandensis*，表明时代是 *eopennatus* 生物带。

产地及层位　陕西宁强大竹坝，杨坡湾组下部；四川二郎山天全县两路乡龙丹溪，长岩子组；四川二郎山南部泸定县兴隆乡罗圈湾，志留系兰多维列统马场坡组歪嘴岩段；贵州沿河土地坳，鸡骨岭组下段。此种常见于澳大利亚、加拿大、欧洲、北美洲和亚洲的*Pterospathodus eopennatus*生物带。在格陵兰和 Anticosti 岛，此种同样存在于 pre-*P. celloni* 生物带的地层。

梳颚齿刺属 *Ctenognathodus* Fay，1959

模式种　*Ctenognathus murchisoni* Pander，1856，由 Gross 后来指定（pl. 1，fig. 9）（Pa 分子）。

附注　六分子器官。Pa 和 Pb 分子是 *Ozarkodina* 的同位物（homologues）。S 分子有长的、分离很宽的细齿和微微扭曲的齿突，它不同于 *Ozarkodina* 的 S 分子。但也可能如 Viira & Einasto（2003，p. 228）所注意到的那样，*Ctenognathodus* 的 Pa 分子与 *Ozarkodina* 的 Pa 分子相似，但 M 和 S 分子与 *Oulodus* 的 M 和 S 分子相似。

分布地区及时代　亚洲、欧洲、北美洲，志留纪。

黔南梳颚齿刺? *Ctenognathodus*? *qiannanensis*（Zhou *et al*.，1981）

（图版 S—6，图 5—9）

1981 *Ozarkodina qiannanensis* Zhou *et al*. －周希云等，136 页，图版 2，图 24—25（P1 分子）。

1983 *Ozarkodina qiannanensis* Zhou *et al.* –周希云和翟志强，289 页，图版 67，图 13（P1 分子）。

v 1996 *Ctenognathodus*? *qiannanensis*（Zhou *et al.*）. –Wang & Aldridge，pl. 3，figs. 2—3（P2，P1 elements）.

v 2002 *Ctenognathodus*? *qiannanensis*（Zhou *et al.*）. –Aldridge & Wang，figs. 64B-C（copy of Wang & Aldridge，1996，pl. 3，figs. 2—3）（P2，P1 elements）.

2010 *Ctenognathodus* ? *qiannanensis*（Zhou *et al.*，1981）. –Wang & Aldridge，pp. 112—113，pl. 30，figs. 1—12.

特征 P1 分子为梳状分子至三角形分子，有短的、拱曲并弓曲的后齿突和长的、较高的、几乎是直的前齿突。P2 分子为三角形分子，有宽的、高的、粗壮的主齿和微微扭转的后齿突。M 分子和所有 S 分子有宽间距的、钉状的细齿和微微扭曲的齿突。

附注 标本暗褐色，白色物质的分布不能确定。此器官种的 P1 和 P2 分子特征明显，但这个种的器官与 *Ctenognathodus jeppssoni* Viira et Einasto，2003（p. 228，pl. 1，figs. 1—6，8，11—12）的器官分子有广泛的相似性。*C. jeppssoni* 的 P1 分子有更少的、更强壮的细齿，而 P2 分子虽然同样地微微扭转，但有较高、较分离的细齿。模式种 *C. murchisoni* 的 P1 分子比之 *C.* ? *qiannanensis* 的 P1 分子，很少拱曲并有较高的后齿突（Viira，1982，p. 75，figs. 5. 6；pl. 7，figs. 1—15；pl. 8，figs. 1—2，4）。

C. ? *qiannanensis* 的 M 和 S 分子的鉴定是比较复杂的，这是由于所有的组合分子都是 *Oulodus* 状的，包括归入 *Oulodus tripus* 的标本。被归到 *Ctenognathodus*? 和 *Oulodus tripus* 的枝形分子的标本是有些争议的，本书图示的一些分子，有稳定的齿式和长的齿突，很可能代表 *Ctenognathodus*? 的枝形分子，

产地及层位 贵州石阡县雷家屯剖面，秀山组下段；贵州武当和贵定，上高寨田群。所有标本都来自上 *Ozarkodina guizhouensis* 生物带上部（*O. guizhouensis* – *Distomodus cathayensis* 动物群）。

克科尔刺属 *Kockelella* Walliser，1957

模式种 *Kockelella variabilis* Walliser，1957

特征 器官特征：Pa 分子、Pb 分子、M 分子、Sa 分子、Sb 分子、Sc 分子。Pa 分子为 kockelellan，Pb 分子为 ortuform，M 分子为 neoprioniodontan，Sa 分子为 trichonodellan，Sb 分子为 lonchodinan，Sc 分子为 ligonodinan。

Pa 分子特征：台型牙形刺，自由齿片直，由较密集的瘤齿组成，后方齿台宽大，齿台上有 0 ~ 5 个由瘤齿组成的齿列，齿列的瘤齿分离或由细的脊相连。反口面基腔完全膨大，对应每个齿列的下方为较深的齿沟，自由齿片下方为窄的齿沟。

分布地区及时代 欧洲、北美洲、亚洲、澳大利亚、非洲。中国西藏、四川、内蒙古等地。志留纪兰多维列世特列奇期 *celloni* 带到罗德洛世卢德福特期 *siluricus* 带。

厚克科尔刺 *Kockelella crassa*（Walliser，1964）

（图版 S—5，图 4）

1964 *Kockelella variabilis* Walliser. –Walliser，pl. 16，figs. 2，8，11（only）.

1988 *Kockelella variabilis* Walliser. –邱洪荣，图版 1，图 9（?），10，11。

1998 *Kockelella circaquadra* Serpagli et Corradini. –Ferretti *et al.*，pl. 2. 2. 1，fig. 15；pl. 2. 2. 2，fig. 15.

1999 *Kockelella crassa*（Walliser）. –Serpagli & Corradini，pp. 283—284，pl. 2，figs. 1—7.

特征 Pa 分子以基腔膨大、近于对称、有方形—近方形的轮廓为特征。齿台上每侧具有 3 ~ 5 个细齿（在大的标本上可能多达 9 个细齿），通常排列成“X”形。主齿片

两侧有具细齿的齿台与齿脊分开，无齿脊与齿台上的第一个细齿相连。后齿突短，一般是直的。个体的长宽比例较高（平均接近2）。

Pb 分子：奥泽克刺分子以有粗壮的、断面为三角形的主齿和厚壮的齿片为特征，有时刺体向一侧张开。

附注 本种的 M 分子、Sa 分子、Sb 分子还没有描述，但可能与 *Kockelella kockelianus variabilis* 的分子相似。*K. crassa* 的基腔在总的形态上不同于 *K. k. variabilis* 和 *K. patula*，本种的基腔一般不太膨大，长宽比例低；后两者基腔明显不对称，不是方形，有明显的侧齿突，后齿突典型地弯曲。本种只限于罗德洛统的底部（高斯特阶的最底部，*K. crassa* 带）。

产地及层位 欧洲、北美洲、澳大利亚，在中国见于西藏聂拉木志留系罗德洛统高斯特阶科亚组，*K. crassa* 带。

宽展克科尔刺 *Kockelella patula* Walliser，1964

（图版 S—5，图7）

1964 *Kockelella patula* Walliser，pp. 39—40，pl. 7，fig. 2；pl. 15，figs. 16—25.

2005 *Kocklella patula* Walliser. －金淳泰等，图版1，图15，16。

特征 基腔膨大，相对宽，齿台上可能总共有4个侧方细齿列以及齿列旁附生的小瘤齿。自由齿片直，由密集的、近于等高的瘤齿组成。后齿脊延伸到齿台后端，后齿突短，不明显，内弯；内齿台通常有1~2个齿列，外齿台有2~3个齿列，齿列由大小相近的分离的瘤齿组成。多数标本齿台内外各有两个齿列，或内侧有一个、外侧有两个齿列。

附注 *Kockelella patula* 的 Pa 分子与地层上较老的 *K. variabilis* 的 Pa 分子，难以区别，但 *K. variabilis* 的基腔一般不如 *K. patula* 的基腔那样膨大；*K. variabilis* 的齿脊（后齿片）更向后延伸些，直至微弯，这个特征较为重要。此外，*K. variabilis* 的后齿片下方的基腔宽而浅，但有一个窄的中沟由基腔中央一直延伸到刺体的远端，而 *K. patula* 的后齿突短，齿片下方的基腔无中沟。

产地及层位 欧洲、北美洲、亚洲，在中国可见于四川盐边稗子田剖面，志留系温洛克统。Serpagli & Corradini（1999）认为此种的层位只限于申伍德阶。Klapper（1981）认为此种在欧洲为 *patula* 带，在北美 Oklahoma 州为 *amsdeni* 带。

枝形克科尔刺 *Kockelella ranuliformis*（Walliser，1964）

（图版 S—5，图1—2）

1964 *Spathognathodus ranuliformis* Walliser. －p. 82，pl. 6，fig. 9；pl. 22，figs. 5—7.

non 1987 *Spathognathodus ranuliformis* Walliser. －安太庠，203页，图版34，图17（= *Ozarkodina crispa* beta morphotype）。

1998 *Kockelella ranuliformis*（Walliser）. －Corradini *et al.*，pl. 3. 3. 1，figs. 4a—b.

1999 *Kockelella ranuliformis*（Walliser）. －Serpagli & Corradini，pp. 186—288，pl. 7，figs. 10a—b.

特征 Pa 分子。刺体后端有圆形的基腔，基腔上光滑，缺少侧齿突或侧齿列。在主齿之后可能有1~2个向后倾的小细齿，但不达齿体后端。自由齿片直而长，由密集的近于等大的瘤齿组成，最前端的细齿略大些，自由齿片侧视近矩形。

附注 安太庠（1987）鉴定的产于四川北川曹山坡志留系茂县群第二亚组的 *Spathognathodus ranuliformis*，可能为 *Ozarkodina crispa* Morphotype beta，相关的地层应为罗德洛统而不是温洛克统。

产地及层位 欧洲、北美洲；此种在欧洲为 *celloni* 带（兰多维列统上部）到 *amorphognathoides* 带（兰多维列统上部到温洛克统下部）；在北美 *Oklahoma* 州为 *amorphognathoides* 带到 *amsdeni* 带。目前此种在中国尚未发现，仅发现此种的比较种。

十字克科尔刺 *Kockelella stauros* Barrick et Klapper，1976

（图版 S—5，图 9）

1976 *Kockelella stauros* Barrick et Klapper，p. 76，pl. 3，figs. 1—11.

1999 *Kockelella stauros* Barrick et Klapper. – Serpagli & Corradini，pl. 7，figs. 8—9.

2005 *Kockelella stauros* Barrick et Klapper. – 金淳泰等，图版 2，图 1，2。

2009 *Kockelella stauros* Barrick et Klapper. – 王成源等，图版 1，图 4。

特征 刺体大致呈“十”字形。前齿片直而长，其上的细齿短，细齿愈合或分离；后齿片直而短，细齿大小与前齿片上的细齿相近，并与前齿片在同一直线上或向内微弯。内齿台小，其上仅有 1～2 个与中齿片（中齿脊）垂直的细齿脊；外齿台宽，其上有2～3个与中齿片垂直的齿脊。内外齿台上的齿脊亦在同一直线上，使整个刺体呈“十”字形。反口面基腔大致呈不规则四边形。

附注 以往将 *K. stauros* 带与 *colonus-nilsoni* 笔石间隔带对比，相当于罗德洛统下部。Serpagli & Corradini（1999）认为此种在北美洲只限于侯墨阶，但在意大利可能达到高斯特阶的底部。

产地及层位 欧洲、北美洲、亚洲，在中国可见于四川盐边稗子田剖面，上志留亚系罗德洛统高斯特阶下部。

可变克科尔刺 *Kockelella variabilis* Walliser，1957

附注 依据 Pa 分子的形态，本种区分为如下两个亚种：*Kockelella variabilis variabilis* Walliser，1957 和 *Kockelella variabilis ichnusae* Serpagli et Corradini，1998。

可变克科尔刺艾其奴萨亚种 *Kockelella variabilis ichnusae* Serpagli et Corradini，1998

（图版 S—5，图 6）

1964 *Kockelella variabilis* Walliser. – Walliser，pl. 16，figs. 1（?），5（?），7，12.

1998 *Kockelella variabilis ichnusae* Serpagli et Corradini，pp. 80—82，pl. 1，figs. 1a—c，2.

1998 *Kockelella variabilis ichnusae* Serpagli et Corradini. – Serpagli *et al.*，pl. 1. 2. 1，fig. 10.

1998 *Kockelella variabilis ichnusae* Serpagli et Corradini. – Corradini *et al.*，pl. 1. 3. 1，fig. 14.

2005 *Kockelella variabilis ichnusae* Serpagli et Corradini. – 金淳泰等，图版 1，图 11，12。

特征 强壮的 Pa 分子具有以下特征：主齿前方的细齿完全愈合；前齿片厚、长而直，有 9～14 个细齿，主齿之前的几个细齿全部愈合，呈冠脊状；齿台宽，不对称，以底部轮缘为界；齿台内侧短，浑圆，有一简单的侧齿突，具有 1～2 个短而壮的细齿。外齿台宽，多角状，有 3～8 个分离或愈合的细齿，有时形成分叉状。后齿突向下拱曲并微微向内侧弯。主齿直立，比临近的细齿略大。外侧基腔比内侧基腔大得多。

附注 *Kockelella variabilis ichnusae* 与 *K. v. variabilis* 的区别主要在于前者齿台宽，具特有的齿台轮缘；内齿突不分叉并在前齿片上出现无细齿的冠脊（crest）。少数 *K. v. ichnusae* 有亚三角形的基腔，与 *K. stauros* 相似，但后者的外齿突总是很简单的。

此种在意大利为 *Ozarkodina exc. hamata* 带的底部到 *Polygnathoides siluricus* 带的中部。

产地及层位 四川盐边县稗子田剖面，下志留亚系温洛克统沟口组下部。

多颚刺科 POLYGNATHIDAE Bassler，1925

锚颚刺属 *Ancyrognathus* Branson et Mehl，1934

1947 *Ancyroides* Miller et Youngquist.

模式种 *Ancyrognathus symmetricus* Branson et Mehl，1934

特征 齿台大，拱曲，不规则的三叶状，齿台有瘤齿状的固定齿脊。有一个次级齿脊由主齿脊延伸至侧齿叶的顶端，两个齿脊形成的角度向后开放。反口面龙脊高，与口面齿片—齿脊相对应，次级龙脊与次级齿脊相对应。主龙脊与次龙脊在基穴相遇，基穴通常为三角形。

附注 此属由晚泥盆世早期的 *Polygnathus ancyrognathoides* Ziegler，1962 演化而来。此属与 *Ancyrodella* 的区别在于龙脊与次龙脊形成向后开放的角度，而 *Ancyrodella* 形成向前开放的角度。齿台轮廓与前齿片发育程度对种的区分有重要意义。*Ancyroides* Miller et Youngquist 是此属的同义名。仅齿台边缘齿叶有发育的高的次级齿脊，由高的细齿组成；前齿片短而高。Sandberg *et al*.（1992）仍认为 *Ancyroides* 为独立的属，强调此属有边缘齿鳍（=齿叶，a fin），基腔位置也明显不同于 *Polygnathus*。Ziegler（1972）认为 *Ancyrognathus* 的多成分种可能由成对的 *Ancyrognathus* 组成，或由成对的 *Ancyrodella* 的分子共同组成。

分布地区及时代 世界性分布，晚泥盆世早期，*Ancyrognathus triangularis* 带至上 *Palmatolepis crepida* 带。

三角锚颚刺 *Ancyrognathus triangularis* Youngquist，1945

（图版 D—6，图 8）

1986 *Ancyrognathus triangularis* Youngquist. －季强，29 页，图版 6，图 15，16。

1989 *Ancyrognathus triangularis* Youngquist. －王成源，25 页，图版 2，图 4—6，9。

1994 *Ancyrognathus triangularis* Youngquist. －Wang，pl. 99，pl. 11，figs. 5—6，11.

2002 *Ancyrognathus triangularis* Youngquist. －Wang & Ziegler，pl. 7，figs. 7—10.

特征 齿台轮廓大致呈三角形，前齿片短而高，向后变为低的齿脊，直到齿台后端。外齿叶齿脊与主齿脊斜交或垂直，齿台上具有不规则的瘤齿。反口面基穴呈菱形，位于主龙脊与次龙脊会合处。

附注 *Ancyrognathus triagularis* 齿台轮廓变化较大，侧齿叶齿脊与主齿脊成锐角或直角。主齿脊后方直或向内弯。此种与 *Ancyrognathus primus* 的主要区别是齿台表面有瘤齿，而后者齿台表面光滑。

产地及层位 广西德保都安四红山榴江组，桂林龙门谷闭组，上 *hassi* 带至上 *rhenana* 带（厚榴江组）；象州马鞍山桂林组下部，上 *Palmatolepis hassi* 带至 *Palmatolepis linguiformis* 带。湖南新邵县东边口上泥盆统佘田桥组 *Ancyrognathus triangularis* 带。

多颚刺属 *Polygnathus* Hinde，1879

1879 *Polygnathus* gen. nov. Hinde，p. 361.

1925 *Hindeodella* gen. nov. Bassler, p. 219.

1957 *Ctenopolygnathus* gen. nov. Müller & Müller, p. 1084.

2002 *Eoctenopolygnathus* gen. nov. Bardashev *et al.*, p. 398.

2002 *Eocostapolygnathus* gen. nov. Bardashev *et al.*, p. 401.

2002 *Eolinguipolygnathus* gen. nov. Bardashev *et al.*, p. 407.

2002 *Costapolygnathus* gen. nov. Bardashev *et al.*, p. 414 (= objective synonym of *Polygnathus* Hinde, 1879).

2002 *Linguipolygnathus* gen. nov. Bardashev *et al.*, p. 418.

模式种 *Polygnathus dubius* Hinde, 1987

特征 刺体由自由齿片和齿台构成；自由齿片细齿高于齿台或与齿台同高，在齿台中部或近于中部与固定齿脊相接。齿台简单，前后端较窄，后端有时有横脊，两侧有肋脊。反口面有基腔，位于齿台中部下方。自由齿片下方有一齿槽或龙脊，与基腔相连。反口面有龙脊和同心生长线。

讨论 关于 *Polygnathus* 的起源，Mawson（1998）曾明确指出，它不是起源于 *Ozarkodina* 而是起源于 *Eognathodus*。*Eognathodus sulcatus* Philip，1965 中的齿台窄的类型，包括 *E. sulcatus kindlei* Lane et Ormiston，1979 演化出 *Polygnathus zeravshanicus*（Bardashev & Ziegler，1992），并由此出现 *Polygnathus pireneae* – *dehiscens* – *nothoperbonus* – *inversus* – *serotinus* 的演化系列。*Eognathothus sulcatus* 中的宽齿台的类型，即 *E. sulcatus sectus* Philip，1965，是"*Polygnathus*" *trilinearis-kindei* 系列的先驱，这是一类没有进一步演化的分支。

Klapper & Philip（1971）从多成分种的概念恢复本属的骨骼器官，认为 *Polygnathus* 的骨骼器官特征为：P，O1，N，A1，A2，A3。P 是多颚刺台形（polygnathan）分子，O1 是奥泽克刺形（ozarkodinan）分子，N 是新锯齿刺形（neoprioniodontan）分子，A1 是欣德刺形（hindeodellan）分子，A2 是角刺形（angulodontan）分子或织窄片刺形（plectospathodontan）分子，A3 是小双刺形（diplododellan）分子。口视 *Polygnathus* 的分子与 *Schimidtognathus* 和 *Pseudopolygnathus* 极为相似，但后两属有较大的基腔。

本书予以采用 Vorontsova（1991，1993）建立的新属 *Neopolygnathus* Vorontsova，1991 和 *Polynodosus* Vorontsova，1993。前者与 *Polygnathus* 的重要区别是基腔位于齿台的前部，后者与 *Polygnathus* 的区别是齿台上有发育的瘤齿。这两个属都是以 P 分子与 *Polygnathus* 区别的。

对于 Bardashev *et al.*（2002）将早泥盆世晚期的 *Polygnathus* 依据齿脊是否达齿台后端、横脊等特征建立的 *Costapolygnathus*，*Eoctenopolygnathus*，*Eocostapolygnathus*，*Eolinguipolygnathus*，*Linguipolygnathus* 等新属，本书均不采用，而是将它们视为 *Polygnathus* 的同义名。Bardashev *et al.*（2002）对 *Polygnathus* 内各种群间的演化关系的分析是很有价值的，值得参考。同样，Ovnatanova & Kononova（2001）对俄罗斯地台上泥盆统弗拉阶 *Polygnathus* 的研究非常深入，也很值得参考。

分布地区及时代 世界性分布，早泥盆世晚期至石炭纪密西西比亚纪。

窄脊多颚刺 *Polygnathus angusticostatus* Wittekindt，1966

（图版 D—2，图 15a—b）

1957 *Polygnathus robusticostaus* Bischoff et Ziegler, pp. 95—96, pl. 3, fig. 10 (only).

1957 *Polygnathus* cf. *subserrata* Branson et Mehl. – Bischoff & Ziegler, p. 97, pl. 4, figs. 10—11.

1977 *Polygnathus angusticostatus* Wittekindt. – Weddige, pp. 306—307, pl. 6, figs. 102—104.
1989 *Polygnathus angusticostatus* Wittekindt. – 王成源，100，101 页，图版 34，图 13—17。

特征　*Polygnathus angusticostatus* 所代表的标本，齿台边缘通常有强壮的瘤齿或短的横脊，近脊沟深。齿脊延伸，超出齿台后端。自由齿片约为刺体总长的 1/3，基穴中等大小，位于齿台中部与前端之间。

附注　*Polygnathus angusticostatus* 齿台两侧边缘平行或不平行。齿脊超出齿台后端，有两个自由细齿，近脊沟宽而深，不同于 *Polygnathus robusticostatus*。此外，本种齿台边缘隆起，横脊较弱，齿台轮廓近心形，亦不同于后者。*Polygnathus angustipennatus* 齿台小，限于刺体中部，前齿片更长，易于区别。本种时代为艾菲尔期晚期。

产地及层位　广西德保都安四红山，分水岭组底部 *Tortodus kockelianus australis* 带至 *T. k. kockelianus* 带。

柄多颚刺　*Polygnathus ansatus* Ziegler et Klapper, 1976

（图版 D—4，图 5a—b）

1976 *Polygnathus ansatus* Ziegler et Klapper, pp. 119—120, pl. 2, figs. 15—26.
1989 *Polygnathus ansatus* Ziegler et Klapper. – 王成源，102 页，图版 33，图 10。
1994 *Polygnathus ansatus* Ziegler et Klapper. – Bai *et al.*, p. 175, pl. 22, figs. 11, 12.
2010 *Polygnathus ansatus* Ziegler et Klapper. – 张仁杰等，49 页，图版 I，图 8，9。

特征　自由齿片比齿台稍长或与齿台等长，齿台装饰变化很大，几乎是光的或有微弱的瘤齿，或有强壮的脊，在口面外膝曲点上有明显的收缩。前槽缘弯曲，外前槽缘发育，膝曲点相对，内外前槽缘前端与齿片在同样的位置相接。

附注　*P. ansatus* 与 *P. timorensis* 极相似，幼年期个体无法区别，但成年期个体 *P. ansatus* 齿台较宽，内外前槽缘与齿片在同样位置相接，而 *P. timorensis* 齿台较窄，外前槽缘与齿片相接处比内前槽缘向前。本种见于中泥盆世晚期，是 *P. varcus* 带中的带化石。

产地及层位　广西德保都安四红山，分水岭组 *P. varcus* 带；四川龙门山，观雾山组；海南岛昌江县石碌镇鸡实，上泥盆统昌江组。

本德尔多颚刺　*Polygnathus benderi* Weddige, 1977

（图版 D—2，图 14）

1977 *Polygnathus benderi* Weddige, p. 318, pl. 3, figs. 59—61; text-fig. 4, fig. 5.
1979 *Polygnathus benderi* Weddige. – Lane & Ormiston, pl. 9, fig. 8.
1989 *Polygnathus benderi* Weddige. – 王成源，103 页，图版 37，图 8—9。
1994 *Polygnathus benderi* Weddige. – Bai *et al.*, p. 175, pl. 19, figs. 6—9.

特征　齿台很平，卵圆形。在平的近脊沟的两侧可见短而低的横脊。固定齿脊延至齿台后端，其细齿呈锥形，强壮，明显高于平的齿台；多数细齿分离，细齿间由长的脊连接。反口面基腔周围和龙脊微凸，齿台前方偶尔可见极不发育的吻部。

附注　当前标本特征与正模标本一致，只是齿台前方不发育的吻部显示为 *Polygnathus eiflius* 的过渡特征。*P. eiflius* 有发育的吻部斜脊，齿台不平，舌形弯曲，不呈卵圆形，不同于 *P. benderi*。*P. benderi* 在层位上低于 *P. eiflius*，后者由前者演化而来，而 *P. benderi* 本身则源于 *P. patulus*。

产地及层位　中泥盆统艾菲尔阶，*Polygnathus costatus* 带上部至 *Tortodus kockelianus* australis 带。在中国可见于广西德保都安四红山，分水岭组 *T. k. australis* 带。

成源多颚刺 *Polygnathus chengyuanianus* Dong et Wang，2006

（图版 D—4，图 16a—b）

2006 *Polygnathus chengyuanianus* Dong et Wang. –董治中和王伟，175 页，图版 16，图 1a—b。

特征 齿台短而宽，内外齿台边缘呈圆弧形弯曲，后端呈浑圆形。前端边缘直，与自由齿片近于垂直，前缘端点有两个较长的瘤齿。

描述 齿台宽圆，除前端稍有收缩外，整个齿台近于等宽，形似半个椭圆形。横脊稀而粗，并在前缘端点上长出两个较高的瘤齿。隆脊（中齿脊）粗壮，纵贯整个齿台。近脊沟（齿沟）深。反口面平。基腔位于齿台中部靠前些，向前与通往自由齿片的一基沟相连。基腔后无龙脊。同心环发育。

比较 此种齿台短而宽，粗壮，厚实，齿台前有较明显的吻部；齿脊粗壮，由愈合的瘤齿组成。齿台两侧各有 4 个粗壮的横脊，齿台后端浑圆，与本属其他种区别较大。

附注 自由齿片部分断掉，仅部分保留，与齿台长度的比例不明。

产地及层位 云南施甸马鹿塘下、中泥盆统西边塘组（侯鹏飞等，1988），现归何元寨组 *P. costatus* 带（董治中和王伟，2006，175 页）。

肋脊多颚刺 *Polygnathus costatus* Klapper，1971

特征 （Pa 分子）齿台两侧有粗的横脊，近脊沟将齿脊与横脊分开；齿脊可延伸到齿台后端或在齿台后端 1/3 处消失。自由齿片为刺体长的 1/3。

附注 此种在形态和对称性方面与 *Polygnathus webbi* 不同，前者齿台后 1/3 处是浑圆的，后者明显向内膝状弯曲；前者横脊更粗壮，后者近脊沟更深。

时代 世界性分布，早泥盆世晚期到中泥盆世。

肋脊多颚刺肋脊亚种 *Polygnathus costatus costatus* Klapper，1971

（图版 D—3，图 3—4）

1971 *Polygnathus costatus costatus* Klapper，p. 63，pl. 1，figs. 30—36；pl. 2，figs. 1—7.

1981 *Polygnathus costatus costatus* Klapper. – Wang & Ziegler，pl. 1，figs. 2，3.

1989 *Polygnathus costatus costatus* Klapper. –王成源，105 页，图版 31，图 7，8。

1994 *Polygnathus costatus costatus* Klapper. – Bai *et al.*，p. 176，pl. 17，fig. 14；pl. 19，figs. 4，5.

特征 齿脊延续到齿台后端，齿台前方收缩，最宽处位于齿台后方 1/3 处，齿台上具有发育的横脊。

比较 *Polygnathus costatus patulus* 齿台前方不及 *Polygnathus costatus costatus* 那样收缩，但齿台较宽，*P. c. patulus* 的齿脊不达后端或达后端；两亚种的主要区别是齿台的相对宽度和齿台前方收缩程度。*P. c. costatus* 与 *Polygnathus webbi* 相似，但两者外齿台轮廓不同，后者在齿台后 1/3 向内折曲，往往有一尖的折曲，而 *P. c. costatus* 是浑圆的；*P. c. costatus* 肋脊较强壮，而 *P. webbi* 前方近脊沟较深；同时，*P. webbi* 齿台前方较凸起。*P. c. costatus* 与 *P. parawebbi* 也相似，但后者齿台后方强烈向内弯，肋脊与边缘垂直，齿台后边平。

产地及层位 广西德保都安四红山，坡折落组 *P. c. costatus* 带；广西长塘，那叫组

P. c. costatus 带；广西那艺，中泥盆统艾菲尔阶；内蒙古喜桂图旗，中泥盆统霍博山组。

肋脊多颚刺新分亚种 *Polygnathus costatus partitus* Klapper, Ziegler et Mashkova, 1978

（图版 D—3，图 1—2）

1978 *Polygnathus costatus partitus* Klapper, Ziegler et Mashkova, p. 109, pl. 2, figs. 1—5, 13.

1983 *Polygnathus costatus partitus* Klapper, Ziegler et Mashkova. – Wang & Ziegler, pl. 5, fig. 12.

1989 *Polygnathus costatus partitus* Klapper, Ziegler et Mashkova. – 王成源，106 页，图版 31，图 2。

1994 *Polygnathus costatus partitus* Klapper, Ziegler et Mashkova. – Bai *et al.*, p. 176, pl. 17, figs. 12, 13.

特征 *Polygnathus costatus partitus* 的分子，有窄的齿台，齿台内缘和外后缘特别直，形成箭头状的轮廓。

比较 此亚种与 *P. costatus costatus* 相似，但后者齿台后缘明显弯曲，前缘一般都有收缩，而 *P. costatus partitus* 的齿台内缘直，外齿台后缘也直，前缘收缩或平行。

此亚种是 *P. costatus partitus* 带的带化石，是中泥盆世开始的标志。

产地及层位 广西德保都安四红山，坡折落组 *P. c. partitus* 带；那坡三叉河，分水岭组 *P. c. partitus* 带；广西那艺，中泥盆统艾菲尔阶；四川，养马坝组石梁子段。

肋脊多颚刺宽亚种 *Polygnathus costatus patulus* Klapper, 1971

（图版 D—2，图 10；图版 D—3，图 5—7）

1978 *Polygnathus costatus patulus* Klapper. – Klapper *et al.*, p. 110, pl. 2, figs. 6—9, 14—17, 19, 20, 25, 31.

1981 *Polygnathus costatus patulus* Klapper. – Wang & Ziegler, pl. 1, fig. 1.

1983 *Polygnathus costatus patulus* Klapper. – Wang & Ziegler, pl. 5, figs. 11, 14.

1989 *Polygnathus costatus patulus* Klapper. – 王成源，106 页，图版 31，图 3，4，9。

特征 齿脊在齿台末端前终止或达末端，齿台宽，最大宽度在齿台中部，齿台前方收缩不明显。

附注 Klapper (1971) 在建立此亚种时，认为齿脊不达齿台后端，齿脊后方有一特殊的槽状凹陷，是本亚种的重要特征，但后来他（1978）根据 Barrandian 地区的化石修正了此亚种的定义，齿脊可达到齿台后端。*P. c. costatus* 的齿台比 *P. c. patulus* 的齿台窄，前方收缩较明显；两者的区别在于齿台轮廓的不同（相对宽度和收缩程度）。

产地及层位 广西德保都安四红山，坡折落组 *P. c. patulus* 带；广西那艺，中泥盆统艾菲尔阶 *patulus* 带到 *costatus* 带。

冠脊多颚刺 *Polygnathus cristatus* Hinde, 1879

（图版 D—3，图 20—21）

1879 *Polygnathus cristatus* Hinde, p. 366, pl. 17, fig. 11.

1979 *Polygnathus cristatus* Hinde. – Cygan, p. 243, pl. 11, figs. 10, 11.

1978 *Polygnathus cristatus* Hinde. – Perri & Spalletta, p. 304, pl. 6, fig. 6.

1989 *Polygnathus cristatus* Hinde. – 王成源，107 页，图版 37，图 1—5。

特征 齿台对称，后方尖，长圆形或横圆形，自由齿片短而高，固定齿脊直，由较尖的圆的瘤齿构成。齿台中部向上拱起，后端略向下弯。齿台表面有较粗的瘤齿装饰，瘤齿均匀分布或排列成不规则的脊。齿台前方，齿片—齿脊的两侧，可能有向前下方延伸的近脊沟。反口面基穴和龙脊发育。

附注 此种齿台表面装饰变化较大，有的具稀散的瘤齿，有的具密集的不规则的脊。*P. cristatus* 进一步发展，由于瘤齿的削弱而进化为 *Klapperina asymmetricus ovalis*。此种的层位由 *Schmitognathus hermanni* – *Polygnathus cristatus* 带至 *Mesotaxis asymmetrica* 带底部。

产地及层位 广西横县六景，中泥盆统 *S. hermanni* – *P. cristatus* 带；象州马鞍山，巴漆组中部至桂林组下部。

倾斜多颚刺 *Polygnathus declinatus* Wang，1979

（图版 D—3，图 10a—b）

1979 *Polygnathus serotinus* Telford，Morphotype delta. – Lane & Ormiston，p. 63 （part），pl. 8，figs. 8—10，only（not figs. 34—35 = *Polygnathus serotinus*）.

1979 *Polygnathus declinatus* Wang. – 王成源，401 页，图版 1，图 12—20。

1981 *Polygnathus declinatus* Wang. – Wang & Wang，pl. 2，figs. 6，7.

1991 *Polygnathus serotinus* Telford. – Bardashev，p. 244 （part），pl. CXIII，figs. 16，17，only（not figs. 9，13，15，18—20，28，30，31 = *Polygnathus serotinus*；not figs. 14，29 = *Polygnathus wangi*）.

1994 *Polygnathus serotinus* Telford. – Talent & Mawson，pl. 2，fig. 17，only（not fig. 15；not fig. 16 = *Polygnathus snigirevae*）.

2002 *Linguipolygnathus declinatus*（Wang，1979）. – Bardashev *et al.*，p. 422，text-figs. 10，15，33.

特征 较小的基底凹窝就在龙脊向内折曲的前方。齿舌窄而长，有密集的横脊。齿舌上横脊长、连续。齿舌初始处，齿台前2/3 升起的边缘近于平行，后1/3 弯曲。齿舌外缘和内缘都强烈地向内折曲。外齿台前方边缘很高。固定齿脊靠近齿台内缘。齿台边缘横脊短。基底凹窝外侧有陆棚状突伸。

附注 金善燏（2005）认为 *Polygnathus declinatus* 的半月形突起不明显，突起是从基底凹窝的实心扶壁上伸出的，而将此种归入 *Polygnathus serotinus* 的 δ 形态型。而 Uyeno & Klapper（1980）认为 *P. declinatus* 是 *P. inversus* 和 *P. serotinus* 间的过渡类型。Mawson（1987）怀疑地将此种归入 *P. inversus*。王成源（1979）在建立此种时就已明确指出，*Polygnathus declinatus* 与 *Polygnathus inversus* 的区别在于前者齿台前方外缘呈凸缘状，比内齿台前方高得多；齿舌窄而长，基腔小，外缘和内缘几乎在同一长度的位置上向内折曲。相反，*P. inversus* 齿台前方外缘和内缘几乎同高，齿舌较短，基腔较大，内缘弯曲，最大弯曲点在外缘折曲点的前方。*P. declinatus* 基底凹窝后的基腔无翻转，也不同于 *P. inversus*。

本种与 *Polygnathus serotinus* 的区别在于，本种齿台内缘和外缘折曲点在齿台同一长度的位置，而 *P. serotinus* 内缘弯曲点在外缘弯曲点的前方；本种基底凹窝外侧仅有一个不太发育的新月形突起；本种齿舌窄而长，齿舌内弯的角度也较大。

Bardashev *et al.*（2002）确认此种，但将此种归入 *Linguipolygnathus* 属内，并认为此种来源于 *Linguipolygnathus khalymbadzhai*，而 *P. serotinus* 可能是本种的后继种。本书不采用 *Linguipolygnathus* 一属。

产地及层位 广西象州中平，下泥盆统四排组。

华美多颚刺 *Polygnathus decorosus* Stauffer，1938

（图版 D—3，图 15a—b）

1938 *Polygnathus decorosus* Stauffer，p. 438，pl. 53，figs. 5，6，10，15—16；not figs. 1，20，30（= *Polygnathus* sp. indet；not fig. 11 = *Polygnathus timorensis*）.

1973 *Polygnathus decorosus* Stauffer. – Klapper，in Catalogue of Conodonts，vol. Ⅰ，p. 35，*Polygnathus*-plate 1，fig. 5.

1989 *Polygnathus decorosus* Stauffer. －王成源，107—108 页，图版 34，图 5，6，8，10；图版 40，图 3。

1993 *Polygnathus decorosus* Stauffer. －Ji & Ziegler，p. 77，pl. 40，figs. 16—18；text-fig. 18，figs. 16—17.

特征　自由齿片比齿台略长，具有规则的细齿。所有细齿的直径和高度都彼此相近。自由齿片长约为高的两倍多，整个齿片侧视呈矩形。齿台窄，近于对称，呈尖的箭头状。齿台边缘起皱，或呈瘤齿状；在成熟个体上，亦可见短的横脊，特别是在齿台中部，固定齿脊直，延伸到后端，固定齿脊在齿台中部瘤齿略大。膝折点在齿脊两侧相对称，前槽缘短。反口面龙脊高。基腔位于齿台前端或前端稍后的位置。

比较　*Polygnathus decorosus* 齿台边缘有瘤齿状装饰，显然不同于 *P. xylus*。*Polygnathus procera* 具有高的齿片，亦不同于本种。*P. decorosus* 在齿台装饰上与中泥盆世的 *Polygnathus kennettensis* Savage，1976 最相似，但后者齿台后端向内侧偏转，齿台长，大于刺体长的一半。多数学者都将齿台上横脊较发育的、齿台近柳叶状的标本归入本种。本种有窄的齿台和短的横脊，不同于“*Polygnathus foliatus*”Bryant，1921。

本种的层位为上泥盆统下部 *Ancyrognathus triangularis* 带至 *Palmatolepis gigas* 带最上部。

产地及层位　广西德保都安四红山，榴江组 *Ancyrognathus triangularis* 带；象州马鞍山，桂林组下部；永福，付合组中部；内蒙古乌努尔，下大民山组顶部（郎嘉彬和王成源，2010）。

登格勒多颚刺（亲近种）　*Polygnathus* aff. *dengleri* Bischoff et Ziegler，1957

（图版 D—3，图 16）

1983 *Polygnathus* aff. *dengleri* Bischoff et Ziegler. －Wang & Ziegler，pl. 6，fig. 10.

2001 *Polygnathus* aff. *dengleri* Bischoff et Ziegler. －Ovnatanova & Kononova，pl. 3，fig. 3.

2010 *Polygnathus* aff. *dengleri* Bischoff et Ziegler. －郎嘉彬和王成源，23 页，图版Ⅲ，图 6a，b。

特征　齿台较对称，长，后方尖，边缘高起，有很短的横脊，常常横脊向齿脊方向分化成小的瘤齿。近脊沟窄。自由齿片短，仅约为齿台长的 1/4 至 1/3。膝曲点对称，前槽缘很短。

附注　本种的自由齿片短，平直，齿台上有瘤齿，依此不同于 *Polygnathus procera* 和 *P. decorosus*。*P. procera* 的自由齿片高，而 *P. decorosus* 的自由齿片长，平直，侧视呈矩形。

本种见于中泥盆统最上部 *Klapperina disparilis* 带，是晚泥盆世开始的重要标志，可上延至 *P. triangularis* 带。

Mesotaxis falsiovalis 由于齿台加宽、基穴减小而由 *Mesotaxis*? *dengleri* 演化而来。

产地及层位　广西德保都安四红山，由 *disparilis* 带到上 *falsiovalis* 带；榴江组 *M. asymmetrica* 带；四川龙门山观雾山组，但可上延到 *P. triangularis* 带。本种同样见于大兴安岭乌奴尔地区的霍博山组，但可能是再沉积的（郎嘉彬和王成源，2010）。

艾菲尔多颚刺　*Polygnathus eiflius* Bischoff et Ziegler，1957

（图版 D—3，图 19a—b）

1973 *Polygnathus eiflia* Bischoff et Ziegler. －Klapper，in Catalogue of Conodonts，vol. 1，pp. 355—356，*Polygnathus*-plate 2，fig. 8.

1983 *Polygnathus eifius* Bischoff et Ziegler. －Wang & Ziegler，pl. 6，fig. 11.

1989 *Polygnathus eifius* Bischoff et Ziegler. －王成源，109 页，图版 32，图 7—8。

1994 *Polygnathus eifius* Bischoff et Ziegler. －Bai *et al.*，p. 178，pl. 22，figs. 1—4.

特征 齿台不对称，口面具有不规则的瘤齿，齿台前方收缩，具有两个斜脊。

附注 典型的 *Polygnathus eiflius* 齿台前方具有两个斜脊。当前标本的齿台前方明显收缩，斜脊不明显，仅齿台前边缘在齿台上向后方略延伸，呈脊状，不斜向固定齿脊。在大的标本上，齿台上可见脊状装饰，齿台外侧侧方膨大。齿台前边缘脊，可见2～3个小的细齿。*Polygnathus* aff. *eiflius* 缺少斜脊，齿台前方收缩，但前缘脊不延伸到齿台上。*Polygnathus eiflius* 与 *P. pseudofoliatus* 有很多相似处，有些中间过渡类型的标本，只能依齿台轮廓和前方吻部斜脊的有无来区别。

产地及层位 广西德保都安四红山，分水岭组 *T. k. kockelianus* 带至 *P. x. ensensis* 带；广西横县六景、崇左那艺，中泥盆统中部 *kockelianus* 带至 *ensensis* 带。

凹穴多颚刺 *Polygnathus excavatus* Carls et Gandl，1969

特征 *Polygnathus* 的一个种，其P分子轻度或明显向内弯，内近脊沟比外近脊沟短。基腔深或中等程度深；除封闭的后端外，基腔大。齿舌上的横脊是阻断的或半横穿的。

比较 *Polygnathus excavatus* 与 *P. nothoperbonus* 的不同主要是后者有真正的翻转的基腔。本种可区分为两个亚种。

时代 早泥盆世埃姆斯期 *excavatus* 带至 *inversus* 带。

凹穴多颚刺凹穴亚种 *Polygnathus excavatus excavatus* Carls et Gandl，1969

（图版D—2，图7—9）

1969 *Polygnathus webbi excavata* Carls et Gandl，pp. 193—195，pl. 18，fig. 11（holotype）；pl. 18，figs. 10，12，13.

1969 *Polygnathus linguiformis dehiscens* Philip et Jackson. －Philip & Jackson，pl. 2，figs. 1—3（only）.

1975 *Polygnathus dehiscens* Philip et Jackson. －Klapper & Johnson，pp. 72—73，pl. 1，figs. 7，8（＝*Po. webbi excavata*，holotype），figs. 15，16.

2000 *Polygnathus excavatus gronbergi* Klapper et Jackson. －王成源等，图版1，图3a—b，7a—b。

特征 P分子的基腔深而大，基腔后方无翻转，侧缘（flanks）在后端封闭；近脊沟发育不等，齿脊靠近内齿台边缘。

附注 *Polygnathus excavatus excavatus* 与 *P. e. gronbergi* 的主要区别是后者的基腔后方有轻度的翻转。

产地及层位 广西武宣绿峰山，二塘组上伦白云岩；新疆乌恰县萨瓦亚尔顿金矿，早泥盆世晚期地层。

广西多颚刺 *Polygnathus guangxiensis* Wang et Ziegler，1983

（图版D—2，图16a—b）

1983 *Polygnathus guangxiensis* Wang et Ziegler，p. 89，pl. 6，figs. 23—24.

1989 *Polygnathus guangxiensis* Wang et Ziegler. －王成源，113页，图版35，图5—8。

特征 齿台拱曲，内弯，自由齿片短，但很高；由少数几个愈合的细齿组成。其底缘向下伸，前缘直立或向下倾，齿脊一直延伸到齿台后端或接近齿台后端，由低的瘤齿组成。齿台拱曲，内弯，外齿台较内齿台略宽，齿台上布满均匀分布的肋脊，齿台最大宽度近齿台中前部。近脊沟较发育，浅平，齿台前方齿脊两侧前槽缘向前倾。

比较 *Polygnathus guangxiensis* 与 *Polygnathus kluepfeli*，*P. latus*，*P.* sp. nov. M. Klapper，1980，*P.* sp. A. Druce，1969，在齿台装饰上均有相似的肋脊。*P. guangxiensis*

以短而宽的自由齿片区别于 *P. kluepfeli* 和 *P. latus*。*P.* sp. A. Druce 齿台强烈拱曲，齿台后半部齿脊不发育，前半部前倾，亦不同于 *P. guangxiensis*。*P. guangxiensis* 无疑与 *P.* sp. nov. M. Klapper 最相似，但后者的自由齿片从图版上难以判断，似乎并不很高；同时在层位上，后者仅见于 *P. xylus ensensis* 带，Klapper（1980，p. 103）认为它来自 *P. trigonicus*，而 *P. guangxiensis* 的层位较低，为 *P. costatus costatus* 带至 *Tortodus kockelianus kockelianus* 带。

产地及层位 广西德保都安四红山，分水岭组 *P. c. costatus* 带至 *T. k. kockelianus* 带；崇左那艺，中泥盆统。

半柄多颚刺 *Polygnathus hemiansatus* Bultynck，1987

（图版 D—4，图 7—10）

1980 *Polygnathus* aff. *ansatus* Ziegler et Klapper. －Bultynck & Hollard，p. 42，pl. 5，fig. 18；pl. 6，figs. 2—4.

1985 *Polygnathus ansatus* Ziegler et Klapper，early morphotype. －Bultynck，p. 269，pl. 6，figs. 19，20.

1986 *Polygnathus hemiansatus* Bultynck，pl. 7，figs. 16—27；pl. 8，figs. 1—7.

？1994 *Polygnathus hemiansatus* Bultynck. －Bai *et al.*，p. 178，pl. 21，figs. 7—10（?）；pl. 22，figs. 5—8.

特征 在外齿台前 1/3 处的外膝曲点齿台强烈收缩，而这膝曲点之后的齿台边缘明显地向外凸出。齿台外前槽缘强烈地向外弓曲。齿台内缘几乎是直的，其前槽缘没有向外弓曲，在膝曲点之前有锯齿。内前槽缘陡直向下。两个膝曲点一般不对称。两个前槽缘与齿片连接点的位置有些不同。齿台上有瘤齿或齿脊装饰。自由齿片为刺体长的一半或稍长些，由近于等长的细齿组成。

附注 此种是吉维特阶底界的定义种，它的首次出现就是吉维特阶的开始。Bai *et al.*（1994）图示的标本（图版 7，图 7—10）可能不是本种。*P. hemiansatus* 与 *P. ansatus* 的区别在于前者的齿台内边缘几乎是直的，内前槽缘也不向外弓曲。*P. timorensis* 齿台装饰较少，齿台轮廓箭头状，近脊沟深，不同于 *P. hemiansatus* 较纤细的形态类型。

产地及层位 广西德保县四红山剖面，“分水岭组”（?）中部。

翻多颚刺 *Polygnathus inversus* Klapper et Johnson，1975

（图版 D—2，图 11a—b）

1974 *Polygnathus perbonus perbonus*（Phili）（late form），Klapper. －Perry *et al.*，p. 1089，pl. 8，figs. 1—8.

1975 *Polygnathus inversus* Klapper et Johnson，p. 73，pl. 3，figs. 15—39.

1989 *Polygnathus inversus* Klapper et Johnson. －王成源，113 页，图版 29，图 5—6。

特征 *Polygnathus* 的 P 分子有一相当大的基穴，位于龙脊向内强烈折曲的前方。基腔后方全部翻转。齿台前方外缘大约与齿脊和内缘等高，宽而深的近脊沟将外齿台与齿脊分开。

比较 与 *Polygnathus inversus* 的 P 分子相比，*Polygnathus serotinus* 的 P 分子外齿台凸缘状明显高于齿脊和内齿台。有些 *Polygnathus inversus* 反口面的基穴外缘有一不发育的陆棚状突伸，表明 *Polygnathus serotinus* 由 *P. inversus* 演化而来。*P. perbonus* 有小至中等大小的基腔，而不是基穴；*Polygnathus linguiformis linguiformis* 的基穴比 *P. inversus* 的基穴明显地向前。此种为 *P. inversus* 带的带化石，仅上限与 *P. serotinus* 有些重叠。

产地及层位 广西象州大乐，四排组 *P. inversus* 带；广西三岔河剖面，坡折落组；云南文山菖蒲塘。

基塔普多颚刺 *Polygnathus kitabicus* Yolkin, Weddige, Isokh et Erina, 1994

（图版 D—2，图 6a—b）

1975 *Polygnathus dehiscens* Philip et Jackson. – Klapper & Johnson, pp. 72—73, pl. 1, figs. 1, 6, 13—14 (only); not pl. 1, figs. 7, 8 (= *Po. excavatus*, holotype, pl. 1), figs. 15, 16, (= ? *Po. excavatus*).

1988 *Polygnathus dehiscens* Philip et Jackson. – Yolkin & Isokh, pp. 6—8, pl. 1, figs. 1, 2.

1991 *Polygnathus pireneae* Boersma. – Uyeno, pl. 1, figs. 21, 22.

1994 *Polygnathus kitabicus* Yolkin *et al.*, pp. 149—150, pl. 1, figs. 1—4.

特征 *Polygnathus* 的一个种，其 P 分子的齿台后方微微向内弯，齿台口面向后变平，向前有微弱的浅的近脊沟。基腔深而大，侧边陡达齿台反口面边缘，其顶尖开放。早期分子的前齿台外边缘比其内边缘向前些，内外齿台的前缘不在同一位置；晚期分子内外齿台的前缘在同样的位置与自由齿片锐角相交。

附注 中亚埃姆斯阶 Polygnathus 早期的演化系列是 *Polygnathus kitabicus*→ *P. e. excavata*→ *P. e. granbergi* →*P. perbonus* →*P. nothoperbonus*→ *P. inversus*。早期的 *Polygnathus* 的演化趋向是：(1) 基腔由深到浅，再到翻转；(2) 齿台表面由平到有发育的近脊沟；(3) 齿台后端由阻断横脊到半横脊再到弯曲的横脊，齿舌向内弯曲的角度也逐渐增强。Yolkin *et al.* (1994)认为，以前鉴定为 *Polygnathus dehiscens* 的标本，只是 *Polygnathus kitabicus* 的晚期类型。但 *Polygnathus dehiscens* 的正模的基腔是平的（原文描述），齿舌有发育的横脊，向内弯曲明显，这些特征表明它远比 *perbonus* 进化得多，可能已到了 *P. perbonus* 或 *P. nothoperbonus* 的演化阶段，但由于正模标本的基腔充满了充填物，无法确定它的基腔特征。*Polygnathus dehiscens* 不能再作为定义种，甚至独立的种。

产地及层位 新疆乌恰县萨瓦亚尔顿金矿，下埃姆斯阶下部。

宽沟多颚刺 *Polygnathus latifossatus* Wirth, 1967

（图版 D—4，图 3，6）

1967 *Polygnathus latifossatus* Wirth, pl. 22, figs. 17—19; pl. 23, fig. 11; text-figs. c—k.

1986 *Polygnathus latifossatus* Wirth. – 季强，43 页，图版 15，图 14—17。

1988 *Polygnathus latifossatus* Wirth. – 熊剑飞等，329 页，图版 132，图 1。

1994 *Polygnathus latifossatus* Wirth. – Bai *et al.*, p. 179, pl. 22, fig. 10.

特征 齿台窄，长约为刺体长的 1/2，齿台边缘有小瘤齿。齿脊长，直达齿台后端，由愈合的瘤齿组成。齿台后端尖。反口面基腔大，位于齿台前端，宽度为齿台宽的一半到与齿台等宽；基腔对称或近于对称。近脊沟发育。

产地及层位 四川龙门山，观雾山组；广西象州，巴漆组中下部，中泥盆统上部上 *varcus* 带至上 *hermanni* – *cristatus* 带；桂林灵川县岩山圩乌龟山，付合组上部 *varcus* 带。

疑似优美多颚刺 *Polygnathus nothoperbonus* Mawson, 1987

（图版 D—2，图 12—13）

1983 *Polygnathus* aff. *perbonus* (Philip). – Wang & Ziegler, pl. 5, figs. 4a, b, 5a, b.

1987 *Polygnathus nothoperbonus* Mawson, p. 276, pl. 32, figs. 11—15; pl. 33, figs. 1, 2; pl. 36, fig. 7.

1989 *Polygnathus* aff. *P. perbonus* (Philip). – 王成源，118 页，图版 29，图 7—9；图版 30，图 7。

2005 *Polygnathus nothoperbonus* Mawson. – 金善燏等，62 页，图版 4，图 1—6。

特征 （Pa分子）基腔中等大小，在齿台明显向内偏斜前的齿台中部之下膨大，并向前延伸成窄的齿沟。基腔浅、平坦。齿台口面后1/3横脊不连续，齿脊可断断续续地延至齿台后方。前外齿台边缘大致与前内齿台边缘等高。

附注 此种与*Polygnathus perbonus*的区别在于：（1）基腔浅，它的两侧边缘仅仅略呈"V"字形；（2）基腔后部明显翻转；（3）齿台后1/3的横脊通常不连续。

产地及层位 广西武宣绿峰山，二塘组（包括上伦白云岩）；德保都安四红山，达莲塘组*P. perbonus*带；云南文山莒蒲塘，下泥盆统埃姆斯阶*nothoperbonus/perbonus*带至*inversus*带。

皮氏多颚刺 *Polygnathus pireneae* Boersma，1974

（图版D—2，图3—5）

1974 *Polygnathus pireneae* Boersma，pp. 287—288，pl. 2，figs. 1—12.

1977 *Polygnathus pireneae* Boersma. – Klapper，in Catalogue of Conodonts，vol. 3，p. 489，*Polygnathus* – plate 8，fig. 6.

1983 *Polygnathus pireneae* Boersma. – Wang & Ziegler，pl. 6，fig. 8.

1989 *Polygnathus pireneae* Boersma. – 王成源，119页，图版29，图15。

2000 *Polygnathus pireneae* Boersma. – 王成源等，图版1，图1a，b。

2006 *Polygnathus pireneae* Boersma. – 董治中和王伟，175页，图版13，图5，8。

特征 刺体小，齿台狭长，由前向后逐渐变窄，末端尖。齿台高，无近脊沟。齿台边缘有不发育的瘤齿。固定齿脊瘤齿状，亦不发育。齿台略向内弯，外侧弧状弯度大，内侧弯度小。自由齿片为刺体长的1/3，与齿台的齿脊相连；齿脊靠内侧，两侧具瘤齿。两侧缘锯齿状。基腔大，几乎占据整个齿台的反口面，基腔最宽处位于齿台反口面的前方。

比较 *Polygnathus pireneae*可能为*Polygnathus*属最早的种，处于*Eognathodus trilineatus*和*Polygnathus dehiscens*之间。Boesma（1974）推测本种为*Ancyrodelloides* – *Pedavis*动物群的一部分，但缺少证据，不能证明此种时代如此之早。Lane & Ormiston（1973）在加拿大育空（Yukon）地区发现的*P. pireneae*与*Eognathodus sulcatus*在一起，在*P. dehiscens*带之下。当前标本发现于郁江组石洲段最底部的灰岩透镜体中，而在那高岭组中已出现*Eognathodus sulcatus*和*Polygnathus dehiscens*，即*P. pireneae*存在于*P. dehiscens*带的下部。当前标本齿台后方较浑圆，不及正模标本那样尖，齿台表面特征更接近于Boersma的副模标本。*Polygnathus pireneae*齿台平，缺少近脊沟，不同于*P. dehiscens*。

产地及层位 四川龙门山，甘溪组；广西横县六景，郁江组石洲段底部*P. dehiscens*带下部；新疆乌恰县萨瓦亚尔顿金矿，早泥盆世晚期地层；云南宁蒗县红崖子，莲花曲组下部*P. pireneae*带。

假叶多颚刺 *Polygnathus pseudofoliatus* Wittekindt，1966

（图版D—3，图17—18）

1966 *Polygnathus pseudofoliatus* Wittekindt，pp. 637—638，pl. 2，figs. 20—23（not fig. 19 = *P. eiflius*）.

1983 *Polygnathus pseudofoliatus* Wittekindt. – Wang & Ziegler，pl. 6，figs. 14，15.

1986 *Polygnathus pseudofoliatus* Wittekindt. – 季强，46页，图版14，图14，15。

1989 *Polygnathus pseudofoliatus* Wittekindt. – 王成源，119—120页，图版32，图11—14。

特征 *Polygnathus pseudofoliatus*所代表的标本，齿台上有横脊或横向排列的瘤齿，被近脊沟和齿脊分开。齿台前方收缩。自由齿片大于刺体长的1/3，有时达刺体长的1/2。

比较 *Polygnathus pseudofoliatus* 与 *P. costatus costatus* 相似，并由后者演化而来。可根据自由齿片与刺体长的相对比例加以区别，前者自由齿片长，后者短；同时 *P. pesudofoliatus* 齿台前方收缩明显，后方常有瘤齿。*P. eiflius* 齿台前方有斜的吻脊，齿台外侧后方膨大成向外凸的曲线，依此有别于 *P. pseudofoliatus*。*P. pseudofoliatus* 与 *P. dubius* 在齿台前方收缩和齿台装饰方面相似，但后者齿台窄而长，自由齿片约为刺体长的1/4～1/3，同时前方收缩也不及 *P. pseudofoliatus* 明显。

产地及层位 广西德保都安四红山，分水岭组 *Tortodus kockelianus kockelianus* 带；象州马鞍山，鸡德组上部，中泥盆统 *kockelianus* 带至下 *varcus* 带；广西横县六景，民塘组 *Nowakia otomari* 带；广西桂林灵川县乌龟山，付合组上部 *varcus* 带；四川龙门山，观雾山组。

晚成多颚刺 *Polygnathus serotinus* Telford，1975

（图版 D—3，图 8—9）

1978 *Polygnathus linguiformis linguiformis* Hinde. －王成源和王志浩，341 页，图版 41，图 15—17，21—23。

1979 *Polygnathus serotinus* Telford，Morphotype delta. －Lane & Ormiston，p. 68，pl. 8，figs. 24—35，only.

1983 *Polygnathus serotinus* Telford，Morphotype gamma. －Wang & Ziegler，pl. 6，fig. 16.

2002 *Linguipolygnathus serotinus*（Telford，1975）. －Bardashev *et al.*，pp. 424—425，taxt-figs. 10，15. 32.

2005 *Polygnathus serotinus* Telford，Morphotype gamma. －金善燏等，65 页，图版 5，图 7—14；图版 6，图 1。

特征 *Polygnathus serotinus* 的 Pa 分子齿台伸长，前2/3 边缘近于平行，并与后 1/3 呈直角弯曲。齿台外缘直而高，饰有短的横脊，横脊近于等高并常常形成锯齿状的边缘。深的、长的、宽的近脊沟将横脊与齿脊分开。内齿台比外齿台窄两倍。齿舌长度有变，具有横脊。基窝小，在外侧缘有明显的台状突伸被反口面的突起支撑。

附注 Lane & Ormiston（1979）将此种分为 3 种形态型。α 形态型：齿台窄，齿舌短，齿舌与主齿台接触处外缘呈尖角状；基穴外侧陆棚状的突伸悬在齿台反面。γ 形态型：齿台小，与主齿台接触处呈浑圆形或方形；反口面的突伸是齿台本身的膨胀并保留为基穴的陆棚状的突伸。δ 形态型：齿舌发育，与前方齿台呈尖角状连接，基穴外侧的陆棚状突伸完全与主齿台反口面连在一起，不悬空。

α 型（Morphotype alpha）已归入 *Polygnathus pseudoserotinus* Mawson，1987；γ 型（Morphotype gamma）被 Bardashev *et al.*（2002）部分地归入 *Linguipolygnathus wangi*。笔者不采用 *Linguipolygnathus* 一属，但将 *wangi* 作为独立的种，仍置于 *Polygnathus* 属内。Bardashev *et al.*（2002）建立 *Linguipolygnathus* 后，γ 型和 δ 型（Morphotype delta）实际就不再作为形态型分子而加以区分，成了 *Polygnathus serotinus* 的代表分子。

此种的特征采用 Bardashev *et al.*（2002，p. 425）的定义，但并没有将此种归入 *Linguipolygnathus*。此种可能由 *Polygnathus declinatus* Wang，1979 演化而来。*Polygnathus wangi* 具有锯齿状的外边缘，不同于 *Polygnathus serotinus*。

时代 本种的时代为早泥盆世埃姆斯期晚期（Bardashev *et al.*，2002，text-fig. 15. 32），时代同 *Polygnathus wangi*（Bardashev *et al.*，2002.）。

产地及层位 广西德保都安四红山，坡折落组 *serotinus* 带；那坡三叉河，坡折落组；象州大乐，四排组；四川龙门山，养马坝组；云南文山菖蒲塘剖面，坡折落组 *patulus* 带。

帝汶多颚刺 *Polygnathus timorensis* Klapper，Philip et Jackson，1970

（图版 D—4，图 11—12）

1970 *Polygnathus timorensis* Klapper，Philip et Jackson，pp. 655—656，pl. 1，figs. 1—3，7—9；text-fig. 2.

1973 *Polygnathus timorensis* Klapper，Philip et Jackson. – Klapper，in Catalogue of Conodonts，vol. Ⅰ，*Polygnathus*-plate 2，fig. 3.

1983 *Polygnathus timorensis* Klapper，Philip et Jackson. – Wang & Ziegler，pl. 6，fig. 19.

1989 *Polygnathus timorensis* Klapper，Philip et Jackson. –王成源，121 页，图版 33，图 7a—b，9b。

特征 齿台窄，对称或不对称，自由齿片与齿台等长或为齿台长的 3 倍。齿台外前槽缘向外弯，比内前槽缘向前延伸些。基腔位于齿台前缘后方或齿台与自由齿片接触处。齿台边缘瘤齿状，膝曲点一般不相对，两前槽缘高度一致。

比较 *Polygnathus timorensis* 和 *P. ansatus* 外前槽缘均向外弯，但两者齿台长的比例不同。*P. ansatus* 齿台较宽，但大多数 *P. timorensis* 外前槽缘与自由齿片相交，比之内前槽缘更向前些。两者幼年期标本难以区别。*P. ansatus* 由 *P. timorensis* 演化而来。两者形态相似，地层上连续。而 *P. timorensis* 由 *P. xylus ensensis* 演化而来。

附注 此种为 *P. varcus* 带下亚带的标准化石，*P. varcus* 下亚带以 *P. timorensis* 出现为准，上限是以 *P. ansatus* 出现为准。在这个亚带中最后消失的种有 *Polygnathus linguiformis parawebbi* 和 *P. pesudofoliatus*。首次出现的有 *P. varcus*，*P. xylus xylus*，*Icriodus brevis* 和 *Ancyrolepis walliseri*（Wittekindt）。

产地及层位 广西德保都安四红山，分水岭组上部 *P. varcus* 带；横县六景，民塘组上部 *P. varcus* 带；广西象州马鞍山，鸡德组上部至巴漆组中部，中泥盆统下 *varcus* 带至下 *wittekindti* 带；桂林灵川县岩山圩乌龟山，付合组 *varcus* 带；永福李村（Licun）组中部。

长齿片多颚刺 *Polygnathus varcus* Stauffer，1940

（图版 D—4，图 4a—b）

1940 *Polygnathus varcus* Stauffer，p. 430，pl. 60，figs. 49，55.

1973 *Polygnathus varcus* Stauffer. – Klapper，in Catalogue of Conodonts，vol. Ⅰ，pp. 391—392，*Polygnathus*-plate 2，fig. 5.

1981 *Polygnathus varcus* Stauffer. – Wang & Ziegler，pl. 1，fig. 6.

1989 *Polygnathus varcus* Stauffer. –王成源，123 页，图版 33，图 3—6。

特征 齿台短，对称，自由齿片长，约为齿台长的 2～3 倍；基腔中等大小，在自由齿片与齿台的连接处。齿台光滑，齿脊延伸到齿台后端，偶尔在内外齿台膝折点上有一小瘤齿。

比较 *Polygnathus timorensis* 的齿台外前槽缘向前延伸比内前槽缘远，齿台因而不对称，不同于 *Polygnathus varcus*。*Polygnathus xylus* 的齿台相对长些，约为刺体长的一半；前槽缘陡，齿台装饰较发育，齿台细齿较规则。*P. kennettensis* 自由齿片与齿台等长，成熟个体齿台后端有横脊，亦不同于 *P. varcus*。*P. ansatus* 以相对短的自由齿片和齿台不对称而区别于 *P. varcus*。

产地及层位 广西德保都安四红山，分水岭组 *P. varcus* 带；象州马鞍山，鸡德组至巴漆组中部；内蒙古喜桂图旗，中泥盆统下大民山组。中泥盆统上部 *varcus* 带。

王氏多颚刺 *Polygnathus wangi* (Bardashev, Weddige et Ziegler, 2002)

(图版 D—3, 图 14a—b)

1983 *Polygnathus serotinus* Telford, Morphotype gamma. – Wang & Ziegler, pl. 6, figs. 16, 17 (= holotype of *Polygnathus wangi*).

1983 *Polygnathus serotinus* Telford, Morphotype delta. – Wang & Ziegler, pl. 6, fig. 18.

1985 *Polygnathus serotinus* Telford, Morphotype delta. – Ziegler & Wang, pl. 1, fig. 10, only (not fig. 9 = *Polygnathus timofeevae*).

1989 *Polygnathus serotinus* Telford. –王成源，120 页，图版 30，图? 4，5，6。

2002 *Linguipolygnathus wangi* Bardashev *et al.*, pp. 426—427, text-figs. 10, 15, 40.

特征 齿台宽，不对称，前2/3边缘近于平行，后1/3突然几乎直角偏转。齿台外缘高，轮廓浑圆，饰有短的横脊，与齿脊之间被深、宽、长的近脊沟分开。齿台内缘比外缘短几倍，外缘轮廓锯齿状，前1/3同样有横脊，中部较长的横脊可达齿脊。内近脊沟短、窄，仅存在于齿台前方。齿舌上有连续的横脊。基穴小，在外侧有清楚的陆棚状突伸。

附注 本种与 *Polygnathus apekinae* 的区别是基穴小，齿舌呈直角向内偏转。它与 *Polygnathu serotinus* 的区别是齿台宽，齿台轮廓锯齿状。本种可能由 *P. declinatus*, 1979 演化而来。Bardashev *et al.* (2002, p. 427) 将齿台外缘轮廓描写为“光滑”，但正模标本实际是锯齿状的。

产地及层位 广西德保都安四红山，坡折落组，埃姆斯阶最上部。

光台多颚刺 *Polygnathus xylus* Stauffer, 1940

1938 *Polygnathus xylus* Stauffer, p. 430, pl. 60, figs. 54, 66, 72—74.

2008 *Polygnathus xylus* Stauffer. – Ovnatanova & Kononova, p. 1158, pl. 17, figs. 1—7.

特征 齿台大致对称的分子，自由齿片约为刺体长的一半，齿台两侧边平行。在大的标本中，基腔位于齿台中点与齿台前缘之间。除齿脊外，齿台光滑，或有不发育的瘤齿状边缘，或靠近近脊沟有微弱的瘤齿。膝曲点相对。

附注 依据膝曲点后方齿台边缘的锯齿化程度和齿台后方向下弯曲的程度，此种可分为不同的亚种。

光台多颚刺恩辛亚种 *Polygnathus xylus ensensis* Ziegler, Klapper et Johnson, 1976

(图版 D—4, 图 1—2)

1976 *Polygnathus xylus ensensis* Ziegler Klapper et Johnson, pp. 125—127, pl. 3, figs. 4—9.

1983 *Polygnathus xylus ensensis* Ziegler, Klapper et Jackson. – Wang & Ziegler, pl. 7, figs. 14, 15.

1989 *Polygnathus xylus ensensis* Ziegler, Klapper et Jackson. –王成源，124 页，图版 32，图 3，5，6；图版 30，图 8。

1994 *Polygnathus xylus ensensis* Ziegler, Klapper et Jackson. – Bai *et al.*, p. 183, pl. 21, figs. 1—6.

特征 *Polygnathus xylus ensensis* 的标本，在膝曲点后的齿台边缘呈明显的锯齿状，两侧各有 3～5 个锯齿，但在系统发育的晚期，在内侧可有 2～3 个锯齿，而在外侧无锯齿。锯齿后方的齿台强烈向下弯。

附注 *P. xylus ensensis* 以膝曲点后齿台边缘锯齿化而明显不同于 *P. x. xylus*。本亚种幼年期标本与 *P. pseudofoliatus* 的幼年期标本有些相似，但后者齿台前方有收缩，而本亚种齿台前方是直的。

产地及层位 中泥盆世，广西德保四红山剖面分水岭组 *P. xylus ensensis* 带。

多瘤刺属 *Polynodosus* Vorontzova, 1993

模式种 *Polygnathus nodocostatus* Branson et Mehl, 1934

特征 齿台对称或不对称，齿台轮廓为长圆形或梨形；齿脊直，很少侧弯，齿脊达齿台后端或止于距齿台后端不远处而被瘤齿隔断。自由齿片短，仅为齿台长的1/3~1/2，具有3~4个（弗拉期至法门期早期）到5~7个（法门期分子）粗大的细齿。齿槽短，或深或浅，很少沿齿台全长延伸。齿台表面装饰有纵向的或斜向的瘤齿，有时形成齿脊状。大多数种在齿台前1/3发育有齿脊或大的瘤齿。反口面在齿脊下方有细的龙脊。基腔小，位于齿台中部偏前的位置。

比较 本属与 *Polygnathus* Hinde, 1879 的区别是齿台上有纵向的而不是横向的瘤齿装饰；与 *Mesotaxis* Klapper et Philip, 1972 的区别是有长圆形的齿台，齿台上有较规则分布的近于等大的瘤齿。

附注 此属包括如下晚泥盆世早期和石炭纪密西西比亚纪的31个种：*Polynodosus bouchaerti* (Dreesen et Dusar, 1974), *P. corpulentus* (Gagiev et Kononova, 1987), *P. dapingensis* (Qin, Zhao et Ji, 1988), *P. diversus* (Helms, 1959), *P. efimovae* (Kononova *et al.*, 1996), *P. ettremae* (Pickett, 1972), *P. experplesus* (Sandberg et Ziegler, 1979), *P. flaccidus* (Helms, 1961), *P. granulosus* (Branson et Mehl, 1934), *P. hassi* (Helms, 1961), *P. homoirregularis* (Ziegler, 1971), *P. ilmenensis* (Zhuravlev, 2003), *P. inconcinnus* (Kuzmin et Melnikova, 1991), *P. incurvus* (Helms, 1961), *P. instabilis* (Kuzmin et Melnikova, 1991), *P. margaritatus* (Schäfer, 1976), *P. nodocostatoides* (Qin, Zhao et Ji, 1988), *P. nodocostatus* (Branson et Mehl, 1934), *P. nodoundatus* (Helms, 1961), *P. ovatus* (Helms, 1961), *P. pennatuloideus* (Holmes, 1928), *P. perplexus* (Thomas, 1949), *P. praehassi* (Schäfer, 1976), *P. rhomboideus* (Ulrich et Bassler, 1926), *P. styriacus* (Ziegler, 1957), *P. sunirregularis* (Sandberg et Ziegler, 1979), *P. tigrinus* (Kuzmin et Melnikova, 1991), *P. triphyllatus* (Ziegler, 1960), *P. unicornis* (Müller et Müller, 1957), *P. vetus* Vorontzova, 1993, *P. vogesi* (Ziegler, 1962)。Savage *et al.* (2007) 在泰国命名的新种 *Polygnathus sariangensis* Savage, Sardsud et Lutat，也应当归入本属，而且是本属的早期分子。

Polynodosus 的标本在中国均被鉴定成 *Polygnathus*。将 *Polynodosus* 从 *Polygnathus* 属中分离出来是正确的。

分布地区及时代 世界性分布。晚泥盆世，弗拉期晚期至法门期，多数种见于法门期。

瘤粒多瘤刺 *Polynodosus granulosus* (Branson et Mehl, 1934)

（图版 D—7，图 20a—b）

1934 *Polygnathus granulosus* Branson et Mehl, p. 246, pl. 20, figs. 21, 23.

1973 *Polygnathus granulosus* Branson et Mehl. – Ziegler, in Catalogue of Conodonts, vol. Ⅰ, p. 361, *Polygnathus*-plate 3, figs. 6, 7.

1989 *Polygnathus granulosus* Branson et Mehl. – 王成源，112页，图版39，图14。

1993 *Polygnathus granulosus* Branson et Mehl. – Ji & Ziegler, p. 80, pl. 34, fig. 11; text-fig. 20, fig. 11.

特征 齿台厚，微微扭曲，边缘不对称，均匀拱曲。齿脊低，高度多变；有些标本中部无齿脊，有些标本齿脊可延伸到后方，但通常不达齿台最后端。前方的齿脊比中部的齿脊厚得多。前方齿片由3~4个细齿组成。口面均匀上凸，横向较平；口面瘤齿分布散乱，没有排列成行，仅齿台前方的瘤齿稍大些。近脊沟发育于齿脊两侧，在齿台前部明显变宽加深。反口面较光滑，龙脊锐利，前后端最高。基穴位于齿台前方。

比较 此种的齿台轮廓变化较大。在演化的早期或幼年期，齿台轮廓矛状至心形，齿台后端尖；而在演化的晚期或成年期，齿台轮廓较圆，呈卵形，具有突出的或反曲的侧边缘。*Polynodosus granulosus* 可能为 *Polynodosus styriacus* 的先驱种，与后者不同的是有窄的齿台、细的齿台装饰和齿台前方下弯不明显。

产地及层位 广西宜山拉利，上泥盆统五指山组；鹿寨寨沙，五指山组；武宣三里，三里组，最上 *marginifera* 带到上 *expansa* 带。

罗慈刺属 *Rhodalepis* Druce，1969

1969 *Rhodalepis* Druce，p. 116.

模式种 *Rhodalepis inornata* Druce，1969

特征 齿台光，或有近同心状的脊，没有细齿和齿脊。反口面有宽的假龙脊。自由齿片直，由几个愈合的细齿组成。

附注 此属只包括两个种：*Rhodalepis inornata* Druce 和 *Rhodalepis polylophodontiformis* Wang et Yin。

分布地区及时代 澳大利亚、华南，晚泥盆世晚期 *expansa* 带至 *praesulcata* 带。

多冠脊刺形罗兹刺 *Rhodalepis polylophodontiformis* Wang et Yin，1985

（图版 D—7，图 14a—b）

1985 *Rhodalepis polylophodontiformis* Wang et Yin，pp. 38—39，pl. 1，figs. 9—11.

特征 自由齿片短，由基部愈合、上方尖的细齿构成。自由齿片终止于齿台前方，没有在齿台上延伸成固定齿脊。齿台卵圆形，近于对称，可分为左型标本和右型标本。齿台表面无粗的装饰，仅有细的近于同心状的或指纹状的脊。内齿台的细脊几乎与齿台边缘平行，但其后方向外齿台弯，在外齿台前方形成同心状细齿。齿台侧视向上拱曲。反口面有宽而平的假龙脊，两侧平行，直抵齿台末端。

比较 本种口面特征与 *Polylophodonta* 相似，但有宽的假龙脊，与 *Siphonodella praesulcata* 的反口面一致；口面有指纹状的细脊，不同于 *Rhodalepis inornata* 和 *S. praesulcata*.

产地及层位 广西宜山峡口，融县组，上泥盆统最上部 *praesulcata* 带。

掌鳞刺科 PALMATOLEPIDAE Sweet，1988

克拉佩尔刺属 *Klapperina* Lane，Müller et Ziegler，1979

模式种 *Klapperina? disparalvea*（Orr et Klapper，1968）

特征 齿台反口面有小至大的三角形的或“L”形的基腔，基腔的边缘在反口面明显地高起，齿台大而薄。口面有粗的瘤齿，中瘤齿不发育或缺少中瘤齿。

附注 *Klapperina* 的基腔与 *Schmitognathus hermanni* 的基腔有些相似，但 *Klapperina* 在系统发生上来源于 *Polygnathus cristatus*。

分布地区及时代 出现于中泥盆世最晚期并在晚泥盆世最早期灭绝。

异克拉佩尔刺 *Klapperina disparilis* (Ziegler et Klapper, 1976)

(图版 D—4，图 15a—b)

1980 *Polygnathus asymmetricus tiandengensis* Xiong. –熊剑飞，90 页，图版 30，图 30，31；插图 53。

1985 *Palmatolepis disparilis* Ziegler et Klapper. –Ziegler & Wang, pl. 2, fig. 20; pl. 3, figs. 1, 3, 4.

1986 *Palmatolepis disparilis* Ziegler et Klapper. –季强，35 页，图版 3，图 11—14；图版 7，图 16。

1992 *Palmatolepis disparilis* Ziegler et Klapper. –Ji *et al.*, pl. 3, figs. 15, 16, 19, 20.

特征 齿台卵圆形至三角形，不对称，但外齿台缺少明显的齿叶；反口面的基腔为“L”形并高于反口面。齿脊直，不达齿台后端。中瘤齿不发育，其后仅有一个瘤齿。

附注 此种与 *Klapperina disparalvea* 很相似，两者均有明显的“L”形基腔，但 *K. disparalvea* 有很发育的外齿叶，齿台表面有粗的瘤齿。*Klapperina disparilis* 的齿台轮廓与 *Palmatolepis transitans* 相似，但后者仅有小的卵圆形基腔。熊剑飞（1980）的新种 *Polygnathus asymmetricus tiandengensis* 显然应归入此种。沈建伟将此种的作者和年代写为 *Klapperina disparilis* Lane，Müller et Ziegler，1979，显然有误。

产地及层位 广西天等，弗拉阶底部（?）（熊剑飞，1980），付合组 *disparilis* 带（Ji，1989）；广西象州马鞍山巴漆、军田剖面，巴漆组上部（季强，1986）；广西吉维特阶崇左组 *disparilis* 带到 *falsiovalis* 带（Bai *et al.*，1994）；广西桂林灵川县岩山圩乌龟山，付合组 *disparilis* 带；广西永福，付合组下部；广西德保四红山剖面，榴江组。

卵圆克拉佩尔刺 *Klapperina ovalis* (Ziegler et Klapper, 1964)

(图版 D—5，图 1a—b)

1985 *Polygnathus asymmetricus ovalis* Ziegler et Klapper. –Ziegler & Wang, pl. 2, fig. 6.

1989 *Polygnathus asymmetricus ovalis* Ziegler et Klapper. –Ji, pl. 3, figs. 18, 19 (only; figs. 16, 17 = *Mesotaxis falsiovalis*).

1989 *Polygnathus asymmetricus ovalis* Ziegler et Klapper. –王成源，103 页，图版 37，图 5—7；图版 38，图 15。

1994 *Klapperina ovalis* (Ziegler et Klapper). –Wang, pl. 1, figs. 1—4, 10.

2005 *Mesotaxis asymmetrica ovalis* (Ziegler et Klapper). –金善燏等，49 页，图版 8，图 1—4。

特征 齿台卵圆形，两侧近于对称，后方较尖，齿台最大宽度在齿台中前方，无中瘤齿；齿台上由齿台边缘到齿脊布满不规则分布的、小至中等大小的瘤齿。齿脊直，直到齿台后端，由分离的或密集的瘤齿组成。齿台前缘与短的自由齿片在同一位置相遇，相交的锐角也大致一样。反口面生长纹清晰，基穴相对较大，强烈不对称，在齿台较宽的一侧，基穴宽、外张，基穴位于生长纹的中心。

附注 不对称的基穴相对较大，位于反口面生长纹的中心，它不同于 *Klapperina disparilis*，后者反口面有“L”形基穴和不对称的齿台。金善燏等（2005）仍将此种归入 *Mesotaxis asymmetrica ovalis*。

产地及层位 广西德保四红山，榴江组；广西桂林龙门，东岗岭组；广西象州马鞍山，巴漆组至桂林组；四川龙门山，观雾山组、土桥子组；广西永福付合组中部。本种的时限为上 *falsiovalis* 带到下 *hassi* 带。

中列刺属 *Mesotaxis* Klapper et Philip，1972

模式种 *Polygnathus asymmetricus* Bischoff et Philip，1972

特征 器官属由六分子组成：P，O1，N，A1，A2，A3。P 是多颚刺形分子，O1 是伪颚刺形分子，N 是小掌刺形分子，A1 是镰齿刺形分子，A2 是角刺形分子，A3 是小双刺形分子。

附注 依据 N 分子和 A1 分子的形态，特别是 O1 分子的形态，可以容易地将 *Mesotaxis* 与 *Polygnathus* 区分开来。

分布地区及时代 欧洲、澳大利亚、亚洲，在中国见于广西、贵州、云南、四川等地区，晚泥盆世早期。

不对称中列刺 *Mesotaxis asymmetricus* (Bischoff et Ziegler，1957)

（图版 D—5，图 3—4）

1957 *Polygnathus dubia asymmetrica* Bischoff et Ziegler，pp. 88—89，pl. 16，figs. 18，20，21，21（?），22.

1985 *Polygnathus asymmetricus asymmetricus* Bischoff et Ziegler. –Ziegler & Wang，pl. 2，fig. 5.

1989 *Polygnathus asymmetricus asymmetricus* Bischoff et Ziegler. –王成源，102 页，图版 37，图 10，11；图板 8，图 14。

1993 *Mesotaxis asymmetrica* (Bischoff et Ziegler). –Ji & Ziegler，p. 58，pl. 33，figs. 1—3；text-fig. 3，7.

特征 齿台卵圆形，齿台两侧不对称，外齿台稍大于内齿台。齿台表面布满不规则的近于等大的瘤齿。齿片—齿脊直或微弯。齿脊直到齿台后端。基穴小，对称，不位于生长纹的中心。

附注 Ziegler & Sandberg（1990）已给出此种的特征。此种的重要特征是齿台宽，不对称，但基穴小、对称，不在与生长线同心的位置。金善燏等（2005）将 *Klapperina ovalis* 作为此种的亚种 *Mesotaxis asymmetrica ovalis*，本书认为应予改正。

产地及层位 广西宜山，老爷坟组；广西桂林龙门、垌村，东岗岭组；广西德保四红山，榴江组；广西永福，付合组上部；四川龙门山，观雾山组、土桥子组。本种的时限为上 *falsiovalis* 带到下 *hassi* 带。

横脊形中列刺 *Mesotaxis costalliformis* (Ji，1986)

（图版 D—7，图 17—19）

1986 *Polygnathus asymmetricus costalliformis* Ji. –季强，40 页，图版 10，图 1—4，7—9；图版 17，图 9—11；插图 7。

1988 *Polygnathus asymmetricus costalliformis* Ji. –Hou *et al.*，pl. 127，figs. 5a—b (not figs. 7a—b = *Mesotaxis falsiovalis*).

1988 *Polygnathus asymmetricus costalliformis* Ji. –熊剑飞等，327 页，图版 127，图 4，6。

1993 *Mesotaxis costalliformis* (Ji). –Ji & Ziegler，p. 58，pl. 32，figs. 1—6；text-fig. 7，fig. 2.

特征 齿台不对称，心形、卵圆形或不对称的圆形，两半齿台不等大；齿台上布满小至中等大小的散乱分布的瘤齿，由齿台边缘到齿脊均有瘤齿。齿台前 1/3 口面有粗的横脊或瘤齿脊。齿台前缘与自由齿片以几乎相等的锐角相遇。前齿片很短，齿脊直，延伸到齿台后端。近脊沟在齿台前 1/3 明显地短而深，但在齿台其他部分不太发育。基穴小，对称，卵圆形，位于齿台中部朝前的位置。

附注 此种始于中 *falsiovalis* 带的底部，来源于 *Mesotaxis falsiovalis*，齿台前 1/3 发育出横脊或瘤齿列，前方近脊沟短而深。*Mesotaxis asymmetricus* 与 *Mesotaxis costalliformis* 的区别是有不对称的心形齿台，整个齿台口面的瘤齿散乱分布。

产地及层位 广西宜山，老爷坟组，中 *falsiovalis* 带底部到 *transitans* 带；四川龙门山，观雾山组；广西象州马鞍山，巴漆组上部至桂林组底部；广西永福，付合组中部。

假椭圆中列刺 *Mesotaxis falsiovalis* (Sandberg，Ziegler et Bultynck，1989)

（图版 D—5，图 2a—b）

1989 *Mesotaxis falsiovalis* Sandberg，Ziegler et Bultynck，p. 213.

1993 *Mesotaxis falsiovalis* Sandberg，Ziegler et Bultynck，pp. 58—59，pl. 32，figs. 7—13；text-fig. 7 - 1.

1994 *Mesotaxis falsiovalis* Sandberg，Ziegler et Bultynck. - Wang，pl. 1，fig. 5a—b.

1994 *Mesotaxis falsiovalis* Sandberg，Ziegler and Bultynck. - Bai *et al.*，p. 166，pl. 24，fig. 9.

特征 齿台卵圆形，两侧近等大；齿台表面有小至中等大小散乱分布的瘤齿，由边缘到齿脊覆盖整个齿台；前齿台边缘与短的自由齿片大致以相同的角度相遇。基穴小，对称，位于齿台中部的前方。

附注 *Klapperina ovalis* 的齿台轮廓和装饰与 *Mesotaxis falsiovalis* 相似，但前者有明显不对称的基穴，并且位于齿台的中央。

产地及层位 广西德保四红山，榴江组；广西宜山，老爷坟组；广西永福，付合组下部。本种的时限为下 *falsiovalis* 带到 *hassi* 带。

掌鳞刺属 *Palmatolepis* Ulrich et Bassler，1926

1926 *Palmatolepis* Ulrich et Bassler.

1956 *P.* (*Manticolepis*) Müller.

1956 *P.* (*Deflectolepis*) Müller.

1956 *P.* (*Palmatolepis*) Müller.

1963 *P.* (*Panderolepis*) Helms.

模式种 *Palmatolepis perlobata* Ulrich & Bassler，1926

特征 不对称的台型牙形刺，齿台发育，或大或小，直或拱曲；有自由齿片和固定齿脊和一个中瘤齿。中瘤齿一般位于中部。反口面有龙脊，从前端延伸到后端。基腔小，仅个别种有较大的基腔。口面装饰疏密不同，可能装饰有内齿垣。

附注 种间区别的主要特征为（Ziegler，1962；Glenister & Klapper，1966）：(1) 齿台轮廓；(2) 口面装饰的总面貌；(3) 外齿叶的位置和特征；(4) 齿片—齿脊的特征；(5) 齿垣的位置和特征；(6) 侧视时后端的位置。

分布地区及时代 世界性分布，晚泥盆世 *Klapperina disparalis* 带至 *Siphonodella praesucata* 带。这是晚泥盆世生物地层最重要的属，演化极快，很多种都是带化石或标准化石。在泥盆纪时限于古赤道两侧的温水域。

拖鞋掌鳞刺 *Palmatolepis crepida* Sannemann，1955

（图版 D—6，图 13）

1955 *Palmatolepis crepida* Sannemann，p. 134，pl. 6，fig. 21.

1989 *Palmatolepis crepida* Sannemann. - 王成源，71 页，图版 16，图 8。

1993 *Palmatolepis crepida* Sannemann. - Ji & Ziegler，pl. 22，figs. 1—7；text-fig. 13 - 4.

1994 *Palmatolepis crepida* Sannemann. - Bai *et al.*，p. 167，pl. 10，figs. 24，25.

特征 齿台轮廓近滴珠状，最大宽度近齿台中部或中后部，齿脊反曲；中瘤齿后方齿脊微弱，时常不达齿台后端。齿台后端明显地向上弯。

附注 此种以齿台滴珠状为特征，内齿叶很不发育或无内齿叶，内齿叶侧缘相对较直。它以齿台明显上弯而不同于 *Palmatolepis linguiformis*。此种齿台最宽处比 *Palmatolepis linguiformis* 齿台最宽处更向后些；中瘤齿后的齿脊更不发育。

产地及层位 广西桂林龙门、垌村，谷闭组；广西大新，三里组；广西宜山拉力，五指山组；广西德保四红山，三里组；贵州长顺，代化组。本种的时限为下 *crepida* 带开始至下 *rhomboidea* 带。

娇柔掌鳞刺 *Palmatolepis delicatula* Branson et Mehl，1934

1989 *Palmatolepis delicatula* Branson et Mehl. －王成源，71 页。

特征 三角形的齿台短、宽、厚，大部分无齿台装饰，表面光滑或细粒面革状。外齿台前缘或直或凸并，与自由齿片以锐角相交。外齿叶与齿台分化不明显或仅其后侧有些不同。齿台后端平或微微上弯。

附注 此种仅区分出两个亚种和一个相似种：*Palmatolepis delicatula delicatula*，*Palmatolepis delicatula platys*，*Palmatolepis* cf. *P. delicatula*。原来归入此种的亚种 *Palmatolepis delicatula clarki* 和 *Palmatolepis delicatula protorhomboidea* 已提升为独立的种。*Palmatolepis triangularis* 以齿台形状和粗的齿台装饰区别于 *Palmatolepis delicatula*。*P. marginata* 是本种的同义名。

娇柔掌鳞刺娇柔亚种 *Palmatolepis delicatula delicatula* Branson et Mehl，1934

（图版 D—5，图 9）

1989 *Palmatolepis delicatula delicatula* Branson et Mehl. －王成源，72 页，图版 21，图 8，9。

1993 *Palmatolepis delicatula delicatula* Branson et Mehl. －Ji & Ziegler，pp. 59—60，pl. 8，figs. 9—10；text-fig. 13－13.

1994 *Palmatolepis delicatula delicatula* Branson et Mehl. －Wang，p. 100，pl. 7，figs. 2，4—5，11.

2002 *Palmatolepis delicatula delicatula* Branson et Mehl. －Wang & Ziegler，pl. 3，figs. 6—9，10.

特征 *Palmatolepis delicatula* 的一个亚种，内齿台（齿叶）的前半部和后半部几乎等大。

附注 此亚种以齿台短、宽、三角形和大部分无齿饰、内齿台前半部和后半部几乎等大为特征，内齿叶分化不明显。内齿台的前半部和后半部面积相等。某些 *Palmatolepis triangularis* 的幼年期个体与 *Palmatolepis delicatula delicatula* 相似，容易弄混，但 *Palmatolepis triangularis* 通常有较长的薄齿台和较分化的齿叶。

产地及层位 广西桂林龙门、垌村，谷闭组；广西大新，榴江组；广西宜山拉力，五指山组；广西德保四红山，五指山组；贵州长顺，代化组。本种的时限为下 *triangularis* 带内至上 *triangularis* 带。

娇柔掌鳞刺平板亚种 *Palmatolepis delicatula platys* Ziegler et Sandberg，1990

（图版 D—5，图 12）

1990 *Palmatolepis delicatula platys* Ziegler et Sandberg，pp. 67—68，pl. 17，figs. 4—7.

1993 *Palmatolepis delicatula platys* Ziegler et Sandberg. －Ji & Ziegler，p. 60，pl. 8，figs. 5—8；text-fig. 13－14.

1994 *Palmatolepis delicatula platys* Ziegler et Sandberg. －Wang，pp. 100—101，pl. 7，fig. 1.

2002 *Palmatolepis delicatula platys* Ziegler et Sandberg. －Wang & Ziegler，pl. 3，figs. 1—5.

特征 *Palmatolepis delicatula* 的一个亚种，内齿台特别大；如果在中瘤齿和齿台外缘中心划一直线，内齿台前半部比后半部大得多。

附注 此亚种不同于 *Palmatolepis delicatula delicatula* 之处主要在于内齿台的前半部远远大于内齿台的后半部（如果在中瘤齿和内齿台外缘中点划一直线的话）。它不同于 *Palmatolepis protorhomboidea* 之处主要在于齿台装饰的大量减少。

产地及层位 广西桂林龙门、垌村，谷闭组；宜山拉力，五指山组；德保四红山，五指山组。中 *triangularis* 带开始至上 *triangularis* 带顶。

华美掌鳞刺 *Palmatolepis elegantula* Wang et Ziegler，1983

（图版 D—6，图 15a—b）

1983 *Palmatolepis minuta elegantula* Wang et Ziegler，p. 87，pl. 3，fig. 10.

1989 *Palmatolepis minuta elegantula* Wang et Ziegler. －王成源，80 页，图版 21，图 2，3。

1996 *Palmatolepis elegantula* Wang et Ziegler. －Khurstcheva & Kuzmin，pl. 11，fig. 6.

2008 *Palmatolepis elegantula* Wang et Ziegler. －Ovnatanova & Kononova，p. 1090，pl. 16，figs. 1—4.

特征 个体小，自由齿片直而高，其口缘近半圆形，底缘直，中瘤齿发育，齿台圆形，仅限于刺体后半部分。

比较 本种原为 *Palmatolepis minuta* 的一个亚种，与 *Palmatolepis minuta subgracilis* 在自由齿片的构造上完全一致，仅以圆形的齿台而不同于后者。*P. minuta subgracilis* 的外齿台是三角形的，几乎缺少内齿台。Khurscheva & Kuzmin（1996）将此亚种提升为种，是值得接受的。

产地及层位 广西横县六景，上泥盆统融县组。

光滑掌鳞刺 *Palmatolepis glabra* Ulrich et Bassler，1926

特征 齿台长、细，齿台表面粒面革状，无内齿叶，外齿台有齿垣；齿脊中等反曲，一般并不延伸到后端。

附注 由于失去内齿叶和在外齿台前方发育出齿垣，此种由 *Palmatolepis tenuipunctata* 演化而来。此种已区分出 6 个亚种，齿垣形态和后方齿脊的特征是区分亚种的主要依据，各亚种的时限不同。

分布地区及时代 晚泥盆世法门期，上 *Palmatolepis crepida* 带底部至上 *Palmatolepis trachytera* 带，菊石带下 *Cheiloceras*-Stufe 至上 *Platyclymenia*-Stufe。

光滑掌鳞刺梳亚种 *Palmatolepis glabra pectinata* Ziegler，1962

（图版 D—6，图 9）

1962 *Palmatolepis glabra pectinata* Ziegler，pp. 398—399，pl. 2，figs. 3—5（preprint in 1960）.

1986 *Palmatolepis glabra pectinata* Ziegler. －季强和刘南瑜，168 页，图版 2，图 6—9。

1989 *Palmatolepis glabra pectinata* Ziegler. －王成源，76 页，图版 24，图 3—7。

1993 *Palmatolepis glabra pectinata* Ziegler. －Ji & Ziegler，p. 61，pl. 16，figs. 5—10；pl. 17，figs. 1—3；text-fig. 17－7.

特征 内齿台边缘始于刺体总长 1/3 处，其前缘与齿片垂直，并几乎直着向后端延伸，仅在中瘤齿处有微弱的收缩，其前半部被尖的齿垣脊加固；齿垣脊与齿脊同高，有时比齿脊稍高；有时细齿化，齿垣突然止于中瘤齿前端。

附注 此亚种的齿垣长，靠近前齿片并与前齿片平行，因而不同于 *Palmatolepis glabra prima* 和 *Palmatolepis glabra glabra*。它与 *Palmatolepis glabra distorta* 也不同，齿台

明显呈“S”形、加厚；外齿台前部明显肿起；内齿台前方齿垣长，靠近前齿片。

产地及层位 广西桂林龙门、垌村，谷闭组；广西宜山拉力，五指山组；广西寨沙，五指山组；广西武宣二塘，三里组；贵州长顺，代化组；新疆，上泥盆统洪古勒楞组。上 *crepida* 带最上部开始直到上 *marginifera* 带。

光滑掌鳞刺原始亚种 *Palmatolepis glabra prima* Ziegler et Huddle，1969

（图版 D—6，图 10）

1969 *Palmatolepis glabra prima* Ziegler et Huddle，pp. 379—380.

1986 *Palmatolepis glabra prima* Ziegler et Huddle. –季强和刘南瑜，169 页，图版 2，图 1—5，10。

1993 *Palmatolepis glabra prima* Ziegler et Huddle. – Ji & Ziegler，p. 61，pl. 16，figs. 14—17；text-fig. 17 – 2.

1994 *Palmatolepis glabra prima* Ziegler et Huddle. –季强，图版 14，图 18。

特征 *P. glabra* 的相对纤细的亚种，外齿台外缘有圆的突起的齿垣。齿垣与内齿台在同一平面内或向内齿台倾斜。

附注 此亚种与所有 *Palmatolepis glabra* 的其他亚种的区别在于其外齿台前缘有一圆的、凸出的、肿状的齿垣。它与 *Palmatolepis tenupunctata* 的主要区别是缺少内齿叶。

产地及层位 广西桂林龙门、垌村，谷闭组；广西寨沙，五指山组；广西象州马鞍山，融县组；广西宜山拉力，五指山组，下 *rhomboidea* 带；新疆，上泥盆统洪古勒楞组。本种的时限为上 *crepida* 带开始直到上 *marginifera* 带。

细掌鳞刺 *Palmatolepis gracilis* Branson et Mehl，1934

1934 *Palmatolepis gracilis* Branson et Mehl，p. 238，pl. 18，figs. 2，8（not fig. 5）.

1962 *Palmatolepis gracilis* Branson et Mehl. – Mehl & Ziegler，pp. 200—205，pl. 1，figs. 1，2（fig. 1 = neotype）.

特征 齿台相对窄小、表面光滑、龙脊在中瘤齿下方强烈向侧方偏转。一般无外齿台，前后齿脊高，无次级齿脊和龙脊，可有皱边。

附注 *Palmatolepis gracilis* 由 *Palmatolepis minuta* 演化而来，它以强烈偏转的龙脊区别于 *P. minuta*。目前此种包括 6 个亚种，*P. g. gracilis* 是最老的亚种，于早 *P. rhomboidea* 带晚期由 *P. minuta* 演化来。*P. gracilis* 的延伸高于 *Palmatolepis* 的其他种，并越过泥盆纪、石炭纪分界线。

时代 见亚种。

细掌鳞刺膨大亚种 *Palmatolepis gracilis expansa* Sandberg et Ziegler，1979

（图版 D—6，图 18—19）

1979 *Palmatolepis gracilis expansa* Sandberg et Ziegler，p. 178，pl. 1，figs. 6—8.

1993 *Palmatolepis gracilis expansa* Sandberg et Ziegler. – Ji & Ziegler，p. 62，pl. 6，figs. 13—18；text-fig. 14 – 3.

1994 *Palmatolepis gracilis expansa* Sandberg et Ziegler. – Bai *et al.*，p. 168，pl. 15，figs. 17—20.

特征 齿台宽、微弯、中等伸长，表面光滑或粒面革状，无皱边，内齿叶不明显。

附注 与所有 *Palmatolepis gracilis* 的亚种的区别是齿台宽，齿台缺少升起的边缘。

产地及层位 广西桂林龙门、垌村，谷闭组；广西宜山拉力，五指山组；贵州王佑、长顺、望漠，代化组。下 *expansa* 带开始直到中 *praesulcata* 带。

细掌鳞刺角海神亚种　*Palmatolepis gracilis gonioclymeniae* Müller，1956

（图版 D—7，图 5—7）

1956 *Palmatolepis*（*Palmatolepis*）*gonioclymeniae* Müller，pp. 26—27，pl. 7，figs. 12，16，17，19（not fig. 18 = *Palmatolepis gracilis expansa*）.

1978 *Palmatolepis gonioclymeniae* Müller. －王成源和王志浩，72，73 页，图版 5，图 1—3，10，11。

1993 *Palmatolepis gracilis gonioclymeniae* Müller. －Ji & Ziegler，p. 62，pl. 6，figs. 8—12；text-fig. 14－4.

1994 *Palmatolepis gracilis gonioclymeniae* Müller. －Bai *et al.*，p. 168，pl. 15，figs. 15，16.

特征　齿台小，窄而长，内齿台与外齿台等宽或稍宽些。齿片—齿脊薄而高，向后变低，在中瘤齿前方远处向外强烈弯曲。中瘤齿的后方齿脊一直延伸到后端，无次级齿脊或次级龙脊，皱边宽。外齿台前方有明显的肩角，内齿台有伸长的肿凸。外齿台终止于宽圆的肩角，内齿台前缘延伸到齿片前端。

附注　此亚种与 *Palmatolepis gracilis expansa* 非常相似，但与后者不同的是齿台相对窄，齿片—齿脊强烈弯曲，外齿台前方有明显的肩角。此亚种与 *Palmatolepis gracilis manca* 同样相似，但后者内齿台上没有伸长的肿凸。

产地及层位　广西桂林龙门、垌村，谷闭组；广西宜山拉力，五指山组；贵州长顺、王佑，代化组。上 *expansa* 带内到下 *praesulcata* 带顶。

细掌鳞刺细亚种　*Palmatolepis gracilis gracilis* Branson et Mehl，1934

（图版 D—7，图 4）

1986 *Palmatolepis gracilis gracilis* Branson et Mehl. －季强和刘南瑜，169 页，图版 3，图 4，5.

1989 *Palmatolepis gracilis gracilis* Branson et Mehl. －王成源，77 页，图版 6，图 1。

1993 *Palmatolepis gracilis gracilis* Branson et Mehl. －Ji & Ziegler，p. 62，pl. 6，figs. 4—7；text-fig. 14－2.

2001 *Palmatolepis gracilis gracilis* Branson et Mehl. －张仁杰等，408 页，图 2：3—5。

特征　此亚种以相对短而窄的齿台和高的齿脊为特征。刺体细长。齿台前缘通常在齿片的中点终止。齿台上方表面边缘形成凸起、浑圆的边。此亚种在齿台大小、长度和宽度上有相当大的变化。

附注　此命名亚种与多数 *Palmatolepis gracilis* 亚种的区别是齿台相对窄小，齿脊高，有升起的边缘。齿片—齿脊在中瘤齿处向内渐弯，齿片反口缘锐利，有龙脊，基腔极小。

产地及层位　广西桂林，谷闭组，白沙融县组；广西宜山拉力，五指山组；广西那坡三叉河，三里组；广西鹿寨寨沙，五指山组；广西大新，三里组；贵州长顺，代化组；海南岛昌江县鸡实，上泥盆统昌江组。上 *rhomboidea* 带内直到中 *praesulcata* 带，可能到上 *praesulcata* 带。

细掌鳞刺虚弱亚种　*Palmatolepis gracilis manca* Helms，1963

（图版 D—7，图 11a—b）

1963 *Palmatolepis*（*Panderolepis*）*distorta manca* Helms，pp. 467—468，pl. 2，figs. 22，27；pl. 3，figs. 24－15.

1986 *Palmatolepis gracilis manca* Helms. －季强和刘南瑜，169 页，图版 3，图 6。

1993 *Palmatolepis gracilis manca* Helms. －Ji & Ziegler，p. 63，text-fig. 14－5.

1994 *Palmatolepis gracilis manca* Helms. －Bai *et al.*，p. 169，pl. 15，fig. 1.

特征　*Palmatolepis gracilis* 的一个亚种，以齿片强烈弯曲、齿台表面粒面革状和齿台内侧有与齿脊平行的隆凸为特征。内齿台终止于齿片的前端，而外齿台止于齿片的中部。

附注 此亚种的齿台轮廓和齿片—齿脊的弯曲程度与 *Palmatolepis gracilis gonioclymeniae* 非常相似，但后者在内齿台上有伸长的肿凸。

产地及层位 广西桂林，融县组、谷闭组；广西宜山拉力，五指山组；广西鹿寨寨沙，五指山组。上 *postera* 带开始进入下 *expansa* 带。

细掌鳞刺反曲亚种 *Palmatolepis gracilis sigmoidalis* Ziegler，1962

（图版 D—7，图 3）

1978 *Palmatolepis gracilis sigmoidalis* Ziegler. －王成源和王志浩，72 页，图版 5，图 1—3，10，11。

1989 *Palmatolepis gracilis sigmoidalis* Ziegler. －王成源，77 页，图版 26，图 2，3。

1993 *Palmatolepis gracilis sigmoidalis* Ziegler. －Ji & Ziegler，p. 63，pl. 5，figs. 1—3；text-fig. 14－6.

2001 *Palmatolepis gracilis sigmoidalis* Ziegler. －张仁杰等，408 页，图 2：1—2。

特征 发育强烈反曲的齿片—齿脊和短且特别小的齿台。齿台围绕水平长轴方向偏转，与齿片在横切面上形成锐角。齿台特别小，仅由凸起的边缘形成。

附注 此亚种与 *Palmatolepis gracilis* 的其他亚种的区别是齿台、齿片、齿脊都小并强烈扭曲，特别是在“内齿叶”的前方。

产地及层位 广西桂林，融县组、谷闭组；广西宜山拉力，五指山组；广西鹿寨寨沙，五指山组；广西那坡三叉河，三里组；广西大新，三里组；贵州长顺，代化组；海南岛昌江鸡实，上泥盆统昌江组。上 *trachytera* 带内直到中 *praesulcata* 带，可能到上 *praesulcata* 带。

哈斯掌鳞刺 *Palmatolepis hassi* Müller et Müller，1957

（图版 D—6，图 7）

1989 *Palmatolepis hassi* Müller et Müller. －Klapper，pl. 1，figs. 3—4（re-illustration of holotype）.

1989 *Palmatolepis hassi* Müller et Müller. －Wang，pl. 22，figs. 5—6（only；not fig. 7 = wide form of *Palmatolepis subrecta*）.

1994 *Palmatolepis hassi* Müller et Müller. －Wang，p. 102，pl. 2，fig. 5；pl. 3，fig. 7；pl. 6，fig. 15；pl. 7，figs. 13—15.

2002 *Palmatolepis hassi* Müller et Müller. －Wang & Ziegler，pl. 5，figs. 13—16.

特征 *Palmatolepis hassi* 是中等拱曲的 manticolepid 类的一个种，在谱系发育中齿台由宽变窄。其特征是内齿叶短到长，齿叶发育、窄、浑圆的三角形，位于独瘤齿之前，边缘有两个深的缺刻。齿台后边缘外凸，独瘤齿大。自由齿片中等大小，约为齿台长的 1/6。齿脊微微反曲，后齿台短，前齿台外侧有明显的向上向外的突起。

附注 此种齿台形态变化较大，内齿叶或短或长，后齿台短，没有褶皱的吻区。此种以浑圆的三角形齿叶、齿叶边缘有深的缺刻不同于 *Palmatolepis kireevae*。*Palmatolepis hassi* 齿台表面有较均一分布的瘤齿，而 *Palmatolepis kireevae* 的瘤齿细小、不均一。

产地及层位 广西桂林龙门，谷闭组；广西德保四红山，榴江组；广西象州马鞍山，罗秀河组；内蒙古乌努尔，下大民山组（郎嘉彬和王成源，2010）。下 *hassi* 带到 *linguiformis* 带。

杰米掌鳞刺 *Palmatolepis jamieae* Ziegler et Sandberg，1990

（图版 D—5，图 8，11）

1990 *Palmatolepis coronata juntianensis* Han. －Ji，pl. 1，fig. 18—20.

1990 *Palmatolepis jamieae* Ziegler et Sandberg，pp. 50—51，pl. 6，figs. 1—10；pl. 11，figs. 4—6.

1994 *Palmatolepis jamieae* Ziegler et Sandberg. – Wang, p. 102, pl. 2, fig. 10; pl. 6, figs. 11—14.

1994 *Palmatolepis jamieae* Ziegler et Sandberg. – 季强，图版13，图10—12。

特征 *Palmatolepis jamieae* 是平的或微微拱曲的 manticolepid 类的一个种，齿脊直或微微反曲，前齿片顶端由几个高的细齿组成，在个体发育中这些细齿可愈合成一个或两个很大的细齿。口视，齿台为不规则的四边形，具有由弱至强的皱边，外齿叶不明显或短，其对面的内齿台膨大或有肿凸。缺失吻部或吻部发育微弱。

附注 Ziegler & Sandberg（1990）将此种区分出两个形态型。形态型2与 *Palmatolepis foliacea* 相似，但它的齿叶短，有肿凸而不同于 *P. foliacea*，后者无齿叶。*Palmatolepis jamieae* 和 *Palmatolepis foliacea* 在同一时间由 *Palmatolepis punctata* 经外齿叶缩小演化而来。

产地及层位 广西桂林，龙门垌村谷闭组；广西德保四红山，榴江组；广西桂林，香田组。*jamieae* 带到上 *rhenana* 带。

军田掌鳞刺 *Palmatolepis juntianensis* Han, 1987

（图版 D—5，图7）

1987 *Palmatolepis juntianensis* Han, p. 186, pl. 1, figs. 15—16.

1989 *Palmatolepis juntianensis* Han. – Ji *et al.*, pl. 1, figs. 15—16 (reillustration of Han, 1987, pl. 1, figs. 15—16).

1994 *Palmatolepis juntianensis* Han. – Wang, p. 102, pl. 6, fig. 10.

2002 *Palmatolepis juntianensis* Han. – Wang & Ziegler, pl. 5, figs. 3—4.

特征 *Palmatolepis juntianensis* 是长的、平的、光滑的 manticolepid 类的一个种，齿台非常萎缩，吻区长。齿台后部很短，齿台最宽处接近齿台后端。

附注 齿台平，无装饰，齿台后部很短，齿台最宽处接近齿台后端。有的标本没有升起的边缘，与韩迎建（1987）图示的标本相似。

产地及层位 广西桂林龙门、垌村，谷闭组；广西德保四红山，榴江组；广西象州马鞍山，罗秀河组。上 *rhenana* 带到 *linguiformis* 带。

舌形掌鳞刺 *Palmatolepis linguiformis* Müller, 1956

（图版 D—5，图6）

1987 *Palmatolepis linguiformis* Müller. – Han, pl. 1, fig. 1.

1994 *Palmatolepis linguiformis* Müller. – Wang, pp. 102, pl. 6, fig. 7.

1994 *Palmatolepis linguiformis* Müller. – Bai *et al.*, p. 170, pl. 10, figs. 6—10.

2002 *Palmatolepis linguiformis* Müller. – Wang & Ziegler, pl. 3, figs. 13—15.

特征 *Palmatolepis linguiformis* 是无齿叶或齿叶很弱的 *Palmatolepis* 属中 manticolepid 类的一个种，齿台两侧相对较直，近于平行；齿台的两半由齿脊向两侧下伸，齿台后端向下倾，平或先向上伸然后向下弯。反曲的瘤齿在前后方由分离的圆的或微微扁的瘤齿组成，瘤齿几乎等大，齿脊在中瘤齿和内前齿台边缘之间强烈弯曲，齿台口面光滑到有等大瘤齿。

附注 *Palmatolepis linguiformis* 的特征是齿台长，相对窄，无齿叶，齿台两侧几乎平行，齿脊呈强烈的"S"形，齿脊由分离的圆形的瘤齿或微微扁的瘤齿组成。

产地及层位 广西桂林垌村、龙门，谷闭组或融县组下部；桂林，香田组。*linguiformis* 带的带化石，由此带开始到此带末期。在 *linguiformis* 灭绝与 *triangularis* 出现之前，有一段地层既没有 *linguiformis* 也没有 *triangularis*，这段地层仍属 *linguiformis* 带（Wang & Ziegler，2003；王成源和 Ziegler，2004）。

宽缘掌鳞刺 *Palmatolepis marginifera* Helms，1959

特征 齿台圆，椭圆形至窄的长圆形，无外齿叶。内齿台上有一锐利、连续的齿垣，由内齿台前缘向后延伸到中瘤齿，有时达齿台后端。齿垣通常是光滑的，但也可能分成锯齿或瘤齿。外齿叶在齿片前端开始。前缘微凹，后缘外凸。齿脊反曲，中瘤齿后的齿脊微弱或无。

附注 *Palmatolepis marginifera* 原作为 *P. quadrantinodosa* 的一个亚种，齿台轮廓与 *P. quadrantinodosa* 一致，但齿垣发育。此种可区分出 5 个亚种。*P. marginifera marginifera* 起源于 *P. stoppeli*；*P. marginifera duplicata* 起源于 *P. klapperi*；*P. marginifera* 见于上泥盆统上部，牙形刺 *P. rhomboidea* 带最上部至整个 *P. marginifera* 带。

宽缘掌鳞刺宽缘亚种 *Palmatolepis marginifera marginifera* Helms，1959

（图版 D—6，图 14）

1962 *Palmatolepis quadrantinodosa marginifera* Ziegler，pp. 401—402，pl. 1，fig. 6；pl. 2，figs. 6—8.

1984 *Palmatolepis marginifera marfinifera* Helms. – Ziegler & Sandberg，p. 187，pl. 1，fig. 11（transitional form to *Palmatolepis marginifera utahensis*）.

1989 *Palmatolepis marginifera marfinifera* Helms. – 王成源，79 页，图版 24，图 14—16。

1993 *Palmatolepis marginifera marfinifera* Helms. – Ji & Ziegler，p. 64，pl. 13，figs. 7—10；pl. 14，figs. 1—6；text-fig. 17 – 14.

特征 齿台圆至卵圆形，表面粒面革状。内齿台前缘有些小瘤齿。齿垣由外齿台前端向后连续延伸到中瘤齿，在少数标本上，可延伸达齿台后端；内齿台平，前缘微凹，后缘向后凸。

附注 此 *Palmatolepis marginifera* 命名亚种的特征是齿台宽，圆到椭圆，有一齿垣由外齿台前端向后延伸到中瘤齿。在齿台轮廓上它与 *Palmatolepis stoppeli* 相似，但它有真正的外齿垣。

产地及层位 广西桂林白沙，融县组；广西武宣二塘，三里组；广西宜山拉力，五指山组；广西鹿寨寨沙，五指山组；贵州长顺，代化组；广东乐昌，天子岭组。下 *marginifera* 带开始直到 *marginifera* 带的顶。

宽缘掌鳞刺犹它亚种 *Palmatolepis marginifera utahensis* Ziegler et Sandberg，1984

（图版 D—6，图 20）

1973 *Palmatolepis marginifera* n. subsp. – Sandberg & Ziegler，p. 104，pl. 3，figs. 20，26.

1984 *Palmatolepis marginifera utahensis* Ziegler et Sandberg，p. 187，pl. 1，figs. 6—10.

1993 *Palmatolepis marginifera utahensis* Ziegler et Sandberg. – Ji & Ziegler，p. 64，pl. 13，fig. 6；text-fig. 17 – 15.

1994 *Palmatolepis marginifera utahensis* Ziegler et Sandberg. – Bai *et al.*，p. 170，pl. 14，fig. 5.

特征 齿台细长，呈明显的“S”形。前内齿台瘤齿发育，后外齿台很窄；齿台后端尖、向外弯。

比较 本亚种齿台轮廓似 *Palmatolepis rugosa trachytera*，但缺少内齿叶，内后齿台较膨大。

产地及层位 欧洲、北美洲、亚洲，上 *marginifera* 带的带化石。在中国见于广西宜山拉力，五指山组，上 *marginifera* 带开始到本带顶终止。

小掌鳞刺　*Palmatolepis minuta* Branson et Mehl，1934

1934 *Palmatolepis minuta* Branson et Mehl，pp. 236—237，pl. 18，figs. 1，6，7（figs. 6，7 = lectotype selected by Müller，1956，p. 31）

特征　齿台前方受局限，始于齿片前端后方的一定距离内，在中瘤齿区变宽并向后端变尖。口面粒面革状，可能有外齿叶。齿片—齿脊几乎是直的，但在一些标本中可能是逐渐弯曲或微弱弯曲，无齿垣。后方齿台侧视水平至微向下弯。

附注　*Palmatolepis minuta* 由 *Palmatolepis delicatula* 族系发展而来，已划分出 6 个亚种。它与 *Palmatolepis gracilis* 在齿台收缩上较相似，但 *P. gracilis* 在中瘤齿下方的龙脊向侧方偏转，*P. minuta* 的龙脊没有偏转。

产地及层位　世界性分布，上泥盆统上 *triangularis* 带至 *postera* 带。

小掌鳞刺小亚种　*Palmatolepis minuta minuta* Branson et Mehl，1934

（图版 D—6，图 4）

1934 *Palmatolepis minuta* Branson et Mehl，pp. 236—237，pl. 18，figs. 1，6，7.

1978 *Palmatolepis minuta minuta* Branson et Mehl. －王成源和王志浩，73 页，图版 5，图 4，5，14—16。

1989 *Palmatolepis minuta minuta* Branson et Mehl. －王成源，80—81 页，图版 26，图 5—8。

2002 *Palmatolepis minuta minuta* Branson et Mehl. －Wang & Ziegler，pl. 4，figs. 3—4.

特征　*Palmatolepis minuta* 的一个亚种，具有小的、亚圆形至伸长的齿台。中瘤齿后方有齿脊。在一些标本中，中瘤齿后的瘤齿较低，或缺少后齿脊，而为一纵向凹槽。可能存在平的侧齿叶。

附注　Ji & Ziegler（1993）依据此亚种齿台的形态和内齿叶的特征，将此亚种区分出 3 个形态型。形态型 1 齿台小，椭圆，内齿台前缘和后缘直或缓凸；无内齿叶，此形态型来源于 *Palmatolepis delicatula platys*。形态型 2 齿台大而长，具有小的、浑圆形的内齿叶，中瘤齿后的后齿脊发育，延伸到或接近齿台的后尖；此形态型来源于 *Palmatolepis weddigei*。形态型 3 来源于 *Palmatolepis minuta minuta* 的形态型 1，无内齿叶，齿台长，柳叶状。上 *triangularis* 带的底界是以此亚种的首现定义的。它的特征是齿台窄，齿脊高而直，自由齿片长，齿台内部下凹。

产地及层位　广西宜山拉力，五指山组；广西武宣二塘，三里组；广西象州马鞍山，融县组；广西大新，三里组；广西鹿寨寨沙，五指山组；贵州长顺，代化组；新疆，上泥盆统洪古勒楞组。上 *triangularis* 带开始直到上 *trachytera* 带顶。

小叶掌鳞刺　*Palmatolepis perlobata* Ulrich et Bassler，1926

1926 *Palmatolepis perlobata* Ulrich et Bassler，pp. 49—50，pl. 7，fig. 22.

特征　以扇形齿片（scalloped blade）和大而宽的齿台为特征的 *Palmatolepis* 的一个种，中瘤齿后方齿台向上弯。齿脊反曲，有外齿叶、次级齿脊和次级龙脊。齿台后方外侧较发育。齿台装饰为粒面革状或具有瘤齿、横脊。

附注　Sannemann（1955）首先指出，此种具扇形齿片，而不同于 *P. rugosa* 类群。依据齿台形态、比例、齿片—齿脊的弯曲程度、侧齿叶的有无，此种已划分出 7 个亚种（*P. perlobata perlobata*，*P. p. schindewolfi*，*P. p. sigmoidea*，*P. p. postera*，*P. p. grossi*，*P. p. helmsi*，*P. p. maxima*），它们的时限各不相同。

产地及层位　上泥盆统法门阶，上 *triangularis* 带至上 *expansa* 带。

小叶掌鳞刺后亚种　*Palmatolepis perlobata postera* Ziegler，1960

（图版 D—7，图 12a—b）

1960 *Palmatolepis rugosa postera* Ziegler，p. 39，pl. 2，figs. 10—11.

1977 *Palmatolepis perlobata postera* Ziegler. – Ziegler，in Catalogue of Conodonts，vol. Ⅲ，p. 359，*Palmatolepis*-plate 9，figs. 14，15.

1979 *Palmatolepis perlobata postera* Ziegler. – Sandberg & Ziegler，p. 180，pl. 2，figs. 1—4.

1994 *Palmatolepis perlobata postera* Ziegler. – Bai *et al.*，p. 171，pl. 14，figs. 6，7.

特征　齿台宽、中瘤齿后方齿台微微向上或中等程度地上翘。外齿叶弱或完全缺失。内齿台后半部装饰有瘤齿，瘤齿排列倾向于与齿台边缘平行。外齿台瘤齿较散乱，在浑圆的齿垣上瘤齿较粗，齿垣由齿脊向前方斜伸。

附注　此亚种不同于 *Palmatolepis perlobata helmsi*，有宽的强烈弯曲的齿台；也不同于 *Palmatolepis perlobata* 的其他亚种，主要是缺少内齿叶或内齿叶仅有微弱的显示。

产地及层位　广西宜山拉力，五指山组，下 *postera* 带开始直到 *expansa* 带顶。

普尔掌鳞刺　*Palmatolepis poolei* Sandberg et Ziegler，1973

（图版 D—6，图 1）

1973 *Palamtolepis poolei* Sandberg et Ziegler，p. 106，pl. 4，figs. 14—26.

1975 *Palmatolepis poolei* Sandberg et Ziegler. – Ziegler，p. 245，*Palmatolepis*-plate 5，figs. 12—15.

1989 *Palmatolepis poolei* Sandberg et Ziegler. – 王成源，82—83 页，图版 25，图 6。

1983 *Palamtolepis poolei* Sandberg et Ziegle. – Wang & Ziegler，pl. 3，fig. 12.

特征　齿台前半部瘤齿强壮而中瘤齿后方微弱，由瘤齿串形成高齿垣以及微弱的外齿叶。外齿叶边缘始于齿片前端，而内齿叶始于中瘤齿与齿片前端中间的位置。固定齿片微弱，延伸到中瘤齿以后，但不发育。

附注　此种与 *Palmatolepis quadrantinodosalobata* Morphotype 1 相似，并源于后者。此种齿台后端平至微微向上弯，齿垣较圆，不太强壮，内齿叶向下倾，外齿叶萎缩。*Palmatolepis poolei* 由 *P. quadrantinodosalobata* 演化而来，与其区别是前者齿叶萎缩，齿台后端尖、上翘。该种垣脊发育，也不同于 *P. crepida*。

产地及层位　此种见于北美洲、欧洲和亚洲的上泥盆统法门阶下 *rhomboidea* 带。广西武宣三里，三里组；广西宜山，五指山组；甘肃迭部当多沟，上泥盆统檫阔合组。下 *rhomboidea* 带开始到本带的最顶部。

斑点掌鳞刺　*Palmatolepis punctata*（Hinde，1879）

（图版 D—5，图 10）

1973 *Palmatolepis punctata*（Hinde）. – Ziegler，in Catalogue of Conodonts，vol. Ⅰ，p. 291，*Palmatolepis*-plate 1，figs. 4，5.

1983 *Palmatolepis punctata*（Hinde）. – Wang & Ziegler，pl. 4，fig. 4.

1985 *Palmatolepis punctata*（Hinde）. – Ziegler & Wang，pl. 4，fig. 8.

1989 *Palmatolepis punctata*（Hinde）. – 王成源，83—84 页，图版 19，图 11—12；图版 5，图 7—8；图版 26，图 14。

1994 *Palmatolepis punctata*（Hinde）. – Wang，p. 103，pl. 2，fig. 8.

特征　*Palmatolepis punctata* 是 *Palmatolepis* 属中 manticolepid 类的一个种，它的特征是：内齿叶短，钝圆，指向侧方，居中瘤齿之前的位置；吻部短；齿台表面饰有粗壮的紧密排列的瘤齿；齿脊微微反曲；齿台后端向下弯；皱边宽；齿脊不达齿台最后端。

附注 *Palmatolepis punctata* 以存在短宽的内齿叶和短的吻部而不同于 *Palmatolepis transitans*。

产地及层位 广西桂林龙门，谷闭组；广西德保四红山，榴江组。*Palamtolepis punctata* 带开始到 *Palmatolepis jamieae* 带。在桂林龙门剖面，可能延伸到上 *rhenana* 带。

莱茵掌鳞刺鼻叶亚种 *Palmatolepis rhenana nasuda* Müller，1956

（图版 D—6，图 6）

1983 *Palmatolepis gigas* Miller et Youngquist. – Wang & Ziegler，pl. 3，fig. 31（only）.

1987 *Palmatolepis* aff. *P. triangularis* Sannemn. – Han，pl. 1，fig. 17（only，not fig. 12 = ?）.

1994 *Palmatolepis rhenana nasuta* Müller. – Wang，pp. 103—104，pl. 3，figs. 2—4.

2002 *Palmatolepis rhenana nasuta* Müller. – Wang & Ziegler，pl. 2，figs. 4—7.

特征 *Palmatolepis rhenana nasuda* 是 *Palmatolepis rhenana* 的一个亚种，其特征是齿台长，中等宽度，齿台后端外（齿叶）侧较宽；齿台前端与齿片相交不在相对的位置，外齿台与齿片相交的位置远远比内齿台与齿片相交的位置向前。

附注 本亚种与 *Palmatolepis rhenana brevis* 的区别是有较窄的齿台；它同样不同于 *Palmatolepis rhenana rhenana* 有中等宽度的齿台。本种由 *Palmatolepis hassi* 在下 *rhenana* 带演化而来。

产地及层位 广西桂林龙门、垌村，谷闭组；广西桂林，香田组。下 *rhenana* 带到 *linguiformis* 带。

莱茵掌鳞刺莱茵亚种 *Palmatolepis rhenana rhenana* Bischoff，1956

（图版 D—6，图 5）

1990 *Palamtolepis gigas* Miller et Youngquist. – Ji，pl. 1，figs. 10，16—17（only）.

1990 *Palmatolepis rhenana rhenana* Bischoof. – Ziegler & Sandberg，pp. 57—58，pl. 12，figs. 1—3；pl. 15，figs. 1，3，6—7.

1994 *Palmatolepis rhenana rhenana* Bischoff. – Wang，p. 104，pl. 2，fig. 1；pl. 3，fig. 1；pl. 5，figs. 9—10.

2002 *Palmatolepis rhenana rhenana* Bischoff. – Wang & Ziegler，pl. 2，figs. 1—3.

特征 *Palmatolepis rhenana rhenana* 是 *Palmatolepis rhenana* 的一个亚种，它具有以下全部或几个特征：(1) 齿台很长，很细；(2) 齿台前端尖，两侧等大或近于等大；(3) 外齿台边缘明显浑圆；(4) 齿台前端两侧相对应；(5) 由大的瘤齿形成的齿脊强烈反曲；(6) 高的鳍状前齿片始于近中瘤齿处，并向前延伸，大约为刺体长的一半。

附注 典型的 *Palmatolepis rhenana rhenana* 有特别长的纤细的齿台，也有大的瘤齿形成的“S”形齿脊。本种包括被 Ji（1990a，1990b）先后鉴定为 *Palmatolepis* sp. nov. B.（1990a）和 *Palmatolepis gigas*（1990b）的同一标本。这些类型（Wang，1994，pl. 5，figs. 9—10）有相对宽的齿台和宽的外齿叶，齿台后端窄，下弯（Wang，1994，pl. 5，fig. 9b），可能为新种，它比 *Palmatolepis praetriangularis* 出现得早。

产地及层位 广西桂林龙门、垌村，谷闭组，上 *rhenana* 带到 *linguiformis* 带。

菱形掌鳞刺 *Palmatolepis rhomboidea* Sannemann，1955

（图版 D—6，图 12）

1962 *Palmatolepis rhomboidea* Sannemann. – Ziegler，pp. 77—78，pl. 7，figs. 14—16.

1983 *Palmatolepis rhomboidea* Sannemann. – 熊剑飞，314 页，图版 72，图 4，5。

1993 *Palmatolepis rhomboidea* Sannemann. – Ji & Ziegler, p. 70, pl. 21, figs. 1—5; text-fig. 13, fig. 18.
1994 *Palmatolepis rhomboidea* Sannemann. – Bai *et al.*, p. 173, pl. 10, figs. 16—20.

特征 齿台轮廓为菱形的 *Palmatolepis* 的一个种。齿台小，菱形或卵圆形，内齿台前缘始于齿片前端之后，外齿台前缘始于内齿台前缘之后，大约在齿片前端与中瘤齿之间的位置。齿片—齿脊反曲。内齿台比外齿台宽大，可能存在窄的近脊沟。齿台后端向上翘。

附注 此种与 *Palmatolepis delicatula delicatula* 和 *Palmatolepis minuta minuta* Morphotype 1 相似，但此种在外齿台前部有凸起或低的齿垣，在齿脊两侧有很浅的近脊沟。此种的某些标本其齿台前缘在齿片开始的位置可能相同，齿台后端可能向下弯，这样的齿台前缘的位置与 *Palmatolepis* cf. *P. regularis* 的相似，不同于后者主要是外齿台前部有凸起或低的齿垣。

产地及层位 广西崇左，三里组；广西宜山拉力，五指山组；贵州长顺，代化组；广东乐昌，天子岭组下段。下 *rhomboidea* 带开始到下 *marginifera* 带。

圆掌鳞刺 *Palmatolepis rotunda* Ziegler et Sandberg，1990

（图版 D—6，图 3）

1990 *Palmatolepis rotunda* Ziegler et Sandberg, p. 62, pl. 10, figs. 1—5.
1994 *Palmatolepis rotunda* Ziegler et Sandberg. – 季强，图版 14，图 1。
1994 *Palmatolepis rotunda* Ziegler et Sandberg. – Bai *et al.*, p. 173, pl. 7, fig. 7.
2002 *Palmatolepis rotunda* Ziegler et Sandberg. – Wang & Ziegler, pl. 5, figs. 1—2.

特征 *Palmatolepis rotunda* 是圆至卵圆形 manticolepid 类的一个种，特征是齿脊强烈反曲，中瘤齿后的齿脊很微弱，外侧和后方齿台边缘几乎是圆的。齿台表面有几乎均一大小的瘤齿。

附注 本种齿台圆至卵圆，它的外后缘几乎是圆的。齿脊为强烈的“S”形，但中瘤齿后齿脊微弱。

产地及层位 广西桂林龙门、垌村，谷闭组；广西桂林，香田组；广西德保四红山，榴江组。上 *rhenana* 带到 *linguiformis* 带上部。

皱蹼掌鳞刺 *Palmatolepis rugosa* Branson et Mehl，1934

1934 *Palmatolepis rugosa* Branson et Mehl, p. 236, pl. 18, figs. 15, 16, 18, 19.

特征 齿台及齿脊为“S”形弯曲，多数齿台表面有粗壮的瘤齿和较小的瘤齿，甚至有横脊。外齿台上齿垣发育，较窄；内齿台上有内齿叶，后内齿台向外膨大，凸出成半圆形。中瘤齿之后的齿台平。齿脊为锐利的冠状，侧视时看不到愈合细齿的齿尖。次级齿脊微弱，有时被一凹槽代替。在内齿叶上通常有一粗壮的齿脊，横过内齿台，指向中瘤齿的前方。

比较 *Palmatolepis rugosa* 的齿台装饰粗壮，不同于 *Palmatolepis perlobata*。它没有 *P. perlobata* 所特有的扇状齿片（scalloped blade）。此种包含 5 个亚种：*postera*，*rugosa*，*trachytera*，*ampla* 和 cf. *ampla*。它们可分两个组：*P. rugosa rugosa* 和 *P. rugosa trachytera* 具有粗的齿台装饰；而 *P. rugosa postera*，*P. rugosa ampla* 和 *P. rugosa* cf. *ampla* 具有细的齿台装饰。

皱蹼掌鳞刺粗糙亚种 *Palmatolepis rugosa trachytera* Ziegler，1960

（图版 D—6，图 16—17）

1960 *Palmatolepis rugosa trachytera* Ziegler，p. 38，pl. 1，fig. 6；pl. 2，figs. 1—9.

1984 *Palmatolepis rugosa trachytera* Ziegler. – Ziegler & Sandberg，pp. 187—188，pl. 1，figs. 1—5，12.

1993 *Palmatolepis rugosa trachytera* Ziegler. – Ji & Ziegler，p. 71，pl. 13，figs. 13—15；text-fig. 15，fig. 8.

1994 *Palmatolepis rugosa trachytera* Ziegler. – Bai *et al.*，p. 174，pl. 14，figs. 8，9.

特征 齿片—齿脊强烈反曲，内齿叶很小，内齿台较宽，内齿台后方膨大成半圆形。齿台后端向内。

附注 此亚种不同于 *Palmatolepis rugosa rugosa*，有比较小的、短的内齿叶，齿台后端位置更向内；不同于 *Palmatolepis rugosa ampla*，在外齿台上有明显的冠状齿垣，小而短的内齿叶，内齿台后方膨大，其后缘与齿脊几乎成直角。

产地及层位 广西武宣，三里组；广西宜山拉力，五指山组；广西桂林白沙，三里组。下 *trachytera* 带到上 *trachytera* 带顶。

半圆掌鳞刺 *Palmatolepis semichatovae* Ovnatanova，1976

（图版 D—6，图 2）

1990 *Palmatolepis semichatovae* Ovnatanova. – Ziegler & Sandberg，pp. 58—59，pl. 11，figs. 1—2；pl. 13，figs. 3—11.

1994 *Palmatolepis semichatovae* Ovnatanova. – Wang，p. 104，pl. 4，figs. 10—14.

2002 *Palmatolepis semichatovae* Ovnatanova. – Wang & Ziegler，pl. 7，figs. 8—9.

2008 *Palmatolepis semichatovae* Ovnatanova. – Ovnatanova & Kononova，p. 1101，pl. 13，figs. 19—28.

特征 *Palmatolepis semichatovae* 是 manticolepid 类的一个种，其特征是外齿叶长，齿脊中等程度反曲，升起的齿垣区有中等大小的瘤齿或光滑无饰。齿垣区与齿脊之间被向后变窄的、浅的近脊沟分开，近脊沟止于中瘤齿之前或止于中瘤齿，近脊沟常常与齿台后齿脊愈合。

附注 齿台短，亚圆形，有一长的外齿叶；肿起的齿垣区与齿脊之间被向后变窄的、浅的近脊沟分开，近脊沟止于中瘤齿或中瘤齿之前。本种在早 *rhenana* 带内来源于 *Palmatolepis rhenana brevis*，此种在中国发现于 1994 年（Wang，1994，pl. 4，figs. 10—14）。

产地及层位 广西桂林龙门、垌村，谷闭组，限于下 *rhenana* 带中部。

端点掌鳞刺 *Palmatolepis termini* Sannemann，1955

（图版 D—6，图 11）

1955 *Palmatolepis termini* Sannemann，p. 149，pl. 1，figs. 1—3.

1963 *Palmatolepis termini* Sannemann. – Helms，pl. 1，fig. 26.

1993 *Palmatolepis termini* Sannemann. – Ji & Ziegler，p. 72，pl. 12，figs. 6—10；text-fig. 13 – 5.

2002 *Palmatolepis termini* Sannemann. – Wang & Ziegler，pl. 6，fig. 6.

特征 本种的齿台小，卵圆形；齿台上常有一个或两个冠脊（crests）。外齿台前方的冠脊由一列紧密的或愈合的瘤齿组成，与齿台边缘平行或由中瘤齿向前方斜角伸出，与中瘤齿相接或不相接。内齿台前方同样有次级瘤齿列，但不与中瘤齿相连。内齿台前部光滑，粒面革状或有瘤齿。少数标本齿台表面布满小的瘤齿。

附注 此种的特征是齿台小，卵圆形，齿台前部有瘤齿脊，齿台后端明显向上翘起。它与 *Palmatolepis crepida* 和 *Palmatolepis werneri* 的区别主要是完全缺少内齿叶和齿台前部发育有瘤齿脊。

Schülke（1995）将此种划分为两个不同的亚种：*Palmatolepis termini termini* Sanneman，1955 和 *Palmatolepis termini robusta* Schülke，1995。

产地及层位 广西桂林龙门、垌村，谷闭组；广西宜山拉力，五指山组。中 *crepida* 带开始到上 *crepida* 带。

过渡掌鳞刺 *Palmatolepis transitans* Müller，1956

（图版 D—5，图 5）

1986 *Palmatolepis transitans* Müller. – Hou *et al.*，pl. 4，figs. 5—6（only）.

1990 *Palmatolepis transitans* Müller. – Ziegler & Sandberg，p. 45，pl. 1，figs. 1，9.

1994 *Palmatolepis transitans* Müller. – Bai *et al.*，p. 175，pl. 7，figs. 1，2.

1992 *Palmatolepis transitans* Müller. – Wang，p. 105，pl. 2，figs. 9，11—12.

特征 齿脊直，外齿叶未分化，不明显，齿台表面粒面革状，齿台两侧不对称，齿台两半与自由齿片在相同的位置以相同的锐角相交。

附注 本种的特征是齿脊直，未分化出外齿叶。它是 *Palmatolepis* 的最老的种，由 *Mesotaxis falsiovalis* 演化而来。

产地及层位 广西德保四红山剖面，由 *Palmatolepis transitans* 带开始到上 *hassi* 带。

三角掌鳞刺 *Palmatolepis triangularis* Sannemann，1955

（图版 D—5，图 13）

1955 *Palmatolepis triangularis* Sannemann，pp. 327—328，pl. 24，fig. 3.

1989 *Palmatolepis triangularis* Sannemann. – 王成源，87 页，图版 23，图 9—10；图版 19，图 15。

2002 *Palmatolepis triangularis* Sannemann，Morphotype 1. – Wang & Ziegler，pl. 1，fig. 1.

2002 *Palmatolepis triangularis* Sannemann，Morphotype 2. – Wang & Ziegler，pl. 1，figs. 2—6.

特征 *Palmatolepis triangularis* 是 manticolepid 类的一个种，其特征是齿台从中瘤齿向后突然向上升起，直到窄的齿台后端才向下弯。后齿脊很低，由分离的或愈合脊状瘤齿组成。前齿脊由圆的分离的瘤齿组成，齿脊向前方均匀增高。齿台形状、侧齿叶的长度和齿台表面的装饰变化较大。

附注 此种实际变化较大，齿台轮廓、内齿叶长度和齿台装饰变化都大。但一般来说，齿台是三角形的，口面有零散的小瘤齿。内齿叶或短或长，或圆或尖，指向前方、侧方或后方。它不同于 *Palmatolepis praetriangularis*，齿台后端是向上翘的，而后者齿台后端平直。

产地及层位 广西桂林龙门、垌村，谷闭组；广西上林，榴江组、三里组；广西宜山拉力，五指山组。下 *triangularis* 带开始到下 *crepida* 带。

施密特刺属 *Schmidtognathus* Ziegler，1966

模式种 *Schmidtognathus hermanni* Ziegler，1966

特征 齿台细长，箭头形，比自由齿片长，表面带有瘤齿或横脊。瘤齿或横脊限于齿台边缘或在齿台上延伸成瘤齿列。反口面具有大的、微弱或明显不对称的基穴，多数基穴具有分支的高于反口面的边缘。外缘具有一个收缩褶。龙脊由基穴向前延伸。口视，刺体微弯或强烈弯曲；侧视，齿台拱曲微弱或强烈。

比较 此属口视与 *Polygnathus* 相似，然而此属具有大的基穴而不同于后者。*Schmidtognathus* 的基穴形状与 *Pseudopolygnathus* 很接近。*Schmidtognathus* 由 *Polygnathus decorosus* 演化而来。

分布地区及时代 世界性分布，中泥盆世最晚期至晚泥盆世下 *Mesotaxis asymmetrica* 带。

赫尔曼施密特刺 *Schmidtognathus hermanni* Ziegler，1966

（图版 D—4，图 13a—b）

1985 *Schmidtognathus hermanni* Ziegler. –Ziegler & Wang，pl. 2，figs. 13—14.

1989 *Schmidtognathus hermanni* Ziegler. –王成源，128 页，图版 41，图 6。

1994 *Schmidtognathus hermanni* Ziegler. –Wang，pl. 9，figs. 9，11.

1995 *Schmidtognathus hermanni* Ziegler. –沈建伟，264 页，图版 2，图 18，19。

特征 自由齿片短，齿台长，齿台两侧边缘上有不规则的瘤齿列，使齿台边缘向上卷。齿台前部收缩，齿台边缘在收缩的地方微微向下延伸。近脊沟相当深。反口面基腔大，不对称，外侧发育一个褶皱，位于齿台中部。

附注 *Schimidtognathus hermanni* 自由齿片短，齿台前部有收缩，表面有不规则的瘤齿列，不同于 *S. pietzneri* 和 *S. wittekindti*。此种最早见于牙形刺 *S. hermanni – P. cristatus* 带，延至 *P. asymmetricus* 带。

产地及层位 广西横县六景融县组，德保都安四红山“榴江组”，*S. hermanni – P. cristatus* 带；广西象州马鞍山巴漆组中部，桂林灵川县岩山圩乌龟山付合组，*S. hermanni – P. cristatus* 带至 *M. asymmetrica* 带。

魏特肯施密特刺 *Schmidtognathus wittekindti* Ziegler，1966

（图版 D—4，图 14a—c）

1973 *Schmidtognathus wittekindti* Ziegler. –Ziegler，in Catalogue of Conodonts，vol. Ⅰ，pp. 433—434，*Schmidtognathus*-plate 1，fig. 1.

1985 *Schmidtognathus wittekindti* Ziegler. –Ziegler & Wang，pl. 2，figs. 17—18.

1989 *Schmidtognathus wittekindti* Ziegler. –王成源，129 页，图版 4，图 7。

1994 *Schmidtognathus wittekindti* Ziegler. –Wang，pl. 9，figs. 5a—b，10a—b.

特征 齿台窄，后方尖，侧视齿台厚，向上拱曲。自由齿片高，其中部最高。固定齿脊由瘤齿构成，一直延伸到齿台后端。固定齿脊两侧齿台上，各有 2 ~ 3 列与齿台平行的规则的瘤齿列。反口面基腔较大，居齿台前端与齿台中点之间。

附注 此种在欧洲和北美洲都是介于中上泥盆统之间，很少见于牙形刺下 *S. hermanni – P. cristatus* 带，常见于上 *S. hermanni – P. cristatus* 带至下 *P. asymmetricus* 带。

产地及层位 广西象州马鞍山东岗岭组最顶部；德保都安四红山“榴江组”，*S. hermanni – P. cristatus* 带至最下 *M. asymmetrica* 带；广西桂林灵川县岩山圩乌龟山付合组 *S. hermanni – P. cristatus* 带。

高低颚刺科 ELICTOGNATHIDAE Austin et Rhodes，1981

管刺属 *Siphonodella* Branson et Mehl，1944

1934 *Siphonognathus* Branson et Mehl. –Branson & Mehl，1944.

1985 *Siphonodella* (*Eosiphonodella*) Ji.

1985 *Siphonodella* (*Siphonodella*) Branson et Mehl. – Ji.

模式种 *Siphonodella duplicata* Branson et Mehl，1934

特征 齿台矛状，不对称，高高拱起，拱起的顶点就在基腔的上方或近于基腔的上方。除早期种外，口面的吻区和吻脊都很发育。外齿台一般比内齿台宽，齿脊发育，延伸到齿台后端并与自由齿片相连。齿台反口面存在宽的假龙脊或高起的龙脊。基坑小，缝状，无齿唇。基腔之后的区域特别平。皱边宽。

附注 *Siphonodella* 与 *Polygnathus* 相似，但在齿台前部有特殊的吻部，基坑（基腔）之后有特别平的区域。此属可能由 *Alternognathus* 演化而来（Ziegler & Sandberg，1984）。

分布地区及时代 欧洲、亚洲、澳大利亚、美洲，由晚泥盆世最晚期 *Siphonodella praesulcata* 带到石炭纪密西西比亚纪杜内期 *S. anchoralis* 带。

锯齿缘管刺 形态型 1 *Siphonodella crenulata* (Cooper，1939)，Morphotype 1

（图版 C—1，图 9，13，14）

1939 *Siphonognathus crenulata* Cooper，p. 409，pl. 41，figs. 1，2.

1984 *Siphonodella crenulata* (Cooper，1939)，Morphotype 1. – 王成源和殷保安，图版 1，图 23，24。

1984 *Siphonodella crenulata* (Cooper，1939)，Morphotype 2. – 王成源和殷保安，图版 1，图 22。

1988 *Siphonodella crenulata* (Cooper，1939)，Morphotype 2. – Wang & Yin，p. 138，pl. 20，fig. 6.

特征 齿台强烈不对称。外齿台宽大，外张，边缘呈明显的锯齿状，口面横脊发育，散射状，向齿脊收敛，近齿脊处有小的瘤齿。内齿台较窄，口面有小的、分散的瘤齿；齿脊发育，由愈合的瘤齿组成，延伸到齿台后端。齿台前部、齿脊两侧各有一条短的吻脊，指向前侧方。自由齿片短，由高的、愈合的细齿组成。反口面龙脊发育，其前方有凹陷。

比较 此种可分为两个形态型：形态型 1 外齿台横脊发育，齿台边缘锯齿明显；形态型 2 外齿台上横脊不明显，齿台边缘也没有明显的锯齿化。

产地及层位 亚洲、欧洲、北美洲，石炭系密西西比亚系杜内阶中部下 *crenulata* 带至 *isosticha* – 上 *crenulata* 带。

双脊管刺 *Siphonodella duplicata* sensu Hass，1959

（图版 C—1，图 6，17）

1959 *Siphonodella duplicata* (Branson et Mehl). – Hass，p. 392，pl. 49，figs. 17，18.

1984 *Siphonodella duplicate* sensu Hass. – 季强等，图版 4，图 17（仅）。

1985 *Siphonodella duplicate* sensu Hass. – 季强等，134 页，图版 22，图 1—14；插图 57。

1988 *Siphonodella duplicate* sensu Hass. – Wang & Yin，p. 138，pl. 19，figs. 6，7，14，15.

特征 齿台不对称。向外凸，内外齿台宽度相近。齿台前部有两条短而直、向后收敛的吻脊；外齿台布满横脊，内齿台口面有分散的圆的小瘤齿。

比较 *Siphonodella duplicata* 被分为不同的形态型：Sandberg *et al.*（1978）区分出两个形态型，普遍被认可。季强等（1985）又划分出另外 3 个新的形态型。对这 3 个形态型的划分，目前仍没有统一的观点。

产地及层位 亚洲、欧洲、北美洲，石炭系密西西比亚系杜内阶下部下 *duplicata* 带至下 *crenulata* 带。

双脊管刺　形态型1　*Siphonodella duplicata*（Branson et Mehl，1934），Morphotype 1 Sandberg *et al.*，1978

（图版C—1，图2a—b，15）

1984 *Siphonodella duplicata*（Branson et Mehl），Morphotype 1. －王成源和殷保安，图版1，图10。

特征　齿台稍微不对称，内、外齿台布满横脊，齿台前部吻脊明显，为两条近于平行的脊，反口面有假龙脊。

比较　*S. duplicate*，Morphotype 1 有假龙脊，不同于 *S. duplicata*，Morphotype 2；齿台两侧有横脊，也不同于 *S. duplicata* sensu Hass。

产地及层位　世界各地，在中国见于贵州睦化王佑组至睦化组，石炭系密西西比亚系杜内阶下部下 *duplicata* 带至 *sandbergi* 带。

双脊管刺　形态型2　*Siphonodella duplicata*（Branson et Mehl，1934），Morphotype 2 Sandberg *et al.*，1978

（图版C—1，图3，16）

1984 *Siphonodella duplicata*（Branson et Mehl），Morphotype 2. －王成源和殷保安，图版1，图11，15。

特征　齿台略微不对称，前部收缩成吻部，有两条平行的短的吻脊。齿台上横脊发育，反口面龙脊明显。

比较　*S. duplicata*，Morphotype 1 反口面有假龙脊，而 *S. duplicata*，Morphotype 2 反口面有龙脊，齿台前部两条短的吻脊平行。*S. duplicata* sensu Hass 齿台前部吻脊有向齿脊收敛的趋势，外齿台有横脊，内齿台有小的瘤齿。

产地及层位　世界各地，在中国见于贵州睦化王佑组至睦化组，石炭系密西西比亚系杜内阶下部下 *duplicata* 带至下 *crenulata* 带。

宽叶管刺　*Siphonodella eurylobata* Ji，1985

（图版C—1，图7）

1985 *Siphonodella*（*Siphonodella*）*eurylobata* Ji，p. 59，pl. 3，figs. 1—9，14—24.

1987 *Siphonodella eurylobata* Ji. －Ji，pl. 1，figs. 18，19.

特征　自由齿片短而直，齿台强烈不对称、拱曲，表面光滑。两个吻脊终止于齿台前部。外齿台特别膨大，内齿台相对较窄。

比较　此种以外齿台强烈膨大、齿台光滑为特征。

产地及层位　广西桂林南边村，下 *crenulata* 带。此种可能由常见于浅水相的 *Siphonodella levis* 演化而来。

等列管刺　*Siphonodella isosticha*（Cooper，1939）

（图版C—1，图12）

1984 *Siphonodella isosticha*（Cooper）. －王成源和殷保安，图版1，图7。

特征　齿台稍不对称，口面光滑无饰或有微弱的小瘤齿和隐约可见的横脊。齿台前部有两条短而直的、与齿脊平行的吻脊。固定齿脊向内微弯，达齿台后端，由密集的瘤齿组成。自由齿片短，由相对高的细齿组成。反口面有龙脊，低而平。

比较　*Siphonodella isosticha* 外齿台的吻脊比内齿台的吻脊长，其后端向外弯曲，有时可达齿台边缘。

产地及层位 亚洲、欧洲、北美洲、澳大利亚，石炭系密西西比亚系杜内阶中部 *sandbergi* 带至 *isosticha* – 上 *crenulata* 带。

叶形管刺 *Siphonodella lobata* (Branson et Mehl, 1934)

(图版 C—1，图 10a—b，11)

1978 *Siphonodella lobata* (Branson et Mehl). – 王成源和王志浩，84 页，图版 8，图 3，4。

1983 *Siphonodella lobata* (Branson et Mehl). – 熊剑飞，图版 1，图 2。

1985 *Siphonodella lobata* (Branson et Mehl). – 季强等，图版 21，图 13—20；图版 20，图 7—14。

特征 齿台强烈不对称，外齿台中前部向外强烈扩张，形成明显的外侧齿叶。齿叶口面可具次级齿脊，反口面亦具次级龙脊。齿台前部吻脊发育，近于平行或向前收敛。口面横脊发育，齿脊向内弯，几乎达到齿台后端。

比较 此种的最大特征是有发育的外齿叶。

产地及层位 世界各大洲，石炭系密西西比亚系杜内阶下部上 *duplicata* 带至上 *crenulata* 带。

先槽管刺 *Siphonodella praesulcata* Sandberg, 1972

(图版 D—7，图 9—10)

1969 *Polygnathus* sp. B. – Druce, pl. 26, figs. 5—7.

1972 *Siphonodella praesulcata* Sandberg. – Sandberg *et al.*, 1972, pl. 1, figs. 1—17; pl. 2, figs. 10—19.

1987 *Siphonodella praesulcata* Sandberg. – Yu *et al.*, pl. 2, figs. 1—10, 21—24; pl. 3, figs. 1—4.

1988 *Siphonodella praesulcata* Sandberg. – Wang & Yin, pp. 140—141, pl. 13, figs. 1—11; pl. 14, figs. 1—12; pl. 15, figs. 1—10; pl. 16, figs. 1—8; pl. 17, figs. 1a—b; pl. 31, figs. 6a—b.

特征 齿台窄，对称，微微拱起，两侧横脊微弱或明显。齿台及其齿脊直、微弯，基坑深，近于齿台前方。自由齿片短而低。

附注 *Siphonodella praesulcata* 的直接祖先可能是 *Alternognathus subserratus*。Sandberg (1972) 早已指出，*Siphonodella praesulcata* 的齿台轮廓、装饰、齿脊和龙脊的弯曲程度，都有较大的变化，他曾区分出此种的 3 种不同的齿台轮廓。考虑到此种所有的变化特征，Wang & Yin (1988) 将 *Siphonodella praesulcata* 划分出 4 种形态型：

Siphonodella praesulcata, Morphotype 1 (图版 D—7，图 9a—b) 是较典型的、非常接近此种的正模，并由此形态型演化出 *Siphonodella sulcata*。季强等 (1985，139—140 页，图版 3，图 1—20；图版 14，图 1—23) 描述的所有标本都应归入此形态型。这一形态型包括区分出的两种齿台轮廓。齿台两侧较直，大部分几乎是平行的或向前后端明显收缩成尖状。齿台窄，对称，微拱。横脊弱而短。齿脊直或仅微微弯曲。假龙脊高起，像齿台一样长，其前方像齿台一样宽。齿台后端很尖。

Siphonodella praesulcata, Morphotype 2 (图版 D—7，图 10a—b) 像 Sandberg *et al.* (1972, pl. 1, figs. 8, 9, 12, 13; pl. 2, figs. 10, 11) 图示的标本。齿台几乎是对称的或微微不对称，外齿台稍宽点；齿台向前后方收敛，但近前端明显收缩，后端突然变尖。齿脊和假龙脊微弯。齿台边缘向上，有明显的横脊和深的近脊沟。假龙脊宽而高。齿脊在刺体的中部有 3～6 个大的瘤齿，但向前后方瘤齿愈合。形态型 2 的主要特征是近齿台前端齿台收缩，由此形态型演化出 *Siphonodella* cf. *semichatovae*。这一演化谱系在南边村剖面上很明显。形态型 3 和形态型 4 的特征，见 Wang & Yin (1988, p. 112)。

产地及层位 广西桂林，南边村组；贵州睦化，代化组和王佑组。上泥盆统最上部下 *Siphonodella praesulcata* 带到石炭系密西西比亚系杜内阶最下部 *Siphonodella sulcata* 带。

四褶管刺 *Siphonodella quadruplicata* (Branson et Mehl，1934)

（图版 C—1，图 8）

1988 *Siphonodella quadruplicata* (Branson et Mehl). – Wang & Yin, p. 142, pl. 20, figs. 2, 10—13; pl. 21, fig. 9.

not 1985 *Siphonodella quadruplica* (Branson et Mehl). –季强等，140 页，图版 24，图 13—15（= *S. cooperi*）。

特征 外齿台有近于平行的横脊，内齿台有散乱的瘤齿。齿台前方有 3～5 个吻脊，吻脊止于齿台前半部。内外齿台最内的吻脊未延伸到齿台的侧边缘。

比较 季强等（1985，图版 24，图 13—15）图示的标本最内的吻脊延伸到齿台边缘，应归入 *Siphonodella cooperi*。

产地及层位 欧洲、美洲、亚洲等，石炭系密西西比亚系杜内阶中下部 *sandbergi* 带至下 *crenulata* 带。

桑德伯格管刺 *Siphonodella sandbergi* Klapper，1966

（图版 C—1，图 5）

1966 *Siphonodella sandbergi* Klapper, p. 19, pl. 4, figs. 6, 10—12, 14, 15.

1983 *Siphonodella sandbergi* Klapper. –熊剑飞，图版 1，图 3。

1985 *Siphonodella sandbergi* Klapper. –季强等，图版 26，图 10—18；图版 27，图 1—6。

1988 *Siphonodella sandbergi* Klapper. – Wang & Yin, p. 142, pl. 21, figs. 7, 8.

特征 齿台不对称，侧向内弯，齿台前部具 4～7 条吻脊。外齿台较宽，外凸，有 2～4 条长度不等的吻脊。最内侧的一条或内侧的第二条吻脊较长，延伸到齿台的后缘。内齿台前方一般只有两个短的吻脊，内齿台后方有小的瘤齿，倾向排列成行。反口面具有龙脊。

比较 此种可能来源于 *Siphonodella obsoleta*，但后者外齿台仅具有一个长的吻脊。

产地及层位 世界各大洲，石炭系密西西比亚系杜内阶下部 *sandbergi* 带至下 *crenulata* 带。

槽管刺 *Siphonodella sulcata* (Huddle，1934)

（图版 C—1，图 1a—b）

1934 *Polygnathus sulcatus* Huddle, p. 101, pl. 8, figs. 22, 23.

1984 *Siphonodella sulcata*. –王成源和殷保安，图版 1，图 8。

1985 *Siphonodella* (*Eosiphonodella*) *sulcata*. – Ji, p. 56, text-fig. 8.

1988 *Siphonodella sulcata*. – Wang & Yin, p. 142, pl. 16, figs. 9—12; pl. 31, figs. 13a—b.

特征 齿台不太对称，稍内弯，前部稍收缩，吻部不明显，缺少吻脊。口面齿脊发育；近脊沟浅而窄。假龙脊宽而平，强烈弯曲，基窝深。自由齿片短而低。

比较 *Siphonodella sulcata* 缺少吻部而不同于 *S. duplicata*。此种来源于 *S. praesulcata*, Morphotype 1 (Wang & Yin, 1988, p. 111, text-fig. 63)，是石炭纪开始的标志，但在鉴定上常有不同的标准。

产地及层位 世界各大洲，石炭系密西西比亚系杜内阶最底部 *sulcata* 带至 *sandbergi* 带。

颚齿刺科 GNATHODONTIDAE Sweet, 1988

颚齿刺属 *Gnathodus* Pander, 1856

模式种 *Gnathodus mosquensis* Pander, 1856

特征 P分子来源于 *Protognathodus* 类的牙形刺，但后方齿杯不对称，齿杯的内侧较窄，具有齿垣，与较膨大的外齿杯在较前的位置与齿片—齿脊相交。

分布地区及时代 世界性分布，*isosticha* – 上 *crenulata* 带到 *Idiognathoides sinuatus* 带。

双线颚齿刺双线亚种 *Gnathodus bilineatus bilineatus* (Roundy, 1926)

（图版 C—3，图 2）

2003 *Gnathodus bilineatus bilineatus* (Roundy). – 王志浩和祁玉平，图版 1，图 14。

2005 *Gnathodus bilineatus bilineatus* (Roundy). – Qi & Wang, pl. 1, fig. 12.

特征 刺体不对称，自由齿片长。外齿台近方形，内齿台狭长，有粗的横脊。外齿台宽，有相互平行的瘤齿列。

比较 外齿台有相互平行的瘤齿列，不同于 *Gnathodus bilineatus bollandensis*。

产地及层位 世界各大洲，在中国华南、华北均有发现，石炭系维宪阶上部带化石。

双线颚齿刺博兰德亚种 *Gnathodus bilineatus bollandensis* Higgins et Bouckert, 1968

（图版 C—3，图 1）

1989 *Gnathodus bilineatus bollandensis* Higgins et Bouckert. – Wang & Higgins, p. 278, pl. 12, figs. 8—11.

2005 *Gnathodus bilineatus bollandensis* Higgins et Bouckert. – Qi & Wang, pl. 1, fig. 3.

特征 刺体不对称，由自由齿片和内、外齿台组成。自由齿片长，由细齿愈合而成，向齿台延伸成齿脊并达齿台后端。外齿台宽，圆形或近方形，光滑或有微弱的瘤齿。内齿台狭长并有横脊。反口面基腔开阔。

比较 本亚种外齿台仅有微弱的瘤齿，而 *Gnathodus bilineatus bilineatus* 的外齿台有相互平行的瘤齿列。

产地及层位 世界性分布，谢尔普霍夫阶最顶部的带化石。

同斑点颚齿刺 *Gnathodus homopunctatus* Ziegler, 1960

（图版 C—2，图 1—4）

1989 *Gnathodus homopunctatus* Ziegler. – 王成源和徐珊红，38 页，图版 1，图 12，13，15；图版 2，图 1。

2009 *Pseudognathodus homopunctatus* (Ziegler). – 王成源等，图版 Ⅱ，图 2—4。

特征 齿台对称，椭圆形，齿台上中齿脊由愈合的瘤齿组成，中齿脊两侧各发育一弧形由分离的瘤齿组成的瘤齿列，与齿台边缘平行。

附注 此种现在多数作者将其归入 *Pseudognathodus*。

产地及层位 欧洲、亚洲、北美洲，在中国见于贵州、广西、陕西等地，维宪阶最底部的带化石。

特克萨斯颚齿刺 *Gnathodus texanus* Roundy, 1926

（图版 C—1，图 23）

1980 *Gnathodus texanus* Roundy. – Lane *et al.*, p. 133, pl. 6, figs. 8—9, 11—12, 16.

1989 *Gnathodus typicus* Cooper. – 王成源和徐珊红，38 页，图版 2，图 2。

特征　具有一高的、短的、柱状的齿垣；齿垣直或凹面朝向齿脊；内齿杯小，在齿垣之下。短的外齿杯止于齿片后端之前。后齿片细齿膨大加粗。齿垣形成单个的、大的瘤齿或2~3个愈合的瘤齿。外齿杯光滑或有一个大的瘤齿。

附注　*Gnathodus texanus* 起源于 *G. pseudosemiglaber*，假齿垣缩小成单个的瘤齿。

产地及层位　欧洲、北美洲、亚洲，*G. texanus* 带至 *G. bilineatus* 带。

典型颚齿刺　*Gnathodus typicus* Cooper，1939

（图版 C—1，图 21a—b，22）

1980 *Gnathodus typicus* Cooper. －Lane *et al.*, p. 130, pl. 3, figs. 2—4, 10; pl. 10, fig. 6.

1989 *Gnathodus typicus* Cooper. －王成源和徐珊红，38 页，图版 1，图 14；图版 2，图 2—3，5—6。

特征　具有窄的齿杯，简单的后齿片和短而高的齿垣。外齿杯光滑或饰有一个或几个小的无序瘤齿。齿垣之后的内齿杯是光滑的，有时有几个小的瘤齿与齿脊平行。

比较　此种分为两个形态型。*G. typicus* 带始于形态型 2（Lane *et al.*，1980，p. 122）。

产地及层位　世界性分布，*isosticha*－上 *crenulata* 带到 *anchoralis*－*latus* 带。

洛奇里刺属　*Lochriea* Scott，1942

模式种　*Spathognathodus commutatus* Branson et Mehl，1941（Pa element）；
Lochriea montanaensis Scott，1942（M element）.

特征　由形式属 *Hindeodella*，*Prioniodus*，*Prioniodina*，*Spathognathodus*，"*Gnathodus*" 构成的自然集群。

附注　真正的 *Lochriea* 是一个自然集群属，这里描述的仅为它的 Pa 分子。本属由 *Bispathodus stabilis* 演化而来，现包括至少 11 个种。

分布地区及时代　世界性分布，密西西比亚纪维宪期至谢尔普霍夫期。

变异洛奇里刺　*Lochriea commutata*（Branson et Mehl，1941）

（图版 C—2，图 5—6）

1941 *Spathognathodus commutatus* Branson et Mehl, p. 98, pl. 19, figs. 1—4.

1989 *Paragnathodus commutatus*（Branson et Mehl）. －王成源和徐珊红，38 页，图版 1，图 7；图版 2，图 7。

1994 *Lochriea commutata*（Branson et Mehl）. －Nemyrovskaya *et al.*, pl. 2, fig. 1.

2003 *Lochriea commutata*（Branson et Mehl）. －王志浩和祁玉平，236 页，图版 1，图 22。

2009 *Lochriea commutata*（Branson et Mehl）. －王成源等，图版 2，图 5。

特征　Pa 分子齿台表面光滑无饰，齿脊由宽的瘤齿组成并延伸到齿台末端。

比较　齿台光滑无瘤齿，不同于 *Lochriea nodosa* 和 *L. mononodosa*，后两个种齿台表面均有瘤齿。

产地及层位　世界性分布，维宪阶上部至谢尔普霍夫阶。

十字形洛奇里刺　*Lochriea cruciformis*（Clarke，1960）

（图版 C—2，图 15）

1994 *Lochriea cruciformis*（Clarke）. －Nemyrovskaya *et al.*, pl. 1, fig. 13.

特征　自由齿片长，延伸到齿台上成为固定齿脊，并穿越齿台成为短的后齿突。齿台两侧具有一短的齿脊与主齿脊呈锐角相交，使整个刺体口视近于"十"字形。

比较 有短的后齿突，刺体口视近“十”字形，是本种的主要特征。

产地及层位 世界性分布，谢尔普霍夫阶中部的带化石（Qi & Wang，2005）。

单瘤齿洛奇里刺 *Lochriea mononodosa*（Rhodes，Austin et Druce，1969）

（图版 C—2，图 7—8）

1994 *Lochriea mononodosa*（Rhodes，Austin et Druce）. –Nemyrovskaya *et al.*，pl. 2，fig. 2.

1995 *Lochriea mononodosa*（Rhodes，Austin et Druce）. –Skompski *et al.*，pl. 4，fig. 5.

2003 *Lochriea mononodosa*（Rhodes，Austin et Druce）. –王志浩和祁玉平，图版 1，图 1。

特征 仅一侧齿杯有一个瘤齿的 *Lochriea* 的一个种。

比较 *L. nodosa* 齿杯两侧各有 1～3 个瘤齿，而 *L. commutata* 齿杯上无瘤齿，明显不同于本种。

产地及层位 欧洲、亚洲，在中国见于贵州、广西等地，维宪阶上部至谢尔普霍夫阶下部。

瘤齿洛奇里刺 *Lochriea nodosa*（Bischoff，1957）

（图版 C—2，图 9—11）

1994 *Lochriea nodosa* Bischoff. –Nemyrovskaya，pl. 1，fig. 8；pl. 2，fig. 5.

特征 齿台膨大近圆形或椭圆形；齿脊由愈合的瘤齿组成并一直延伸到齿台后端。齿台两侧各有 1 个或 2～3 个瘤齿。

比较 *Lochriea mononodosa* 仅在齿台的一侧有一个瘤齿；*Lochriea monocostata* 仅在齿台一侧有由 1～3 个瘤齿组成的瘤齿列；*Lochriea multinodosa* 在齿台两侧有多个分布不规律的瘤齿。这些种均易于与本种区别。

产地及层位 世界性分布，密西西比亚系维宪阶最上部至谢尔普霍夫阶。Qi & Wang（2005）将此种作为维宪阶顶部的带化石。

森根堡洛奇里刺
Lochriea senckenbergica Nemyrovskaya，Perret et Meischner，1994

（图版 C—2，图 18—19）

1994 *Lochriea senckenbergica* Nemyrovskaya Perret et Meischner，p. 311，pl. 1，fig. 5；pl. 2，figs. 7—10，12.

特征 Pa 分子的齿台前部两侧装饰有高的、厚的、陡直的齿耙（bar），内齿耙明显高于外齿耙和齿脊。内齿杯后缘有明显的收缩。基腔宽、深，不对称。

比较 此种齿台前方有高、厚、陡的齿耙，不同于 *L. ziegleri*。

产地及层位 欧洲、亚洲、美洲，密西西比亚系维宪阶—谢尔普霍夫阶。

齐格勒洛奇里刺 *Lochriea ziegleri* Nemyrovskaya，Perret et Meischner，1994

（图版 C—2，图 12—14，16）

1994 *Lochiriea ziegleri* Nemyrovskaya *et al.*，p. 312，pl. 1，figs. 1—4，6—7，11—12；pl. 2，fig. 11.

2009 *Lochiriea ziegleri* Nemyrovskaya *et al.* –王成源等，图版 2，图 1。

特征 Pa 分子的齿台装饰有大的、分离的瘤齿，位于接近齿杯（基腔）后边缘的两侧。呈脊状抬升或者是厚而长的脊，指向前侧方。

比较 本种高而长的瘤齿脊位于齿台后侧方，向前方张开；而 *Lochriea nodosa* 仅在齿台中部两侧各有 1 ~ 2 个瘤齿。

产地及层位 世界性分布，在中国见于云南、贵州等地，谢尔普霍夫阶底部的带化石。

原颚齿刺属 *Protognathodus* Ziegler，1969

模式种 *Gnathodus kockeli* Bischoff，1957

特征 自由齿片直，后齿片短；齿杯不对称，宽而短，位于刺体后部；齿杯外侧比内侧稍宽；齿杯前边缘相对应，或内边缘比外边缘稍向前延伸。齿杯表面光滑，或饰有粗的瘤齿，瘤齿散乱分布或排列成明显的瘤齿列。

附注 此属包括 6 个种，常见于晚泥盆世最晚期的有 4 个种。此属由晚泥盆世的 *Bispathodus stabilis* 演化而来，在 *isostica* – *crenulata* 带的底部进一步演化出 *Gnathodus*。但也有人认为两者在系统发生上没有关系。

分布地区及时代 欧洲、澳大利亚、亚洲、北美洲，在中国见于广西、云南、贵州等地，晚泥盆世上 *expansa* 带到密西西比亚纪村内期顶部 *ancholalis* 带。在近岸和远岸均有广泛分布。

科林森原颚齿刺 *Protognathodus collinsoni* Ziegler，1969

（图版 C—1，图 19）

1961 *Protognathodus* cf. *commutatus* Branson et Mehl. – Scott & Collinson，pl. 1，figs. 23—25（not figs. 26—27 = *P. meischneri*）.

1969 *Protognathodus collinsoni* Ziegler，pp. 353—354，pl. 1，figs. 13，18.

1984 *Protognathodus collinsoni* Ziegler. – Wang & Yin，pl. 3，fig. 16.

1985 *Protognathodus collinsoni* Ziegler. – Ji *et al.*，in Hou *et al.*，pp. 120—121，pl. 28，figs. 14—16（not figs. 17—18 = *Protognathodus kockeli*）.

1988 *Protognathodus collinsoni* Ziegler. – Wang & Yin，in Yu（ed.），p. 130，pl. 22，figs. 5—7.

1989 *Protognathodus collinsoni* Ziegler. – 王成源，126 页，图版 40，图 7。

特征 前齿片直或微微向内弯，由细齿组成。齿脊直，连续延伸到齿杯后端。齿杯对称或近于对称，在齿杯的内侧或外侧仅有一个瘤齿。

附注 *Protognathodus collinsoni* 来源于 *Protognathodus meischneri*。Ji *et al.*（1985，pl. 28，figs. 17，18）图示的标本在内齿杯上有两个瘤齿，在外齿杯上有一个瘤齿。这类标本应归入 *Protognathodus kockeli*。

产地及层位 广西桂林，南边村组；广西那坡三叉河，三里组；贵州，王佑组。上泥盆统中 *praesulcata* 带至密西西比亚系杜内阶最底部 *sulcata* 带。

科克尔原颚齿刺 *Protognathodus kockeli*（Bischoff，1957）

（图版 D—7，图 1—2；图版 C—1，图 18）

1957 *Gnathodus kockeli* Bischoff，p. 25，pl. 3，figs. 7a—b，28—32.

1984 *Protognathodus kockeli*（Bischoff）. – Wang & Yin，pl. 3，figs. 12，14—15.

1988 *Protognathodus kockeli*（Bischoff）. – Wang & Yin，in Yu *et al.*，p. 130，pl. 22，figs. 8—17；pl. 31，fig. 12.

特征 前齿片直或微微内弯，由一列等高的细齿组成。齿杯不对称，外齿杯（齿叶）比内齿杯（齿叶）宽，齿脊延伸到齿杯后方尖端，并有些超过齿杯。在齿杯的齿脊两侧有一列或两列瘤齿；通常在一侧有一列瘤齿，在另一侧有一列瘤齿。

附注 *Protognathodus kockeli* 的特征是至少在一侧有一列由多于两个瘤齿组成的瘤齿列。

产地及层位 广西桂林南边村组，贵州王佑组，上泥盆统上 *praesulcata* 带至密西西比亚系杜内阶中部 *crenulata* 带。

迈斯奈尔原颚齿刺 *Protognathodus meischneri* Ziegler，1969

（图版 C—1，图 20）

1969 *Protognathodus meischneri* Ziegler，p. 353，pl. 1，figs. 1—13.

1984 *Protognathodus meischneri* Ziegler. – Wang & Wang，pl. 3，fig. 17.

1985 *Protognathodus meischneri* Ziegler. – Ji *et al.*，in Hou *et al.*，pp. 122—123，pl. 28，figs. 1—13.

1988 *Protognathodus meischneri* Ziegler. – Wang & Yin，in Yu，p. 131，pl. 22，figs. 1—4，18.

特征 前齿片直，它的长度与齿杯长度相同。齿杯对称，卵圆形，表面光滑；齿杯宽而浅。

附注 *Protognathodus meischneri* 是 *Protognathodus* 属最早的种，以齿杯卵圆形、上方表面无装饰为特征。

产地及层位 广西桂林南边村组，贵州王佑组，上泥盆统最上部 *praesulcata* 带至密西西比亚系杜内阶最底部 *sulcata* 带。

异颚刺科 IDIOGNATHODONTIDAE Harris et Hollingsworth，1933

斜颚齿刺属 *Declinognathodus* Dunn，1966

模式种 *Cavusgnathus nodulifera* Ellison et Graves，1941

特征 矛状齿台，颚齿刺齿杯，齿台对称、长而窄。侧方扁的自由齿片与外侧齿台中部或接近中部的位置融合，相当于齿片细齿向齿台后方延续的中齿脊是倾向一侧的，在后方与齿台融合并延续成齿垣；孤立的瘤齿或瘤状纵脊位于外齿台前方；中沟一般延伸至齿台的末端。基腔深、宽且不对称。

附注 Dunn（1966）依据后延的齿脊与齿台外侧连接，并在外齿台前部发育孤立的瘤齿这些特征，将 *Decliongnathodus* 与其他属区分开。此属与 *Idiognathoides* 的区别在于齿片与外齿台在齿台中部左右连接融合，且外齿台前缘发育瘤或瘤脊。与 *Gnathodus*，*Neognathodus* 的区别在于本种是齿脊在前部向外侧齿台倾斜，而后两者是齿台在后部向齿脊收缩。

分布地区及时代 北美洲、欧洲、亚洲，早、中宾夕法尼亚世。

具节斜颚齿刺 *Declinognathodus noduliferus*（Ellison et Graves），1941

1999 *Declinognathodus noduliferus*（Ellison et Graves）. – Nemyrovskaya，p. 55，pl. 1，figs. 7，9，12；pl. 2，figs，3—4，6，10.

特征 齿台形状长、窄、卵圆形，具有尖的、浑圆的后端。瘤状齿脊向外齿垣倾斜，与外齿垣在距后端不同的位置上相交。瘤状齿垣是平行的。浅的齿沟在齿脊与齿垣相交之后向后变深、变宽。

附注 Higgins（1975）按齿脊与齿垣相接的位置和地层上出现的先后区分出 3 个亚

种：*D. n. inaequalis*，*D. n. noduliferus* 和 *D. n. japonicus*。此种是宾夕法尼亚亚系开始的标志。

产地及层位 欧洲、亚洲、北美洲，在中国见于贵州、广西、甘肃、云南等地，巴什基尔阶。

具节斜颚齿刺不等亚种 *Declinognathodus noduliferus inaequalis* (Higgins, 1975)

（图版 C—3，图 6—7）

1996 *Declinognathodus noduliferus inaequalis* (Higgins). –王志浩，226 页，图版 2，图 2，7，8。

1999 *Declinognathodus noduliferus inaequalis* (Higgins). –Nemyrovskaya，pl. 1，figs. 7，9，12.

2004 *Declinognathodus noduliferus inaequalis* (Higgins). –王志浩等，283 页，图版 1，图 1，17。

特征 齿脊长，与齿台中后部的齿垣相交。

附注 此亚种是 *D. noduliferus* 种中最早的亚种，出现在 *Homoceras* 带的下部。

产地及层位 欧洲、亚洲、北美洲，在中国见于贵州、广西、甘肃、云南等地，巴什基尔阶。

具节斜颚齿刺具节亚种 *Declinognathodus noduliferus noduliferus* (Ellison et Graves, 1941)

（图版 C—3，图 10）

1996 *Declinognathodus noduliferus noduliferus* (Ellison et Graves). –王志浩，266—267 页，图版 2，图 10。

1999 *Declinognathodus noduliferus noduliferus* (Ellison et Graves). –Nemyrovskaya，pl. 2，figs. 3，6，10.

2004 *Declinognathodus noduliferus noduliferus* (Ellison et Graves). –王志浩等，283 页，图版 1，图 2—4。

特征 齿脊短、倾斜，与齿台中、前部的齿垣相交。

附注 此亚种出现得比 *D. n. inaequalis* 稍晚。

产地及层位 欧洲、亚洲、北美洲，在中国见于贵州、广西、甘肃、云南等地，巴什基尔阶。

异颚刺属 *Idiognathodus* Gunnell, 1931

模式种 *Idiognathodus claviformis* Gunnell，1931

特征 台型牙形刺，口视刺体直或弯，呈楔状、棒状等，两侧对称或不对称，末端尖或圆。齿台平或微凹，上面饰有连续的横脊。附齿叶有或无，如发育则见于齿台中前部的一侧或两侧，上面饰有瘤或瘤状脊，与齿台分界明显或不清楚。中齿脊发育或不发育，如发育也较短，一般为齿台的 1/3。齿台上不发育中齿沟。

附注 此属是 Gunnell（1931）建立的，最初的描述为："齿台为近于对称的矛状至棒状，前端与带细齿的齿片相连。齿台口面平至微凸，有瘤齿或隆脊。齿台反口面凹，有纵齿沟将齿台分为两个对等的区域。"自 *Streptognathodus* 建立后，二者之间的关系曾有争议，特别是二者的幼年期分子不易区分。Ellison（1972）等对 *Idiognathodus* 的描述进行了补充，强调 *Idiognathodus* 分子大部分齿台饰有连续的横脊，不发育中齿沟，且其中齿脊短，不超过齿台的一半。而 Basesemann（1973）和 Perthora（1975）认为凭借中沟的有无来区分两个属是不必要的，*Streptognathodus* 是 *Idiognathodus* 的次异名。

本文采用 Ellison（1972）的观点，仍将 *Streptognathodus* 和 *Idiognathodus* 分别作为

独立的属。

分布地区及时代 欧洲、北非、澳大利亚、南美洲、北美洲、亚洲，宾夕法尼亚亚纪巴什基尔期到二叠纪乌拉尔世。

大叶异颚刺 *Idiognathodus magnificus* Stauffer et Plummer，1932

（图版 C—3，图 9）

1983 *Idiognathodus magnificus*. －安太庠等，178 页，图版 31，图 5—12。

1983 *Idiognathodus magnificus*. －熊剑飞等，326 页，图版 76，图 14。

2004 *Idiognathodus magnificus*. －王志浩等，286 页，图版 1，图 9。

特征 （Pa 分子）刺体由自由齿片和齿台组成。齿台长而粗壮，前方宽，末端尖，微内弯。自由齿片长，由基部愈合的细齿组成。齿片向后延伸成齿脊，齿脊短，其两侧明显有短的吻脊。齿台前部具有宽的双附齿叶，与齿台分界不明显，附齿叶上瘤齿数目变化较大，可有纵向排列的瘤齿列；齿台中后部饰有平行的横脊。

附注 此种可能是 *Idiognathodus* 分子中变异较大的分子，其附齿叶上可能饰有瘤齿也可能是瘤齿列。齿脊发育或不发育，甚至缺失。以其刺体明显粗壮区别于其他种。

产地及层位 山西本溪组，辽宁金州北山剖面断层西侧。

纳水异颚刺 *Idiognathodus nashuiensis* Wang et Qi，2003

（图版 C—4，图 10—11）

2003 *Idiognathodus nashuiensis* Wang et Qi，p. 388.

2003 *Streptognathodus nashuiensis* Wang et Qi，pl. 2，figs. 21，22.

特征 Pa 分子齿台窄，长三角形；齿台上有平行的横脊、无中齿沟。齿脊很短。

比较 此种与 *I. primulus* 相似，但本种有窄的三角形齿台，并有很多平行的横脊，易于区别。

产地及层位 贵州格舍尔阶下部，*Idiognathodus nashuiensis* 带。

泊多尔斯克异颚刺 *Idiognathodus podolskensis* Gireva，1984

（图版 C—4，图 5—7）

1984 *Idiognathodus podolskensis* Gireva，p. 108，pl. 2，figs. 23—27.

2004 *Idiognathodus podolskensis* Gireva. －王志浩等，287 页，图版 1，图 1，2，5。

特征 齿台前部两侧有齿叶，由瘤齿组成，齿叶之间和齿台前部为菱形。齿台中央为一凹槽；齿脊横贯齿台并在中央弯曲。

附注 此种齿叶发育，齿台为菱形，其上有横脊。

产地及层位 贵州莫斯科阶中部，*Idiognathodus podolskensis* 带的带化石。

初始异颚刺 *Idiognathodus primulus* Higgins，1975

（图版 C—3，图 22）

1975 *Idiognathodus primulus* Higgins，p. 47，pl. 18，figs. 10—13.

？2004 *Idiognathodus primulus* Higgins. －王志浩等，图版 2，图 4。

特征 齿台近于对称，纵向上强烈凸起，并有不太规则的、断续的横脊。缺少附齿叶。

附注 此种的齿台前部光滑或有瘤齿，有两个与齿脊近于平行的或向前收缩的、锐利的边缘脊。王志浩等（2004，图版2，图4）图示的标本没有这样的边缘脊，而有两个向前张开的附齿脊，并有微弱的附齿叶，显然不同于本种的模式种。

产地及层位 欧洲、北美洲、亚洲，在中国见于贵州（?）。王志浩等将其作为巴什基尔阶中部 *Idiognathodus primulus - Neognathodus basseleri* 带的带化石，但此种的鉴定存疑。

箭头异颚刺 *Idiognathodus sagitalis* Kozitskaya，1978

（图版 C—5，图 5—6）

2003 *Streptognathodus cancellosus* (Gunnell, 1933). - Wang & Qi, pl. 4, fig. 21 (not figs. 20, 21 = *Streptognathodus cancellosus*).

2008 *Idiognathodus sagitalis* Kozitskaya. - Newsletter on Carboniferous Stratigraphy, vol. 26, two figures on cover.

特征 P 分子分为左型和右型。齿台呈箭头状。左型齿台呈叶状，中齿脊横向瘤齿与两侧横脊瘤齿几乎连成相互平行的横脊。齿台前方附齿叶发育，内齿台附齿叶有 5 个孤立的瘤齿，外齿叶瘤齿倾向排列成行。固定齿脊短、光滑，由愈合的瘤齿组成。齿台前方有前槽缘，向自由齿片逐渐收敛。

附注 此种有可能成为 Kasimovian 阶底界的带化石，目前还没有正式通过。此种首现层位之下是一地层间断，是主要的层序界线；此层序界线之下牙形刺属 *Neognathodus*，*Swadelina* 和蜓属 *Beedeina* 全部灭绝。

产地及层位 欧洲、亚洲、北美洲，在中国见于贵州等地，卡西莫夫阶底部带化石。

拟异颚刺属 *Idiognathoides* Harris et Hollingsworth，1933

模式种 *Idiognathoides sinuata* Harris et Hollingsworth，1933

特征 齿台长、微弯、拱曲、矛状。前方自由齿片与齿台侧方位置相连。齿台口方，表面微凸，上饰有发育的脊；在自由齿片内侧有一向前方倾斜的齿沟，齿沟一般不延伸至齿台末端。反口面基腔大，杯腔为颚齿刺式。

附注 此属分子分为左、右两型，当初建立此属时是以左型分子为主，一般都具有延伸至齿台后部的中齿沟，并且外缘要比内缘稍高，而右型分子齿台后部平，发育连续的平行横脊。Branson & Mehl（1941）认为 *Idiognathoides* 是 *Polygnathodella* 的同义名，但 Merrill（1963）认为它是 *Cavusgnathus* 的同义名。*Idiognathoides* 与 *Adetognathus* 和 *Cavusgnathus* 的区别在于前者不发育固定齿片。

分布地区及时代 北美洲、欧洲、澳大利亚、亚洲，宾夕法尼亚亚纪巴什基尔期至二叠纪乌拉尔世。

褶皱拟异颚刺 *Idiognathoides corrugatus* Harris et Hollingsworth，1933

（图版 C—3，图 8）

1987 *Idiognathoides corrugatus* Harris et Hollingsworth. - 王成源，182 页，图版 1，图 11，14。

2003 *Idiognathoides corrugatus* Harris et Hollingsworth. - Wang & Qi, pl. 1, fig. 22.

2004 *Idiognathoides corrugatus* Harris et Hollingsworth. - 王志浩等，图版 1，图 23。

2006 *Idiognathoides corrugatus* Harris et Hollingsworth. - 董致中等，188 页，图版 31，图 14，15；图版 32，图 18。

特征 （Pa 分子）刺体由自由齿片和齿台组成，矛形。齿台平或沿中线微微下凹，末端尖。自由齿片直而长，由愈合的细齿组成，向齿台延伸与右侧齿台相连。齿台上发育有平行的横脊。齿台前部发育较深的、短的中齿沟，齿沟向后变窄、变浅，一般仅限于齿台前部。反口面基腔膨大，不对称。

比较 此种与 *Id. sinuatus*，*Id. sulcatus* 和 *Id. lanei* 的主要区别在于，本种齿垣间中齿沟仅位于齿台前端，齿台的大部分发育有平行的连续横脊。此种与 *Id. fossatus* 非常相近，不易区别，最主要的区别在于后者的中齿沟更宽、更深些，并且齿台后部的横脊不连续。

产地及层位 中国华南、华北、东北、西北，巴什基尔阶中部，*Idiognathoides corrugatus* – *Idiognathoides pacificus* 带的带化石。

奥奇特拟异颚刺 *Idiognathoides ouachitensis* (Halton，1933)

(图版 C—4，图 3—4)

2001 *Idiognathoides ouachitensis* (Halton). – Alekseev & Goreva，in Makhlina *et al.*，p. 118，pl. XIII，figs. 1—4.

? 2003 *Idiognathoides ouachitensis* (Halton). – Wang & Qi，pl. 2，fig. 13.

特征 自由齿片与齿台等长或稍长些，由 8～9 个较粗壮的瘤齿组成。内齿台中部向前延伸比外齿台远。内外齿台均具有横脊。中齿沟发育，几近后端。基腔膨大。

附注 自由齿片长、内齿台中部收缩、向前延伸较远是此种的重要特征。

产地及层位 北美洲、亚洲，在中国见于贵州，宾夕法尼亚亚系巴什基尔阶上部，*Idiognathoides ouachitensis* 带的带化石。此带中同时产有 *Idiognathoides sinuatus*，*Id. sulcatus sulcatus*，*Streptognathodus expansus* 等牙形刺分子。

太平洋拟异颚刺属 *Idiognathoides pacificus* Savage et Barkeley，1985

(图版 C—3，图 20—21)

1985 *Idiognathoides pacificus* Savage et Barkeley，p. 1467，figs. 9. 9—9. 26.

2003 *Idiognathoides pacificus* Savage et Barkeley. – Wang & Qi，pl. 3，figs. 13，14.

特征 *Idiognathoides* 的一个种，Pa 分子分为左型和右型。左型 Pa 分子有窄的齿台，齿台上有 10～15 个窄的横脊，横脊直或向后凸。自由齿片比刺体的一半稍长，与齿台的外侧相接。很短的前方齿槽可能向内转为一个孤立的瘤齿。基腔深，向前方张开较宽。左型 Pa 分子总的面貌与右型 Pa 分子相似，但在齿台上有较明显的齿槽。在大的标本上，在齿槽外侧可能有齿脊。

附注 *Idiognathoides pacificus* 与 *Idiognathoides sinuatus* 很相像，但本种的左型和右型标本都有窄得多的齿台和较短的齿槽。本种右型分子同样与 *Idiognathoides convexus* (Ellison & Graves，1941) 相似，但中央齿槽不明显。

产地及层位 北美洲、欧洲、亚洲，在中国见于贵州，巴什基尔阶中部，*Idiognathoides corrugatus* – *Idiognathoides pacificus* 带的带化石。

波形拟异颚刺 *Idiognathoides sinuatus* Harris et Hollingsworth，1933

(图版 C—3，图 23)

1996 *Idiognathoides sinuatus* Harris et Hollingsworth. – 王志浩，296—270 页，图版 1，图 10；图版 2，图 5。

2002 *Idiognathoides sinuatus* Harris et Hollingsworth. – 王志浩等，图版 1，图 5。

2004 *Idiognathoides sinuatus* Harris et Hollingsworth. – 王志浩等，图版 1，图 16。

2006 *Idiognathoides sinuatus* Harris et Hollingsworth. – 董致中等，189 页，图版 31，图 13。

特征 （Pa 分子）刺体由自由齿片和齿台组成。自由齿片向后延伸与左侧齿垣相连。齿台窄长。齿台上发育中齿沟，中齿沟长、浅、窄，延至齿台末端，并且越向后齿沟越浅。中齿沟两侧齿垣上饰有横脊，且外垣高于内垣。

比较讨论 此种形态各不相同。依据生物学上的关系，广义的 *Id. sinuatus* 被认为包括右型的 *Id. corrugatus* 和左型的 *Id. sinuatus* 两种分子，依据形态可区分二者。左型的 *Id. sinuatus* 与 *Id. sulcatus* 的区别在于后者齿垣上为两列瘤齿。

产地及层位 世界性分布，在中国见于华北、华南、新疆等地区，巴什基尔阶中部，*Idiognathoides sinuatus* 带。

槽拟异颚刺 *Idiognathoides sulcatus* Higgins et Bouckert，1968

1996 *Idiognathoides sulcatus* Higgins et Bouckert. －王志浩，270 页，图版 II，图 3，4，15。

2002 *Idiognathoides sulcatus* Higgins et Bouckert. －王志浩等，图版 1，图 5。

2004 *Idiognathoides sulcatus* Higgins et Bouckert. －王志浩等，图版 1，图 5—7。

2006 *Idiognathoides sulcatus* Higgins et Bouckert. －董致中等，190 页，图版 31，图 8—10；图版 33，图 9。

特征 Pa 分子，刺体由自由齿片和齿台组成。自由齿片向后延伸，与齿台两侧的齿垣相接。齿台窄、细长、直或微弯，向后收缩变尖。齿台上发育中齿沟，中齿沟长、深、窄，延伸到齿台末端。中齿沟两侧齿垣为瘤状，近等高。

比较 此种分为两个亚种，*Id. s. parva* 和 *Id. s. sulcatus*，它们的区别在于前者两侧齿垣不等长，内齿垣稍短。*Id. sulcatus* 与 *Id. sinuatus* 的区别在于齿垣上饰有瘤齿而不是脊，且两侧齿垣等高。

产地及层位 贵州、新疆、辽宁等地区，巴什基尔阶下中部至中上部，*Idiognathoides sulcatus sulcatus* 带至 *Idiognathoides sulcatus parva* 带。

槽拟异颚刺微小亚种 *Idiognathoides sulcatus parva* Higgins et Bouckert，1968

（图版 C—3，图 4—5）

1975 *Idiognathoides sulcatus parva* Higgins et Bouckert，p. 56，pl. 13，figs. 13，14，18；pl. 14，figs. 2，3.

2004 *Idiognathoides sulcatus parva* Higgins et Bouckert. －王志浩等，图版 1，图 4。

特征 个体较小，内侧齿台（内齿垣）由一列愈合的瘤齿组成，向后延伸并分化成孤立的瘤齿，不达齿台后端。

附注 内齿台无横脊，不同于 *Idiognathoides macer*。

产地及层位 欧洲、北美洲、亚洲，在中国见于贵州，巴什基尔阶中上部，*Idiognathoides sulcatus parva* 带的带化石。此带中常见分子有 *Id. sulcatus sulcatus*，*Id. sinuatus*，*Id. corrugatus*，*Declinognathodus noduliferus noduliferus* 等化石。

槽拟异颚刺槽亚种 *Idiognathoides sulcatus sulcatus* Higgins et Bouckert，1968

（图版 C—3，图 3）

1975 *Idiognathoides sulcatus sulcatus* Higgins et Bouckert，p. 56，pl. 13，figs. 11，12，16；pl. 15，fig. 15.

2004 *Idiognathoides sulcatus sulcatus* Higgins et Bouckert. －王志浩等，图版 1，图 2。

特征 齿台上有两列由瘤齿组成的脊（齿垣），被明显的齿沟分开，齿沟一直延伸到齿台后端。内齿垣长，延伸到齿台后端。

附注 本亚种内齿垣发育，延伸到齿台后端，不同于 *Id. sulcatus parva*。

产地及层位 欧洲、北美洲、亚洲，在中国见于贵州，巴什基尔阶下部 *Idiognathoides*

sulcatus sulcatus 带的带化石。*Declinognathodus noduliferus noduliferus* 是此带中常见分子。

新颚齿刺属 *Neognathodus* Dunn, 1970

模式种 *Polygnathus bassleri* Harris et Hollingsworth, 1933

特征 齿台矛形、箭头形等。瘤状齿脊直或微弯，延伸至齿台末端；两侧齿台对称或不对称，齿台上饰有横脊或瘤状脊，外侧齿台后部可能收缩。近脊沟发育。

附注 根据 Dunn（1970）和 Merrill（1972）对系统发育的研究表明，从前归属到 *Gnathodus* 的一些宾夕法尼亚亚纪的台型种应归入 *Neognathodus*，它与前一属为异物同态；两者的区别在于 *Neognathodus* 发育较深的近脊沟，并且齿台上饰有明显的横脊。此属至少已划分出二十几个种。

分布地区及时代 北美洲、欧洲、亚洲，在中国普遍存在，宾夕法尼亚亚纪。

阿托克新颚齿刺 *Neognathodus atokaensis* Grayson, 1984

（图版 C—3，图 18—19）

1994 *Neognathodus atokaensis* Grayson. – Nemyrovskaya & Alekseev, pl. 4, fig. 9.

1999 *Neognathodus atokaensis* Grayson. – Nemyrovskaya, p. 77, pl. 5, figs. 18, 22.

2010 *Neognathodus atokaensis* Grayson. – 郎嘉彬，56 页，图版Ⅵ，图 9—10。

特征 齿台呈叶状，不对称，中部宽，后端尖。齿脊微内弯，末端的瘤齿分离。内齿台长，至齿台末端，口面饰有明显的横脊；外齿台比内齿台稍短，在末端与齿脊融合，口面饰有不规则的脊或瘤状脊。两侧横脊与齿脊间发育齿沟。

比较 此种与 *N. bothrops* 的区别在于前者外齿台前部饰有的脊较长，而后者仅在边缘饰有一列瘤齿。

产地及层位 辽宁金州北山剖面 20 层，本溪组。

巴斯勒新颚齿刺 *Neognathodus bassleri* (Harris et Hollingsworth, 1933)

（图版 C—3，图 14—15）

1971 *Neognathodus bassleri*. – Merrill & King, p. 659, pl. 76, figs. 11, 12.

1984 *Neognathodus bassleri*. – 赵治信等，127 页，图版 22，图 19—21，28。

2000 *Neognathodus bassleri*. – 赵治信等，242 页，图版 61，图 4，11，12，20，23；图版 62，图 22，23。

特征 齿台呈阔叶状，前部宽，后端尖。自由齿片与齿台近等长，由愈合的细齿组成。向后延伸与齿台中部相连，形成齿脊。齿脊直，由愈合的细齿组成，且直达齿台的末端。齿脊两侧台面发育横脊。两侧缘前部凸，与齿脊近等高。

比较 此种与 *N. bothrops* 的区别在于后者齿台上发育的为瘤状脊，且外侧齿台后部强烈收缩。

产地及层位 贵州纳水，辽宁金州，新疆尼勒克县、塔中等地区，巴什基尔阶中部，*Idiognathodus primulus* – *Neognathodus bassleri* 带。

鹿沼新颚齿刺 *Neognathodus kanumai* Igo, 1974

（图版 C—3，图 16—17）

1989 *Neognathodus kanumai* Igo. – Nemyrovskaya, pl. 5, fig. 12.

2010 *Neognathodus kanumai* Igo. – 郎嘉彬，57 页，图版Ⅵ，图 6—7，15—16。

特征 刺体由自由齿片和齿台组成。刺体呈长叶状，中前部最宽，末端尖。自由齿片不完整。中齿脊微弯，由愈合的细齿组成，且直达齿台的末端。中齿脊两侧齿台不对称，内侧齿台窄，口面饰有放射状的横脊；外侧稍宽、稍短，齿台光滑无饰，边缘有一系列愈合的瘤齿，最末端与中齿脊在近末端融合。

产地及层位 辽宁金州北山剖面，本溪组。

对称新颚齿刺 *Neognathodus symmetricus*（Lane，1967）

（图版 C—3，图 11—13）

1996 *Neognathodus symmetricus*（Lane）. –王志浩，272 页，图版 2，图 11，12。

2002 *Neognathodus symmetricus*（Lane）. –王志浩，图版 1，图 13。

2004 *Neognathodus symmetricus*（Lane）. –王志浩等，图版 1，图 8—12。

特征 Pa 分子，刺体由自由齿片和齿台组成。刺体小、直、细长，齿台近于对称，末端尖。自由齿片比齿台短，向后延伸成中齿脊，长，至齿台的末端，末端为连续的瘤齿，与两侧的脊可相连；齿垣前部为瘤状脊，齿台前部近脊沟较深。

比较 此种与 *N. bassleri* 的区别在于本种齿台对称且更窄，两侧齿台一样高。

产地及层位 贵州纳水，辽宁金州，新疆尼勒克县、塔中等地区，巴什基尔阶中部，*Neognathodus symmetricus* 带的带化石。

曲颚齿刺属 *Streptognathodus* Stauffer et Plummer，1932

模式种 *Streptognathodus excelsus* Stauffer et Plummer，1932

特征 齿台稍微呈矛状或细长，对称或不对称，齿台后部发育一齿沟；齿沟两侧的齿台上发育有平行的横脊，一般横脊不跨越齿沟；自由齿片由基部愈合的细齿构成，细齿向前方明显减少，最后变成一几乎是光滑缘脊的齿脊。齿脊延伸到齿沟，齿沟浅。刺体在接近齿台前部的地方弯曲。附齿叶有或无，一侧或两侧，其上饰有简单的瘤齿。反口面以龙脊为界线的纵向齿槽为标志，龙脊下方齿台突然膨胀，膨大的齿槽向宽阔基腔延伸，基腔朝齿台末端变尖。

附注 本属与 *Idiognathodus* 的区别在于后者齿台上不发育齿沟；与 *Swadelina* 的区别是齿台上齿沟浅，而 *Swadelina* 有深而窄的中齿沟。

分布地区及时代 北美洲、欧洲、非洲、澳大利亚。宾夕法尼亚亚纪到二叠纪乌拉尔世。

巴尔斯科夫曲颚齿刺 *Streptognathodus barskovi*（Kozur，1976）

（图版 P—4，图 6—7）

1976 *Gnathodus barskovi* Kozur. –Kozur & Mostler，p. 7，pl. 3，figs. 2，4，6.

1987 *Streptognathodus elongates* Gunnell. –董致中等，422 页，图版 2，图 5（非图 3）。

1987 *Streptognathodus gracilis* Stauffer et Plummer. –康沛泉等，196 页，图版 2，图 7（非图 8）。

1997 *Streptognathodus barskovi*（Kozur）. –Chernykh & Ritter，p. 463，figs. 8. 1—8. 9.

特征 有成对的 Pa 分子。Pa 分子有浅的中齿槽，长的横脊和非常发育的不对称的齿领（collar）。右型分子宽，左型分子窄而长。

附注 本种齿台收缩程度比 *Streptognathodus constrictus* 低，但对称性比后者高。在华北很多被鉴定为 *Streptognathodus fuchengensis* 的标本都是本种的同义名。

产地及层位 欧洲、北美洲、亚洲，在中国见于贵州、河南、山西等地区，二叠系乌拉尔统阿瑟尔阶，*Streptognathodus barskovi* 带的带化石。

格子曲颚齿刺 *Streptognathodus cancellosus* (Gunnell, 1933)

（图版 C—4，图 20—21）

2003 *Streptognathodus cancellosus* (Gunnell). – Wang & Qi, pl. 4, figs. 2—22.

2004 *Streptognathodus cancellosus* (Gunnell). –王志浩等，图版Ⅲ，图 6，17。

特征 齿台前部两侧有齿叶，中齿脊由瘤齿组成，长，并延伸到齿台末端。中齿脊两侧为齿沟。齿台两侧边发育短的横脊或瘤齿。齿台表面略呈格状。

附注 中齿脊延伸到齿台末端、齿台表面略呈格状是此种的重要特征。

产地及层位 贵州，卡西莫夫阶下部，*Streptognathodus cancellosus* 带的带化石。

收缩曲颚齿刺 *Streptognathodus constrictus* Chernykh et Resshetkova, 1987

（图版 P—4，图 4）

1987 *Streptognathodus constrictus* Chernykh et Resshetkova, p. 111, pl. 1, figs. i—r.

1997 *Streptognathodus constrictus* Chernykh et Resshetkova. – Chernykh & Ritter, p. 464, figs. 8. 10—8. 17.

特征 Pa 分子明显不对称，分左型和右型。左型分子窄，右型分子宽。左型分子窄、伸长，在齿脊终止的地方，齿台突然收缩；齿台前方具有张开的、锯齿状齿垣和宽的很发育的近脊沟；齿槽对称排列，齿台外缘高，内缘低。右型分子相对较宽，齿台卵圆形，齿垣凸起。

附注 此种的左型分子与 *S. barskovi* 的左型分子的不同在于齿台边缘不等高，齿台中部突然收缩，齿垣外张，可能成为齿台最宽处。*S. barskovi* 的右型分子齿台较宽，齿垣近平行。

产地及层位 欧洲、北美洲、亚洲，在中国见于贵州等地区，下二叠统阿瑟尔阶中下部，*Streptognathodus constrictus* 带的带化石。

附齿脊曲颚齿刺 *Streptognathodus cristellaris* Chernykh et Resshetkova, 1987

（图版 P—4，图 5）

1987 *Streptognathodus cristellaris* Chernykh et Resshetkova, p. 69, pl. 1, figs. 9—11.

1997 *Streptognathodus cristellaris* Chernykh et Resshetkova. – Chernykh & Ritter, p. 466, figs. 6. 1, 6. 3—6. 6.

特征 Pa 分子长，有深的对称的齿槽，内附齿叶（有时是外附齿叶）有 2～3 个明显的、伸长的瘤齿脊。

附注 此种由 *Streptognathodus wabaunsensis* 演化而来。附齿叶区有孤立的瘤齿或伸长的瘤齿脊。

产地及层位 欧洲、亚洲、北美洲，在中国见于贵州等地，二叠系乌拉尔统阿瑟尔阶下部，*S. isolatus* 带和 *S. constrictus* 带之间的带化石（Chernykh & Ritter, 1997, p. 461）。

优美曲颚齿刺 *Streptognathodus elegantulus* Stauffer et Plummer, 1932

（图版 C—4，图 14）

1981 *Streptognathodus elegantulus*. –赵松银，103 页，图版 1，图 1—2。

1988 *Streptognathodus elegantulus*. –王成源等，177 页，图版 64，图 17，18，23；图版 69，图 8，9。

2003 *Streptognathodus elegantulus*. －Wang & Qi，pl. 3，fig. 6.

2006 *Streptognathodus elegantulus*. －董致中等，199 页，图版 34，图 15。

特征 Pa 分子齿台长、狭窄、矛形、后端尖，无附齿叶，口面有相互平行的横脊，沿中线位置有一条宽的中齿沟，中齿沟横断面呈宽“U”字形。齿片高而厚，由多个细齿愈合而成，连齿台中部，并渐变为齿台上的齿脊。齿脊长为齿台的一半左右，后面可能发育有 2～3 个向齿台末端延伸的瘤齿。齿脊和齿台前侧端之间有一条近脊沟，近脊沟向后延伸汇合于中齿沟。

比较 本种和 *S. gracilis* 不同在于本种无附齿叶，中齿沟宽，横截面呈“U”字形，齿脊向后延变成瘤齿列。

产地及层位 北美洲、欧洲、亚洲，在中国见于华南、华北、西北、东北，宾夕法尼亚亚系格舍尔阶。

细长曲颚齿刺 *Streptognathodus elongatus* Gunnell，1933

（图版 C—4，图 13）

1933 *Streptognathodus elongatus* Gunnell，p. 283，pl. 33，fig. 30.

1988 *Streptognathodus elongates*. －王成源等，177 页，图版 64，图 5—7。

2003 *Streptognathodus elongatus* Gunnell. －Wang & Qi，pl. 2，fig. 7.

2006 *Streptognathodus elongates*. －董致中等，199 页，图版 34，图 5，20。

特征 Pa 分子刺体窄长，两侧缘近于平行，稍向内弯曲，中部最宽，无附齿叶，中齿沟深而窄，横截面呈“V”字形。中齿沟前端比后端宽而深。中齿脊短，由瘤齿愈合而成。中齿脊两侧为深而窄的近脊沟，近脊沟向后汇合于中齿沟，向前开口于齿台前缘。

比较 此种与 *S. elegantulus* 的区别在于中齿沟横断面为“V”字形，中齿沟内无瘤齿。

产地及层位 北美洲、欧洲、亚洲，在中国见于华南、华北、西北、东北，宾夕法尼亚亚系格舍尔阶。

膨大曲颚齿刺 *Streptognathodus expansus* Igo et Koike，1964

（图版 C—4，图 1—2）

1964 *Streptognathodus expansus* Igo et Koike，pp. 179—189，pl. 28，fig. 14.

2004 *Streptognathodus expansus* Igo et Koike. －王志浩等，图版 2，图 9。

特征 Pa 分子基腔大，强烈不对称，最大宽度在齿台中部，外齿台比内齿台大。在固定齿脊与齿台连接处齿轴向内弯。齿台矛状，口面装饰有 14 个平行的横脊，横脊在中齿槽突然终止。内齿台前方有一列 6 个瘤齿组成的瘤齿列，与齿轴平行；外齿台前方也有一瘤齿列，但瘤齿较少。中齿槽浅，齿台表面横截面微凹。齿片长度与齿杯长度相近，有 9 个细齿。固定齿脊短，仅限于齿杯前端。反口面基腔膨大、光滑，沿中线有齿沟，在齿片下方连续开口。

比较 此种基腔膨大，齿台前部装饰简单，不同于 *S. wabaunensis*。

产地及层位 亚洲、北美洲、欧洲，巴什基尔阶上部，*Streptognathodus expansus* 带的带化石。此带内常见化石有 *S. subrectus*，*S. parvus*，*Idiognathoides corrugatus*，*I. pacificus*，*I. sinuatus* 等。

强壮曲颚齿刺 *Streptognathodus firmus* Kozitskaya，1978

（图版 C—4，图 17—18）

2004 *Streptognathodus firmus* Kozitskaya. －王志浩等，图版Ⅲ，图 21，24（注：此种的图号原标注为图 22，25，应改为 21，24）。

特征 刺体直，近于对称，自由齿片向齿台上延伸为前半部光滑、后半部为断续的瘤齿并逐渐变窄的齿脊。齿台两侧横脊短粗，间距相等，并与齿脊呈垂直状态。内齿台前端比外齿台前端向前。齿脊两侧近脊沟明显，向后变低。

附注 此种的横脊短，大小相近，均与齿脊呈垂直状态，但不相接。

产地及层位 欧洲、亚洲，在中国见于贵州，石炭系格舍尔阶中部，*Streptognathodus firmus* 带的带化石。此带中常见分子有 *Streptognathodus elegantulus*，*S. paushkaensis* 等。

纤细曲颚齿刺 *Streptognathodus gracilis* Stauffer et Plummer，1932

（图版 C—4，图 12）

2000 *Streptognathodus gracilis* Stauffer et Plummer. －赵治信等，253—254 页，图版 71，图 6，8，14；图版 72，图 20。

2003 *Streptognathodus gracilis* Stauffer et Plummer. －王志浩等，238 页，图版 1，图 32。

2006 *Streptognathodus gracilis* Stauffer et Plummer. －董致中等，200 页，图版 33，图 4；图版 34，图 12。

特征 Pa 分子，刺体由自由齿片和齿台组成。中前部较宽，内齿叶发育，其上有多个瘤齿；瘤齿有时排列成弧形，位于齿台内侧中前部。中齿沟较浅，仅限于齿台中后部。齿台两侧各有 12 ~ 18 个横脊。齿脊居中，延伸到齿台中部。前槽缘明显，与自由齿片几乎在同一位置相接。自由齿片由 10 多个细齿组成，上缘锐利。中齿脊长，占齿台长的 1/3 ~ 1/2；近脊沟长，向前逐渐变细，向后汇合于中齿沟。中齿沟深、窄，横截面呈"V"形，向后部逐渐变细。

比较 此种与 *S. elongatus* 的区别在于具有附齿叶；与 *S. wabaunsensis* 的区别在于后者中齿沟较浅，齿叶位于内侧靠前的地方。

产地及层位 华南、华北、东北、西北；石炭系卡西莫夫阶中部的带化石。

贵州曲颚齿刺 *Streptognathodus guizhouensis* Wang et Qi，2003

（图版 C—4，图 8—9）

2003 *Streptognathodus guizhouensis* Wang et Qi，p. 392，pl. 3，figs. 2，3.

特征 Pa 分子伸长，有浅的中齿槽和连续的横脊。齿脊作为小的瘤齿列可能延伸到齿台长的一半处。

比较 此种与 *S. elegantulus* 相似，但齿台中部有很浅的齿槽。

产地及层位 石炭系卡西莫夫阶顶部，*Streptognathodus guizhouensis* 带的带化石。

孤立曲颚齿刺 *Streptognathodus isolatus* Chernykh，Ritter et Wardlaw，1997

（图版 P—4，图 11—12）

1987 *Streptognathodus gracilis* Stauffer et Plummer. －康沛泉等，196 页图版 2，图 8。

1997 *Streptognathodus isolatus* Chernykh，Ritter et Wardlaw，pp. 161—163，pl. 1，figs. 1，2，4—15.

2000 *Streptognathodus isolatus* Chernykh，Ritter et Wardlaw. －王成源和康沛泉，384 页，图版 1，图 7，8，11，13—17。

特征 Pa 分子具有带瘤齿的内侧附生齿叶，被窄而浅的齿沟与齿台的其他部分分开，内齿垣（parapet）连续，虽然在齿叶的位置它可能向内倾斜。

附注 *Streptognathodus nodulinearis* Chernykh et Reshetkova 因其线状排列的附生瘤齿而不同于 *S. isolatus*。与其他的具瘤齿的 *Streptognathodus* 的种的区别是 *S. isolatus* 具有孤立的瘤齿区域。*S. isolatus* 由 *S. wabaunsensis* 演化而来，它与 *S. wabaunsensis* 的区别在于 *S. isolatus* 的齿台较平，较对称，细的横脊数目较多；齿台楔形，有孤立的瘤齿区域。

产地及层位 欧洲、北美洲等地；在中国见于贵州紫云紫松镇组最底部和华北太原组，在广西可能存在，但至今还没有报道。所属时代为乌拉尔世阿瑟尔期早期。此种是二叠系底界的标志化石（王成源等，2000）。

仿效曲颚齿刺 *Streptognathodus simulator* Ellison，1941

（图版 C—4，图 19）

1941 *Streptognathodus simulator* Ellison，p. 133，pl. 22，figs. 25，27—30.

1984 *Streptognathodus simulator* Ellison. –赵治信等，135 页，图版 23，图 20。

2008 *Idiognathodus simulator* Ellison. – Barrick *et al.*，p. 127，pl. 1，figs. 3—5，9—23.

特征 （Pa 分子）刺体由自由齿片和齿台组成。齿台呈矛形，不对称，齿台中部靠前最宽，末端钝尖。齿台中前部仅发育内齿叶，饰有 4 个瘤齿。中齿脊短。齿台口面具有浅而窄的中齿沟，与外缘平行。中齿沟两侧的齿台不对称，外侧齿台大于内侧齿台，有相互平行的横脊。

比较 Ellison（1941）根据 *S. simulator* 齿台后部具有一个延伸至齿台末端的，且偏向齿台内侧的齿沟以及齿台前部发育有一侧或两侧简单附齿叶的特点，将其与 *S. eccentricus*，*Idiognathodus* 和 *Streptognathodus* 的其他分子区分开来。Barrick & Boardman（1989）首先依据 *S. simulator* 可能由卡西莫夫期中期后的 *Idiognathodus* 谱系中由有小齿沟的分子发育而来的，这与同时期的具有较深齿沟的 *Streptognathodus* 谱系的分子不同，从而将幼年期的 *S. simulator* 转归入 *Idiognathodus* 属。现今仍有部分学者认为其归于 *Streptognathodus* 属，是格舍尔阶底界的指示化石。此种与 *S. wabaunsensis* 相似，区别在于前者中齿沟靠近内侧齿台，不位于齿台的中轴线上；与 *S. eccentricus* 的区别在于前者具有双侧附齿叶。

产地及层位 华南、华北，石炭系顶部格舍尔阶底部，*Streptognathudus simulator* 带的带化石。

浅槽曲颚齿刺 *Streptognathodus tenuialveus* Chernykh et Ritter，1997

（图版 C—4，图 15—16）

1997 *Streptognathodus tenuialveus* Chernykh et Ritter，p. 471，figs. 4. 11—4. 18.

2004 *Streptognathodus tenuialveus* Chernykh et Ritter. –王志浩等，图版Ⅲ，图 19（注：此种的图号原标注为图 20，应改为 19）。

特征 窄而缺少装饰的 *Streptognathodus* 的一个种，有几乎对称的齿台和平坦的口方表面。

比较 此种以对称性更强和齿台表面更平而有别于 *Streptognathodus simplex* 和 *S. elongatus*。

产地及层位 欧洲、亚洲，在中国见于贵州，石炭系格舍尔阶上部，*Streptognathodus*

tenuialvenus 带的带化石。常见分子有 *Streptognathodus firmus*，*S. elongatus*，*S. elegantulus*，*S. simplex* 等。

瓦帮斯曲颚齿刺 *Streptognathodus wabaunsensis* Gunnell，1933

（图版 C—5，图 7）

1933 *Streptognathodus wabaunsensis* Gunnell，p. 285，pl. 33.，fig. 32.

1984 *Streptognathodus wabaunsensis* Gunnell. －赵治信等，135 页，图版 25，图 1—6。

2003 *Streptognathodus wabaunsensis* Gunnell. －王志浩等，239 页，图版 1，图 20。

2006 *Streptognathodus wabaunsensis* Gunnell. －董致中等，202 页，图版 33，图 8；图版 34，图 1，2。

特征 Pa 分子宽，具有浅的“V”形齿槽。自由齿片与齿台近等长，由许多基部愈合、顶端分离的细齿组成；齿台宽圆，后端钝圆，外缘膨突，内缘稍突。内齿叶发育，其上有 1～2 排瘤齿。中齿脊短，只占齿台长的 1/4～1/3，到中齿沟突然终止，由瘤状齿愈合而成。中齿沟宽而浅，两侧各有一排横脊；横脊长、规则、整齐、相互平行，在中齿沟边上陡然中止。

比较 与 *S. gracilis* 的区别在于前者的附齿叶更偏向齿台的前方；与 *S. isolatus* 最为相似，区别在于后者附齿叶与齿台间发育明显的弧形或半圆形的齿沟。

产地及层位 中国华南、华北等地，石炭系格舍尔阶顶部，*Streptognathodus wabaunsensis* 带的带化石。此带中常见分子有 *Streptognathodus nodulinearis*，*S. tenuialveus*，*S. elongatus* 等。

斯旺德刺属 *Swadelina* Lambert，Heckel et Barrick，2003

模式种 *Streptognathodus nodocarinatus* Junes，1941

特征 Pa 分子的齿台后方横脊发育，但有深而窄的中齿沟，齿台前方聚集有明显的不同装饰，并有简单的齿脊。Pb 分子有萎缩的主齿，前后齿突发育、不等大，两个齿突缺少明显的扭转。

分布地区及时代 北美洲、欧洲、亚洲，莫斯科阶上部，可能上延到卡西莫夫阶下部。

马克林斯旺德刺 *Swadelina makhlinae*（Alekseev et Goreva，2001）

（图版 C—4，图 22—24；图版 C—5，图 4）

2007 *Swadelina makhlinae*（Alekseev et Goreva）. －Wang & Qi，pl. 1，figs. 4—6.

特征 自由齿片约为刺体长的 1/3，固定齿脊光滑、向后变窄，约为齿台长的一半。齿台上横脊偏斜，越过中齿沟。附齿叶发育。固定齿脊两侧各有一光滑的、近于平行的、略向前张开的埂脊。附齿叶两侧各有 2～4 个小的瘤齿。

产地及层位 北美洲、欧洲、亚洲，在中国见于贵州、辽宁等地，莫斯科阶上部，*Swadelina makhlinae*－*Sw. nodocarinata* 带的带化石。

瘤脊斯旺德刺 *Swadelina nodocarinata*（Jones，1941）

（图版 C—4，图 25—26）

1941 *Streptognathodus nodocarinatus* Jones，p. 38，pl. 2，fig. 2.

2003 *Streptognathodus nodocarinata* Jones. －Lambert *et al.*，p. 154，pl. 1，figs. 2，4，7—8，12—13，16—19.

? 2007 *Streptognathodus nodocarinata* Jones. －王志浩和祁玉平，图版 1，图 21。

特征 Pa 分子有很短的齿脊和深的齿沟，齿沟在宽的齿台的中间全长延伸。附齿叶很发育，限于齿台的前部。横脊很典型地向齿沟偏斜至齿沟，穿越齿沟后完全消失。

附注 王志浩和祁玉平（2007，图版 1，图 21）图示的此种与本种正模不同，齿台后端窄而尖，齿沟浅，横脊不偏斜；前槽缘向前延伸长，自由齿片短。此标本归入本种可疑。

产地及层位 北美洲、欧洲、亚洲，在中国见于贵州、辽宁等地，莫斯科阶上部，*Swadelina makhlinae* – *Swadelina nodocarinata* 带的带化石。

亚高斯旺德刺 *Swadelina subexcelsa*（Alekseev et Goreva，2001）

（图版 C—5，图 1—3）

2009 *Streptognathodus subexcelsus* Alekseev et Goreva. – Goreva *et al.*, figs. 5（A）—（D）.

特征 Pa 分子，刺体由齿台和自由齿片组成。齿台长，近对称，末端微圆或尖，前 1/3 处最宽。齿台后部平，沿中线位置下凹或发育一窄的中齿沟。自由齿片由基部愈合的细齿组成。齿片向后延伸成中齿脊，至齿台的前 1/3 处，位于中齿沟的前部。齿台后部发育平行的横脊，横脊被中齿沟截断。齿台上发育有两侧附齿叶，具半愈合的瘤齿。

比较 此种双附齿叶发育。此种与相似的 *S. excelsus* 的区别在于后者齿台后部更平或发育齿沟浅。

产地及层位 贵州、辽宁等地，莫斯科阶上部，*Swadelina subexcelsa* 带的带化石。

斯威特刺科 SWEETOGNATHIDAE Ritter，1986

双颚齿刺属 *Diplognathodus* Kozur et Merrill，1975

模式种 *Spathognathodus coloradoensis* Murray et Chronic，1965

特征 似 *Gnathodus*，其齿脊可分为明显的两部分。固定齿脊是光滑、愈合的齿片或有些很低矮的细齿。自由齿片细齿高，不愈合。无主齿。基腔宽大，居刺体中后部，约为刺体长的一半或一半以上。口面光滑无饰或有瘤齿。

附注 此属至少有 11 个种。

分布地区及时代 北美洲、欧洲、亚洲，宾夕法尼亚亚纪至二叠纪东平世。

科罗拉多双颚齿刺 *Diplognathodus coloradoensis*（Murray et Chronic，1965）

（图版 C—3，图 25）

1977 *Diplognathodus coloradoensis*（Murray et Chronic）. – Sandberg, in Ziegler（ed.）, Catalogue of Conodonts vol. Ⅲ, p. 87, *Diplognathodus*-plate 1, figs. 1a—c.

2004 *Diplognathodus coloradoensis*（Murray et Chronic）. – 王志浩等，图版Ⅲ，图 7，9。

特征 刺体直，不拱曲。自由齿片有 4～5 个直立的细齿，第一个细齿前缘直立，第 4 个和第 5 个细齿较长；固定齿脊上至少有 6 个较矮的、愈合的细齿，逐渐向后方倾斜。基腔膨大，近椭圆形，居刺体中后部。自由齿片与固定齿脊之间有明显的缺刻。

产地及层位 北美洲、亚洲，在中国见于贵州等地，巴什基尔阶最顶部，*Diplognathodus coloradoensis* 带的带化石。

埃利斯梅尔双颚齿刺 *Diplognathodus ellesmerensis* Bender, 1980

（图版 C—3，图 26—27）

2003 *Diplognathodus ellesmerensis* Bender. – Wang & Qi, pl. 4, figs. 6, 7.

2004 *Diplognathodus ellesmerensis* Bender. –王志浩等，图版Ⅲ，图 8。

特征 自由齿片高，由侧方扁的、大部分愈合的 5 ~ 6 个细齿组成。细齿由前向后逐渐增高，最后一个细齿稍大，与后方的固定齿脊形成明显的高差。固定齿脊矮，由7 ~ 8个瘤齿组成；固定齿脊上缘上凸，中间 2 ~ 3 个细齿较大，最后一个细齿稍矮。刺体的前缘和后缘都较陡直。基腔膨大，前宽后窄。

附注 王志浩等（2004，2008）曾提议以此种作为莫斯科阶底界的带化石，但目前被接受的可能性不大。莫斯科阶底界定义未定。

产地及层位 北美洲、亚洲、欧洲，在中国见于贵州等地，莫斯科阶底部的带化石。

薄暗双颚齿刺 *Diplognathodus orphanus* (Merrili, 1973)

（图版 C—3，图 24）

2004 *Diplognathodus orphanus* (Merrili). –王志浩等，图版Ⅲ，图 4，5。

特征 自由齿片高，侧视呈矩形，底缘直；口缘由 6 ~ 7 个三角形的细齿组成，中部的 2 ~ 3 个细齿稍大；基腔底缘明显上拱，固定齿脊与自由齿片之间无大的落差，仅有 2 ~ 3 个小的、低矮的瘤齿。固定齿脊由 6 ~ 7 个瘤齿组成，向后变低。

附注 王志浩等（2004）曾将此种作为 *Diplognathodus orphanus – D. ellesmerensis* 带的带化石。王志浩等（2008）又将 *D. ellesmerensis* 作为独立的带化石，不再包括 *Diplognathodus orphanus*。

产地及层位 北美洲、亚洲，在中国见于贵州等地，莫斯科阶底部标准化石。*Diplognathodus ellesmorensis*, *Idiognathoides ouachitensis*, *I. pacificus*, *I. sinuatus*, *I. corrugatus* 等分子常与本种同时产出。

伊朗颚刺属 *Iranognathus* Kozur, Mostler et Rahimi-Yazd, 1976

模式种 *Iranognathus unicostatus* Kozur, Mostler et Rahimi-Yazd, 1976

特征 自由齿片短，基腔膨大，固定齿脊居中，延伸到齿台后端，齿台上可见 1 ~ 4 条脊。齿脊为疹粒状微细构造。

分布地区及时代 北美洲、亚洲，在中国见于广西、云南、四川等地，二叠纪乐平世。

欧文伊朗颚刺 *Iranognathus erwini* Mei et Wardlaw, 1998

（图版 P—6，图 3）

1998 *Iranognathus erwini* Mei et Wardlaw, p. 62, pl. 2, fig. 8; pl. 4, figs. 4—8.

特征 Pa 分子的内外齿杯表面均有一附生脊（accessory ridge），齿脊愈合，光滑，低，并在齿脊后端有一个直立的细齿。附生脊比齿脊高，由 2 ~ 3 个圆形的瘤齿组成，瘤齿有不同程度的愈合。

附注 此种是本属的早期分子，常与 *Clarkina postbitteri* 共存。齿脊有后齿突、齿杯上有附生脊是本种的最大特征，这些特征不同于 *I. tarazi* 和 *I. unicostatus*。

产地及层位 广西来宾铁桥剖面，乐平统底部，*Clarkina postbitteri* 带。

塔拉兹伊朗颚刺 *Iranognathus tarazi* Kozur，Mostler et Rahimi-Yazd，1976

（图版 P—5，图 4—5）

1987 *Iranognathus tarazi* Kozur，Mostler et Rahimi-Yazd. －Wang *et al.*，p. 1055，figs. 6. 11—6. 13.

特征 内齿台上有 2～4 个斜的脊，外齿台上可能有零散的瘤齿；齿脊愈合较好，延伸到齿台后端。

产地及层位 四川南江桥亭剖面，吴家坪阶下部，“长兴组”（?）。

新曲颚刺属 *Neostreptognathodus* Clark，1972

模式种 *Streptognathodus sulcolicatus* Youngguist，Hawley et Miller，1951

特征 基腔膨大，长圆形；齿脊宽，有中齿槽，中齿槽两侧为横脊。自由齿片上细齿分离，没有在齿台上延伸出齿脊。

比较 此属与 *Streptognathodus* 的区别是其齿台上无齿脊，中齿槽发育。

分布地区及时代 欧洲、北美洲、亚洲，在中国见于华南、华北、西北等地，乌拉尔世晚期至瓜德鲁普世。

克莱因新曲颚刺 *Neostreptognathodus clinei* Behnken，1975

（图版 P—5，图 14—16）

2006 *Neostreptognathodus clinei* Behnken. －Chernykh，pl. XXII，figs. 3—4.

特征 自由齿片短，仅为齿台长的 1/2 或 1/3。由小的愈合的细齿构成。齿台椭圆形至长圆形，不对称；内齿台比外齿台宽。齿脊的特征明显，中齿槽宽而浅，但中轴线窄而深，中槽两侧光滑无饰，无横脊。中齿槽、齿脊不达齿台后端。

附注 中齿槽光滑、无横脊是本种的最大特征。

产地及层位 欧洲（乌拉尔地区）、北美洲，乌拉尔统空谷阶中部，*Neostreptognathodus clinei* 带的带化石。

刻纹新曲颚刺 *Neostreptognathodus exsculptus* Igo，1981

（图版 P—5，图 11—12）

1981 *Neostreptognathodus exsculptus* Igo，p. 40—41，pl. 5，figs. 2—4.

1991 *Neostreptognathodus exsculptus* Igo. －王志浩，28 页，图版Ⅲ，图 11。

特征 齿台上中齿沟两侧各有 11 个以上的短的横脊，横脊平行，长度相近；齿脊两侧几乎平行。无固定齿脊。自由齿片短，仅为齿台长的 1/3。

附注 齿脊的横脊发育，使齿脊两侧近于平行是此种的重要特征。

产地及层位 北美洲、欧洲、亚洲，在中国见于贵州、广西等地，乌拉尔统亚丁斯克阶中部，*Neostreptognathodus pequopensis* 带内的重要分子。

非完美新曲颚刺 *Neostreptognathodus imperfectus* Chernykh，2006

（图版 P—5，图 17—18）

2006 *Neostreptognathodus imperfectus* Chernykh，p. 61. pl. XXV，figs. 10—13.

特征 Pa 分子基腔有些不对称，自由齿片短，齿脊窄而直，两侧各有 9～12 个近于等大的、断面椭圆形的瘤齿。齿脊最前方的瘤齿有愈合的趋势。中齿沟发育。自由齿片与齿台连接处和中齿沟呈“Y”字形的沟槽。

附注 基腔不对称、中齿沟前端呈“Y”字形是本种的重要特征。

产地及层位 欧洲（乌拉尔地区），乌拉尔统空谷阶上部，*Neostreptognathodus imperfectus* 带的带化石。

佩夸普新曲颚刺 *Neostreptognathodus pequopensis* Behnken，1975

（图版 P—5，图 20—22）

1988 *Neostreptognathodus pequopensis* Behnken. －王成源等，175 页，图版 67，图 12—14。

2006 *Neostreptognathodus pequopensis* Behnken. －Chernykh，p. 62，pl. XXIII，figs. 1—5；pl. XX，fig. 1；pl. XXI，figs. 1—6；pl. XXII，figs. 6—8；pl. XXIII，figs. 1—6，9—11.

特征 基腔膨大；自由齿片短，无固定齿脊。中齿沟窄而深，在齿台前后端被齿脊的瘤齿封闭。其两侧各有一列分离的瘤齿列。瘤齿断面近方形至亚圆形。

附注 此种是此属的早期分子，由 *Sweetognathus* 演化而来。

产地及层位 北美洲、欧洲、亚洲，在中国见于贵州、广西等地，下二叠统亚丁斯克阶中部，*Neostreptognathodus pequopensis* 带的带化石。

普涅夫新曲颚刺 *Neostreptognathodus pnevi* Kozur et Movshovich，1979

（图版 P—5，图 8—10）

1991 *Neostreptognathodus pnevi* Kozur et Movshovich. －Nakrem，p. 245，fig. 3E.

2006 *Neostreptognathodus pnevi* Kozur et Movshovich. －Chernykh，pl. XX，figs. 3—8；pl. XXII，fig. 5.

特征 自由齿片短，长为齿台长的 2/3，由几乎等大的细齿组成，与齿台上中齿沟相接。中齿沟宽而深；中齿沟两侧的齿脊明显地分为前后两部分：前部齿脊光滑，无瘤齿；后部齿脊由分离的瘤齿组成，瘤齿断面横长、亚圆或近三角形。基腔膨大，长圆形。

附注 齿沟两侧齿脊前后不同是本种的主要特征。

产地及层位 欧洲、北美洲，下二叠统上部空谷阶下部，*Neostreptognathodus pnevi* 带的带化石。

普雷新曲颚刺 *Neostreptognathodus prayi* Behnken，1975

（图版 P—5，图 13）

1977 *Neostreptognathodus prayi* Behnken. － Sandberg，in Ziegler（ed.），Catalogue of Conodonts，vol. III，p. 241，*Neostreptognathodus*-plate 1，fig. 3.

特征 自由齿片大约是刺体长的一半，有 5～7 个侧方扁的细齿。基腔膨大、深，向前在齿片下延伸为齿沟。齿台近于对称，微内弯；齿脊由两列横脊构成，中齿沟将两列齿脊分开；成年个体两齿列不等高，齿台不对称。齿台前侧边缘升高，发育有脊状构造。

附注 齿台前侧边缘升高是本种的重要特征之一。

产地及层位　欧洲、北美洲，下二叠统上部空谷阶中部，*Neostreptognathodus prayi* 带的带化石。

凹褶新曲颚刺

Neostreptognathodus sulcoplicatus (Youngquist, Howley et Miller, 1951)

（图版 P—5，图 19a—c）

1951 *Streptognathodus sulcoplicatus* Youngquist, Howley et Miller, p. 363, pl. 54, figs. 7—9, 16, 17, 22—24.

1977 *Neostreptognathodus sulcoplicatus* (Youngquist, Howley et Miller). – Sandberg, in Ziegler (ed.), Catalogue of Conodonts, vol. Ⅲ, p. 243, *Neostreptognathodus*-plate 1, figs. 5a—c.

特征　自由齿片短，有三角形的细齿，齿片中部细齿高，前后细齿低，没有延伸到齿台的固定齿脊，但与齿台中部相连。齿台上中齿沟宽而深，横截面为典型的“V”字形，齿沟两侧为平行的横脊；横脊前后宽度与横脊间距几乎相等；外侧横脊比内侧横脊长。

附注　中齿沟宽而深、两侧横脊不等长是本种的重要特征。本种可能区分出左型分子和右型分子。

产地及层位　北美洲、亚洲等地区，乌拉尔统空谷阶上部，*Neostreptognathodus sulcoplicatus* 带的带化石。

假斯威特刺属　*Pseudosweetognathus* Wang, Ritter et Clark, 1987

1989 *Sichuanognathodus* Dai.

模式种　*Pseudosweetognathus costatus* Wang, Ritter et Clark, 1987

特征　本属与 *Sweetognathus* 相似，但自由齿片光滑无细齿并与齿脊左侧齿台相连；齿台上横脊发育，齿台表面有网状的微细构造；而 *Sweetognathus* 的齿台表面是粒状的微细构造。

附注　*Sichuanognathodus* Dai, 1989 显然是本属的同义名。*Pseudosweetognathus monocornus* (Dai et Zhang, 1989) 是本属的另一种，但原作者给出的层位是茅口组上部，可疑。

分布地区及时代　四川、广西，乌拉尔世亚丁斯克期早期至瓜德鲁普世。

横脊假斯威特刺　*Pseudosweetognathus costatus* Wang, Ritter et Clark, 1987

（图版 P—5，图 1—2）

1983 *Sweetognathus whitei*. – Tian, p. 344, pl. 77, fig. 11 (only) (fig. 3 = *Sweetognathus whitei*).

1987 *Pseudosweetognathus costatus* Wang Ritter et Clark, pp. 1051—1052, figs. 6. 19, 6. 20.

特征　自由齿片口缘光滑无细齿，左侧有一光滑脊，与齿台左侧相连，其后部有 3～4个与其垂直的短的横脊。齿台上布满平行的横脊，而没有纵向的中齿脊。齿台上布满五角形或六角形微细的网状构造。

比较　微细构造很特殊，不同于任何 *Sweetognathus* 的已知种。

产地及层位　广西来宾铁桥剖面，栖霞组亚丁斯克阶下部。

独角假斯威特刺 *Pseudosweetognathus monocornus* (Dai et Zhang, 1989)

(图版 P—5, 图 3a—d)

1989 *Sichuanognathodus monocornus* Dai et Zhang. –戴进业和张景华, 236 页, 图版 40, 图 17—20.

特征 自由齿片短，仅前端有一个大的细齿，齿片上缘光滑、锐利。基腔膨大，齿台拱起、宽厚；齿台表面前方光滑，无横脊，中后部有横脊。齿台表面为微网状微细构造。

附注 本种齿台高、宽厚，前半部平，无横脊；自由齿片前方有一大的细齿，不同于 *Pseudosweetognathus costatus* Wang, Ritter et Clark。

产地及层位 四川广元上寺，茅口组上部。

斯威特刺属 *Sweetognathus* Clark, 1972

模式种 *Spathognathodus whitei* Rhodes, 1963

特征 刺体由自由齿片和膨大的基腔和齿台组成。齿台上横脊发育，并常常有中央纵脊。横脊和纵脊全部由疹粒组成。

附注 此属是乌拉尔统重要的牙形刺分子，已划分出很多种，具有重要的地层意义。Chernykh (2005, 2006) 对此属有较深入的研究。

分布地区及时代 北美洲、欧洲、亚洲，在中国见于四川、云南、广西、贵州、河南、江西、新疆等地区，乌拉尔世。

双头斯威特刺 *Sweetognathus anceps* Chernykh, 2005

(图版 P—6, 图 15—17)

2005 *Sweetognathus anceps* Chernykh, p. 144, pl. XXI, figs. 13—15.

2006 *Sweetognathus anceps* Chernykh. – p. 52, pl. XIII, figs. 1, 9; pl. XIV, figs. 12—14.

2011 *Sweetognathus anceps* Chernykh. – Chen, p. 85, pl. 23, figs. 1—8.

特征 Pa 分子的齿脊由哑铃状的瘤齿组成，瘤齿上缺少中间脊，瘤齿之间时有中间脊相接。在齿脊与自由齿片连接区域，有 2 ~ 3 个侧向延伸的小瘤齿，表面疹粒状。

产地及层位 俄罗斯乌拉尔地区，在中国仅见于贵州纳水剖面 (Chen, 2011)，乌拉尔统萨克马尔阶上部带化石。

双分状瘤斯威特刺 *Sweetognathus binodosus* Chernykh, 2005

(图版 P—6, 图 12, 13)

2005 *Sweetognathus binodosus* Chernykh, p. 144, pl. XX, figs. 3—8; pl. XXIV, fig. 4.

2006 *Sweetognathus binodosus* Chernykh. – Chernyh, p. 52, pl. XII, figs. 8—11; pl. XV, fig. 11.

特征 自由齿片短，仅为齿台长的 1/2，其前方有 3 ~ 4 个较大的细齿。齿台上前方齿脊窄、光滑或有愈合的瘤齿；齿台中后部瘤齿增大。瘤齿间距仅为瘤齿宽的一半，瘤齿断面亚圆形，或中轴部分收缩，使瘤齿有分化成两部分的趋势；瘤齿间有极微弱、难以分辨的纵脊相连。齿脊不达齿台后端。

附注 齿台中后部瘤齿有分化成两个瘤齿的趋势；齿台前方瘤齿小，中后部瘤齿大，是本种的主要特征。它不同于 *S. whitei*，齿脊上瘤齿不发育，并缺少中间纵向脊。它与 *S. merrilli* 的区别是齿脊横向拉长或呈双行状齿脊。

产地及层位 欧洲、北美洲、亚洲，在中国见于贵州等地，马拉尔统萨克马尔阶顶部 *Sweetognathus binodosus* 带的带化石。

克拉科斯威特刺 *Sweetognathus clarki*（Kozur，1976）

（图版 P—6，图 14）

2002 *Sweetognathus clarki*（Kozur）. – Mei *et al.*，p. 83，figs. 11. 8—11. 10；12. 1；12. 8—12. 10；12. 12—12. 14.

2006 *Sweetognathus clarki*（Kozur）. – Chernykh，p. 53，pl. XV，figs. 9，10；pl. XVII，figs. 1—3，8.

2011 *Sweetognathus clarki*（Kozur）. – Chen，pp. 86—87，pl. 24，figs. 1—11.

特征 自由齿片短，仅为齿台长的一半，其口缘窄、细齿愈合、锐利。基腔强烈膨大，长圆形，表面光滑。齿台上齿脊宽，有 7 ~ 9 个瘆粒状的横脊；最前和最后的横脊完全愈合相连，中部的横脊断续而形成下凹的中齿沟，但每个横脊间常有微弱的“瘆粒”相连。未形成纵向脊。

附注 此种可能是 *Sweetognathus whitei* 向 *Neostreptognathodus* 的种（可能是 *N. exsculptus*）过渡的分子；由于有中齿沟存在，此种曾被归入 *Neostreptognathodus*。Mei *et al.*（2002）曾将此种区分为两个形态型。形态型 1 的标本齿脊瘤齿相对低，由齿脊到齿片光滑过渡；形态型 2 的最前端的一个或一对横脊常常被明显的“V”字形的沟槽分开。Chen（2011）认为可能有更多的形态型。

产地及层位 欧洲、亚洲，乌拉尔统亚丁斯克阶中部，*Sweetognathus clarki* 带的带化石。

凤山斯威特刺 *Sweetognathus fengshanensis* Mei et Wardlaw，1998

（图版 P—6，图 1—2）

1998 *Sweetognathus fenshanensis* Mei et Wardlaw，p. 63，pl. 2，fig. 6；pl. 3，figs. 5—9.

特征 固定齿脊前部光滑并向前变窄，后部由圆的瘤齿组成，瘤齿向后增大，但最后一个瘤齿变小。齿杯两侧上方各有 4 ~ 6 个圆形的瘤齿，内齿杯瘤齿倾向排列成弧形，而外齿杯瘤齿倾向排列成行，瘤齿不愈合。

附注 此种齿脊特征似 *Sweetognathus hanzhongensis*，但内外齿杯上有特征明显的圆形的瘤齿或瘤齿列。

产地及层位 广西凤山剖面，茅口组上部。

梅里尔斯威特刺 *Sweetognathus merrilli* Kozur，1975

（图版 P—6，图 10—11）

2005 *Sweetognathus merrilli* Kozur. – Chernykh，p. 146，pl. XX，figs. 2，9—11.

特征 自由齿片短，由 3 ~ 6 个高的、愈合的细齿组成，最前的一个细齿或第二个细齿最高。齿脊由 4 ~ 6 个横向拉长的、分离的、具瘆突的瘤齿组成，瘤齿在齿脊中后部有时愈合成光滑的齿脊，仅在齿台前部有 2 ~ 3 个分离的、向前变小的瘤齿。瘤齿间无纵向脊。

附注 *Sweetognathus inornatus* 的自由齿片长，齿脊有较多的瘤齿，自由齿片与齿脊瘤齿之间有凹陷，不同于本种。

产地及层位 欧洲、北美洲、亚洲，在中国见于贵州、安徽、山西等地区，乌拉尔统萨克马尔阶最底部，*Sweetognathodus merrilli* 带的带化石。

拟贵州斯威特刺 *Sweetognathus paraguizhouensis* Wang, Ritter et Clark, 1987

（图版 P—6，图6，7）

1987 *Sweetognathus paraguizhouensis* n. sp. – Wang, Ritter et Clark, p. 1052, figs. 6. 14—6. 15.

特征 此种为典型的刷形分子，齿台宽，向后变尖，前方具明显的宽横脊，后方缩短为瘤状。

比较 此种与 *Sweetognathus guizhouensis* 相似，其区别在于前者齿台前方具明显的宽横脊，后方缩短为瘤状；另外，前者限于早二叠世，而后者为中二叠世早中期。

产地层位 南京栖霞山孤峰组。

亚对称斯威特刺 *Sweetognathus subsymmetricus* Wang, Ritter et Clark, 1987

（图版 P—6，图4—5）

1987 *Sweetognathus subsymmetricus* Wang, Ritter et Clark, p. 1054, figs. 6. 1—6. 7.

1995 *Sweetognathus subsymmetricus* Wang, Ritter et Clark. – 王成源，图版1，图2。

2011 *Sweetognathus subsymmetricus* Wang, Ritter et Clark. – Chen, p. 87, pl. 27, figs. 1—16.

特征 齿台上具有明显的横脊，横脊间有微弱的纵脊相连；自由齿片在齿台左侧相连，连接处的横脊不对称。

附注 齿片—齿脊连接处不对称是此种的重要特征，不同于 *Sweetognathus whitei*。

产地及层位 南京龙潭孤峰组，与 *Mesogondolella nanjingensis* 同层产出，时代应为罗德期。陈军（2011）确认此种产于贵州罗甸纳水剖面中、晚空谷期，并且是重要的带化石。但贵州的相关地层与空谷阶的对比是有争议的。此种的时限可能向上延伸到沃德期。

怀特斯威特刺 *Sweetognathus whitei* (Rhodes, 1963)

（图版 P—6，图8）

1963 *Spathognathodus whitei* Rhodes, pp. 404—405, pl. 47, figs. 4, 9, 10, 25, 26.

1987 *Sweetognathus whitei* (Rhodes). – Wang *et al.*, p. 1054, figs. 6. 16—6. 18.

特征 齿片—齿脊在齿台中间相连；齿台上横脊发育，横脊中间有纵向的齿脊连接；横脊与纵脊均有颗粒状的微细构造。齿台微弯，两侧近于对称。

附注 齿片—齿脊连接处对称，不同于 *Sweetognathus subsymmetricus*。

产地及层位 世界性分布，乌拉尔统亚丁斯克阶的标准化石。

瓦特罗刺属 *Wardlawella* Kozur, 1995

模式种 *Ozarkodina expansa* Perlmutter, 1975

特征 Pa 分子具有大的不对称的三角形至卵圆形的基腔（齿杯），齿杯上的齿脊具有疹粒状的微细构造，并有愈合成横脊状的小的齿脊。齿杯表面光滑，有瘤点或横脊线，由疹粒组成，但未形成瘤齿或齿脊。自由齿片高，有4~7个细齿。

附注 Kozur（1995）建立此属时，仅包括 *Ozarkodina expansa* Perlmutter, 1975 和 *Diploganthodus movschovitschi* Kozur et Pjatakova, 1975 两个种。并将以下5个种作为同义名：? *Diploganthodus lanceolatus* Igo, 1981; *Diploganthodus paralanceolatus* Wang et Dong, 1991; *Diplognathodus triangularis* Ding et Wan, 1990; *Iranognathodus nudus* Wang, Ritter et Clark, 1987 和 *Sweetognathus adenticulatus* Ritter, 1986。王成源等（2006）认为，此属的基腔形态和前齿片的特征可以作为种的区分特征，而认为上述5个种是有效的。

Wardlawella 由 *Diplognathodus* 演化而来，其齿脊发育出特征的疹粒状的微细构造。

Wardlawella 进一步在齿台上发育出疹粒状横脊而进化成 *Xuzhougnathus* Ding et Rahimi-Yazd，1975。*Iranognathus* 也由 *Wardlawella* 演化而来。*Pseudohindeodella* Gullo et Kozur，1992 没有疹粒状微细构造。

Sweetognathus 的齿脊具有疹粒状微细构造，齿脊中的横脊发育，并有一窄的纵脊相连。

在内蒙古哲斯组发现的 *Wardlawella jisuensis* Wang，2004 是本属的另一个种。

分布地区及时代 北美洲、亚洲，在中国见于广西、湖南、四川、内蒙古等地区，二叠纪。

膨胀瓦特罗刺 *Wardlawella expansus* (Perlmutter，1975)

（图版 P—6，图 18）

2005 *Sweetognathus expansus* (Perlmutter). – Chernykh，pl. XX，fig. 1.

2006 *Sweetognathus expansus* (Perlmutter). – Chernykh，pl. XI，fig. 7.

特征 基腔强烈膨大，近圆形，齿脊较宽、光滑，仅后端有分化，呈瘤齿状。齿脊由明显的疹粒构成。

附注 齿脊无明显分化，仅后端有分化的趋势。此种曾被 Chernykh（2005，2006）归入 *Sweetognathus*。

产地及层位 俄罗斯乌拉尔地区，乌拉尔统阿瑟尔阶，*postfusus* 带。

无饰刺瓦特罗刺 *Wardlawella nudus* (Wang，Ritter et Clark，1987)

（图版 P—5，图 6—7）

1987 *Iranognathus nudus* Wang Ritter et Clark，pp. 1054—1055，figs. 6. 8—6. 10.

2004 *Wardlawella nudus* (Wang，Ritter et Clark). – Wang *et al.*，p. 479.

2006 *Wardlawella nudus* (Wang，Ritter et Clark). – 王成源等，200 页。

特征 *Wardllawella* 的一个种，其 Pa 分子的内外齿杯（台）表面光滑无饰，或仅有疱疹状小瘤齿。齿脊强烈愈合，但可见不清楚的瘤齿，齿脊有疹粒状微细构造。

附注 此种在形态上似 *Diplognathodus movschovitschi* Kozur et Pjatakova，Kozur (1995) 认为本种是后者的同义名，但笔者认为本种是独立的种。

产地及层位 四川南江桥亭剖面，长兴阶。

近颚齿刺科 ANCHIGNATHODONTIDAE Clark，1972

欣德刺属 *Hindeodus* Rexroad et Mehl，1934

模式种 *Trichonodella imperfecta* Rexroad，1957

附注 由于此属包括已建立属的异种同态，这个属是根据系统演化而不是依据形态建立的。*Hindeodus* 源于 *Hindeodella*，并且在形态上很像泥盆纪的 *Falcodus* Huddle。*Hindeodus* 进一步发展成对称的拱曲的类型，在主齿下有一小的凹窝，无后齿耙。

分布地区及时代 北美洲、欧洲、亚洲、南美洲，密西西比亚纪至早三叠世。

长兴欣德刺 *Hindeodus changxingensis* (Wang，1995)

（图版 P—6，图 9a—b）

1995 *Hindeodus changxingensis* Wang，149 页，图版 2，图 14—18。

2003 *Isarcicella changxingensis* Wang. – Perri & Farabegoli，p. 297，pl. 1，figs. 17—19.

特征 主齿后齿脊光滑平直。主齿发育、宽大，主齿后有1～2个很不发育的细齿。中部齿脊平直，光滑无饰，无细齿。仅后端齿脊突然降低，延至底缘，有2～3个不发育的细齿，刺体前缘也有两个很小的细齿。基腔膨大，不对称，左侧明显大于右侧。

比较 此种以主齿后齿脊平直、无细齿为特征，不同于本属所有已知种，是较典型的灾后泛滥种。

产地及层位 浙江长兴，二叠系最顶部（王成源，1995，AEL 882—1）。此种同样发现于意大利（Perri *et al.*，2003）。

齿叶欣德刺 *Hindeodus lobata* Perri et Farabegoli，2003

（图版T—2，图1a—c）

2003 *Isarcicella lobata* Perri et Farabegoli，p. 298，pl. 2，figs. 1—3；pl. 3，figs. 15—29；pl. 4，figs. 12—14.

特征 Pa分子。齿杯不对称至强烈不对称，肿胀加厚，一侧突出，形成齿叶。齿杯无瘤齿或细齿。主齿比其后的细齿高。

附注 依据本种后端是否突然降低或是否有细齿，可区分出两个形态型。它的出现比 *Isarcicella staeschei* 的首现早。此种在中国是否存在曾有争议。在四川上寺剖面已经发现了此带化石，但在长兴剖面很可能缺失此带化石（王成源，2011）。

产地及层位 意大利、中国（四川广元上寺，浙江长兴），下三叠统印度阶下部，*H. parvus* 带和 *Isarcicella staeschei* 带之间的带化石。

微小欣德刺 *Hindeodus parvus*（Kozur et Pjatakova，1976）

（图版T—2，图2—4）

1999 *Hindeodus parvus*（Kozur et Pjatakova）. －杨守仁等，图版2，图1—16；图版3，图1，3—17（多成分种）。

特征 （P分子）刺体短而高，主齿后生，高而宽。主齿之后有5～9个大小相近、高度相近的细齿。基腔膨大。

附注 丁梅华等（1995）将此种鉴定为 *Isarcicella parva*。此种被 Kozur *et al.*（1976，1977）先后指定为两个不同的正模；1990年他们又依据两个正模分出两个形态型，并认为形态型1特征稳定。1996年Kozur等将两形态型提升出两个亚种：*Hindeodus parvus erectus* 和 *H. p. parvus*。朱湘水等（1996）依据文献中的8个标本命名了此种的6个新亚种，但没有指定正模，没有描述，新亚种无效。王成源（1998）提出三叠系底界界线定义应修订为 *Hindeodus parvus erectus* 的首次出现。

产地及层位 世界性分布，在中国遍布华南、西南各省，早三叠世最早期的带化石，三叠纪开始的标志。

后微小欣德刺 *Hindeodus postparvus* Kozur，1995

（图版T—2，图7）

1977 *Anchignathodus parvus* Kozur et Pjatakova，pp. 1120—1121，pl. 1，fig. 20.

1990 *Hindeodus postparvus* Kozur，p. 400.

1999 *Hindeodus postparvus* Kozur. －杨守仁等，91页，图版1，图6。

特征 刺体短而小，主齿宽大；其前缘隐约可见小的细齿。主齿后有6～7个愈合的细齿，齿脊中部细齿大；齿脊顶缘拱曲，细齿散射状。基腔椭圆形，膨大，居刺体下方，中部之下最宽。

附注 此种出现在 *Iscarcicella isarcica* 时限的上部，但主要出现在比 *I. isarcica* 高的层位。此种源于 *Hindeodus parvus*。

产地及层位 欧洲、亚洲，在中国见于贵州、广西、四川、云南等地区，下三叠统下部，*H. postparvus* 带的带化石。

小伊莎尔刺属 *Isarcicella* Kozur，1975

模式种 *Spathognathodus isarcicus* Huckriede，1975

特征 刺体小，短而高；主齿粗大，位于前端，主齿之后有 3～7 个由瘤齿组成的齿脊，齿脊后端突然终止。基腔膨大，对称或不对称。基腔上方光滑，在一侧或两侧有瘤齿或瘤齿列。

分布地区及时代 欧洲、亚洲，早三叠世早期，也见于二叠纪长兴期晚期（*Isarcicella changxingensis*）。

伊莎尔小伊莎尔刺 *Isarcicella isarcica*（Huckriede，1958）

（图版 T—2，图 8a—c）

1958 *Spathognathodus isarcica* Huckriede，p. 162，pl. 10，figs. 6，7.

1989 *Isarcicella isarcica*（Hickriede）. –戴进业和张景华（李子舜等，1989），224 页，图版 46，图 16，17，20。

1997 *Isarcicella isarcica*（Hickriede）. –王成源等，165 页，图版Ⅱ，图 1。

1999 *Isarcicella isarcica*（Hickriede）. –杨守仁等，91 页，图版 4，图 2—8。

特征 基腔两侧各有 1 个或 2 个瘤齿，基腔膨大不对称。

比较 *Isarcicella staeschei* 仅在基腔的一侧有 1～2 个瘤齿，而本种在两侧各有 1～2 个瘤齿，易于区别。本种由 *Isarcicella staeschei* 演化而来。

附注 此种建立时被归入 *Hindeodus*（Wang，1994），后来被 Perri & Farabegoli（2003）归入 *Isarcicella*，笔者认为仍归入 *Hindeodus* 为宜。

产地及层位 世界性分布，台地相和盆地相均存在。在华南至少见于 7 个省的 14 个剖面（杨守仁等，1999）。下三叠统印度阶的带化石。

斯特施小伊莎尔刺 *Isarcicella staeschei* Dai et Zhang，1989

（图版 T—2，图 5—6）

1989 *Isarcicella staeschei* Dai et Zhang. –戴进业和张景华（见李子舜等，1989），224—225 页，图版 45，图 16，17；图版 46，图 4—7，11—13，18—19；图版 53，图 13—14。

1997 *Isarcicella staeschei* Dai et Zhang. –王成源等，166—167 页，图版Ⅱ，图 2—5。

1999 *Isarcicella staeschei* Dai et Zhang. –杨守仁等，92 页，图版 2，图 3；图版 4，图 1，9—19。

特征 基腔一侧有 1～2 个瘤齿，基腔膨大近于对称或不对称。

比较 *Isarcicella isarcica* 在基腔两侧各有 1～2 个瘤齿，而本种仅在基腔的一侧有 1～2个瘤齿。

产地及层位 下三叠统印度阶带化石。此化石带由王成源（1995）建立并已得到广泛确认。在华南见于盆地相和台地相，分布广泛，至少见于 11 个省的 27 个剖面（杨守仁等，1999）。

参考文献

安太庠. 1982. 华北区的奥陶系、中国奥陶纪牙形石动物群. 北京：地质出版社，46-67，213-222，图版3-5.

安太庠. 1987. 中国南部早古生代牙形石. 北京：北京大学出版社，1-238，图版1-35.

安太庠，丁连生. 1982. 宁镇山脉地区奥陶系牙形石的初步研究和对比. 石油学报，4：1-12，图版1-3.

安太庠，徐宝政. 1984. 湖北通山、咸宁地区奥陶纪地层和牙形石. 北京大学学报(自然科学版)，5：73-87.

安太庠，杨长生. 1980. 中国华北地区寒武—奥陶系牙形石兼论寒武、奥陶系分界//国际交流地质学术论文集. 北京：地质出版社，4：7-14.

安太庠，郑昭昌. 1990. 鄂尔多斯盆地周缘的牙形石. 北京：科学出版社，1-201，图版1-17.

安太庠，杜国清，高琴琴，等. 1981. 湖北宜昌黄花场地区奥陶系牙形石生物地层//中国微体古生物学会第一次学术会议论文集. 北京：科学出版社，105-113，图版1.

安太庠，杜国清，高琴琴. 1985a. 湖北奥陶系牙形石研究. 北京：地质出版社，1-64，图版1-18.

安太庠，张安泰，徐建民. 1985b. 陕西耀县、富平奥陶系牙形石及其地层意义. 地质学报，59(2)：97-108，图版1-2.

安太庠，张放，向维达，等. 1983. 华北及邻区牙形石. 北京：科学出版社，1-223，图版1-33.

白顺良，宁宗善，金善燏. 1982. 广西泥盆系牙形石序列及系统描述//广西及邻区泥盆纪生物地层. 北京：北京大学出版社，39-66，图版Ⅰ-Ⅹ.

陈军. 2011. 贵州南部下二叠统(乌拉尔统)牙形刺生物地层与全球对比. 北京：中国科学院研究生院，1-130，图版1-37.

陈均远，周志毅，林尧坤，等. 1984. 鄂尔多斯地台西缘奥陶纪生物地层研究的进展. 中国科学院南京地质古生物研究所集刊，20：1-33.

陈敏娟，张建华. 1984. 宁镇山脉地区中奥陶统牙形刺. 微体古生物学报，1(2)：120-134，图版1-3.

陈敏娟，张建华. 1989. 皖南石台地区奥陶系牙形刺. 微体古生物学报，6(3)：212-223，图版1-5.

陈敏娟，陈云堂，张建华. 1983. 宁镇地区奥陶系牙形刺序列. 南京大学学报(自然科学版)，1：129-138，图版1.

陈敏娟，张建华，余青. 1986. 江南区寒武—奥陶系牙形刺. 微体古生物学报，3(4)：361-372，图版1-2.

陈旭，王志浩，张元动. 1998. 中国第一个"金钉子"剖面的建立. 地层学杂志，22(1)：1-9.

戴进业，张景华. 1989. 牙形石//李子舜，詹立培，戴进业，等. 川北陕南二叠纪—三叠纪生物地层及事件地层学研究. 地质专报二，地层、古生物，第九号. 北京：地质出版社，220-238.

丁惠，仇铁强，段晓青. 1990. 苏皖交界地区石炭二叠纪牙形石生物地层及*Sweetognathus*动物群演化. 山西矿业学院学报，8(3)：250-258.

丁连生. 1993. 江苏下、中三叠统牙形刺生物地层的研究. 地层学杂志，17(2)：130-134.

丁连生，包德宪. 1989. 江苏镇江大力山下三叠统上青龙组的牙形石. 石油与天然气地质，10(2)：130-136，图版Ⅱ.

丁梅华. 1983. 安徽巢县马家山下三叠统牙形石及其地层意义. 地球科学，1983(2)：37-48.

丁梅华. 1987. 华南晚二叠世—早三叠世牙形石. 华南二叠—三叠系界线地层及动物群. 地质专报，2(6)：地层、古生物，32-37，70-76，167-169，272-277.

丁梅华，李耀泉. 1985. 陕西宁强地区志留纪牙形石及其地层意义. 地球科学，10(2)：9-20，图版Ⅰ.

董熙平. 1985. 西藏北部申扎中上志留统牙形刺生物地层. 青海西藏高原地质，16：15-310.

董熙平. 1987. 安徽滁县晚寒武世至早奥陶世牙形刺//中国科学院南京地质古生物研究所研究生论文集. 南京：江苏科技出版社，1：135-184，图版5.

董熙平. 1990. 一个潜在的中、上寒武统候选界线层型剖面. 地质学报，(1)：60-79，图版1-2.

董熙平. 1993. 湖南花垣中寒武世晚期至晚寒武世早期牙形石动物群. 微体古生物学报，10(4)：345-362，图版1-4.

董熙平. 1997. 副牙形石的演化趋向. 地质论评, 43(5): 498-502.

董熙平. 1999. 华南寒武纪牙形石序列. 中国科学(D辑), 29(4): 339-346.

董致中, 王伟. 2006. 云南牙形类动物群——相关生物地层及生物地理区研究. 昆明: 云南科技出版社, 1-347, 图版1-46.

杜品德, 赵治信, 黄智斌, 等. 2005. 牙形石 *Histiodella* Hass 四个种的讨论及地层对比意义. 微体古生物学报, 22(4): 357-369.

高琴琴. 1991. 牙形石//新疆石油管理局南疆石油勘探公司, 江汉石油管理局勘探开发研究院(张师本, 高琴琴). 塔里木盆地震旦纪至二叠纪地层古生物(Ⅱ)柯坪—巴楚地区分册. 北京: 石油工业出版社, 125-149, 图版4-12.

韩迎建. 1987. Study on Upper Devonian Frasnian/Famennian bounadry in Ma-Anshan Zhongping, Xiangzhou, Guangxi. Chinese Academy Geological Sciences, Bulletin, 17: 171-1.

纪占胜, 姚建新, 杨新德, 等. 2003. 西藏拉萨地区三叠系诺利阶牙形石分带及其国际对比. 古生物学报, 42(3): 382-392.

纪占胜, 姚建新, 武桂春, 等. 2006. 西藏措勤县敌布错地区“下拉组”中发现晚三叠世诺利期高舟牙形石. 地质通报, 25(1-2): 138-41.

纪占胜, 姚建新, 武桂春, 等. 2007a. 西藏申扎地区晚石炭世牙形石 *Neognathodus* 动物群的特征及意义. 地质通报, 26(1): 42-53.

纪占胜, 姚建新, 武桂春. 2007b. 西藏西部狮泉河地区二叠纪和三叠纪牙形石的发现及其意义. 地质通报, 26(4): 383-397.

季强. 1985. 茅坝组至长滩子组牙形石//四川龙门山地区泥盆纪地层古生物及沉积相. 北京: 地质出版社, 333-339, 图版137-139.

季强. 1985. 浅谈牙形刺 *Siphonodella* 属的演化、分类、分带及其生物相. 地科院地质所集刊, 11: 51-78.

季强. 1986. 湘中界岭邵东组的牙形刺及其生物相//地层古生物论文集, 15: 73-79.

季强. 1987a. 湖南江华早石炭世牙形类及其地层意义(兼论岩关阶内部事件). 中国地质科学院地质研究所所刊, 16: 115-141, 图版1-2.

季强. 1987b. 湘南江华晚泥盆世和早石炭世牙形类//中国科学院南京地质古生物研究所研究生论文集, 南京: 江苏科学技术出版社, 225-284, 图版1-8.

季强. 1988a. 泥盆—石炭系界线层的牙形类研究//候鸿飞. 四川龙门山泥盆纪地层、古生物和沉积相. 北京: 地质出版社, 333-339, 图版137-139.

季强. 1988b. 广西鹿寨龙江晚泥盆世牙形类. 古生物学报, 27(5): 607-614, 图版1-3.

季强. 1994. 从牙形类研究论华南弗拉斯—法门阶生物绝灭事件//地层古生物论文集, (24): 79-107.

季强. 1998. 论青海东昆仑东段早三叠世地层. 微体古生物学报, 15(2): 178-185.

季强, 刘南瑜. 1986. 广西寨沙晚泥盆世牙形刺及其分带//地层古生物论文集, 14: 157-184.

金淳泰, 万正全, 叶少华, 等. 1992. 四川广元、陕西宁强地区志留系. 成都: 成都科技大学出版社, 1-97, 图版1-11.

金淳泰, 钱泳臻, 王吉礼. 2005. 四川盐边地区志留纪牙形石生物地层及年代地层. 地层学杂志, 29(3): 281-294.

金淳泰, 叶少华, 江新胜, 等. 1989. 四川二郎山地区志留纪地层及古生物//成都地质矿产研究所所刊, 第11号. 北京: 地质出版社.

邝国敦, 李家镶, 钟铿, 等. 1995. 广西的石炭系. 武汉: 中国地质大学出版社, 1-258, 图版1-20.

郎嘉彬, 王成源. 2010. 内蒙古大兴安岭乌奴耳地区泥盆系的两个牙形刺动物群. 微体古生物学报, 27(1): 13-37.

李晋僧. 1987. 西秦岭碌曲—迭部区晚志留世—泥盆纪的牙形刺. 南京: 南京大学出版社, 2: 357-378.

李志宏. 1991. 湖北五峰上二叠统吴家坪组下部牙形石动物群. 中国地质科学院宜昌地质矿产研究所所刊, 17: 95-106.

李志宏, Stouge S, 陈孝红, 等. 2010. 湖北宜昌黄花场下奥陶统弗洛阶 *Oepikodus evae* 带精细地层划分对比. 古生物学报, 49(1): 108-124, 图版1-3.

李忠维, 钱泳臻. 2001. 扬子地台西缘志留系牙形刺研究新进展. 沉积与特提斯地质, 21(3): 87-101.

林宝玉. 1983. 西藏申扎地区古生代地层//青藏高原地质文集(地层古生物), 8: 1-13.
林宝玉, 邱洪荣. 1983. 西藏志留系/青藏高原论文集, 8: 15-28.
林宝玉, 邱洪荣, 许长城. 1984. 内蒙古乌拉特前旗佘太镇地区奥陶纪地层的新认识. 地质论评, 30(2): 95-104, 图版 1-2.
刘殿升, 杨季楷, 傅英祺. 1993. 龙门山北段志留纪牙形生物群特征. 中南矿冶学院学报, 24(5): 573-578.
刘时藩. 1993. 中华棘鱼(*Sinacanthus*)化石的古地理意义. 科学通报, 38(21): 1977-1978.
毛力, 田传荣. 1987. 西藏林周县麦隆岗组顶部的晚三叠世牙形石. 北京: 地质出版社, 17: 159-168, 图版 1-2.
梅仕龙. 1995. 河南内乡晚奥陶世石燕组牙形石及其地质意义. 古生物学报, 34(6): 674-687, 图版 1-3.
梅仕龙, 金玉玕. 1994. 四川宣汉渡口二叠纪"孤峰组"牙形石序列及其全球对比意义. 古生物学报, 33(1): 1-23.
梅仕龙, 金玉玕, Wardlaw B R. 1994. 川东北二叠纪吴家坪期牙形石(刺)序列及其世界对比. 微体古生物学报, 11(2): 121-139.
穆道成, 阮亦萍, 王成源, 等. 1982. 广西那坡三叉河海相泥盆纪生物地层. 地层学杂志, 6(4): 294-301.
倪世钊. 1981. 从峡东地区奥陶纪牙形石讨论几个地层问题//中国微体古生物学会第一次学术讨论会论文选集. 北京: 科学出版社, 121-126.
倪世钊, 李志宏. 1987. 牙形石//汪啸风, 倪世剑, 等. 长江三峡地区生物地层学(2)早古生代分册. 北京: 地质出版社: 386-448.
裴放, 蔡淑华. 1987. 河南省奥陶纪牙形石. 武汉: 武汉地质学院出版社, 1-129, 图版 1-14.
祁玉平, 王志浩, 罗 辉. 2004. 全球维宪阶与谢尔普霍夫阶界线层的生物地层研究进展及展望. 地层学杂志, 28(3): 281-287.
祁玉平, 胡科毅, 王秋来. 2012. 贵州罗甸纳庆(纳水)剖面牙形刺研究进展——兼论石头那几内部若干阶的 GSSP's 研究现状及动态//全国微体古生物学分会第九届会员代表大会暨第十四次学术年会, 全国化石藻类专业委员会第七会员代表大会暨第十五次学术讨论会, 论文提要集, 32-33.
沈建伟. 1994. 广西桂林底栖相 D/C 界线层牙形刺的新资料. 微体古生物学报, 10(4): 503.
沈建伟. 1995. 广西桂林泥盆纪牙形刺组合序列与海平面变化. 微体古生物学报, 12(3): 251-274.
塔里木石油勘探开发指挥部, 滇黔桂石油勘探局石油地质科学研究所(钟端, 郝永祥). 1994. 塔里木盆地震旦纪至二叠纪地层古生物(Ⅳ)阿尔金地区分册. 北京: 石油工业出版社, 1-254, 图版 52-65.
田传荣. 1982. 西藏聂拉木县土隆村三叠纪牙形石//青藏高原地质文集(7). 北京: 地质出版社, 153-165, 图版 1-4.
田传荣. 1983. 二叠纪牙形石//西南地区古生物图册(微体古生物分册). 北京: 地质出版社, 338-344.
田传荣, 安泰庠, 周希云, 等. 1983. 牙形石//西南地区古生物图册(微体古生物部分). 北京: 地质出版社, 255-456, 图版 61-100.
田树刚. 1993a. 湘西北地区二叠—三叠系界线地层与牙形石分带. 中国地质科学院院报, 26: 133-150.
田树刚. 1993b. 湘西北晚二叠世—早三叠世早期牙形石古生态. 古生物学报, 32(3): 332-345.
田树刚. 1994. 牙形石 *Neogondolella*, *Hindeodus* 和 *Isaicicella* 属的演化. 地层古生物论文集, 24: 128-144.
万世禄, 丁惠. 1984. 太原西山石炭纪牙形石初步研究. 地质论评, 80(5): 409-415, 图版Ⅰ.
汪啸风, 等. 2005. 全球下奥陶统—中奥陶统界线层型候选剖面——宜昌黄花场剖面研究新进展. 地层学杂志, 29(增刊): 467-489.
王宝瑜, 张梓歆, 戎嘉余, 等. 2001. 新疆南天山志留纪—早泥盆世地层与动物群. 合肥: 中国科学技术大学出版社, 1-130, 图版 1-57.
王成源. 1974. 石炭纪、二叠纪牙形刺//西南地区地层古生物手册. 北京: 科学出版社, 283-284, 314, 图版 148, 166.
王成源. 1979. 广西象州四排组的几种牙形刺. 古生物学报, 18(4): 395-408.
王成源. 1980. 云南曲靖上志留统牙形刺. 古生物学报, 19(5): 369-379, 图版 1-2.
王成源. 1981a. 广西中部泥盆系二塘组的牙形刺. 古生物学报, 20(5): 400-405.
王成源. 1981b. 云南玉龙寺组时代的新认识. 地层学杂志, 5(3): 240, 219.
王成源. 1981c. 四川若尔盖早泥盆世普通沟租的牙形刺. 中国地质科学院西安地质矿产研究所所刊, 3: 76-81.

王成源. 1982. 云南丽江上志留统和下泥盆统牙形刺. 古生物学报, 21(4): 436-448.
王成源. 1983a. 北方槽区泥盆纪生物地理区特征. 地层学杂志, 7(3): 244-247.
王成源. 1983b. 内蒙古达尔罕茂明安联合旗志留纪与早泥盆世牙形刺//李文国, 戎嘉余, 董得源. 内蒙古达尔罕茂明安联合旗巴特敖包地区志留—泥盆纪地层与动物群. 呼和浩特: 内蒙古人民出版社, 图版1-6, 1-46.
王成源. 1987a. 论 *Cystophrentis* 带的时代. 地层学杂志, 11(2): 120-125.
王成源. 1987b. 牙形刺. 北京: 科学出版社, 471, 插图463.
王成源. 1988. 中国桂林南边村泥盆—石炭系界线剖面被选辅助层型. 微体古生物学报, 5(3): 296.
王成源. 1989a. 广西泥盆纪牙形刺. 中国科学院南京地质古生物研究所集刊, 25: 1-212, 图版43.
王成源. 1989b. 中国古生代牙形刺生物地层学//崔广振,石宝珩. 中国地质科学探索. 北京: 北京大学出版社, 23-35.
王成源. 1990. 华南兰德维列世几种磷灰质微体化石. 古生物学报, 29(5): 548-556.
王成源. 1991. 中国三叠纪牙形刺生物地层. 地层学杂志, 14(4): 221-223.
王成源. 1992. 中国微体古生物文献目录(1984—1991)编辑情况. 牙形类学科组通讯, 16: 2-3.
王成源. 1993. 下扬子地区牙形刺——生物地层与有机变质成熟度的指标. 北京: 科学出版社, 1-326, 图版1-60.
王成源. 1994. 二叠—三系界线层的牙形刺与生物地层界线. 古生物学报, 34(2): 129-151.
王成源. 1995a. 孤峰组最底部的牙形刺动物群. 微体古生物学报, 12(3): 293-298.
王成源. 1995b. 那丹哈达地体三叠纪牙形刺//邵济安, 唐克东, 等. 中国东北地体与东北亚大陆边缘演化. 北京: 地震出版社, 99-115.
王成源. 1998a. 华南志留纪红层的时代. 地层学杂志, 22(2): 127, 128.
王成源. 1998b. 羌塘西北部和喀喇昆仑地区古生代牙形刺//中国科学院青藏高原综合科学考察队. 喀喇昆仑—昆仑地区古生物. 北京: 科学出版社, 343-365.
王成源. 1998c. 二叠—三叠系界线层牙形刺的绝灭与复苏//北京大学国际地质科学学术研讨会论文集. 北京: 地质出版社: 379-389.
王成源. 1998d. 华南志留纪红层的时代. 地层学杂志, 22(2): 127-128.
王成源. 1998e. 中国志留纪牙形刺属的修订. 微体古生物学报, 15(1): 95-100.
王成源. 1998f. 天体古生物学——21世纪古生物学的新学科. 化石, (4): 29.
王成源. 1998g. 牙形刺生物古地理//石宝珩. 中国地质科学新探索. 北京: 石油工业出版社, 44-64.
王成源. 1998h. 晚泥盆世三个全球界线层型剖面点(GSSP)存在问题. 地质论评, 44(5): 8-11.
王成源. 1999. 泥盆系的亚阶——国际地层委员会泥盆系分会当前工作重点. 地层学杂志, 23(1): 316-320.
王成源. 2000a. 二叠系—三叠系界线层型//中国科学院南京地质古生物研究所. 中国地层研究二十年(1979—1999). 合肥: 中国科学技术大学出版社, 227-240.
王成源. 2000b. 泥盆系//中国科学院南京地质古生物研究所. 中国地层研究二十年(1979—1999). 合肥: 中国科学技术大学出版社, 73-74.
王成源. 2000c. 乐平统的底界——蓬莱滩剖面的再研究. 微体古生物学报, 17(1): 1-17.
王成源. 2000d. 注重主导化石门类, 解决地层时代——对我国区域地质调查工作的几点建议. 中国地质, 283(12): 35-38.
王成源. 2001a. 云南曲靖地区关底组的时代. 地层学杂志, 25(2): 125-127.
王成源. 2001b. 乐平统底界定义和广西来宾蓬莱滩剖面点位的讨论. 地质论评, 47(20): 113-118.
王成源. 2002. 乐平统底界定义和点位的争论. 地质论评, 48(3): 234-241.
王成源. 2003. 新疆巴楚地区的"*Icriodus deformatus*"(牙形刺)与巴楚组和东河塘组的时代. 地质论评, 49(6): 561-566.
王成源. 2004a. 泥盆系法门阶四分已成定局. 地层学杂志, 28(2): 185, 190.
王成源. 2004b. 华南二叠系—三叠系与泥盆系弗拉阶—法门阶界线层牙形刺的灭绝与复苏的对比研究//戎嘉余, 方宗杰. 生物大灭绝与复苏——来自华南古生代和三叠纪的证据. 合肥: 中国科学技术大学出版社, 731-748, 1072.
王成源. 2005a. 长兴阶名考. 地质论评, 51(4): 478, 480.

王成源. 2005b. 重视主导化石门类，推进国际地层表的应用. 世界地质，24(4)：319-333.

王成源. 2006. 法门期牙形刺的辐射. 微体古生物学报，23(1)：9-15.

王成源. 2007a. 化石精英——牙形刺. 化石，4：5-8.

王成源. 2007b. 长兴阶抑或吴家坪阶？——对赵兵等文章结论的质疑. 微体古生物学报，24(2)：229-232.

王成源. 2008a. 中国二叠系蜓的属带与国际二叠系的阶. 地质通报，27(7)：1079-1084.

王成源. 2008b. 浙江长兴二叠系—三叠系界线层型剖面面临的新问题. 地层学杂志，32(2)：221-226.

王成源. 2011. 再论华南志留纪红层的时代. 地层学杂志，35(4)：440-447.

王成源. 2012. 中国牙形刺生物地层//全国微体古生物学分会第九届会员代表大会暨第十四次学术年会，全国化石藻类专业委员会第七会员代表大会暨第十五次学术讨论会 论文提要集，云南腾冲，2012 年 12 月 21-25 日.

王成源. 2013. 中国志留纪牙形刺. 合肥：中国科学技术大学出版社，1-235，图版 63.

王成源. 2014. 中国泥盆纪牙形刺. 北京：科学出版社.

王成源，Aldridge R J. 1996. 中国扬子区特列奇期的生物群特征及序列//陈旭，戎嘉余. 中国扬子区兰多维列统特列奇阶及其与英国的对比. 北京：科学出版社，4-37.

王成源，Aldridge R J. 1998. 中国志留纪牙形刺属的修订. 微体古生物学报，15(1)：95-100.

王成源，董振常. 1991. 湖南兹利索溪峪二叠系牙形刺. 微体古生物学报，8(1)：41-56.

王成源，Kozur H W. 2007. 论乐平统底界的新定义. 微体古生物学报，24(3)：320-329.

王成源，康沛泉. 2000. 中国二叠系的底界. 微体古生物学报，17(4)：378-387.

王成源，王尚启. 1997. 江西二叠—三叠系界线层的牙形刺及 *Hindeodus – Iarcicella* 的演化谱系. 古生物学报，36(2)：151-169.

王成源，王志浩. 1976. 珠穆朗玛峰地区三叠纪牙形刺//珠穆朗玛峰地区科学考察报告(1966—1968)，古生物(第二分册). 北京：科学出版社，387-416，图版 1-4.

王成源，王志浩. 1978a. 黔南晚泥盆世和早石炭世牙形刺. 中国科学院南京地质古生物研究所集刊，第 11 号：51-91，图版 1-8.

王成源，王志浩. 1978b. 广西云南早、中泥盆世的牙形刺//华南泥盆系会议论文集. 北京：地质出版社，334-345，图版 39-41.

王成源，王志浩. 1981a. 浙江长兴地区二叠纪龙潭组、长兴组牙形刺及其生态和地层意义//中国微体古生物学会第一次学术会议论文选集. 北京：科学出版社，114-120，图版 1-2.

王成源，王志浩. 1981b. 中国寒武纪至三叠纪牙形刺序列//中国古生物学会第十二届学术年会论文选集. 北京：科学出版社，105-115，图版 1-3.

王成源，王志浩. 1984. 牙形刺//中国微体古生物学会和中国科学院南京地质古生物研究所. 中国微体古生物学文献目录，43-47.

王成源，徐珊红. 1989. 广西忻城里苗石炭纪牙形刺. 微体古生物学报，6(1)：31-44，图版 4.

王成源，殷保安. 1985a. 广西宜山浅水相区的一个重要泥盆系—石炭系界线层型剖面. 微体古生物学报，2(1)：28-48，图版 1-3.

王成源，殷保安. 1985b. 华南泥盆纪艾非尔期地层. 地层学杂志，9(2)：131-135.

王成源，张守安. 1988. 新疆库车地区早泥盆世早期牙形刺的发现及其地层意义. 地层学志，12(2)：147-150，图版 I.

王成源，Ziegler W. 1981. 中国内蒙古自治区喜桂图旗中泥盆统牙形刺. Senckenbergiana Lethaea，62(2/6)：125-139.

王成源，Ziegler W. 1982. 从牙形刺论华南的泥盆系石炭系界线. Geologica et Palaeontologica，16：151-162.

王成源，阮亦萍，穆道成，等. 1979. 广西不同相区下、中泥盆统的划分和对比. 地层学杂志，3(4)：305-311.

王成源，康宝祥，张海日. 1986. 黑龙江那丹哈达岭地区三叠纪牙形刺的发现及地质意义//中国北方板块构造论文集，1：208-214.

王成源，康沛泉，王志浩. 1998a. 以牙形刺确定胡氏贵州龙(*Kuichousaurus hui* Yang)层的时代. 微体古生物学报，15(2)：196-198.

王成源，吴健君，朱彤. 1998b. 广西来宾蓬莱滩二叠纪牙形刺与吴家坪阶(乐平统)的底界. 微体古生物学报，

15(3)：225-235.

王成源，郑春子，彭玉鲸，等. 2000. 吉林李家窑范家屯组中的二叠纪北温带牙形刺动物群. 微体古生物学报，17(4)：430-442

王成源，曲永贵，张树歧，等. 2004. 西藏申扎地区晚奥陶世—志留纪牙形刺. 微体古生物学报，21(3)：237-247.

王成源，王平，李文国. 2006. 内蒙古二叠系哲斯组的牙形刺及其时代. 古生物学报，45(2)：195-206.

王成源，王平，杨光华，等. 2009. 四川盐边稗子田志留系牙形刺生物地层的再研究. 地层学杂志，33(3)：302-317.

王成源，陈立德，王怿，等. 2010. *Pterospathodus eopennatus*（牙形刺）带的确认与志留系纱帽组的时代及相关地层的对比. 古生物学报，49(1)：10-28.

王成源，陈波，邝国敦. 2016. 广西南宁大沙田下泥盆统那高岭组的牙形刺. 微体古生物学报，33(4)：366-381.

王根贤，耿良玉，肖耀海，等. 1988. 湘西北秀山组上段、小溪峪组的地质时代和沉积特征. 地层学杂志，12 (3)：216-225.

王红梅. 1996. 贵州罗甸蒙江中三叠统许满组牙形刺的发现及其地层意义. 贵州地质，13(3)：220-224.

王红梅. 2000. 从牙形石论关岭动物群的时代. 贵州地质，17(4)：219-225.

王红梅，王兴理，李荣西，等. 2005. 贵州罗甸边阳镇关刀剖面三叠纪牙形石序列及阶的划分. 古生物学报，44(4)：611-626.

王平. 2005. 内蒙古古生代巴特敖包剖面的再研究. 微体古生物学报，22(3)：167-277.

王平. 2006. 内蒙古巴特敖包地区早泥盆世牙形刺. 微体古生物学报，23(3)：199-234.

王平，王成源. 2005. 陕西凤县熊家山界河街组早石炭世牙形刺动物群. 古生物学报，44(3)：352-364.

王怿，戎嘉余，徐洪河，等. 2010. 湖南张家界地区志留系晚期地层新见兼论小溪组的时代. 地层学杂志，34(2)：113-126.

王志浩. 1978. 汉中梁山地区二叠纪—早三叠世牙形刺. 古生物学报，17(2)：213-230，图版 1-2.

王志浩. 1982. 贵州紫云早三叠世 *Neospathodus timorensis* 动物群的发现. 古生物学报，21(5)：584-587，图版 1.

王志浩. 1991. 中国石炭—二叠系界线地层的牙形刺. 古生物学报，30(1)：1-41.

王志浩. 1996a. 黔南、桂北石炭系中间界线及其上、下层位的牙形刺. 微体古生物学报，13(3)：261-275，图版 1-2.

王志浩. 1996b. 新疆巴楚县巴楚组底部的牙形刺. 新疆地质，14(1)：92-95.

王志浩. 2001. 新疆柯坪和甘肃平凉上奥陶统底部附近的牙形刺. 微体古生物学报，18(4)：349-363，图版 1-2.

王志浩，Bergström S M，1999. 华南奥陶系达瑞威尔阶底界附近的牙形刺. 微体古生物学报，16(4)：325-350，图版 1-3.

王志浩，曹延岳. 1981. 湖北利川早三叠世牙形刺. 古生物学报，20(4)：363-375，图版 1-3.

王志浩，曹延岳. 1993. 关于二叠—三叠界线//王成源. 下扬子地区牙形刺. 北京：科学出版社，118-119.

王志浩，戴进业. 1981. 四川江油，北川地区三叠纪牙形刺. 古生物学报，20(2)：138-152，图版 1-3.

王志浩，董致中. 1985. 云南西部保山地区晚三叠世 *Epigondolella* 动物群的发现. 微体古生物学报，2(2)：125-131，图版 1.

王志浩，方一亭. 1996. 河北唐山—卢龙地区寒武—奥陶系界线地层的牙形刺及其重要属种的演化. 高校地质学报，2(4)：466-474，图版 1.

王志浩，李润兰，1984. 山西太原组牙形刺的发现. 古生物学报，23(2)：196-203.

王志浩，罗坤泉. 1984. 鄂尔多斯地台边缘晚寒武世—奥陶纪牙形刺//中国科学院南京地质古生物研究所丛刊，8：237-304，图版 1-12.

王志浩，祁玉平. 2001. 中国新疆塔克拉玛干沙漠井下奥陶系的牙形刺. 微体古生物学报，18(2)：133-148，图版 1-2.

王志浩，祁玉平. 2002a. 贵州罗甸上石炭统罗苏阶和滑石板阶牙形刺序列的再研究. 微体古生物学报，19(2)：134-143.

王志浩，祁玉平. 2002b. 黔南石炭—二叠系界线牙形刺序列的再研究. 微体古生物学报，19(3)：228-236.

王志浩，祁玉平. 2003. 我国北方石炭—二叠系牙形刺序列再认识. 微体古生物学薄，20(3)：225-243.

王志浩，祁玉平. 2007. 华南上石炭统莫斯科阶—卡西莫夫阶界线附近的牙形刺. 微体古生物学报，24(4)：385-392.

王志浩，王成源. 1983. 甘肃靖远石炭纪靖远组的牙形刺. 古生物学报，22(4)：437-446.

王志浩，王骊军. 1990. 青海玉树地区中—晚三叠世的几种牙形刺//青海玉树地区泥盆纪—三叠纪地层和古生物，上册. 南京：南京大学出版社，123-134.

王志浩，王骊军. 1991. 青海玉树地区晚古生代牙形刺//青海玉树地区泥盆纪—三叠纪地层和古生物，下册. 南京：南京大学出版社，123-133.

王志浩，王义刚. 1995. 中国西藏聂拉木色龙西山二叠系—下三叠统牙形刺. 微体古生物学报，12(4)：333-348，图版 1-2.

王志浩，文国忠. 1987. 晋东南地区晚石炭世牙形刺//晋东南地区晚古生代含煤地层和古生物群. 南京：南京大学出版社，图版 1-4.

王志浩，钟端. 1994. 滇东、黔西和桂北不同相区的三叠纪牙形刺. 微体古生物学报，10(4)：379-412.

王志浩，周天荣. 1998. 塔里木西部和东北部奥陶系的牙形刺及其意义. 古生物学报，37(2)：173-193，图版 1-4.

王志浩，Bergström S M，Lane A C. 1996. 中国奥陶纪牙形刺分区和生物地理. 古生物学报，35(1)：26-59，图版 1-4.

王志浩，张遴信，祁玉平. 2004a. 我国石炭系滑石板阶标准剖面的牙形刺. 古生物学报，43(2)：281-286.

王志浩，祁玉平，王向东，等. 2004b. 贵州罗甸纳水上石炭统(宾夕法尼亚亚系)地层的再研究. 微体古生物学报，21(2)：111-129.

王志浩，张遴信，祁玉平. 2004c. 我国石炭系达拉阶标准剖面的牙形刺. 微体古生物学报，21(3)：283-291.

王志浩，祁玉平，王向东. 2008. 华南贵州罗甸纳水剖面宾夕法尼亚亚系各界之界线. 微体古生物学报，25(3)：205-214.

王志浩，祁玉平，吴荣昌. 2011. 中国寒武纪和奥陶纪牙形刺. 合肥：中国科学技术大学出版社，388，图版 184.

王志浩，Bergström S M，吴荣昌. 2013a. 新疆塔克拉玛干沙漠轮南区奥陶纪牙形刺及 *Pygodus* 属的演化. 古生物学报，52(4)：408-423.

王志浩，Bergström S M，甄勇毅，等. 2013b. 甘肃平凉晚奥陶世平凉组牙形刺的新发现及其意义. 微体古生物学报，30(2)：123-131.

王志浩，Bergström S M，甄勇毅，等. 2013c. 内蒙古乌海大石门奥陶系牙形刺和 *Histiodella* 动物群发现的意义. 微体古生物学报，30(4)：323-343.

王志浩，Bergström S M，甄勇毅，等. 2014a. 河北唐山下奥陶统牙形刺生物地层的新认识. 微体古生物学报，31(1)：1-14.

王志浩，Bergström S M，甄勇毅，等. 2014b. 河北唐山达瑞威尔阶(Darriwilian)牙形刺生物地层的新认识. 古生物学报，53(1)：1-15.

王志浩，Bergström S M，马譞，等. 2015a. 湖北宜昌远安真金和界岭奥陶系牯牛潭组顶部的牙形刺及其地层意义. 微体古生物学报，32(3)：233-242.

王志浩，Bergström S M，张元动，等. 2015b. 浙赣地区上奥陶统砚瓦山组的牙形刺及其地层意义. 古生物学报，54(2)：147-157.

王志浩，甄勇毅，张元动，等. 2016. 我国华北不同相区奥陶系牙形刺生物地层的再认识. 地层学杂志，40(1)：351-366.

武桂春，姚建新，纪占胜. 2004. 鲁西寒武纪原始真牙形石分类方案的探讨. 地质学报，78(3)：289-295.

武桂春，姚建新，纪占胜，等. 2005. 山东莱芜地区晚寒武世炒米店组牙形石生物地层学研究. 微体古生物学报，22(2)：185-195.

夏凤生. 1996. 新疆准格尔盆地西北缘洪古勒楞组时代的新认识. 微体古生物学报，13(3)：277-285.

夏凤生. 1997a. 新疆南天山东部阿尔皮什麦布拉克的牙形类及其意义. 古生物学报，36(增刊)：77-103.

夏凤生. 1997b. 新疆准克噶尔盆地西北缘和布克河组时代的讨论. 微体古生物学报，14(3)：341-349.

夏凤生，张放. 2005. 尼玛早三叠世牙形类//沙金庚，王启飞，卢辉楠. 青藏高原羌塘盆地古生物学与地层学丛书：羌塘盆地微体古生物. 北京：科学出版社，172-198.

夏树芳，陈云棠，张大良. 1991. 塔里木盆地北缘志留系与泥盆系分解问题的研究//贾润. 中国塔里木盆地背部油气地质研究（第一辑）：沉积地质. 武汉：中国地质大学出版社，57-63.

新疆石油管理局南疆石油勘探公司，滇黔桂石油勘探局石油地质科学研究所(钟端，郝永祥). 1990. 塔里木盆地震旦纪至二叠纪地层古生物(Ⅰ)库鲁克塔格地区分册. 南京：南京大学出版社，1-252，图版14-20.

新疆石油管理局南疆石油勘探公司，江汉石油管理局勘探开发研究院(张师本，高琴琴). 1991. 塔里木盆地震旦纪至二叠纪地层古生物(Ⅱ)柯坪—巴楚地区分册. 北京：石油工业出版社，1-292，图版4-12.

熊剑飞. 1980. 牙形刺部分//华南泥盆纪南丹型地层及古生物. 贵阳：贵州人民出版社，82-100.

熊剑飞. 1983a. 泥盆纪、石炭纪牙形石//西南地区古生物图册(微体古生物分册). 北京：地质出版社，301-338，403-406.

熊剑飞. 1983b. 四川龙门山区早泥盆世牙形刺的发现. 地层学杂志，7(2)：151-15.

熊剑飞. 1990. 我国浅水相泥盆—石炭系分界问题的再探讨. 贵州地质，7(4)：303-311.

杨守仁，郝维城，王新平. 1999. 中国三叠系不同相区的牙形石序列//八尾昭，江琦洋一，等. 中国古特提斯生物及地质变迁. 北京：北京大学出版社，81-95.

叶得泉，王成源. 1992. 中国微体古生物学文献目录(1986—1991). 南京：中国科学院南京地质古生物研究所，1-83.

于芬玲，王志浩. 1986. 陇县上奥陶统背锅山组牙形刺. 微体古生物学报，3(1)：99-106，图版1-2.

喻洪津. 1985. 藏北申扎地区中—晚志留世牙形石生物地层//青藏高原地质文集. 北京：地质出版社，16：15-31.

喻洪津. 1989. 牙形类//金淳泰，叶少华，江新胜，等. 四川二郎山地区志留系地层及古生物. 中国地质科学院成都地质矿产研究所所刊，11：37-50，101-107.

曾庆銮，倪世钊，徐光洪，等. 1983. 长江三峡东部地区奥陶系划分对比. 中国地质科学院宜昌地质研究所所刊，6：1-56，图版10-12.

张克信，赖旭龙，童金南，等. 2009. 全球界线层型浙江长兴煤山剖面牙形石序列研究进展. 古生物学报，48(3)：474-486.

张仁杰，王成源，胡宁，等. 2001a. 海南岛法门期生物地层. 中国科学(D辑)，31(5)：406-412.

张仁杰，王志浩，胡宁. 2001b. 海南岛昌江地区石炭纪牙形刺. 微体古生物学报，18(1)：35-42.

张师本，王成源. 1995. 从牙形刺动物群论依木干他乌组的时代. 地层学杂志，19(2)：133-135.

张舜新. 1990. 桂西下三叠统牙形石序列的再认识. 现代地质，4(2)：1-15.

赵治信. 1988. 新疆下、中石炭统界线和牙形石序列. 科学通报，38(23)：1806-1810.

赵治信，张桂芝. 1991. 塔里木盆地井下奥陶纪牙形石及地层//塔里木盆地油气勘探论文集. 乌鲁木齐：新疆科技卫生出版社，64-74.

赵治信，张桂之，肖继南. 2000. 新疆古生代地层及牙形石. 北京：石油工业出版社，1-340，图版1-81.

周希云，翟志强. 1983. 志留纪牙形石//西南地区古生物图册(微体古生册). 北京：地质出版社，267-301，400-403.

周希云，翟志强，鲜思远. 1981. 贵州志留系牙形刺生物地层及新属种. 石油与天然气地质，2(2)：123-140.

周志毅，陈丕基. 1990. 塔里木生物地层和地质演化. 北京：科学出版社，1-366.

左自璧. 1987. 湖南西北部志留纪牙形刺动物群的发现及其石油地质意义. 湖南地质，6(1)：56-65.

Abpussalam Z S. 2003. Das "Taghanic-Event" im hÖheren Mitteldevon von West-Europa und Marokko. MÜnstersche Forschungen zur Geologie und Paläontologie, Heft, 97: 1-332.

Agematsu S, Sasbida K, Salyapongese S, *et al*. 2006. Ordovician conodonts from the Thong Pha Phum area, western Thailand. Journal of Asian Earth Sciences, 26: 49-60.

Aldridge R J. 1972. Llandovery conodonts from Wales and the Welsh borderland. Bull. Brit. Mus. Nat. Hist. Geol., 22(2): 127-231, pl. 9, text-fig. 13.

Aldriedge R J. 1974. An *Amorphognathoides* Zone conodont fauna from the Silurian of the Ringerike area, south Norway. Norsk Geol. Tidsskrift, 54: 295-304, text-fig. 1.

Aldriedge R J. 1975. The Silurian conodont *Ozarkodina sagitta* and its value in correlation. Paleontology, 18: 323-332, pl. 47.

Aldridge R J. 1979. An Upper Llandovery conodont fauna from Peary Land, eastern north Greenland. Rapp. Groenlands Geol. Unders, 91: 7-23.

Aldridge R J. 1985. Conodonts of the Silurian system from the British isles//Austin R L, Higgins A C. A Stratigraphical Index of the Conodonts, 68-92.

Aldridge R J, Smith M P. 1993. Conodonta//Benton M J. The Fossil record 2. Chapman and Hall, London, XVII, 845: 563-572.

Aldridge RJ, Wang C Y. 2002. Conodonts//Holland C H, Bassertt M G. Telychian rocks of the Britishes and China. (Silurian, Lkandovery Series). National Museum Galleries of Wales. Geological Series, 21: 83-94.

Aldriedge R J, Purnell M A, Gabbott S E, *et al.* 1995. The apparatus architecture and function of *Promissum puchrum* Kovàcs-Endōdy (Conodonta, Upper Ordovisian) and the prioniodontid plan. Philosophical Transactions of the Royal Society of London, Seies B, 347: 275-291.

Amstrong H A. 1990. Conodonts from the Upper Ordovician – Lower Silurian carbonite platform of North Greenland. Bulletin Greenlands Geologiske Undersoogelse, 159: 1-151.

An T X. 1981. Recent progress in Cambrian and Ordovician conodont biostratigraphy of China. Geology Society of America, Special Paper, 187: 209-236.

An T X. 1982. Study of the Cambrian conodonts from north and northeast China. Science Report of the Institute of Geosciences, University of Tsukuba, Section B, 3: 113-159.

Bagnoli G, Stouge S. 1997. Lower Ordovician (Billinggenia-Kunda) conodont zonation and provinces based on section from Horns Udde, north Oland, Sweden. Boll. Soc. Paleont. Ital., 35 (2): 109-163.

Bagnoli G, Barnes C R, Stevens R K. 1987. Lower Ordovician (Tremadocian) conodonts from Broom Point and Green Point, Western Newfoundland. Boll. Soc. Paleont. Italian, 25: 145-158, pl. 2.

Bai S L, Bai Z Q, Ma X P, *et al.* 1994. Devonian events and biostratigraphy of South China, conodont zonation and correlation, bio-event and chemno-event. Millankovich Cycle and Nickel-Episode, 1-303, pls. 1-45.

Bardashev I A, Ziegler W. 1992. Conodont biostratigraphy of Lower Devonian deposits of the Schishkat Section (Southern Tien-shan, Middle Asia). Courier Forsch. Inst. Senckenberg, 154: 1-29.

Bardashev I A, Weddige K, Ziegler W. 2002. The phylomorphogenesis of some Early Devonian platform conodonts. Senckenbergiana Lethaea, 82(2): 375-452.

Barrick J E. 1977. Multi-element simple-cone conodonts from the Clarita formation (Silurian) Aribuckle Mountains, Oklahoma. Geologica et Palaeontologica, 11: 47-68, text-fig. 1, pl. 3.

Barrick J E, Klapper G. 1976. Multi-element Silurian (Late Llandoverian – Wenlockian) conodonts from the Clarita Formation, Airbuckle Mountains, Oklahoma, and phylogeny of *Kockelella*. Geologica et Palaeontologica, 10: 59-100, text-fig. 5, pl. 4.

Bassler R S. 1925. Classification and stratigraphic use of the conodonts. Geological Society of America Bulletin, 36(1): 218-220.

Bauer J A. 1994. Conodonts from the Bromide Formation (Middle Ordovician), South-Central Oklahoma. J. Paleont., 68(2): 358-376.

Behnken F H. 1975. Conodonts as Permian biostratigraphic indices, Permian exploration boundaries and stratigraphy. West Texas Geol. Soc., & Permian Basin Section of the Econ. Paleo. and Min. Bull., 75: 84-97.

Bender P. 1967. Unterdevonische Conodonten aus dem Kalken von Naux (unteres Gedinnium, Massive von Rocroi). Geologica et Palentologica, 1: 183-184.

Bender P, Homrighausen R. 1979. Die Hŏrre-Zone, eine Naudefinition auf lithostatigraphischer Grundlage. Geologica et Palentologica, 13: 257-268.

Bergström S M. 1962. Conodonts from the Ludibundus Limestone (Middle Ordovician) of the Tvaren area (S. E. Sweden). Arkiv for Mineralogi och Geologi, 3: 1-61.

Bergström S M. 1971. Conodont biostratigraphy of the Middle and Upper Ordovician of Europe and eastern North America. Geological Society of America Memoir, 127: 83-160, pls. 1-2.

Bergström S M. 1981. Polyplacognathidae//Bobison R A. Treatise on Invertebrate Paleontology, Part W (Miscellanea,

Conodonta, Supplement 2), Geol. Soc. America and Univ. Kansas, 111- 180.

Bergström S M, Sweet W C. 1966. Conodonts from the Lexington Limestone (Middle Ordovician) of Kenntucky, and its lateral equivalents in Ohio and Indiana. Bulletins of American Paleontology, 50(229): 271-441, pls. 28-35.

Bischoff G C O. 1957. Die Conodonten-Stratigraphie des Rhenohercynischen Unterkarbons mit Berücksichtigung der *Wocklumeria*-Stufe und der Devovon/Karbon Grenze. Hess. L. -Amtf. Bodenforsche., Abh., 19: 1-64, pl. 6.

Bischoff G C O. 1986. Early and Middle Silurian conodonts from Mid-western New South Wales. Courier Forschungsinstitut Senckenberg, 89: 7-269, pl. 34, text-fig. 11.

Bischoff G C O, Sannemann D. 1958. Unterdevonische Conodonten aus dem Frankenwald. Notizblatt des hessisches Landesamt für Bodenforschung zu Wiesbaden. 86: 87-110.

Boersma K T. 1973. Devonian and Lower Carboniferous conodont biostratigraphy, Spanish central Pyrenes. Leidse Geol. Meded., 49: 307-377, text-fig. 44.

Branson E B, Mehl M G. 1933a. Connodont studies no. 1. Conodonts from Harding Sandstone of Colorado; Bainbrige (Silurian) of Missouri; Jefferson City (Lower Devonian) of Missouri. Missouri University Studies, 8: 5-72.

Branson E B, Mehl M G. 1933b. Conodont studies. Univ. Missouri Studies, 8(1-4): 1-349, pls. 1-26.

Branson E B, Mehl M G. 1934. Conodonts//Index Fossils of North America, 235-246, pls. 93-94.

Branson E B, Mehl M G. 1941. New and little known Carboniferous conodont genera. Journal of Palentology, 15: 97-106.

Branson E B, Mehl M G. 1944. Conodonts// Shimer H W, Shrock R R. Index fossils of North America, 235-246, pls. 93, 94.

Branson S M, Mehl M G, Branson C C. 1951. Richmond conodonts of Kentucky and Indiana. Journal of Paleontology, 25(1): 1-17, pls. 1-4.

Budurov K, Stefanov S. 1965. Gattung *Gondolella* aus der Trias Bulgariens. Acad. Bulgarian Sci., Traveaux Geol. De Bulgare, ser. Paleo., 7: 115-127.

Bultynck P L. 1972. Middle Devonian *Icriodus* assemblages (Conodontes). Geologica et Palaeontologica, 6: 71-85, text-fig. 17.

Bultynck P L. 1976. Comparative study of Middle Devonian conodonts from northern Michigan (United States of America) and the Ardennes (Belgium – France): Conodont Paleontology, Geol. Assoc. Canada, Spec. Paper, 15: 119-142.

Burrett C F. 1979. Tasmanognathus: A new Ordovician *Conodontophorid* Genus from Tasmania. Geologica et Palaeontologica, 13: 31-38.

Calrk D L. 1959. Conodont from Triassic of Nevada and Utah. Journal of Palentology, 33: 305-312.

Carls P, Gandle J. 1969. Stratigraohie und Conodonten des Unter-Devons der östlichen Iberischen Ketten (NE-Spanien). N. Jb. Geol. Palão., 132: 155-218, pl. 6, text-fig. 3.

Chen J Y, Gong W L. 1986. Conodonts//Chen J Y. Aspects of Cambrian – Ordovician Boundary in Dayangcha, China. Beijing: Prospect Publishing House, 93-233.

Chen J Y, Qian Y Y, Lin Y K, *et al.* 1985. Study on Cambrian – Ordovician boundary strata and its biota in Dayangcha, Hunjiang, Jilin, China. Beijing: China Prospect Publishing House, 139.

Chen X, Bergström S M. 1995. The Base of the *austrodentatus* Zone as the a level for global subdivision of the Ordovician System. Palaeoworld, 5: 1-117, pls. 1-8.

Chen X, Wang Z H. 1993. The base of Arenian Series in China. Newsl. Stratigr., 29(3): 159-164.

Chernykh V V. 2005. Zonal method of the Conodonts for Lower Permian of the Urals//Zonal method of Biostratigraphy, 1-162, pls. I-XXVI. (In Russian)

Chernykh V V. 2006. Lower Permian conodonts of the Urals. Institute of Geology and Geochmistry. Russian Academy of Science Ural Branch, 1-72, pls. I-XXVIII. (in Russian)

Clark D L. 1960. Triassic biostratigraphy of eastern Nevada//Intermaoutain Assoc. Petrol. Geol. Guidebook, 11th Ann. field Conf., 122-125.

Clark D L, Behnken F H. 1971. Conodont and biostratigraphy of the Permian. Geol. Soc. Am. Mem., 127: 415-439, pl. 2, text-fig. 4.

Clark D L, Sincavage J P, Stone D D. 1964. New conodonts from the Lower Triassic of Nevada. Journal of Paleontology, 38: 375-377.

Clark D L, Sweet W C, Bergström S M, *et al.* 1981. Conodonta//Robison R A. Treatise on Invertebrate Paleontology, Part W Miscellanea. Geol. Soc. America and Univ. Kansas, 202.

Clarke W J. 1960. Scottish Carboniferous conodonts: Edingburgh Trans. Geology, 18: 1-31, pls. 1-5.

Cooper N J. 1977. Upper Silurian conodonts from the Yarrangobily limestone, Southeastern New South Wales. Proccedings of the Royal Socoety of Victoria, 89(1-2): 183-193.

Cooper R A, Nowlan G S, Williams S H. 2001. Global Stratotype Section and Point for base of the Ordovician System. Episodes, 24: 19-28.

Corradini C. 2001. Il genere *Pseudooneotodus* Drygant (Conodonta) nel Siluriano e Devoniano Inferioe dell Sardegna. Giornale di Geologia, 62(Suppl.): 23-29.

Corradini C. 2008a. Revision of Famennian-Tournaisian (Late Devonian-Lower Carboniferous) conodont biostratigraphy of Sardinia, Italy. Revue de Micropaléontolologie, 51: 123-132.

Corradini C. 2008b. The conodont genus *Pseudooneotodus* Drygant from the Silurian and Lower Devonian of Sardinian and the Carnic Alps (Italy). Bolletino della Societa Paleontologica Italiana, 46(2-3): 139-148.

Corradini C, Serpagli E. 1999. A Silurian conodont biozonation from the Late Llandovery to end Pridoli in Sardinia (Italiy). Billetino della Societa Palentologica Italiana, 37(2-3): 255-273.

Corrasini C, Barca S, Spalletta C. 2003. Late Devonian – Early Carboniferous conodonts from the "Clymeniae limestone" of SE Sardinia (Italy). Courier Forchungsinstitut Senckenberg, 245: 227-252.

Diebel K. 1956. über Trias Conodonten. Geologie, 5: 9-12.

Dong X P. 1985. Conodot-based Cambrian – Ordovician boundary at Huanghuachang of Yichang, Hubei//Stratigraphy and Palaeontology of Systemic Boundaries in China, Cambrian – Ordovician Boundary 2. Hefei: Anhui Science and Technology Publishing House, 383-413.

Dong X P, Bergström S M. 2001. Middle and Upper Cambrian Proconodonts and Paraconodonts from Hunan, South China. Palaeontology, 44(5): 949-985, pl. 6.

Dong X P, Repetski J E, Bergström S M. 2004. Conodont biostratigraphy of the Middle Cambrian through lowermost Ordovician in Hunan, South China. Acta Geologica Sinica, 78 (6): 1185-1206, pls. 1-4.

Donoghue P C, Purnell M A, Aldridge R J, *et al.* 2008. The Interrelationship of "complex" conodonts (Vertbrate). Journal of Systematic Palaeontology, 6(2): 119-153.

Druce E C. 1969. Lower Devonian conodonts from the northern Yarrol Basin. Queensland. Bur. Miner. Resour. Aust, Bull. 108: 44-72.

Druce E C, Jones P J. 1971. Cambro-Ordovician conodonts from the Burke River structural belt, Queensland. Bureau of Mineral Resources, Geology and Geophysics, Bulletin, 110: 1-159.

Dunn D L. 1966. New Pennsylvania platform conodonts from southwestern United States. Journal of Palentology, 40: 1294-1150.

Dzik J. 1976. Remarks on the evolution of Ordovician conodonts. Acta Paleontology Polonica, 21 (4): 395-457, pls. 12, 13.

Dzik J. 2006. The Famennian "Golden Age" of conodonts and Ammonoids in the polish part of the Variscan sea. Palaeontologia Polonica, 63: 3-186.

Eichenberg W. 1930. Conodonten aus dem Culm des Harzes. Palaeontol. Z., 12: 177-182.

Ellison S P. 1972. Conodont taxonomy in the Pennsylvanian. Geologica et Palentologica, SB, 1: 127-146, pl. 1, text-fig. 3.

Ellison S P, Graves R W. 1941. Lower Pennsylvanian (Dimple Limstone) conodonts of the Marathon Region, Texas. Univ. Missouri School Mines and Met. Techn. Ser., 14(3): 1-13, pl. 3.

Ethington R L. 1959. Conodonts of the Ordovician Galena Formation. Journal of Paleontology, 33(2): 257-292.

Ethington R L, Clak D L. 1981. Lower and Middle Ordovician conodonts from the Ibex Area, western Millard County, Utah.

Brigham Young Univ. Gelogical Studies, 28 (2): 1-127, pls. 1-14.

Fahraeus L E. 1966. Lower Viruan (Middle Ordovician) conodonts from the Gullhogen quarry, southern central Sweden. Sveriges Geologiska Undersokning Avhandlingar, 60 (5): 1-40, pls. 1-3.

Fay R O. 1959. Generic and subgeneric homonym of conodonts. Journal of Paleontology, 33: 195-196.

Furnish W M. 1938. Conodonts from the Prairie du Chien (Lower Ordovician) beds of the upper Mississippi Valley. Journal Paleontology, 12: 318-340, pls. 41-42.

Glenister B F, Klapper G. 1966. Upper Devonian conodonts from the Canning Basin, western Australia. Journal of Palentology, 40: 777-842, pls. 85-96.

Goreva N V. 1984. Conodonts of the Moscovian Stage of the Moscow Syneclise//Menner V V. Paleontalogical Characteristic of the Types and Key Sections of the Moscow Syneclise. Moscow: Moscow Univ. Pess, 44-122. (in Russian)

Gullo M, Kozur H. 1991. Taxonomy, Stratigraphic and Palaeogeographic significance of the Late Ladinian – Early Carnian conodont genus *Pseudofurnishus*. Palaeontographic Abt. A, 218: 69-86.

Gunnell F H. 1931. Conodonts from the Scott limestone of Missouri. Journal of Paleontology, 5: 244-252, pl. 29.

Hadding A. 1913. Undre dicellograptus akiffern I skane jamte nagre darmet ekivalenta bildinger, Lunds Univ. Arsk. N. f. Avd., 9(15): 1-90.

Hamar G. 1966. The middle Ordovician of the Oslo region, Norway. 22. preliminary report on conodonts from the oslo-Asker and Ringerrike districts. Nor. Geol. Tidsskr, 44: 27-83.

Harris R W, Hollingsworth R V. 1933. New Pennsylvanian conodonts from Oklahoma. Am. Jour. Sci., 5th ser. v. 25 (whole v. 225), 193-204, pl. 1.

Hass W H. 1959a. Conodont faunas of the Devonian of New York and Pennsylvania (abstract). Geological Society of America, Bulletin, 70: 1615.

Hass W H. 1959b. Conodonts from the Barnett Formation of Texas. United States Geological Survey, Professional Paper, 294-J: 365-400.

Hass W H. 1962. Conodonts// Moore R C. Teatise on Invertbrate Palaeontology, Part W, Miscellanea. New York: Tapley-Rutter Company, W3-W69, text-fig. 1-42.

Hayashi S. 1968. The Permian conodonts in chert of the Adoyama Foemation, Ashio Mountains, central Japan. Jour. Earth Sci. Japan, 22: 63-77.

Helms J. 1959. Conodonten aus dem Saalfelder Oberdevon (Thüringen). Geologie, 8(6): 634-677, pl. 6.

Higgins A G. 1975. Conodont zonation of the Late Visean and Early Westphalian strata of the south and central Pennines of northern England. Bull. Geol. Surv. Great Britania., 55(90): 18, pl. 14.

Higgins A C, Bouckaert J. 1968. Conodont stratigraphy and paleontology of the Namurian of Belgium. Mem. Expl. Cartes geol. Min. Belgique, 10: 1-64, pl. 6, text-fig. 6.

Hinde G J. 1879. On conodonts from the Chazy and Cincinnati Group of the Cambro – Silurian, and the Hamilton and Genesee-shale divisions of the Devonian, in Canada and the United States. Geol. Soc. London Quart. Jour., 35(3): 351-369, pls. 15-17.

Huckriede R. 1958. Die Conodonten der Mediterranen Trias uns ihr stratigraphischer Wert. Palãon. Ztsch., 32: 141-151, pls. 10-14.

Huddle J W. 1934. Conodonts from the New Albany Shale of Indiana. Bull. Am. Paleo., 21(72): 1-136, pls. 1-12.

Isozaki Y, Matsudan T. 1982. Middle and Late Triassic conodonts from bedded chert sequences in the Mino-Tamba Belt, southwest Japan, pt. 1, *Epigondolella*. Jour. Geosci., Osaka City Univ., 25: 103-136.

Jeppsson L. 1980. Funktion of conodont elements. Lathaia, 13: 228.

Jeppsson L. 1988. Conodont biostratigraphy of the Silurian – Devonian boundary stratotype at Klonk, Czechoslovakia. Geologica et Palenotologica, 22: 21-23.

Jeppsson L. 1989. Latest Silurian conodonts from Klonk, Czechoslovakia. Geologica et Palentologica, 23: 21-37.

Jeppsson L, Mãnnik P. 1994. Silurian conodont-based correlation between Gotland (Sweeden) and Saarema (Estonia).

Geological Magazine, 131(2): 201-218.

Ji Q, Ziegler W. 1992. Phylogeny, speciation and zonation of Siphonodella of shallow-water facies in China. Cour. Fors., Inst. Senckenberg, 154: 223-252, pls. 1-4.

Ji Q, Ziegler W. 1993. The Lali section: An excellent reference section for Upper Devonian in Souch China. Courier Forsch., Inst. Senckenebrg, 157: 1-183, pl. 45.

Ji Q, Ziegler W, Dong X P. 1992. Middle and Upper Devonian conodonts from the Licun section, Yongfu County, Guangxi, China. Cour. Fors., Inst. Senckenberg, 154: 85-106, pls. 1-4.

Ji Z L, Barnes C R. 1994. Lower Ordovician conodonts of the St. George Group, Port Peninsula, western Newfoundland, Canada. Paleontographica Canadiana, 11: 1-149.

Kennedy D J. 1980. A restudy of conodonts described by Branson & Mehl, 1933, from the Jefferson City Formation, Lower Ordovician, Missouri. Geologica et Palaeontologica, 14: 45-76.

Klapper G. 1969. Lower Devonian conodont sequence, Royal Creek, Yukon Territory and Devon Island, Canada. Journal of Palentology, 43: 1-27, pl. 6, text-fig. 4.

Klapper G. 1981. Review of New York Devonia biostratigraphy//Oliver W A. Devonian Biostratigraphy of New York. Intern. Union. Geol. Subcomm. Devonian Strat., 7-65.

Klapper G, Johnson D B. 1975. Sequence of conodont genus *Polygnathus* in Lower Devonian at Lone moumtain, Nevada. Geologica et palaentologica, 9: 63-83, pl. 3, text-fig. 4.

Klapper G, Murphy M A. 1980. Conodont zonal species from the Delta and *Pseavis* zones (Lower Devonian) in central Nevada. N. Jb. Geol. Palā., 490-504.

Klapper G, Philip G M. 1971. Devonian conodont apparatus and their vicarious skeletal elememts. Lethaia, 4: 429-452, text-fig. 14.

Klapper G, Philip G M. 1972. Familial classification of reconstructed Devonian conodont apparatuses. Geologica et Palaeontologica, SB 1: 97-114, pl. 4.

Klapper G, Ziegler W. 1979. Devonian conodont biostratigraphy. Devonia System: Spec. Paper in Paleo., 23: 199-224.

Klapper G, Philip G M, Jackson J H. 1970. Revision of *Polygnathus varcus* group (Conodona, Middle Devonian). N. Jb. Geol. Palaeo., 650-667, pl. 3, text-fig. 6.

Koike T. 1967. A Carboniferous succession of conodont fainas from the Atetsu Limestone in southwest Japan. Sci. Repts. of the Tokyo Kyoiku Daigaku, Soc. C., Geol. Min., Geogr., 93: 279-318.

Koike T. 1981. Biostratigraphy of Triassic conodonts in Japan. Sci. Rept. Yokohama Nat. Univ. Sec. 2, Biol. Geol., 28: 24-46.

Koike T. 1982. Triassic conodont biostratigraphy in Kedah, west Malaysia. Geology and Palaentology of Southeast Asia, 23: 9-51, pl. 4-10.

Kossenko Z A. 1979. Moscovian conodonts of the Donez Basin (in Russian)//X Intern. Congr. Carbon. Start. Geol., 275-278.

Kozur H. 1972. Die Connodontengatung *Metapolygnathus* Hayashi, 1968 und ihr stratigraphischer Wert. Geol. Palāo. Mitt, Innsbruck, 2 (11): 1-37, pl. 7.

Kozur H. 1980. Revision der Conodontenzonierung der Mittel-und Obertrias des tethyalen Fuanenbereiches. Geol. Paāo. Mitt. Insbruck, 10: 79-155.

Kozur H W. 1988. Division of gondolellid platform conodonts//1st International Senckenberg Conference and 5th European conodont Symposium (ECOS V). Contribution I, Part 2, 244-245.

Kozur H W. 1989. The taxonomy of the gondolellid conodonts in the Permian and Triassic. Courier Forchuangsinstitut Senckenberg, 117: 409-469.

Kozur H W. 1993. *Gullodus* n. gen.: A new conodont genus and remarks to the pelagic Permian and Triassic of western Sicily. Jahrb. Geol. Bundesanst., 136: 77-87.

Kozur H W. 1994. Permian pelagic and shallow-water conodont zontion. Permorphiles, 24: 16-18.

Kozur H W. 1995. Permian conodont zonation and its importance for the Permian stratigraphic standard scale. Geol. Palaent. Mitt. Insbruck, 20: 165-205.

Kozur H W. 2004. Pelagic Uppermost Permian and the Permian-Triassic boundary conodonts in Iran. Part 1: Hallesches Jarb. Geowiss., Reihb N, Beiheft., 18: 39-68.

Kozur H, Mock R. 1972. Neue Conodonten aus der Trias der Slowakei und ihre stratigraphische Bedoutung. Geol. Palão. Mitt. Innsbruck, 2(4): 1-20, pl. 2.

Kozur H, Mock R. 1974. *Misikella posthersteini* n. sp., die jüngste Conodonbtenart der tethyalen Trias. Cas. Min. Geol., 19(3): 245-250.

Kozur H, Mostler H. 1971. Probleme der Conodontenforschung in der Trias. Geol. Paläont. Mitt. IBK., 1(4): 1-19.

Kozur H, Mostler H. 1976. Neue conodonten aus dem Jungpaläozoikum und der Trias. Geologisch – Paläontologisch Mitteilungen Innsbruck, 6: 1-33.

Kozur H, Pjatakova M. 1976. Die Conodontenart *Archiognathodus parvus* n. sp., eine wichtige Leitform der basalen Trias. Proc. KKL Nederl. Akad. Wetensch., 79: 123-128.

Krahl J, Kauffmann G, Kozur H. *et al*. 1983. Neue Daten zur Biostratigraphie und zur tektonische Lagerung der Phyllit-Gruppe und der Trypali Gruppe auf der Insel Kreta (Griechenland). Geol. Rundschu., 72: 1-19.

Krystyn L. 1980. Field trip B, Triassic conodont localities of the Salzkammergut region (northern Calcareous Alps). Geol. Bundesanst., Abh., 35: 6-98.

Ladding E. 1982. Genus *Iapetognathodus* Landing//Fortey B A, Landing E., Skevington D. Cambrian – Ordovician boundary sections in the Cow Head Group, western Newfoundland. National Museum of Wales, Geological Series No. 3, Cardiff, 95-129.

Lamont A, Lindström M. 1957. Arenigian and Llandeilian Chert identified in the southern Uplands of Scotland by means of conodonts etc. Edinburgh Geological Society Trans., 17(1): 60-70, pl. 5.

Lane H R, Ormison A R. 1979. Siluro – Devonian biostratigraphy of the Salmontrout River area, east central Alaska. Geologica et Palaentologica, 13: 39-96, pl. 12, text-fig. 8.

Lane H R, Ziegler W. 1983. Taxonomy and phylogeny of *Scaliognathus* Branson & Mehl (1941), conodonta, Lower Carbiniferous. Senckenbergiana Lethaea, 64: 199-226, pl. 4, text-fig. 4.

Lane H R, Müller K J, Ziegler W. 1979. Devonian and Carboniferous conodonts from Perak, Malaysia. Geologica et Palentologica, 13: 213-226, pl. 2, text-fig. 2.

Lane H R, Sandberg C A, Ziegler W. 1980. Taxonomy and phylogeny of some Lower Carboniferous conodonts and preliminary standard post-*Siphonodella* zonation. Geologica et Palaeontologica, 14: 117-164.

Lee H Y. 1970. Conodonten aus dem Choson-Gruppe (Unteres Ordovizium) von Korea. Neues Jahrbuch für Geologie und Palaeontologie Abhandlungen, 136: 303-344.

Lee H Y. 1975. Conodonts from the Dumugol Formation (Lower Ordovician) Kangweon-Do, South Korea. Journal. Geol. Soc. Korea, 11 (1): 75-98, pls. 1-2.

Leslie S A. 2000. Mohawkian (Upper Ordovician) conodonts of Eastern North America and Baltoscandia. J. Paleont., 74(6): 1122-1147.

Lindström M. 1955. Conodonts from the lowermost Ordovician strata of south-central Sweden. Geological Forseningens I Stockholm Forhandlingar, 76: 517-604, pl. 10.

Lindström M. 1964. Conodonts. Amsterdam, London, New York: Elsevier, 196.

Lindström M. 1970. A suprageneric taxonomy of the conodonts. Lethaia, 3: 427-445, pl. 2.

Lindström M. 1971. Lower Ordovician conodonts of Europe. Geological Society of America Memoir, 127: 23-59.

Lindström M. 1973. On the affinities of conodonts. Geological Society of America, Special Paper, 141: 85-102.

Link A G, Druce E C. 1972. Ludlovian and Gedinnian conodont stratigraphy of the Yass Basin, New South Wales. Dept. Nat. Dev. Bur. Min. Res. Geol. and Geophys. Bull., 134: 1-136, pl. 12, text-fig. 67.

Löfgren A. 1978. Arenigian and Llanvirian conodonts from Jamtland, northern Sweden. Fossils and Strata, 13: 1-129, pls. 1-16.

Löfgren A, Tolmacheva T. 2008. Morphology, evolution and stratigraphic distribution in the Middle Ordovician conodont genus *Microzarkodina*. Earth and Environment Science Transactitions of the Royal Society of Edinburgh, 99: 27-48.

Mawson R. 1987. Early Devonian conodont faunas from Buchan and Bindi, Victoria, Australia. Paleontology, 30(2): 251-297, pls. 31-41, text-fig. 9.

Mawson R. 1993. *Bipennatus*, a new genus of mid-Devonian. Memoirs of the Association of the Australian Palaentologists, 15: 137-140.

Mabillard J E, Aldridge R J. 1983. Conodonts from the Coraliferous Group (Silurian) of Marloes Bay southwest Dyfed, Wales. Geological et Palaeontologica, 17: 29-43.

Mawson R, Jell J S, Talent J A. 1985. Stage boundaries within the Devonian: Implications for application to Australian sequences. Courier Forchungsinstitut Senckenberg, 75: 1-16, text-fig. 4.

Mei S L, Jin Y G, Wardlaw B R. 1994a. Succession of Wujiapingian conodonts from northeastern Sichuan and its worldwide correlation. Acta Micropalentologica Sinica, 11(2): 121-139.

Mei S L, Jin Y G, Wardlaw B R. 1994b. Zonation of conodonts from the Maokuan – Wuchiapingian boundary strata, South China. Paleoworld, 4: 225-233.

Merrill G K. 1963. *Polygnathella* Harlton (1933) or *Idiognathodus* Harris & Hollingsworth (1933). Journl of Paleontology, 37: 504-505.

Miller J F. 1969. Conodont fauna of the Notch Peak Limestone (Cambro – Ordovician), House Range, Utah. Journal Paleontology, 43(2): 413-439, pls. 63-66.

Miller J F. 1980. Taxonomic revisions of some Upper Cambrian and Lower Ordovician conodonts with comments on their evolution. Univ. Kansas Paleont. Contrib. Paper, 99: 1-40, pls. 1-2.

Miller J F. 1981. Systematic description//Robison R A. Treastise on Invertebrate Paleontology, Part W, Miscellanea, Supplement 2. Lawrence: Geological Society of America and University of Kansas Press, 111-115.

Miller J F, Evans K R, Loch J D, *et al*. 2003. Stratigraphy of the Sauk Ⅲ interval (Cambrian – Ordovician) in the Ibex Area, western Milard County, Utah and cntral Texas. BYU Geology Studies, 17: 23-118.

Mostler H. 1967. Conodonten aus den tieferen Silur der Kitzbühler Alpen (Tirol). Ann. Naturhist. Mus. Wien, 17: 295-305, pl. 1, text-fig. 5.

Mosher L C. 1967. Are there post-Triassic conodonts? Journal of Palentology, 41: 1154-1155.

Mosher L C. 1968. Evolution of Triassic platform conodonts. Journal of Paleontology, 42: 947-954.

Mosher L C. 1970. New conodont species as Triassic guide fossils. Journal of Paleontology, 44: 737-742.

Mosher L C. 1973. Triassic conodonts from British Columbia and the Artic Islands. Geol. Surv. Canad, Bull., 222: 141-148, pl. 4, text-fig. 1.

Mosher L C, Clark D L. 1965. Middle Triassic conodonts from the Prida Formation of northwestern Nevada. Journal of Paleontology, 39: 551-565.

Murphy M A, Matti J C. 1982. Lower Devonian conodonts (*hesperius* – *kindli* zones) central Nevada. Univ. Calif. Publ. Geol. Sci., 123: 1-83.

Murphy M A, Valenzuela-Rios J C, Carls P. 2004. On classification of Pridoli (Silurian) – Lochokovian (Devonian) Spathognathodontidae (conodonts). Riverside: University of California, Riverside Campus Museum Contribution, 6: 121-133.

Mānnik P. 1983. Silurian conodonts from Severnaya Zemlya. Fossils and Strata, 15: 111-119.

Mānnik P. 1994. Conodonts from the Pusku Quarry, Llandovery, Estonian. Proccedings of the Estonia Academy of Sciences Geology, 43: 183-191.

Mānnik P. 1996. Telychian (Early Silurian) conodont *Pterospathodus*: Evolution and taxonomy//Dzik J. Sixth European Conodont Symposium (ECOS VI). Abstract Institut Palentologii PAN. Warszawa, 1-70.

Mānnik P. 1998. Evolutioan and Taxonomy of the Silurian conodont *Pterospathodus*. Palaentology, 41(3): 1001-1050.

Mūnnik P. 2007. Some comments on Telychian-Eraly Sheinwoodian conodont faunas, events and stratigraphy. Acta Palantologica Sinica, 46(Suppl.): 305-310.

Mūnnik P, Aldridge R J. 1989. Evolution taxonomy and relationships of Silurian conodont *Pterospathodus*. Palaentology, 32: 893-906.

Müller K J. 1956. Die Gattung *Palmatolepis*. Abh. Senckenberg. Naturf. Ges., 494: 1-70, pls. 1-11.

Müller K J. 1959. Kambrisch conodonten. Zeitschrift der Deutschen Geologischen Gesellschaft, 111: 434-485.

Müller K J. 1962. Taxonomy, evolution, and ecology of conodonts. Teatise on Invertebrate Palentology, pt. W. Geol. Soc. Am., W83-W91.

Müller K J. 1964. Conodonten aus den Unteren Ordovizium Sudkorea. Neu. Jab. Geol. Palaont. Abh. Bd., 119: 93-102, Taf. 12-13.

Müller K J. 1973. Late Cambrian and Early Ordovician conodonts from northern Iran. Geological Survey of Iran, Report, 30: 5-76.

Müller K J, Hinz I. 1991. Upper Cambrian conodonts from Sweden. Fossils and Strata, 28: 1-62, pls. 45.

Müller K J, Müller E M. 1957. Early Upper Devonian (Independence) conodonts from Iowa, pt. I. Journal of Paleontology, 31: 1069-1108, pls. 135-142.

Narkiewicz K, Bultynck P. 2010. The Upper Givetian (Middle Devonian) *subterminus* conodont zone in North America, Europe and North Africa. Journal of Palaeontology, 84(4): 588-625.

Nemyrovska T I. 1999. Bashkirian conodonts of the Donets basin, Ukraine. Scripta Geologicca: An Inetrnational Series of Geological Paper, 119: 1-115, pls. 1-11.

Nemyrovskaya T I, Alekseev A S. 1994. The Bashkirian conodnts of the Askyn Section, Bashkirian Mountains, Russia. Bull Soc. Belge Géol., 103(1-2): 109-133.

Nemyrovskaya T I, Perret M F, Meischeir D. 1994. *Lochriea ziegleri* and *Lochriea senckenbergica* new conodont species from the latest Visean and Serpukhovian in Europe. Courier Fuangchungsinstut Sencjengberg, 168: 311-319.

Nicoll R S. 1990. The genus *Cordylodus* and a latest – earliest Ordovician conodont biostratigraphy. BMR Journal of Australian Geology & Geophysics, 11: 529-558.

Nicoll R S. 1991. Differentiation of Late Cambrian – Early Ordovician species of *Cordylodus* (Conodonta) with biapical basal cavities, BMR. Journal of Australian Geology et Geographysics, 12 (3): 223-244.

Nicoll R S. 1994. Seximembrate apparatus structure of the late Cambrian conform conodont *Teridontus nakmurai* from the Chatsworth Limestone, Georgina Basin, Queenland. AGSO Journal of Australian Geology & Geophysics, 15: 213-228.

Nicoll R S, Rexroad C B. 1969. Stratigraphy and conodont palentology of the Salamonie Dolomite and Lee Creek Member of the Brassfield limestone (Silurian) in shoutheastern Indiana and adjacent Kentucky. Indianan Geol. Surv., Bull., 40: 1-73.

Nicoll R S, Miller J F, Nowlan G S, *et al*. 1999. *Iapetonudus* (n. gen.) and *Iapetognathus* Landing, Unusual Earliest Ordovician Multielement conodont taxa and their utility for biostratigraphy. BYU Geology Studies, 14: 27-101.

Nogami Y. 1966. Kambrische conodonten von China. Teil 1, Conodonten aus den oberkambrischen Kushan-Schichten. Kyoto Univ., Coll. Sci., Mem., Ser. B, 32(4): 351-327, pls. 9-10.

Nogami Y. 1967. Kambrischen condonten von China. Teil 2, Conodonten aus den hoch oberkambrischen Yencho-Schichten, Kyoto Univ., Coll. Sci., Mem., Ser. B, 33(4): 211-219, pl. 1.

Nogami Y. 1968. Trias-Conodonten von Timor, Malaysien und Japan. Mem. Fac. Sci., Kyoto Univ. Geol. Min., 34: 115-138.

Nowlan G S, McCracken A D, Chatterton B D E. 1988. Conodonts from Ordovician – Silurian boundary strata, Whittaker Formation, Mackenzie Mountains, northwest Territorries. Geological Survey of Canada Bulletin, 373: 1-98, pls. 1-22.

Orchard M J. 1983. *Epigondolella* population and their phylogeny and zonation im the Norian (Upper T). Fossils and Strata, 15: 177-192.

Orchard M J. 1991. Upper Triassic conodont biochronology and new index species from the Canadian Cordillera//Orchard M

J, McCracken A D. Ordovisian to Triassic Conodont Paleontology of the Canadian Cordillera. Geological Survey of Canada Bulletin, 417: 299-235.

Orchard M J. 2005. Multielement conodont apparatus of Triassic Gondolellidea. Special papers in Palaeontology. 73: 73-101.

Orchard M J. 2015. Triassic conodonts and their role in Stage boundary definition. http: //sp. lyellcollotion. org/at. china. Wuhan: University of Geosciences.

Orr R W, Klapper G. 1968. Two new conodont species from the Middle – Upper Devonian boundary beds of Indiana and New York. Journal of Palentology. 42: 1066-1075.

Over D J, Chartterton B D E. 1987. *Johnognathus huddlei* Moshkova, an element in the apparatus of *Distomodus staurognathoides* Walliser; Conodonta (Silurian). Journal of Paleontology, 61: 579-582.

Ovnatanova N S, Kononiva L I. 1996. Some new Frasnian species of *Polygnathus* genus (Conodonta) from the Central part of the Russian Platform (in Russian). Paleont. Zhurnal, N1: 54-60.

Pander C H. 1856. Monographie der fossilen Fische des Silurchen systems der russischen Gouvernements. St. Petersburg, Buchdruckerei der Kaiserlichen Akademie der Wissenschafter, 1-91, pls. 1-7.

Parsons B, Clark D L. 1999. Conodonts and Cambrian – Ordovician boundary in Wisconsin. Geoscience Wisconsin, 17: 1-10.

Perlmutter B. 1975. Conodonts from the uppermost Wabaunsee Group (Pensylvanian) and the Admire and Council Grove Group (Permian), Kansas. Geologica et Palentologica, 9: 95-115, pl. 5, text-fig. 8.

Perry D G, Klapper G, Lenz A C. 1974. Age of the Ogilvie Formation (Devonian) northern Yukon, based primarily on the occurrence of brachiopods and conodonts. Canadian Jour. Earth Sci., II: 1055-1097, pl. 8, text-fig. 5.

Philip G M. 1965. Lower Devonian conodonts from the Tyers Area, Gippsland, Victoria. Roy. Soc. Victoria, Proc., 79: 95-115.

Pollock C A, Rexroad C B, Nicollr S. 1970. Lower Silurian conodonts from northern Michigan and Ontario. Journal of palentology, 44: 743-764, pls. 111-114, text-fig. 3.

Pyle L J, Barnes C P. 2001. Conodonts from the Kechika Formation and Road River Group of the Cassior Terrane, northern British Columbia. Can. Jour. Earth. Sci., 38: 1387-1401.

Pyle L J, Barnes C P. 2002. Taxonomy, Evolution, and Biostratigraphy of Conodonts from the Kechika Formation, Skoki Formation, and Road River Group (Upper Cambrian to Lower Silurian), Northeastern British Columbia. A publication of the National Research Council of Canada Monograph Publishing Program. Ottawa: NRC Research Press, 227, pl. 29.

Pyle L J, Barnes C P. 2003. Conodonts from a platform-basin transect, Lower Ordovician to Lower Silurian, northeastern British Columbia, Canada. Journal of Paleontology, 77(1): 146-171.

Qi Y P, Wang Z H. 2005. Serpukhovian conodont sequence and the Visean – Serpukhvian boundary in South China. Rivista Italiana di Palentologia e Stratigrafia, 111(1): 3-10.

Repetski J E, Ethington R L. 1983. *Rossodus manitouensis* (Conodonta). A new early Ordovician index fossil. Journa of Paleontology, 57(2): 289-301.

Rexroad C B. 1957. Conodonts from the Chester Series in the type area of southwestern Illinois. Illinois Geol. Surv. Rept. Inv., 199: 1-43, pls. 1-43.

Rhodes F H T. 1953a. Nomenclature of conodont assemblages. Journal of Paleontology, 27: 610-612.

Rhodes F H T. 1953b. Some British Lower Palaeozoic conodont faunas. Phil. Trans. Roy. Soc. London, Ser. B, 237 (647): 261-334, pls. 20-23.

Rhodes F H T, Austin R L, Druce E C. 1969. British Avonian (Carboniferous) conodont faunas and correlation. Null. British Mus. Nat. Hist. Suppl., 5: 1-311.

Sandberg C A, Ziegler W, Bultynck P. 1989. New standard conodont zones and early *Ancyrodella* pjyrogeny across Middle – Upper Devonian boundary. Courier Forsch: Inst. Senckenberg, 110: 195-230, pl. 5.

Sannemann D. 1955. Oberdevonische Conodonten. Senckenbergiana lethaea, 36: 123-156, pl. 6.

Savage N M. 1982. Lower Devonia (Lochkovian) conodonts from Lulu Island, southeastern Alaska. Journal of Palentology,

56: 938-988.

Savage N M, Barkeley S J. 1985. Early to Middle Pennylvanian conodonts from the Kiawak Formation and the Ladrone Limestone, southeastern Alaska. Journal of Palentology, 59: 1453-1477.

Schülke I. 1995. Evolutive Prozesse bei *Palmatolepis* in der frühen Famene-Stufe (Conodonta, Ober-Devon). Göttinger Arbeiten zur Geologie und Palaontologie, 67: 1-108.

Scott A J. 1962. Review of "Teatise on Invertbrate Paleontology, Part W, Miscellania". Journal of Palentology, 36: 1398-1401.

Scott A J, Collinson C W. 1961. Conodont faunas from the Luisiana and McCraney Formation of Illinois, Iowa and Missori. Kansas Geol. Soc., 26th Ann. Field Conf. Guidebook, 110-142.

Sergeeva S P. 1963. Novyy ranneordovikskiy rod konodontov semeystva Prioniodinidae (A new Early Ordovician conodont genus of the family Prionidinidae). Paleont. Zh., 4: 138-140.

Serpagli E. 1967. I conodonti dell Ordoviciano superiore (Sshigilliano) della Alpi Carniche. Boll. Soc. Paleontol. Ital., 6: 30-111, pls. 6-31.

Serpagli E. 1974. Lower Ordovician conodonts from western Precordilleran Argentina (Province of San Juan). Boll. Soc. Palaeontol. Ital., 13(1-2): 17-98, pls. 7-31.

Serpagli E, Corradini C. 1999. Taxonomy and evolution of *Kocdelella* (Conodonta) from Silurian of Sardinia (Italy)// Serpagli E. Studies on conodonts: Proceedings of the 7th European conodont Symposium: Bollettino della Societa Paleontologica Italiana, 37 (2-3): 275-298.

Shen S Z, Mei S L. 2010. Lopingian (Late Permian) high-resolution conodont biostratigraphy in Iran with comparision to South China zonation. Geological Journal, 45: 135-161.

Simpson A J, Talent J A. 1995. Silurian conodonts from the headwaters of the Indi (upper Murray) and Buchanan rivers, southeastern Australia, and their implications//Mawson R, Talent J A. Contributions to the First Australian Conodont Symposium (AUSCOS 1) held in Sydney, Australia, 18-21 July 1995: Courier Forschungsinstitut Senckenberg, 182: 79-215.

Smith M P. 1991. Eraly Ordovician conodonts of central north Greenland. Meddelelser om Gronland Geosciece, 26(1): 81.

Solien M A. 1979. Conodont biostratigraphy of the Lower Triassic Thaynes Formation, Utah. Journal of Palentology, 53: 276-303, pl. 3, text-fig. 7.

Sompson A J. 1995. Silurian conodont biostratigraphy in Australia: A review and critique//Mawson R, Talent J A. Symposium (AUSCOS 1) held in Sydney, Australia, 18-21 July 1995: Courier Forschungsinstitut Senckenberg, 182: 325-345.

Staesche U. 1964. Conodonten aus dem Skyth von Sudtiral. N. Jb. Geol. Palaentol. Abh., 119(3): 247-306.

Stauffer C R. 1930. Conodonts from the Decorah Shale. Journal of Paleontology, 4: 121-128, pl. 10.

Stauffer C R. 1935. The conodont fauna of the Decorah shale (Ordovician). Jour. Paleontol., 9: 596-620, pls. 71-75.

Stauffer R C. 1940. Conodonts from the Devonian and associated clays of Minnesota. Journal of Palentology, 14: 417-435, pls. 58-60.

Stauffer R C, Plummer H J. 1932. Texas Pennylvanian conodonts and their stratigraphic relations. Univ. Texas Bull., 3201: 13-50, pls. 1-4.

Stouge S. 1984. Conodonts of the Middle Ordovician Table Head Formation, western Newfondland. Fossils and Strata, 16: 1-145, pls. 1-18.

Stouge S, Bagnoli G. 1990. Lower Ordovician (Volkhovian – Hundan) conodonts from Hagudden, northern Oland, Sweden. Palaeotolographia Italica, 77: 1-54, pls. 1-10.

Sweet W C. 1970. Uppermost Permian and Lower Triassic of the Salt Range and Trans-Indus Ranges, west Pakistan from stratigraphic boundary problems, Permian and Triassic of West Pakistan. Univ. Kansas Dept. Geol., Spec. Publ., 4: 207-275, pl. 5, text-fig. 6.

Sweet W C. 1973. Late Permian and Early Triassic conodnt faunas: In the Permian Triassic systems and their Mutual

Boundary. Canadian Soc. Petrol. Geol. Spec. Publ. , 2: 630-646, text-fig. 5.

Sweet W C. 1979. Late Ordovician conodonts and biostratigraphy of the western Midcontinent Province. Briham Yong Univ. Geol. Stud. , 26(3): 45-86.

Sweet W C. 1981. Conodonts. Macromorphology of elements and apparatuses//Robison R A. Treatise on Invertebrate Paleontology, Party W, Suppl. 2, New York: Tapley-Rutter Company, W5-W20, 202.

Sweet W C. 1981. Glossary of morphological and structural terms for conodont elements and apparatuses. Teatise on Invert. Paleo. , pt. W, Misc. Suppl. , 2 Connodonta, W60-W67.

Sweet W C. 1982. Conodonts from the Winnipeg Formation (Middle Ordovician) of the Northern Black Hills, South Dakota. J. Paleont. , 56(5): 1029-1049.

Sweet W C. 1984. Graphic correlation of upper Middle and Upper Ordovician rocks, North American, Midcontinent Province, U. S. A. //Bruton D L. Aspects of the Ordovician System, 295: 23-35.

Sweet W C. 1988. The Conodonta Morphology, Taxonomy, Paleoecology, and Evolutionary History of a Loang-Extinct Animal Phylum. New York, Oxford: Clarendon Press, 212.

Szaniawski H. 1971. New species of Upper Cambrian conodonts from Poland. Acta Palaeont. Pol. , 16: 401-463.

Szulezewski M. 1971. Upper Devonian conodonts, sgtratigraphy, and facial developments in the Holy Cross Mountains. Acta Geol. Polonica, 21: 1-129, pls. 1-34, text-fig. 11.

Tatge U. 1956. Conodonten aus dem Germanische Muschelkalk. Palāo. Ztsch. , 30: 108-127, 129-147, pls. 5-6.

Telford P G. 1975. Lower and Middle Devonian conodonts from the Brocken River Embayment, north Queensland, Australia. Spec. Paper in Paleon. , 15: 1-96, pls. 1-16, text-fig. 9.

Ulrich E O, Bassler R S. 1926. A classification of the toothlike fossils, conodonts, with description of American Devonian and Mississippian species. U. S. Natl. Mus. Proc. , 68(12): 1-65, pls. 1-11.

Uyeno T T. 1977. Symmary of conodont biostratigraphy of the Read Bay Foemtion in its type sections and adjacent areas, eastern Cornwallis Island, District of Franklin. Rept. of Activities, Geol. Surv. Canada Paper, 77(1): 11-216, pl. 1, text-fig. 2.

Uyeno T T. 1980. Stratigraphy of conodonts of Upper Silurian and Lower Devonian rocks in the environs of the Boothia Uplift, Canada Artic Archipelago, pt. 2, Systematic Study of conodonts. Geol Surv. Canada, Bull. , 292: 39-75.

Uyeno T T. 1990. Biostratigraphy and conodont funas of Upper Ordovician through Middle Devonian rocks, eastern Arctic Archipelago. Geological Survey of Canda, Bulletin, 401: 1-211.

Uyeno T T. 1991. Pre-Famennian Devonian biostratigraphy of selected intervals in the eastern Canadian Cordillera. Geological Survey of Canada, Bulletin, 417: 129-161.

Uyeno T T, Barnes C R. 1981. A summary of Lower Silurian conodont biostratigraphy of the Jupitor and Chicotte Formations, Anticosti Island, Quebec, Subcomm. Sil. Strat. and Ord. Sil. Boundary Working Group, Field Meeting, Anticosti-Gaspe, Quebec, II: 173-184.

Uyeno T T, Barnes C R. 1983. Conodonts of the Jupitor and Chicotte Formations, Anticosti Island, Quebec. Geol. Surv. Canada, Bull. , 355: 1-49.

Van Wamel W A. 1974. Conodont biostratigraphy of Upper Cambrian and Lower Ordovician of north-western Oland, south-eastern Sweden. Utrechi Micropaleontol. , Bull. , 10: 10125, pls. 1-8.

Viira V. 1974. Ordovician conodonts of the east Baltic. Institut Geologii Akademii Nauk Estonskoi SSr, 1-142.

Viira V. 1982. Late Silurian shallow and deep water conodonts of the east Baltic Silurian//Ecostrit. of the East Baltic Silurian. Akad. Sci. Estonia SSR, Inst. Geol. Tallin-Valgus, 79-88, pl. 1, text-fig. 3.

Viira V, Eibasto R. 2003. Wenlock – Ludlaw boundary beds and conodonts of Saarermaa. Island, Estonia. Proccedings of the Estonian Academy of Sciences, Geology, 52: 213-238.

Viira V, Aldridge R J, Curtis S. 2006. Conodonts of the Kivioli Member, Viivikona Formation (Upper Ordovociam) in the Kotla section, Estonia. Proccedings of the Estonian Academy of Sciences, Geology, 55: 213-240.

Vorontzova T N. 1993. The genus *Polygnathus* sensu lato (conodonta): Phylogeny and eystematics. Palaeontologichesky rulnal, (3): 66-78.

Walliser O H. 1957. Conodonten aus dem oberen Gotlandium Deutschelands und den Karnischen Alpen. Notizbl. Hess. L., Amt f. Bodenforsch., 85: 28-52, pls. 6-7.

Walliser O H. 1962. Conodontenchronologie des Silurs (Gotlandiums) und des tieferen Devons mit besonderer Berucksichtigung der Formationsgreenze. Symp. Silur-Devon-Grenze, 1960, E. Schweizerbartsche Verlagsbuchhandlung, Stuttgart, 282-287.

Walliser O H. 1964. Conodonten des Silurs. Hess. L., Amt f. Bodenforsch., Abh. 41: 1-106.

Walliser O H. 1972. Conodnt apparatuses in the Silurian. Geologica et Palentologica, SB1: 75-80.

Walliser O H, Wang C Y. 1989. Upper Silurian stratigraphy and Conodonts from the Qujing district, East Yunnan, China. Cour. Forsch., Inst. Senckenberg, 110: 111-121.

Wang C Y. 1987. Devonian-Carboniferous boundary in South China//Wang C Y. Carboniferous Boundaries in China. Beijing: Science Press, 1-10, text-fig. 1-2.

Wang C Y. 1988. Conodont biostratigraphy of China (Abstract). Cour. Fors. – Inst. Senckenberg, 102: 259.

Wang C Y. 1989a. Nanbiancun section-auxiliary stratotype section and point (GSSP) for the Devonian-Carboniferous Boundary. Acta Micropalaeontologica Sinica, 6(4): 344.

Wang C Y. 1989b. Palaeozoic conodont biostratigraphy of China//Cui G Z, Shi B H. Approach to Geosciences of China. Beijing: Peking University Press, 23-25.

Wang C Y. 1990a. Conodont biostratigraphy of China. Cour. Fors. – Inst. Senckenberg, 118: 591-610.

Wang C Y. 1990b. Some problems on the Guryul Ravine Section of Kashmir as Permian-Triassic boundary stratotype. Palaeontologica Cathayana, 5: 263-266.

Wang C Y. 1991. Triassic conodont biostratigraphy in China. Journal of Stratigraphy, 15(4): 311-312.

Wang C Y. 1994a. Eventostratigraphic boundary and biostratigraphic boundary of the Permian-Triassic in South China. Journal of Stratigraphy, 18(2): 110-118.

Wang C Y. 1994b. A conodont-based high-resolution event-stratigraphy and biostratigraphy for Permian-Triassic boundary strata, South China Palaeoworld, (4): 234-248.

Wang C Y. 1994c. Application of the Frasnian standard conodont zonation in South China. Courrier Forschungsinstitut Senckenberg, 168: 83-129.

Wang C Y. 1995a. Conodonts from the Permian-Triassic boundary beds and biostratigraphic boundary in the Zhongxin Dadui at Meishan. Changxing County, Zhejiang Province, China. Albertiana, 15: 13-18.

Wang C Y. 1995b. Upper Permian conodont standard zonation and correlation with other fossil groups. Abstracts & Programme of AUSCOS I, Sydney: Macquarie University, 81-83.

Wang C Y. 1995c. Upper Permian conodont standard zonation and correlation with other fossil groups. Journal of Geology, Series B, (5-6): 121-126.

Wang C Y. 1996. Revised Upper Permian conodont sequence and the age of *Gallowayinella* (fusulinids)//Wang H Z, Wang X L. Centanial memorial of Prof. Sun Yun-zhu Palaeontology and Stratigraphy. Beijing: China University of Geosciences Press, 123-129.

Wang C Y. 1998. *Hindeodus parvus*: Advantages and problems. Permophiles, 32: 8-14.

Wang C Y. 1999. Conodont Mass Extinction and Recovery from Permian-Triassic boundary beds in the Meishan Section, Zhejiang, China, Bolletlino della Scociet Paleontologica Italiana, 37(2-3): 489-495.

Wang C Y. 2000a. A discussion on the definition for the base of the Lopingian Series. Permophiles, 37: 19-21.

Wang C Y. 2000b. The Base of the Permian System in China defined by *Streptognathodus isolatus*. Permophiles, 36: 14-15.

Wang C Y. 2000c. The Base of the Lopingian Series—Restudy of the Penglaitan section. Acta Micropalaeontologica Sinica, 17(1): 1-17.

Wang C Y. 2001a. Annotation to the Devonian Correlation Table, B520-536, R500-532: China. Senckenbergiana Lethaea, 21(2): 431-433, text-fig. 1.

Wang C Y. 2001b. Devonian of China//Weddige K. Devonian Correlation Table, B520-536, R500-R532. Supplements 2001. Senckenbergiana Lethaea, 81(2): 435-462.

Wang C Y. 2001c. Re-discussion on the base of the Lopingian Series. Permophiles, 38: 27-30.

Wang C Y. 2011. Carboniferous conodont biostratigraphy in China: Current situation and problems//Sun G, Zhang Y. Abstracts of Int'l Symposium on Paleontology & Geology in Liaoning, Shenyang, China.

Wang C Y, Aldriedge R J. 2010. Silurian conodonts from Yangtze Platform, South China. Special papers in Palaeontology, 83: 1-136, pls. 1-30.

Wang C Y, Willi Z, 1982. On the Devonian-Carboniferous boundary in South China. Based on conodonts. Geologica et Palaeontologica, 16: 151-162.

Wang C Y, Ziegler W. 1983a. Conodonten aus Tibet. N. Jb. Geol. Palaeont, Mh. H., 2: 67-69, pl. 3.

Wang C Y, Ziegler W. 1983b. Devonian conodont zonation and its correlation with Europe. Geologica et Palaeontologica, 17: 75-105, pl. 8.

Wang C Y, Ziegler W. 2002. Frasnian-Famennian conodont Mass extinction and recovery in South China. Senckenbergiana Lathaea, 82(2): 463-496.

Wang C Y, Ritter S M, Clark D L. 1987. The *Sweetognathus* complex in the Permian of China: Implication for evolution and homeomorphy. Jour. Paleont., 61(5): 1047-1057, pl. 1.

Wang C Y, Wang P, Li W G. 2004. Conodonts from the Permian Jisu Honguer Formation of Inner Mongolia, China. Geobios, 37: 471-480.

Wang X F, Stouge S, Erdtmann B D, *et al*. 2005. A proposed GSSP for the base of the Middle Ordovician Series: the Huanghuachang section, Yichang, China. Episodes, 28(2): 105-117.

Wang Z H. 1979. Outline of Triassic conodonts in China. Riv. Ital. Paleont., 85(3-4): 1221-1226.

Wang Z H. 1983. Outline of uppermost Cambrian and lowermost Ordovician conodonts in Northeast China with some suggestions to the Cambrian – Ordovician boundary//Symposium on the Cambrian – Ordovician and Ordovician – Silurian Boundaries, Nanjing, China. October, 1983, 31-39, pl. 4.

Wang Z H. 1984. Cambrian – Ordovician conodonts from north and northeast China with additional remarks on Cambro-Ordovician boundary//Stratigraphy and Palaeontology of Systemic boundaries in China, Cambrian – Ordovician boundary. Hefei: Anhui Sci. Teche. Publ. House, 195-272, pls. 1-14.

Wang Z H. 1985a. Late Cambrian and Early Ordovician conodonts from North and Northeast China with comments on the Cambrian-Ordovician boundary//Stratigraphy and palaeontology of systemic boundaries in China, Cambrian-Ordovician boundary (2). Hefei: Anhui Sci. Techn. Publ. House, 185-258, pls. 12.

Wang Z H. 1985b. Conodonts//Chen J Y, Qian Y Y, Lin Y K, *et al*. Study on Cambrian – Ordovician boundary strata and its biota in Dayangcha, Hunjian, Jilin, China. Beijing: China Prospect Publishing House, 83-101, pls. 21-26.

Wang Z H. 1990. Conodont zonation of the Lower Carboniferous in South China and phylogeny of some important species. Cour. Fors. – Inst. Senckenberg, 130: 41-46.

Wang Z H, Bergström S M. 1995. Castenmainian to Darriwillian conodont faunas. Palaeoworld, 5: 86-91, pl. 2.

Wang Z H, Bergström S M. 1998. Conodont-graptolite biostratigraphic relations across the base of the Darriwillian Stage in Hubei and the JCY area of Zhejiang, China. Palaeoworld, 10: 31.

Wang Z H, Bergström S M. 1999. Conodont-graptolite biostratigraphic relations acroos the base of the Darriwillian Stage in the Yangtze platform and the JCY area in Zhejiang, China. Bollettino della Societa Paleontologica Italiana, 37 (2-3): 187-193, pl. 2.

Wang Z H, Higgins A C. 1989. Conodont zonation of the Namurian—Lower Permian strata in South Guizhou, China. Palaeontologia Cathayana, 4: 261-325.

Wang Z H, Qi Y P. 2003a. Upper Carboniferous (Pennsylvanian) conodonts from South Guizhou of China. Rivesta Italiana di Palentologica e Stratigrafia, 109(3): 379-397.

Wang Z H, Qi Y P. 2003b. Report on the Visean – Serpukhovian conodont zonation in South China. Newsletter on

Carboniferous Stratigraphy, 21: 22-24.

Wang Z H, Rui L. 1987. Conodont sequence across the Carboniferous-Permian boundary in China with comments on the Carboniferous – Permian boundary//Wang C Y. Carboniferous Boundaries in China. Beijing: Science Press, 151-159.

Wang Z H, Lane H R, Manger W L. 1987a. Carboniferous and Early Permian conodont zonation of North and Northwest China. Cour. Fors. – Inst. Senckenberg, 98: 119-157.

Wang Z H, Lane H R, Manger W L. 1987b. Conodont sequence across the mid-Carboniferous boundary in China and its correlation with England and North America. //Wang C Y. Carboniferous Boundaries in China. Beijing: Science Press, 89-106.

Wang Z H, Qi Y P, Bergström, S M. 2007. Ordovician conodonts of the Tarim Region, Xinjiang, China: Occurrence and use as palaeoenvironment indicators. Journal of Asian Earth Sciences, 29: 832-843.

Wang Z H, Bergström S M, Zhen Y Y, *et al*. 2013. On the integration of Ordovician conodont and graptolite biostratigraphy: New examples from the Ordos Basin and Inner Mongolia in China. *Alcheringa*, 37(4): 510-528.

Wang Z H, Song Y Y, Stig M. Bergström, *et al*. 2016. On the diachronism of the top of the Ordovician Kuniutan Formation on the Yangtze Platform: Implications of the conodont biostratigraphy of the Dacao section, Chongqing. Palaeoworld (in press).

Wardlaw B R. 2000. Notes from the SPS Chair Bruce, R. Wardlaw. Permophiles, 36: 1-2.

Wardlaw B R, Collinson J W. 1979. Biostratigraphic zonation of the Park City Group//Studies of the Permian Phosphoria Formation and related rocks, Great Basin, Rocky Moumtains. U. S. Geol. Surv., Prof. Paper, 1163A-D: 17-22.

Webby B D. 1995. Towards an Ordovician time scale//Cooper *et al*. Ordovician Odyssey. Short papers for the 7th International Symposium on the Ordovician System.

Webby B D. 1998. Steps toward a global standard for Ordovician stratigraphy. Newsletter in Stratigraphy, 36: 1-33.

Webby B D. 2000. In search of triggering mechanisms for the great Ordovician biodiversification event. Palaeontology Down Under 2000. Geological Society ofAustralia Abstracts, 61: 129-130.

Weddige K. 1977. Die Conodonten der Eifel-Stufe in Typusgebiet und in benachbarten Faziesgebieten. Senckenbergana Lethaea, 58: 271-419, pl. 6, text-fig. 7.

Wirth M. 1967. Zur Gliederung des hŏheren Palāozoikum (Givet-Namur) im Gebiet des quinto Real (West Pyrenaen) mit Hilf von Conodonten. N. Jb. Geol. Palāo., Abh., 127: 179-244.

Wittekindt H. 1966. Zur Conodontenchronologie des Mitteldevons. Fortsch. Geol. Rheil. u. Westf., 9: 621-646.

Yolkin E A, Weddige K, Isokh N G, *et al*. 1994. New Emsian conodont zonation (Lower Devonian). Courier Forchungsinstitut Senchenberg, 168: 139-157.

Youngquist W L. 1945. Upper Devonian conodonts from the Independence Shale(?) of Iowa. Journal of Paleontology, 19: 355-367, pls. 54-56.

Zhang J H. 1993. Llanvirnian conodonts from the upper Ningguo Formation of Wuning, Jiangxi; with discussion on sedimentary environment of black shales and conodont ecology. Acta Micropalaeontological Sinica, 10: 191-200.

Zhang J H. 1997. The Lower Ordovician conodont *Eoplacognathus crassus* Chen & Zhang, 1993. GFF, 119: 61-65.

Zhang J H. 1998a. The Ordovician conodont genus *Pygodus*. Palaeontologica Polonica, 58: 87-195.

Zhang J H. 1998b. Four evolutionary lineages of the Middle Ordovician conodont family Polyplacognathidae. Meddelanden fran Stockholms Univerrsites Institution for Geologioch Geokemi, N: r 298, Paper 5: 1-34.

Zhang J H. 1998c. Review of the Ordovician conodont zonal index *Eoplacognathus suecicus* Bergström. Meddelanden fran Stockholms Univerrsites Institution for Geologioch Geokemi, N: r 298, Paper 6: 1-16.

Zhang J H. 1998d. Conodonts from the Guniutan Formation (Llanvirnian) in Hubei and Hunan Provinces, south-central China. Stockholm Contributions in Geology, 46: 1-161, pl. 21.

Zhang J H. 1998e. Middle Ordovician Conodonts from the Atlantic Faunal Region and the Evolution of Key Conodont Genera. Stockholm University, Stockholm, Sweden, Meddelanden fran Stockholms Universitets Institution for Geologi Och Geokemi.

Zhen Y Y, Percival I G, Farrell J R. 2003. Late Ordovician allochthonous limestones in Late Silurian Barnby Hill Shele,

Central Westwern New South Wales. Proceedings of the Linnean Society of New South Wales, 124: 29-51.

Zhen Y Y, Liu J B, Percival I G. 2005. Revision of two prioniodontid species (Conodonta) from the Early Ordovician Honghuayuan Formation of Guizhou, South China. Records of the Australian Museum, 57(2): 303-320.

Zhen Y Y, Percival I G, Liu J B. 2006. Early Ordovician *Triangulodus* (Conodonta) from the Honghuayuan Formation of Guizhou, South China. Alcheringa, 31: 191-212.

Zhen Y Y, Wang Z H, Zhang Y D, *et al*. 2011. Middle to Late Ordovician (Darriwilian – Sandbian) conodonts from the Dawangou section, Kalpin area of the Tarim Basin, northwestern China. Records of the Australian Museum, 63: 203-266.

Ziegler W. 1956. Unterdevonische Conodonten, insbesondere aus dem Schŏnauer und dem Zorgenensis-Kalk. Notizbl. Hess. L., Amt f. Bodenforsch., 84: 93-106, pls. 6-7.

Ziegler W. 1960. Conodonten aus dem Rheinischen Unterdevon (Gedinnian) des Remscheider Sattels (Rheinisches Schiefergebirge). Palaont. Z., 34: 169-201.

Ziegler W. 1962. Taxonomie und Phylogenie oberdevonischer Conodonten und ihre stratigraphische Bedeutung. Hess. K. -Amt f. Bodenforsch., Abh., 38: 1-166, pls. 1-14.

Ziegler W. 1966. Zum höchsten Mitteldevon an der Nordflanke des Ebbesattels. Fortschr. Geol. Rheinl. u. Westf., 9: 519-538.

Ziegler W. 1973. Catalogue of Conodonts. Volume I, Stuttgart: E. Schweizerbart'sche verlagsbuhhandlung, 1-574.

Ziegler W. 1981. Catalogue of conodonts. E. Schweizerbart'sche (Stuttgart). Ⅳ, 27-56: 193-217.

Ziegler W, Huddle J W. 1969. Die *Palmatolepis glabra* Groppe (Conodonta) nach der Revision der Typen von Ulrich & Bassler durch J. W. Huddle. Fortsch. Geol. Rheinl. u. Westf., 16: 377-386.

Ziegler W, Sandberg C A. 1984. Important candidate section for stratotype of conodont based Devonian-Carboniferous Boundary. Courier Forchungsinstitut Senchengberg, 67: 231-239.

Ziegler W, Sandberg C A. 1988. Concept of Phylogenetic Zone and standard zonation in conodont biostratigraphy (abs.). Courier Forchungsinstitut Senckenberg, 102: 261.

Ziegler W, Wang C Y. 1985. Sihongshan section, a regional reference section for the Lower – Middle and Middle – Upper Devonian boundraies in East Asia. Cour. Forsch., Inst Senekenberg, 75: 17-38, pl. 4.

Ziegler W, Klapper G, Johnson J G. 1976. Redifinition and subdivision of the *varcus*-zone (conodonts, Middle – Upper Devonian) in Europe and North America. Geologica et Palentologica, 10: 109-140, pl. 4, text-fig. 5.

索　　引

（一）拉—汉属种索引

A

B

C

D

E

F

G

H

I

K

L

M

N

O

P

R

S

T

W

Y

（二）汉—拉属种索引

A

B

C

D

E

F

G

H

J

K

L

M

N

O

P

Q

R

S

T

U

W

X

Y

Z

图版说明及图版

图版∈—1

1—3 *Albiconus postcostatus* Miller, 1980

1 侧视，×140，吉林浑江大阳岔，寒武系芙蓉统凤山组，HDA11/92843。复制于Wang，1985，pl. 21，fig. 1。

2，3 侧视和后视，×80，×167，吉林浑江大阳岔，寒武系芙蓉统凤山组，HDA11A－4，11－B2/98180，98183。复制于Chen & Gong，1986，pl. 24，figs. 2，6。

4 *Laiwugnathus laiwuensis laiwuensis* An，1982

后视，×120，山东莱芜，寒武系汶水组，L5－38/PUG 8008（正模）。复制于An，1982，pl. 1，fig. 8。

5，6 *Laiwugnathus laiwuensis expansus* An，1982

后视，×120，辽宁复州湾，寒武系第三统崮山组，Fb2－40/PUG8012（正模），8014。复制于An，1982，pl. 1，figs. 12，16。

7，8 *Muellerodus oelandicus*（Müller，1959）

7 侧视，×180，辽宁复州湾，寒武系芙蓉统长山组，Fb2－80/PUG8063（正模）。复制于An，1982，pl. 5，figs. 5。

8 侧视，×176，辽宁复州湾，寒武系第三统崮山组，Fb13－51/PUG8094。复制于An，1982，pl. 8，figs. 1。

9，10 *Muellerodus erectus* Xiang，1982

9 侧视，×180，辽宁复州湾，寒武系芙蓉统长山组，Fb2－80/PUG8063（正模）。复制于An，1982，pl. 5，figs. 5。

10 侧视，×176，辽宁复州湾，寒武系第三统崮山组，Fb13－51/PUG8094。复制于An，1982，pl. 8，figs. 1。

11，12 *Prooneotodus gallatini*（Müller，1959）

侧视，×200，×224，辽宁复州湾，寒武系长山组，Fb13－83，12－80/PUG8142，8148。复制于An，1982，pl. 11，figs. 5，13。

13，18 *Westergaardodina bicuspidata* Müller，1959

后视，×224，×230，辽宁复州湾，寒武系芙蓉统长山组，Fb13－81，26－21，/PUG8089，8087。复制于An，1982，pl. 7，figs. 8，6。

14 *Shandongodus priscus* An，1982

后视，×256，山东莱芜，寒武系汶水组，G7－49/PUG8048（正模）。复制于An，1982，pl. 4，fig. 5。

15，16 *Prooneotodus rotundatus*（Druce et Jones，1971）

侧视，×200，×170，辽宁复州湾，寒武系芙蓉统长山组，Fb12－80，18－102/PUG 8137，8136。复制于An，1982，pl. 11，figs. 2，1。

17 *Westergaardodina matsushitai* Nogami，1966

后视，×45，湖南永顺王村，寒武系车夫组，GMPKU2199。复制于Dong *et al.*，2004，pl. 3，fig. 28。

19 *Hunanognathus tricuspidatus* Dong，1993

后视，×80，湖南花垣，寒武系花桥组，B32/DC88055（正模）。复制于Dong，1993，pl. 3，fig. 3。

图版∈—1

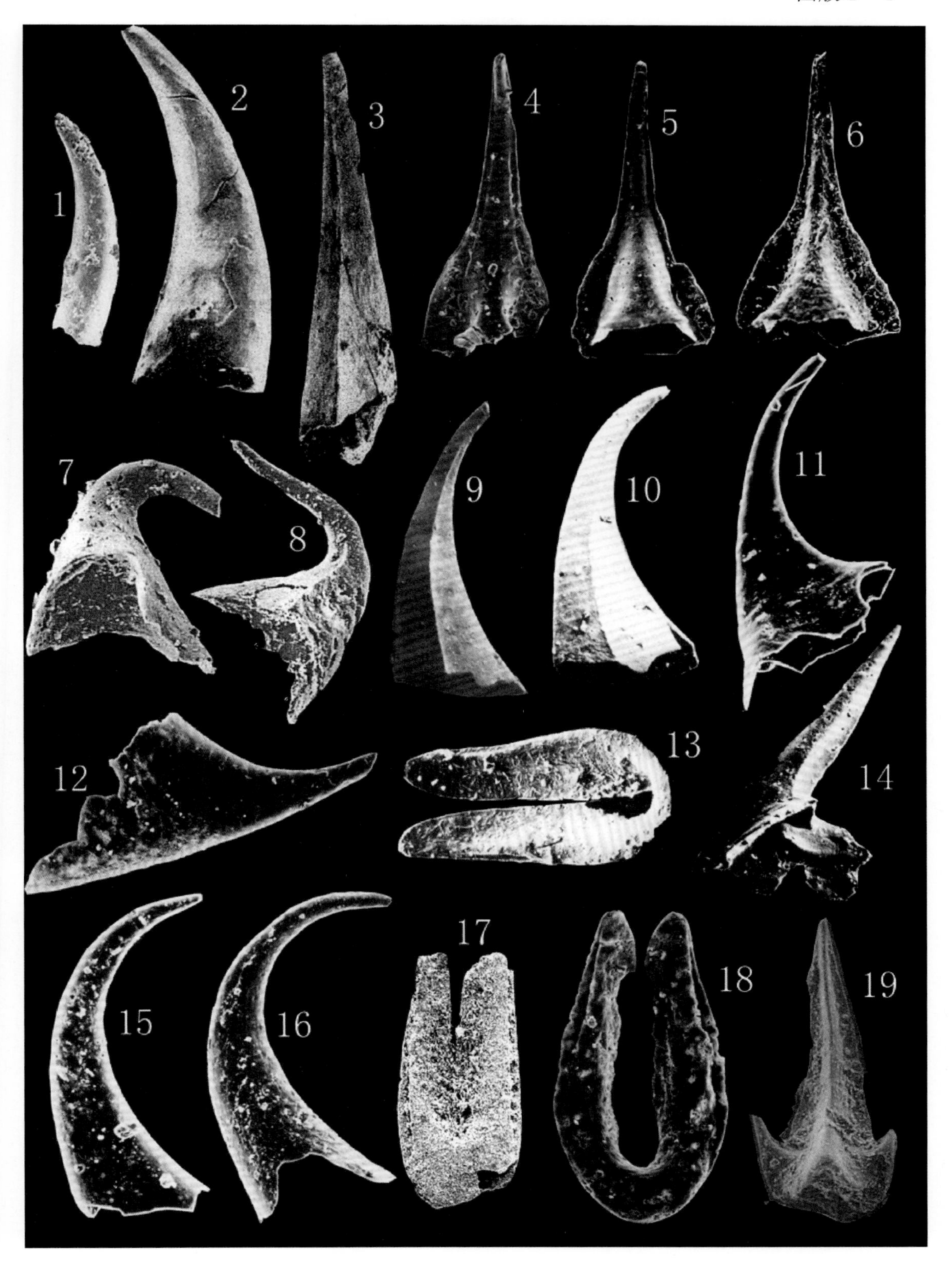

图版∈—2

1 *Westergaardodina extensa* An, 1982

后视，×96，山东莱芜，寒武系汶水组，G14－58/PUG8080（正模）。复制于An, 1982, pl. 6, fig. 9。

2 *Westergaardodina horizontalis* Dong, 1993

后视，×130，湖南花垣排碧，寒武系花桥组，P40/DC88010（正模）。复制于Dong, 1993, pl. 1, fig. 13。

3，4 *Westergaardodina matsushitai* Nogami, 1966

3 后视，×38，山东莱芜，寒武系第三统崮山组，Ta－en－kou，JCD－1027（正模）。复制于Nogami, 1966, pl. 10, fig. 8。

4 后视，×160，山东莱芜，寒武系第三统崮山组，LKI－9－39/SB0005，复制于安太庠等。1983，图版1，图8。

5，7 *Westergaardodina grandidens* Dong, 1993

后视，×60，×50，湖南花垣排碧，寒武系车夫组，P76－4，72/Dc88042，DC88045（正模），复制于Dong, 1993, pl. 3, figs. 9, 5。

6 *Westergaardodina* aff. *fossa* Müller, 1973

前视，×120，辽宁复州湾，寒武系芙蓉统长山组，Fb24－117/PUG8082。复制于An, 1982, pl. 7, fig. 1。

8 *Westergaardodina microdentata* Zhang, 1983

后视，×106，山东莱芜，寒武系芙蓉统长山组，LKII－1－7/SB0015（正模）。复制于安太庠等，1983，图版1，图15。

9 *Westergaardodina muelleri* Nogami, 1966

后视，×160，河北曲阳，寒武系第三统崮山组，Q－C－56/Buc－791。复制于安太庠等，1983，图版1，图13。

10，11 *Westergaardodina moessebergensis* Müller, 1959

10 后视，×208，山东莱芜，寒武系第三统崮山组，LKI－4－15/SB0007。复制于安太庠等，1983，图版1，图6。

11 后视，×120，湖南王村，寒武系车夫组，W29/PDC985012。复制于Dong & Bergström, 2001, pl. 2, fig. 9。

12，13 *Westergaardodina orygma* An, 1982

12 后视，×144，山东莱芜，寒武系第三统崮山组，G14－90/PUG8105（正模）。复制于An, 1982, pl. 8, fig. 13。

13 前视，×220，辽宁复州湾，寒武系第三统崮山组，Fb2－40/PUG8084。复制于An, 1982, pl. 7, fig. 2。

14 *Westergaardodina parthena* An, 1982

后视，×330，辽宁复州湾，寒武系第三统崮山组，Fb2－40/PUG8085（正模）。复制于An, 1982, pl. 7, fig. 4。

15 *Westergaardodina petalinusa* Zhang, 1983

后视，×131，山东莱芜，寒武系第三统张夏组，LKI－2－1/SB0002（正模）。复制于安太庠等，1983，图版1，图2。

图版∈—2

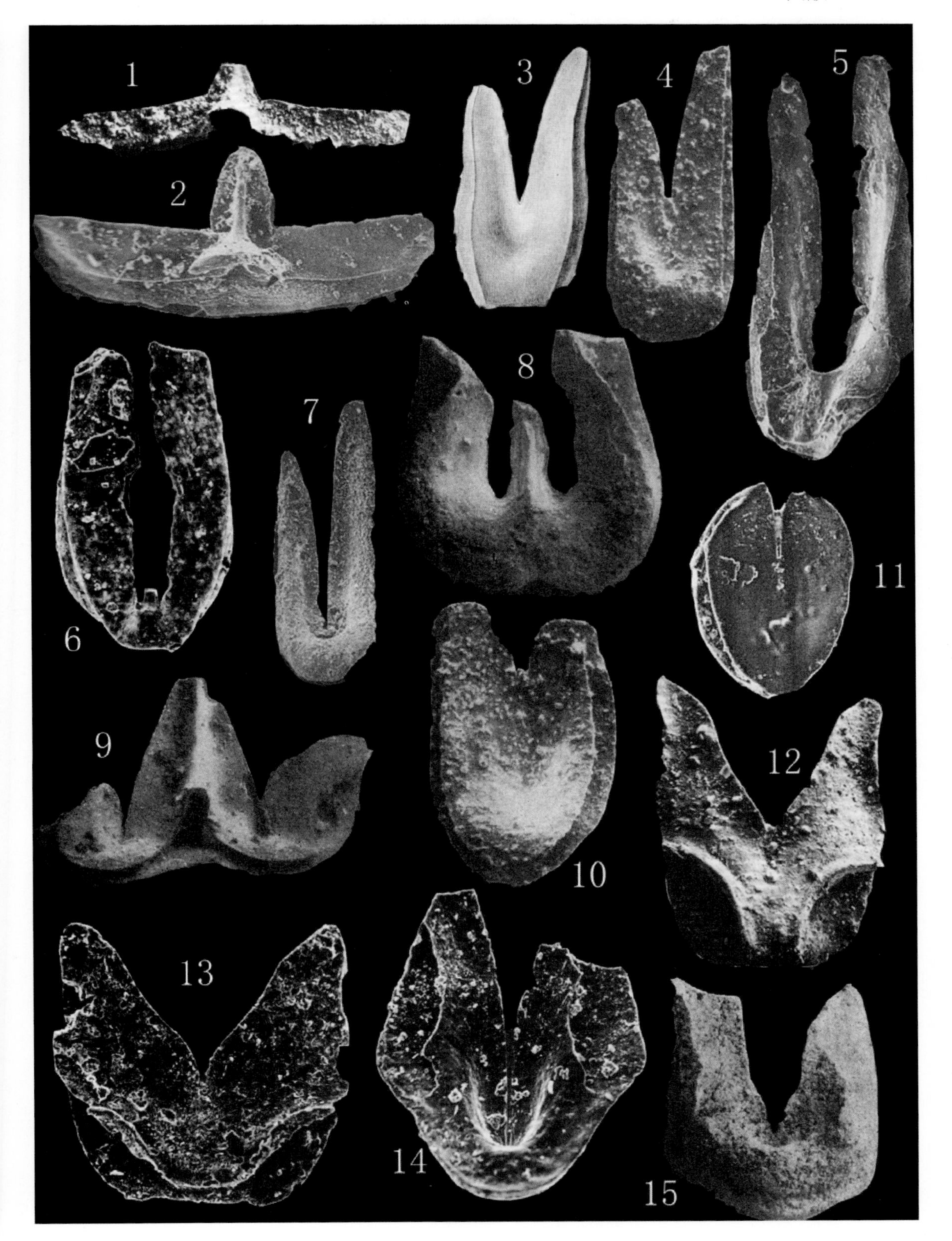

图版∈—3

1 *Westergaardodina quadrata* An, 1982

后视，×150，山东莱芜，寒武系第三统崮山组，G28－91/PUG8076（正模）。复制于 An, 1982, pl. 6, fig. 6。

2 *Westergaardodina semitricuspidata* An, 1982

后视，×189，辽宁复州湾，寒武系芙蓉统长山组，Fb13－81/PUG8092（正模）。复制于 An, 1982, pl. 7, fig. 11

3 *Westergaardodina tetragonia* Dong, 1993

后视，×50，湖南花垣排碧，寒武系车夫组，B39/DC88014（正模）。复制于董熙平，1993, pl. 1, fig. 2。

4 *Westergaardodina tricuspidata* Müller, 1959

后视，×144，山东莱芜，寒武系第三统崮山组，G23－92/PUG8091。复制于 An, 1982, pl. 7, fig. 10。

5 *Proconodontus muelleri* Miller, 1969

侧视，×60，吉林浑江大阳岔，寒武系芙蓉统凤山组，HDA4/92932。复制于 Wang, 1985b, pl. 26, fig. 10。

6, 7 *Proconodontus posterocostatus* Miller, 1980

侧视，×200，辽宁复州湾，寒武系芙蓉统凤山组，Fb48－161, 48－164/PUG8155, 8158。复制于 An, 1982, pl. 12, figs. 3, 7。

8, 12 *Proconodontus tenuiserratus* Miller, 1980

8 侧视，×200，辽宁复州湾，寒武系芙蓉统凤山组，Fb31－130/PUG8152。复制于 An, 1982, pl. 12, fig. 1。

12 侧视，×180，吉林浑江大阳岔，寒武系芙蓉统凤山组，JD5－1/98252。复制于 Chen & Gong, 1986, pl. 29, fig. 14。

9, 10 *Proconodontus tricarinatus*（Nogami, 1967）

侧视，×110，×50，吉林浑江大阳岔，寒武系芙蓉统凤山组，HDA4, 3/92864, 92865。复制于 Wang, 1985b, pl. 22, figs. 3, 4。

11, 14, 21 *Hirsutodontus rarus* Miller, 1969

11 侧视，×306，山东莱芜，寒武系芙蓉统凤山组，LZ－23/SB0078。复制于安太庠等，1983，图版4，图21。

14 侧视，×60，河北卢龙武山，寒武系芙蓉统凤山组和下奥陶统冶里组，C59/77802。复制于 Wang, 1985a, pl. 1, fig. 8。

21 侧视，×250，江苏徐州，寒武系芙蓉统三山子组，X－50/SB0079，复制于安太庠等，1983，图版4，图20。

13 *Monocostodus sevierensis*（Miller, 1969）

侧视，×120，吉林浑江大阳岔，寒武系芙蓉统凤山组，HDA11－B1/98438。复制于 Chen & Gong, 1986, pl. 43, fig. 21。

15 *Semiacontiodus lavadamensis*（Miller, 1969）

S分子之后视，×100，吉林浑江大阳岔，寒武系芙蓉统凤山组，HDA11－B1/98434。复制于 Chen & Gong, 1986, pl. 43, fig. 16。

16 *Semiacontiodus nogamii* Miller, 1969

S分子之前视，×80，吉林浑江大阳岔，寒武系芙蓉统凤山组，HDA14－2/98413。复制于 Chen & Gong, 1986, pl. 42, fig. 5。

17, 18 *Proconodontus serratus* Miller, 1969

17 侧视，×73，吉林浑江大阳岔，寒武系芙蓉统凤山组，HDA1D/98286。复制于 Chen & Gong, 1986, pl. 33, fig. 1。

18 侧视，×160，辽宁复州湾，寒武系芙蓉统凤山组，Fb46－157/PUG8154。复制于 An, 1982, pl. 12, fig. 5。

19 *Clavohamulus elongatus* Miller, 1969

P分子之口视，×200，新疆巴楚大坂塔格，寒武系芙蓉统至下奥陶统丘里塔格上亚群，坂－O1q－22－1/1003。复制于高琴琴，1991，图版11，图3。

20 *Cambrooistodud minutus*（Miller, 1969）

侧视，×100，吉林浑江大阳岔，寒武系芙蓉统凤山组，HDA3－2/98285。复制于 Chen & Gong, 1986, pl. 32, fig. 16。

图版∈—3

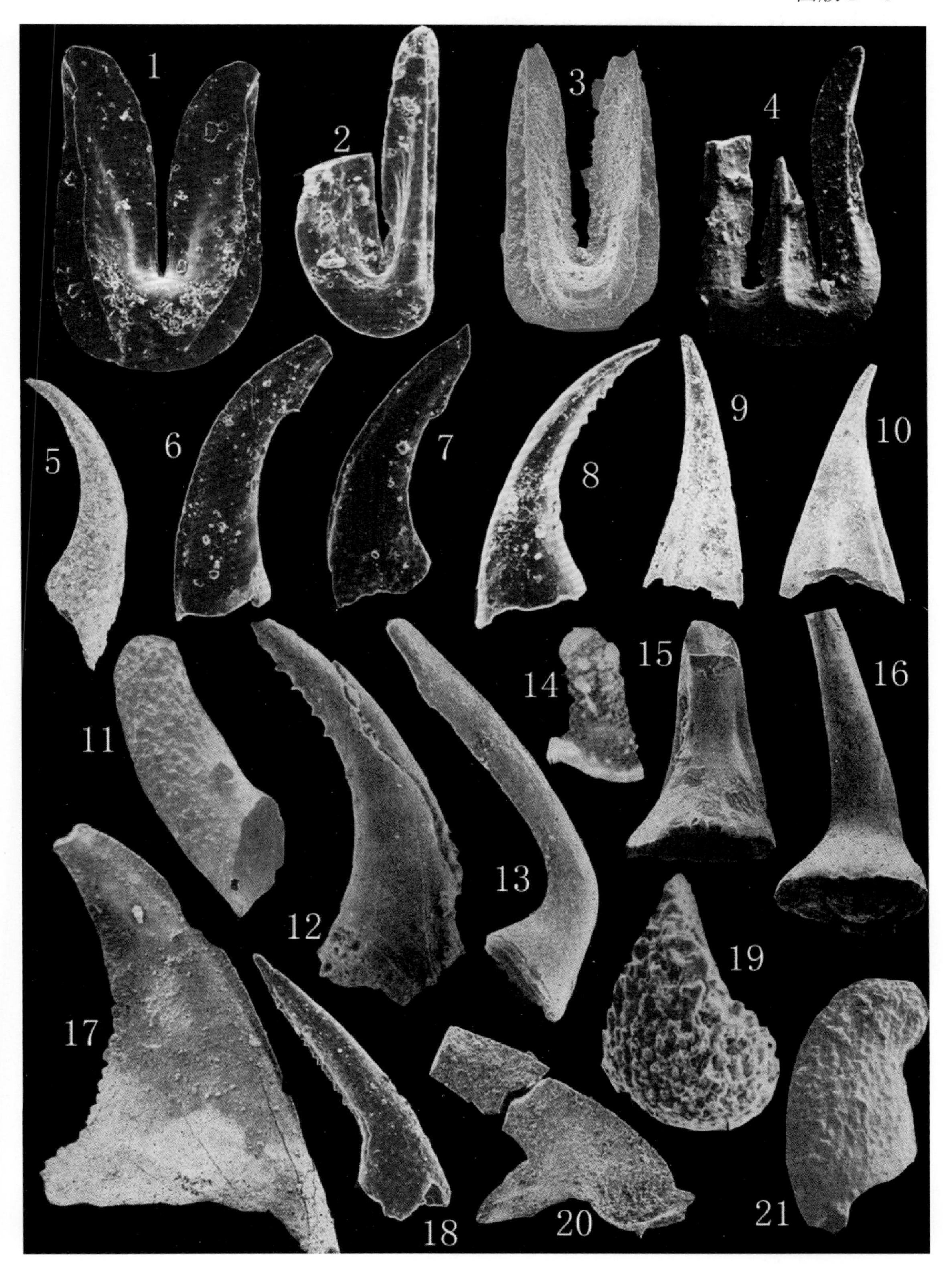

图版∈—4

1 *Dasytodus posteronodus* Wu, Yao et Ji, 2004
侧视，×140，山东莱芜黄羊山，寒武系芙蓉统炒米店组，Hy－35/33766（正模）。复制于武桂春等，2004，图版1，图14。

2 *Dasytodus nodus*（Zhang et Xiang, 1983）
侧视，×231，山东莱芜，寒武系芙蓉统凤山组，LKIII－39－35/SB0114（正模）。复制于安太庠等，1983，图版6，图8。

3 *Dasytodus transmutatus*（Xu et Xiang, 1983）
侧视，×170，辽宁本溪，寒武系芙蓉统凤山组，BH4/SB0053（正模）。复制于安太庠等，1983，图版3，图15。

4 *Granatodontus primitivus*（An *et al.*, 1985）
后侧视，×300，湖北宜昌黄花场，寒武系芙蓉统三游洞群，Bs－0，Bs－2/84001（正模）。复制于安太庠等，1985，图版1，图2。

5，19，25，26 *Cordylodus lindstromi* Druce et Jones, 1971
5，19 S分子之侧视，×110，×130，吉林浑江大阳岔，寒武系芙蓉统凤山组，HDB39，HAD15C/92891，92892。复制于 Wang, 1985b, pl. 24, figs. 1, 5。
25 S分子之侧视，×60，辽宁本溪，下奥陶统冶里组，BDC20/79108。复制于 Wang, 1985a, pl. 13, fig. 24。
26 S分子之侧视，×160，吉林浑江大阳岔，寒武系芙蓉统凤山组，HDA14－1/98293。复制于 Chen & Gong, 1986, pl. 34, fig. 1。

6 *Granatodontus bulbousus*（Miller, 1969）
侧视，×170，辽宁本溪，寒武系芙蓉统凤山组，BH/SB0082。复制于安太庠等，1983，图版4，图24。

7，8 *Hirsutodontus simplex*（Druce et Jones, 1971）
7 前视，×336，江苏徐州，寒武系芙蓉统三山子白云岩，X－52/SB0077。复制于安太庠等，1983，图版4，图19。
8 侧视，×100，湖北宜昌黄花场，寒武系芙蓉统三游洞群，ACC548/83367。复制于 Dong, 1985, pl. 2, fig. 12。

9 *Cambrooistodus cambricus*（Miller, 1969）
侧视，×60，吉林浑江大阳岔，寒武系芙蓉统凤山组，HDA3/92939。复制于 Wang, 1985b, pl. 26, fig. 17。

10 *Cordylodus caboti* Bagnoli, Barnes et Stevens, 1987
S分子之侧视，×60，河北唐山赵各庄，下奥陶统冶里组，CC8－3。复制于王志浩和方一亭，1996，图版1，图1。

11，12 *Cordylodus drucei* Miller, 1980
S分子之侧视，×120，×80，吉林浑江大阳岔，寒武系芙蓉统凤山组，HDA13R/92897，92899。复制于 Wang, 1985b, pl. 24, figs. 7, 9。

13，21 *Cordylodus deflexus* Bagnoli, Barnes et Stevens, 1987
13 P分子之侧视，×180，吉林浑江大阳岔，寒武系顶部至奥陶系底部，9－8/98329。复制于 Chen & Gong, 1986, pl. 36, fig. 10。
21 P分子之侧视，×160，浙江江山丰足，下奥陶统印诸埠组，FY－12/86SO12。复制于安太庠，1987，图版17，图16。

14，15，24 *Cordylodus intermedius* Furnish, 1938
14，15 S分子之侧视，×80，吉林浑江大阳岔，寒武系芙蓉统凤山组，HDA13B，14－2，11/98352，98347，92904。复制于 Chen & Gong, 1986, pl. 37, figs. 11, 4。
24 S分子之侧视，×80，吉林浑江大阳岔，寒武系芙蓉统凤山组，HDA11/92904。复制于 Wang, 1985b, pl. 24, fig. 14。

16—18 *Cordylodus proavus* Müller, 1959
16，18 S分子之侧视，×50，吉林浑江大阳岔，寒武系芙蓉统凤山组，HDA9B2，9－4/98330，93321。复制于 Chen & Gong, 1986, pl. 36, figs. 11, 1。
17 P分子之侧视，×80，吉林浑江大阳岔，寒武系芙蓉统凤山组，HDA9－3/98333。复制于 Chen & Gong, 1986, pl. 36, fig. 4。

20，23 *Cordylodus lenzi* Müller, 1973
S分子之侧视，×240，288，辽宁本溪火连寨和河北马各庄，寒武系芙蓉统凤山组，Lh5－2，J45－9－37/PUG8223，8224。复制于 An, 1982, pl. 17, fig. 7, 8。

22 *Cordylodus prion* Lindström, 1955
P分子之侧视，×100，吉林浑江大阳岔，寒武系芙蓉统凤山组，HAD29－6/92894，复制于 Wang, 1985b, pl. 24, fig. 2。

图版∈—4

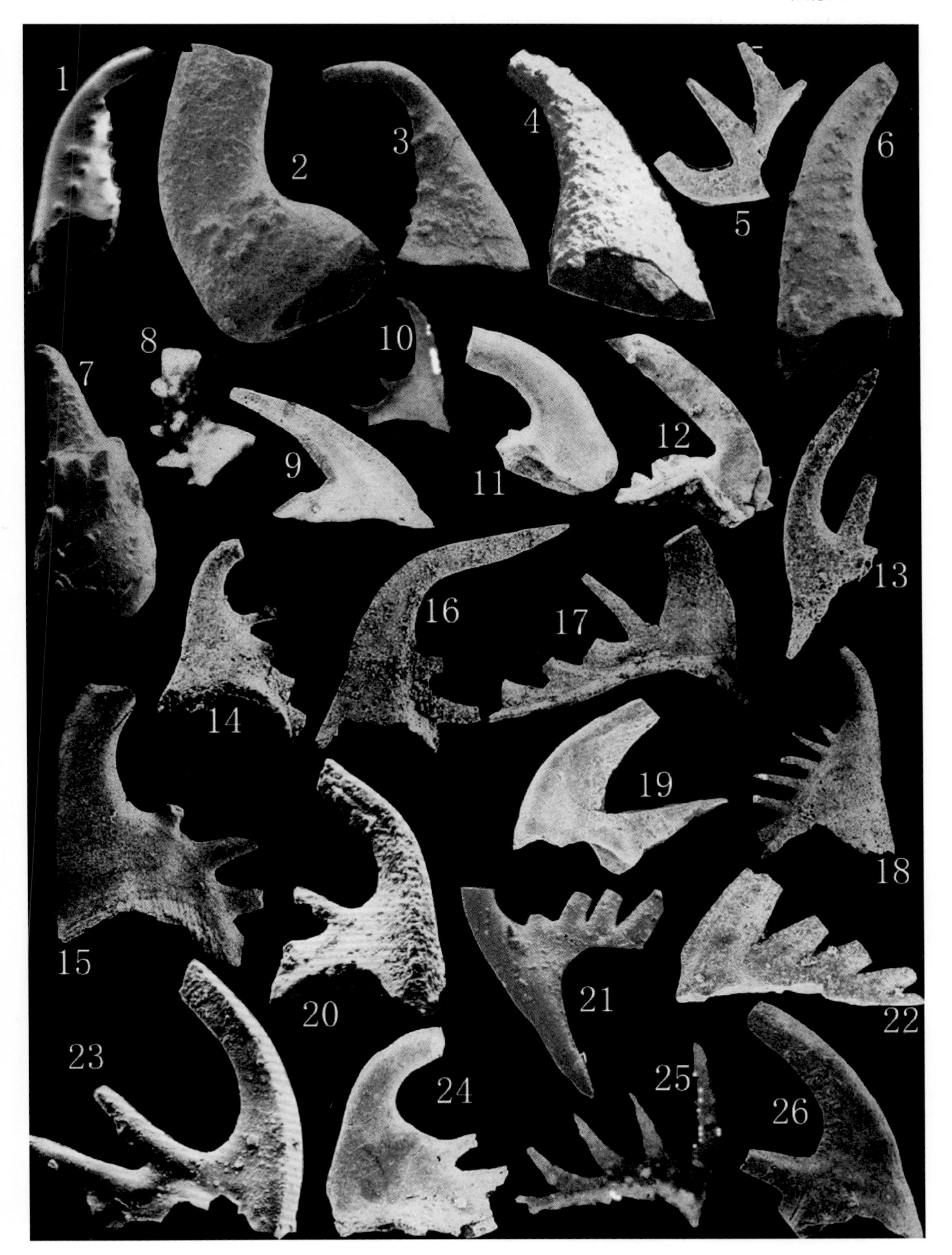

图版∈—5

1，2　*Eoconodontus notchpeakensis*（Miller，1969）

侧视，×50，×90，吉林浑江大阳岔，寒武系芙蓉统凤山组，HDA3，5－2/92918，92919。复制于Wang，1985b，pl. 25，figs. 13，14。

3—6　*Fryxellodontus inornatus* Miller，1969

3　侧视，×60，吉林浑江大阳岔，寒武系芙蓉统凤山组，Hx－6/78072，78071，78070。复制于Wang，1985a，pl. 12，fig. 15。

4　侧视，×60，河北卢龙武山，寒武系芙蓉统凤山组，C40/77841。复制于Wang，1985a，pl. 2，fig. 24。

5　侧视，×60，吉林浑江大阳岔，寒武系芙蓉统凤山组，HDA8/82920。复制于Wang，1985b，pl. 25，fig. 15。

6　侧视，×80，吉林浑江大阳岔，寒武系芙蓉统凤山组，HDA9－9/98402。复制于Chen & Gong，1986，pl. 41，fig. 10。

7，8　*Teridontus nakamurai*（Nogami，1967）

S分子之侧视，×40，×50，吉林浑江大阳岔，寒武系芙蓉统凤山组，B/HDA9B/92846，92847。复制于Wang，1985b，pl. 21，fig. 4，5。

9，10，11　*Teridontus huanghuachangensis*（Ni，1981）

9，10　？P分子之侧视，×136，×281，山东莱芜和河北唐山，寒武系芙蓉统凤山组和下奥陶统冶里组，Lz－C－35/SB0117，0120。复制于安太庠等，1983，图版6，图10，13。

11　S分子之侧视，×40，湖北宜昌黄花场，寒武系芙蓉统—下奥陶统三游洞群顶部，HC1/VC－700154，700155（正模）。复制于倪世钊，1981，图版1，图5。

12　*Teridontus erectus*（Druce & Jones，1971）

S分子之侧后视，×240，河北唐山，下奥陶统冶里组，Bz1－28/Buc－799。复制于安太庠等，1983，图版6，图9。

13　*Semiacontiodus nogami* Miller，1969

S分子之后视与后侧视，×80，吉林浑江大阳岔，寒武系芙蓉统凤山组，HDA11/92887。复制于Wang，1985b，pl. 23，fig. 13。

14　*Teridontus gracilis*（Furnish，1938）

P分子之侧视，×111，河北唐山，下奥陶统冶里组，东59－3/SB0122。复制于安太庠等，1983，图版6，图15。

15，17　*Muellerodus pulcherus* An，1982

后视，×280，×350，×300，×320，辽宁复州湾，寒武系芙蓉统长山组，Fb13－82，13－81/PUG8133，8134，8121，8120（正模）。复制于An，1982，pl. 9，figs. 15，13。

16，22　*Muellerodus pomeranensis*（Szaniawski，1971）

16　侧视，×212，湖南古丈，寒武系比条组，Lu－129－1－2。复制于安太庠，1987，图版3，图4。

22　侧视，×289，山东莱芜，寒武系第三统崮山组，LKI－6－21/SB0048。复制于安太庠等，1983，图版3，图10。

18，19　*Muellerodus? obliquus*（An，1982）

侧视，×200，×250，山东莱芜，寒武系第三统崮山组，G 33－112，33－112/PUG8108，81109。复制于An，1982，pl. 9，figs. 2，3。

20，21　*Muellerodus rarus*（Müller，1959）

20　侧视，×176，山东莱芜，寒武系第三统崮山组，G28－92/PUG8132。复制于An，1982，pl. 10，figs. 11。

21　侧视，×200，辽宁复州湾，寒武系第三统崮山组，Fb2－40/PUG8119（正模）。复制于An，1982，pl. 9，figs. 12。

图版∈—5

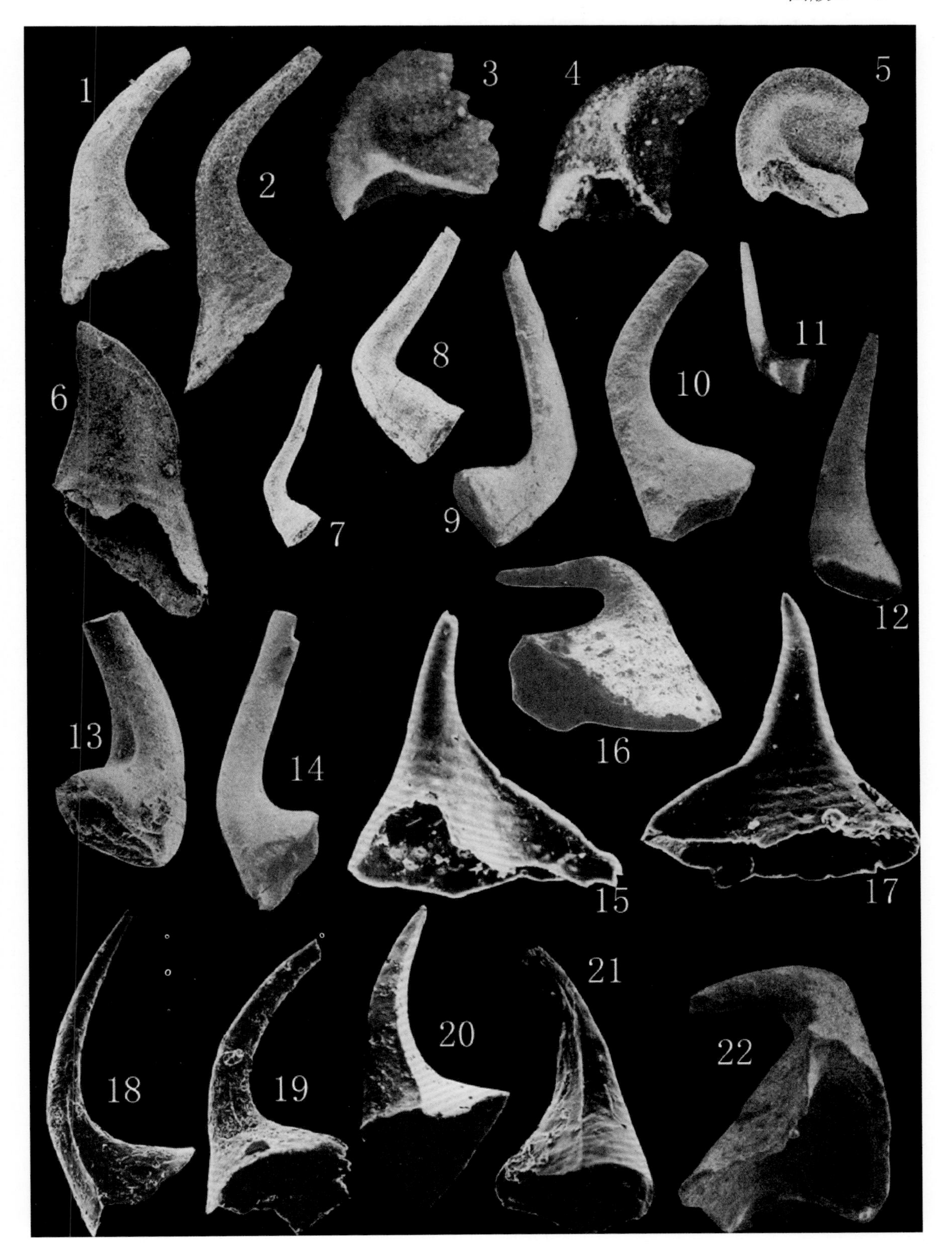

图版 O—1

1, 2 *Chosonodina herfurthi* Müller, 1964

S 分子之后视，×80，×120，吉林浑江大阳岔，寒武系顶部至奥陶系底部，HDA31－4，31－6/98480，98482。复制于 Chen & Gong，1986，pl. 46，figs. 7，10。

3，4 *Cordylodus angulatus* Pander，1856

3 Pa 分子之侧视，×80，×100，吉林浑江大阳岔，寒武系芙蓉统凤山组，HDA31－4/98298，98300。复制于 Chen & Gong，1986，pl. 34，figs. 2，4。

4 Pb 分子之侧视，×112，吉林浑江大阳岔，寒武系芙蓉统凤山组，HDA31－4/98355。复制于 Chen & Gong，1986，pl. 37，fig. 3。

5，6 *Rossodus manitouensis* Repetski et Ethington，1983

5 Sa 分子之侧视，×270，河北唐山，下奥陶统冶里组，Td－59－10。复制于安太庠等，1983，图版 10，图 3。

6 Sc 分子之侧视，×214，浙江余杭荆山岭，下奥陶统留下组，J14－3－1/455。复制于丁连生等，1993，图版 7，图 25。

7，8 *Acanthodus lineatus*（Furnish，1938）

7 S 分子之侧视，×120，四川南川三汇，下奥陶统南津关组，N30。复制于安太庠，1987，图版 6，图 21。

8 S 分子之侧视，×97，湖南桃源热水坑，下奥陶统南津关组，Tr－6－1。复制于安太庠，1987，图版 6，图 25。

9 *Acanthodus uncinatus* Furnish，1938

P 分子之侧视，×85，四川华蓥山李子哑，下奥陶统南津关组，Hu5，Kh37。复制于安太庠，1987，图版 6，图 19。

10，11 *Aloxoconus iowensis*（Furnish，1938）

Sa 分子之后视，×180，吉林浑江大阳岔，寒武系芙蓉统凤山组，HDA31－4，31－6/98516，98515。复制于 Chen & Gong，1986，pl. 49，figs. 7，4。

12 *Aloxoconus staufferi*（Furnish，1938）

Sa 分子之后视，×160，吉林浑江大阳岔，寒武系芙蓉统凤山组，HDA31－4/98509。复制于 Chen & Gong，1986，pl. 49，fig. 1。

13，18 *Glyptoconus quadraplicatus*（Branson et Mehl，1933）

13 Sb 分子之侧视，×210，南京江宁建邺村，下奥陶统仑山组，NP55。复制于丁连生等，1993，图版 6，图 21。

18 Sa 分子之后视和侧视，×570，新疆塔里木盆地塔中勘探区，下奥陶统上丘里塔格群，TZ162/1－25。复制于赵治信等，2000，图版 5，图 19。

14，15 *Glyptoconus tarimensis*（Gao，1991）

Sb 和 Sa 分子之后侧视，×55，×80，新疆阿克苏肖尔布拉克，下奥陶统丘里塔格上亚群，肖－O1q－149－1，肖－O1q－149－1/227（正模），229。复制于高琴琴，1991，图版 5，图 10，15。

16，17 *Serratognathodus bilobatus* Lee，1970

16 Sb 分子之后视和前视，×50，辽宁本溪，下奥陶统亮甲山组，Xt15－5/105930a。复制于王志浩等，1996，图版 2，图 1。

17 Sa 分子之前视，×60，吉林浑江大阳岔，下奥陶统亮甲山组，Hx12/105931。复制于王志浩等，1996，图版 2，图 5。

19，20 *Serratognathus diversus* An，1981

19 Sb 分子之前视，×65，南京，下奥陶统红花园组，BJ79－10（正模）。复制于 An，1981，pl. 2，fig. 27。

20 Sa 分子之前视，×144，湖南桃源热水坑，下奥陶统红花园组，Tr27－1。复制于安太庠，1987，图版 18，图 9。

图版 O—1

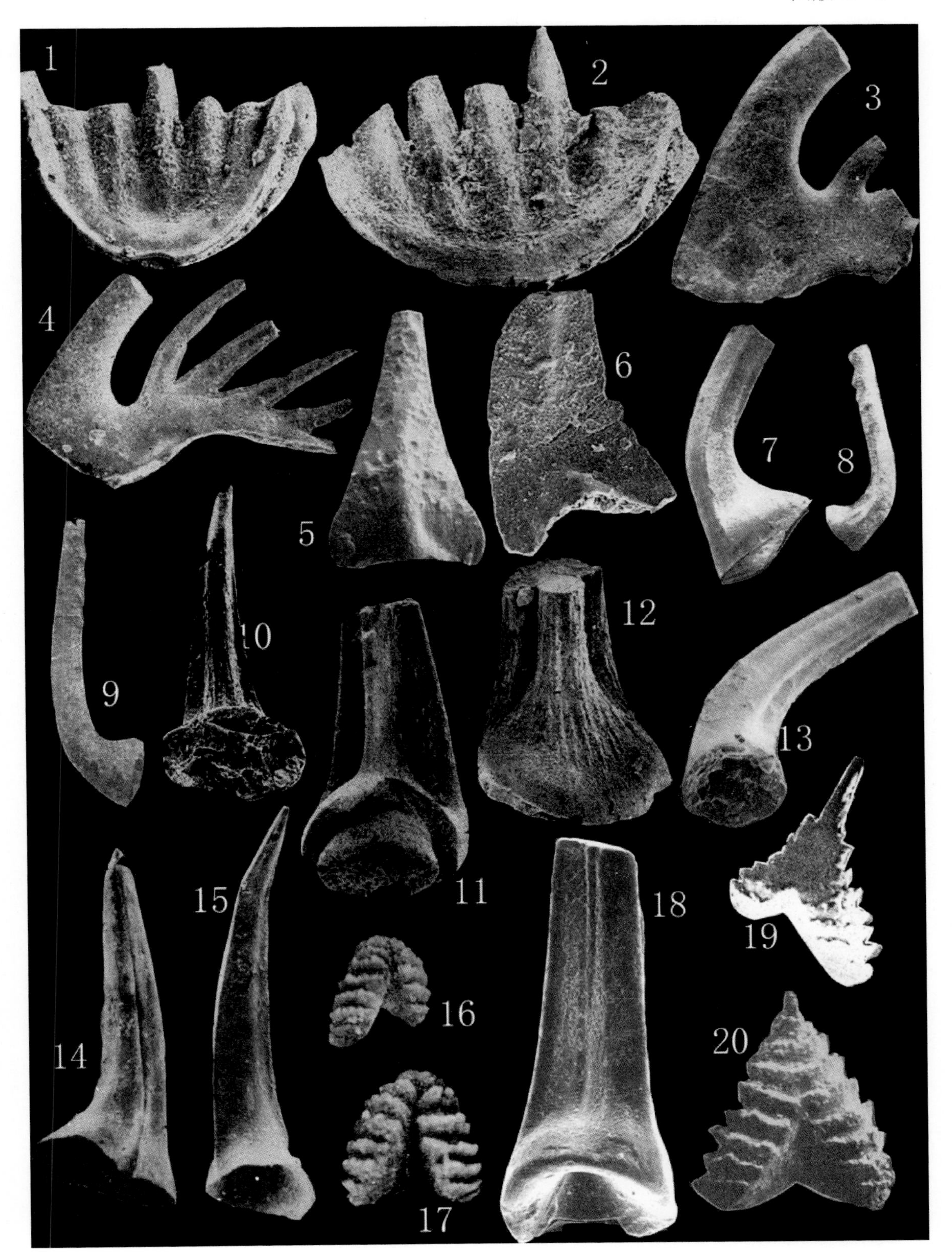

图版 O—2

1—3 *Prioniodus elegans* Pander, 1856

1 M 分子之侧视，×70，浙江余杭荆山岭，下、中奥陶统荆山岭组，Yj-7。复制于安太庠，1987，图版25，图20。

2 P 分子之侧视，×252，新疆塔里木盆地库南井下，下奥陶统巷古勒塔格组，KN-2/P.00047。复制于赵治信等，2000，图版38，图6。

3 P 分子之口视和侧视，×160，浙江余杭荆山岭，下、中奥陶统荆山岭组，Nj-35-3。复制于安太庠，1987，图版30，图13。

4—6 *Triangulodus proteus* An, Du, Gao et Lee, 1981

4 Sb 分子之后视，×153，湖北秭归新滩，下奥陶统分乡组，Xf1-6。复制于安太庠等，1985，图版3，图9。

5 M 分子之侧视，×360，湖北宜昌黄花场，下奥陶统分乡组，Hf6-3。复制于安太庠等，1985，图版3，图6。

6 Sd 分子之侧视，×220，湖北宜昌黄花场，下奥陶统分乡组，BUC-8043（正模）。复制于安太庠等，1981，图版2，图20。

7—9 *Oepikodus evae*（Lindström, 1955）

7 P 分子之侧视，×80，浙江常山黄泥塘，下、中奥陶统宁国组，AEP156A1/131035。复制于 Wang & Bergström, 1995, pl. 6, fig. 3。

8 M 分子之侧视，×100，浙江常山黄泥塘，下、中奥陶统宁国组，AEP156A1/131033。复制于 Wang & Bergström, 1995, pl. 6, fig. 2。

9 Sc 分子之侧视，×180，贵州沿河甘溪，下、中奥陶统大湾组，Yg103。复制于安太庠，1987，图版21，图16。

10—13 *Baltoniodus triangularis*（Lindström, 1955）

10 Pb 分子之侧视，×150，湖北宜昌黄花场，下、中奥陶统大湾组下段，Hod-c-2/6009；

11 M 分子之侧视，×120，湖北宜昌黄花场，下、中奥陶统大湾组下段，Shod-16/1467；

12 Sd 分子之后视，×180，湖北宜昌黄花场，下、中奥陶统大湾组下段，Hod-c-2-3/5936；

13 Pa 分子之侧视，×120，湖北宜昌黄花场，下、中奥陶统大湾组下段，Hod-c-2，Jod-23，/6007；

复制于李志宏等，2010，图版2，图1，7，12，4A。

14—18 *Baltoniodus navis*（Lindström, 1955）

14 Sa 分子之后视，×240，湖北咸宁大屋，下、中奥陶统大湾组。复制于安太庠，1987，图版20，图13。

15 Pa 分子之侧视，×100，湖北宜昌黄花场，下、中奥陶统大湾组，Hod-26/5924。复制于李志宏等，2010，图版1，图2。

16 Pb 分子之侧视，×58，安徽和县四碾盘，下、中奥陶统小滩组，Hx-12。复制于安太庠，1987，图版20，图2。

17 M 分子之侧视，×152，安徽和县四碾盘，下、中奥陶统小滩组，Hx-12。复制于安太庠，1987，图版20，图15。

18 Sc 分子之侧视，×224，湖北咸宁大屋，下、中奥陶统大湾组。复制于安太庠，1987，图版20，图3。

19—23 *Baltoniodus norrlandicus*（Löfgren, 1978）

19 M 分子之侧视，×60，湖北兴山建阳坪，下、中奥陶统大湾组，AFA213/130990；

20 S 分子之侧视，×80，湖北宜昌陈家河，中奥陶统牯牛潭组，AFA189/130370；

21 Pa 分子之侧视，×50，湖北兴山建阳坪，下、中奥陶统大湾组，AFA210/130371；

22 Sa 分子之后视，×213，湖北兴山建阳坪，下、中奥陶统大湾组，AFA213/130373；

23 Sc 分子之侧视，×80，湖北兴山建阳坪，下、中奥陶统大湾组，AFA213/130375；

复制于王志浩和 Bergström, 1999，图版1，图5，10，6，9，8。

24—27 *Paroistodus originalis*（Sergeeva, 1963）

24 Sc 分子之侧视，×120，湖南桃源热水坑，中奥陶统大湾组，Tr-41-3。复制于安太庠，1987，图版13，图12。

25 M 分子之侧视，×100，湖北咸宁大屋，下、中奥陶统大湾组，×dal1-2。复制于安太庠，1987，图版13，图10。

26 Sa 分子之侧视，×120，湖南桃源热水坑，中奥陶统大湾组，Tr-41-3。复制于安太庠，1987，图版13，图11。

27 P 分子之侧视，×60，浙江常山黄泥塘，下、中奥陶统宁国组，AFP156H。复制于 Wang & Bergström, 1995, pl. 7, fig. 15。

图版 O—2

图版 O—3

1—3 *Microzarkodina parva* Lindström, 1971

1, 2 P分子之侧视, ×100, ×120, 湖北兴山建阳坪, 下、中奥陶统大湾组, AFA205/130401, 130400;

3 Sa分子之后视, ×120, 湖北兴山建阳坪, 下、中奥陶统大湾组, AFA205/130400;

复制于王志浩和Bergström, 1999, 图版4, 图12, 14, 13。

4—6 *Lenodus antivariabilis* (An, 1981)

4 Pb分子之侧视, ×118, 贵州遵义十字铺, 下、中奥陶统湄潭组, Ks-7 (正模)。复制于安太庠, 1987, 图版29, 图24。

5, 6 Pa分子之侧方口视, ×60, ×144, 安徽和县四碾盘下、中奥陶统小滩组, Hx-17。复制于安太庠, 1987, 图版28, 图21; 图版26, 图19。

7—9 *Lenodus variabilis* (Sergeeva, 1963)

7 Pa分子之口视, ×50, 湖北宜昌陈家河, 中奥陶统牯牛潭组, AFA 189/130390。复制于王志浩和Bergström, 1999, 图版1, 图11。

8 Pa分子之口视, ×90, 四川华蓥山阎王沟, 下、中奥陶统湄潭组, S-10。复制于安太庠, 1987, 图版2, 图25。

9 Pa分子之口视, ×80, 南京江宁汤山, 中奥陶统牯牛潭组, 3NB12。复制于丁连生等, 1993, 图版34, 图14。

10—12 *Yangtzeplacognathus crassus* (Chen et Zhang, 1993)

10 Pa分子之口视, ×50, 南京汤山建邺村, 中奥陶统牯牛潭组, WC6/82097 (正模)。复制于丁连生等, 1993, 图版37, 图12。

11 Pa分子之口视, ×80, 新疆柯坪大湾沟, 中奥陶统大湾沟组, Nj294/122615。复制于王志浩和周天荣, 1998, 图版1, 图2。

12 Pa分子之口视, ×120, 浙江常山黄泥塘, 中、上奥陶统胡乐组, AEP250/131022。复制于Wang & Bergström, 1995, pl. 8, fig. 12。

13—15 *Yangtzeplacognathus foliaceus* (Fåhraeus, 1966)

13 Pa分子之口视, ×18, 湖北宜昌黄花场, 中奥陶统牯牛潭组, Bg-13。复制于安太庠, 1987, 图版27, 图21。

14 Pb分子之口视, ×70, 安徽石台, 中奥陶统牯牛潭组, Loi25-163/535。复制于丁连生等, 1993, 图版33, 图2。

15 Pb分子之口视, ×60, 江苏昆山巴城, 中奥陶统牯牛潭组, K75/267。复制于丁连生等, 1993, 图版33, 图9。

16, 17 *Yangtzeplacognathus protoramosus* (Chen, Chen et Zhang, 1983)

16 Pb右旋分子之口视, ×40, 南京汤山, 上奥陶统大田坝组, Ko82116 (正模)。复制于Zhang, 1998b, Fig. 12: D。

17 Pa分子之口视, ×80, 江苏昆山巴城, 中奥陶统牯牛潭组, K75/269。复制于丁连生等, 1993, 图版32, 图6。

18—20 *Yangtzeplacognathus jianyeensis* (An et Ding, 1982)

18 Pb分子之口视, ×130, 南京汤山, 上奥陶统大田坝组, 3NB3, A/3NB-6;

19 Pb分子口视, ×60, 安徽石台, 上奥陶统大田坝组, D/Lo122-138/533;

20 Pa分子之口视, ×60, 安徽贵池百安方村, 上奥陶统大田坝组, BF20-20/449;

复制于丁连生等, 1993, 图版31, 图6, 5, 8。

21, 22 *Eoplacognathus pseudoplanus* (Viira, 1974)

21 Pa分子之口视, ×110, 湖南桃源茅草坡, 中奥陶统牯牛潭组, Mc86/Ko9373。复制于Zhang, 1998d, pl. 9, figs. 2。

22 Pb分子之口视, ×125, 南京江宁建邺村, 中奥陶统牯牛潭组, 无采集号。复制于安太庠, 1987, 图版27, 图33。

23—25 *Eoplacognathus suecicus* Bergström, 1971

23 Pb分子之口视, ×284, 新疆塔里木盆地轮台南沙漠区井下, 中奥陶统, Ln50/99-2-3-7;

24 Pa分子之口视, ×240, 新疆塔里木盆地轮台南沙漠区井下, 中奥陶统, Ln46/99-1-2-2-10;

25 Pb分子之口视, ×167, 新疆塔里木盆地轮台南沙漠区井下, 中奥陶统, Ln50/99-2-3-11;

复制于赵治信等, 2000, 图版31, 图2, 4, 6。

图版 O—3

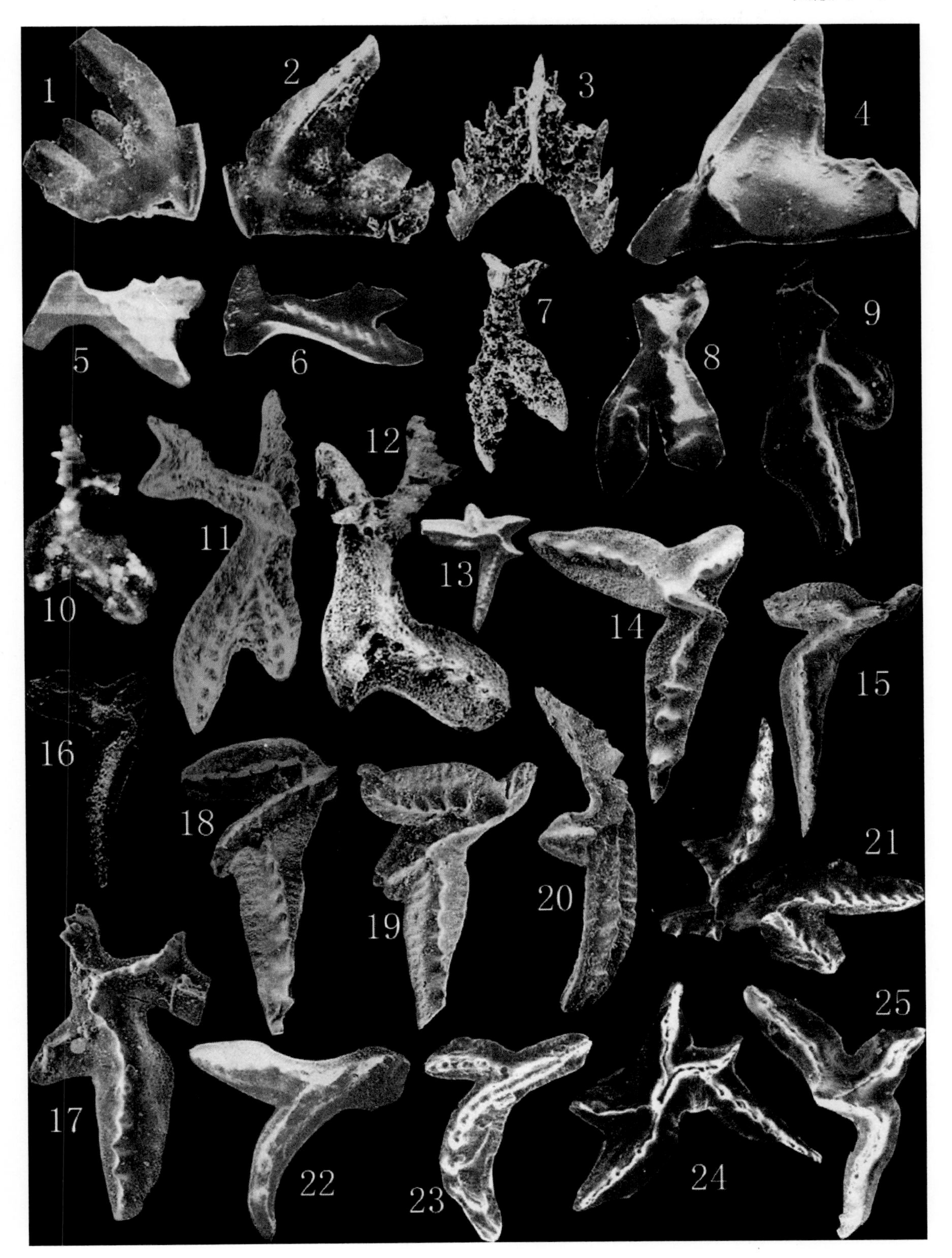

图版 O—4

1—3 *Pygodus anserinus* Lamont et Lindström, 1957

1 Pa 分子之口视，×60，甘肃平凉，上奥陶统平凉组，Pg6/122743，133322；

2 Sb 分子之侧视，×80，新疆柯坪大湾沟，上奥陶统坎岭组和甘肃平凉上奥陶统平凉组，Nj384/122756；

3 Sa 分子之侧视，×60，甘肃平凉，上奥陶统平凉组，Pg7/133311；

复制于王志浩，2001，图版 2，图 22，15，13。

4，5 *Pygodus serra*（Hadding, 1913）

4 Pb 分子之侧视，×300，新疆塔里木盆地轮台南探区，上奥陶统吐木休克组，Ln46/92－127－3。复制于赵治信等，2000，图版 30，图 18。

5 Pa 分子之口视，×50，新疆柯坪大湾沟，上奥陶统坎岭组，Nj375/133309。复制于王志浩，2001，图版 2，图 19。

6—9 *Baltoniodus alobatus*（Bergström, 1971）

6 Pa 分子之口视，×152，贵州沿河甘溪，上奥陶统大田坝组。复制于安太庠，1987，图版 25，图 7。

7 Pa 分子之口视，×152，新疆巴楚，上奥陶统吐木休克组，B/BC37－2/122650。复制于王志浩和周天荣，1998，图版 1，图 11。

8 Pb 分子之侧视，×133，贵州沿河甘溪，上奥陶统大田坝组。复制于安太庠，1987，图版 25，图 12。

9 Sc 分子之侧视，×180，贵州沿河甘溪，上奥陶统大田坝组。复制于安太庠，1987，图版 25，图 13。

10—13 *Hamarodus brevirameus*（Walliser, 1964）

10 Pa 分子之侧视，×171，贵州沿河甘溪，上奥陶统宝塔组，Yg－142；

11 Pa 分子之侧视，×80，湖北宜都，上奥陶统宝塔组，Y－48；

12 Sc 分子之侧视，×178，陕西南郑梁山，上奥陶统宝塔组，Hl－B－1；

13 M 分子之侧视，×30，湖北宜昌黄花场，上奥陶统宝塔组，B6－11；

复制于安太庠，1987，图版 16，图 26，8，22，10。

14，15 *Protopanderodus insculptus*（Branson et Mehl, 1933）

14 Sc 分子之侧视，×40，陕西泾阳，上奥陶统泾河组，B/Sj79/65261。复制于王志浩和罗坤泉，1984，图版 8，图 5。

15 Sa 分子侧视，×45，湖北秭归新滩，上奥陶统宝塔组，Yb19－1。复制于安太庠，1987，图版 11，图 16。

16，17，19 *Amorphognathus superbus*（Rhodes, 1953）

16 Pb 分子之侧视，×120，湖北宜都，上奥陶统宝塔组，Y－33。复制于安太庠，1987，图版 30，图 6。

17 Pa 分子之口视，×30，云南盐津城北，上奥陶统宝塔组，标本保存地为 A。复制于安太庠，1987，图版 30，图 18。

19 Pa 分子之口视，×50，南京地区，上奥陶统汤山组，WC48/82010。复制于陈敏娟等，1983，图版 1，图 5。

18，20 *Baltoniodus variabilis*（Bergström, 1962）

18 Pa 分子之口视，×80，新疆柯坪地区，上奥陶统坎岭组，Ky－5－124/122653。复制于王志浩和周天荣，1998，图版 1，图 9。

20 Pa 分子之侧视，×224，南京江宁，上奥陶统大田坝组。复制于安太庠，1987，图版 25，图 4。

21 *Amorphognathus ordovicicus* Branson et Mehl, 1933?

Pa（stelliplanate）分子之口视，×50，湖北宜昌黄花场，上奥陶统五峰组，YO12。复制于曾庆銮等，1983，图版 8，图 10a。

22—24 *Yaoxianognathus yaoxianensis* An, 1985

22 S 分子之侧视，×161，陕西耀县桃曲坡，上奥陶统桃曲坡组，Tp31y13/84524（正模）。复制于安太庠等，1985，图版 2，图 4。

23 Pb 分子之侧视，×65，陕西陇县李家坡，上奥陶统背锅山组，Leb15－1/65304。复制于王志浩和罗坤泉，1984，图版 10，图 5。

24 Pa 分子之侧视，×149，陕西耀县桃曲坡，上奥陶统桃曲坡组，Tp31y13/84527。复制于安太庠等，1985，图版 2，图 7。

25 *Belodina confluens* Sweet, 1979

S1 分子之侧视，×80，新疆巴楚，上奥陶统良里塔格组，Nj688/122889。复制于王志浩、周天荣，1998，图版 3，图 9。

图版 O—4

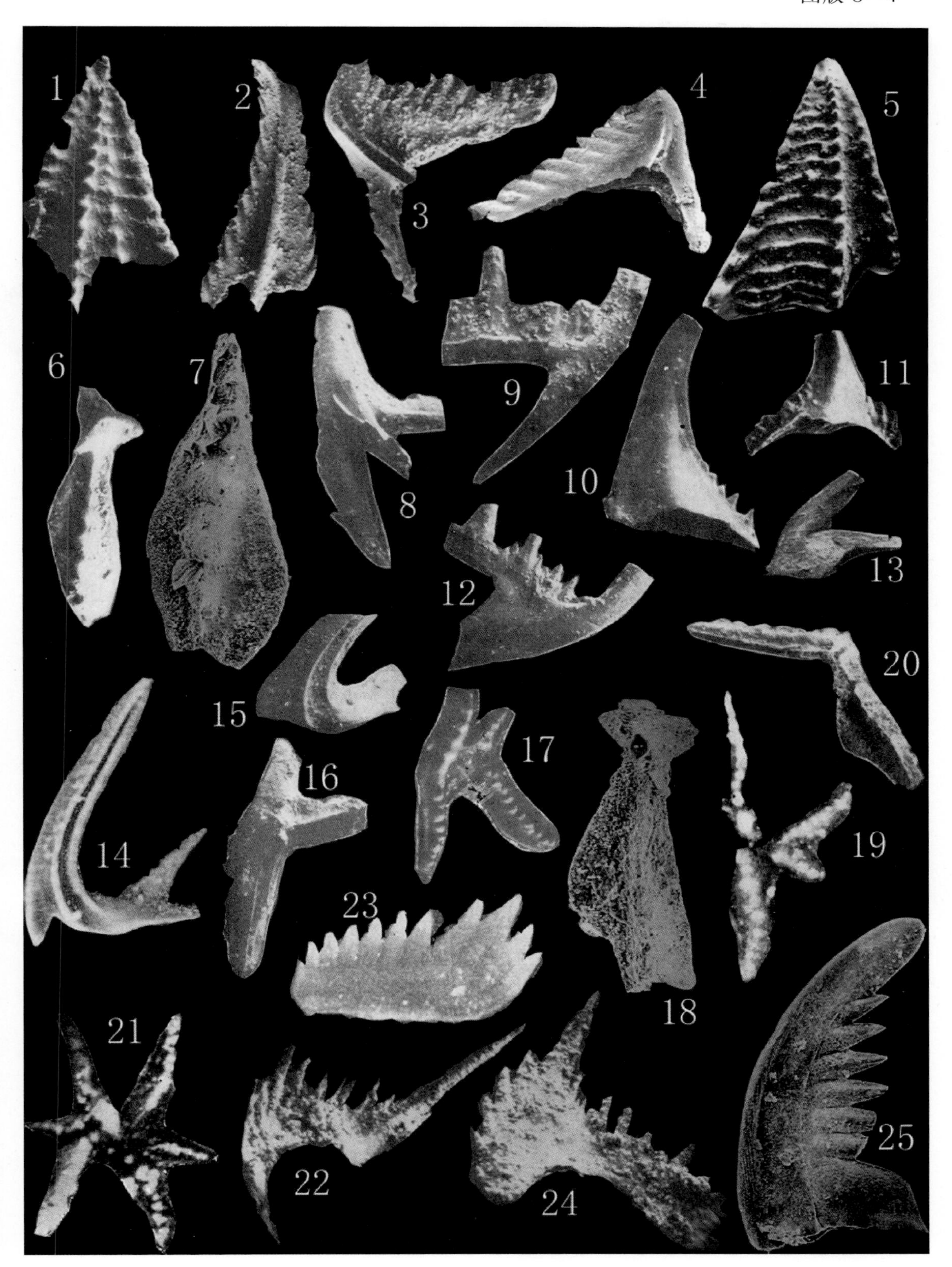

图版 O—5

1, 2 *Aphelognathus pyramidalis* (Branson, Mehl et Branson, 1951)

1 Pb 分子之侧视, ×180, 新疆乌什南, 上奥陶统良里塔格组, G99－2068/2000－2－27。复制于赵治信等, 2000, 图版 34, 图 18。

2 Sb 分子之后视, ×190, 新疆塔里木轮南 46 井, 上奥陶统良里塔格组, Ln45/93－4－6。复制于赵治信等, 2000, 图版 48, 图 11。

3, 4 *Iapetognathus fluctivagus* Nicoll, Miller, Nowlan, Repetski et Ethington, 1999

P 分子之反口方侧视和前视, ×65, 湖南瓦尔岗, 下奥陶统潘家咀组, GMPKU2172, 2173。复制于 Dong *et al.*, 2004, pl. 3, figs. 1, 2。

5—8 *Iapetognathus jilinensis* Nicoll, Miller, Nowlan, Repetski et Ethington, 1999

5 Sa 分子之口视, ×95, 吉林浑江大阳岔, 下奥陶统冶里组, USNM498969。复制于 Nicoll *et al.*, 1999, pl. 13, fig. 3f。

6 Sc 分子之口视, ×95, 吉林浑江大阳岔, 下奥陶统冶里组, USNM498965。复制于 Nicoll *et al.*, 1999, pl. 12, fig. 3a。

7 Pa 分子之后视, ×155, 吉林浑江大阳岔, 下奥陶统冶里组, USNM498972, USNM498967。复制于 Nicoll *et al.*, 1999, pl. 14, fig. 3e。

8 Pb 分子之口视, ×160, 吉林浑江大阳岔, 下奥陶统冶里组, USNM498971。复制于 Nicoll *et al.*, 1999, pl. 14, fig. 2d。

9, 10 *Serratognathus extensus* Yang C. S., 1983

9 Sa 分子之前视, ×255, 河北唐山, 下奥陶统冶里组, T2－40/SB0379。复制于安太庠等, 1983, 图版 17, 图 7。

10 Sb 分子之后视和前视, ×204, 河北平泉, 下奥陶统冶里组, C10－50/SB0380 (正模)。复制于安太庠等, 1983, 图版 17, 图 8。

11, 12 *Loxodus dissectus* An, 1983

P 分子之侧视, ×93, ×170, 河北唐山赵各庄, 下奥陶统北庵庄组, g33－184/SB0455 (正模), g33－178/SB0456。复制于安太庠等, 1983, 图版 21, 图 12; 王志浩等, 1996, 图版 2, 图 20。

13 *Paraserratognathus paltodiformis* An, 1983

S 分子之前视, ×221, 河北曲阳, 下奥陶统亮甲山组, L－22/SB0363 (正模)。复制于安太庠等, 1983, 图版 16, 图 13。

14—18, 20 *Tangshanodus tangshanensis* An, 1983

14, 15 M, Sa 分子之侧视, ×238, 山西中阳和河北曲阳, 下奥陶统北庵庄组, 75z77, Q－57－8/SB0408, 0407;

16 Sc 分子之侧视, ×119, 河北唐山, 下奥陶统北庵庄组, g31－168/SB 0414;

17 Sa 分子之侧视, ×136, 河北唐山, 下奥陶统北庵庄组, g31－167/SB 0425 (正模);

18 Sd 分子之侧视, ×204, 河北唐山, 下奥陶统北庵庄组, g31－167/SB0423;

14—18 复制于安太庠等, 1983, 图版 19, 图 1, 20, 7, 18, 16。

20 Pb 分子之侧视, ×256, 河北唐山, 下奥陶统北庵庄组, g31－168/SB0431。复制于安太庠等, 1983, 图版 20, 图 2。

19 *Aurilobodus leptosomatus* An, 1983

对称分子之后视, ×238, 河北唐山, 中奥陶统马家沟组, g31－168/SB0459 (正模)。复制于安太庠等, 1983, 图版 21, 图 16。

21 *Acontiodus? linxiensis* An et Cui, 1983

侧视, ×150, 河北唐山, 中奥陶统马家沟组, g45－436/SB0594 (正模)。复制于安太庠等, 1983, 图版 30, 图 4。

22, 23 *Plectodina fragilis* Pei, 1987

22 Pa 分子之侧视, ×160, 河南博爱县, 中奥陶统马家沟组, IIC－2051－49/W84183 (正模);

23 Sc 分子之侧视, ×108, 河南巩县大凹岩, 中奥陶统马家沟组, Dgy－004－38/B85041;

复制于裴放和蔡淑华, 1987, 图版 5, 图 16, 12。

图版 O—5

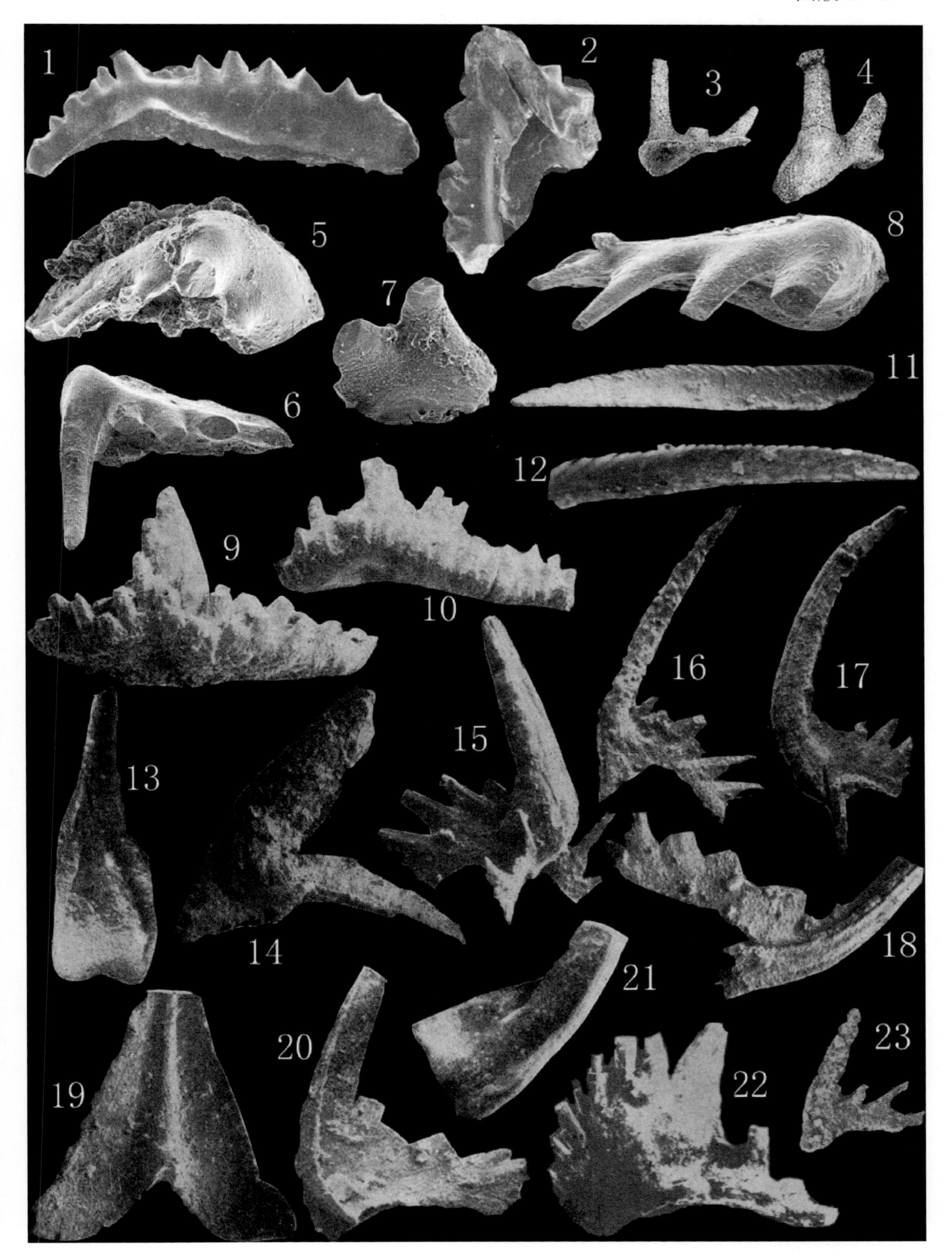

图版 O—6

1—6 *Plectodina onychodonta* An et Xu, 1983

1 Sb 分子之后视，×187，山东莱芜，中奥陶统马家沟组，G45 - 534，SB0509。复制于安太庠等，1983，图版 24，图 14。

2 Sa 分子之后视，×187，河北唐山，中奥陶统马家沟组，g45 - 556/SB0506。复制于安太庠等，1983，图版 24，图 12。

3—6 Sc，Pa，M，Pb 分子之侧视，×170，×144，×170，×204，河北唐山，中奥陶统马家沟组，g47 - 600，45 - 552，47 - 613，848 - 622/Sb0482，0503，0487，0492。复制于安太庠等，1983，图版 23，图 3；图版 24，图 8；图版 23，图 8；图版 23，图 13。

7 *Erismodus typus* Branson et Mehl, 1933

Pa 分子之后视，×131，山东泗水和博山，上奥陶统峰峰组，BW - 120 - 67/SB0653。复制于安太庠等，1983，图版 32，图 19。

8 *Aurilobodus serratus* Xiang et Zhang, 1983

对称分子之后视，×144，山东莱芜，中奥陶统马家沟组，LZm4 - 25 - 65，68 - 225/SB468（正模）。复制于安太庠等，1983，图版 22，图 8。

9—11 *Tasmanognathus shichuanheensis* An, 1985

9 Pb 分子之侧视，×112，陕西耀县桃曲坡，中、上奥陶统耀县组，Tp2Y1/84502。复制于安太庠等，1985，图版 1，图 2。

10 Pa 分子之侧视，×208，山东蒙阴，上奥陶统峰峰组，A/0586。复制于安太庠等，1983，图版 29，图 11。

11 Sc 分子之侧视，×256，陕西耀县桃曲坡，中、上奥陶统耀县组，Tp2Y1/84501（正模）。复制于安太庠等，1985，图版 1，图 4。

12—14 *Tasmanognathus sishuiensis* Zhang, 1983

12 Sc 分子之侧视，×204，山东蒙阴，上奥陶统峰峰组，M - m6 - 511/SB0578。复制于安太庠等，1983，图版 29，图 3。

13 Pb 分子之侧视，×102，山东蒙阴，上奥陶统峰峰组，M - m6 - 509/SB0589（正模）。复制于安太庠等，1983，图版 29，图 14。

14 Pa 分子之侧视，×255，山东博山，上奥陶统峰峰组，BW120 - 75/SB0588。复制于安太庠等，1983，图版 29，图 13。

15，21 *Yaoxianognathus neimengguensis*（Qiu, 1984）

Pb 分子之侧视，×57，×60，内蒙古乌拉特前旗佘太镇，上奥陶统乌兰胡洞组，白 11 - 4，山 46 - 15，图 21 为正模。复制于林宝玉等，1984，图版 2，图 4，1。

16—18 *Tasmanognathus gracilis* An, 1985

16 Pa 分子之侧视，×238，陕西耀县桃曲坡，中、上奥陶统耀县组，Tp16Y15/84509。复制于安太庠等，1985，图版 1，图 9。

17 Pb 分子之侧视，×170，陕西耀县桃曲坡，中、上奥陶统耀县组，Tp16Y15/84508，84507。复制于安太庠等，1985，图版 1，图 7。

18 Sc 分子之侧视，×165，陕西耀县桃曲坡，中、上奥陶统耀县组，Tp16Y15/84510（正模）。复制于安太庠等，1985，图版 1，图 10。

19，20 *Histiodella kristinae* Stouge, 1984

P 分子之侧视，×92，×92，湖南桃源茅草坡，中奥陶统牯牛潭组，Mc72，84/Ko092，091。复制于 Zhang, 1998d, pl. 9, figs. 17, 16。

22 *Histiodella holodentata* Ethington et Clark, 1981

Pa 分子之侧视，×200，新疆阿尔金山，中奥陶统额兰塔格群，88I3 - 6 - 6/890179。复制于赵治信等，2000，图版 27，图 13。

图版 O—6

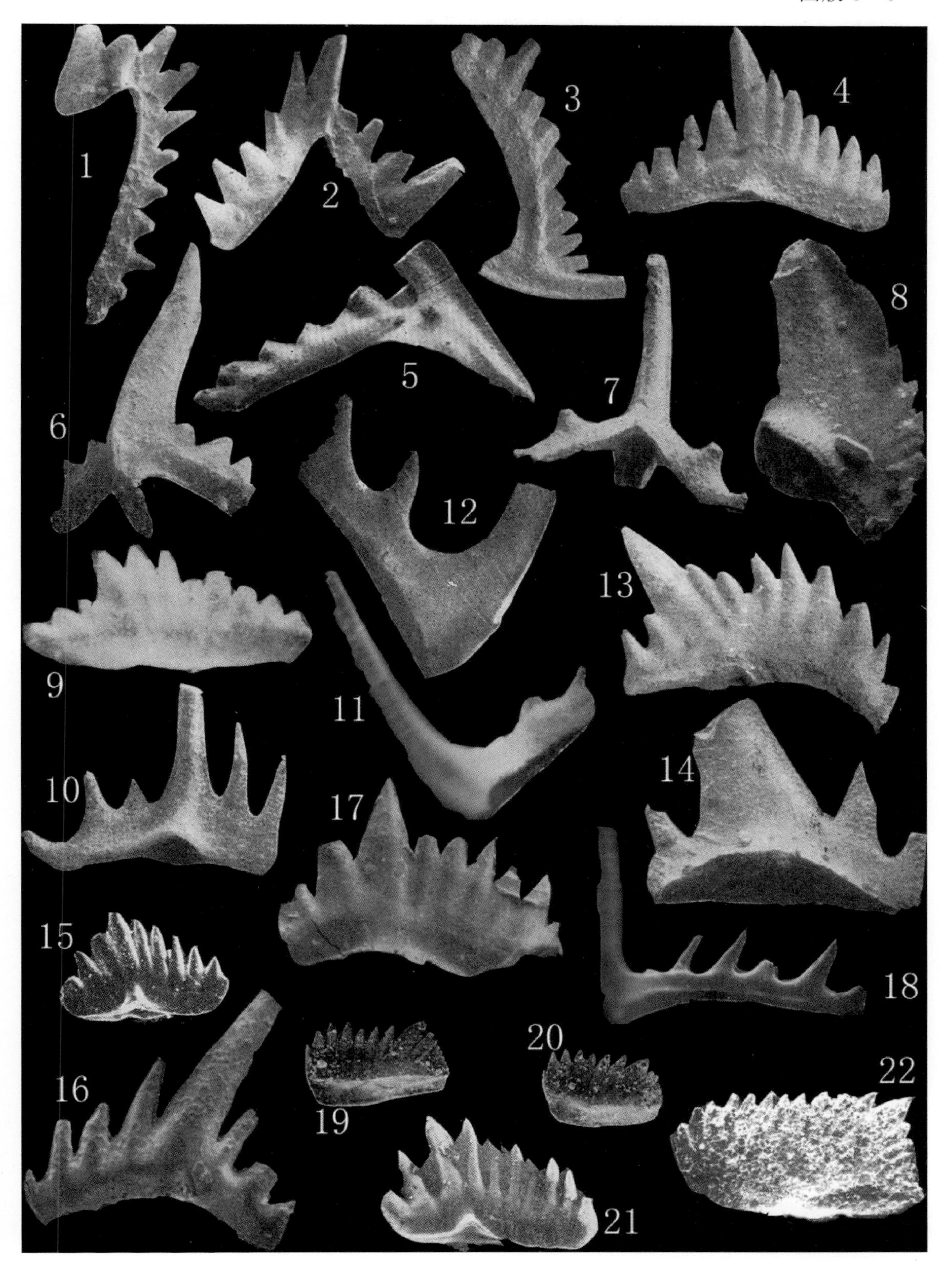

图版 O—7

1—4 *Dzikodus tablepointensis* (Stouge, 1984)

1 Pa 分子之侧视, ×35, 湖南桃源茅草坡, 中奥陶统牯牛潭组, Mc78/Ko9456。复制于 Zhang, 1998d, pl. 8, fig. 1。

2 Pb 分子之侧视, ×58, 湖南桃源茅草坡, 中奥陶统牯牛潭组, Mc51/Ko9427。复制于 Zhang, 1998d, pl. 7, fig. 9A。

3 M 分子之侧视, ×74, 湖南桃源茅草坡, 中奥陶统牯牛潭组, Mc54/Ko234。复制于 Zhang, 1998d, pl. 8, fig. 3。

4 Sd 分子之侧视, ×74, 湖南桃源茅草坡, 中奥陶统牯牛潭组, Mc45/Ko231。复制于 Zhang, 1998d, pl. 8, fig. 6。

5, 6 *Baltoplacognathus reclinatus* (Fåhraeus, 1966)

5 Pa 分子之口视, ×60, 湖北宜昌黄花场, 中奥陶统牯牛潭组, Bg - d。复制于安太庠, 1987, 图版 27, 图 15。

6 Pb 分子之口视, ×60, 内蒙古海勃湾老石旦, 中奥陶统克里摩里组, H54 - 2/52189。复制于王志浩和罗坤泉, 1984, 图版 12, 图 8。

7, 8 *Belodina compressa* (Branson et Mehl, 1933)

7 S1 分子之侧视, ×65, 陕西陇县, 上奥陶统背锅山组, Leb4 - 1/65336。复制于王志浩等, 1996, 图版 4, 图 13。

8 M 分子之侧视, ×65, 陕西耀县, 上奥陶统桃曲坡组, Yt40 - 1/65252。复制于王志浩、罗坤泉, 1984, 图版 7, 图 15。

9, 10 *Paroistodus proteus* (Lindström, 1955)

9 P 分子之侧视, ×200, 南京幕府山, 下、中奥陶统大湾组, NM3。复制于安太庠, 1987, 图版 13, 图 23。

10 M 分子之侧视, ×170, 新疆塔里木盆地库车南探区, 下奥陶统丘里塔格上亚群, kn1/890011。复制于赵治信等, 2000, 图版 18, 图 11。

11, 12 *Baltoplacognathus robustus* (Bergström, 1971)

11 Pb 分子之口视, ×99, 湖北宜昌黄花场, 中奥陶统牯牛潭组, Bd - 12。复制于安太庠, 1987, 图版 30, 图 1。

12 Pb 分子之口视, ×50, 南京江宁汤山, 中奥陶统牯牛潭组, Wc11/82128。复制于丁连生等, 1993, 图版 38, 图 19。

13—15 *Eoplacognathus elongatus* (Bergström, 1962)

Pa 分子之口视, ×65, 甘肃平凉, 上奥陶统平凉组, Pg5 - 1/65334, 65333 - 2, 65333 - 1。复制于王志浩等, 1996, 图版 1, 图 9, 11, 8。

16—18 *Periodon flabellum* (Lindström, 1955)

16 Pa 分子之侧视, ×160, 安徽和县四碾盘, 下、中奥陶统小滩组, Hx4, Hx4/652 - 11;

17 Sa 分子之侧视, ×210, 安徽和县四碾盘, 下、中奥陶统小滩组, Hx4/652 - 11;

16—17 复制于丁连生等, 1993, 图版 27, 图 11, 5。

18 M 分子之侧视, ×120, 浙江常山黄泥塘, 下、中奥陶统宁国组, AEP156A1/130407。复制于王志浩和 Bergström, 1999, 图版 4, 图 17。

19—21 *Amorphognathus tvaerensis* Bergström, 1962?

19 Sb 分子之侧视, ×150, 安徽石台, 上奥陶统宝塔组, DC109/4124。复制于丁连生等, 1993, 图版 36, 图 24。

20 Sa 分子之侧视, ×130, 安徽石台, 上奥陶统宝塔组, DC109/4123;

21 M 分子之后视, ×220, 安徽石台, 上奥陶统宝塔组, DC109/4120;

20—21 复制于陈敏娟和张建华, 1989, 图版 1, 图 3, 7。

22—24 *Aphelognathus politus* (Hinde, 1879)

22 Sb 分子之后视, ×60, 江苏洪泽朱坝, 上奥陶统洪泽组, Tyo240。复制于丁连生等, 1993, 图版 38, 图 2。

23 Pb 分子之侧视, ×110, 新疆塔里木轮南 46 井, 上奥陶统良里塔格组, 126 - 19。复制于赵治信等, 2000, 图版 48, 图 18。

24 Sc 分子之后视, ×60, 江苏洪泽朱坝, 上奥陶统洪泽组, Tyo242。复制于丁连生等, 1993, 图版 38, 图 3。

25, 26 *Serratognathoides chuxianensis* An, 1987

25 Sa 分子之前视, ×340, 新疆塔里木盆地井下, 下奥陶统丘里塔格上亚群, Ym201, /94 - G4 - 7。复制于赵治信等, 2000, 图版 28, 图 13。

26 Sa 分子之顶视, ×260, 安徽滁县上欧冲, 下、中奥陶统大湾组, As28/85SO13 - 15。复制于安太庠, 1987, 图版 18, 图 14 (正模)。复制于安太庠, 1987, 图版 18, 图 14。

图版 O—7

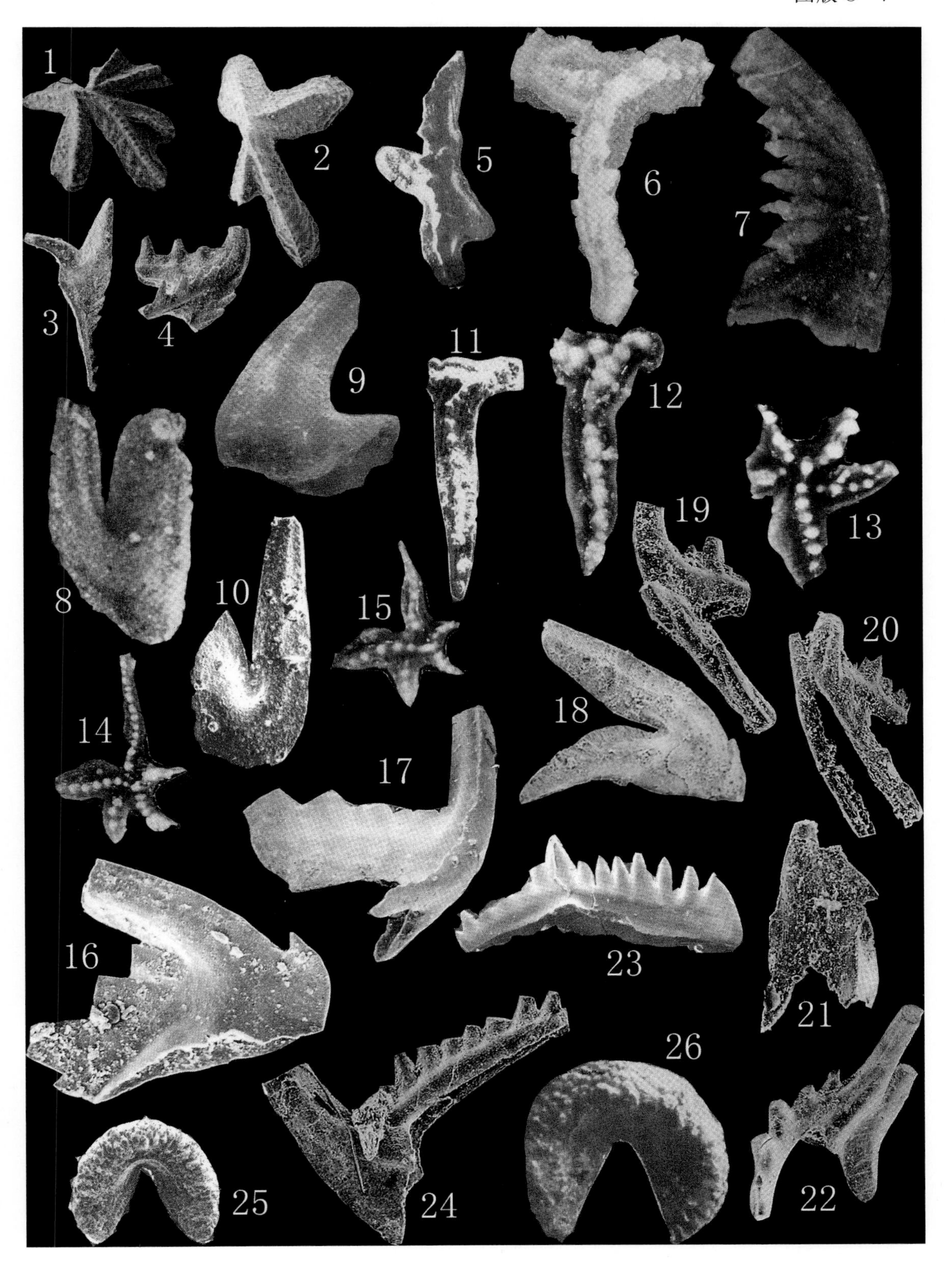

图版 O—8

1—3 *Scalpellodus tersus* Zhang, 1983

1 drepanodiform 分子之侧视，×136，河北唐山，下奥陶统亮甲山组，g17 - 3/SB0236；

2 acontiodiform 分子之侧视，×208，河北唐山，下奥陶统亮甲山组，g17 - 3/SB0239（正模）；

3 scandodiform 分子之侧视，×224，河北唐山，下奥陶统亮甲山组，g17 - 3/SB0241；

复制于安太庠等，1983，图版 11，图 11，14，16。

4—10 *Prioniodus honghuayuanensis* Zhen, Liu et Percival, 2005

4 Pa 分子之侧视，×77，贵州桐梓红花园，下奥陶统红花园组，AMF126760/IY50038；

5 M 分子之侧视，×100，贵州桐梓红花园，下奥陶统红花园组，AMF126765，AF1993/IY 63018；

6 Sc 分子之侧视，×100，贵州桐梓红花园，下奥陶统红花园组，AMF126775，AF1997/IY51049；

7 P 分子之侧视、前视和前视，×83，贵州桐梓红花园，下奥陶统红花园组，AMF126762/IY63006；

8 Sb 分子之侧视，×100，贵州桐梓红花园，下奥陶统红花园组，AMF126771，AF1993/IY63017；

9 S 分子之侧视，×100，贵州桐梓红花园，下奥陶统红花园组，AMF126768，AF1993/IY510010；

10 S 分子之侧视，×100，贵州桐梓红花园，下奥陶统红花园组，AMF126779，AF1993/IY51031；

复制于 Zhen *et al.*, 2005, Fig. 6: H, Fig. 7: C, Fig. 8: M, Fig. 6: L, Fig. 8: C, Fig. 7: K, Fig. 8: A。

11—15 *Periodon aculeatus* Hadding, 1913

11 Sc 分子之侧视，×120，浙江常山拳头棚，下、中奥陶统牛上组，Q18 - 1；

12 M 分子之侧视，×250，浙江常山拳头棚，下、中奥陶统牛上组，Q18 - 1；

13 Sa 分子之侧视，×128，湖北咸宁，下、中奥陶统大湾组，Xda38 - 5；

14 Pa 分子之侧视，×96，浙江常山拳头棚，下、中奥陶统牛上组，Q18 - 1；

1—14 复制于安太庠，1987，图版 24，图 8，17，10，14。

15 Sb 分子之侧视，×100，新疆柯坪大湾沟，上奥陶统坎岭组，Nj294/122680。复制于王志浩和周天荣，1998，图版 4，图 3。

16 *Erismodus quadridactylus*（Stauffer, 1935）

Pb 分子之后视，×110，甘肃平凉银洞官庄剖面，上奥陶统平凉组，AFC - 60。复制于王志浩等，2013，图版 1，图 1。

17，18 *Aurilobodus aurilobus*（Lee, 1975）

不对称分子和对称分子之后视，×67，×136，山东莱芜，中奥陶统马家沟组，Zm4 - 55 - 199，88 - 275，/SB0465，0462。复制于安太庠等，1983，图版 22，图 5，2。

19 *Plectodina aculeata*（Stauffer, 1930）

Pb 分子之侧视，×120，甘肃平凉银洞官庄剖面，上奥陶统平凉组，AFC - 39。复制于王志浩等，2013，图版 1，图 8。

图版 O—8

图版 S—1

1—5 *Ozarkodina* aff. *hassi* (Pollock *et al.*, 1970)

1—3 P1 分子之侧视, ×140, 贵州石阡雷家屯剖面观音桥层, Shiqian 1, 149996, 149997, 149998;

4 P2 分子之侧视, ×140, Shiqian 1, 149999;

5 P1 分子之侧视, ×140, Shiqian 2, 150003;

1—5 复制于 Wang & Aldridge, 2010, pl. 23, figs. 15—18, 22。

6—9 *Ozarkodina guizhouensis* (Zhou, Zhai, et Xian, 1981)

6 P1 分子之内侧视, ×140, 贵州石阡雷家屯剖面秀山组下段, TT752b, 149990;

7 P1 分子之内侧视, ×140, 149991;

8 P1 分子之内侧视, ×220, Shiqian 15, 149983;

9 P1 分子之内侧视, ×140, 陕西宁强玉石滩—石嘴子沟剖面, TT380, 117115;

6—9 复制于 Wang & Aldridge, 2010, pl. 23, figs. 1, 8, 9, 10。

10—13 *Ozarkodina obesa* (Zhou, Zhai, et Xian, 1981)

10—11 P_1 分子之侧视, ×80, 云南大关县黄葛溪剖面黄葛溪组上段, TT1136, 10. 150009, 11. 150010;

12—13 P1 分子之侧视, ×80, 云南大关县黄葛溪剖面黄葛溪组最上部, TT1141b, 12. 150011, 13. 150012;

10—13 复制于 Wang & Aldridge, 2010, pl. 24, figs. 1—4。

14—23 *Ozarkodina parahassi* (Zhou, Zhai, et Xian, 1981)

14 P1 分子之侧视, ×80, 150016;

15 P1 分子之侧视, ×80, 150017;

16 P1 分子之侧视, ×80, 150019;

17 P1 分子之侧视, ×80, 150020;

20 ? S3-4 分子之内侧视, ×80, 150024;

21 ? M 分子之内侧视, ×80, 150023;

23 So 分子之后视, ×80, 150026;

14—17, 20, 21, 23 云南大关县黄葛溪剖面黄葛溪组最上部, TT1141b。复制于 Wang & Aldridge, 2010, pl. 24, figs. 9—10, 11—12, 16—17, 19。

18 P1 分子之侧视, 150030;

19 P1 分子之侧视, 150031;

22 P1 分子之侧视, 150028;

18—19, 22 云南大关县黄葛溪剖面黄葛溪组最上部, TT1140。复制于 Wang & Aldridge, 2010, pl. 24, figs. 21, 23, 24。

图版 S—1

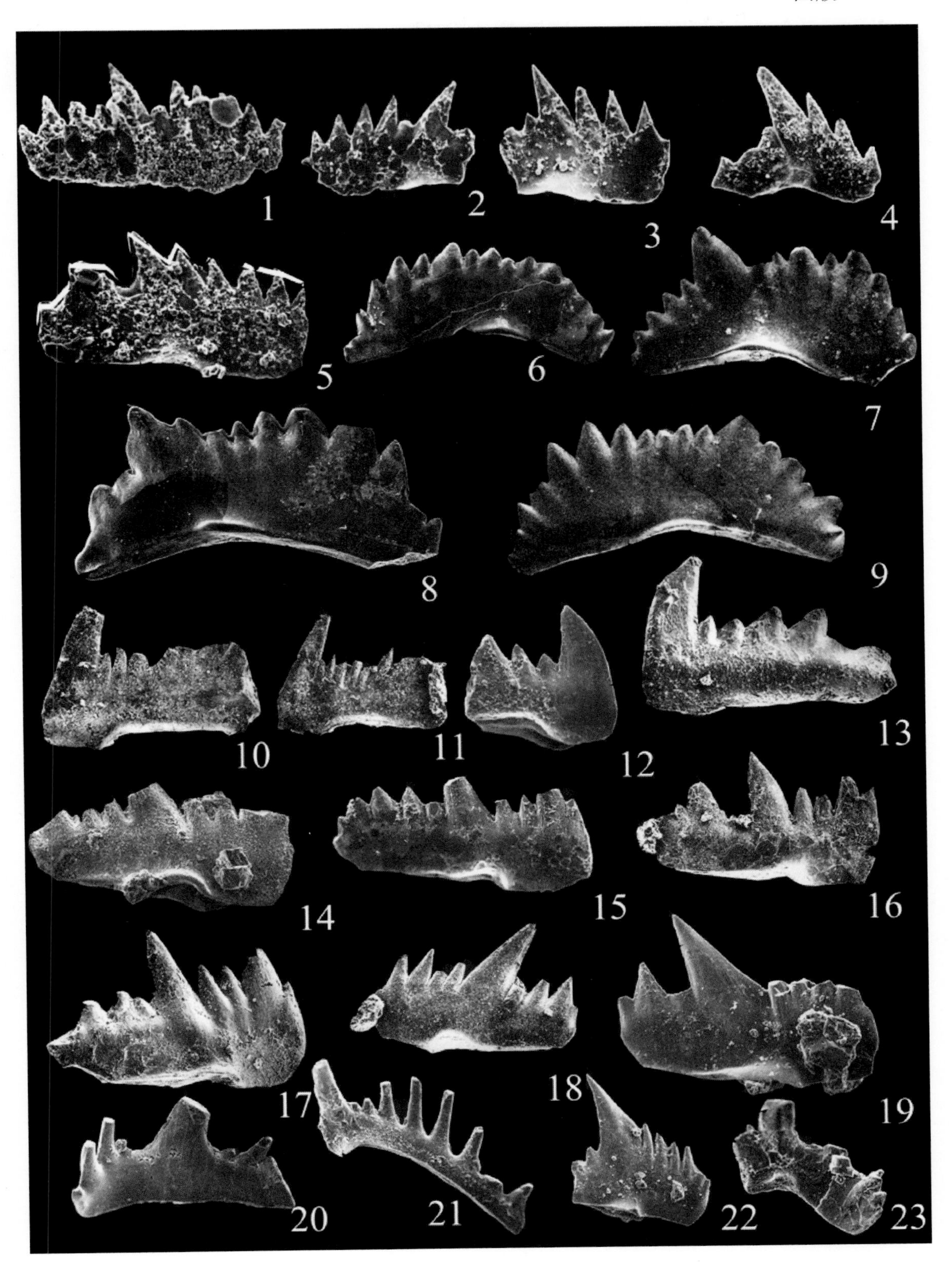

图版 S—2

1—4 *Ozarkodina pirata* Uyeno et Barnes, 1983

1 P1 分子之侧视, ×100, 150058;

2 P1 分子之侧视, ×100, 150059;

3 P1 分子之侧视, ×100, 150060;

4 P1 分子之侧视, ×100, 150061;

贵州石阡雷家屯剖面雷家屯组, Shiqian 9。复制于 Wang & Aldridge, 2010, pl. 26, figs. 1—4。

5—7 *Ozarkodina wangzhunia* Wang et Aldridge, 2010

5 P1 分子之侧视, ×100, 150071;

6—7 P1 分子之侧视与反口方斜视, ×100, 150074;

贵州石阡雷家屯剖面雷家屯组, Shiqian 8 (正模)。复制于 Wang & Aldridge, 2010, pl. 26, figs. 19—20。

8—9 *Ozarkodina* cf. *parainclinata* (Zhou, Zhai, et Xian, 1981)

8 P1 分子之侧视, ×100, 150036;

9 P1 分子之侧视, ×100, 150037;

贵州石阡雷家屯剖面雷家屯组, Shiqian 9。复制于 Wang & Aldridge, 2010, pl. 25, figs. 4—5。

10—11 *Ozarkodina paraplanussima* (Ding et Li, 1985)

10 P1 分子之侧视, ×100, Shiqian 17, NHM x1142, 齿线明显;

11 P1 分子之侧视, ×100, TT740, 150057, 齿线明显;

贵州石阡雷家屯剖面秀山组上段。复制于 Wang & Aldridge, 2010, pl. 25, figs. 13, 23。

12—13 *Ozarkodina waugoolaensis* Bischoff, 1986

12 P1 分子之侧视, ×80, Ningqiang 7, 150078;

13 P1 分子之侧视, ×80, 150080;

陕西省宁强县玉石滩剖面王家湾组。复制于 Wang & Aldridge, 2010, pl. 27, figs. 1, 3。

14—15 *Wurmiella curta* Wang et Aldridge, 2010

14 P1 分子之侧视, ×60, Xuanhe 4, 150105 (正模);

15 P1 分子之侧视, ×60, 150104;

四川省广元县宣河剖面神宣驿段。复制于 Wang & Aldridge, 2010, pl. 28, figs. 10, 9。

16—17 *Wurmiella amplidentata* Wang et Aldridge, 2010

16 P1 分子之侧视, ×60, TT1165, 150097;

17 P1 分子之侧视, ×60, TT1165, 150096 (正模);

云南大关县黄葛溪剖面大路寨组。复制于 Wang & Aldridge, 2010, pl. 28, figs. 1, 2。

18—19 *Wurmiella puskuensis* (Männik, 1994)

18 P1 分子之侧视, ×60, Ningqiang 7, 150112;

19 P1 分子之侧视, ×60, Ningqiang 7, 150113;

陕西省宁强县玉石滩剖面王家湾组。复制于 Wang & Aldridge, 2010, pl. 28, figs. 17, 18。

图版 S—2

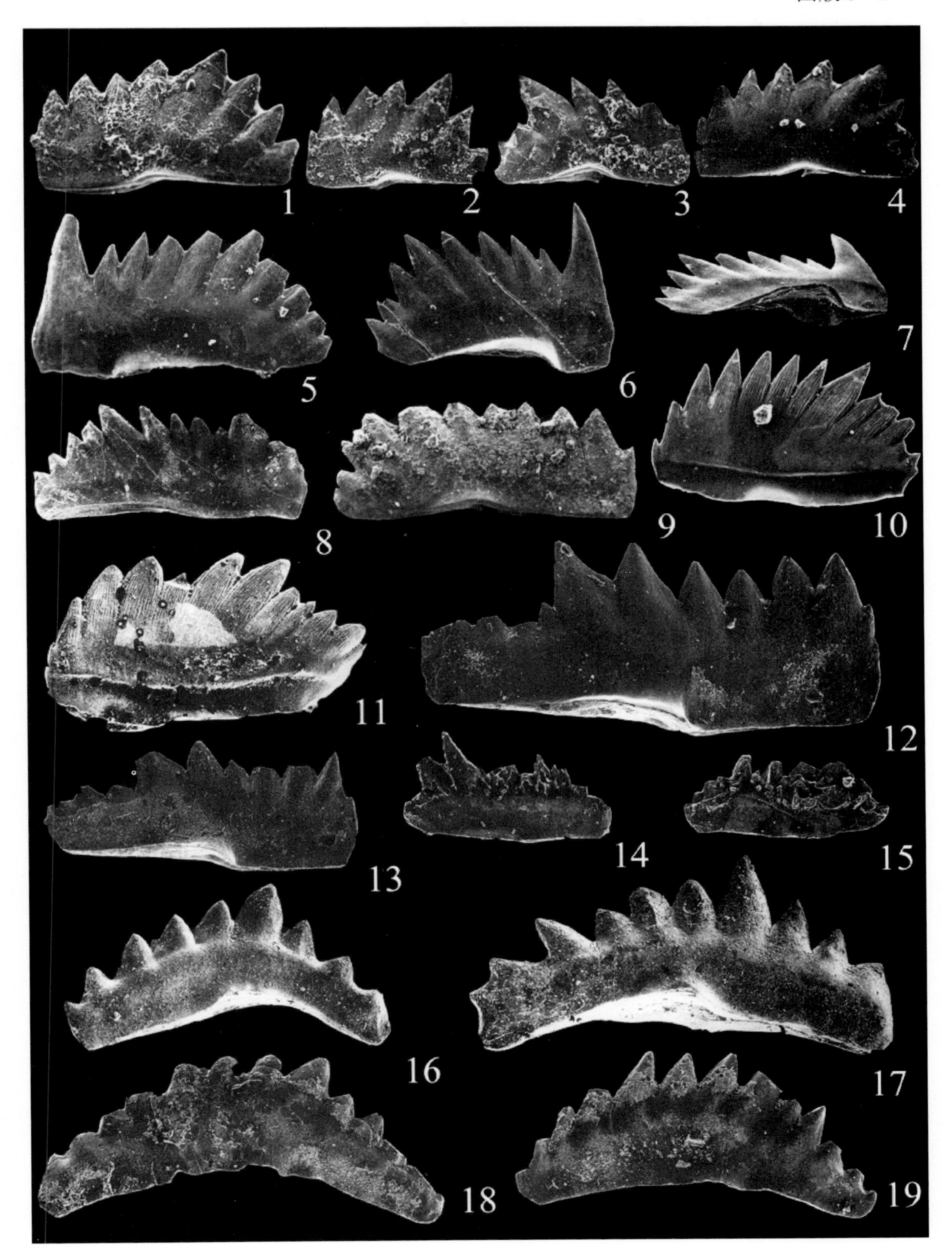

图版 S—3

1—3 *Pterospathodus sinensis* Wang et Aldridge, 2010

1a—b 同一标本 Pa 分子之侧视与口视，×70，Xuanhe 4，149844；

2 Pa 分子之侧视与口视，×70，样品 Xuanhe 4，149844；

1—2 四川广元宣河剖面神宣驿段。复制于 Wang & Aldridge，2010，pl. 15，figs. 18—20。

3 Pa 分子之侧视，×70，湖北秭归杨林纱帽组顶部灰岩段，AXU800/151274。复制于王成源等（2010），图版 1，图 14。

4—6 *Pterospathodus eopennatus* Männik，1998

4a—c 同一标本 Pa 分子之口视、内侧视，×70，与外侧视，湖北秭归杨林纱帽组顶部灰岩段，A×U805/151277。复制于王成源等（2010），图版 1，图 19—20。

5a—b 同一标本 Pa 分子之侧视、口视，×80；

6 Pa 分子之口视，×80；

贵州石阡县雷家屯剖面秀山组上段，TT740，149824，149814。复制于 Wang & Aldridge，2010，pl. 14，figs. 17，20，6。

7—9 *Pterospathodus amorphognathoides angulatus*（Walliser，1964）

7 左 Pa 分子之内侧视，Morphotype a，×50，Cn 7909；

8 右 Pa 分子之口视，Morphotype a，×50，Cn 7910；

7，8 复制于 Männik，1998，pl. 2，figs. 3，4。

9 左 Pa 分子之口视，Morphotype a，×60，四川广元宣河白崖湾，志留系兰多维列统，Sx31cn79。复制于金淳泰等，1992，图版 3，图 5。

10—11 *Pterospathodus amorphognathoides* cf. *angulatus*（Walliser，1964）

10a—b 同一标本右 Pa 分子之侧视与口视，×60；

11 左 Pa 分子之侧视产地层位同上，×60；

湖北秭归杨林剖面志留系纱帽组顶部灰岩层。复制于王成源等，2010，图版 1，图 15—17。

12—14 *Pterospathodus amorphognathoides lithuanicus* Brazauskas，1983 sensu

12 右 Pa 分子之内侧视，×50，Cn 8019；

13 右 Pa 分子之口视，×50，Lo 7736t；

14 左 Pa 分子之口视，×50，Cn 8022；

复制于 Männik，1998，pl. 4，figs. 21，30，32。

15—16 *Pterospathodus amorphognathoides lennarti* Männik，1998

15 右 Pa 分子之口视，×40，Cn 7968；

16 右 Pa 分子之口视，×40，Cn 7972；

复制于 Männik，1998，pl. 3，figs. 21，25。

17—18 *Pterospathodus amorphognathoides* aff. *lennarti* Männik，1998

17 左 Pa 分子之口视，×80，四川广元宣河剖面神宣驿段，TT498，149810。复制于 Wang & Aldridge，2010，pl. 14，fig. 2。

18 左 Pa 分子之口视，×60，四川广元宣河烟硐包，宁强组中部，HSX0cnf9。复制于金淳泰等，1992，图版 3，图 6。

19 *Pterospathodus amorphognathoides amorphognathoides* Walliser，1964

左 Pa 分子之口视，约×60，四川盐边稗子田剖面，Bs11－4/149094。复制于金淳泰等，2004，图版 1，图 5。

图版 S—3

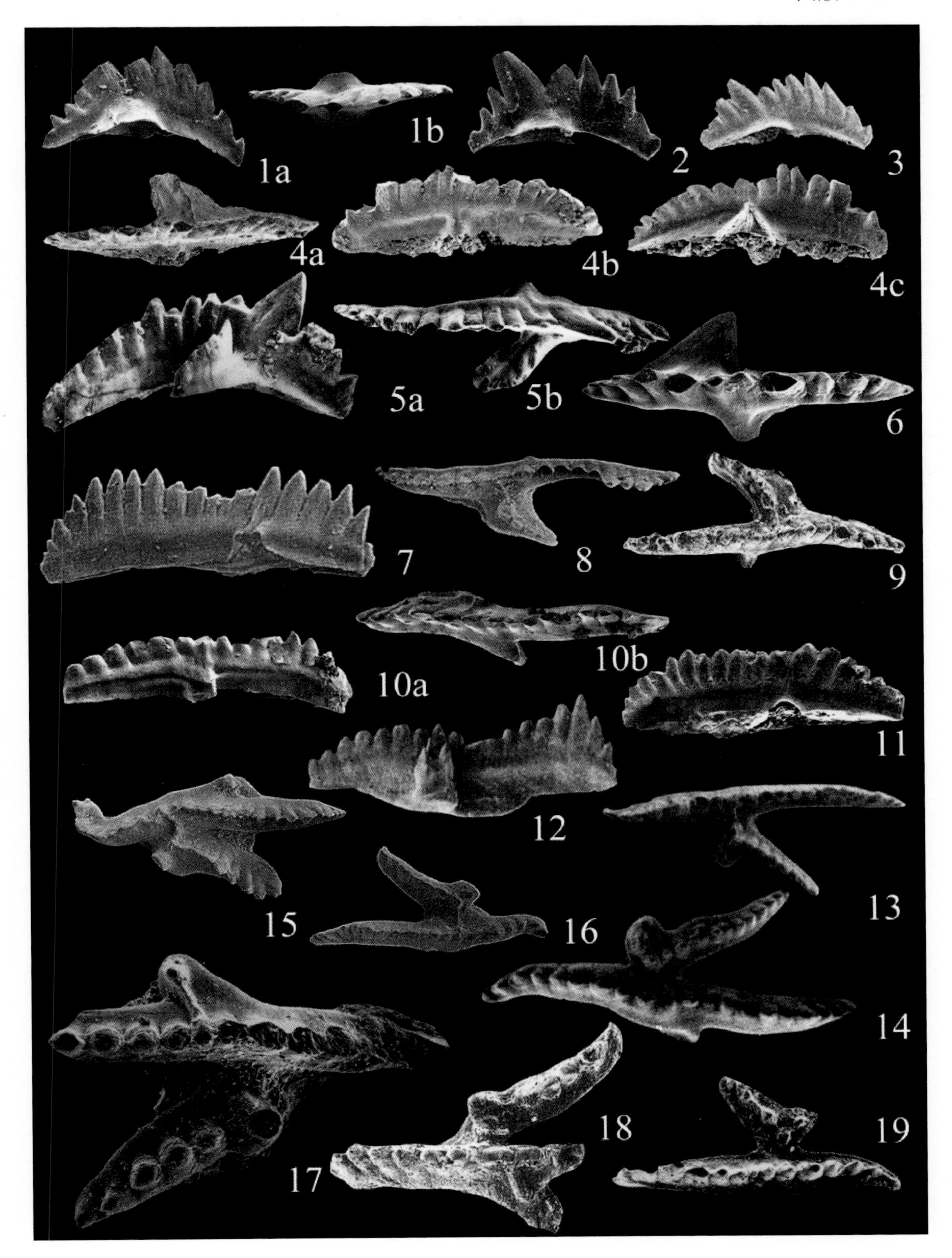

图版 S—4

1—3 *Ozarkodina sagitta sagitta* (Walliser, 1964)

1a—b 同一标本 Pa 分子之侧视与口视，×40；

2a—b 同一标本 Pa 分子之侧视与口视，×40，Wa514/4（正模）；

3 Pa 分子之侧视，×40；

奥地利 Klonk 剖面，复制于 Walliser, 1964, pl. 18, figs. 8，9，11。

4—7 *Ozarkodina sagitta rhenana* (Walliser, 1964)

4 Pa 分子之侧视，×40，Wa1/2，1/3－12（正模）；

5 Pa 分子之侧视，×40，Wa1/2，1/3－12（副模）；

6 Pa 分子之侧视，×40，Wa1/2，1/3－12（副模）；

7 Pa 分子之侧视，×40，Wa1/2，1/3－12（副模）；

奥地利 Klonk 剖面。复制于 Walliser, 1964, pl. 18, figs. 12，13，15，16。

8 *Ozarkodina bohemica* (Walliser, 1964)

同一标本之口视、口视与反口方斜视，×66，西藏定日县帕卓区中志留统统可德组顶部，TGC320－30032。复制于邱洪荣，1985，图版2，图1，2，4。

9—11 "*Ozarkodina*" *eosteinhornensis* (Walliser, 1964)

9a—b 同一标本 Pa 分子之侧视与口视，×77，74，LO 5890；

10a—b 同一标本 Pa 分子之侧视与口视，×80，78，LO 5891；

9a—10b 捷克 Klonk 剖面 11 层（Jeppsson, 1975）。复制于 Jeppsson, 1989, pl. 2, figs. 1b—c，2b—c。

11a—c Pa 分子之侧视、口视与反口视，×32，德国 Rhenish Slate Moutains, Untenrüden 剖面 f 层。复制于 Murphy *et al.*, 2004, pl. 3, figs. 33a—c。

12—15 "*Ozarkodina*" *remscheidensis* (Ziegler, 1960)

12 Pa 分子之侧视，×50；

13a—b 同一标本 Pa 分子之侧视与口视，×50；

12—13 四川盐边稗子田剖面，BS23－1。复制于金淳泰等，2005，图版Ⅱ，图9，10，15。

14—15 Pa 分子之侧视，×32，德国 Rhenish Slate Moutains, Untenrüden 剖面 f 层。复制于 Murphy *et al.*, 2004, figs. 3.4，3.8。

16a—b *Ozarkodina uncrispa* Wang, 2004

Pa 分子之口视与口方侧视，×60，内蒙古达茂旗包尔汉图剖面别河组，BT6－2/132246（正模）。复制于王平，2004，图版1，图10，11。

17—18 *Ozarkodina crispa* (Walliser, 1964)

Pa 分子之口视，×40，×40，Morphotype beta，gamma，云南曲靖妙高组，CD514－1/74924，CD512－1/74930。复制于 Walliser & Wang, 1989, pl. 1, figs. 2，8。

19 *Ozarkodina snajdri* (Walliser, 1964) beta morph

同一标本 Pa 分子之口方侧视、口视与反口视，×54，四川广元车家坝干沟中间梁组，Sc 车 2。复制于金淳泰等，1992，图版3，图17a—c。

图版 S—4

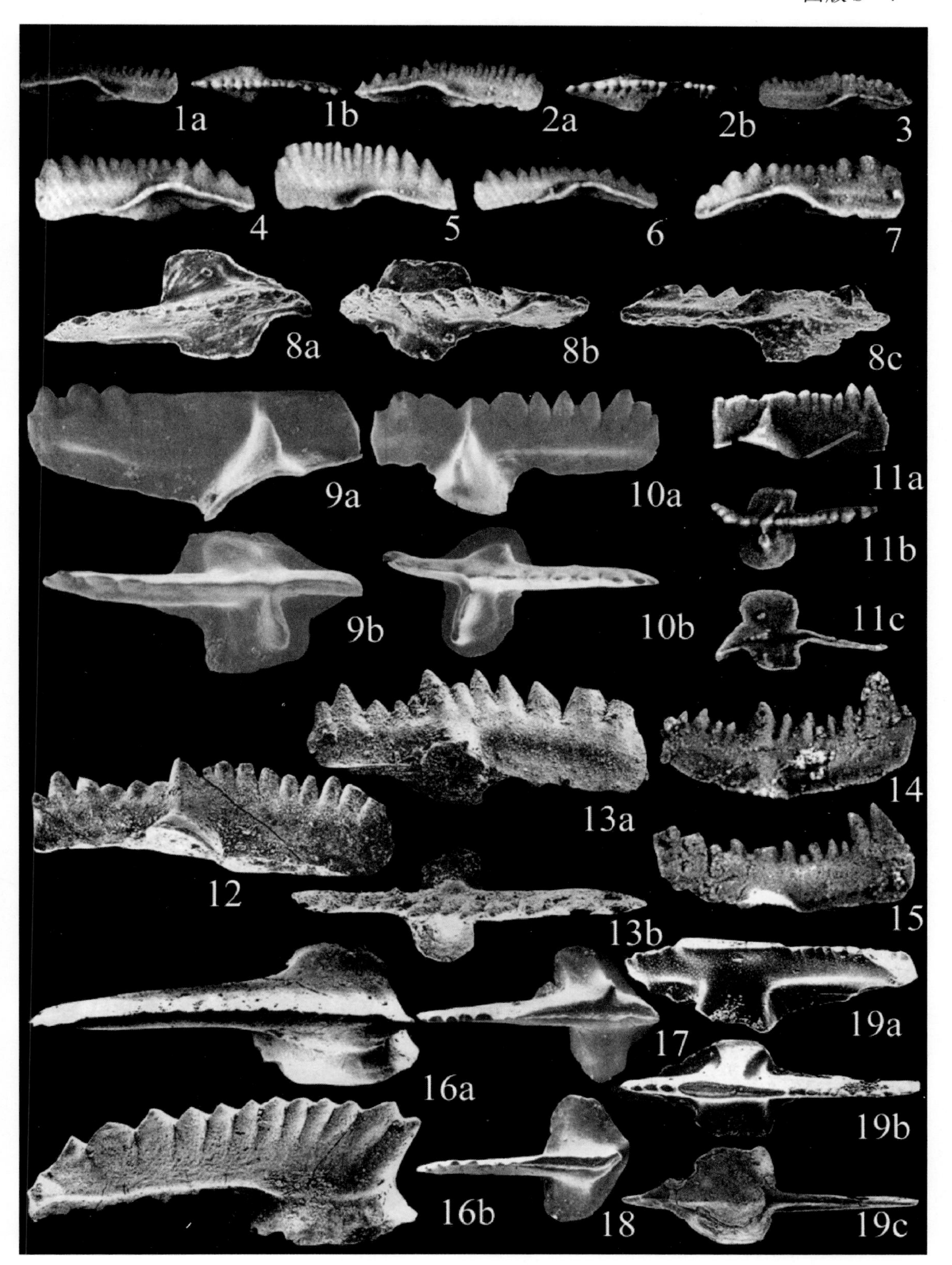
1a
1b
2a
2b
3
4
5
6
7
8a
8b
8c
9a
10a
11a
11b
9b
10b
11c
13a
14
12
15
13b
19a
17
16a
19b
16b
18
19c

图版 S—5

1—2 *Kockelella ranuliformis* (Walliser, 1964)

1a—b Pa 分子之侧视与口视，×40，奥地利 Klonk 剖面，Wa744/10，C. 11c（正模）；

2 Pa 分子之口视，×40，奥地利 Klonk 剖面，Wa745/24，C. 11d；

复制于 Walliser, 1964, pl. 22, figs. 5, 6。

3 *Ozarkodina sagitta rhenana* (Walliser, 1964)

同一标本 Pa 分子之侧视与反口视，×50，四川盐边稗子田剖面，BS21－6。复制于金淳泰等，2005，图版 1，图 6，7。

4 *Kockelella crassa* (Walliser, 1964)

Pa 分子之口视，×78，西藏聂拉木县亚里，志留系罗德洛统科亚组，XNC59－4。复制于邱洪荣，1988，图版 1，图 11。

5 *Ozarkodina broenlundi* Aldridge, 1979

Pa 分子之侧视，×60，湖北秭归杨林剖面，志留系纱帽组顶部灰岩层，AXU808/151268。复制于王成源等，2010，图版 1，图 5。

6 *Kockelella variabilis ichnusae* Serpagli et Corradini, 1998

同一标本 Pa 分子之口视与反口视，×60，四川盐边稗子田剖面，BS18－6/149909。复制于金淳泰等，2005，图版 1，图 11，12。

7 *Kockelella patula* Walliser, 1964

同一标本 Pa 分子之口视与反口视，×40，四川盐边稗子田剖面，BS15－3/149100。复制于金淳泰等，2005，图版 1，图 15，16。

8 *Ancoradella ploeckensis* Walliser, 1964

同一标本 Pa 分子之反口视与口视，×60，四川盐边稗子田剖面，BS18－26/149097。复制于金淳泰等，2005，图版 1，图 9，10。

9 *Kockelella stauros* Barrick et Klapper, 1976

同一标本 Pa 分子之口视与反口视，×60，四川盐边稗子田剖面，BS18－7/149103。复制于金淳泰等，2005，图版 2，图 1，2。

10 *Wurmiella inclinata posthamata* (Walliser, 1964)

Pa 分子之口视，×80，四川盐边稗子田剖面，BS18－15/149113。复制于金淳泰等，2005，图版 2，图 22。

11 *Polygnathoides siluricus* Branson et Mehl, 1933

同一标本 Pa 分子之反口视、口视与侧视，×60，四川盐边稗子田剖面，BS18－26/149104。复制于金淳泰等，2005，图版 2，图 3—5。

12 *Distomodus cathayensis* Wang et Aldridge, 2010

Pa 分子之口视，×40，贵州石阡县雷家屯剖面秀山组下段，TT752b/117112（正模）。复制于 Wang & Aldridge，2010，pl. 10，fig. 1。

图版 S—5

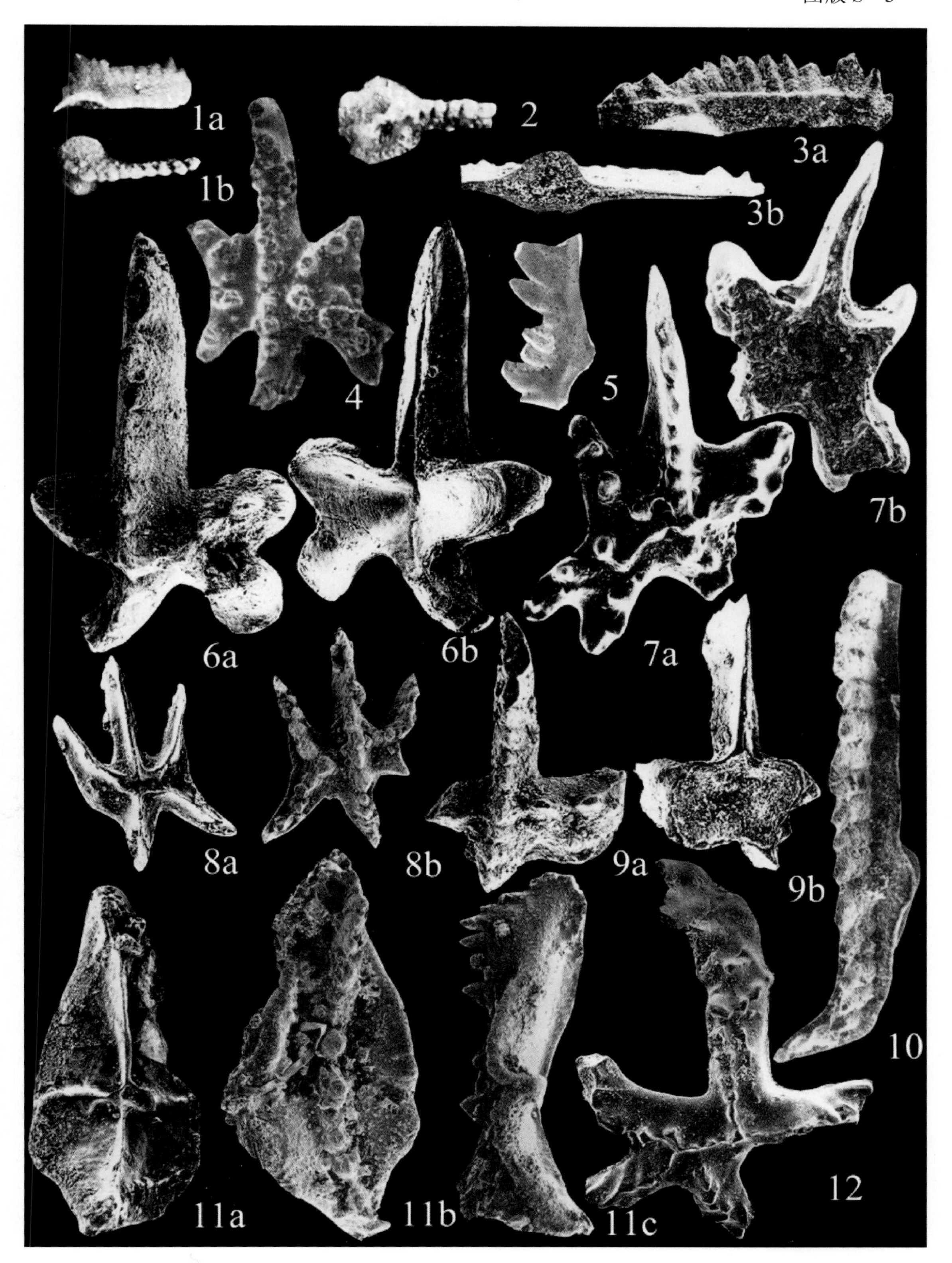

图版 S—6

1a—b *Pseudooneotodus linguiplatos* Wang, 2013

同一标本之口视与后侧视，×75，四川盐边县稗子田剖面，上稗子田组，Bs15 - 10/149120（正模）。复制于王成源等，2009，图版1，图7，8。

2a—c *Pseudooneotodus transbicornis* Wang, 2013

2a—b 同一标本之口视与侧视，×80，西藏申扎县雄梅乡果格龙，德悟卡下组，PXXIV2/135826（正模）。复制于王成源等2004，图版1，图1—2。

2c 口视，×75，四川盐边县稗子田剖面，上稗子田组。复制于王成源等，2009，图版1，图9。

3—4 *Wurmiella inclinata inclinata*（Rhodes, 1953）

3 Pa分子之侧视，×80，西藏申扎县5118高地东南扎弄俄玛组，PVIII'WH14/135849；

4 Pa分子之侧视，×60，西藏申扎县雄梅乡果格龙德悟卡下组，PVIII'WH23/135834；

复制于王成源等，2004，图版Ⅱ，图10；图版Ⅰ，图11。

5—9 *Ctenognathodus? qiannanensis*（Zhou *et al.*, 1981）

5 So分子之后视，×60；

6 P1分子之侧视，×60；

7 S1—2分子之后视，×60；

8 M分子之内侧视，×60；

9 S3—4分子之内侧视，×60；

贵州石阡雷家屯剖面秀山组下段，Shiqian 14b，150150，150145，150154，150148，150155。复制于Wang & Aldridge，2010，pl. 30，figs. 7，3，12，6，11。

10—11 *Aulacognathus bullatus*（Nicoll et Rexroad, 1969）

10 Pa分子之口视，贵州省正安县张家湾，韩家店组/九架炉组界线，zh1，150092。复制于Wang & Aldridge，2010，pl. 27，fig. 14. Pa分子口视。

11 Pa分子之口视，×48，四川省二郎山东部天全县两路乡龙胆溪，长岩子组，Ecn85 - 04640。复制于金淳泰等，1989，图版3，图3a。

12a—b *Pranognathus tenuis*（Aldridge, 1972）

同一标本Pa分子之反口视与口视，约×80，贵州沿河思渠镇大毛垭剖面小河坝组，AXU617。复制于王成源等，2010，18页，插图3。

13—16 *Apsidognathus aulacis* Zhou, Zhai et Xian, 1981

13 台形分子之口视，×60；

14 台形分子之口视，×60；

15 lyriform分子之口视，×60；

16 astrognathodontan分子之侧视，×60；

四川广元宣河剖面神宣驿段，TT613/149780，Xuanhe 2/149767，149771，149772。复制于Wang & Aldridge，2010，pl. 11，figs. 24，1，10，11。

17—21 *Apsidognathus ruginosus scutatus* Wang et Aldridge, 2010

17 台形分子之口视，×60；

18 扁形分子之口视，×60；

19 lyriform分子之口视，×60；

20 astrognathodontan分子之口视，×60；

21 astrognathodontan分子之口方斜视，×60；

云南省大关县黄葛溪剖面大路寨组，TT1169/149787，Xuanhe3/149785，149782，149790，TT1169/149790。复制于Wang & Aldridge，2010，pl. 12，figs. 7，12，3，17，18。

图版 S—6

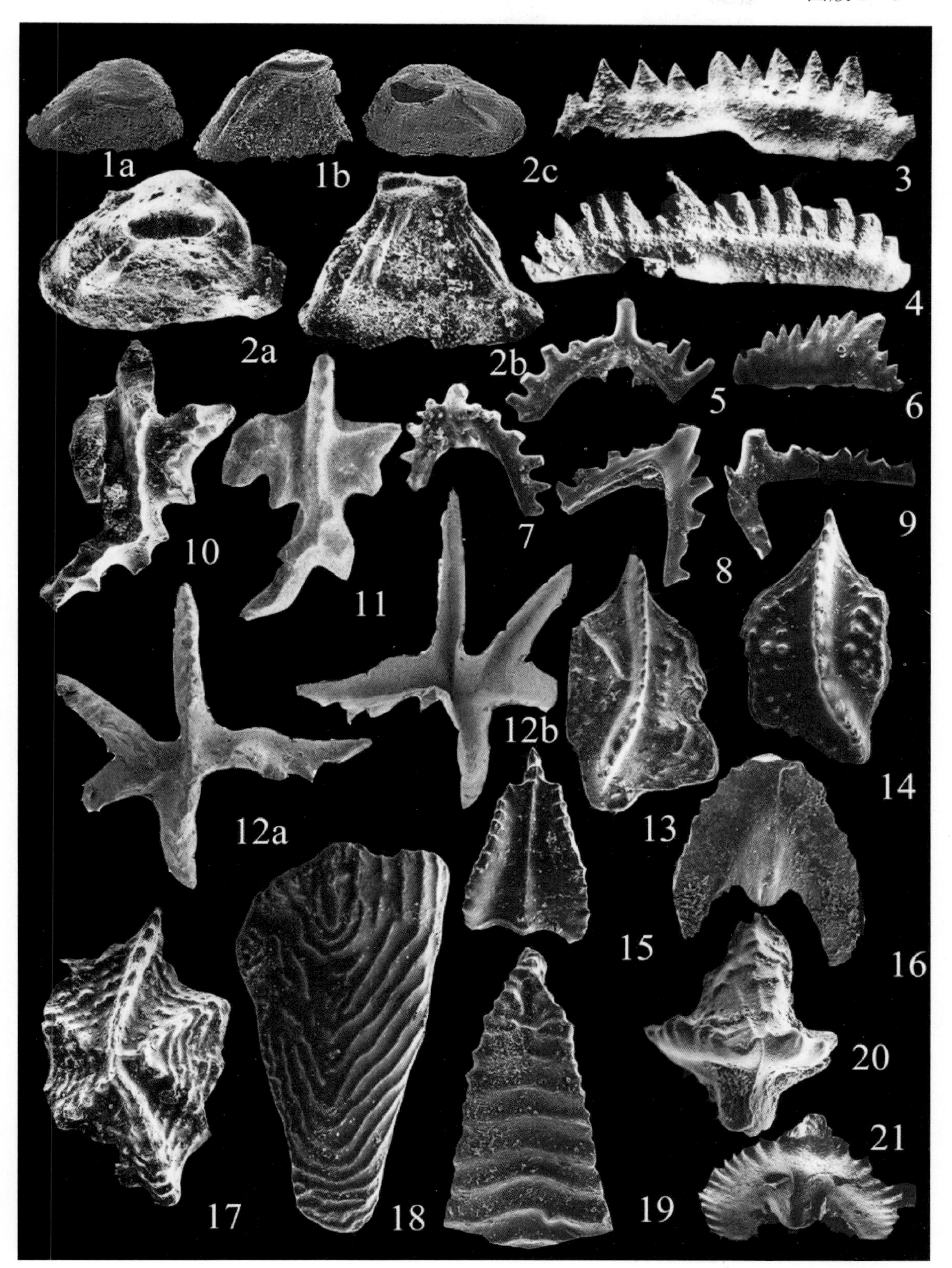

图版 D—1

1—3 *Caudicriodus woschmidti woschmidti* (Ziegler, 1960)

1a—b 口视与侧视，×35，正模。复制于 Ziegler, 1960, pl. 15, fig. 16。

2 口视，×50，内蒙古巴特敖包剖面阿鲁共组，BT5－1/132173。复制于王平，2001，图版 1，图 15。

3 口视，×50，四川若尔盖普通沟组，72IIP14F－14/31309。复制于王成源，1981，图版 1，图 22。

4a—b *Caudicriodus woschmidti hesperius* Klapper et Murphy, 1975

同一标本之口视与反口视，×50，内蒙古巴特敖包剖面阿鲁共组，BT13－5/32177。复制于王平，2001，图版 1，图 13—14。

5—6 *Ancyrodelloides delta* (Klapper et Murphy, 1980)

5 P 分子之口视，×30，副模；

6a—b P 分子之口视与反口视，×30，正模；

复制于 Klapper & Murphy, 1980, fig. 4; not10, 15, 16。

7—8 *Pedavis pesavis* (Bischoff et Sannemann, 1958)

7 口视，×40。复制于 Klapper, 1969, pl. 1, fig. 8。

8 口视，×26，正模。复制于 Bischoff & Sannemann, 1958, pl. 12, fig. 1a。

9a—b *Eognathodus sulcatus sulcatus* Philip, 1965

侧视与口视，×35，正模。复制于 Philip, 1965, pl. 10, figs. 20, 25。

10—11 *Eognathodus sulcatus kindlei* Lane et Ormiston, 1979

10 口视，×27。复制于 Klapper, 1969, pl. 3, fig. 21。

11a—b 口视与侧视，×40，正模。复制于 Lane & Ormiston, 1979, pl. 4, figs. 1, 5。

12—13 *Ozarkodina eurekaensis* Klapper et Murphy, 1975

12a—b 侧视，×30，正模，SUI 36959；

13a—b 口视与侧视，×30，副模，SUI36958；

复制于 Klapper & Murphy, 1974, pl. 5, figs. 10—11, 12—13。

图版 D—1

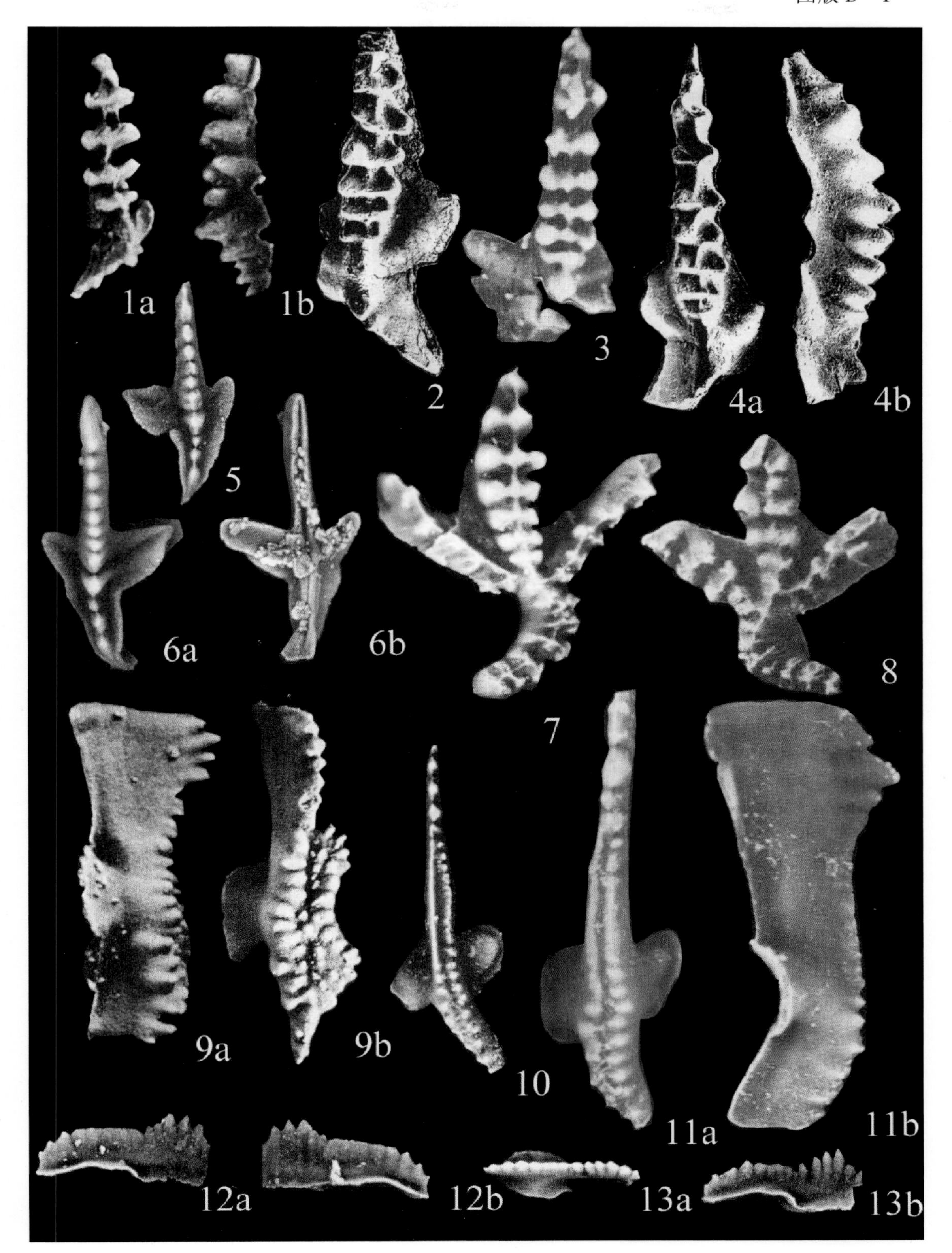

图版 D—2

1—2 *Eognathodus sulcatus juliae* Lane et Ormiston, 1979

1a—b Pa 分子之口视与反口视，×40，249801（正模）。复制于 Lane & Ormiston, 1979, pl. 4, figs. 7—8。

2 口视，×49，云南宁蒗下泥盆统，Sj5374 - 13 - 17/81013。复制于白顺良等，1982，图版 6，图 12。

3—5 *Polygnathus pireneae* Boersma, 1974

3a—b 同一标本之反口视与口视，×110，四川龙门山甘溪组，B38y1/LCn852001。复制于熊剑飞等，1988，图版 119，图 1a—b。

4 口方斜视，×72，云南宁蒗红崖子莲花曲组下部，Sj5204 - 红 19 - 1。复制于董治中和王伟，2006，图版 13，图 5。

5 口视，×50，正模。复制于 Boersma, 1974, pl. 2, fig. 1。

6a—b *Polygnathus kitabicus* Yolkin, Weddige, Isokh et Erina, 1994

反口视与口视，×60，CSGM976/C1，MZ - 891 - 9/5（正模）。复制于 Yolkin *et al.*, 1994, pl. 1, figs. 1—2。

7—9 *Polygnathus excavatus excavatus* Carls et Gandl, 1969

7a—b 同一标本之反口视与口视，×40，副模。复制于 Klapper & Johnson, 1975, pl. 1, fig. 17, 18。

8 反口视，×40，正模。复制于 Klapper & Johnson, 1975, pl. 1, fig. 22。

9a—b 同一标本之口视与反口视，×33，广西三岔河剖面益兰组，Sn 8/75191。复制于 Wang & Ziegler, 1983, pl. 5, fig. 1a—b。

10 *Polygnathus costatus patulus* Klapper, 1971

口视，×39，广西德保都安四红山剖面坡折落组，CD443/75201。复制于 Wang & Ziegler, 1983, Pl. 5, fig. 11。

11a—b *Polygnathus inversus* Klapper et Johnson, 1975

同一标本之反口视与口视，×33，广西三岔河剖面坡折落组，Sn54/75197，*P. inversus* 带。复制于 Wang & Ziegler, 1983, Pl. 5, fig. 7a—b。

12—13 *Polygnathus nothoperbonus* Mawson, 1987

12a—b 同一标本之口视与反口视，×33，广西武宣绿峰山二塘组（包括上伦白云岩），WL25 - 6/77601。复制于王成源，1989，图版 29，图 9a—b。

13a—b 同一标本之口视与反口视，×60，CSGM976/C10，ST - 3 - 449。复制于 Yolkin *et al.* 1994, pl. 1, figs. 16—17。

14 *Polygnathus benderi* Weddige, 1977

口视，×37，广西德保四红山剖面分水岭组，CD427/75211，*T. k. australis* 带。复制于 Wang & Ziegler, 1983, pl. 5, figs. 21。

15a—b *Polygnathus angusticostatus* Wittekindt, 1966

同一标本之侧视与口视，×37，广西德保四红山剖面分水岭组，CD424/75212，*T. k. kockelianus* 带。复制于 Wang & Ziegler, 1983, pl. 5, figs. 22a—b。

16a—b *Polygnathus guangxiensis* Wang et Ziegler, 1983

口方侧视与口视，×37，正模，广西德保四红山剖面分水岭组，*P. c. costatus* 带。复制于 Wang & Ziegler, 1983, pl. 6, figs. 23a—b。

图版 D—2

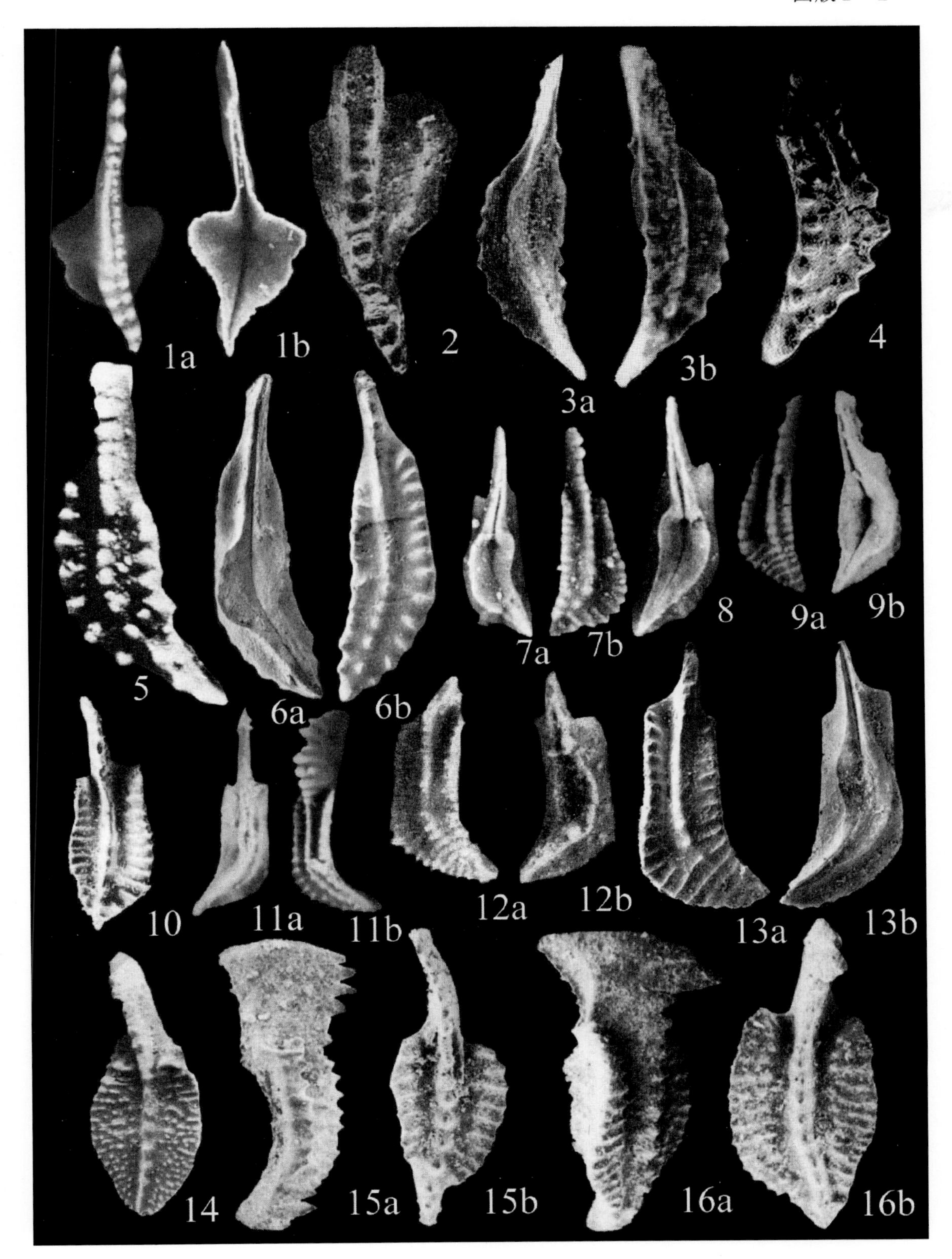
1a
1b
2
3a
3b
4
5
6a
6b
7a
7b
8
9a
9b
10
11a
11b
12a
12b
13a
13b
14
15a
15b
16a
16b

图版 D—3

1—2 *Polygnathus costatus partitus* Klapper, Ziegler et Mashkova, 1978

1 口视，×39，广西德保四红山剖面坡折落组 *P. c. partitus* 带，CD443/75202。复制于 Wang & Ziegler, 1983, pl. 5, fig. 12。

2 口视，×36，层位同上，CD442/87071。复制于 Ziegler & Wang, 1985, Pl. 1, fig. 14。

3—4 *Polygnathus costatus costatus* Klapper, 1971

口视，×36，广西德保四红山剖面坡折落组，*P. c. costatus* 带，CD437/87072，CD437/87073。复制于 Ziegler & Wang, 1985, pl. 1, figs. 17, 18。

5—7 *Polygnathus costatus patulus* Klapper, 1971

口视，×36，广西德保四红山剖面坡折落组，CD443 – 2/87068，CD443 – 5/87070，CD443 – 5/87069，*P. c. patulus* 带。复制于 Ziegler & Wang, 1985, pl. 1, figs. 11—13。

8—9 *Polygnathus serotinus* Telford, 1975

8a—b 同一标本之反口视与口视，×36，广西德保四红山剖面坡折落组，下 *serotinus* 带，CD461/87067。复制于 Ziegler & Wang, 1985, pl. 1, figs. 10a—b。

9a—b 同一标本之反口视与口视，×36，层位同上，CD460/75235。复制于 Wang & Ziegler, 1983, pl. 6, figs. 18a—b。

10a—b *Polygnathus declinatus* Wang, 1979

同一标本之反口视与口视，×40，广西象州中平四排组石朋段最上部和六回段最下部，YS109/46729（正模）。复制于王成源，1979，图版 1，图 16，17。

11 *Tortodus kockelianus australis* (Jackson, 1970)

口视，×36，广西德保四红山剖面“分水岭组”，CD425/87077，*T. k. australis* 带。

12—13 *Tortodus kockelianus kockelianus* (Bischoff et Ziegler, 1957)

口视，×36，×36，广西德保四红山剖面“分水岭组”，CD421/87076，CD421/87075，*T. k. kockelianus* 带。复制于 Ziegler & Wang, 1985, pl. 1, figs. 21, 20。

14a—b *Polygnathus wangi* (Bardashev, Weddige et Ziegler, 2002)

同一标本之反口视与口视，×40，广西德保四红山剖面坡折落组，上 *serotinus* 带，CD449/75234。复制于 Wang & Ziegler, 1983, pl. 6, figs. 17a—b。

15a—b *Polygnathus decorosus* Stauffer, 1938

同一标本之侧视（×37）与口视（×33），广西德保四红山剖面“榴江组”上部，*A. triangularis* 带，CD370/75226。复制于 Wang & Ziegler, 1983, pl. 6, figs. 9b。

16 *Polygnathus* aff. *dengleri* Bischoff et Ziegler, 1957

口视，×36，广西德保四红山剖面“榴江组”，*P. asymmetricus* 带。复制于 Wang & Ziegler, 1983, pl. 6, fig. 10。

17—18 *Polygnathus pseudofoliatus* Wittekindt, 1966

17a—b 同一标本口方斜视与口视，×45，广西横县六景民塘组，*Nowakia otomari* 带，HL11 – 12/75231。复制于 Wang & Ziegler, 1983, pl. 6, figs. 14a—b。

18 口视，×45，广西德保四红山剖面“分水岭组”，*T. k. australis* 带，CD428/75232，复制于 Wang & Ziegler, 1983, pl. 6, fig. 15。

19a—b *Polygnathus eiflius* Bischoff et Ziegler, 1957

同一标本之侧视与口视，×36，CD407/75228，广西德保四红山剖面“分水岭组”，*P. x. ensensis* 带。复制于 Wang & Ziegler, 1983, pl. 6, figs. 11a—b。

20—21 *Polygnathus cristatus* Hinde, 1979

20 口视，×33，广西德保四红山剖面榴江组，*M. asymmetricus* 带，CD376/75239；

21 口视，×40，广西六景剖面民塘组最上部，*S. hermanni* – *P. cristatus* 带，HL14 – 3/75238；

复制于 Wang & Ziegler, 1983, pl. 6, figs. 22, 21。

图版 D—3

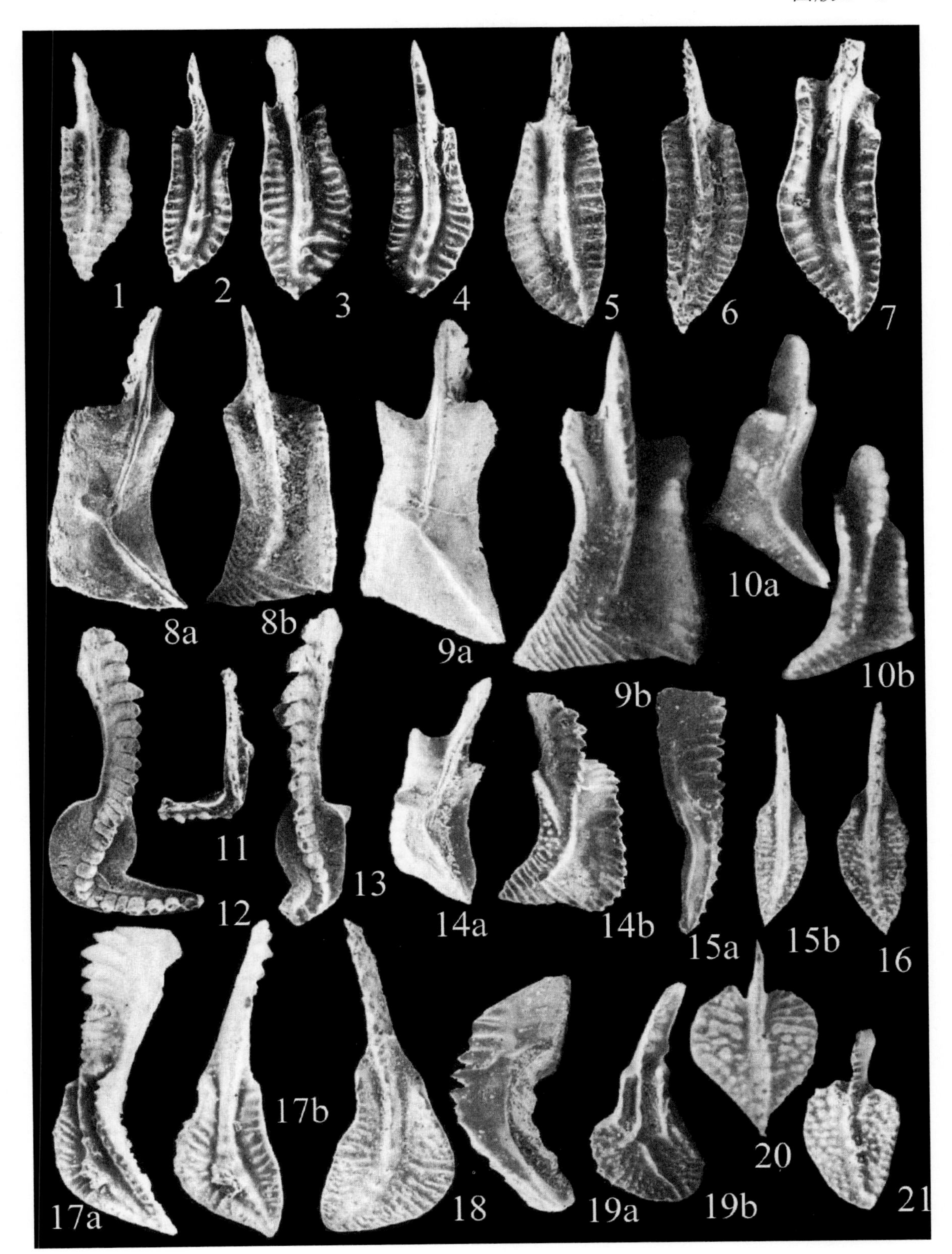
1
2
3
4
5
6
7
8a
8b
9a
9b
10a
10b
11
12
13
14a
14b
15a
15b
16
17a
17b
18
19a
19b
20
21

图版 D—4

1—2 *Polygnathus xylus ensensis* Ziegler, Klapper et Johnson, 1976

1a—b 同一标本之反口视与侧视, ×38, CD407/75257;

2a—b 同一标本之侧视与口视, ×40, 广西德保四红山剖面"分水岭组", CD392/75258, *P. x. ensensis* 带; 复制于 Wang & Ziegler, 1983, pl. 7, figs. 14, 15。

3, 6 *Polygnathus latifossatus* Wirth, 1967

3a—b 反口视与侧视, ca. ×55, 正模。复制于 Wirth, 1967, pl. 22, figs. 17a—b。

6a—b 反口视与侧视, ×40, 副模。复制于 Ziegler *et al.*, 1976, pl. 3, figs. 17, 18。

4a—b *Polygnathus varcus* Stauffer, 1940

同一标本之侧视与口视, ×40, 广西德保四红山剖面"分水岭组", *P. varcus* 带, CD379/75252。复制于 Wang & Ziegler, 1983, pl. 7, figs. 11a—b。

5a—b *Polygnathus ansatus* Ziegler et Klapper, 1976

同一标本之侧视与口视, ×50, 广西德保四红山剖面"分水岭组", 中 *P. varcus* 带, CD384/75213。复制于王成源, 1989, 图版 33, 图 10a—b。

7—10 *Polygnathus hemiansatus* Bultynck, 1987

7 口视, ×45, 摩洛哥, Nb952, BT18 (正模)。复制于 Bultynck, 1987, pl. 7, fig. 26。

8 口视, ×45, 摩洛哥, Nb955, BT－15。复制于 Bultynck, 1987, pl. 8, fig. 1。

9 口视, ×45, 广西德保四红山剖面"分水岭组", CD407。复制于 Bultynck, 1987, pl. 8, fig. 5。

10 口视, ×45, 摩洛哥标本, Nb2226, ODE－7－13。复制于 Bultynck, 1989, pl. 2, fig. 6a。

11—12 *Polygnathus timorensis* Klapper, Philip et Jackson, 1970

11a—b 同一标本之侧视与口视, ×36, CD386/77621。

12 口视, ×59, 广西德保四红山剖面"分水岭组", CD387/75236, CD386/77621, 下 *P. varcus* 带。复制于王成源, 1989, 图版 33, 图 7a—b, 9b。

13a—b *Schmidtognathus hermanni* Ziegler, 1966

同一标本之口视与侧视, ×38, 广西横县六景民塘组, *S. hermanni*－*P. cristatus* 带, HL14－5/75288。复制于 Wang & Ziegler, 1983, pl. 8, fig. 19b—c。

14a—c *Schmidtognathus wittekindti* Ziegler, 1966

同一标本之侧视、口视与反口视, ×33, 广西象州马鞍山剖面东岗岭组, *S. hermanni*－*P. cristatus* 带。复制于 Wang & Ziegler, 1983, pl. 8, figs. 20a—c。

15a—b *Klapperina disparilis* (Ziegler et Klapper, 1976)

同一标本之反口视与口视, ×36, 广西德保四红山剖面榴江组, *K. disparilis* 带, CD375－6c/87087。复制于 Ziegler & Wang, 1985, pl. 3, figs. 3a—b。

16a—b *Polygnathus chengyuannianus* Dong et Wang, 2006

口视与反口视, ×72, 云南施甸马鹿塘西边塘组 (现归何元寨组) *P. c. costatus* 带, Mp－12/32213 (正模)。复制于董致中和王伟, 2006, 图版 16, 图 1a—b。

图版 D—4

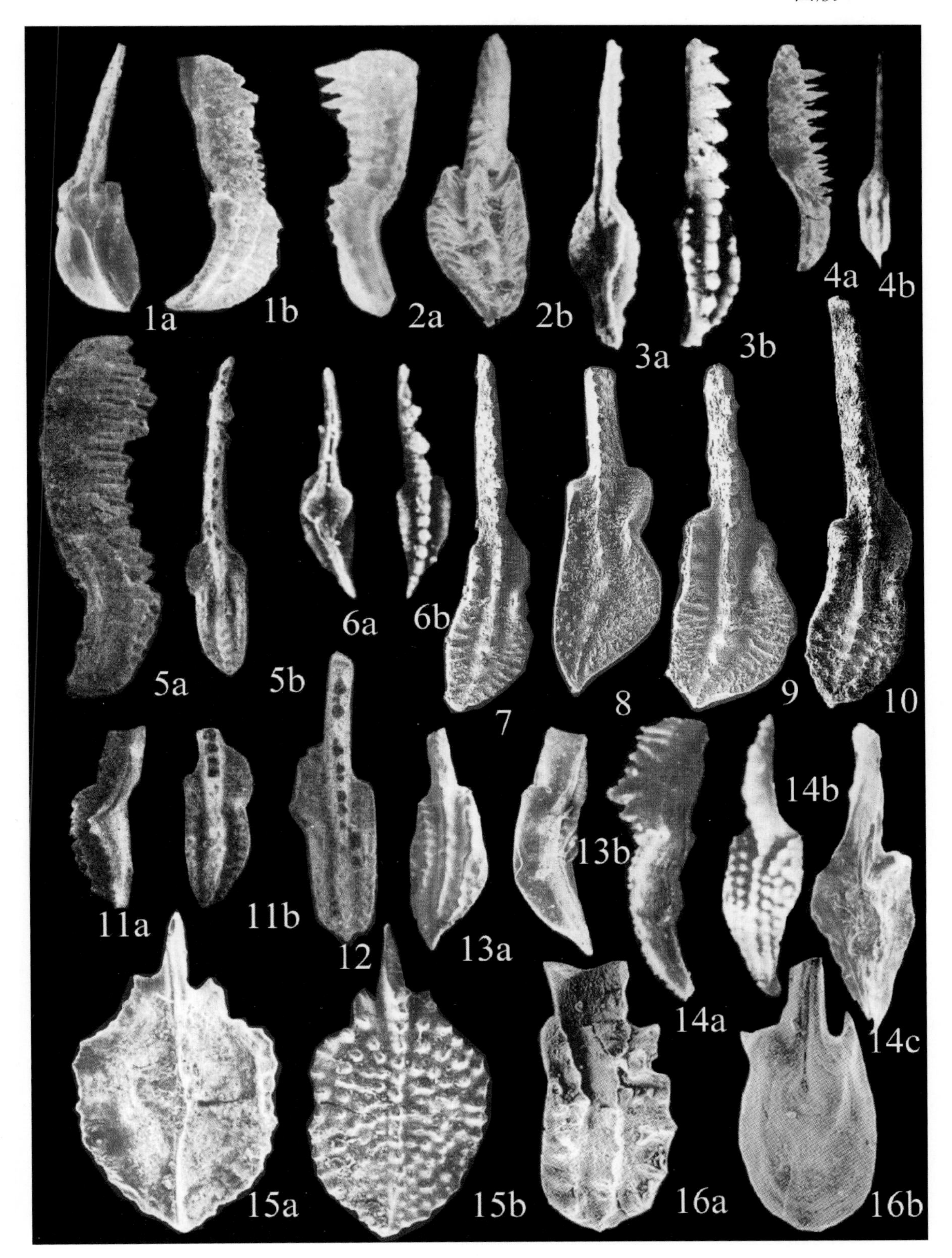
1a
1b
2a
2b
3a
3b
4a
4b
5a
5b
6a
6b
7
8
9
10
11a
11b
12
13a
13b
14a
14b
14c
15a
15b
16a
16b

图版 D—5

1a—b *Klapperina ovalis* (Ziegler et Klapper, 1964)

口视，×70，广西德保四红山剖面，榴江组上 *P. falsiovalis* 带，CD375 - 5a/119566。复制于 Wang, 1994, pl. 1, figs. 4a—b。

2a—b *Mesotaxis falsiovalis* (Sandbeg, Ziegler et Bultynck, 1989)

同一标本之反口视与口视，×60，广西德保四红山剖面，榴江组 *P. punctatus* 带，CD375 - 3/119567。复制于 Wang, 1994, pl. 1, fig. 5a—b。

3—4 *Mesotaxis asymmetricus* (Bischoff et Ziegler, 1957)

3 口视，×40，广西桂林龙门剖面，东岗岭组 *P. transitans* 带，L10 - 5/119568。复制于 Wang, 1994, pl. 1, fig. 6。

4 反口视，×40，广西桂林垌村剖面，东岗岭组 *P. punctata* 带，D12 - 3/119571。复制于 Wang, 1994, pl. 1, fig. 9。

5 *Palmatolepis transitans* Müller, 1956

口视，×60，广西桂林龙门剖面，东岗岭组 *P. transitans* 带，L10 - 3a/119445。复制于 Wang, 1994, pl. 2, fig. 11。

6 *Palmatolepis linguiformis* Müller, 1956

口视，×50，广西桂林龙门，谷闭组下部 *P. linguiformis* 带，L19 - 2/119489。复制于 Wang, 1994, pl. 6, fig. 7。

7 *Palmatolepis juntianensis* Han, 1987

口视，×60，广西桂林龙门，谷闭组下部 *P. linguiformis* 带，L19 - 4/119492。复制于 Wang, 1994, pl. 6, fig. 10。

8, 11 *Palmatolepis jamieae* Ziegler et Sandberg, 1990

8 口视，×60，广西桂林龙门剖面，榴江组下 *rhenana* 带，CD372/119495；

11 口视，×75，广西德保四红山剖面，榴江组上 *rhenana* 带，CD364/19444；

复制于 Wang, 1994, pl. 6, fig. 14; pl. 2, fig. 10。

9 *Palmatolepis delicatula delicatula* Branson et Mehl, 1934

口视，×50，广西德保四红山剖面，五指山组下 *triangularis* 带，CD361 - 3/119510。复制于 Wang, 1994, pl. 7, fig. 11。

10 *Palmatolepis punctata* (Hinde, 1879)

口视，×60，广西桂林龙门谷闭组上 *hassi* 带。复制于 Wang, 1994, pl. 2, fig. 8。

12 *Palmatolepis delicatula platys* Ziegler et Sandberg, 1990

口视，×60，广西桂林龙门，融县组中 *P. triangularis* 带，L19 - 6a/119500。复制于 Wang, 1994, pl. 7, fig. 1。

13 *Palmatolepis triangularis* Sannemann, 1955

口视，×50，广西桂林龙门剖面，谷闭组中 *P. triangularis* 带，L19 - 6a/119473。复制于 Wang, 1994, pl. 5, fig. 1。

图版 D—5

图版 D—6

1 *Palmatolepis poolei* Sandberg et Ziegler, 1973

口视，×36，广西武宣三里，三里组下 *P. rhomboidea* 带，SL－4/75144。复制于 Wang & Ziegler, 1983, pl. 3, fig. 12。

2 *Palmatolepis semichatovae* Ovnatanova, 1976

口视，×60，广西桂林龙门剖面，“榴江组”下 *rhenana* 带，L15－1/119468。复制于 Wang, 1994, pl. 4, fig. 10。

3 *Palmatolepis rotunda* Ziegler et Sandberg, 1990

口视，×60，广西德保四红山剖面，“榴江组” *linguiformis* 带，CD362/119467。复制于 Wang, 1994, pl. 4, fig. 7。

4 *Palmatolepis minuta minuta* Branson et Mehl, 1934

口视，×50，广西桂林龙门剖面，融县组上 *triangularis* 带，L20－3/119506。复制于 Wang, 1994, pl. 7, fig. 7。

5 *Palmatolepis rhenna rhenana* Bischoff, 1956

口视，×60，广西德保四红山剖面，“榴江组”上 *rhenana* 带，CD365/119447。复制于 Wang, 1994, pl. 3, fig. 1。

6 *Palmatolepis rhenana nasuda* Müller, 1956

口视，×50，广西德保四红山剖面，“榴江组”上 *rhenana* 带，L18－2//119449。复制于 Wang, 1994, pl. 3, fig. 3。

7 *Palmatolepis hassi* Müller et Müller, 1957

口视，×60，广西桂林龙门剖面，“榴江组”上 *hassi* 带，L13－1/119436。复制于 Wang, 1994, pl. 2, fig. 5。

8 *Ancyrognathus triangularis* Youngquist, 1945

口视，×90，广西桂林龙门剖面，榴江组上 *rhenana* 带，L16－5/119555。复制于 Wang, 1994, pl. 11, fig. 5。

9 *Palmatolepis glabra pectinata* Ziegler, 1962

口视，×50，广西德保四红山剖面顶部，五指山组上 *crepida* 带，CD340b/119508。复制于 Wang, 1994, pl. 7, fig. 9。

10 *Palmatolepis glabra prima* Ziegler et Huddle, 1969

口视，×60，广西宜山拉力剖面，五指山组中部下 *rhomboidea* 带，9100777，LL－72。复制于 Ji & Ziegler, 1993, pl. 16, fig. 17.

11 *Palmatolepis termini* Sannemann, 1955

口视，×75，广西宜山拉力剖面，五指山组下部中 *crepida* 带，9100703/LL－75。复制于 Ji & Ziegler, 1993, pl. 12, fig. 6。

12 *Palmatolepis rhomboidea* Sannemann, 1955

口视，×95，广西宜山拉力剖面，五指山组中部上 *rhomboidea* 带，9100823/LL－69。复制于 Ji & Ziegler, 1993, pl. 21, fig. 2。

13 *Palmatolepis crepida* Sannemann, 1955

口视，×65，广西宜山拉力剖面，五指山组下部上 *crepida* 带，9100719/LL－74。复制于 Ji & Ziegler, 1993, pl. 22, fig. 6。

14 *Palmatolepis marginifera marginifera* Helms, 1959

口视，×36，广西武宣二塘，“三里组” *P. marginifera* 带，SL－20/77560。复制于王成源，1989，图版 24，图 15。

15a—b *Palmatolepis elegantula* Wang et Ziegler, 1983

侧视与口视，×40，广西横县六景剖面，融县组 *P. asymmetricus* 带－*P. gigas* 带，HL－15g/75142（正模）。复制于 Wang & Ziegler, 1983, pl. 3, figs. 10a—b。

16—17 *Palmatolepis rugosa trachytera* Ziegler, 1960

16 口视，×40，广西武宣黄卯南垌（Nandong）剖面，上 *trachytera* 带，K85/5.4/93233。复制于 Bai *et al.*, 1994, pl. 14, fig. 9。

17 口视，×65，广西宜山拉力剖面，五指山组上部 *trachytera* 带，9100992/LL－40。复制于 Ji & Ziegler, 1993, pl. 13, fig. 14。

18—19 *Palmatolepis gracilis expansa* Sandberg et Ziegler, 1979

口视，×50，广西桂林南边村剖面，*P. expansa* 带，Bed48/107226b/NbII－48－9，Bed32/103663/NBIII－709－4。复制于 Wang & Yin（in Yu *et al.*），1988. pl. 23, figs. 12, 10a。

20 *Palmatolepis marginifera utahensis* Ziegler et Sandberg, 1984

口视，×120，9100954/LL－54，广西宜山拉力剖面，五指山组中部上 *marginifera* 带。复制于 Ji & Ziegler, 1993, pl. 13, fig. 6.

图版 D—6

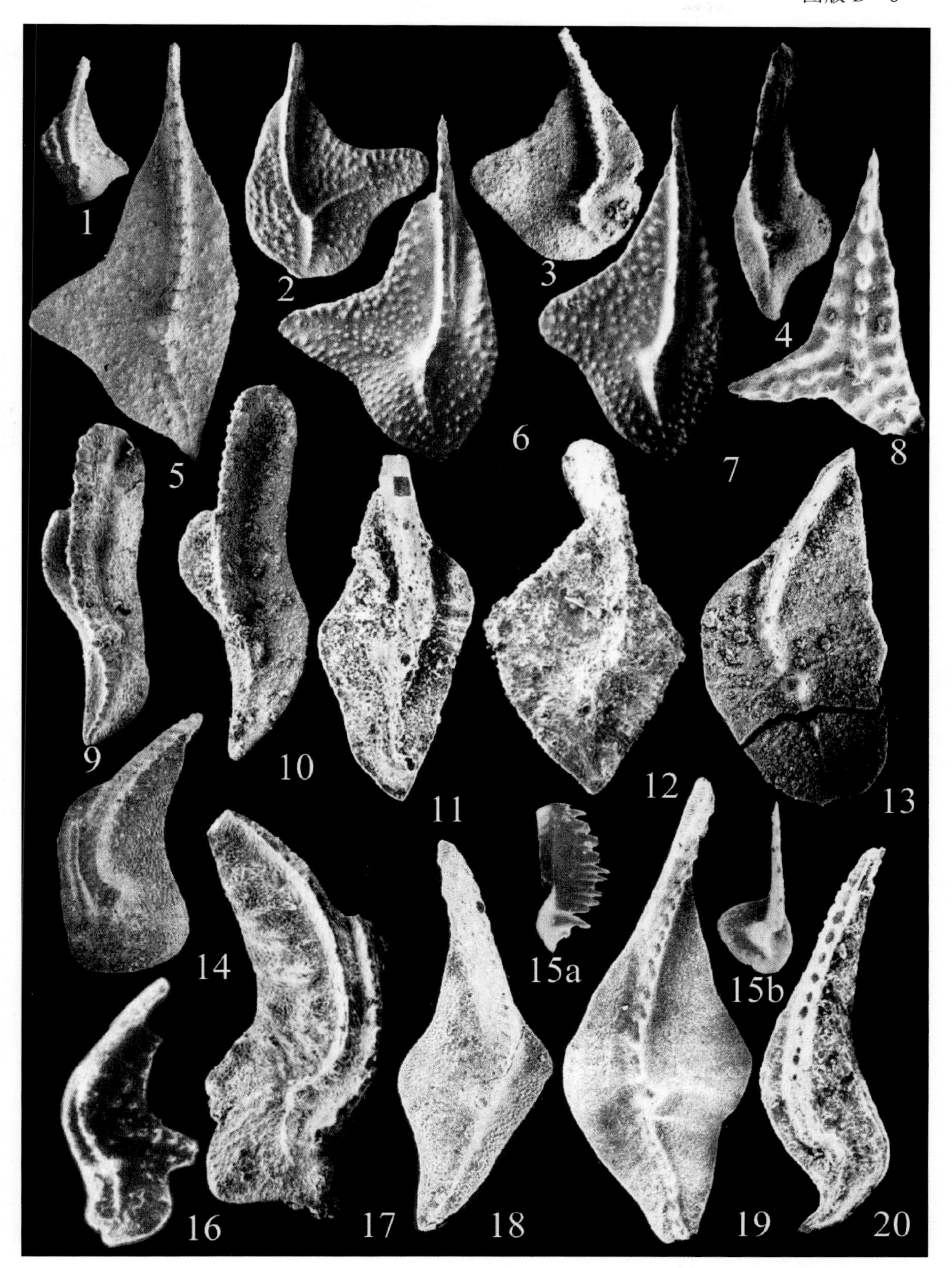

图版 D—7

1—2 *Protognathodus kockeli* (Bischoff, 1957)

口视，×50，广西桂林南边村，上 *praesulcata* 带，Bed56/107212/NbII - 4a - s，Bed56/107213/NbII - 4a - 3。复制于 Wang & Yin (in Yu *et al.*), 1988, pl. 22, figs. 8—9。

3 *Palmatolepis gracilis sigmoidalis* Ziegler, 1962

口方斜视，×50，广西桂林南边村，*praesulcata* 带，Bed54/107220/NbII - 3a - 2。复制于 Wang & Yin (in Yu *et al.*), 1988, pl. 23, fig. 1。

4 *Palmatolepis gracilis gracilis* Branson et Mehl, 1934

口视，×50，广西桂林南边村，*praesulcata* 带，Bed48/107224/NbII - 48 - 3。复制于 Wang & Yin (in Yu *et al.*), 1988, pl. 23, fig. 8。

5—7 *Palmatolepis gracilis gonioclymeniae* Müller, 1956

5—6 口视，×50，广西桂林南边村，*praesulcata* 带，Bed48/107222/NbII - 02，Bed41/103657/NbII - 706 - 2。复制于 Wang & Yin (in Yu *et al.*), 1988, pl. 23, figs. 3—4。

7 口视，×75，广西宜山拉力剖面，五指山组上部 *expansa* 带，9101049/LL - 28。复制于 Ji & Ziegler, 1993, pl. 6. fig. 12。

8 *Bispathodus aculeatus aculeatus* (Branson et Mehl, 1934)

口视，×50，广西桂林南边村，*praesulcata* 带，Bed68c/107235/NbII - 10。复制于 Wang & Yin (in Yu *et al.*), 1988, pl. 24, fig. 9。

9—10 *Siphonodella praesulcata* Sandberg, 1972

9a—b Morphotype 1，口视与反口视，×50，Bed54/103632/NbII - 3a；

10a—b Morphotype 2，口视与反口视，×50，Bed54/107149/NbII - 3a - 2；

广西桂林南边村，*praesulcata* 带。复制于 Wang & Yin (in Yu *et al.*), 1988, pl. 13, fig. 2a—b; pl. 15, figs. 2a—b。

11a—b *Palmatolepis gracilis manca* Helms, 1963

口视与反口视，×25，正模。复制于 Ziegler (ed.): Catalogue of Conodonts, vol. Ⅲ, *Palmatolepis* - plate 7, figs. 11—12。

12a—b *Palmatolepis perlobata postera* Ziegler, 1960

口视与反口视，×35，正模，复制于 Ziegler (ed.): Catalogue of Conodonts, vol. Ⅲ, *Palmatolepis* - plate 9, figs. 14—15。

13 *Bispathodus ultimus* (Bischoff, 1957)

口视，×35，复制于 Ziegler, 1962, pl. 14, fig. 20。

14a—b *Rhodalepis polylophodontiformis* Wang et Yin, 1985

口视与反口视，×60，广西宜山峡口，融县组 *praesulcata* 带，ADZ29/84067（正模）。复制于王成源和殷保安，1985，图版 1，图 11。

15—16 *Scaphignathus velifer velifer* Helms, 1959, ex Ziegler MS

15a—b 同一标本之侧视与口方侧视，ca. ×35，*velifer* 带至 *styriaca* 带，Probe 6 (Zi 1962/125)。复制于 Ziegler, 1962, pl. 11, figs. 20—21。

16a—b 同一标本之反口视与口视，×42，Loc. 10，G1/B20 - 25. UWA65448。复制于 Beinert 等，1971, pl. 2, figs. 4b—c。

17—19 *Mesotaxis costalliformis* (Ji, 1986)

17 口视，×60，老爷坟组下部，中 *falsiovalis* 带，9100088/LL - 116；

18 口视，×55，老爷坟组下部，上 *falsiovalis* 带，9100071/LL - 115；

19 口视，×55，老爷坟组下部，中 *falsiovalis* 带，9100095/LL - 116；

复制于 Ji & Ziegler, 1993, pl. 32, figs. 6, 1, 3。

20a—b *Polynodosus granulosus* (Branson et Mehl, 1934)

同一标本之口视与口方侧视，×40，广西武宣三里，三里组，SL - 23/75265。复制于王成源，1989，112 页，图版 39，图 14。

图版 D—7

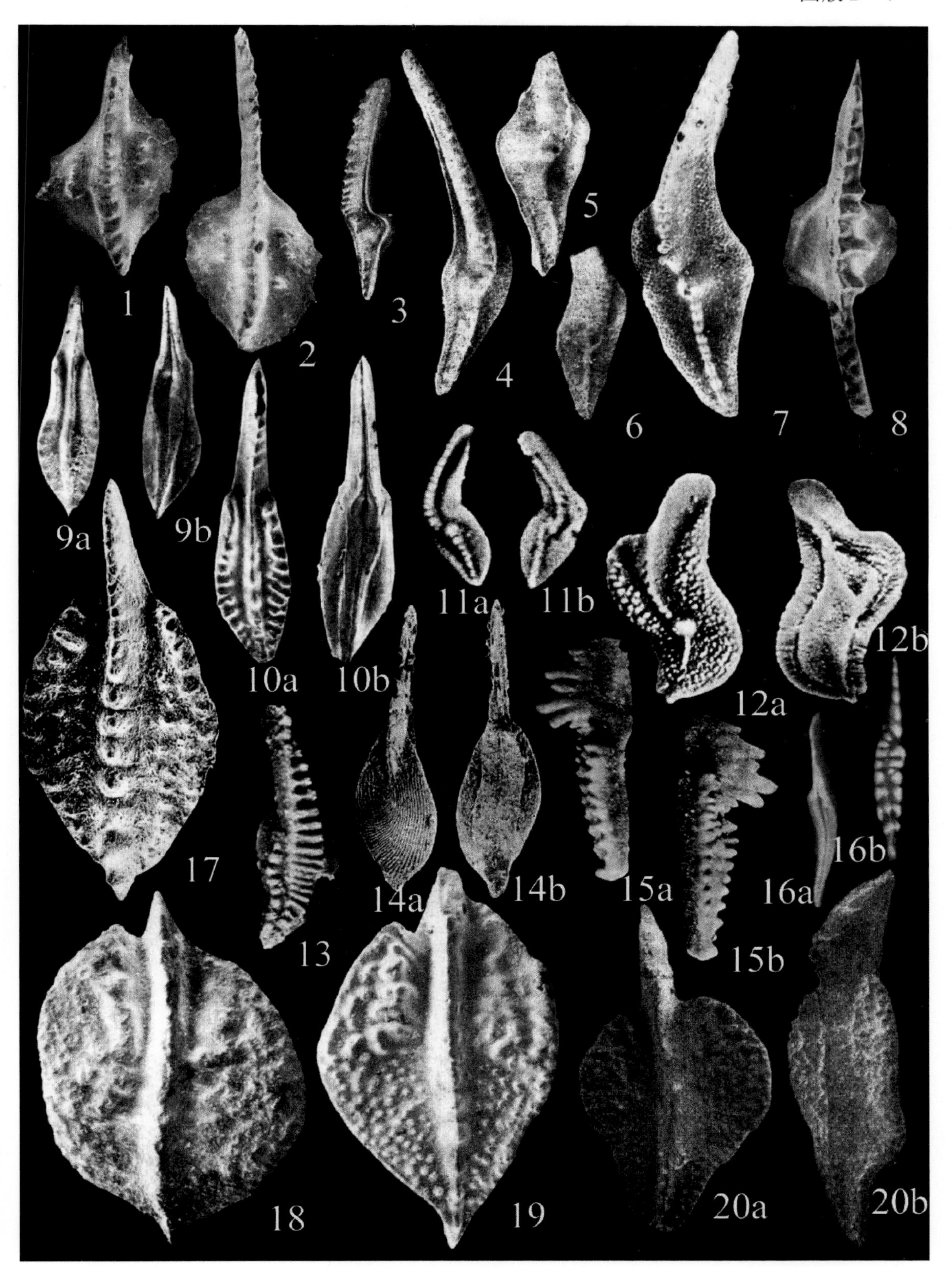
1
2
3
4
5
6
7
8
9a
9b
10a
10b
11a
11b
12a
12b
13
14a
14b
15a
15b
16a
16b
17
18
19
20a
20b

图版 D—8

1a—b *Icriodus subterminus* Youngquist, 1947

同一标本之口视与反口视，×40，正模。复制于 Ziegler (ed.): Catalogue of Conodonts, vol. Ⅱ, 1975, *Icriodus* - plate 3, figs. 4a—b。

2—3 *Icriodus brevis* Stauffer, 1940

2a—b 同一标本之侧视与口视，×40，正模。复制于 Ziegler (ed.): Catalogue of Conodonts, vol. Ⅱ, 1975, *Icriodus* - plate 3, figs. 1a—b。

3 口视，×36，HL15 - 13/75114，中泥盆统吉维特期。复制于王成源，1989，图版9，图9。

4a—b *Icriodus difficilis* Ziegler, Klapper et Johnson, 1976

同一标本之口视与侧视，×37，广西横县六景，中泥盆统吉维特中期。复制于王成源，1989，图版9，图12a—b。

5—6 *Icriodus symmetricus* Branson et Mehl, 1934

5, 6 分别为同一标本之口视与反口视，×40，晚泥盆世弗拉早期。复制于 Ziegler (ed.): Catalogue of Conodonts, vol. Ⅱ, 1975, *Icriodus* - plate 3, figs. 7, 8。

7—9 *Icriodus obliquimarginatus* Bischoff et Ziegler, 1975

7 侧视，×35。复制于 Ziegler (ed.): Catalogue of Conodonts, vol. Ⅱ, 1975, *Icriodus* - plate 3, fig. 9。

8 侧视，×35，正模。复制于 Ziegler (ed.): Catalogue of Conodonts, vol. Ⅱ, 1975, *Icriodus* - plate 3, fig. 10a。

9 侧视，×36，广西德保四红山，分水岭组，中泥盆统吉维特早期，CD403/77405。复制于王成源，1989，图版9，图5。

10 *Icriodus beckmanni* Ziegler, 1956

口视，×45，广西德保四红山，达莲塘组 *P. kitabicus* 带，CD482/75111。复制于王成源，1989，图版9，图11。

11—12 *Icriodus regularicrescens* Bultynck, 1970

11a—b 同一标本之口视与反口方侧视，×45，正模；

12 口视，×45；

复制于 Ziegler (ed.): Catalogue of Conodonts, vol. Ⅱ, 1975, *Icriodus* - plate 8, figs. 1a, 1c, 3。

13a—c *Icriodus cornutus* Sannemann, 1955

同一标本之侧视、口视与反口视，×40，正模。复制于 Ziegler (ed.): Catalogue of Conodonts, vol. Ⅱ, 1975, *Icriodus* - plate 8, fig. 6a—c。

14a—b *Icriodus expansus* Branson et Mehl, 1938

同一标本之口视与反口视，×40，hypotype，复制于 Stauffer, 1940, pl. 60, figs. 62, 63。

15 *Icriodus multicostatus multicostatus* Ji et Ziegler, 1993

口视，×60，广西宜山拉力剖面，五指山组下部，中 *crepida* 带，9100718/LL - 75（正模）。复制于 Ji & Ziegler, 1993, pl. 4, fig. 2。

16 *Icriodus multicostatus lateralis* Ji et Ziegler, 1993

口视，×60，广西宜山拉力剖面，五指山组下部，中 *crepida* 带，9100684/LL - 76（正模）。复制于 Ji & Ziegler, 1993, pl. 4, fig. 6。

17 *Icriodus deformatus deformatus* Han, 1987

口视，×60，广西宜山拉力剖面，五指山组下部，早 *crepida* 带，9100616/LL - 79。复制于 Ji & Ziegler, 1993, pl. 4, fig. 12。

18 *Icriodus deformatus asymmetricus* Ji, 1989

口视，×55，广西宜山拉力剖面，五指山组底部，早 *triangularis* 带，9100413/LL - 86。复制于 Ji & Ziegler, 1993, pl. 5, fig. 1。

19 *Icriodus corniger pernodosus* Wang et Ziegler, 1981

口视，×40，内蒙古喜桂图旗中泥盆统霍博山组，W26P1B81/67915（正模）。复制于 Wang & Ziegler, 1981, pl. 1, fig. 9b。

20 *Icriodus corniger corniger* Wittekindt, 1966

口视，×40，内蒙古喜桂图旗中泥盆统霍博山组，W26P1B80/67917。复制于 Wang & Ziegler, 1981, pl. 1, fig. 11c。

图版 D—8

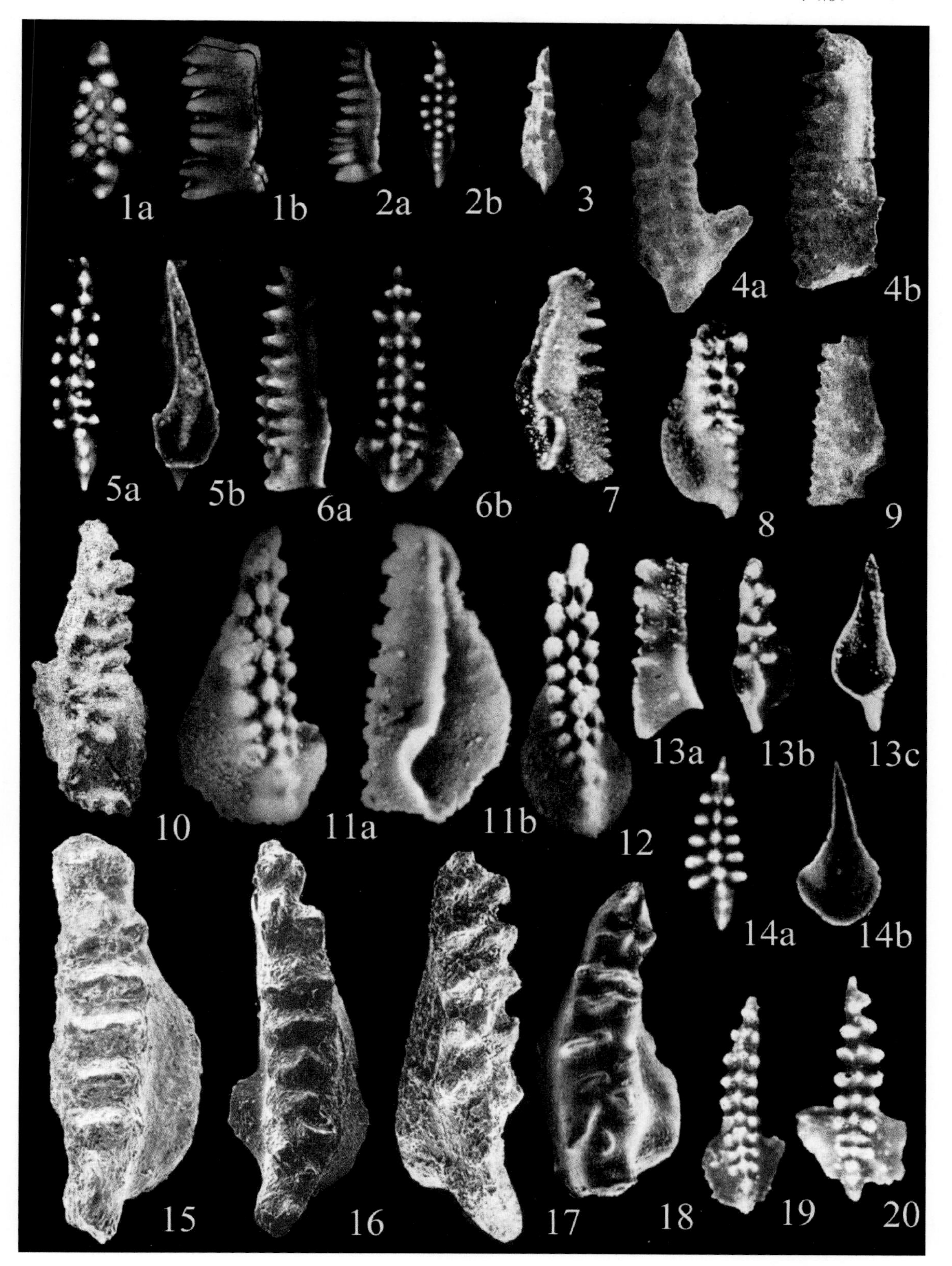
1a
1b
2a
2b
3
4a
4b
5a
5b
6a
6b
7
8
9
10
11a
11b
12
13a
13b
13c
14a
14b
15
16
17
18
19
20

图版 C—1

1a—b *Siphonodella sulcata*（Huddle，1934）

同一标本之反口视与口视，×60，贵州睦化剖面，王佑组下 *duplicata* 带，GM11－29/DC84261。复制于季强等（见侯鸿飞等，1985），图版15，图16，17。

2a—b，15 *Siphonodella duplicata*（Branson et Mehl，1934），Morphotype 1

2a—b 同一标本之口视与反口视，×50，NbII/708－7/103652。复制于 Wang & Yin（in Yu *et al.*，1988），pl. 19，figs. 2a—b。

15 口视，×52，贵州睦化，王佑组，Mh8/80807。复制于王成源和殷保安，1984，图版1，图10。

3，4，16 *Siphonodella duplicata*（Branson et Mehl，1934），Morphotype 2

3 口视，×50，广西桂林南边村剖面，下石炭统，NbII－71－13/107177。复制于 Wang & Yin（in Yu *et al.*，1988），pl. 19，fig. 3。

4 口视，×50，Bed 72/197812/NbII－72－9。复制于 Wang and Yin（in Yu *et al.*，1988），pl. 19，fig. 10。

16 口视，×52，广西拉利，王佑组，L×5－1/80808。复制于王成源和殷保安，1984，图版1，图11a。

5 *Siphonodella sandbergi* Klapper，1966

口视，×35，广西宜山，下石炭统，ADZ57/84074。复制于王成源和殷保安，1985，图版1，图18。

6，17 *Siphonodella duplicata* sensu Hass，1959

6 口视，×50，NBII－72－7/107186，广西桂林南边村剖面，下石炭统。复制于 Wang & Yin（in Yu *et al.*，1988），pl. 19，fig. 14。

17 口视，×26，贵州睦化，王佑组，Mh8/80813。复制于王成源和殷保安，1984，图版1，图16。

7 *Siphonodella eurylobata* Ji，1985

口视，×50，广西桂林南边村剖面，下石炭统，NbII－73－6/107190。复制于 Wang & Yin（in Yu *et al.*，1988），pl. 20，fig. 4。

8 *Siphonodella quadruplicata*（Branson et Mehl，1934）

口视，×50，广西桂林南边村剖面，下石炭统，NbII－72－5/107194。复制于 Wang & Yin（in Yu *et al.*，1988），pl. 20，fig. 10。

9，13，14 *Siphonodella crenulata*（Cooper，1939），Morphotype 1

9 口视，×50，NbII－73－6/107192，广西桂林南边村剖面，下石炭统。复制于 Wang & Yin（in Yu *et al.*，1988），pl. 20，fig. 6。

13，14 口视，×26，广西巴平王佑组，ADM20/80820，ADM19/80821。复制于王成源和殷保安，1984，图版1，图23，24。

10a—b，11 *Siphonodella lobata*（Branson et Mehl，1934）

10a—b 同一标本之口视与反口视，×42，贵州睦化栗木山剖面，王佑组顶部 *sandbergi* 带，Lms－15/DC84319。复制于季强等（见侯鸿飞等，1985），图版20，图13，12。

11 口视，×26，Mh2/80809，贵州睦化，王佑组。复制于王成源和殷保安，1984，图版1，图12。

12 *Siphonodella isosticha*（Cooper，1939）

口视，×26，广西巴平，王佑组，ADM19/80804。复制于王成源和殷保安，1984，图版1，图7。

18 *Protognathodus kockeli*（Bischoff，1957）

口视，×26，贵州睦化，王佑组，Mh10－2/80862。复制于王成源和殷保安，1984，图版3，图12。

19 *Protognathodus collinsoni* Ziegler，1969

口视，×26，贵州睦化，王佑组，Mh10－2/80866。复制于王成源和殷保安，1984，图版3，图16。

20 *Protognathodus meischneri* Ziegler，1969

口视，×26，贵州睦化，王佑组，Mh10－2/80867。复制于王成源和殷保安，1984，图版3，图17。

21a—b，22 *Gnathodus typicus* Cooper，1939

21a—b 同一标本之口视与反口视，×89，广西忻城里苗，下石炭统；

22 口视，×50；

广西忻城里苗，下石炭统，ADZ329/104654，ADZ329/104650。复制于王成源和徐珊红，1989，图版2，图5，6；图版1，图14。

23 *Gnathodus texanus* Roundy，1926

23 口视，×80，广西忻城里苗，下石炭统，ADZ329/104653。复制于王成源和徐珊红，1989，图版2，图2。

图版 C—1

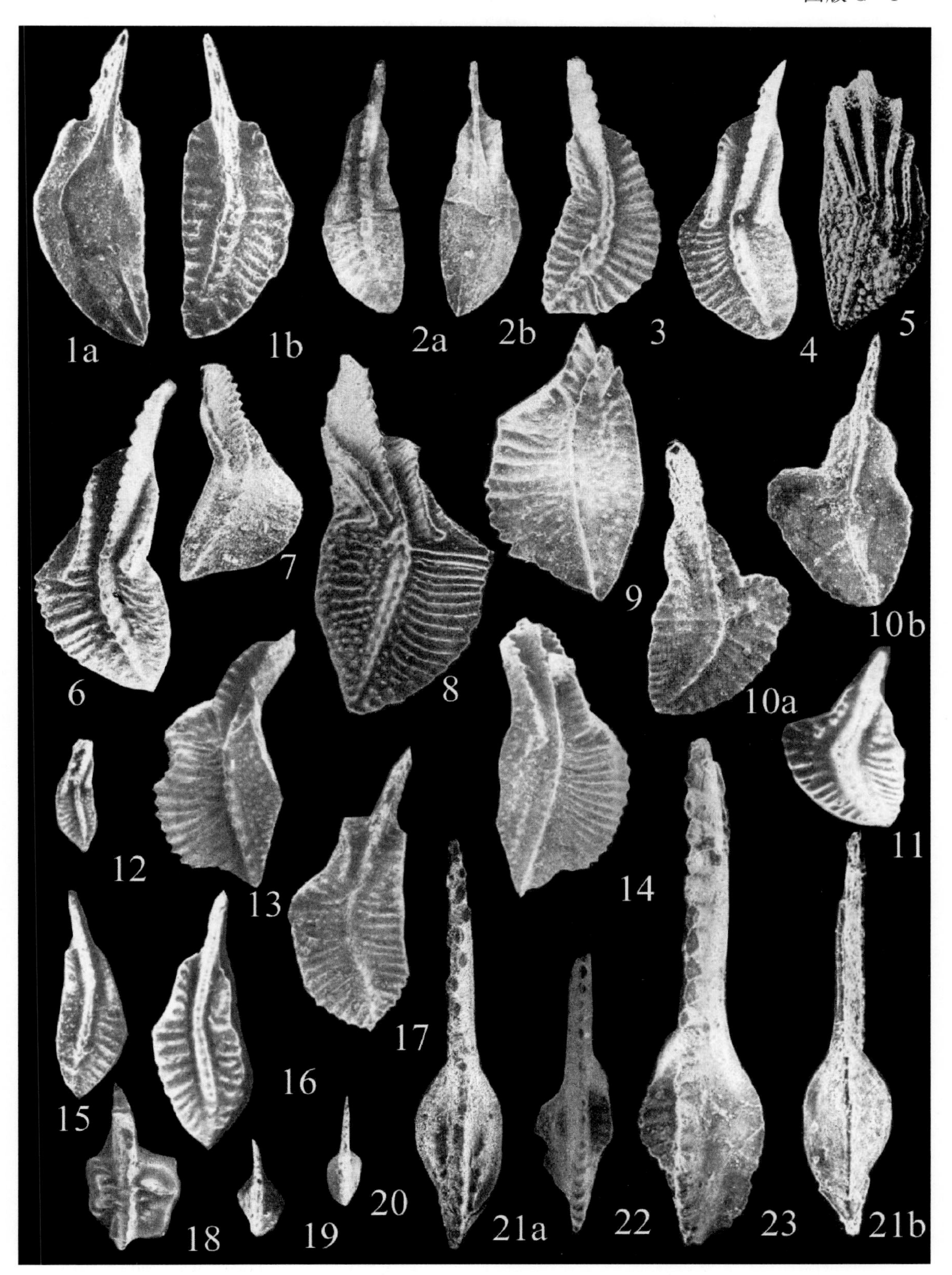
1a
1b
2a
2b
3
4
5
6
7
8
9
10a
10b
11
12
13
14
15
16
17
18
19
20
21a
22
23
21b

图版 C—2

1—4 *Gnathodus homopunctatus* Ziegler, 1960

1 口视, ×80, 广西忻城, 里苗组, ADZ331/104649。复制于王成源和徐珊红, 1989, 图版 1, 图 15。

2 口视, ×60, S-58, sample 3180;

3 口视, ×60, S-59, sample 3180;

4 口视, ×60, S-57, sample 3191;

2—4 复制于 Nemyrovskaya *et al.*, 2006, pl. 4, figs. 3, 7, 7a。

5—6 *Lochriea commutata* (Branson et Mehl, 1941)

5 口视, ×60, 广西忻城, 里苗组, ADZ323/104656。复制于王成源和徐珊红, 1989, 图版Ⅱ, 图 7。

6 口视, ×80, Cumbria, northern England, NGR 835160。复制于 Skompski *et al.*, 1995, pl. 4, fig. 3。

7—8 *Lochriea mononodosa* (Rhodes, Austin et Druce, 1969)

7 口视, ×80, Cumbria, northern England, NGR 835160。复制于 Skompski *et al.*, 1995, pl. 4, fig. 5。

8 口视, ×60, 甘肃靖远, 靖远组, X44-5/135494。复制于王志浩和祁玉平, 2003, 图版 1, 图 1。

9—11 *Lochriea nodosa* (Bischoff, 1957)

9 口视, ×70, Voronezh Anteclise, sample K-26;

10 口视, ×70, Rheinisches Schiergebirge, Germany, GER-8;

11 口视, ×70, Voronezh Anteclise, sample K-13;

复制于 Skompski *et al.*, 1995, pl. 3, fig. 3; pl. 1, fig. 4; pl. 3, fig. 6。

12—14, 16 *Lochriea ziegleri* Nemyrovskaya, Perret et Meischner, 1994

12 口视, ×65, Moscow Syneclise, Serpukhov District, sample 4s-9;

13 口视, ×65, Moscow Syneclise, Serpukhov District, sample 4s-9;

14 口视, ×75, Lublin Coal basin, Limestone F;

16 口视, ×75, Lublin Coal basin, Limestone F;

12—14, 16 复制于 Skompski *et al.*, 1995, pl. 3, figs. 5, 4, 11, 14。

15 *Lochriea cruciformis* (Clarke, 1960)

口视, ×75, Lublin Coal basin, Limestone F。复制于 Skompski *et al.*, 1995, pl. 3, fig. 10。

17a—b *Scaliognathus anchoralis europensis* Lane et Ziegler, 1983

同一标本之口视与反口视, ×80, 陕西凤县, 界河街组, 下石炭统, FWXIII 11-8/119589。复制于王平和王成源, 2005, 图版 1, 图 1a—b。

18—19 *Lochriea senckenbergica* Nemyrovskaya, Perret et Meischner, 1994

18 口视, ×80, Rheinisches Schiergebirge, Germany, GER-10, 上维宪阶—谢尔普霍夫阶;

19 口视, ×75, Lublin Coal Basin, borehole Lubartow 3;

复制于 Skompski *et al.*, 1995, pl. 2, fig. 6; pl. 3, fig. 13 (自由齿片部分被剪切)。

图版 C—2

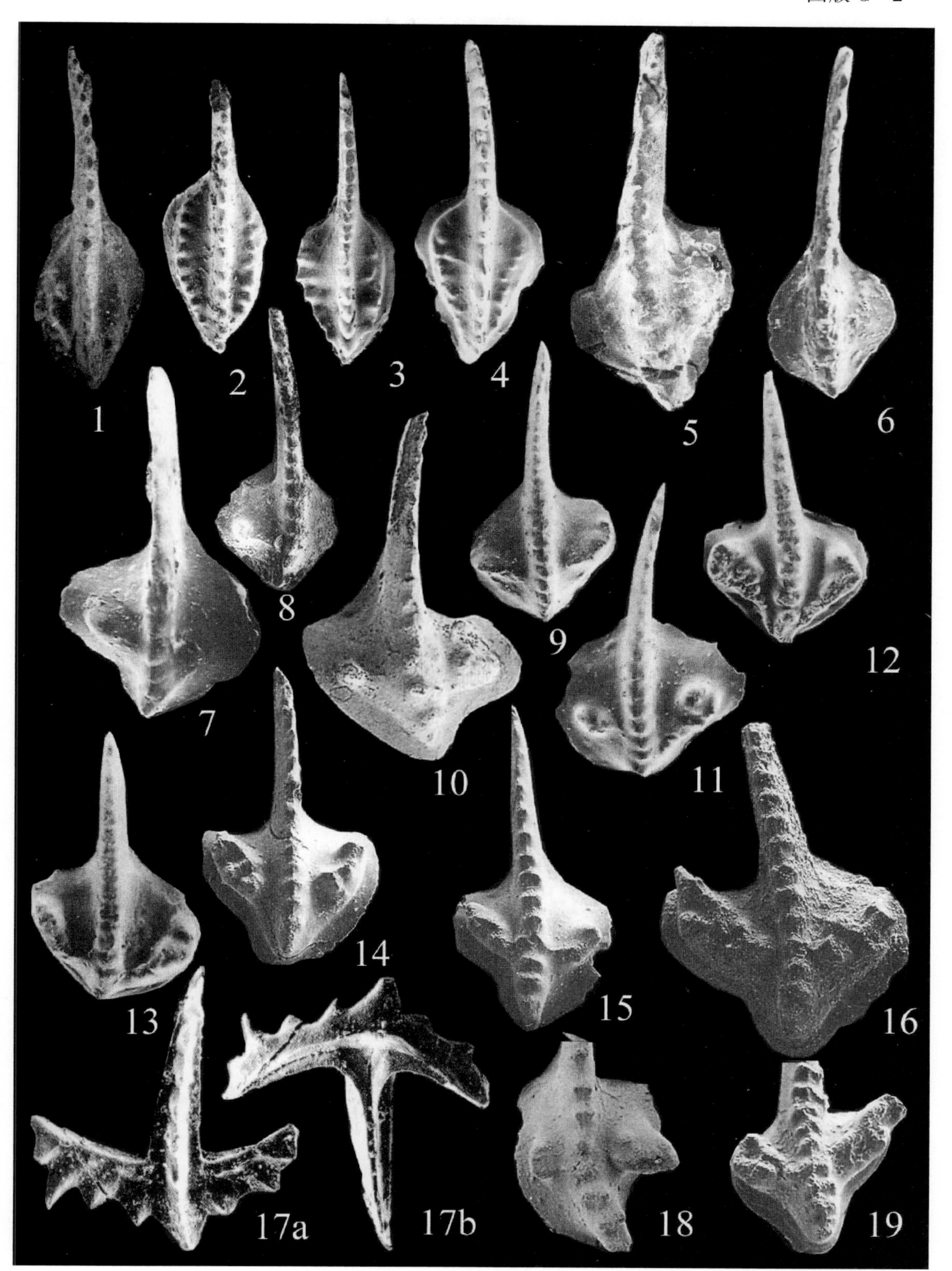

图版 C—3

1 *Gnathodus bilineatus bollandensis* Higgins et Bouckert, 1968
口视, ×34, 贵州罗甸纳水剖面, 密西西比亚系谢尔普霍夫阶, N20/133198;
2 *Gnathodus bilineatus bilineatus* (Roundy, 1926)
口视, ×34, 贵州罗甸纳水剖面, 密西西比亚系谢尔普霍夫阶, N18/133200;
3 *Idiognathoides sulcatus sulcatus* Higgins et Bouckert, 1968
口视, ×40, 贵州罗甸纳水剖面, 宾夕法尼亚亚系巴什基尔阶, N38/133199;
4—5 *Idiognathoides sulcatus parva* Higgins et Bouckert, 1968
口视, ×44, ×54, 贵州罗甸纳水剖面, 宾夕法尼亚亚系巴什基尔阶, N50/133208, N50/133209。
1—5 复制于 Wang & Qi, 2003, pl. 1, figs. 1, 4, 3, 18, 13。
6—7 *Declinognathodus noduliferus inaequalis* (Higgins, 1975)
口视, ×54, ×67, 甘肃靖远地区, 红土洼组, Y54 - 3/135504, Y54 - 3/135505。
8 *Idiognathoides corrugatus* Harris et Hollingsworth, 1933
口视, ×34, 甘肃靖远地区, 红土洼组, Y57 - 2/135513;
9 *Idiognathodus magnificus* Stauffer et Plummer, 1932
口视, ×27, 山西武乡温庄, 本溪组, Ya - 2/135499;
6—9 复制于王志浩和祁玉平, 2003, 图版 1, 图 9, 19, 17, 5。
10 *Declinognathodus noduliferus noduliferus* (Ellison et Graves, 1941)
口视, ×54, 广西忻城里苗, 宾夕法尼亚亚系, ADZ305/104943。复制于王成源和徐珊红, 1989, 图版 1, 图 4。
11—13 *Neognathodus symmetricus* (Lane, 1967)
口视, ×47, IGSU - 1483 - 3, 4, 6。复制于 Nemyrovskaya, 1999, pl. 5, figs. 1, 2, 6。
14—15 *Neognathodus bassleri* (Harris et Hollingsworth, 1933)
口视, ×40, ×34, 大连金州, 本溪组, QSY - 24/jzc - 34, QY - 54/blg92, BL108, BL109。
16—17 *Neognathodus kanumai* Igo, 1974
口视, ×36, ×29, 大连金州, 本溪组, QSY - 12/jzc - 89, QSY - 14/jzc - 50, BL117, BL118。
14—17 复制于郎嘉彬博士论文, 2010, 图版Ⅵ, 图 6—7, 15—16。
18—19 *Neognathodus atokaensis* Grayson, 1984
口视, ×47, ×47, 下莫斯科阶, IGSU - 1455 - 1, IGSU - 756 - 1。复制于 Nemyrovskaya, 1999, pl. 5, figs. 22, 18。
20—21 *Idiognathoides pacificus* Savage et Barkeley, 1985
口视, ×40, ×27, 贵州罗甸纳水剖面, 宾夕法尼亚亚系巴什基尔阶, N40/99131, N40/133241。复制于 Wang & Qi, 2003, pl. 3, figs. 13, 14。
22 *Idiognathodus primulus* Higgins, 1975
口视, ×27, 贵州罗甸纳水剖面, 宾夕法尼亚亚系巴什基尔阶, N43/99160;
23 *Idiognathoides sinuatus* Harris et Hollingsworth, 1933
口视, ×40, 贵州罗甸纳水剖面, 宾夕法尼亚亚系巴什基尔阶, N35/99178;
22, 23 复制于 Wang & Qi, 2003, pl. 2, figs. 16, 17。
24 *Diplognathodus orphanus* (Merrill, 1973)
侧视, ×54, 贵州罗甸纳水剖面, 宾夕法尼亚亚系莫斯科阶, N55/133252;
25 *Diplognathodus coloradoensis* (Murray et Chronic, 1965)
侧视, ×36, 贵州罗甸纳水剖面, 宾夕法尼亚亚系莫斯科阶, N67/133255;
26—27 *Diplognathodus ellesmerensis* Bender, 1980
侧视, ×80, ×80, 贵州罗甸纳水剖面, 宾夕法尼亚亚系莫斯科阶, N58/133256, N60/133257。
24—27 复制于 Wang & Qi, 2003, pl. 4, figs. 2, 5—7。
28—29 *Mesogongdolella subclarki* Wang et Qi, 2003
口视, ×27, ×27, 贵州罗甸纳水剖面, 宾夕法尼亚亚系莫斯科阶, N69/99089 (正模), N69/99088 (副模)。复制于 Wang & Qi, 2003, figs. 22, 23。
30—32 *Gondolella clarki* Koike, 1967
口视, ×34, ×34, ×40, 贵州罗甸纳水剖面, 宾夕法尼亚亚系莫斯科阶, N64/133247, N65/133248, N82/133249。复制于 Wang & Qi, 2003, pl. 3, figs. 24—26。
33 *Gondolella donbassica* Kossenko, 1978
口方侧视, ×34, 贵州罗甸纳水剖面, 宾夕法尼亚亚系莫斯科阶, N82/133250。复制于 Wang & Qi, 2003, pl. 3, fig. 27。

图版 C—3

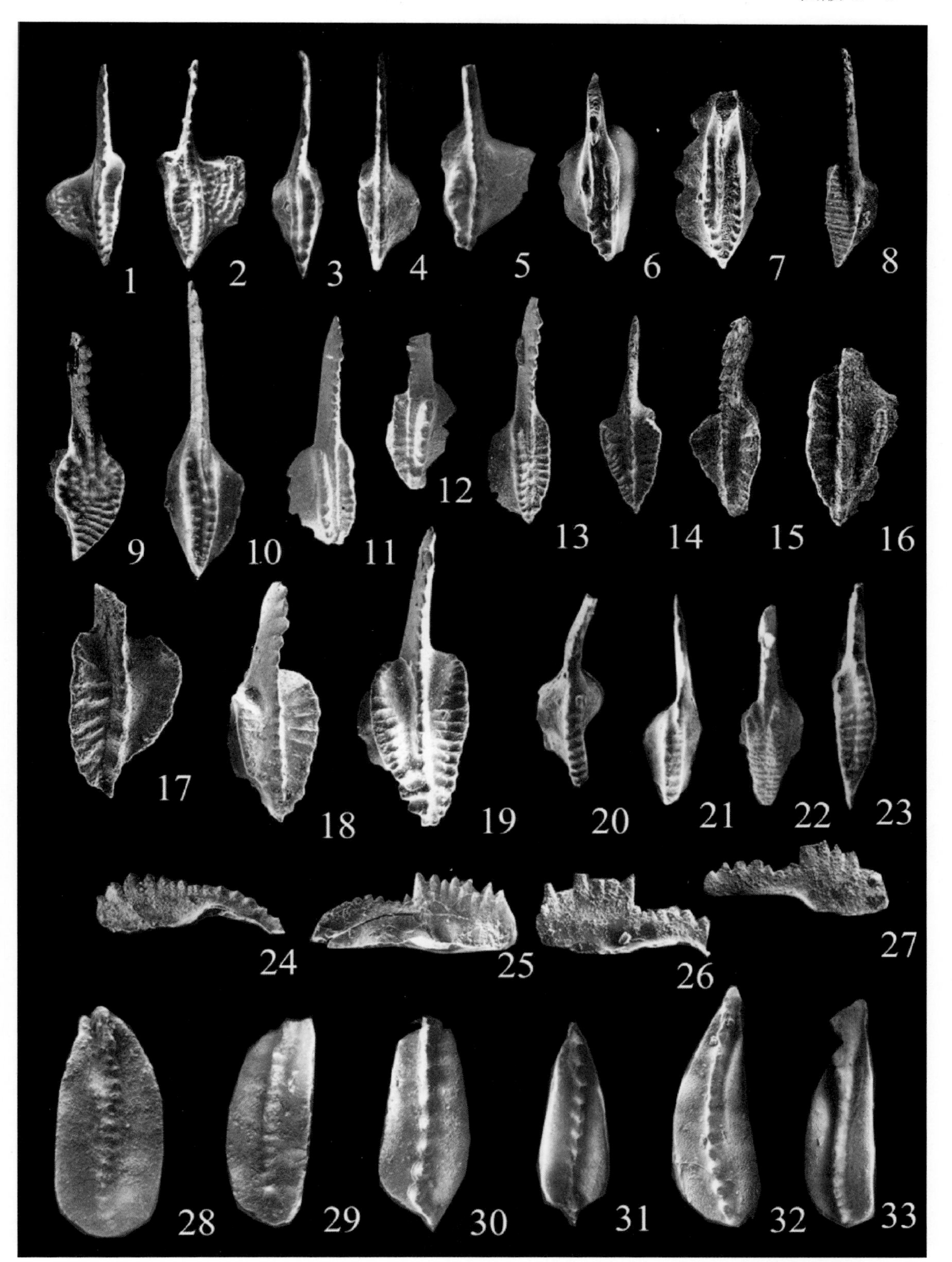
1
2
3
4
5
6
7
8
9
10
11
12
13
14
15
16
17
18
19
20
21
22
23
24
25
26
27
28
29
30
31
32
33

图版 C—4

1—2 *Streptognathodus expansus* Igo et Koike, 1964

1 口视, ×60, 贵州罗甸纳水剖面, 宾夕法尼亚亚系巴什基尔阶(?), N53/99042。复制于 Wang & Qi, 2003, pl. 1, fig. 2。

2 口视, ×80, 上巴什基尔阶, IGSU-68/2063。复制于 Nemyrovskaya, 1999, pl. 6, fig. 2。

3—4 *Idiognathoides ouachitensis* (Halton, 1933)

口方侧视, ×60, ×60, MGY, 244/1027, 244/28。复制于 Alekseev & Goreva (in Makhlina *et al.*, 2001), pl. XIII, figs. 3, 4。

5—7 *Idiognathodus podolskensis* Gireva, 1984

5, 6 口视, ×60, ×50, 山西太原, 本溪组, 莫斯科阶, D1hui/135500, D1hui/135501。山西太原, 本溪组。复制于王志浩和祁玉平, 2003, 图版 1, 图 6, 24。

7 口视, ×60, 莫斯科阶, MGY, 244/1110。复制于 Alekseev & Gireva (in Makhlina *et al.*, 2001), pl. XVII, fig. 16。

8—9 *Streptognathodus guizhouensis* Wang et Qi, 2003

8 口视, ×50, 贵州罗甸纳水剖面, 宾夕法尼亚亚系卡西莫夫阶, N97/133233。

9 口视, ×50, 贵州罗甸纳水剖面, 宾夕法尼亚亚系 Dalaan 阶, N97/133234 (正模)。

复制于 Wang & Qi, 2003, pl. 3, figs. 2, 3。

10—11 *Idiognathodus nashuiensis* Wang et Qi, 2003

10 口视, ×80, 贵州罗甸纳水剖面, 宾夕法尼亚亚系 Mapingian 阶, N110/133225;

11 口视, ×66, 贵州罗甸纳水剖面, 宾夕法尼亚亚系格舍尔阶, N110/133226 (正模);

复制于 Wang & Qi, 2003, pl. 2, figs. 21, 22。

12 *Streptognathodus gracilis* Stauffer et Plummer, 1932

口视, ×80, 贵州罗甸纳水剖面, 宾夕法尼亚亚系卡西莫夫阶, N90/133265。复制于 Wang & Qi, 2003, pl. 4, fig. 17。

13 *Streptognathodus elongatus* Gunnell, 1933

口视, ×60, N125/133218, 复制于 Wang & Qi, 2003, pl. 2, fig. 7。

14 *Streptognathodus elegantulus* Stauffer et Plummer, 1932

口视, ×50, 贵州罗甸纳水剖面, 宾夕法尼亚亚系卡西莫夫阶—格舍尔阶, N101/133235。复制于 Wang & Qi, 2003, pl. 3, fig. 6。

15—16 *Streptognathodus tenuialveus* Chernykh et Ritter, 1997

15 口视, ×60, N116/133261, 贵州罗甸纳水剖面, 宾夕法尼亚亚系格舍尔阶;

16 口视, ×50, N113/133262;

复制于 Wang & Qi, 2003, pl. 4, figs. 11, 13。

17—18 *Streptognathodus firmus* Kozitskaya, 1978

口视, ×46, ×80, 贵州罗甸纳水剖面, 宾夕法尼亚亚系格舍尔阶, N111/133266, N111/133267。复制于 Wang & Qi, 2003, pl. 4, figs. 18, 19。

19 *Streptognathodus simulator* Ellison, 1941

口视, ×60, 贵州罗甸纳水剖面, 宾夕法尼亚亚系格舍尔阶, N107/133260。复制于 Wang & Qi, 2003, pl. 4, fig. 9。

20—21 *Streptognathodus cancellosus* (Gunnell, 1933)

口视, ×66, ×50, 贵州罗甸纳水剖面, 宾夕法尼亚亚系卡西莫夫阶, N87/133268, N90/133270。复制于 Wang & Qi, 2003, pl. 4, figs. 20, 22。

22—24 *Swadelina makhlinae* (Alekseev et Goreva, 2001)

22 口视, ×90, MGY, 244/1235;

23 口视, ×70, MGY144/1240 (正模), 莫斯科阶;

24 口视, ×110, MGY, 144/1236;

复制于 Alekseev & Goreva (in Makhlina *et al.*, 2001), pl. XXII, figs. 15, 20, 16。

25—26 *Swadelina nodocarinata* (Jones, 1941)

25 口视, ×50, 莫斯科阶顶部, UC44667 (正模);

26 口视, ×50, SUI 99435;

复制于 Lambert *et al.*, 2003, pl. 1, figs. 12, 16。

图版 C—4

图版 C—5

1—3 *Swadelina subexcelsa* (Alekseev et Goreva, 2001)

1 口视，×70，MGY，244/1208；

2 口视，×70，MGY，244/1209（正模），莫斯科阶；

3 口视，×70，MGY，244/1211；

复制于 Alekseev & Goreva (in Makhlina *et al.*, 2001), pl. XXI, figs. 11—13。

4 *Swadelina makhlinae* (Alekseev et Goreva, 2001)

口视，×60，贵州罗甸纳水剖面，宾夕法尼亚亚系莫斯科阶，N82/140190。复制于王志浩和祁玉平，2007，图版1，图4。

5—6 *Idiognathodus sagittalis* Kozitskaya, 1978

5 口视，×30，贵州罗甸纳水剖面，宾夕法尼亚亚系莫斯科阶，N94/133269。复制于王志浩和祁玉平，2007，图版1，图7。

6 口视，×20，68－3039（正模）。复制于 Rosscoe & Barrick, 2009, pl. 4, fig. 10。

7 *Streptognathodus wabaunsensis* Gunnell, 1933

口视，×40，山西太原，晋祠组，宾夕法尼亚亚系格舍尔阶，K5/135515。复制于王志浩和祁玉平，2003，图版1，图20。

8a—b, 11 *Scaliognathus anchoralis anchoralis* Branson et Mehl, 1941

8a—b 反口视与口视，×30，正模，杜内阶上部带化石。复制于 Ziegler (ed.): Catalogue of Conodonts, vol. Ⅴ, *Scaliognathus* – plate 1, fig. 3a—b。

11 反口视，×75，杜内阶。复制于 Ziegler (ed.): Catalogue of Conodonts, vol. Ⅴ, *Scaliognathus* – plate 2, fig. 8。

9a—b *Doliognathus latus* Branson et Mehl, 1941, Morphotype 3

口视与反口视，×20，正模，杜内阶上部带化石。复制于 Ziegler (ed.): Catalogue of Conodonts, vol. Ⅳ, *Doliognathus* – plate 1, figs. 1a—b。

10 *Scaliognathus anchoralis europensis* Lane et Ziegler, 1983

反口视，×67，杜内阶顶部。复制于 Ziegler (ed.): Catalogue of Conodonts, vol. Ⅴ, *Scaliognathus* – plate 2, fig. 5。

12—13 *Dollymae bouckaerti* Groessens, 1971

反口视与口视，×60，×60，杜内阶上部带化石，FWIII08－1/119606，FWXIII08－1/119605。复制于王平和王成源，2005，图版Ⅱ，图10，9。

图版 C—5

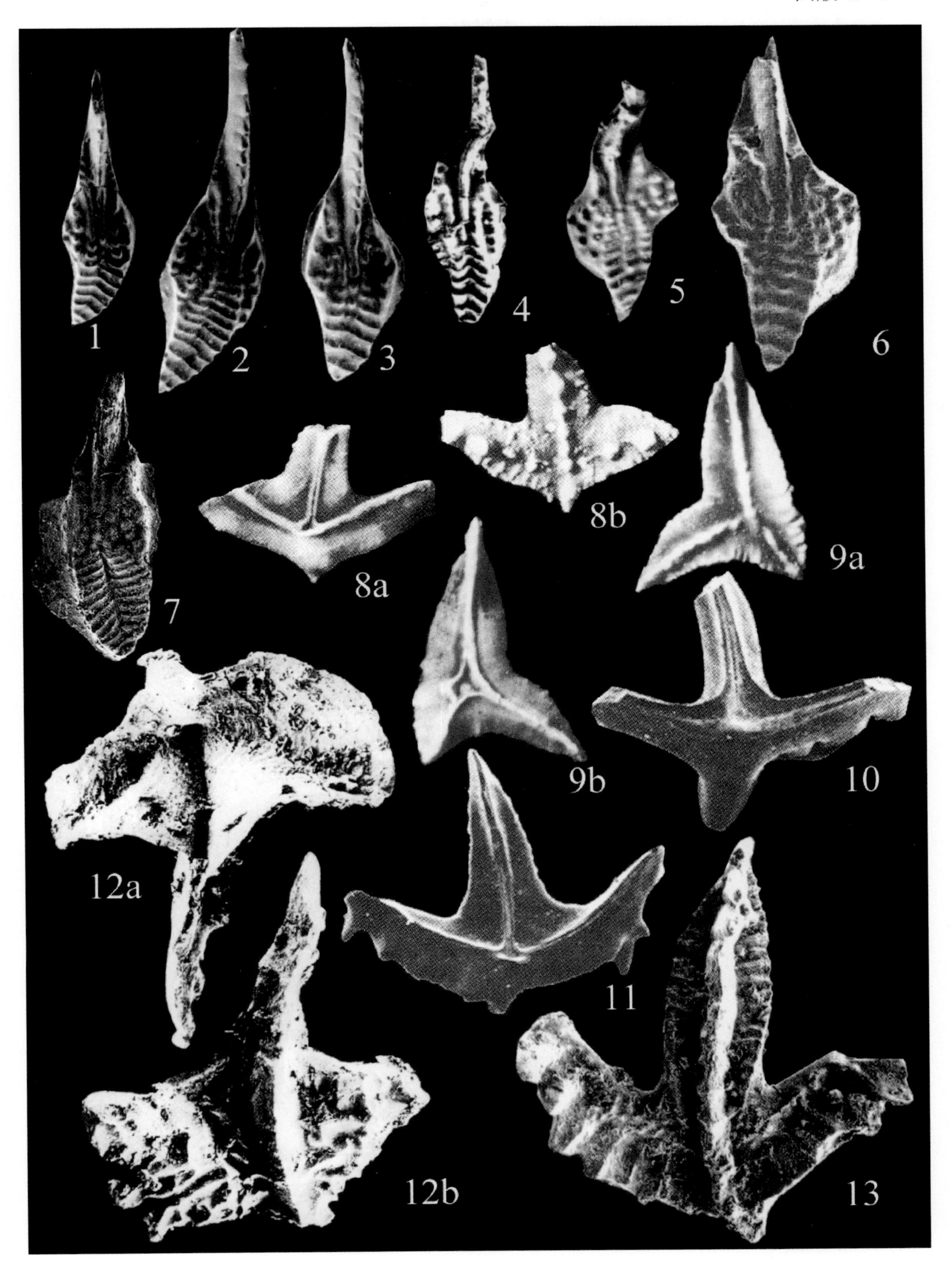

图版 P—1

1a—b *Clarkina carinata*（Clark，1959）

同一标本之口视与反口视，×57，正模，二叠系顶部至三叠系底部。复制于 Ziegler（ed.）：Catalogue of Conodonts. vol. Ⅰ，*Neogondolella* - plate 1，figs. 3a—b。

2a—b *Clarkina changxingensis*（Wang et Wang，1981）

同一标本之口视与反口视，×45，长兴阶，ACT229/52978（正模）。复制于王成源和王志浩，1981，图版Ⅴ，图7。

3—5 *Clarkina postbitteri* Mei et Wardlaw，1994

3 口视，×80；

4 口视，×60；

5 口方斜视，×60；

广西来宾蓬莱滩剖面，吴家坪组最底部，LPD115/123474，LPD115/123475，LPD115/123476（正模）。复制于 Mei & Wardlaw，1994，pl. 1，figs. 4—6。

6—7 *Clarkina dukouensis* Mei et Wardlaw，1994

口视，×50，×60，四川南江，吴家坪组底部，Dg - 27。复制于 Mei & Wardlaw，1994b，pl. 2，figs. 1，2。

8—9 *Clarkina chengyuanensis* Kozur，2005

8 口视，×70，伊朗，9 - 3 - 01/Ⅲ - 7（正模）；

9 口视，×70，9 - 3 - 01/Ⅲ - 9；

复制于 Kozur，2005，pl. 1，figs. 8，9。

10a—b *Clarkina deflecta*（Wang et Wang，1981）

同一标本之反口视与口视，×45，浙江长兴，长兴组，45/52988（正模）。复制于王成源和王志浩，1981，图版Ⅵ，图6，7。

11a—b *Clarkina orientalis*（Barskov et Koroleva，1970）

同一标本之口视与反口视，×45，浙江长兴，吴家坪阶龙潭组最顶部，ACT101/52981。复制于王成源和王志浩，1981，图版Ⅴ，图13，14。

12a—b *Clarkina wangi*（Dai et Zhang，1989）

同一标本之口视与反口视，×60，浙江长兴，长兴组底部，ACT116/52987。复制于王成源和王志浩，1981，图版Ⅵ，图4，5。

图版 P—1

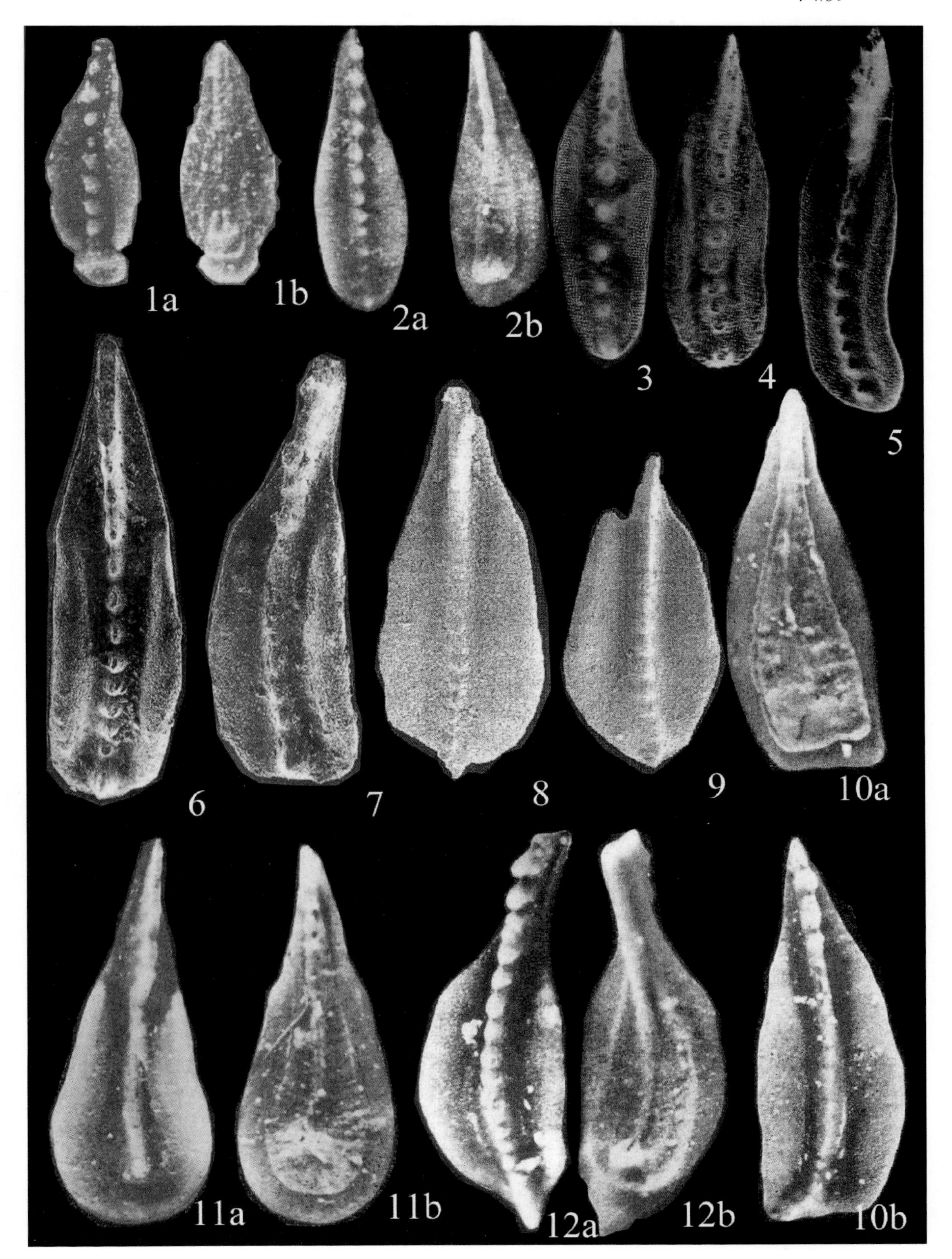

图版 P—2

1　*Clarkina demicornis* Mei et Wardlaw, 1994

口视，×60，L－256/121714（正模）。复制于梅仕龙等，1994，图版Ⅱ，图4。

2a—b　*Clarkina zhangi* Mei, 1998

同一标本之口视与侧视，×80，长兴阶顶部，Mc－10/MGL96001（正模）。复制于 Mei, Zhang & Wardlaw, 1998, pl. 1, figs. Aa—b。

3a—b　*Clarkina liangshanensis*（Wang, 1978）

同一标本之口视与反口视，×60，湖北利川，吴家坪组，Acf2－83/45448（正模）。复制于王志浩，1978，图版2，图28，29。

4a—b　*Mesogondolella prexuanhanensis* Mei et Wardlaw, 1994

同一标本之口视与侧视，×60，四川宣汉，"孤峰组"，中二叠统卡匹敦阶，L－80/121163（正模）。复制于梅仕龙等，1994，图版Ⅱ，图12。

5　*Clarkina meishanensis* Zhang, Lai, Ding et Liu, 1995

口方侧视，×120，正模，长兴阶顶部。复制于 Mei, Zhang & Wardlaw, 1998, pl. V, fig. H。

6a—c　*Mesogondolella nanjingensis*（Jin, 1960）

同一标本之口视、反口视和侧视，×80，Neotype，南京龙潭，孤峰组，中二叠统罗德阶，AEl242/111321。复制于王成源，1995，图版1，图4a—c。

7a—b　*Mesogondolella aserrata*（Clark et Behnken, 1979）

同一标本之口视与局部放大，×50，×100，中二叠统沃德阶，UW1679/4（正模）。复制于 Clark & Behnken, 1979, pl. 1, figs. 4, 5。

8a—b　*Clarkina subcarinata*（Sweet, 1973）

同一标本之口视与侧视，×80，长兴阶，Mc－1/MGL96009。复制于 Mei, Zhang & Wardlaw, 1998, pl. 1, figs. Ea—b。

9a—b　*Mesogondolella xuanhanensis* Mei et Wardlaw, 1994

同一标本之侧视与口视，×80，四川宣汉，"孤峰组"，中二叠统卡匹敦阶，L99/121175（正模）。复制于梅仕龙等，1994，图版Ⅲ，图8。

10—11　*Mesogondolella bisselli*（Clark et Behnken, 1975）

10　口视，×100，下二叠统萨克马尔阶，DT40－15，DT40－11。复制于 Chernykh, 2006, pl. ⅩⅢ, figs. 8, 4。

图版 P—2

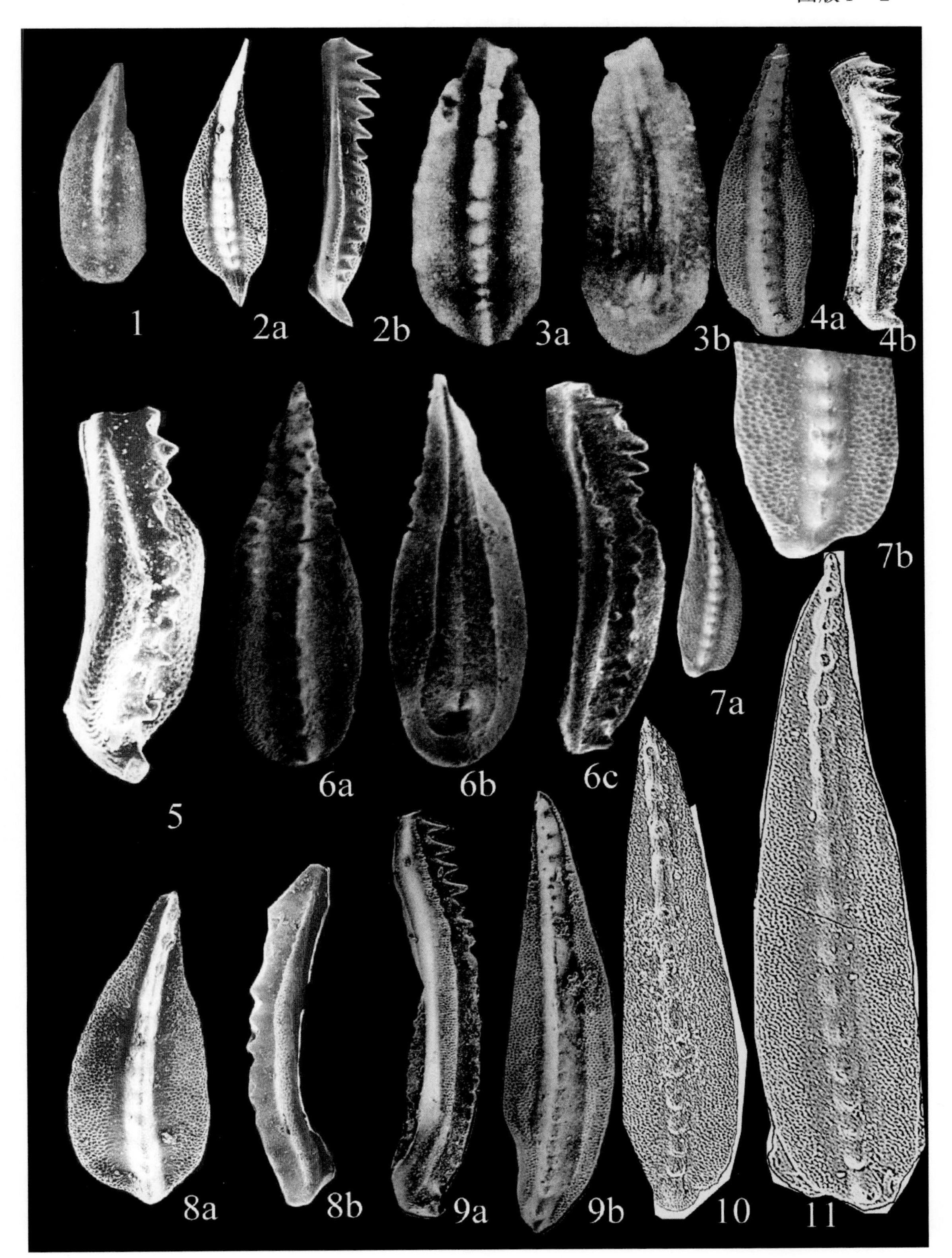

图版 P—3

1a—b *Clarkina longicuspidata* Mei et Wardlaw, 1994

同一标本之口视与口方侧视，×80，广西来宾蓬莱滩剖面，吴家坪阶合山组，LPD114－7e/131445。复制于王成源，2000，图版Ⅵ，图3，4。

2a—b *Mesogondolella laibinensis* Wang, 2000

同一标本之口视与反口视，×60，广西来宾蓬莱滩，茅口组顶部，LPD117－4a/131448（正模）。复制于王成源，2000，图版Ⅵ，图5—12。

3—4 *Clarkina niuzhuangensis*（Li, 1991）

口视，×60，×50，广西来宾蓬莱滩剖面，吴家坪阶中上部，LPD114－7g/131451，LPD114－7b/131453。复制于王成源，2000，图版Ⅵ，图13，16。

5 *Clarkina leveni*（Kozur, Mostler et Pjatakova, 1975）

口视，×60，广西来宾蓬莱滩剖面，吴家坪阶中上部，LPD114－7g/131409。复制于王成源，2000，图版Ⅲ，图7。

6 *Clarkina guangyuanensis*（Dai et Zhang, 1989）

口视，×60，广西来宾蓬莱滩剖面，吴家坪阶中上部，LPD114－7g/131416。复制于王成源，2000，图版Ⅲ，图14。

7 *Clarkina transcaucasica* Gullo et Kozur, 1992

口视，×80，广西来宾蓬莱滩剖面，吴家坪阶中上部，LPD114－7n/131412。复制于王成源，2000，图版Ⅲ，图10。

8—9 *Mesogondolella granti* Mei et Wardlaw, 1994

口视，×60，×60，广西来宾蓬莱滩剖面，吴家坪阶中上部，LPD117－4b/131429，LPD117－4a/131438。复制于王成源，2000，图版Ⅴ，图1，12。

10—11 *Mesogondolella shannoni* Wardlaw, 1994

口视，×60，×60，广西来宾蓬莱滩剖面，吴家坪阶中上部，LPD117－4k/131436，LPDLPD118－3c5/131440。复制于王成源，2000，图版Ⅴ，图10，14。

12a—b *Mesogondolella altudaensis*（Kozur, 1992）

同一标本之口方侧视与口视，×80，广西来宾蓬莱滩剖面，吴家坪阶合山组下部，LPD117－4e/131424。复制于王成源，2000，图版Ⅳ，图7，8。

13a—b *Clarkina penglaitanensis* Wang, 2000

同一标本之口视与口方侧视，×50，广西来宾蓬莱滩剖面，吴家坪阶合山组上部，LPD113－2/131428（正模）。复制于王成源，2000，图版Ⅳ，图14，15。

图版 P—3

图版 P—4

1a—c *Mesogondolella neoprolongata* Wang, 2004

同一标本之反口视、侧视和口视，×60，内蒙古，中二叠统沃德阶哲斯组，Zh2－7/133744（正模）。复制于王成源等，2006，图版1，图4—6。

2a—c *Mesogondolella mandulaensis* Wang, 2004

同一标本之侧视、口视和反口视，×60，内蒙古，中二叠统沃德阶哲斯组，Zh2－1/133769（正模）。复制于王成源等，2006，图版Ⅲ，图16—18。

3a—b *Mesogondolella aserrata*（Clark et Behnken, 1979）

同一标本之反口视和口视，×60，内蒙古，中二叠统沃德阶哲斯组。复制于王成源等，2006，图版2，图13，14。

4 *Streptognathodus constrictus* Chernykh et Resshetkova, 1987

口视，×50，哈萨克斯坦 Aidaralash 剖面，阿瑟尔阶带化石，SUI87786。复制于王成源和康沛泉，图版1，图2。

5 *Streptognathodus cristellaris* Chernykh et Resshetkova, 1987

口视，×50，哈萨克斯坦 Aidaralash 剖面，阿瑟尔阶带化石，SUI 87745。复制于王成源和康沛泉，图版1，图3。

6—7 *Streptognathodus barskovi*（Kozur, 1976）

6 口视，×50，哈萨克斯坦 Aidaralash 剖面，阿瑟尔阶带化石，SUI 87777；

7 口视，×60，贵州紫云羊场，早二叠世紫松阶，6Az/0105；

复制于王成源和康沛泉，图版1，图9，10。

8 *Mesogondolella idahoensis*（Youngquist, Hawley et Miller, 1951）

口方侧视，×60，空谷阶上部带化石，复制于 Kozur, 1995, pl. 3, fig. 18。

9—10 *Mesogondolella postserrata*（Behnken, 1975）

9 口视，×80.8，USNM482691。复制于 Wardlaw, 2000, pl. 3—7, fig. 10。

10 口视，×50，卡匹敦阶下部带化石，UW1679/9。复制于 Clark & Behnken, 1979, pl. 1, fig. 13。

11—12 *Streptognathodus isolatus* Chernykh, Ritter et Wardlaw, 1997

11 口视，×65，北美洲，BYU5107；

12 口视，×65，哈萨克斯坦 Aidaralashi 剖面，二叠系底部带化石，石炭—二叠系分界定义带化石，SUI 57793；

复制于王成源和康沛泉，2000，图版1，图7，14。

图版 P—4

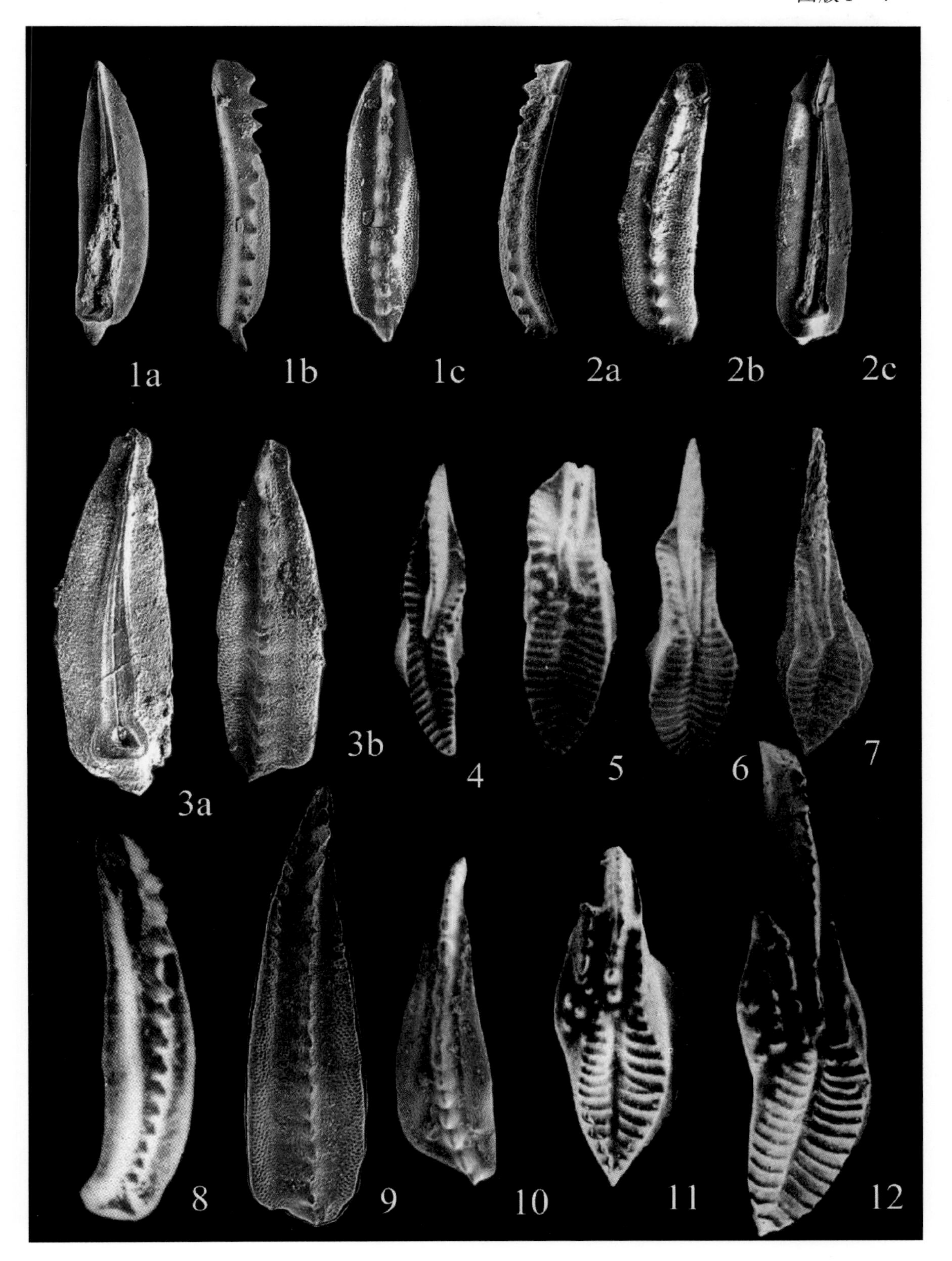

图版 P—5

1—2 *Pseudosweetognathus costatus* Wang, Ritter et Clark, 1987

1 口视，×67，19/96983（正模）；

2 口视，局部放大，×123，副模，广西来宾、四川北川，栖霞组下部，亚丁斯克期；

复制于 Wang, Ritter & Clark, 1987, figs. 6. 19—6. 20。

3a—d *Pseudosweetognathus monocornus* (Dai et Zhang, 1989)

3a—c 同一标本之口视、侧视、反口视，×66；

3d 局部放大，×160；

四川广元上寺，茅口组上部。复制于戴进业和张景华（见李子舜等，1989），图版 40，图 17—20。

4—5 *Iranognathus tarazi* Kozur, Mostler et Rahimi-Yazd, 1976

口视，×60，×60，四川南江县桥亭，上二叠统“长兴组”（?），R10/96981，R10/96979。复制于 Wang, Ritter & Clark, 1987, Fig. 6. 11—6. 12。

6—7 *Wardlawella nudus* (Wang, Ritter et Clark, 1987)

口视，×40，×40，四川南江县桥亭，上二叠统“长兴组”（?），R10/96977，R14/96976（正模）。复制于 Wang, Ritter & Clark, 1987, pl. 6. 8—6. 9。

8—10 *Neostreptognathodus pnevi* Kozur et Movshovich, 1979

口视，×65，哈萨克斯坦，空谷阶下部带化石，SH41 - 49，S29/1，S29/2。复制于 Chernykh, 2006, pl. XX, figs. 6, 7, 8。

11—12 *Neostreptognathodus exsculptus* Igo, 1981

口视，×73，×67，×37，亚丁斯克阶中部，TGU 1477。复制于 Igo, 1981, pl. 5, figa. 2, 3a—b。

13 *Neostreptognathodus prayi* Behnken, 1975

口视，×40，空谷阶中部带化石，UW1564/58（正模）。复制于 Behnken, 1975, pl. 2, fig. 19。

14—16 *Neostreptognathodus clinei* Behnken, 1975

14 口视，×41，UW1564（正模）。复制于 Behnken, 1975, pl. 2, fig. 15。

15, 16 口视，×63，×65，哈萨克斯坦，空谷阶中部带化石，M45, 9—a。复制于 Chernykh, 2006, pl. XXII, figs. 3, 4。

17—18 *Neostreptognathodus imperfectus* Chernykh, 2006

口视，×60，×60，×120（18a 的局部放大），Al40 - 56，Al40 - 53a，哈萨克斯坦，空谷阶上部带化石。复制于 Chernykh, 2006, pl. XXV, figs. 11, 12a, 12b。

19a—c *Neostreptognathodus sulcoplicatus* (Youngquist, Howley et Miller, 1951)

口视、侧视和反口视，×39，正模，空谷阶上部带化石（Permian Time Scale, 2010）。复制于 Youngquist, Howley & Miller, 1951, pl. 54, figs. 22—24。

20—22 *Neostreptognathodus pequopensis* Behnken, 1975

口视，×67，×67，×67，亚丁斯克阶上部带化石，M5621 - 9a - d，M5620 - 9b - f，ARK - 3g。复制于 Chernykh, 2006, pl. XXIII, figs. 2, 6, 11。

图版 P—5

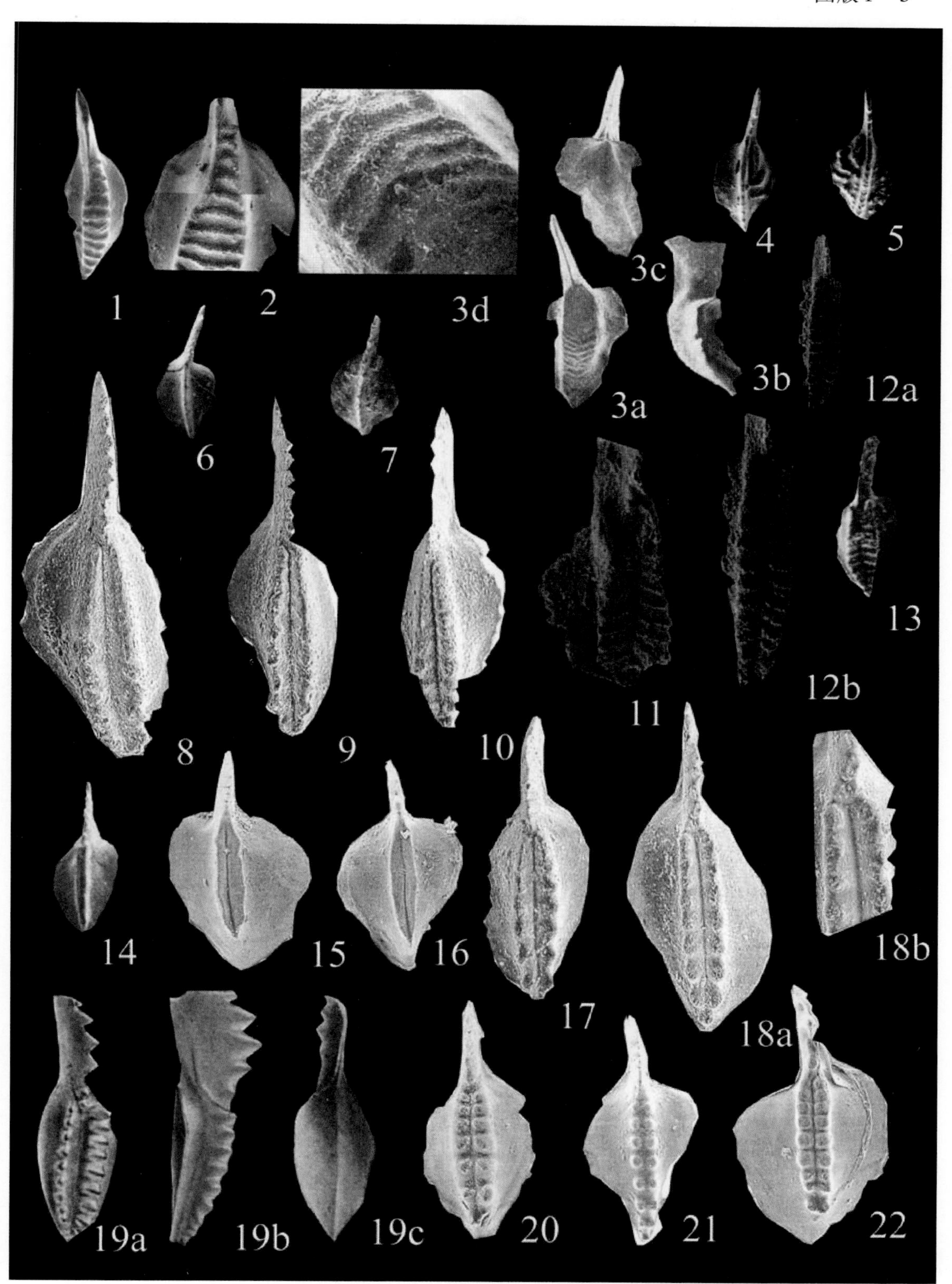
1
2
3d
3c
4
5
3a
3b
12a
6
7
8
9
10
11
12b
13
14
15
16
17
18a
18b
19a
19b
19c
20
21
22

图版 P—6

1—2 *Sweetognathus fengshanensis* Mei et Wardlaw, 1998

口视，×60，×60，广西凤山剖面，茅口组上部，LFB－144/CUGB980028（正模），LFB－126/CUGB980013。复制于 Mei, Jin & Wardlaw, 1998, pl. 3, fig. 5; pl. 2, fig. 6。

3 *Iranognathus erwini* Mei et Wardlaw, 1998

口视，×60，广西来宾铁桥剖面，乐平统底部，LFB－149/CUGB980014。复制于 Mei, Jin & Wardlaw, 1998, pl. 2, fig. 8。

4—5 *Sweetognathus subsymmetricus* Wang, Ritter et Clark, 1987

4 口视，×60，南京龙潭，正盘山孤峰组，LK3/96965；

5a 口视，×60，LK3/96967（正模）；

5b 图 5a 的局部放大，×120；

复制于 Wang, Ritter & Clark, 1987, Figs. 6. 2, 6. 6, 6. 7。

6，7 *Sweetognathus paraguizhouensis* Wang, Ritter et Clark, 1987

口视，×60，×60，南京龙潭，正盘山孤峰组，LK3/96973（正模），LK3/96974。复制于 Wang, Ritter & Clark, 1987, figs. 6. 14, 6. 15。

8 *Sweetognathus whitei* (Rhodes, 1963)

口视，×80，亚丁斯克阶下部带化石，LK3/96971。复制于 Wang, Ritter & Clark, 1987, fig. 6. 17。

9a—b *Hindeodus changxingensis* (Wang, 1995)

侧视与口视，×80，长兴阶顶部带化石，AEL 882－1/123246（正模）。复制于王成源，1995，图版2，图17，18。

10—11 *Sweetognathus merrilli* Kozur, 1975

10a 口视，×60，K36－15；

10b 图 10a 的局部放大，约×100；

11 口视，×60，K36－20；

萨克马尔阶底部带化石。复制于 Chernykh, 2005, pl. XX, figs. 9a—9b, 11。

12—13 *Sweetognathus binodosus* Chernykh, 2005

12 口视，×60，萨克马尔阶顶部，U32A－6（正模）。复制于 Chernykh, 2005, pl. XX, fig. 8。

13 口视，×60，DT40－23。复制于 Chernykh, 2006, pl. V, fig. 11。

14 *Sweetognathus clarki* (Kozur, 1976)

口视，×90，亚丁斯克阶中部带化石，DT40－32。复制于 Chernykh, 2006. pl. XV, fig. 10。

15—17 *Sweetognathus anceps* Chernykh, 2005

口视，×90，萨克马尔阶顶部带化石，SW－69，SW－76，Sw－77。复制于 Chernykh, 2006, pl. XIV, figs. 12, 13, 14。

18 *Wardlawella expansus* (Perlmutter, 1975)

口视，×60，哈萨克斯坦，下二叠统阿瑟尔阶顶部 *Streptognathodus postfusus* 带，U37A－1。复制于 Chernykh, 2005, pl. XX, fig. 1。

图版 P—6

图版 T—1

1a—b *Neospathodus triangularis* (Bender, 1968)

同一标本之侧视与口视，×80，下三叠统奥伦尼克阶中部带化石，103C，GSC101631。复制于 Orchard，1995，Fig. 3. 3—3. 4。

2a—c *Nicoraella germanicus* (Kozur, 1972)

同一标本之左侧视、右侧视与口方侧视，×80，四川江油雷口坡组，中三叠统安尼阶中部带化石，古 52084。复制于田传荣、戴进业和田树刚，1983，图版 98，图 1a—c。

3 *Scythogondolella milleri* (Müller, 1956)

口视，×130，西藏聂拉木土隆，下三叠统康沙热组，奥伦尼克阶中下部带化石，Sy514。复制于田传荣、戴进业和田树刚，1983，图版 94，图 4。

4a—b *Chengyuannia nepalensis* (Kozur et Mostler, 1976)

侧视与反口视，×110，奥伦尼克阶底部。复制于 Kozur，1989，pl. 15，figs. 4—5。

5a—b *Gladigondolella tethydis* (Huckriede, 1958)

同一标本之口视与反口视，×69，贵州紫云，中三叠统新苑组。复制于田传荣、戴进业和田树刚，1983，图版 98，图 10b—c。

6a—b *Chiosella timorensis* (Nogami, 1968)

同一标本之反口方侧视与侧视，×100，西藏聂拉木土隆，下三叠统康沙热组，下三叠统顶部至中三叠统最底部之带化石。复制于田传荣、戴进业和田树刚，1983，图版 97，图 7。

7 *Icriospathodus collinsoni* (Solien, 1979)

口视，×80，hypotype，奥伦尼克阶上部带化石，104A/C，GSC 101630。复制于 Orchard，1995，fig. 2. 24。

8—9 *Neospathodus homeri* (Bender, 1968)

8a—c 反口视、侧视与口视，×80，B461/4（正模）；

9a—b 同一标本之侧视与反口视，×80，hypotype，sample 103B，GSC101621；

早三叠世奥伦尼克阶中部带化石。复制于 Orchard，1995，Fig. 2. 1—2. 3；2. 16—2. 16。

图版 T—1

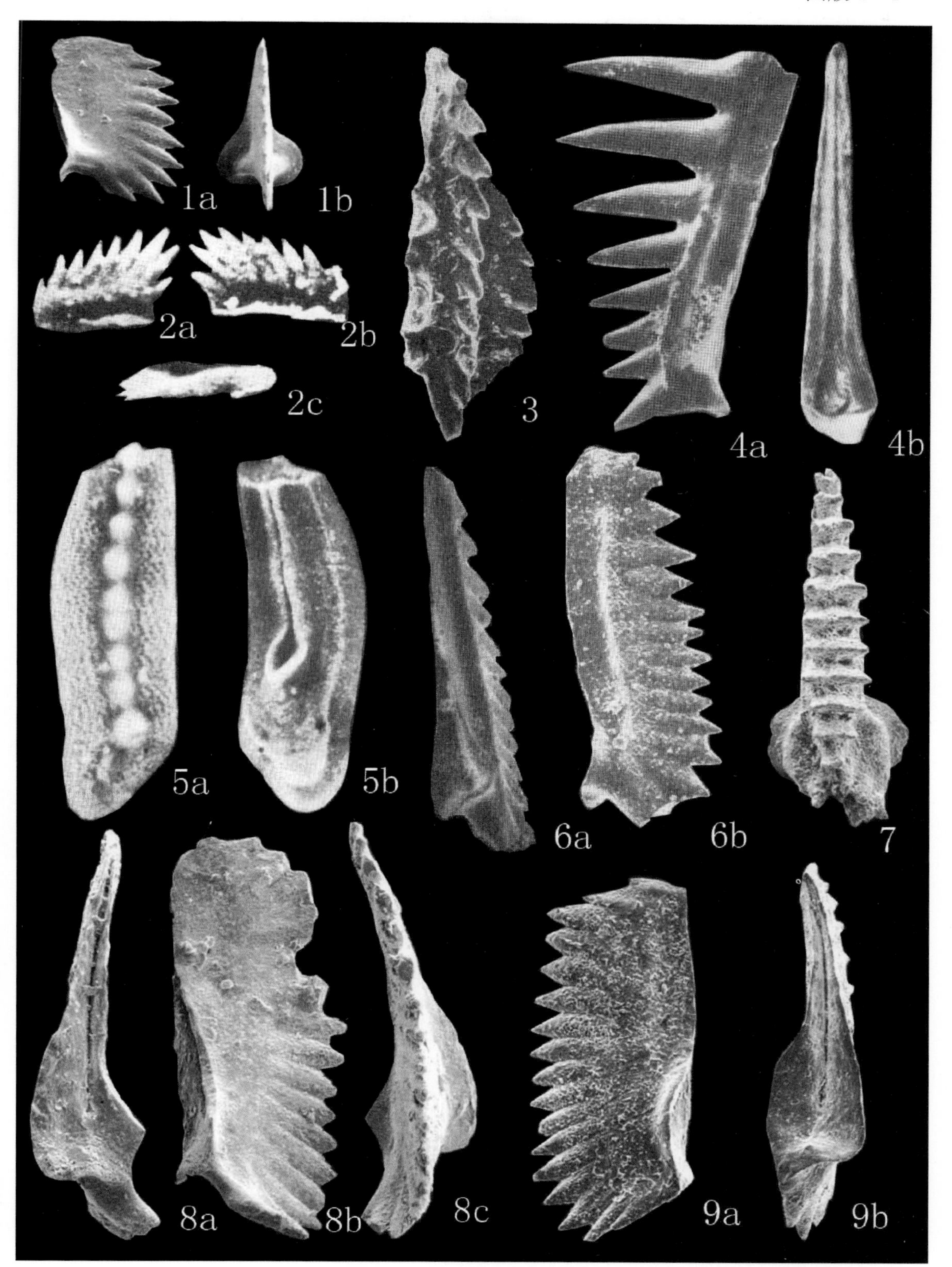

图版 T—2

1a—c *Isarcicella lobata* Perri et Farabegoli, 2003

反口视、口视与侧视，×100，下三叠统印度阶下部带化石，IC1787－200961，Tesero：Ts24（正模）。复制于 Perri & Farabegoli, 2003, pl. 3, figs. 21—23。

2—4 *Hindeodus parvus*（Kozur et Pjatakova, 1976）

2，3 *Hindeodus parvus* Morphotype 1，×120，×120，长兴剖面界线层 2 上部，下三叠统印度阶底部带化石，AEL882－4/123254，AEL882－3/123252。复制于王成源，1995，图版Ⅲ，图 8，6。

4 *Hindeodus parvus* Morphotype 1，×95，下三叠统印度阶底部带化石，PK1－4。复制于 Kozur, 1995, pl. 6, fig. 12。

5—6 *Isarcicella staeschei* Dai et Zhang, 1989

5 口视，×100，下三叠统印度阶下部带化石，IC1754－989197，Bulla：BU25A。复制于 Perri & Farabegoli, 2003, pl. 3, fig. 7。

6 口视，×58，下三叠统印度阶下部带化石，DY82001/GSC－33－2（正模）。复制于戴进业和张景华（见李子舜等，1989），图版 45，图 16。

7 *Hindeodus postparvus* Kozur, 1995

侧视，×60，下三叠统印度阶下部带化石，Probe 10/13，PK1－7。复制于 Kozur, 1977, pl. 1, fig. 20。

8a—c *Isarcicella isarcica*（Huckriede, 1958）

同一标本之口视、反口视与侧视，×100，下三叠统印度阶下部带化石，IC1754－989197，Bulla：Bu25A。复制于 Perri & Farabegoli, 2003, pl. 3, figs. 6—8。

9 *Nicoraella kockeli*（Tatge, 1956）

侧视，×80，四川江油，中三叠统雷口坡组第三段，安尼阶中上部，古 52094。复制于田传荣、戴进业和田树刚，1983，图版 98，图 2。

10—11 *Neospathodus excelsus* Wang et Wang, 1976

10 口视，×40，JSB16/28538（正模）；

11 口视，×80，JSB16/28537（副模）；

安尼阶—拉丁阶之间的带化石。复制于王成源，王志浩，1976，图版Ⅲ，图 16，14。

12—13 *Neospathodus pakistanensis* Sweet, 1970

12 侧视，×40，云南东部，下三叠统（据钟端和王志浩，1994）；

13 侧视，×40，云南镇康县，下三叠统巴尾组；

印度阶—奥伦尼克阶之间的带化石，复制于董治中和王伟，2006，图版 37，图 4，5。

14 *Neospathodus cristagali*（Huckriede, 1958）

侧视，×80，西藏聂拉木色龙西山，下三叠统土隆群下部，印度阶顶部，JS07/28533。复制于王成源和王志浩，1976，图版Ⅲ，图 11。

15a—b *Neospathodus waageni* Sweet, 1970

同一标本之侧视与反口视，×60，尼泊尔，下三叠统奥伦尼克阶下部，AD74，Atali Alta section。复制于 Nicora, 1991, pl. 26, fig. 8a—b。

16a—b *Neospathodus dieneri* Sweet, 1970

同一标本之侧视与反口方侧视，×85，下三叠统印度阶中部，AD71。复制于 Nicora, 1991, pl. 25, figs. 1a—b。

17—18 *Platyvillosus costatus*（Staesche, 1964）

17 口视，×70，印度阶—奥伦尼克阶之间的带化石，YNUC－1427，YUNC－1435。复制于 Koike, 1988, pl. Ⅰ, figs. 44, 53。

18 口视，×60，YNUC1034。复制于 Koike, 1982, pl. Ⅴ, fig. 3。

19 *Pachycladina erromera* Zhang, 1990

侧视，×53，广西平果太平，下三叠统印度阶马脚岭组，YT162/61048（正模）。复制于张舜新，1990，图版Ⅱ，图 3。

20 *Pachycladina bidentata* Wang et Cao, 1981

侧视，×60，核－121/45509，湖北利川，嘉陵江组，下三叠统奥伦尼克阶。复制于王志浩和曹延岳，1981，图版Ⅲ，图 3。

21a—b *Neospathodus kummeli* Sweet, 1970

同一标本之侧视与反口方侧视，×60，下三叠统印度阶上部，AD39A。复制于 Nicora, 1991, pl. 24, figs. 1b—c。

图版 T—2

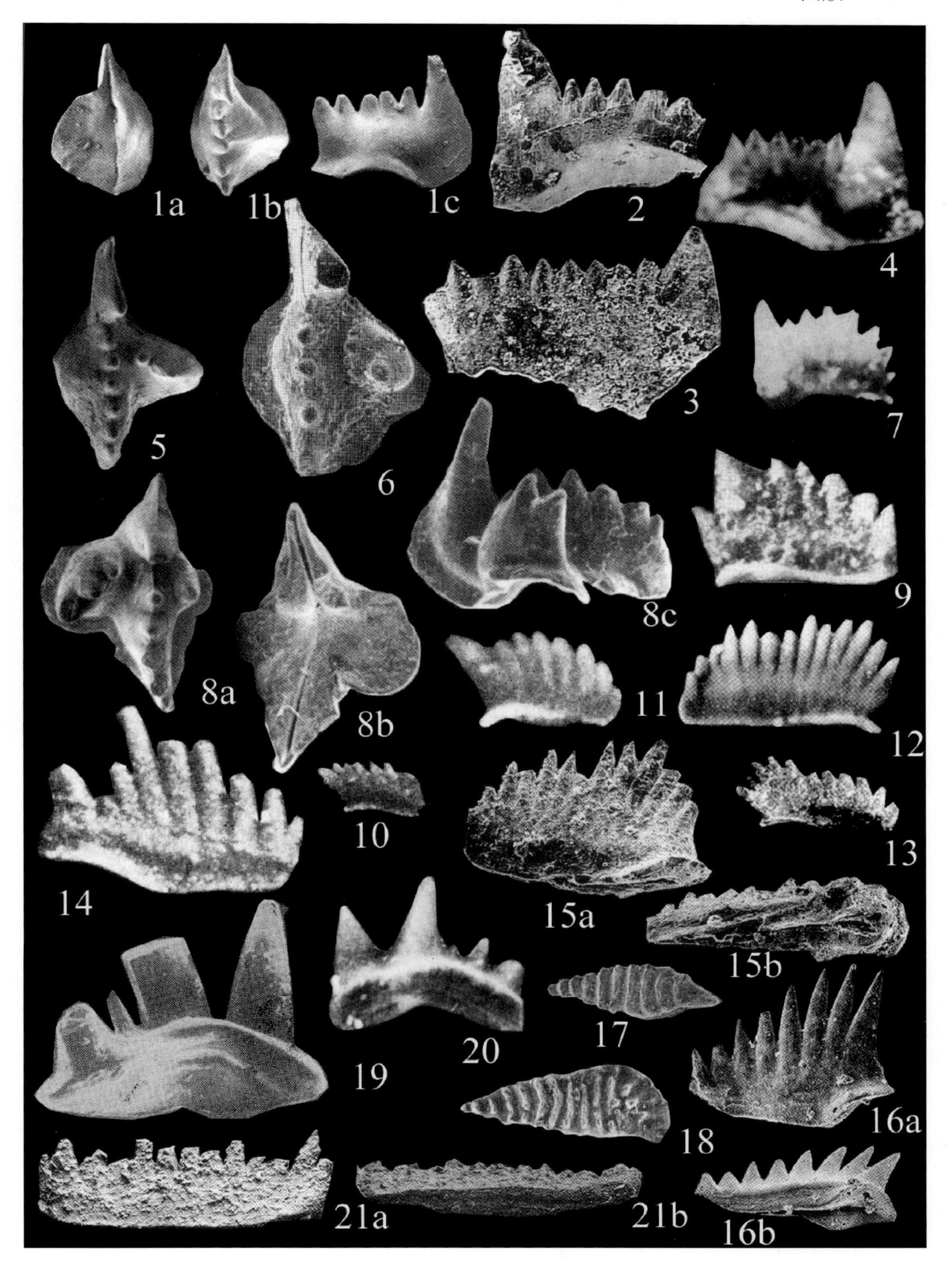
1a
1b
1c
2
3
4
5
6
7
8a
8b
8c
9
10
11
12
13
14
15a
15b
16a
16b
17
18
19
20
21a
21b

图版 T—3

1a—b *Neogondolella jubata* Sweet, 1970

同一标本之侧视与口视，×100，西藏聂拉木土隆，下三叠统康沙热组上段，下三叠统奥伦尼克阶上部，Sy419。复制于田传荣、戴进业和田树刚，1983，图版 94，图 3a—b。

2—3 *Neogondolella bifurcata* (Budurov et Stefanov, 1972)

2 口视，×100，匈牙利，中三叠统 Anisian 阶。复制于 Kovács & Kozur, 1980, pl. 2, fig. 7。

3 口视，×36，匈牙利。复制于 Kovács, 1986, pl. Ⅴ, fig. 4a。

4a—c *Neogondolella elongatus* Sweet, 1970

同一标本之侧视、反口视和口视，×130，西藏聂拉木土隆，下三叠统康沙热组上段，下三叠统奥伦尼克阶上部，Sy513。复制于田传荣、戴进业和田树刚，1983，图版 94，图 1a—c。

5a—c *Neogondolella constricta* (Mosher et Clark, 1965)

同一标本之口方侧视、口视和反口视，×80，西藏聂拉木土隆，中三叠统赖不西组上段，安尼阶—拉丁阶之间的带化石，Sy369。复制于田传荣、戴进业和田树刚，1983，图版 98，图 6a—c。

6a—c *Neogondolella excelsa* Mosher, 1968

同一标本之侧视、反口视和口视，×70，西藏聂拉木土隆，中三叠统赖不西组上段，安尼阶—拉丁阶之间的带化石，Sy392。复制于田传荣、戴进业和田树刚，1983，图版 98，图 4a—c。

7a—c *Neogondolella mombergensis* (Tatge, 1956)

同一标本之口方侧视、口视和反口视，×80，西藏聂拉木，中三叠统赖不西组，中三叠统拉丁阶上部，古 28522。复制于田传荣、戴进业和田树刚，1983，图版 98，图 7a—c。

8a—c *Neogondolella regale* Mosher, 1970

同一标本之口方侧视、口视和反口视，×70，西藏聂拉木土隆，中三叠统赖不西组下段，安尼阶下部，Sy392。复制于田传荣、戴进业和田树刚，1983，图版 98，图 5a—c。

图版 T—3

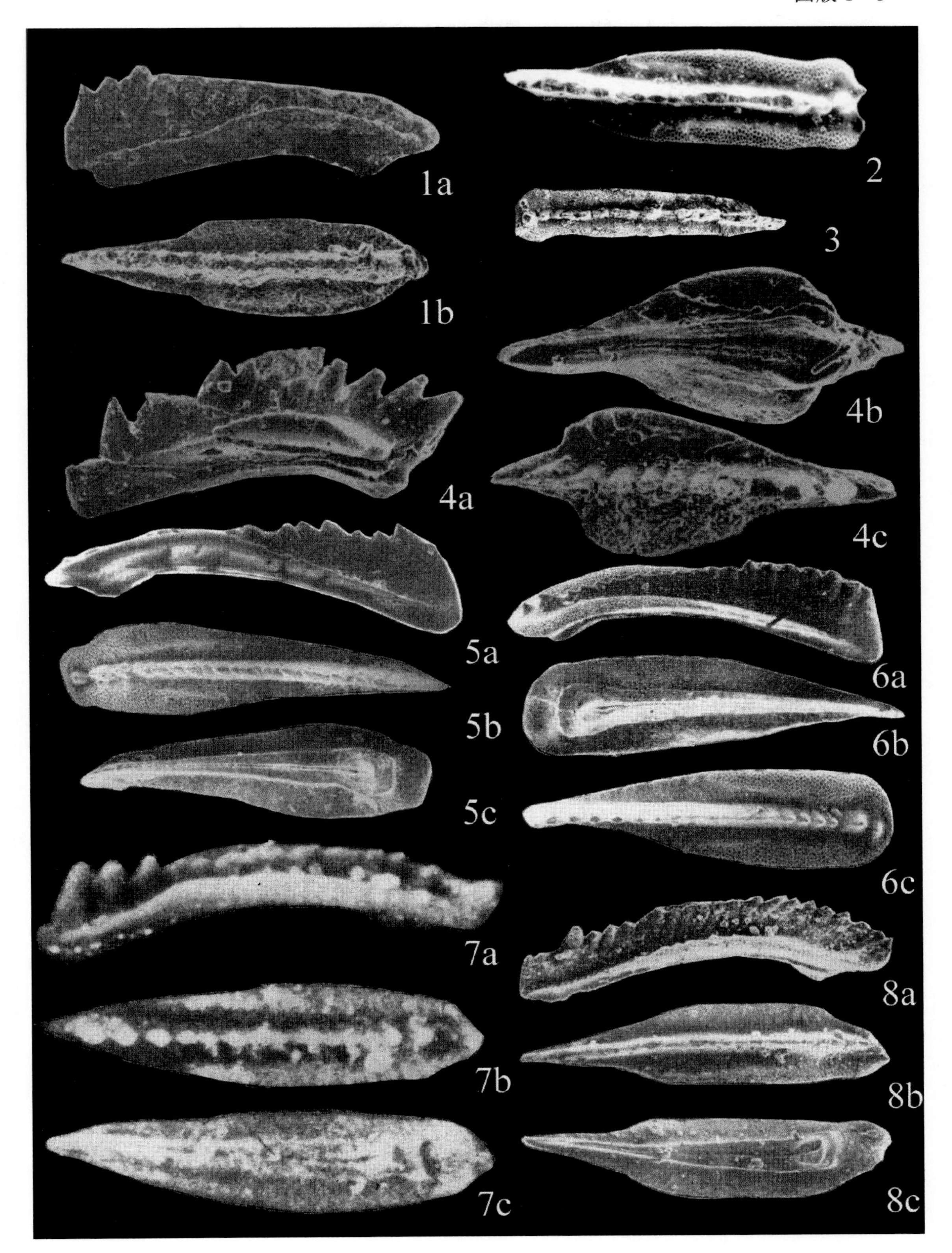

图版 T—4

1—2 *Parvigondolella andrusovi* Kozur et Mock, 1972

侧视，×200，×160，黑龙江饶河县胜利农场迟岗山采石场，上三叠统诺利阶上部，IX11 W6020 - 19/123041，IX11 W6020 - 4/91199。复制于王成源（见邵济安和唐克东，1995），1995，图版8，图7。

3a—b *Epigondolella bidentata* Mosher, 1968

同一标本之口视与侧视，×80，黑龙江饶河县胜利农场迟岗山采石场，上三叠统诺利阶上部，27 - 22/123003。复制于王成源（见邵济安和唐克东，1995），1995，图版4，图2a—b。

4—6 *Epigondolella quadrata* Orchard, 1991

4 口视，×120，27 - 6/122996；

5 口视，×100，27 - 6/122997；

6a—b 同一标本之口视与侧视，×120，27 - 6/123058；

黑龙江饶河县胜利农场迟岗山采石场，上三叠统诺利阶下部。复制于王成源（见邵济安和唐克东，1995），1995，图版3，图10，11；图版9，图10a—b。

7—9 *Epigondolella postera* (Kozur et Mostler, 1971)

口视，×135，×85，×120，黑龙江饶河县胜利农场迟岗山采石场，诺利阶中上部，IX11 W6020 - 2/123054，IX11 W6020 - 2/123055，IX11 W6020 - 9/91195。复制于王成源（见邵济安和唐克东，1995），图版2，图9。

10—12 *Epigondolella spatulata* (Hayashi, 1968)

口视，×200，×120，×120，黑龙江饶河县胜利农场迟岗山采石场，诺利阶中部，IX11 W6020 - 3/122981，27 - 6/122977，IX11 W6020 - 13/91197。复制于王成源（见邵济安和唐克东，1995），1995，图版2，图2，6，12。

13—14 *Epigongdolella spiculata* Orchard, 1991

13a—b 同一标本之口视与侧视，×100，27 - 21/123010；

14 口视，×120，27 - 6/123056；

黑龙江饶河县胜利农场迟岗山采石场，诺利阶中部。复制于王成源（见邵济安和唐克东，1995），1995，图版4，图9；图版9，图8。

15—16 *Epigondolella abneptis* (Huckriede, 1958)

15a—b 同一标本之反口视与口视，×200，IX11 W6020 - 2/120071；

16a—b 同一标本之口视与反口视，×80，27 - 21/122967；

黑龙江饶河县胜利农场迟岗山采石场，诺利阶中下部。复制于王成源（见邵济安和唐克东，1995），1995，图版1，图1，7。

图版 T—4

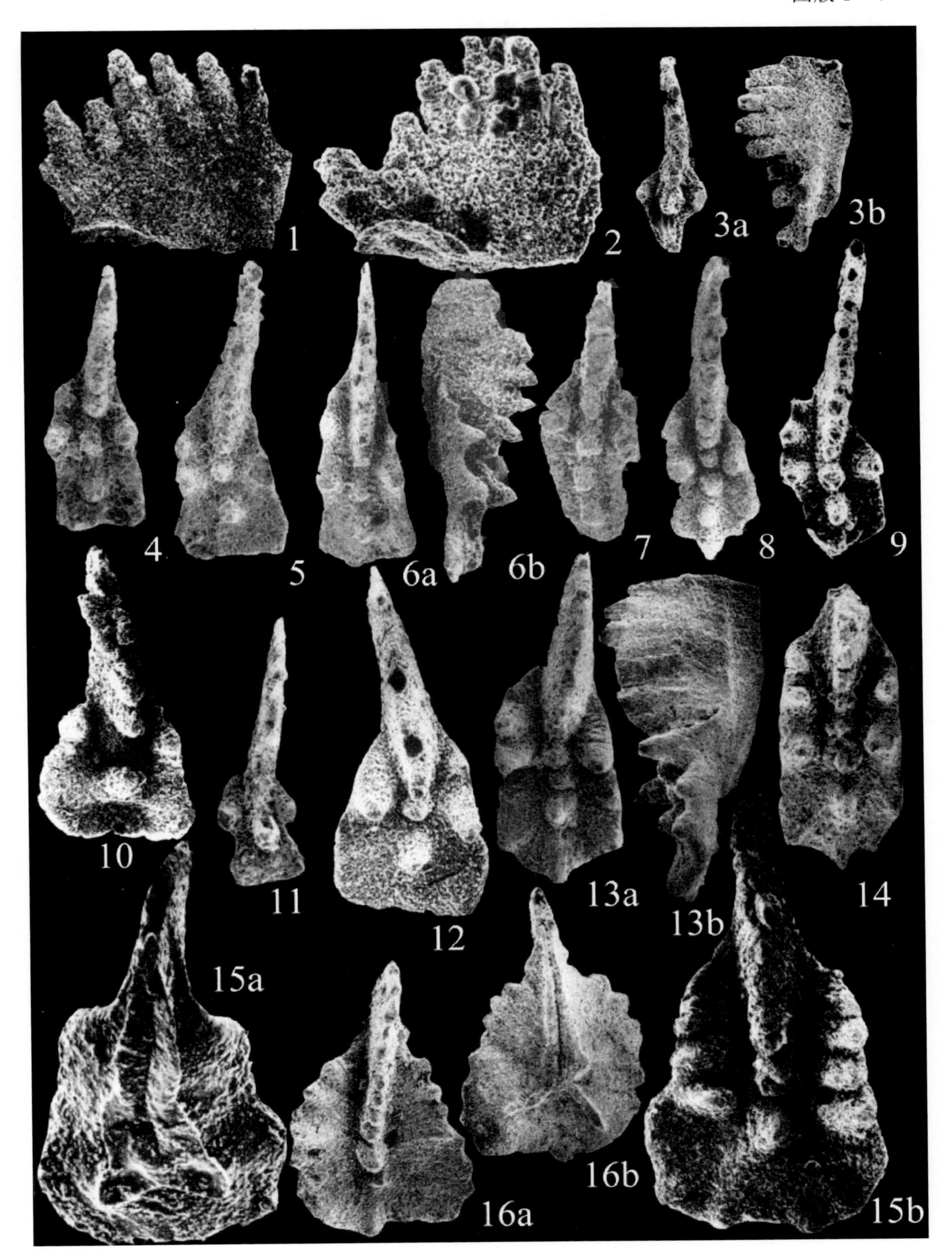

图版 T—5

1—3 *Paragondolella maantangensis* (Dai et Tian, 1983)

1, 3 口视, ×50, 贵州兴义顶效竹, 贵州龙层位, 晚三叠世卡尼期, 竹竿坡组。复制于王成源、康沛泉和王志浩, 1998, 图版1, 图7a, 1a。

2 口视, ×50, 贵州镇丰龙场, 竹竿坡组。复制于 Yang, 1995, pl. 1, fig. 1。

4—5 *Misikella posthernsteini* Kozur et Mock, 1974

4 侧视, ×200, 黑龙江饶河县胜利农场迟岗山采石场, 诺利阶上部, IX11 W6020 - 1/123049。

5 反口方侧视, ×150, YU3014 - 11, HZ46。复制于 Isoki & Matsuda, 1983, pl. 3, fig. 3。

6—7 *Misikella hernsteini* (Mostler, 1967)

6 侧视, ×200, 黑龙江饶河县胜利农场迟岗山采石场, 诺利阶上部, IX11 W6020 - 4/123950。

7 反口方侧视, ×150, YU3012, HZ - 41。复制于 Isoki & Matsuda, 1983, pl. 1, fig. 3。

8—9 *Paragondolella nodosus* (Hayashi, 1968)

8a—b 同一标本之反口视与口视, ×100, 黑龙江饶河县胜利农场迟岗山采石场, 卡尼阶, 27 - 6/123013。

9 口视, ×80, 黑龙江饶河县胜利农场迟岗山采石场, 卡尼阶—诺利阶, IX11 W6020 - 3/122981。

10—11 *Paragondolella tadpole* (Hayashi, 1968)

10a—b 同一标本之口方斜视与口视, ×100, ×120, IX11 W6020 - 13/123028;

11 口方斜视, ×120, IX11 W6020 - 14/123027;

黑龙江饶河县胜利农场迟岗山采石场, 卡尼阶。复制于王成源 (见邵济安和唐克东, 1995), 1995, 图版6, 图8a—b, 7。

12—13 *Epigondolella* cf. *spatulata* (Hayashi, 1968)

12 口视, ×80, 27 - 21/122986, 黑龙江饶河县胜利农场迟岗山采石场, 诺利阶中部。

13 口视, ×100, 27 - 22/122974, 黑龙江饶河县胜利农场迟岗山采石场, 诺利阶中部。

14 *Epigondolella multidentata* Mosher, 1970

14a—c 同一标本之反口视、口视与侧视, 正模。复制于 Orchard, 1991, pl. 4, figs. 1—3。

15—17? *Epigondolella multidentata* Mosher, 1970

口视, ×70, ×105, ×80, 云南保山金鸡公社大平地, 上三叠统大水塘组, P52/84753, P52/84754, P52/84755。复制于王志浩和董致中, 1985, 图版1, 图16—18。

图版 T—5

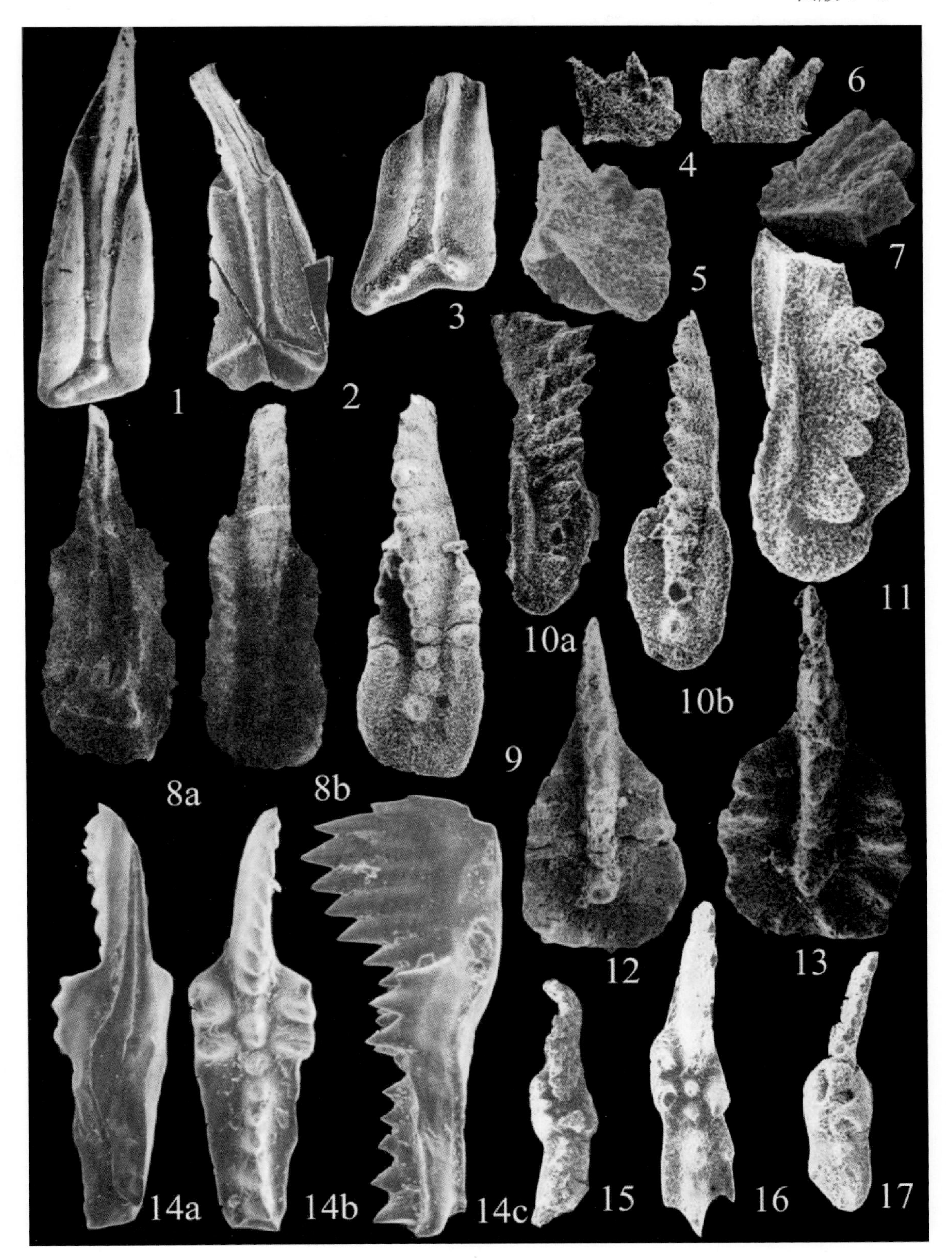

图版 T—6

1—3 *Budurovignathus mungoensis* (Diebel, 1956)

1, 2 口视与反口视, ×100, WG-330, 贵州罗甸关刀剖面, 边阳组, 中三叠统拉丁阶顶部。复制于王红梅等, 2005, 图版Ⅰ, 图 2, 4。

3 口视, ×60, Langobard, Köveska。复制于 Kozur & Mostler, 1971, pl. 2, fig. 8。

4—5 *Budurovignathus diebeli* (Kozur et Mostler, 1971)

4a—c 口方侧视、口视与反口视, ×60, 正模, Cordevol ("Füreder Kalk");

5a—b 同一标本之口视与反口视, ×60;

复制于 Kozur & Mostler, 1971, pl. 2, figs. 1a—c, 3a—b。

6 *Pseudofurnishius murcianus* van Den Boogaard, 1966

同一标本之口视与内侧视, ×170, 拉丁阶—卡尼阶之间的带化石, rep. no. CK/II-30, Sample 555。复制于 Gullo & Kozur, 1991, 图版 5, 图 3a—b。

7—8 *Budurovignathus hungaricus* (Kozur et Vegh, 1972)

7 口方斜视, ×170, rep-no. CK/V-3, sample 646, lower part of *B. mungoensis* A. -Z。复制于 Gullo & Kozur, 1991, 图版 2, 图 1。

8 侧视, ×89, 贵州关刀剖面, 中三叠统拉丁阶中部, WG-272。复制于王红梅等, 2005, 图版 2, 图 4。

9—10 *Paragondolella inclinata* (Kovacs, 1983)

口方侧视, ×120, ×100, 贵州关刀剖面, 中三叠统, WG-330, WG-331。复制于王红梅等, 2005, 图版 2, 图 1, 19。

11 *Misikella posthernsteini* Kozur et Mock, 1974

反口方侧视, ×110, 坪 1, 11650, 云南兰坪—思茅地层小区, 原划分为有疑问的下侏罗统。

12 *Misikella hernsteini* (Mostler, 1967)

侧视, 1651, ×90, 云南保山大堡子剖面, 上三叠统南梳坝组, *M. hernsteini* - *P. andrusovi* 带, 堡 10。

13—15 *Paragnondolella polygnathiformis* (Budurov et Stefanov, 1965)

13 口视, ×79, 上三叠统底部赖布西组, 西藏聂拉木土隆, Sy372。复制于田传荣、戴进业和田树刚, 1983, 图版 100, 图 3c。

14, 15 口视, ×72, ×20, 云南祥云小青坡, 上三叠统南驿组, 0200, 0201。复制于董致中和王伟, 2006, 图版 42, 图 1, 5。

16—17 *Pseudofurnishius socioensis* Gullo et Kozur, 1989

16 外侧视, ×160, 副模, rep. no. CK/VIII-4, sample 638;

17a—b 内侧视与口视, ×160, ×170, rep. no. CK/VIII-2, sample 638 (正模);

复制于 Gullo & Kozur, 1989, pl. Ⅰ, figs. 1, 2, 34。

图版 T—6

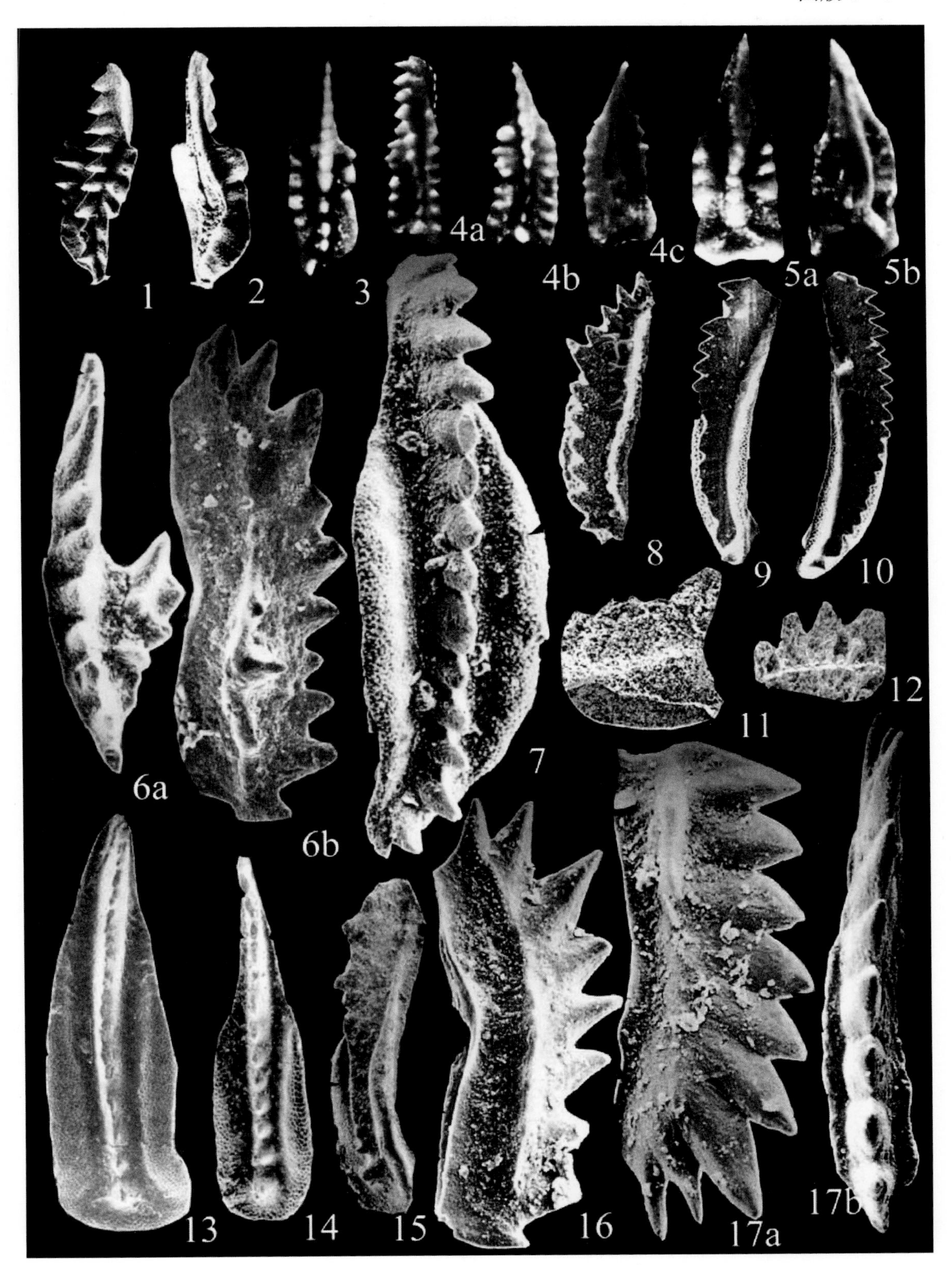